# 大气细颗粒物的毒理与健康效应

江桂斌　王春霞　张爱茜　主编

科学出版社
北　京

## 内 容 简 介

本书阐述了我国环境污染与健康风险关系研究面临的问题与挑战,国家自然科学基金重大研究计划——"大气细颗粒物的毒理与健康效应"的布局、定位和资助项目情况,同时邀请领域专家对于计划资助项目在大气细颗粒物毒性组分的来源、演化与甄别,大气细颗粒物的暴露组学,大气细颗粒物健康危害的流行病学研究和细颗粒物组分分子毒理与健康危害机制等方面的研究进行了论述。

本书可作为环境与健康研究领域科研人员和研究生的科研与学习用书,亦可供相关领域的政府管理与决策者参考。

**图书在版编目(CIP)数据**

大气细颗粒物的毒理与健康效应 / 江桂斌,王春霞,张爱茜主编. —北京:科学出版社,2020.3
　ISBN 978-7-03-063066-7

Ⅰ. ①大…　Ⅱ. ①江…②王…③张…　Ⅲ. ①粒状污染物 – 颗粒物污染　Ⅳ. ①X513

中国版本图书馆 CIP 数据核字(2019)第 239645 号

责任编辑:朱　丽　郭允允 / 责任校对:樊雅琼
责任印制:吴兆东 / 封面设计:图阅盛世

科学出版社出版
北京东黄城根北街 16 号
邮政编码:100717
http://www.sciencep.com

**北京虎彩文化传播有限公司** 印刷
科学出版社发行　各地新华书店经销
*
2020 年 3 月第　一　版　　开本:787×1092　1/16
2023 年 1 月第三次印刷　　印张:23
字数:515 000

**定价:168.00 元**
(如有印装质量问题,我社负责调换)

# 编　委　会

# 序　一

　　环境优美、身体健康是人民群众对美好生活最朴实的向往。新中国成立 70 年来，在党和国家的高度关注和大力支持下，我国环境污染防治从最初的末端治理发展到如今的全过程控制，污染控制理念不断升级，力度不断加大。但社会经济的快速发展亦使得我国环境污染问题更加复杂，在近些年全球疾病负担统计数据中，大气颗粒物污染是造成生物过早死亡的主要环境因素，雾霾等大气污染已成为当前乃至今后很长一段时间内我国面临的严重环境问题之一。

　　随着国家大气污染防治一系列政策的实施，2013～2018 年全国 338 个地级及以上城市可吸入颗粒物平均浓度下降 26.8%，首批实施新空气质量标准的 74 个重点城市 $PM_{2.5}$平均浓度下降 41.7%，区域性大气细颗粒物重污染发生频率显著减少。但是，污染防治任重而道远，重雾霾天气还会在一段时间内反复出现，细颗粒物低剂量暴露仍将长期存在，只有真正做到细颗粒物中关键毒性组分的削减和暴露途径阻断才能有效减少大气细颗粒物造成的健康影响。

　　环境污染与健康效应的因果关系机制一直是国际性难题。世界卫生组织的国际癌症研究机构 (IARC) 在 2013 年已将大气颗粒物 ($PM_{10}$与 $PM_{2.5}$) 列为 Ⅰ 类致癌物，但截至目前，用于制定大气质量标准的剂量-反应关系仍未获得，污染减排、能源和产业结构及政策调整所需的关键毒性组分信息尚不完整。我国大气雾霾的涉及区域广、强度高、持续时间长、来源与成因复杂，更无法照搬国外研究模式与结果解析。因此，结合我国大气雾霾的特点，开展大气细颗粒物的毒理机制与健康危害研究，对解析雾霾造成的健康影响、创新环境与健康研究方法和理论体系、推动我国环境污染与健康研究发展以及环境标准制定都具有重要意义。

　　江桂斌院士在国内较早提出开展大气细颗粒物的毒理与健康效应研究，在 2012～2013 年论证中国科学院战略先导专项期间，我建议他可以组织队伍从环境污染物的健康效应研究方法学入手，关注表观遗传修饰在污染所致健康危害中的作用，开展大气细颗粒物健康危害的前瞻性探索。之后在 2014 年召开的国家自然科学基金委员会第 111 期双清论坛（"环境污染的毒理与健康研究方法学"）和第 515 次香山科学会议（"持久性有毒污染物的环境暴露与健康效应"）上，与会专家进一步聚焦了 $PM_{2.5}$毒理与健康危害的关键科学问题，并逐渐形成由不同学科专家参与的多学科攻关队伍。2015 年，国家自然科学基金委员会正式启动了"中国大气复合污染的成因、健康影响与应对机制"联合重大研究计划项目，包括"中国大气复合污染的成因与应对机制的基础研究"和"大气细颗粒物的毒理与健康效应"两个部分。其中，"大气细颗粒物的毒理与健康效应"部分主要围绕"典型区域大气细颗粒物的毒性组分及暴露研究方法"、"大气细颗粒物毒性组分的生物学效应与毒理学机制"和"大气细颗粒物的健康危害效应"三个关键科学问题，希望组织化学、环境、毒理学、生命、医学等多学科领域专家进行系统的基础研究和合作攻关，通过理论与方法学创新，在探明细颗粒物关键致毒组分与毒性机理的基础上，研究其生物效应和与疾病危害相关的影响机制。

在过去的四年中，"大气细颗粒物的毒理与健康效应"部分共资助了 2 个集成项目、22 个重点项目和 62 个培育项目，有 49 个高校、科研院所和医院参与了研究，在细颗粒物关键毒性组分识别鉴定和溯源、细颗粒物的环境流行病学证据和特征、细颗粒物及其组分污染的健康影响机制探索和暴露人群干预等方面取得了系列原创性的研究成果，分别在 *Nature*、*The Lancet* 和 *The New England Journal of Medicine* 等期刊发表，并为国家大气质量标准和能源战略的修订等提供了科学支撑。

该书总结的重大研究计划资助项目的部分成果，是众多学者集体努力、协同攻关的结果。希望该重大研究计划在后期能继续重视学科交叉和集成升华，取得更大的突破，也希望该书能够为大气污染与健康效应研究、环境科学、公共卫生、预防医学和临床医学等相关领域科研人员和技术人员工作提供参考。

2019 年 10 于北京

# 序　二

　　1952 年 12 月的伦敦烟雾事件直接导致了伦敦约 4000 人的死亡,且与 1953 年 1～2 月 8000 伦敦人的死亡有关;而 1952 年 12 月和 1955 年 9 月在洛杉矶发生的严重光化学烟雾事件也造成了数百位 65 岁以上老年人去世。历史以巨大的代价告诉人们大气污染所导致的极为严重的健康危害。

　　经过几十年的发展,全球社会经济已经发生了巨大变化,然而历史却总是惊人的相似。尽管产生大气雾霾的原因各不相同,"烟雾"的类型不再仅限于煤烟型污染所致还原性烟雾和机动车尾气污染所致氧化性烟雾,复合污染所产生的雾霾已经成为当今全球范围内大气污染较为普遍的现象。由于处于不同经济发展阶段,我国大气细颗粒物组成与发达国家显著不同,其中由一次组分反应生成的二次气溶胶所占份额很大,无论 $PM_{2.5}$ 还是有机气溶胶均可达到 30%～70%,这就为控制 $PM_{2.5}$ 健康危害的国家目标设置提出了挑战,需要回答 $PM_{2.5}$ 污染与人群健康损害间的因果关系并指出需要重点控制排放的关键有毒组分以支持国家决策。

　　然而,污染的环境暴露与健康效应是一个长期的世界性难题,$PM_{2.5}$ 的混合物天性更是加大了研究的难度,需要国家顶层设计和长期稳定支持。在这一背景下,国家自然科学基金委员会组织环境科学、化学、生命科学、公共卫生、临床医学等各个领域专家经过充分的科学论证,结合国家《加强大气污染防治科技支撑工作方案》的整体安排和任务分工,以及科技部"大气污染成因与控制技术研究"重点专项注重应用技术研发的布局,定位于理论与方法突破,组织实施大气细颗粒物重大研究计划。2015 年,国家自然科学基金委员会组织启动了联合重大研究计划"中国大气复合污染的成因、健康影响与应对机制",其中大气细颗粒物污染的健康影响机制归于"大气细颗粒物的毒理与健康效应"计划。该计划打破学科界限,充分发挥化学、环境科学、毒理学、生物学、流行病学和临床医学等学科的特点以及学科交叉的优势,整合化学、环境科学、毒理学、生命科学、生物医学等知识背景的队伍,进行多学科合作攻关,以期在科学研究创新、服务国家目标、保障民众健康三个方面达成预期目标。时至今日,本计划已经执行 5 年,2 项集成项目、22 项重点支持项目和 62 项培育项目获得了计划的资助,一批环境学专家、化学家、毒理学专家和医学专家参加到这一工作中,希望能为国家制定和执行相应的大气污染减排指标和措施提供科学依据。本着严谨认真、总结经验的态度,本计划邀请了各领域专家对计划资助项目的执行情况和阶段性发现进行汇总分析,希望能够及时调整研究思路,集中有限资源用于攻克细颗粒毒理与健康危害的关键科学难题。

　　坦率地说,"大气细颗粒物的毒理与健康效应"重大研究计划的实施虽然取得了若干重要突破,可是距离真正实现科学发现为公共健康服务的目标尚存差距。每当雾霾来袭,望向灰蒙蒙的窗外,身为科研工作者深感责任重大。2018 年我国政府工作报告明确指出:"国家科技投入要向民生领域倾斜,加强雾霾治理、癌症等重大疾病防治攻关,使科技更好造福人民"。我国大气细颗粒物来源与成因的复杂性导致了其毒性组分和致毒机制的独特与不确定性,高人口流动性亦给暴露研究带来了挑战。我国的大气细颗粒物关键毒性组分解析和健康危害机制研究不能照搬国外研究模式与成果,只有面对实际环境问题和人群暴露现状,联合所有相关的科研力量,勇于进行理论与方法创新,推进环境与健康大数据的实践应用,获得科学的数据和结论以引导公众并支撑国家决策。

　　尽管我国近几年在控制和降低 PM$_{2.5}$ 污染方面取得了巨大进展,2017 年全国平均 PM$_{2.5}$ 浓度达到 42 μg/m$^3$,但越是接近目标,越是容易反复,越是更加困难。毫无疑问,大气污染将是我国长期面临的突出环境污染问题,而由大气细颗粒物所造成的健康危害,更具有时间滞后性、区域不确定性和人群复杂性。任何毕其功于一役的想法都是不现实的。在面对 PM$_{2.5}$ 治理优先管控名单时,在确定减排目标时,在推荐居民健康保障方法时,需要科学数据和方法的支持,我们责无旁贷,义不容辞。在此,呼吁更多有社会责任感的科学工作者加入到这个队伍中,为守护我们共同的蓝天和保护民众的健康一起努力。

江桂斌

2019 年 9 于北京

# 前　言

当前，我国大气污染的形势依然十分严峻。相对于大气细颗粒物(PM$_{2.5}$)来源及形成机制的研究、控制策略和控制技术的发展方面的积累，我国在 PM$_{2.5}$ 毒理效应及健康影响方面的研究基础十分薄弱。雾霾不同于传统化学污染，虽然 2013 年国际癌症研究组织(IARC)正式把大气颗粒物(PM$_{10}$ 与 PM$_{2.5}$)列为 I 类致癌物，但是 PM$_{2.5}$ 是一种典型的不同化学物质和生物物质的环境混合物，既包括组成固相的铁氧化物等无机组成和炭黑等有机组成，又涉及吸附其上的重金属、多环芳烃等有毒污染物组分，还有颗粒物上的微生物等组分。不同国家和区域在不同经济发展阶段，其细颗粒污染组成是具有显著差异的。在欧美发达国家，机动车尾气为现阶段城市主要空气污染问题，而京津冀等我国北方地区则是以传统煤烟型和机动车尾气兼具的复合型污染，其 PM$_{2.5}$ 的污染组成谱和健康影响亦随之发生改变。以 Laden 等的研究为例，其发现煤燃烧所致 PM$_{2.5}$ 每增加 10 $\mu g/m^3$，死亡率上升 1.1%，但同样污染增幅若是来自汽车尾气排放的细颗粒物，其死亡率则增加 3.4%；由此可见，组成不同的大气细颗粒健康危害迥异，这就为控制 PM$_{2.5}$ 含量的国家目标设置提出了问题。显而易见，我国大气颗粒物的组成和健康危害与西方发达国家存在较大差异，而且具有明显的地域和季节特征。此外，PM$_{2.5}$ 组分是在不断动态变化的。2014 年 Huang 等在《自然》杂志发文指出我国雾霾中由一次组分反应生成的二次气溶胶所占份额很大，无论 PM$_{2.5}$ 还是有机气溶胶均可达到 30%～70%。而且，共存污染是我国 PM$_{2.5}$ 不能回避的现实问题，譬如持续性大范围雾霾发生区域中氮氧化物和硫氧化物污染水平亦可高达上百 $\mu g/m^3$，而 Guarnieri 与 Balmes 在《柳叶刀》上就报道了氮氧化物与颗粒物共暴露可辅助加速诱发哮喘发作或加重哮喘症状。可见，PM$_{2.5}$ 是一个由许多无机、有机污染乃至生物组分共存一体的混合物，人群暴露同时取决于 PM$_{2.5}$ 组成特征、当时大气污染状态、暴露方式、暴露剂量和暴露频次等多重因素。遗憾的是，虽然大气细颗粒物浓度水平已有多年的环境监测数据，但是其组分特征，特别是毒性组分的认识和不同组分混合暴露的健康危害等仍未得到足够重视，同时欠缺必要的区域人群环境流行病学调查数据的支持，因而难以对区域雾霾控制给出科学合理的指标。

科学发现是一个渐进的认识不断提高的过程，在当前的环境与健康研究领域，进入机体的环境污染物对于疾病相关毒性通路的扰动及其相关的早期危害虽然是公认的污染致病起点，但在真实环境中，污染物经不同暴露途径进入人体后可被转运到人体的多个组织器官，其污染物母体或代谢产物可与不止一个内源性靶点相互作用。外源性化学污染物的健康危害往往是污染物与多个靶蛋白相互识别与作用的复合效应，这种由复杂信号通路控制的多靶点(生物分子)协同作用既是环境污染物在生物体内靶点识别、结合、运输和作用的物质基础，环境污染物与生物分子化学结构多样性又决定了污染物对生物分子相关毒性通路的扰动机制的复杂性。另一方面，生物大分子在不同人群中存在结构差异，如雄激素受体在前列腺癌患病人群中可检出多种突变体。可见，同样的环境污染物进入人体后经由雄激素受体介导的健康影响效应对健康和患病人群而言可能存在显著不同，这种污染物健康危害的人群差异是常态而非特例。环境与健康问题的高度复杂性决定了其研究必然是多学科交叉领域，简单的化学、生物学、医学等单一学科方法移植难以解决这一复杂问题。正如诺贝尔奖获得者巴普洛夫所指出的"科学是随着研究方法所获得的成就前进的"，随着美国发布《21世纪毒性检测：远景和战略》以及暴露组概念和环境关联研究方法等的提出，环境与健康研究正处于一个全面方法学革新的时期。抓住这一机遇，力争在方法学上有所突破，就有可能解决我国大气雾霾健康危害研究面临的实际难题的同时，促成我国环境与健康科学技术的跨越式发展。

人体细胞基因全测序工作深刻改变了人类疾病研究框架，全基因组关联研究在疾病产生机制中得以大展身手，但仍然无法回答环境污染的健康危害机制这一关键问题，环境关联研究则给环境与健康研究提供了新思路。科学界虽已公认70%～90%的疾病是源于环境差异而非基因差异，但是正如癌症等众多人类疾病病因不明难以进行根治一样的道理，污染与疾病的具体因果关系仍是世界性的难题，美国更是连续数十年投入大量研究经费资助国家环境健康科学研究所等机构的工作。即便如此，环境与健康因果关系的研究因其问题的复杂性仍存在难以克服的瓶颈问题，环境与健康领域的大量工作只是提供了环境污染与暴露其中的人群健康指标之间的统计相关证据。但是，相关不等于因果，不理清污染致病的分子机制就无法为科学控制、减排和保障人群健康提供正确的策略。例如，早在1999年Howdeshell和Hotchkiss等在《自然》杂志发文指出双酚A环境暴露可导致青少年发育期提前，即双酚A暴露和发育期时间存在明确相关；随着该物质内分泌干扰效应被证实，直至2010年欧盟发布正式指令限制塑料婴儿奶瓶使用双酚A。遗憾的是，科学家对于这类物质健康影响机制的认识还不够深入，2015年《美国科学院院刊》发文指出双酚A替代品双酚S存在影响脑发育的可能，近期研究显示其实双酚A自身就可能导致脑损伤。再如Meeker和Stapleton在2010年报道居室内空气颗粒物上磷酸三(1,3-二氯-2-丙基)酯含量每增加一个四分位间距，体内游离甲状腺素水平下降3%，催乳素水平上升17%。相似的相关性亦出现在磷酸三苯酯研究方面。研究表明，磷酸三苯酯含量每增加一个四分位间距，男性精液中精子浓度下降19%。这一相关性研究结果很惊人，但是居室颗粒物中有机磷酸酯进入人体后经过何种途径引发男性精液精子浓度下降却仍扑朔迷离，而需要指出的是随着溴代阻燃剂被禁用，有机磷阻燃剂的用量正在显著增加。由此可见，只有揭示污染与机体损伤间的因果关系才能科学地对其健康风险加以阻断和控制。

针对污染环境暴露与人群机体损伤间因果关系这一科学难题，国家自然科学基金委员会面向 $PM_{2.5}$ 污染治理和区域人群健康保障这一国家重大需求，结合定位于理论与方法突破的科学目标，组织和启动了联合重大研究计划"中国大气复合污染的成因、健康影响与应对机制"之"大气细颗粒物的毒理与健康效应"。目前，计划执行时间尚未过半，已有可喜的成果。如计划资助项目承担单位复旦大学阚海东教授联合国际专家对6大洲24个国家652个城市大气 $PM_{10}$ 及 $PM_{2.5}$ 与每日死亡率的关系开展研究，以全球视野系统评估大气颗粒物对居民健康的影响，关注颗粒物暴露的剂量-反应关系的地域差异，为世界卫生组织修订环境空气质量标准提供重要流行病学证据。中国医学科学院阜外医院利用中国心血管流行病学多中心协作研究(China Multicenter Collaborative Study of Cardiovascular Epidemiology, 简称 ChinaMUCA)大型前瞻性队列的基线及随访资料，运用马尔科夫蒙特卡罗模拟、Cox 比例风险回归分析、Meta 分析等方法，分析获得了 $PM_{2.5}$ 污染对我国心血管疾病发病和死亡的剂量-反应关系。研究发现假设其他心血管病风险因素不变的情况下，以我国城市地区 35～84 岁人群为例，到 2030 年控制 $PM_{2.5}$ 达到北京奥运会水平 55 $\mu g/m^3$，相当于控制住 1.8%高血压患者血压水平和减少 40%的吸烟率。若 $PM_{2.5}$ 在 2030 年能达到我国二级空气质量标准 35 $\mu g/m^3$ 或进一步控制到世界卫生组织推荐值 10 $\mu g/m^3$，则城市心血管疾病死亡将减少 266.5 万或近 470 万，这一效果远超过了我国控制 25%的高血压患者或减少 30%的吸烟人群所带来的心血管健康获益。而在对应的心血管损伤的毒理与健康效应分子机制方面，计划研究发现短期的 $PM_{2.5}$ 暴露就可激活下丘脑—垂体—肾上腺轴和交感神经—肾上腺髓质轴，引起应激激素水平显著上升，进而产生一系列的心血管系统危害。在呼吸系统损伤上，有证据表明线粒体还原型烟碱酰胺腺嘌呤二核苷酸脱氢酶基因表达调控失常是 $PM_{2.5}$ 引发慢性阻塞性肺病恶化的一个关键因素，哺乳动物细胞和动物实验证实牛磺酸和 3-甲基腺嘌呤可通过调节这一因素缓解肺气肿症状，而补充 B 族维生素可防止 $PM_{2.5}$ 诱导 DNA 甲基化异常，科学的个体干预将有可能成为保护重污染区域人群少受 $PM_{2.5}$ 损害的有效手段。这类基于队列分析的 $PM_{2.5}$ 环境流行病学研究和进一步的机制探索为科学制定国家大气质量标准和开展污染区域人群干预以减轻污染所致机体损伤提供了坚实的基础。

　　"大气细颗粒物的毒理与健康效应"重大研究计划在已有收获的基础上，为了有效地组织后续集成项目、总结成功研究经验，特邀请领域专家和部分资助项目负责人对计划进展和存在的问题进行分析点评，对计划下一步的研究重点和难点进行讨论。本书是各领域专家集体智慧的结晶，其中第 1 章是对于整个重大研究计划来源、资助和执行情况的简介，由重大研究计划专家组负责撰写；第 2～5 章分别由计划资助项目负责人组织编写完成并文责自负，其中各章的第 1 节分别由复旦大学大气科学研究院陈建民教授、青岛大学公共卫生学院郑玉新教授、复旦大学公共卫生学院阚海东教授和中山大学公共卫生学院陈雯教授负责编写。

　　受编写时间的限制和作者本身认知水平的欠缺，本书可能存在若干不成熟的看法、错漏甚至学术观点的偏颇，敬请读者批评指正。本书的出版若能对读者了解并把握我国 $PM_{2.5}$ 的毒理与健康效应起到一定促进作用，激发广大读者的研究兴趣，通过讨论找出正确答案，推进整体研究水平的提高，都是作者期盼且欣慰之事。

编　者

2019 年 9 月

# 目　录

# 第1章 "大气细颗粒物的毒理与健康效应"重大研究计划

早在 2010 年 Donkelaar 与 Martin 等就基于美国宇航局 Terra 卫星搭载中分辨率和多角度成像光谱仪提供的气溶胶光学厚度数据，分析指出我国华北地区位列全球大气细颗粒物(空气动力学直径小于 2.5 μm 的可吸入颗粒物，简称 PM$_{2.5}$)浓度最高的地区之一(Donkelaar et al., 2010)。近年来，我国区域性大气雾霾频发(Li et al., 2014)，不仅引发了公众对于自身健康的担忧，各类吸引眼球的非科学报道更是混淆了这一问题，造成不利社会影响。大气细颗粒物污染与健康危害之间存在复杂的相关关系。环境污染与健康研究是化学、生命、医学、地学、工材、数理、信息、管理等多学科交叉的新生长点，美国已连续数十年投入大量经费资助其国家环境健康科学研究所(The National Institute of Environmental Health Sciences, 简称 NIEHS)等机构的研究。然而，我国大气细颗粒物来源与成因的复杂性导致了其毒性组分和致毒机制的独特与不确定性，不能照搬国外研究模式与成果解析细颗粒物污染的健康危害。我国雾霾的毒理与健康影响研究需要理论与方法创新，才能在此基础上获得科学的数据和结论引导公众并支撑国家决策。

## 1.1 我国环境污染与健康风险关系研究面临的问题与挑战

根据世界银行和世界卫生组织(World Health Organization, 简称 WHO)有关统计数据，世界上 70% 的疾病和 40% 的死亡人数与环境因素有关。早在 1999 年 Howdeshell 等(1999)在 *Nature* 发文指出双酚 A 环境暴露可导致青少年发育期提前，而 2009 年 Pope 等(2009)在美国的一系列调查发现空气中 PM$_{2.5}$ 每降低 10μg/m$^3$，人均寿命延长 0.61±0.20 岁。近几年来，我国与环境污染密切相关的疾病显著上升，全国死因调查证实，恶性肿瘤等重大疾病发病率和死亡率呈逐年增加趋势，仅肺癌的死亡率就从 30 年前的每 10 万不足 10 人跃升至 71.5 人，环境污染对此的影响不容忽视。生态环境部数据显示 2010 年我国 50.3 万城市人口早逝与空气污染有关，WHO 指出我国居民疾病的医疗负担中 21% 来自环境污染因素。虽然 2006 年 Lee 等(2006)发现血液中持久性有机污染物水平与胰岛功能降低及代谢紊乱呈现统计相关，Vasiliu 等(2006)亦报道了多溴二苯醚和多氯联苯与糖尿病的关联，但同年知名医学杂志《柳叶刀》发表评论指出持久性有机污染物与糖尿病的因果关系很可能是非直接和辅助的，譬如通过免疫抑制、非遗传毒性甚至是基于表观遗传修饰，因此需要更多研究关注污染物与基因间的交互作用(Porta, 2006)。而中日友好医院内分泌代谢中心杨文英主任医师等 2007~2008 年在我国经济发展水平不同的 14 个省市的糖尿病流行病学调查结果显示，我国糖尿病患病率达 9.7%(男性 10.6%，女性 8.8%)，推算病人约为 9200 万人；糖尿病前期患病率达 15.5%(男性 16.1%，女性 15.0%)，推算处于糖尿病前期者约为 1.48 亿人。根据这项调查结果，我国已成为糖尿病患者最多的国家(Yang et al., 2010)，2014 年 Chan 等(2014)指出 2013 年全世界 4 个糖尿病人中就有 1 位在中国，显然，污染问题是其中一个不可忽视的因素。2013 年 *Science* 报道了我国地下水砷污染及健康危害的严峻现实(Rodríguez-Lado et al., 2013)。Rappaport 和 Smith(2010)明确指出 70%～90%的疾病是源于环境而非基因差异。污染与健康不仅是环境科学的制高点，也是环境学、生物学和医学等多学科交叉的新生长点，国际上十分重视环境与健康工作。然而，环境与健康问题的复杂性使瓶颈问题难以克服；目前的环境与健康领域大量工作只是提供了环境污染与暴露其中的人群健康指标之间的统计相关证据，但是其背后的分子机制仍不清晰。

### 1.1.1 国家自然科学基金委员会第 111 期双清论坛

2014 年年初，在国家自然科学基金委员会(以下简称"基金委")杨卫主任和基金委化学部领导特别是环境化学学科王春霞主任的大力支持下，江桂斌院士等提出举办双清论坛的申请。基金委化学科学部、生命科学部、医学科学部和政策局于 2014 年 3 月 31 日～4 月 1 日在北京外国专家大厦联合举办第 111 期双清论坛——"环境污染的毒理与健康研究方法学"，基金委杨卫主任、姚建年副主任参加会议并致辞。第 111 期双清论坛主席由国家自然科学基金委员会陈宜瑜院士、南京大学陈洪渊院士、中国科学院高能物理研究所柴之芳院士、中国科学院生态环境研究中心江桂斌院士和中国医学科学院肿瘤医院赫捷院士 5 位院士担任，来自国内外 30 多所高校和科研院所 60 余名专家学者，以及基金委化学科学部、生命科学部、医学科学部和政策局的相关人员参加了此次论坛，重点就"环境与健康的现状与展望""污染的暴露组学""污染物与生物分子的作用机理""污染的健康危害机制""计算毒理" 5 个专题开展深入研讨。

与会专家一致认为，虽然污染导致健康危害已获得共识，但污染引发代谢异常和肿瘤等环境相关疾病的分子机制仍是一个国际性的科学难题，机体损伤机理至今尚未阐明。中国医学科学院肿瘤医院院长、肺癌中心主任赫捷院士指出我国虽然发病率位于中等水平，但是居民肿瘤死亡率却居世界前列。从三次全国死因调查数据看，肺癌等环境因素影响较大的肿瘤发病率和死亡率在不断增高。时至今日，除了污染与统计相关性数据，其分子机制仍在探索中。基础研究薄弱难以支撑相关防治政策法规的制订，更无法实现环境技术干预下的健康保障。另一方面，由于经济的快速发展，发达国家百年间经历的不同污染阶段的健康问题在我国短期集中显现，我国独有的环境污染特点决定了其健康问题的特殊性，不能单纯移植国外结论评估环境污染与相关疾病的内在关联，亟需理论与方法创新。以大气细颗粒物污染为例，它就是一种典型的环境混合物，不同国家和区域在不同经济发展阶段，其细颗粒物组成是具有显著差异的。在欧美发达国家，机动车尾气为城市主要空气污染问题，而我国北方城市则是以传统煤烟型和机动车尾气兼具的复合型污染，其细颗粒物的污染组成谱和健康影响方式亦随之发生改变。Laden 等(2010)发现煤燃烧所致 $PM_{2.5}$ 每增加 10 $\mu g/m^3$，死亡率上升 1.1%，但是同样增幅的汽车尾气排放的细颗粒物所致死亡率则增加 3.4%。阚海东等(2005)指出我国空气颗粒物的健康危害与西方发达国家存在较大差异。2014 年 Huang 等(2014)在 *Nature* 发文指出我国雾霾中由一次组分反应生成的二次气溶胶所占份额很大，无论 $PM_{2.5}$ 还是有机气溶胶均可达到 30%～70%。北京大学朱彤教授提出目前领域突出的问题是关于颗粒物化学组分不明，因此在颗粒物潜在健康效应研究中存在流行病学与毒理学的结果不一致的现象，且缺少同步的大气污染实验数据支持。

此外，与会专家讨论指出目前环境暴露对机体的影响多停留在单一或几种化学污染物的检测上，难以真正体现复合暴露与全生命周期。在复杂环境污染的机体损伤研究中，由于大气细颗粒受源排放模式、地域气象特征、吸入方式等因素，科学合理的暴露方式是争论焦点之一。此外，暴露组学的研究已经严重滞后于基因组学、蛋白组学和代谢组学的步伐。全基因组关联研究(genome-wide association study，简称 GWAS)虽然在疾病产生机制中已被广泛应用，但是 GWAS 仍然无法回答环境污染的健康危害机制这一关键问题，类似的环境关联研究(environment-wide association study，简称 EWAS)给环境与健康研究提供了新思路。譬如，2010 年 Patel 等(2010)以 II 型糖尿病为例比照 GWAS 研究方案，开展了 II 型糖尿病 EWAS 研究，找到了一些相关的环境污染因素。之后，他们又陆续发表相关工作，虽然污染与 II 型糖尿病间的因果关系尚未理清，但是其研究给环境与健康研究提供了一条新的探索途径(Patel et al.，2013; 2012a)。随着环境暴露组概念的提出，EWAS 此后亦成为全暴露组关联研究(exposome-wide association study)的简写。基于 EWAS，环境健康风险评价有望从单一化学品的研究向累积风险过渡。如何将 GWAS 和 EWAS 方法相互结合，从而深入剖析基因与环境间的相互作用是目前方法学研究需要突破的一个瓶颈问题。特征污染暴露组及其与特定健康结局的关联不仅是亟待解决的国际前沿课题，也是论坛专家公认的必需回答的科学问题。

与会专家还就现有污染相关肿瘤和其他健康结局的早期诊断和生物标志物发现等问题进行了热烈讨论，认为恶性肿瘤虽然是长期暴露于环境污染可能导致的健康结局，但是从保护大多数人健康角度出发，环境内分泌干扰效应等机体损伤因其为普遍的和早期的健康结局更应该受到关注。中日友好医院 2007～2008 年在我国经济发展水平不同的 14 个省市的糖尿病流行病学调查结果显示我国已成为糖尿病患者最多的国家(Yang et al.，2010)，这不仅与生活水平和饮食习惯有关，环境污染对于人体糖脂代谢过程的干扰也是不可忽略的(Porta，2006)。在当前的环境与健康研究领域，进入机体的污染物对于疾病相关毒性通路的扰动及其相关的早期危害虽然是公认的污染致病起点，但在污染与受体蛋白乃至遗传物质等生物分子的交互作用及其健康危害这一连接污染-健康的关键环节上认识不足，难以回答污染缘何渠道导致机体的遗传和非遗传损伤并与特定疾病表型相关联。基于这一问题，美国发布的 *Toxicity Testing in the 21st Century: A Vision and A Strategy*(简称 TT21C)提出全新的毒理研究思路与毒性测试战略(Collins et al.，2008)。TT21C 指出生物分子通过与小分子物质等相互作用以维持细胞功能和相关信号通路，环境污染物通过与生物分子作用而干扰细胞内毒性作用路径，通路扰动所引发的级联反应经程序调控导致健康危害。鉴于此，探求污染与生物分子交互作用及其对关键毒性作用通路的扰动机制已成为破解环境与健康因果奥秘的关键。专家认为我国正经历环境恶化且居民全方位暴露于严重复合污染的时期，相对应的我国环境与健康的研究处于早期阶段。从我国国情与污染健康危害早期预警出发，论坛建议环境与健康研究在污染与健康危害相关方面需要重点解决的问题包括：中国人群特定污染暴露与相关健康结局的流行病学证据；以职业暴露或者特定区域为基础的可共享的污染暴露数据库和环境样本库(大规模的污染谱分析)的建立；以职业暴露人群或者区域病人为基础的可共享的特定健康结局研究数据库和生物标本库(大规模的生物标志物分析)的建立；连接污染暴露与特定健康结局的关键分子(靶点、组学特征、生物标志物等)。

由于细胞内遗传物质突变的逐步累积最终会导致恶性肿瘤的发生，因此与污染物相关的脱氧核糖核酸(deoxyribonucleic acid, 简称 DNA)损伤与修复研究一直是环境与健康领域前沿，早在 2002 年 Somers 等(2002)即报道了空气污染引发可遗传的 DNA 突变。然而，DNA 损伤和遗传变异并非所有健康结局的诱因(Jones et al., 1999)。从癌细胞不同于正常细胞的 DNA 甲基化水平被报道以来(Feinberg et al., 1983)，人们逐渐认识到细胞癌变不仅存在遗传变异，还有大量的 DNA 甲基化修饰、组蛋白修饰和非编码 RNA 调控等表观遗传变异同时发生(Jones et al., 2007; 2002)。在机体损伤过程中表观遗传变异与传统意义的遗传变异是共存且相互作用的。相对于遗传变异，表观遗传变异更易发生，且是遗传物质与环境对话的媒介(Feinberg et al., 2004)。因此，污染所致表观遗传修饰变异是相关健康结局发生的早期事件，显著影响污染所致健康风险(Bollati et al., 2010)。然而，目前的环境污染健康危害机制研究忽略了污染的表观遗传效应，从而低估了其健康风险。

此外，环境污染导致的健康问题是多因素、多层次交互作用的结果。环境与健康问题的高度复杂性决定了其研究必然是多学科交叉领域，简单的单一学科方法移植难以解决这一复杂问题。从污染物种类和形态的鉴定、污染源的判断，到污染物环境迁移、转化直至进入人体进行累积和分布、与生物分子的相互作用乃至诱发的级联响应与程序调控引发可能的健康结局，环境与健康研究的各个方面都面临着方法学革新的挑战。解决高度复杂的环境与健康问题亟需方法学革新，而在这个关系到民生和民族永续发展的关键科学领域，真正的核心理论与方法是买不来的。同时，专家指出随着美国发布 TT21C 和暴露组概念及 EWAS 方法的提出,环境与健康研究正处于一个全面方法学革新的时期。在这一特殊阶段，如果能够在方法学上有所突破，就有可能实现跨越式发展，从而促成我国环境与健康科学技术的进步。鉴于此，建议抓住环境与健康领域这一契机，立足于机体损伤的污染归因新理论与新方法，瞄准环境与健康研究存在的方法瓶颈，整合多学科研究力量，进行系统的方法研究。只有开展环境与健康新方法研究，才有可能占领环境与健康科学研究的战略基点，缩小与国际领先水平的差距，并逐步在日益激烈的国际竞争中掌握主动权。同时，开展环境污染的毒理与健康研究方法学研究已成为改善民生、建设美丽中国和实现中华民族永续发展的重大需求。

鉴于我国环境污染物的暴露特征复杂，人群暴露途径和暴露剂量不清；暴露所产生的健康危害研究缺乏理论和方法；污染物与生物分子交互作用的毒性通路干扰机制研究亟需建立新方法与新模型；污染诱发的遗传/表观遗传损伤特征也不明确，特别是环境污染所致的 DNA 损伤及表观遗传修饰改变可能成为污染人体损害乃至致病早期预警信号，而这方面研究国内外均很薄弱。论坛针对这一研究现状与趋势，提出应该重点解决如下科学问题与方法瓶颈：污染暴露组及其方法学研究、污染物与生物分子的交互作用、污染物的毒性与健康危害机制以及污染引发健康危害的计算评估方法与模型等。基金委有关部门依据双清论坛专家的建议,在前期基金项目资助的基础上,结合国家《加强大气污染防治科技支撑工作方案》的整体安排和任务分工,考虑重点支持大气细颗粒物关键毒性组分的分离与鉴定、大气细颗粒物污染的环境暴露组学与人群暴露评价、大气细颗粒物污染与生物分子的交互作用及其潜在健康风险、大气细颗粒物污染的毒理效应及其剂量-反应关系和大气细颗粒物污染的健康危害机制等方向的工作,进一步组织专家论证以当前污染涉及范围最广、影响最大的大气细颗粒物为研究对象组织重大研究计划的可能性。

### 1.1.2 香山科学会议第 515 次学术研讨会

为了系统研讨环境与健康研究的理论与方法,形成我国环境与健康领域优势群体,引导和推动我国环境与健康学科的发展,2014 年年初,江桂斌院士等提出举办以"环境污染与健康"为主题的香山会议申请。2014 年 12 月 4~5 日在北京召开了以"持久性有毒污染物的环境暴露与健康效应"为主题的第 515 次学术研讨会(图 1-1),会议邀请中国科学院生态环境研究中心江桂斌院士、基金委陈宜瑜院士、南京大学陈洪渊院士、中国环境监测总站魏复盛院士、中国医学科学院肿瘤医院赫捷院士担任共同执行主席。中国科学院高能物理研究所柴之芳院士、清华大学郝吉明院士、中日友好医院王辰院士等 47 名来自高等院校、科研院所、医院和管理部门的专家学者应邀参加了研讨会,17 位跨领域学者通过精彩的口头报告分享了他们对环境污染与健康研究的认识和深度思考。与会专家围绕环境流行病学与暴露组学、环境污染与区域肿瘤高发、分子毒理学与表观遗传和大气细颗粒的毒理与健康损伤等中心议题进行深入讨论,并提出污染暴露组学、污染与生物分子的交互作用及其分子机理、污染的健康危害机制以及环境流行病学研究方法为领域优先研究方向和亟待解决的关键科学问题。鉴于污染的环境暴露与健康效应是一个长期的世界性难题,需要顶层设计和长期稳定支持,才可能在科学创新、国家目标、保障民生三个方面达成预期目标。与会专家提出在基础研究、应用研究等不同层面设立国家重大研究计划,打破学科界限,进行多学科合作攻关;同时提议建立环境污染暴露与健康效应的国家级数据平台,实现信息共享,绘制全国污染引发健康风险的网络地图,定期发布权威的环境与健康研究报告,为提出区域优控污染物名录与风险暴露阈值以及国家决策和环境外交提供方法支撑和科学数据。此外,环境流行病学的队列研究需要长

图 1-1 香山科学会议第 515 次学术研讨会现场

期随访相当数量的研究对象，需要耗费大量的人力和财力，绝不是单纯依靠科研项目可以做到和完成的，需要国家层面机构的统一设计和稳定支持。我国目前人口流动性很高，如何保障定群跟踪的回访率是必须解决的问题。专家建议建立专门的国家环境流行病学调查机构，开展长期队列研究和系统规范的工作，并负责向国家决策提供可靠的科学依据。

### 1.1.3 我国大气细颗粒物污染与健康研究面临的挑战

在就环境污染与健康危害关键科学问题、研究方法瓶颈等多次深入调研和充分论证后，面对区域型雾霾高发的实际现状，专家一致认为我国正经历大气环境恶化且居民全方位暴露于严重复合污染的时期，亟需克服以下四方面的挑战和问题，以满足我国环境污染与健康领域对科学技术日益紧迫的需求。

（1）大气环境污染的多元性给环境毒理-健康研究提出了全新挑战，大气细颗粒物的健康影响问题本质是其组分的复合效应，确认大气细颗粒物对健康损伤起关键作用的组分是当前细颗粒物污染与健康研究面临的首要挑战。

细颗粒物本身就是一种典型的复合污染，已有研究确认大气细颗粒物成分不同对暴露人群寿命、心血管和呼吸系统疾病急性发作等的影响是存在差异的（Zhou et al., 2011; Delfino et al., 2009; Peng et al., 2009）。一方面，大气细颗粒物上已知的有毒组分与区域人群疾病的关系并不明确。以多环芳烃为例，苯并[a]芘代谢物苯并[a]芘二羟环氧化物可嵌入 DNA 碱基平面间形成双链横向交联的 DNA 加合物，而这一分子间作用是造成鸟嘌呤→胸腺嘧啶移码突变致肺癌的潜在因素，但是国外已有报道显示细颗粒物和疾病相关性研究中存在低毒无机碳与发病率的相关性高于多环芳烃等已知毒性物质的现象（Denissenko et al., 1996）。可见，已知有毒组分在与疾病相关通路的关系上仍是不清楚的，需要探索其未知的致毒机制。另一方面，大气细颗粒物中尚有很多组分是未知的，但很可能在细颗粒物毒理与健康危害上扮演重要角色。特别是不同国家和区域在不同经济发展阶段形成的细颗粒物在组成乃至毒性上存在显著差异，我国雾霾特有的形成机制会导致大量二次细颗粒和未知毒性组分的生成（Huang et al., 2014）。同时，细颗粒物上已知低毒或无毒组分的活化作用不可忽略，这既包括无害组分在细颗粒物表面经转化生成有害物质，又涉及一次细颗粒形成二次细颗粒过程中组分经化学反应转化为毒性更高的物质。可见，分离鉴定细颗粒物污染组分并研究其活化和毒性效应是揭示细颗粒物污染健康危害的前提。

（2）对于大气细颗粒物生物学效应与毒理学机制的认识不足，探求污染与生物分子交互作用及其对关键毒性作用通路的扰动机制已成为破解环境污染与健康因果奥秘的关键。

Pope 等（2009）2009 年在《新英格兰医学》杂志报道了美国大气细颗粒物污染对于暴露人群寿命的影响，Beelen 等（2014）2014 年在《柳叶刀》杂志给出了欧洲队列研究的证据，Shah 等（2013）2013 年在《柳叶刀》杂志提出细颗粒物污染对心脏功能的影响。遗憾的是，目前大气细颗粒物污染研究领域的大量工作只是提供了污染与暴露其中人群健康指标之间的统计相关证据，现有证据虽支持大气细颗粒物污染与心肺疾病乃至代谢综合症的关联，但是污染引发机体异常的分子机制仍不清楚 (Martinelli et al., 2013; Krämer et al., 2010; Liu et al., 2009; Mills et al., 2009)。如 Park 等 (2010) 指出自主神经功能障碍可能是颗粒物导致代谢综合征患者心血管疾病的原因之一，Hoffmann 等 (2012) 则观察到大气细颗粒物可导致血压的升高。环境污染与生物分子作用是公认的污染致病起点，但目前因对这一连接污染与健康的关键环节缺乏认识，致使难以厘清污染导致机体损伤并与特定疾病表型相关联的渠道。大气细颗粒物毒性组分与生物大分子化学结构与功能的多样性决定了污染物对生物分子相关毒性通路扰动机制的复杂性，污染对于心肺系统的早期损伤和慢性阻塞性肺病（简称慢阻肺；chronic obstructive pulmonary disease，简称 COPD）等疾病发生发展影响的相关分子毒理机制和通路研究仍存在诸多瓶颈性问题。

（3）目前大气细颗粒物环境污染的毒理研究忽略了污染的表观遗传效应，从而低估了其健康风险。

与环境污染相关的 DNA 损伤与修复研究是当前环境与健康领域的前沿。相对于遗传变异，污染物更易引发表观遗传修饰的变化，从而调控特定基因的表达，充当遗传物质与环境对话的重要媒介。2010 年 10 月 29 日 Science 发布表观遗传专刊，表明了表观基因组时代已经来临 (Riddihough et al., 2010)。1999 年已报道不具遗传毒性的多环芳烃混合物可通过干扰间隙连接细胞间通讯产生表观遗传毒性 (Ghoshal et al., 1999)。以 DNA 甲基化这一哺乳动物中最具代表性的表观遗传修饰为例，焦磷酸测序发现墨西哥制砖工人血样中白细胞介素-12 与 P53 启动子 DNA 甲基化水平与尿样中 1-羟基芘浓度呈现显著负相关 (Alegría-Torres et al., 2013)；Madrigano 等 (2011) 研究发现人群在含炭黑和硫酸盐的空气中长期暴露与长分散核苷酸元件 LINE-1 和短分散核苷酸元件 Alu 两种重复元件的低甲基化水平相关。已有研究证实污染物引发的表观遗传修饰是在细胞分裂过程中"可遗传"的，譬如 2005 年 Science 就报道了关于具抗雄激素性质的农利灵和具雌激素性质的甲氧滴滴涕等环境内分泌干扰物的表观遗传跨带传递作用 (Anway et al., 2005)；而 Gaydos 等对于组蛋白甲基化的研究显示表观遗传特征可通过多次细胞分裂传递 (Gaydos et al., 2014; Bollati et al., 2010)。这意味着与之相联系的机体损伤具可继承性，暴露人群在环境污染清除后仍会维持高发病率，而大气细颗粒物环境污染的毒理研究亦需要关注其表观遗传效应 (Ji et al., 2012; Nawrot et al., 2009)。

（4）大气细颗粒物健康危害解析需要暴露组学、环境流行病学和毒性研究方法学创新的支撑。

当前，环境污染与健康影响研究正处于一个全面方法学革新的时期。面对真实环境污染均以混合物形式暴露这一现实，美国 NIEHS 将阐明环境混合物的健康效应作为其未来优先研究重点 (Carlin et al., 2013)，暴露组和暴露组学已成为暴露研究的新热点，而将外暴露污染谱法和基于基因组、代谢组等的生物标志物法有机整合是未来暴露评价的方向 (Lioy et al., 2011)。由于疾病发生是一个长期过程，暴露组研究不仅涉及内外暴露问题，还涵盖暴露时间尺度的延伸 (Betts, 2012)。此外，毒性测试方法则呈现从以整体动物试验为主向体外测试与计算毒理相结合的方法转变的趋势 (Collins et al., 2008)。环境污染的复杂性使得单纯依赖实验评价其毒理效应很不现实，以大数据解析为核心的系统生物学和计算模拟是污染毒理评价的有力工具。目前亟需发展相应的数据挖掘手段，科学运用大数据，将分子生物学、毒理学乃至流行病学等信息相结合(Bhattacharya et al., 2011; Rusyn et al., 2010; Kitano, 2002)，评估大气污染作用的关键生物靶并预测其对相关信号通路的可能扰动，以探寻环境疾病的污染归因。Patel 等在 X-WAS 数据基础上，运用统计分析和通路解析方法将流行病学信息和毒理学知识相结合，探寻分子水平的效应标志物，并在 II 型糖尿病上进行了初次尝试(Patel et al., 2012b)。此外，环境流行病学方法与模型研究亦是难点之一(Thomas et al., 2012; Fallin et al., 2011; Wan et al., 2005; Pekkanen et al, 2001)。

### 1.1.4　世界有关国家部署的情况

欧美等世界发达国家早在数十年前即在国家层面部署了环境污染毒理评价与健康影响战略研究计划，并投入大量资金支持相应的基础和应用研究，以保障人群健康。欧盟倾向于通过政策性导向，支持第六和第七框架相关项目研究，并与经合组织合作建立"评估方法"，*The European Environment & Health Action Plan 2004～2010* 已经顺利实施。而美国则启动了二十一世纪毒理学(Toxicology in the 21st Century，简称 Tox21)大科学工程合作研究行动，通过科学导向，自上而下地开展系统的"毒性通路"研究，以发现新的生物学评价终点、揭示毒性作用模式。而 NIEHS 的环境与健康新战略计划(2012～2017)充分体现了低剂量暴露、暴露组学、表观遗传改变、靶点与通路等特征(Birnbaum, 2012)。可见，在环境污染的毒理评价与健康危害研究方面，发达经济体早已提前出发。早在 1999年，美国环保署就建立了颗粒物研究中心，迄今经过多个五年计划，总投资逾千万美金(Lippmann et al., 2003)。世界有关国家的研究为我国实施这一计划提供了宝贵的经验。但是，应指出的是我国污染问题具有自身的特点，即传统污染与新型污染并存，常量污染与痕量污染均不可忽略，复合污染问题非常突出，这就导致我国污染所致的健康危害亦与发达国家存在显著差异。由于经济的快速发展，发达国家历经百年经历的不同大气污染阶段的健康问题在我国以压缩的方式同时集中显现，其污染所致危害的特征和背景均不清楚，既无法照搬国外研究经验，亦因地理、气候、人种等的不同和单核苷酸多态性(Levy et al., 2002; Mortensen et al., 2013)等而存在显著的易感性差异。

### 1.1.5　与国家已有任务部署的关系

我国在环境污染毒理评价与健康影响方面曾部署过少量项目，如"973"项目"环境化学污染物致机体损伤及其防御的基础研究"等，这些项目主要在实验室水平的细胞生物学和分子生物学层面开展工作，未涉及真实环境污染暴露的毒理学评价。执行中的"973"项目"空气颗粒物致健康危害的基础研究"(批准号 2011CB503800)重点在于经呼吸道摄入的空气动力学直径小于 10 μm 的可吸入颗粒物(简称 $PM_{10}$)所导致心肺疾病发生机制。而重大研究计划关注 $PM_{2.5}$ 而非 $PM_{10}$，重点在于大气细颗粒物毒理机制研究，以期基于细颗粒物组分识别与复合暴露毒理研究实现混合物的累积风险评价，比"973"项目更具系统性与前沿性，更侧重于理论、机制和方法学突破。此外，在组织策略方面，"973"项目在每个具体研究方向只能支持 1～2 个项目，而重大研究计划是由重点项目、培育项目等不同层次的项目群组成，可充分发挥顶层设计的优势，并能及时进行动态调整，有利于长时间、大范围、系统性研究工作的开展。

环保部和卫生部联合开展的"全国重点地区环境与健康专项调查"于 2012 年立项，正在对全国 100 个重点地区的环境污染与人群健康开展摸底调查，旨在提供大量基础数据。重大研究计划则从大气细颗粒物污染毒理评价方法这一科学命题出发，面向国家重大需求，重点提出并建立大气污染毒理与健康危害机制研究方法学，以期阐明我国特征大气污染健康危害的毒理学基础，为系统研究大气污染的健康影响及控制对策提供方法学和技术支撑。

鉴于此，实施"大气细颗粒物的毒理与健康效应"重大研究计划的时机已经成熟。基金委于 2015 年组织启动了联合重大研究计划"中国大气复合污染的成因、健康影响与应对机制"，其中大气细颗粒物污染的健康影响机制归于计划"大气细颗粒物的毒理与健康效应"（以下简称"重大研究计划"）。"大气细颗粒物的毒理与健康效应"重大研究计划意在面向我国污染治理和人口健康等重大需求，瞄准当今国际毒理学领域发展最新动态，遵循"方向明确、重点突破、基础扎实、学科融合"的原则，充分发挥化学、生物科学和医学等学科的特点以及学科交叉的优势，整合化学、环境科学、毒理学、生命科学、生物医学等知识背景的队伍，在相关方法学突破的基础上，探明细颗粒物关键致毒组分与毒性机理，研究其生物效应和与疾病危害相关的影响机制。

## 1.2　重大研究计划布局和定位

"大气细颗粒物的毒理与健康效应"重大研究计划围绕"大气细颗粒物的毒性组分、毒理机制与健康危害"这一重大科学问题，解析雾霾关键毒性成分及其来源和暴露途径；提出并建立人群长期暴露评估的方法，阐明我国雾霾高发地区典型大气细颗粒物污染的暴露组特征；寻找并利用新型代谢组、遗传和表观遗传生物标志物，解析细颗粒物对关键信号路径的扰动作用，诠释我国特征大气细颗粒物毒性组分的生物学效应与毒理学机制；揭示大气细颗粒物可能诱发的机体应答与机体损伤作用机理，阐明大气细颗粒物污染与慢阻肺等疾病的相关关系及可能影响机制。

### 1.2.1　重大研究计划布局和拟解答的关键科学问题

#### 1.2.1.1　关键科学问题

本重大研究计划的核心科学问题是"大气细颗粒物的毒性组分、毒理机制与健康危害"。计划的组织实施将围绕以下三个关键科学问题展开。

1. 典型区域大气细颗粒物的毒性组分及暴露研究方法学；
2. 大气细颗粒物毒性组分的生物学效应与毒理学机制；
3. 大气细颗粒物的健康危害机制。

#### 1.2.1.2　计划布局

重大研究计划组织相关领域专家，调研了国内外大气细颗粒物毒理与健康效应研究现状，指出计划需要在暴露、毒理和健康层次解答三大关键科学问题，并从前瞻性和战略上对计划布局和主要研究内容框架进行提前部署和合理规划，完成了初步布局。重大研究计划围绕大气细颗粒物毒性组分人群暴露所致潜在机体损伤这一过程，发展大气细颗粒物毒理效应与健康危害机制研究的新理论和新方法，具体布局是从大气细颗粒物毒性组分的甄别、来源与演化入手，重点研究我国典型区域大气细颗粒物的环境暴露组及其方法学，并基于大气污染人群健康危害的流行病学特征，探知污染与区域疾病高发的潜在关联。在此基础上，有针对性地解析大气细颗粒物毒性组分与致病通路有关生物分子的交互作用及其生物学效应与毒理学机制，揭示大气细颗粒对重大疾病发生发展的影响机制。项目提出的重大研究计划布局及其五个主要研究方向之间的关联性见图1-2。

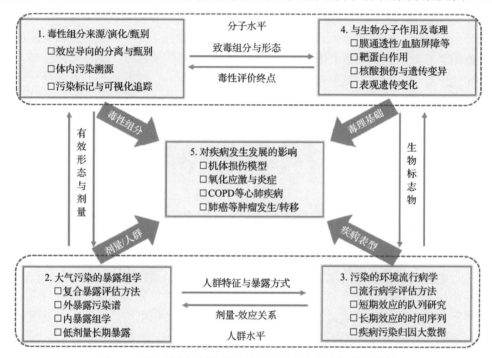

图 1-2　重大研究计划整体布局及主要研究方向间的关联性

### 1.2.2　重大研究计划的主要研究内容

"大气细颗粒物的毒理与健康效应"重大研究计划涵盖以下五个主要的研究方向。

#### 1.2.2.1　大气细颗粒物毒性组分的来源、演化与甄别

雾霾有害化学组分不明是当前细颗粒物毒理研究的瓶颈之一，建立关键毒性组分的分析与鉴定方法体系是大气复合污染毒理学研究的前提。需要结合现代高灵敏、高分辨的化学和生物分离检测技术，研究细颗粒物中未知毒性组分的快速识别、鉴定与追踪方法，诠释细颗粒物粒径、形貌、有毒化学成分与微生物组成谱等的环境演化规律，提出并建立细颗粒物有毒组分识别方法和设备。研究重点包括将大气污染组分鉴定与毒性检

测技术相互整合，建立效应导向的大气细颗粒物毒性组分的分离与鉴定方法，开发高通量环境大气未知高健康风险污染物的甄别新技术；建立基于同位素指纹分析等的大气细颗粒物毒性组分来源甄别方法，实现人群暴露的来源解析；探索颗粒物组分活化和毒性增强的环境过程机制，关注我国典型区域大气细颗粒物形态、一/二次粒子比例及毒性组分的时空分布特征，研究二次粒子形成过程中无毒组分的活化及新毒性物质的生成；开展大气细颗粒物相关自由基等有害化学形态生成与环境稳定性研究，运用质量标记、同位素标记、活细胞与活体动物可视化示踪等不同的方法，建立环境细颗粒形成、转化与行为追踪技术，阐明大气细颗粒物毒性组分的环境行为与生命周期，揭示最终致毒形态与污染的生物有效性等。

### 1.2.2.2 大气细颗粒物的暴露组学

现有暴露研究割裂了内外暴露的关联，急需将 EWAS 和 GWAS 结合，建立区域大气污染人群长期暴露的评估方法，突破传统单一污染单点暴露评价的方法瓶颈。此外，同时基于外暴露特征和内暴露效应的大气细颗粒污染暴露组学研究方法、低剂量大气细颗粒物污染的暴露评价、大数据解析技术亦是优先研究方向之一。研究重点包括发展区域污染人群长期暴露于大气细颗粒物污染的评估方法，实现复合污染的累积健康风险评价，突破传统的单一污染物单点暴露评价的方法瓶颈；建立同时基于外暴露特征和内暴露效应指示的暴露组学研究方法，将"自上而下"和"自下而上"两种暴露研究模式相互结合，诠释区域典型细颗粒物污染暴露的相关"系统"组学特征变化；研究筛选特征大气细颗粒物毒性组分的暴露标志物，探索建立大气细颗粒物毒性组分低剂量环境暴露方法学；研究大气细颗粒物暴露相关的研究方法、设备与装置，关注细颗粒物污染个体暴露评价方法；发展和建立全新的环境污染与毒理数据对接与整合方法，分析挖掘基因组、转录组、蛋白质组和代谢组的动态变化所产生的各类无序非标数据，开发有效识别关键节点和探寻分子水平的效应标志物的新方法，开展组学海量数据采集与处理方法以及相关系统生物学方法研究等。

### 1.2.2.3 大气细颗粒物污染人群健康危害的流行病学研究

雾霾的复杂性使得科学家无法单纯依赖实验评价其毒理效应与健康危害，目前普遍存在流行病学调查与毒理学评价结果不一致的现象，毒理探索缺少与细颗粒物污染同步的环境流行病学研究数据支持，从而难以获得污染与短期效应乃至长期机体损伤之间的内在关联。建立并发展细颗粒物污染流行病学评估方法成为当务之急。研究重点涉及中国人群特定大气细颗粒物暴露与相关健康结局的流行病学研究，这既涉及以职业暴露或者特定区域为基础的大规模污染谱，又包括以职业暴露人群或者区域病人为基础的海量生物标志物分析和相关病例对照研究等。鉴于时间的限制，大气细颗粒物污染短期健康效应的定群研究优先开展，而大气细颗粒物污染与慢阻肺等疾病相关的队列研究根据国内队列研究的基础酌情支持；发展大气细颗粒物污染环境分子流行病学评估方法，筛选发现细颗粒物污染所致早期健康损伤的新型效应标志物；细颗粒污染所致健康危害的早期预警方法和干预对策等。

#### 1.2.2.4　大气细颗粒物组分与生物分子的交互作用及毒性机理

污染物与疾病相关毒性作用通路关键生物分子作用认识的匮乏致使难以厘清其引发毒性效应与机体早期损伤的原生动力，相关毒理研究亦缺乏科学方法学的支持。亟需以大气细颗粒物毒性组分与疾病相关通路关键生物分子作用为切入点，解析污染对疾病相关毒性通路的干扰，揭示污染诱发遗传变异与表观遗传变化的分子机制，解析大气细颗粒物毒性组分的生物学效应与毒理学机制。研究重点包括建立大气细颗粒生物学效应快速评价方法，开展大气细颗粒物毒性组分对靶向蛋白的功能干扰机制研究；开展大气细颗粒物活性组分引发的核酸损伤与修复机制研究，探索发现新型 DNA 加合物；开展大气细颗粒物毒性组分诱发表观遗传的变化与调控过程研究；开展大气细颗粒物毒性组分的生物屏障通透性评价，建立其毒性组分亚细胞分布表征方法等。

#### 1.2.2.5　大气细颗粒物毒性组分的健康危害机制

已有人群调查数据显示大气细颗粒物污染可诱发呼吸和心血管系统功能异常乃至肺癌等恶性肿瘤的高发。然而疾病成因复杂，细颗粒物关键毒性组分在其所扮演的角色不明，亟需在探索细颗粒物的机体应答与机体损伤作用机理的基础上，研究其诱发的呼吸和心血管系统功能异常，明确典型大气细颗粒物影响慢阻肺等污染相关疾病发生发展的分子机制。研究重点包括构建细颗粒物污染诱发特定机体损伤的组织和动物模型，为大气污染健康危害研究提供技术支撑；开展大气细颗粒物毒性组分引发的组织器官炎症反应等早期损伤机制研究；分析细颗粒物污染诱发的呼吸和心血管系统功能紊乱的分子机制；诠释典型大气细颗粒物对慢阻肺等污染相关疾病发生发展的影响机制等。

### 1.2.3　重大研究计划的组织和管理模式

重大研究计划遵循基金委确定的"有限目标、稳定支持、集成升华、跨越发展"16字总体思路，立足于新理论与新方法的突破，鼓励环境科学、各种组学、生物医学、计算毒理、流行病学研究等不同学科进行研究思路、研究方法的系统有机整合，加强化学学科、生物学科、医学、信息科学等领域的交叉与合作，以期解答计划提出的核心科学问题，实现总体目标。

在有限目标方面，重大研究计划提出，针对大气细颗粒物这一重要环境污染，开展其毒理与健康效应研究。在稳定支持方面：重大研究计划希望通过 6～8 年时间，对我国大气细颗粒物污染毒理研究的队伍给予长期资助。在集成升华方面，重大研究计划希望鼓励环境科学、各种组学、生物医学、计算毒理学、流行病学研究等不同学科进行研究思路、研究方法的系统有机整合，分别在分子水平、细胞水平和人群水平开展大气细颗粒物污染毒理评价及健康效应研究，使我国在环境污染与健康风险方面的研究能力有一个整体的提升。在跨越发展方面，重大研究计划立足于新理论与新方法的突破，迅速推进我国在大气细颗粒污染毒理学评价方面的研究进展，形成思路互通、技术整合、资源共享、平台共用、成果分享的大协作氛围，缩小与国际水平的差距，以期在雾霾有毒成分鉴定与追逐、环境暴露组学、新型效应标志物等方面取得原始性创新成果，占领环境与健康科学研究的战略制高点。

在管理模式上，实行专家学术管理与项目资助管理相结合的管理模式，充分体现"依靠专家、科学管理、环境宽松、有利创新"的宗旨，体现更加侧重前沿、侧重基础的特点，兼顾国家目标与雾霾治理等方面的需要。计划实施中设立"指导专家组"（表 1-1）和"管理工作组"，实行以基金资助管理体制与专家学术管理体制相结合的管理结构。指导专家组由不同学科领域的 7 位知名科学家组成，负责重大研究计划的总体部署、年度项目指南和资助计划的拟定、计划资助项目年度进展报告、中期检查报告和结束评估、计划总体目标的实现和阶段进展评估及调整方案的提出等。管理工作组由重大研究计划主管科学部、相关科学部的科学处和计划局项目与成果管理处的人员组成，负责管理实施计划的总体审核、协调、组织评估及工作组日常工作。

在项目管理方面，申请者应在项目指南的宏观指导下自由选题，所提出科学问题要与指南要求一致，研究内容要充分体现创新性、科学性和可行性，鼓励申请者开展交叉领域研究。项目遴选时，除考虑基金委规定的遴选项目准则外，还强调研究项目对计划总体目标和核心科学问题所起的作用。重大研究计划主要以"培育项目"、"重点支持项目"和"集成项目"的形式予以资助。"重点支持项目"主要针对有较好研究基础和积累，有明确的重要科学问题，并需要进一步深入系统研究的项目。坚持"突出重点，有限目标"和"有所为，有所不为"的精神，根据我国在该领域的研究基础和优势，重点支持在五年内可望取得重要突破的研究课题，组织精干力量强化研究，以利于近期内有所突破。"培育项目"主要针对有比较好的创新性研究思路，或比较好的苗头但尚需探索研究的项目。指导专家组对重大研究计划项目实施动态管理并进行学术指导，每年集中组织一次在研项目的学术研讨与交流活动，并不定期组织部分项目专题研讨，选择有突出进展或存在问题的项目进行实地考察。

表 1-1 重大研究计划"大气细颗粒物的毒理与健康效应"指导专家组成员

| 指导<br>专家组 | 姓名 | 专业技术<br>职务 | 专业 | 所在单位 |
|---|---|---|---|---|
| 组长 | 江桂斌 | 中国科学院院士 | 环境化学与毒理 | 中科院生态环境<br>研究中心 |
| 副组长 | 张先恩 | 研究员 | 生物化学与微生物学 | 中科院生物物理所 |
| 副组长 | 吴永宁 | 研究员 | 毒理健康 | 国家食品安全风险<br>评估中心 |
| 成员 | 张玉奎 | 中国科学院院士 | 蛋白质组学与分析化学 | 中科院大连化物所 |
| 成员 | 王辰 | 中国工程院院士 | 临床呼吸疾病 | 中日友好医院 |
| 成员 | 郝吉明 | 中国工程院院士 | 大气科学 | 清华大学 |
| 成员 | 沈洪兵 | 教授 | 环境流行病学 | 南京医科大学 |

# 1.3 重大研究计划申请指南及已资助项目

"大气细颗粒物的毒理与健康效应"重大研究计划一经立项，已分别在 2015 年 5 月 4 日、2016 年 7 月 6 日、2017 年 7 月 31 日和 2018 年 7 月 20 日发布了 4 次指南，受理四次申请，迄今为止已对 2 项集成项目、22 项重点支持项目和 62 项培育项目进行资助，取得了阶段性的丰硕成果。

## 1.3.1 2015 年申请指南和资助项目

2015 年是重大研究计划启动的第一年，为聚集不同学科队伍，2015 年 5 月 4 日发布的指南涉及了大气细颗粒物毒性组分的来源、演化与甄别，大气细颗粒物的暴露组学，细颗粒物组分与生物分子的交互作用及毒性机理，大气细颗粒物污染人群健康危害的流行病学研究和大气细颗粒物毒性组分的健康危害机制五大布局研究方向[①]。在毒性组分鉴别方面，2015 年优先支持效应导向的细颗粒物组分研究，探索颗粒物组分活化和毒性增强的环境过程机制；关注我国典型区域大气细颗粒物形态、一/二次粒子比例及毒性组分的时空分布特征，研究二次粒子形成过程中无毒组分的活化及新毒性物质的生成。在暴露组学研究方面，2015 年支持发展大气细颗粒物污染的人群长期暴露评估理论和方法，研究大气细颗粒物污染的暴露标志物，关注细颗粒物个体暴露评价方法研究，资助适应暴露组学研究的海量数据采集、处理及相关系统生物学方法的探索。在环境流行病学研究方面，2015 年启动了细颗粒物污染的效应标志物和分子流行病学方法研究，资助细颗粒物所致呼吸和心血管系统功能异常等短期健康效应的定群研究，并对已有基础的队伍择优资助细颗粒物污染与慢阻肺等疾病相关的队列研究。在毒理与健康危害方面，2015 年支持遗传和表观遗传改变研究，关注细颗粒物组分可能引发的靶蛋白功能障碍和相关机体应激反应；研究大气细颗粒物组分的生物屏障穿透性评价和细胞内分布、示踪与表征方法，探求细颗粒物组分与生物分子作用及其对关键毒性作用通路的扰动。此外，重点资助大气细颗粒物毒性组分诱发呼吸系统炎症及靶器官功能紊乱的生物学机制，探索与之相匹配的大气细颗粒物诱发特定机体损伤的细胞、组织、动物模型和评价方法学。

2015 年共有 243 个申请项目，其中 40 项经过同行评议和专家评审获得资助，分为 8 项重点支持项目、32 项培育项目，涉及 30 个承担单位，覆盖了环境学、化学、生物学与医学等多个学科。在 8 项重点支持项目中，包括 1 个毒性组分鉴定、2 个组学方法研究、1 个环境流行病学研究、1 个细颗粒物与分子间项目作用和 3 个毒理与健康危害机制的项目。

## 1.3.2 计划后续资助项目

2015 年按计划启动后，重大研究计划分别于 2016 年 1 月 21～22 日、2017 年 2 月 23～24 日、2018 年 3 月 15～18 日和 2019 年 2 月 21～23 日在深圳、厦门、珠海和青岛

① http://www.nsfc.gov.cn/publish/portal0/zdyjjh/2015/info48329.htm

召开了重大研究计划"大气细颗粒物的毒理与健康效应"年度学术交流会,对于重大研究计划资助的项目进行学术指导。项目负责人到场汇报了项目关键科学问题、具体研究目标和细化的研究方案和进展。项目组邀请领域专家和基金委相关领导参会,依据把握基础性、前瞻性和交叉性的研究特征,体现国家重大需求、科学前沿和有限目标,分别就项目目标是否有利于重大研究计划总体目标的实现、项目预期成果是否对回答重大研究计划核心科学问题有所贡献、研究内容要充分体现创新性、技术路线的科学性以及研究方案是否可行等方面对资助项目进行学术指导。与此同时,与会专家和项目参与者对后续需要关注和突破的瓶颈问题交换了意见。在这一背景下,分别于 2016 年 5 月 9 日、2017 年 6 月 22 日、2018 年 5 月 10 在北京组织召开重大研究计划"大气细颗粒物的毒理与健康效应"年度项目指南专家研讨会,进行申请指南的讨论和磋商,并分别于 2016 年 7 月 6 日[①]、2017 年 7 月 31 日[②]和 2018 年 7 月 20 日[③]发布了年度项目指南。2016 年共有 123 项目申请,有 8 项重点支持项目和 15 项培育项目共 23 项项目获得重大研究计划"大气细颗粒物的毒理与健康效应"的资助,吸引了更多生物学、流行病学等方面的专家学者参加。2017 年共有 166 项目申请,有 6 项重点支持项目和 15 项培育项目共 21 项项目获得资助,重点支持了专家一致要求开展的基于典型代表性区域大气细颗粒样品采集、解析与表征的标准化等工作。

　　2018 年是重大计划关键的一年。在 3 月 15～18 日的珠海会议上,专家一致认为,经过 3 个批次项目的资助和 2 年的研究,整个计划在细颗粒物毒性组分和心肺疾病 $PM_{2.5}$ 环境流行病研究布局上已经初见成效,而每个项目都从 $PM_{2.5}$ 采集、组分鉴定、染毒等做起完全是一种资源浪费且结果不可互相比对。鉴于集成项目是重大成果的源泉和旗舰,也是实现重大研究计划科学目标的直接载体,专家建议在重大研究计划资助的南北两个标准化项目"京津冀区域大气细颗粒物的标准化样品采集和表征"和"长三角代表性城市大气细颗粒样品的采集及其表征与解析"基础上,结合已资助的组分解析项目成果,进行有效集成,回答亟待解答的一个科学问题,即典型区域大气细颗粒物的关键毒性组分。而 $PM_{2.5}$ 环境流行病学研究需要成熟队列的支持和长期流行病数据支持,考虑到国内相关优势团队均已在专家组和资助项目承担单位中,专家建议集中在心肺疾病开展集成。在 $PM_{2.5}$ 环境暴露的健康影响机制方面,已资助了一批环境毒理学家和医学家的工作,需观察其进展。在 5 月的指南讨论会上,与会专家回顾了已获资助项目在不同方向取得的进展和成果的创新性及与重大研究计划目标的关联度,确定 2018 年尝试不再设置培育项目和重点支持项目,而是在大气细颗粒物毒性组分甄别和基于流行病学的大气细颗粒物人群健康危害及其机制两个方向进行集成,以组建优势互补科研攻关队伍,实现在若干方向上的跨越发展。基金委副主任张希院士专门出席了本次指南讨论会,进行工作指导。重大研究计划"大气细颗粒物的毒理与健康效应"2018 年度的申请指南发布后,有 2 项集成项目获得资助。为促进不同学科专家交流,2018 年 10 月 20～22 日重大计划专家组和相关专家领衔组织召开了 The 1st International High-Level Symposium on

---

① http://www.nsfc.gov.cn/publish/portal0/zdyjjh/2016/info52561.htm
② http://www.nsfc.gov.cn/publish/portal0/zdyjjh/info69911.htm
③ http://www.nsfc.gov.cn/publish/portal0/tab442/info74088.htm

Toxicology and Health of Air Pollution（THAP），会议以讨论领域重大科学问题和技术难题为宗旨，设置了颗粒物组分测定和表征、暴露组与分子毒理、大气污染流行病学和健康影响4个分会，邀请了7个大会报告、24个主旨报告和22个口头交流。诺奖得主 Mario Molina 和美国、加拿大等国内外数十位院士在内的超过300名专家学者参与了这次的盛会，取得了预期成果（图1-3）。

图1-3　2018年重大研究计划"大气细颗粒物的毒理与健康效应"的国际学术会议

### 1.3.3　2015～2018 年资助项目突出成果一瞥

2015～2018年"大气细颗粒物的毒理与健康效应"已资助2项历时4年的集成项目，22项历时4年的重点支持项目和62项历时3年的培育项目，一批环境学、化学、毒理学和医学专家加入这一计划，进行多学科合作攻关，希望能为国家制定和执行相应的大气污染减排指标和措施提供科学的依据（图1-4）。除了2015年资助的32项培育项目，其他项目目前均未到结题时间，但已取得一些可喜的成果。为避免与后续章节内容重复，本节只撷取部分一窥进展。

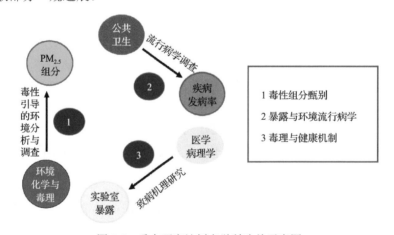

图1-4　重大研究计划多学科攻关示意图

PM$_{2.5}$关键毒性组分识别与鉴定是重大研究计划的基石，也是国家大气污染减排和控制的眼睛和政策依据。2019年，重大研究计划重点支持项目负责人李向东教授和阚海东教授在 Nature 发表评论，指出大气污染虽然是全球性的环境问题，但毒性组分却具有区域性特征(Li et al., 2019)。传统思路是在鉴定大气细颗粒物化学组成基础上开展毒性测试以期筛查毒性组分，所涉及的化学结构种类受限于所使用的预处理和仪器分析方法等，因而会陷入多环芳烃等大气有害污染物频繁检出和报道的困境，这也是环境靶向分析所面临的难题。2017 年资助培育项目"大气细颗粒物毒性效应化合物的高分辨质谱表征方法研究"则独辟蹊径，大胆提出从已知毒性的污染物结构类型出发，将靶向和非靶向分析相结合，建立基于高效液相色谱——串联高分辨质谱的疑似目标筛查策略(suspect screening strategy)以支持毒性导向的大气细颗粒物组分甄别。研究者运用这一全新的理念，以美国环保署公布的毒性预测项目 ToxCast 中的毒性物质为可疑目标，为 ToxCast 阶段 I 和阶段 II 的 890 个化学品构建了内部数据库，在北京市 2016 年 1～12 月的 60 个 $PM_{2.5}$ 样本中识别出邻苯二甲酸酯、苯酚、羧酸酯、有机磷酸酯、硝基化合物、含氮杂环物质、胺类、酰胺、磺酸和硫酸盐、羧酸、醇醚、酮类等理化性质各异的 12 类具有不同特征官能团的 89 个 ToxCast 化合物(图 1-5)，并进一步拓展至 75 种库外同系物和类似物的识别。定量和半定量结果显示邻苯二甲酸酯、苯酚和羧酸酯类化合物的 $PM_{2.5}$ 污染水平较高，平均浓度分别可达 7.82、4.42 和 4.11 $ng/m^3$。此外，化合物浓度水平随时间呈现不同的变化规律，且与气象因素的变化相关。例如，大部分邻苯二甲酸酯、羧酸酯和有机磷类化合物浓度水平与日均温度呈显著正相关性，主要受其半挥发性的物理-化学性质的影响；多数苯酚(如对羟基苯甲酸酯、羟基多环芳烃)和氮杂环类化合物(如咖啡因、可可碱、喹诺酮)与日均温度呈显著负相关性，可能是与其来源有关；超半数检出物与 $PM_{2.5}$ 质量呈正相关性，多为胺类和酚类化合物等(Lin et al., 2019a)。此外，早在 20 世纪 50 年代 Lyons 等(1958)就在 *Nature* 上报道了香烟烟雾中存在可稳定存在数天的长寿命自由基，25 年后 Pryor 等(1983)确认这一毒性极高的自由基具有固相负载的半醌结构。环境专家在芳香族有机污染物分子焚烧或热处理等高温过程中发现了颗粒物上负载的长寿命自由基，并将其称为环境持久性自由基(environmentally persistent free radicals, 简称 EPFRs)(Gehling et al., 2013; Dellinger et al., 2007; 2001; 2000)，Pryor 等鉴定的半醌型长寿命自由基也在其中。国外的研究普遍认为燃煤、木炭以及汽油、柴油等燃烧产生的废气和尾气颗粒物携带的 EPFRs 和污染土壤颗粒上原位生成的 EPFRs 是大气细颗粒物中 EPFRs 的主要来源，美国路易斯安那州立大学超级基金研究中心所支持 EPFRs 研究计划大气细颗粒与超细颗粒 EPFRs 监测因此集中于焚烧源与污染土壤等工业污染区域大气而非正常城市大气[①]。重大研究计划 2015 年度资助培育项目"指纹谱图技术解析典型工业区域大气细颗粒物中持久性有机污染物的特定来源"利用电子顺磁共振技术意外甄别到中国城市大气细颗粒物中高毒性组分 EPFRs 的存在(图 1-6)。项目组首次在国际超大型城市大气中检测到 EPFRs，证实北京冬天供暖季和春季非供暖季均可监测到 EPFRs 信号，且北京供暖季雾霾发生时大气颗粒物样品中负载长寿命自由基的浓度比春季非供暖期明显升高，其中主要是稳定性很高的半醌类型，其在 192 h 内 EPFRs 电子自旋数仅衰减 42%，是均相形态寿命的 $10^{12}$～$10^{14}$ 倍；同步粒径分析指出检测到的 EPFRs 主要在粒径小于 1.0 μm 的城市大气颗粒物上(Yang et al., 2017)。

---

① http://www.lsu.edu/srp/lsu_superfund_research/index-1.php

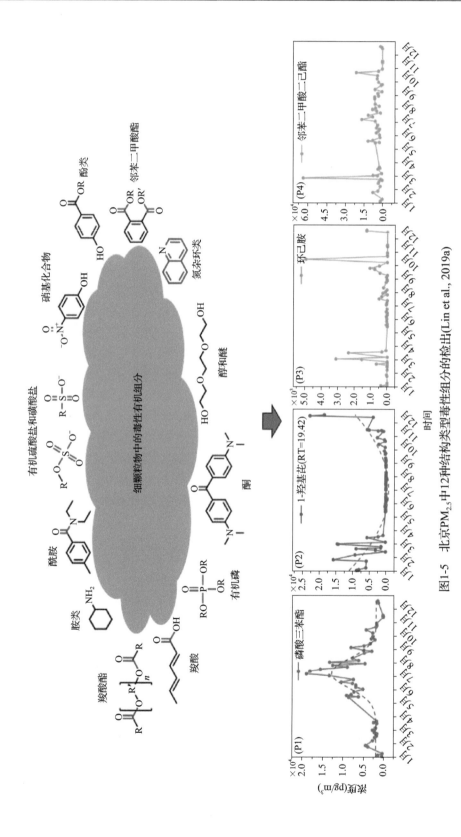

图1-5　北京PM$_{2.5}$中12种结构类型毒性组分的检出(Lin et al., 2019a)

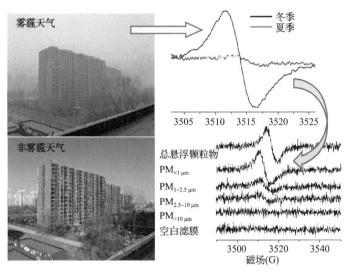

图 1-6　北京 $PM_{2.5}$ 中检出半醌型 EPFRs（Yang et al., 2017）

在 $PM_{2.5}$ 关键毒性组分溯源方面，基于稳定同位素分析的方法可在不依赖于目标分析物浓度的前提下，提供含有该元素大气细颗粒物成分来源及过程的特征指纹信息，而被作为一种重要的来源解析与示踪手段应用于大气污染研究中。然而，已有研究主要集中在碳、氮、氧、硫等传统同位素上，培育项目"基于非传统稳定同位素的大气细颗粒物中有害组分来源追踪和环境过程研究"围绕非传统稳定同位素在细颗粒污染物环境过程与来源甄别的应用基础研究开展了创新性工作。鉴于纳米颗粒物不仅是 $PM_{2.5}$ 的主要组分之一，还在其毒理与健康效应中扮演重要角色，项目组首先开发了高精度的非传统稳定同位素分析方法，以支持解析环境介质中纳米颗粒物的环境行为和来源。该分析新方法完全不同于常规基于浓度或粒度的方法，无须添加人为或放射性标记物，将其用于纳米银自然转化过程，揭示了纳米银在自然水体中的转化途径与机理，并首次发现了环境纳米银的稳定同位素分馏现象（图 1-7），为环境中的 $PM_{2.5}$ 来源甄别提供了可能的途径。这一工作发表于 *Nature Nanotechnology* 上，被评审专家高度评价为"一项开创性的里程碑式的工作——a pioneering landmark study"（Lu et al., 2016）。在此基础上，进一步发现低浓度的腐殖酸能将纳米银溶解出来的银离子重新还原生成二次颗粒物，从而允许纳米银在某些自然水体中长期存在，并伴随颗粒物粒径的再分布，这就阐明了二次颗粒物生成在纳米银的水体持久性中的关键作用（Zhang et al., 2017）。而硅是地壳和 $PM_{2.5}$ 中的高丰度元素且化学性质稳定，在几乎所有环境 $PM_{2.5}$ 中存在。项目基于所建立的分析新方法同样观察到了来源不同的 $PM_{2.5}$ 中 Si 差异化的同位素指纹特征，并成功将新方法用于 $PM_{2.5}$ 的来源解析（图 1-8），发现燃煤在北京地区春冬两季雾霾天气加剧中起到了关键性的作用，提示以清洁能源替代燃煤，特别是在供暖期减低京津冀地区燃煤率，是控制该区域 $PM_{2.5}$ 污染的有效措施之一（Lu et al., 2018a）。研究人员将这一新方法用于大气细颗粒物中二次源定量贡献研究，证实硅元素可作为气溶胶化学研究中的新型惰性示踪物（Lu et al., 2019）。考虑到二氧化硅是大气颗粒物固相主要成分之一，项目进一步将新方法拓展到硅/氧双同位素指纹特征研究，并与其他计划资助项目合作结合分类计算模型成功区分了不同来源的二氧化硅颗粒，成果发表在于 *Nature Communications* 上（Yang et al., 2019）。

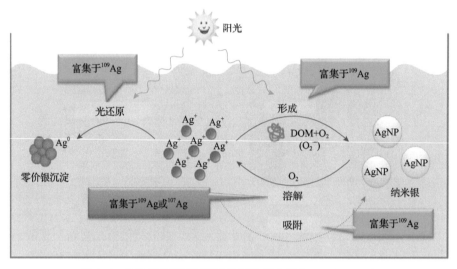

图 1-7　纳米银环境过程导致的同位素分馏（Lu et al., 2016）
DOM：dissolved organic matter，溶解有机质

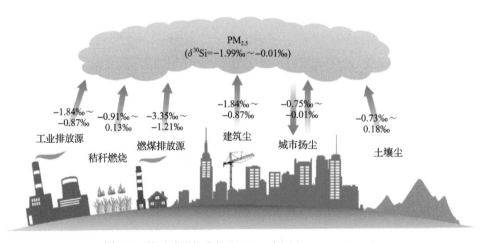

图 1-8　基于硅同位素指纹 $PM_{2.5}$ 来源（Lu et al., 2018a）

在大气细颗粒物污染的环境流行病学研究方面，$PM_{2.5}$ 与慢阻肺等呼吸系统疾病的关联研究是重大研究计划研究重点之一。计划专家组专家王辰院士团队基于中国规模最大的呼吸专项队列"中国成人肺部健康队列"研究指出慢阻肺已近乎成为中国成年人的流行病，20 和 40 岁以上人口 COPD 发病率分别高达 8.6% 和 13.8%，有 1 亿人口患病，是我国成人第三大死因，而 $PM_{2.5}$ 等空气污染是除了吸烟之外导致这一公共卫生危机的主要因素；该成果发布在顶级学术期刊《柳叶刀》上（Wang et al., 2018）。2019 年王辰院士团队在《柳叶刀》上发布了中国成人哮喘大规模流行病学研究结果，明确指出我国 20

岁及以上人群哮喘患病率高达 4.2%,而过敏性鼻炎、吸烟、幼儿期肺炎或支气管炎病史、父母呼吸系统疾病史、教育程度低与哮喘患病风险增加有关。在非吸烟人群中,大气细颗粒污染(PM$_{2.5}$≥75 μg/m$^3$)和生物质燃料使用导致的室内空气污染可显著增加哮喘的患病风险(Huang et al., 2019)。心血管疾病(cardiovascular disease, 简称 CVD)与 PM$_{2.5}$ 的相关性研究亦取得重大突破,在重大研究计划资助重点支持项目"大气细颗粒物对心血管疾病的长期影响和预测研究"支持下,中国医学科学院阜外医院利用中国心血管流行病学多中心协作研究大型前瞻性队列的基线及随访资料,运用基于马尔科夫蒙特卡罗模拟建立的中国心血管疾病政策模型(cardiovascular disease policy model-China)和 Cox 比例风险回归分析、Meta 分析等方法,得出了 PM$_{2.5}$ 污染对我国心血管疾病发病和死亡的健康效应的剂量-反应关系。项目预测指出我国城市地区 35~84 岁人群中若从 2017~2030 年控制 PM$_{2.5}$ 达到北京奥运会水平 55 μg/m$^3$,相当于控制住 1.8%高血压患者血压水平和减少 40%的吸烟率。此外,研究表明,PM$_{2.5}$ 浓度降低到 2008 年奥运会水平,每年将减少 3.1 万例冠心病死亡和 1.7 万例卒中死亡。PM$_{2.5}$ 浓度降低到国家二级空气质量标准 35 μg/m$^3$ 或 WHO 推荐值 10 μg/m$^3$,每年将分别增加 99.2 万和 182.7 万生命年,即城市心血管疾病死亡将减少 266.5 万或近 470 万,远远超过了我国控制 25%的高血压患者或者减少 30%的吸烟人群所带来的心血管健康获益,顾东风院士团队发表在 Circulation 的这一成果为评估国家进行 PM$_{2.5}$ 控制的人群健康获益了宝贵的量化证据(Huang et al., 2017)。2018 年发表在 JAMA 上关于固体燃料使用产生的室内空气污染与心血管死亡、全死因死亡率的关联性研究亦是重大研究计划 2016 年度资助重点支持项目"空气细颗粒物致机体表观遗传的变化特征及与心血管损害发生的联系"的工作成果(Yu et al., 2018),Pope 教授评价"该研究不仅定量回答室内空气污染致健康危害的世界难题,相当于年均 PM$_{2.5}$ 污染水平达 75 μg/m$^3$ 所引起的危害,还阐明了多种空气污染联合的健康危害"(Pope et al., 2018)。计划资助重点项目负责人暨集成项目骨干复旦大学阚海东教授联合国际专家对 6 大洲 24 个国家 652 个城市大气 PM$_{10}$ 及 PM$_{2.5}$ 与每日死亡率的关系开展研究,以全球视野系统评估大气颗粒物对居民健康的影响,关注颗粒物暴露的剂量-反应关系的地域特色,明确了颗粒物浓度与每日死亡率关系存在非线性特征(图 1-9),指出其受地域组分差异、颗粒物污染水平、气态污染等差异的影响显著,为世界卫生组织修订环境空气质量标准提供重要流行病学证据,工作发表在顶级学术期刊《新英格兰医学》杂志(Liu et al., 2019)。

在 PM$_{2.5}$ 污染的健康影响机制探索和暴露人群干预基础研究方面,重大研究计划培育项目"长三角地区细颗粒物毒性组分致肺癌表遗传机制研究"与美国南加州大学合作研究发现线粒体还原型烟尼克酰胺腺嘌呤二核苷酸(reduced form of nicotinamide-adenine dinucleotide, 简称 NADH)脱氢酶基因表达调控失常是 PM$_{2.5}$ 引发 COPD 恶化的一个关键因素,哺乳动物细胞和动物实验证实牛磺酸和 3-甲基腺嘌呤可通过调节这一因素缓解肺气肿症状,针对性恢复 PM$_{2.5}$ 抑制的肺组织细胞 NDUFA1 等关键基因表达水平,有望实现污染区域人群干预以减轻污染所致机体损伤(图 1-10),工作发表在《美国科学院院刊》

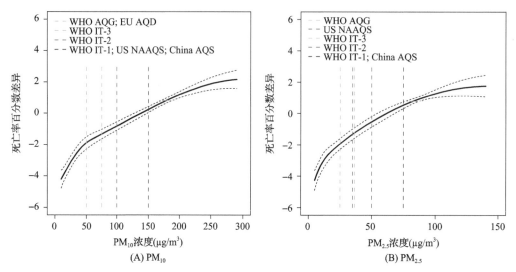

图 1-9　PM$_{10}$（A）和 PM$_{2.5}$（B）两日移动均值浓度与每日死亡率关系（Liu et al., 2019）

WHO AQG：世界卫生组织空气质量指导值，WHO IT-1：世界卫生组织第一阶段目标值，WHO IT-2：世界卫生组织第二阶段目标值，WHO IT-3：世界卫生组织第三阶段目标值，EU AQD：欧盟空气质量目标值，US NAAQS：美国国家空气质量标准值，China AQS：中国空气质量标准值

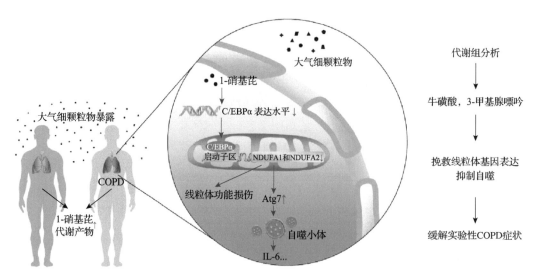

图 1-10　PM$_{2.5}$ 引发损伤的关键分子路径（Li et al., 2017a）

C/EBPα 是一种转录因子 CCAAT 增强子结合蛋白（CCAAT-enhancer binding proteins, C/EBPs），
是线粒体还原型烟酰胺腺嘌呤二核苷酸脱氢酶的调控基因

*Proceedings of the National Academy of Sciences of the United States of America*（Li et al., 2017a）。华中科技大学的邬堂春教授与哥伦比亚大学等合作发表在《美国科学院院刊》的研究提出补充 B 族维生素可防止 PM$_{2.5}$ 诱导 DNA 甲基化异常，B 族维生素个体干预将有可能成为保护人群少受 PM$_{2.5}$ 损害的防治手段（Zhong et al., 2017）。重点支持项目"大

气细颗粒物及其组分的心肺健康危害机制研究"在健康青年志愿者中开展了真实生活和暴露场景下的随机、双盲、安慰剂对照试验,评估膳食补充富含 omega-3 多不饱和脂肪酸的深海鱼油对大气 $PM_{2.5}$ 短期暴露引发的外周血炎症水平升高、凝血和内皮功能异常、氧化应激损伤和应激激素水平紊乱等急性健康影响,与对照组相比均出现不同程度的改善(图 1-11),提示膳食补充鱼油对大气 $PM_{2.5}$ 污染导致的心血管损伤具有潜在的保护作用,相关成果发表在 *Journal of the American College of Cardiology*(Lin et al., 2019b)。该项目负责人复旦大学阚海东教授 2017 年在 *Circulation* 上报道了将代谢组学运用于大气细颗粒物短期健康效应机制探索研究,通过在健康青年人中开展随机、双盲交叉设计实验,分析了 $PM_{2.5}$ 暴露与应激激素水平的关系。该研究通过比较暴露于不同 $PM_{2.5}$ 水平环境下健康个体的血清代谢谱,发现短期的 $PM_{2.5}$ 暴露能够引起血清中多种代谢物水平的显著变化,而差异表达代谢物提示污染影响体内参与蛋白质和脂质分解、氨基酸代谢、脂质氧化等代谢活动,从而得出如下结论:短期 $PM_{2.5}$ 暴露可激活下丘脑-垂体-肾上腺轴和交感神经-肾上腺髓质轴,引起应激激素水平显著上升,进而产生一系列的心血管系统危害(Li et al., 2017b)。而其 2018 年发表在 *Environmental Health Perspectives* 的关于大气细颗粒物所致表观遗传变化的工作则发现高水平 $PM_{2.5}$ 污染与 IL(interlukin, 白介素)-1、IL-6、肿瘤坏死因子(tumor necrosis factor, 简称 TNF)、Toll 样受体 2(toll-like

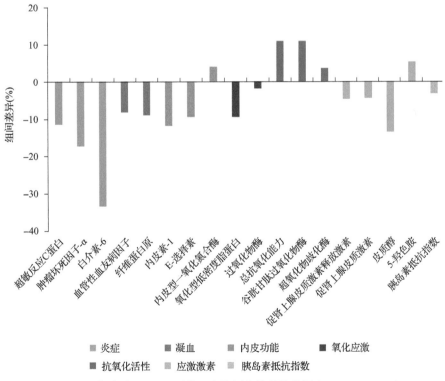

图 1-11 鱼油对于 $PM_{2.5}$ 引发心血管损伤的保护作用(Lin et al., 2019b)

receptor 2，简称 TLR2）、凝血因子 3（coagulation factor 3，简称 F3）和内皮素 1（endothelin 1，简称 EDN1）的表达呈现正相关，而与可作用于 IL-1、TNF、TLR2 和 EDN1 信使核糖核酸（简称 mRNA）的小 RNA（microRNA，简称 miRNA）miR-21-5P、miR-187-3p、miR-146a-5p、miR-1-3-p 和 miR-199a-5p 的表达呈负相关，因此指出 PM$_{2.5}$ 暴露对 CVD 的影响可能源于与其关联的血循环中细胞因子表达水平的变化，而这一过程会受到调控这些细胞因子表达的 miRNA 的作用（Chen et al.，2018）。

除了呼吸系统和心血管方面的影响，大气细颗粒物对神经系统等的影响研究亦取得进展。譬如山西大学桑楠教授在重点支持项目"基于颗粒物模型研究 PM$_{2.5}$ 氧化应激效应的分子机制"资助下，发现 PM$_{2.5}$ 会引发神经炎性反应，破坏突触功能完整性并影响空间学习和记忆，而 NF-κB-调控下的 miR-574-5p 表达的下调所致的 β 位淀粉样前体蛋白裂解酶 1（β-site amyloid precursor protein cleaving enzyme 1，简称 BACE1）过表达是其重要分子机制，而提高 miR-574-5p 表达则可以下调 BACE1 水平从而帮助重建突触功能，提高在污染暴露后下降的空间记忆和学习能力（Ku et al.，2017）。而要解答大气细颗粒物污染物健康危害的关键分子起始反应和机制这一复杂科学问题，方法学探索和相关技术研究是必不可少的。2015 年度获得资助的重点支持项目"细颗粒物与生物界面作用机制的系统探索"团队与美国罗格斯大学合作运用纳米颗粒库与定量结构活性关系探究合成超细颗粒物结构的系统性修饰与其理化性质和生物测试结果的相关性（图 1-12），获得了超细细颗粒物-生物界面相互作用的内在关系并预测了超细颗粒物的生物活性（Wang et al.，2017）；同年度资助的重点支持项目"基于蛋白质组和代谢组动态变化分析的大气细颗粒物健康效应研究新方法"在组学分析新方法上取得了突破，如采用功能化的聚乙烯亚胺修饰的磁性氧化石墨烯纳米实现生理条件下人血浆糖蛋白富集（图 1-13），并成功检测到在碱性条件下不稳定的糖蛋白（Wu et al.，2018）。再如 2017 年度资助的培育项目"通过集成柔性体声波及场效应传感器的模拟人造肺芯片研究雾霾超细颗粒物与肺表面活性物质

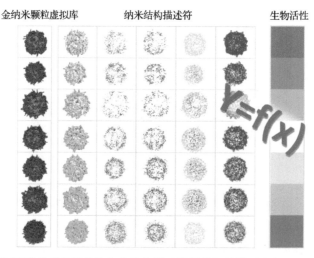

图 1-12　超细颗粒物系统性修饰与其生物测试结果的相关性研究（Wang et al.，2017）

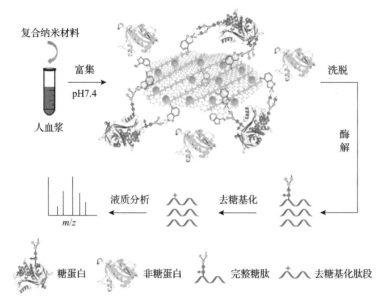

图 1-13 蛋白组学分析新方法示意图(Wu et al., 2018)

的相互作用"成功构建了整合耗散型石英晶体微天平和场效应晶体管的多模式生物传感器并将其用于分析金纳米颗粒与双层类脂膜间的相互作用(Lu et al., 2018b);而同年度的年培育项目"大气细颗粒物与流感病毒相互作用及致毒效应研究"2019 年发表在《美国科学院院刊》上的工作成功利用量子点和荧光蛋白实现流感病毒双荧光标记,结合病毒包膜标记法和细胞组分荧光蛋白标记法等进行多重标记,建立了流感病毒脱壳的实时动态成像技术,并得到了流感病毒脱壳影像模型(图 1-14)(Qin et al., 2019)。新方法的建立对于真实环境体系中大气细颗粒物生物活性和化学-生物交互作用研究提供了技术支撑。这就如同流感病毒脱壳过程实时动态成像技术的建立,为项目继续解析大气细颗粒物对流感病毒侵染过程脱壳的影响奠定了方法基础。

"大气细颗粒物的毒理与健康效应"重大研究计划自 2015 年实施以来,针对立项时提出的三个关键科学问题,在 $PM_{2.5}$ 关键毒性组分识别鉴定和溯源、$PM_{2.5}$ 的环境流行病学证据和特征、$PM_{2.5}$ 污染的健康影响机制探索和暴露人群干预等方面取得一系列重要的原创性成果。计划提出组分导向的 $PM_{2.5}$ 健康风险评价与削减思路,建议大气污染与控制研究的重点从以排放源和雾霾形成机理为主转向到以毒理与健康危害机制研究和阻断措施为重点。有关论文发表在 Nature 上,得到国内外专家的认可。计划资助的项目突破技术瓶颈,发展出基于多同位素示踪的 $PM_{2.5}$ 溯源新技术,建立了超高分辨的毒性组分识别新方法,发现长寿命自由基等新关键毒性组分及其不同的生物学效应和区域差异,为实现基于毒性削减而非单纯污染浓度控制的精准防控和人群健康保障提供了新思路。在大气细颗粒物的毒理与健康危害机制方面,发现硫酸盐、多环芳烃、炭黑等 $PM_{2.5}$ 毒性组分引发的遗传和表观遗传变化新机制,发现线粒体特定基因表达失控等是 $PM_{2.5}$ 引发慢阻肺等机体损伤关键环节并实施了成功的短期健康影响干预,建立了询证因果的暴露-效应-健康危害链条。而在大气细颗粒物污染的长期和短期健康影响方面,发现 $PM_{2.5}$ 是我国污染区域慢阻肺和哮喘高发的主要因素,揭示了固体燃料使用对室外 $PM_{2.5}$ 污染

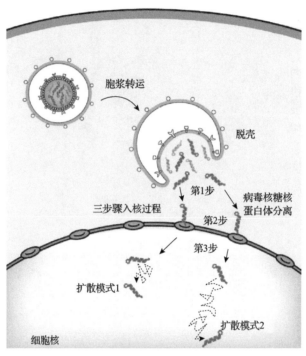

图 1-14　流感病毒脱壳过程(Qin et al., 2019)

贡献及其与心血管疾病和全因死亡率的关联，首次建立了全球范围 PM$_{2.5}$ 污染与死亡率暴露反应关系。研究证实了我国阶梯性控制 PM$_{2.5}$ 带来的心血管健康获益，为国家大气质量标准的修订提供了科学依据。重大研究计划已经在《新英格兰医学杂志》《柳叶刀》等一流学术刊物上发表近千篇 SCI 源刊论文，申请专利等 283 项，相关成果获得 4 次国家科技奖励；项目吸引了一批院士团队、杰出青年基金获得者等交叉领域知名专家加入研究，多位项目负责人在项目执行期间获得杰出青年基金项目资助或长江学者奖励。项目加强了化学、生物科学、临床医学、信息科学等领域专家的交叉与合作，充分体现了环境污染与健康研究的多学科交叉特性。重大研究计划将在后期加大投入，继续重视学科交叉和集成升华，争取更大的突破。

# 参 考 文 献

Alegría-Torres J A, Barretta F, Batres-Esquivel L E, et al. 2013. Epigenetic markers of exposure to polycyclic aromatic hydrocarbons in Mexican brickmakers: A pilot study[J]. Chemosphere, 91(4): 475~480.

Anway M D, Cupp A S, Uzumcu M et al. 2005. Epigenetic transgenerational actions of endocrine disruptors and male fertility[J]. Science, 308(5727): 1466~1469.

Beelen R, Raaschou-Nielsen O, Stafoggia M, et al. 2014. Effects of long-term exposure to air pollution onnatural-cause mortality: An analysis of 22 European cohorts within the multicentre ESCAPE project[J]. Lancet, 383: 785~795.

Betts K S. 2012. Characterizing exposomes: Tools for measuring personal environmental exposures[J]. Environ Health Perspect, 120: A158~A163.

Bhattacharya S, Zhang Q, Carmichael P L, et al. 2011. Toxicity testing in the 21st century: Defining new risk assessment approaches based on perturbation of intracellular toxicity pathways[J]. PLoS ONE, 6(6): e20887.

Birnbaum L S. 2012. NIEHS's new strategic plan[J]. Environ Health Perspect, 120: A298.

Bollati V, Baccarelli A. 2010. Environmental epigenetics[J]. Heredity, 105: 105~112.

Carlin D J, Rider C V, Woychik R, et al. 2013. Unraveling the health effects of environmental mixtures: An NIEHS priority[J]. Environ Health Perspect, 121: A6~A8.

Chan J C, Zhang Y, Ning G. 2014. Diabetes in China: A societal solution for a personal challenge[J]. Lancet Diabetes Endocrinol, 2(12): 969~979.

Chen R J, Li H C, Cai J, et al. 2018. Fine particulate air pollution and the expression of microRNAs and circulating cytokines relevant to inflammation, coagulation, and vasoconstriction [J]. Environ Health Perspect, 126(1): 017007.

Collins F S, Gray G M, Bucher J R. 2008. Transforming environmental health protection[J]. Science, 319(5865): 906~907.

Committee on Toxicity Testing and Assessment of Environmental Agents, Board on Environmental Studiesand Toxicology, Institute for Laboratory Animal Research, National Research Council of the National Academies. 2007. Toxicity testing in the 21st century: A vision and a strategy[M]. Washington DC: National Academies Press.

Delfino R J, Staimer N, Tjoa T, et al. 2009. Air pollution exposures and circulating biomarkers of effect in a susceptible population: Clues to potential causal component mixtures and mechanisms[J]. Environ Health Perspect, 117: 1232~1238.

Dellinger B, Pryor W A, Cueto R, et al. 2000. The role of combustion-generated radicals in the toxicity of $PM_{2.5}$[J]. Proc Combust Inst, 28: 2657~2681.

Dellinger B, Pryor W A, Cueto R, et al. 2001. Role of free radicals in the toxicity of airborne fine particulate matter[J]. Chem Res Toxicol, 14: 1371~1377.

Dellinger B, Lomnicki S, Khachatryan L, et al. 2007. Formation and stabilization of persistent free radicals[J]. Proc Combust Inst, 31: 521~528.

Denissenko M F, Pao A, Tang M S, et al. 1996. Preferential formation of benzo[a]pyrene adducts at lung cancer mutational hotspots in P53[J]. Science, 274(5286): 430~432.

Donkelaar A, Martin R V, Brauer M, et al. 2010. Global estimates of ambient fine particulate matter concentrations from satellite-based aerosol optical depth: Development and application[J]. Environ Health Perspect, 118(6): 847~855.

Fallin M D, Kao W H L. 2011. Is "X"-WAS the future for all of epidemiology?[J]. Epidemiol, 22: 457~459.

Feinberg A P, Vogelstein B. 1983. Hypomethylation distinguishes genes of some human cancers from their normal counterparts[J]. Nature, 301(5895): 89~92.

Feinberg A P, Tycko B. 2004. The history of cancer epigenetics[J]. Nat Rev Cancer, 4: 1~11.

Gaydos L J, Wang W C, Strome S. 2014. H3K27me and PRC2 transmit a memory of repression across generations and during development[J]. Science, 345(6203): 1515~1518.

Gehling W, Dellinger B. 2013. Environmental persistent free radicals and their lifetimes in $PM_{2.5}$[J]. Environ Sci Technol, 47: 8172~8178.

Ghoshal S, Weber W J, Rummel A M, et al. 1999. Epigenetic toxicity of a mixture of polycyclic aromatic hydrocarbons on gap junctional intercellular communication before and after biodegradation[J]. Environ Sci Technol, 33: 1044~1050.

Huang C, Moran A E, Coxson P G, et al. 2017. Potential cardiovascular and total mortality benefits of air pollution control in urban China[J]. Circulation, 136(17): 1575~1584.

Huang K W, Yang T, Xu J Y, et al. 2019. Prevalence, risk factors, and management of asthma in China: A national cross-sectional study[J]. Lancet, DOI: http: //dx.doi.org/10.1016/S0140-6736(19)31147-X.

Huang R J, Zhang Y, Bozzetti C, et al. 2014. High secondary aerosol contribution to particulate pollution during haze events in China[J]. Nature, 514: 218~222.

Hoffmann B, Luttmann-Gibson H, Cohen A, et al. 2012. Opposing effects of particle pollution, ozone, and ambient temperature on arterial blood pressure[J]. Environ Health Perspect, 120: 241~246.

Howdeshell K L, Hotchkiss A K, Thayer K A, et al. 1999. Exposure to bisphenol A advances puberty[J]. Nature, 401(6755): 763~764.

Ji H, Khurana Hershey G K. 2012. Genetic and epigenetic influence on the response to environmental particulate matter[J]. J Allergy ClinImmunol, 129: 33~41.

Jones P A, Baylin S B. 2002. The fundamental role of epigenetic events in cancer[J]. Nat Rev Genet, 3: 415~428.

Jones P A, Baylin S B. 2007. The epigenomics of cancer[J]. Cell, 128: 683~692.

Jones P A, Laird P W. 1999. Cancer epigenetics comes of age[J]. Nat Genet, 21: 163~167.

Kan H D, Chen B H, Chen C H, et al. 2005. Establishment of exposure-response functions of air particulate matter and adverse health outcomes in China and worldwide[J]. Biomed Environ Sci, 18 (3): 159~163.

Kitano H. 2002. Computational systems biology[J]. Nature, 420: 206~210.

Krämer U, Herder C, Sugiri D, et al.2010. Traffic-related air pollution and incident type 2 diabetes: Results from the SALIA cohort study[J]. Environ Health Perspect, 118: 1273~1279.

Ku T T, Li B, Gao R, et al. 2017. NF-κB-regulated microRNA-574-5p underlines synaptic and cognitive impairment in response to atmospheric $PM_{2.5}$ aspiration[J]. Part Fibre Toxicol, 14: 34.

Laden F, Neas L M, Dockery D W et al. 2010. Association of fine particulate matter from different sources with daily mortality in six U.S. cities[J]. Environ Health Perspect, 2000, 108 (10): 941~947.

Lee D H, Lee I K, Song K, et al. 2006. A strong dose-response relation between serum concentrations of persistent organic pollutants and diabetes: Results from the national health and examination survey 1999-2002[J]. Diabetes Care, 29: 1638~1644.

Levy J I, Greco S L, Spengler J D. 2002. The importance of population susceptibility for air pollution risk assessment: A case study of power plants near Washington, DC[J]. Environ Health Perspect, 110: 1253~1260.

Li M, Zhang L. 2014. Haze in China: Current and future challenges[J]. Environ Pollut, 189: 85~86.

Li X B, Yang H B, Sun H, et al. 2017a. Taurine ameliorates particulate matter-induced emphysema by switching on mitochondrial NADH dehydrogenase genes[J]. Proc Natl Acad Sci USA, 114 (45): E9655~E9664.

Li X D, Jin L, Kan H D. 2019. Air pollution: A global problem needs local fixes[J]. Nature, 570: 437~439.

Li H C, Cai J, Chen R J, et al. 2017b. Particulate matter exposure and stress hormone levels: A randomized, double-blind, crossover trial of air purification[J]. Circulation, 136: 618~627.

Lin Y F, Yang J, Fu Q, et al. 2019a. Exploring the occurrence and temporal variation of ToxCast chemicals in fine particulate matters using suspect screening strategy[J]. Environ Sci Technol, 53: 5687~5696.

Lin Z J, Chen R J, Jiang Y X, et al. 2019b. Cardiovascular benefits of fish-oil supplementation agonist fine particulate air pollution in China[J]. J Am Coll Cardiol, 73 (16): 2076~2085.

Lioy P J, Rappaport S M. 2011. Exposure science and the exposome: An opportunity for coherence in the environmental health sciences[J]. Environ Health Perspect, 119: A466~A467.

Lippmann M, Frampton M, Schwartz J, et al. 2003. The U.S. environmental protection agency particulate matter health effects research centers program: A midcourse report of status, progress, and plans[J]. Environ Health Perspect, 111: 1074~1092.

Liu L, Poon R, Chen L, et al. 2009. Acute effects of air pollution on pulmonary function, airway inflammation, and oxidative stress in asthmatic children[J]. Environ Health Perspect, 117 (4): 668~674.

Liu C, Chen R, Sera F, et al. 2019. Ambient particulate air pollution and daily mortality in 652 cities[J]. N Engl J Med, 381: 705~715.

Lu D W, Liu Q, Zhang T Y, et al. 2016. Stable silver isotope fractionation in the natural transformation processes of silver nanoparticles[J]. Nat Nanotechnol, 11: 682~686.

Lu D W, Liu Q, Yu M, et al. 2018a. Natural silicon isotopic signatures reveal the sources of airborne fine particulate matter[J]. Environ Sci Technol. 52 (3): 1088~1095.

Lu D W, Tan J H, Yang X Z, et al. 2019. Unraveling the role of silicon in atmospheric aerosol secondary formation: A new conservative tracer for aerosol chemistry[J]. Atmos Chem Phys, 19 (5): 2861~2870.

Lu Y, Zhang H, Wang Z, et al. 2018b. Real-time detection of nanoparticles interaction with lipid membranes using an integrated acoustical and electrical multimode biosensor[J]. Part Part Sys Character, 36 (2): 1800370.

Lyons M J, Gibson J F, Ingram D J E. 1958. Free-radicals produced in cigarette smoke[J]. Nature, 181: 1003~1004.

Madrigano J, Andrea Baccarelli A, Mittleman M A, et al. 2011. Prolonged exposure to particulate pollution, genes associated with glutathione pathways, and DNA methylation in a cohort of older men[J]. Environ Health Perspect, 119: 977~982.

Martinelli N, Olivieri O, Girelli D. 2013. Air particulate matter and cardiovascular disease: A narrative review[J].Eur J Intern Med, 24(4): 295~302.

Mills N L, Donaldson K, Hadoke P W, et al. 2009. Adverse cardiovascular effects of air pollution[J]. Nat Clin Pract Cardiovasc Med, 6(1): 36~44.

Mortensen H M, Euling S Y. 2013. Integrating mechanistic and polymorphism data to characterize human genetic susceptibility for environmental chemical risk assessment in the 21st century[J]. Toxicol Appl Pharmacol , 271(3): 395~404.

Nawrot T S, Adcock I. 2009. The detrimental health effects of traffic-related air pollution: A role for DNA methylation?[J]. Am J Respir Crit Care Med, 179: 523~524.

Patel C J, Bhattacharya J, Butte A J. 2010. An environment-wide association study (EWAS)on type 2 diabetes mellitus[J]. PLoS ONE, 5(5): e10746.

Patel C J, Chen R, Butte A J. 2012b. Data-driven integration of epidemiological and toxicological data to select candidate interacting genes and environmental factors in association with disease[J]. Bioinform, 28: i121~i126.

Patel C J, Chen R, Kodama K, et al. 2013. Systematic identification of interaction effects between genome- and environment-wide associations in type 2 diabetes mellitus[J]. Hum Genet, 132(5): 495~508.

Patel C J, Cullen M R, Ioannidis J P, et al. 2012a. Systematic evaluation of environmental factors: persistent pollutants and nutrients correlated with serum lipid levels[J]. Int J Epidemiol, 41(3): 828~843.

Park S K, Auchincloss A H, O'Neill M S, et al. 2010. Particulate air pollution, metabolic syndrome, and heart rate variability: The multi-ethnic study of atherosclerosis (MESA)[J]. Environ Health Perspect, 118: 1406~1411.

Pekkanen J, Pearce N. 2001. Environmental epidemiology: Challenges and opportunities[J]. Environ Health Perspect, 109: 1~5.

Peng R D, Bell M L, Geyh A S, et al. 2009. Emergency admissions for cardiovascular and respiratory diseases and the chemical composition of fine particle air pollution[J]. Environ Health Perspect, 117: 957~963.

Pope C A, Ezzati M, Dockery D W. 2009. Fine-particulate air pollution and life expectancy in the United States[J]. N Engl J Med, 360(4): 376~386.

Pope C A, Cohen A J, Burnett R T. 2018. Cardiovascular disease and fine particulate matter: Lessons and limitations of an integrated exposure-response approach[J]. Circ Res, 122(12): 1645~1647.

Porta M. 2006. Persistent organic pollutants and the burden of diabetes[J]. Lancet, 368: 558~559.

Pryor W A, Hales B J, Premovic P I, et al. 1983. The radicals in cigarette tar: Their nature and suggested physiological implications[J]. Science, 220: 425~427.

Qin C, Li W, Li Q, et al. 2019. Real-time dissection of dynamic uncoating of individual influenza viruses[J]. Proc Natl AcadSci USA, 116(7): 2577~2582.

Rappaport S M, Smith M T. 2010. Environment and disease risks[J]. Science, 330(6003): 460~461.

Riddihough G, Zahn L M. 2010. What is epigenetics?[J]. Science, 330(6004): 611.

Rodriguez-Lado L, Sun G F, Berg M, et al. 2013. Groundwater arsenic contamination throughout China[J]. Science, 341(6148): 866~868.

Rusyn I, Daston G P. 2010. Computational toxicology: Realizing the promise of the Toxicity Testing in the 21st Century[J]. Environ Health Perspect, 118(8): 1047~1050.

Shah A S V, Langrish J P, Nair H, et al. 2013. Global association of air pollution and heart failure: A systematic review and meta-analysis[J]. Lancet, 382: 1039~1048.

Somers C M, Yauk C L, White P A, et al. 2002. Air pollution induces heritable DNA mutations [J]. Proc Natl AcadSci USA, 99(25): 15904~15907.

Thomas D C, Lewinger J P, Murcray C E, et al. 2012. Invited commentary: GE-Whiz! Ratcheting gene-environment studies up to the whole genome and the whole exposome[J]. Am J Epidemiol, 175 (3): 203~207.

Vasiliu O, Cameron L, Gardiner J, et al. 2006. Polybrominated biphenyls, polychlorinated biphenyls, body weight, and incidence of adult-onset diabetes mellitus[J]. Epidemiol, 17: 352~359.

Wan Y, Yang H W, Masui T. 2005. Health and economic impacts of air pollution in China: A comparison of the general equilibrium approach and human capital approach[J]. Biomed Environ Sci, 18: 427~441.

Wang W Y, Sedykh A, Sun H N, et al. 2017. Predicting nano-bio interactions by integrating nanoparticle libraries and quantitative nanostructure activity relationship modeling[J]. ACS Nano, 11 (12): 12641~12649.

Wang C, Xu J, Yang L, et al. 2018. Prevalence and risk factors of chronic obstructive pulmonary disease in China (the China Pulmonary Health [CPH] study): A national cross-sectional study[J]. Lancet, 391: 1706~1717.

Wu Q, Jiang B, Weng Y J, et al. 2018. 3-Carboxybenzoboroxole functionalized polyethylenimine modified magnetic graphene oxide nanocomposites for human plasma glycoproteins enrichment under physiological conditions[J]. Anal Chem, 90: 2071~2077.

Wu C H, Yang J, Fu Q, et al. 2019. Molecular characterization of water-soluble organic compounds in $PM_{2.5}$ using ultrahigh resolution mass spectrometry[J]. Sci Total Environ, 668 (10): 917~924.

Yang L L, Liu G R, Zheng M H, et al. 2017. Highly elevated levels and particle-size distributions of environmentally persistent free radicals in haze-associated atmosphere[J]. Environ Sci Technol, 51: 7936~7944.

Yang W Y, Lu J M, Weng J P, et al. 2010. Prevalence of diabetes among men and women in China[J]. N Engl J Med, 362: 1090~1101.

Yang X Z, Liu X, Zhang A Q, et al. 2019. Distinguishing the sources of silica nanoparticles by dual isotopic fingerprinting and machine learning[J]. Nat Commun, 10 (1620). DOI: https://doi.org/10.1038/s41467-019-09629-5.

Yu K, Qiu G K, Chan K H, et al. 2018. Association of solid fuel use with risk of cardiovascular and all-cause mortality in rural China[J]. JAMA, 319 (13): 1351~1361.

Zhang T Y, Lu D W, Zeng L X, et al. 2017. Role of secondary particle formation in the persistence of silver nanoparticles in humic acid containing water under light irradiation[J]. Environ Sci Technol, 51: 14164~14172.

Zhou J, Ito K, Lall R, et al. 2011. Time-series analysis of mortality effects of fine particulate matter components in Detroit and Seattle[J]. Environ Health Perspect, 119: 461~466.

Zhong J, Karlsson O, Wang G, et al. 2017. B vitamins attenuate the epigenetic effects of ambient fine particles in a pilot human intervention trial[J]. Proc Natl Acad Sci USA, 114 (13): 3503~3508.

# 第2章 大气细颗粒物毒性组分的来源、演化与甄别

## 2.1 浅淡细颗粒物的毒性化学组分研究

### 2.1.1 PM$_{2.5}$关键化学组分研究趋势

大气细颗粒物所含化学组分因毒性机制不同，对人体组织器官可以造成不同程度的损伤，引起的健康效应存在巨大差异。已有的研究结果表明重金属和多环芳烃(polycyclic aromatic hydrocarbons, 简称 PAHs)等均能诱导氧化应激(reactive oxygen species, 简称 ROS)和 DNA 损伤而具有强致癌性，重金属可引起神经毒性，水溶性无机离子可引起呼吸和血液循环系统的相关疾病(Hoek et al., 2013; Kheirbek et al., 2013; Perera et al., 2006)。近年来，逐渐认识到 PM$_{2.5}$中痕量的硝基多环芳烃(Nitro-PAHs, 简称 NPAHs)、含氧多环芳烃(Oxygen-containing PAHs, 简称 OPAHs)、氮杂环多环芳烃(Azacyclic PAHs, 简称 AZAs)等多环芳烃的衍生物，以及某些持久性有机污染物(persistent organic pollutant, 简称 POPs)其毒性比常规 PAHs 更强，具有潜在的致癌性和致突变性(Wang et al., 2017a; Knecht et al., 2013)。例如，OPAHs 中醌类是一类可以催化产生内源性活性氧物质(ROS)(Xiong et al., 2017)，AZAs 因其氮原子孤对电子而具有较强的氢键结合能力从而可以间接地提升 ROS 的产生(Dou et al., 2015)。

近年来，大气雾霾的形成机制受到广泛关注(Fu and Chen, 2017)，大气细颗粒物(PM$_{2.5}$)的毒性组分来源备受注目。PM$_{2.5}$生物毒性组分主要来源途径有两类，一类为直接来自排放源的一次颗粒物，以工业燃煤、机动车排放、生物质等燃烧源为主(Chen et al., 2017a; Shen et al., 2016; Cho et al., 2004)，另一类是由大气光化学反应或非均相反应过程中一次颗粒物和气态前体物通过复杂物理化学反应过程产生的，如 PAHs 所形成的羟基化、硝基化、羰基化、醌基化或者杂环化的二次产物(Jariyasopit et al., 2014)。另外，由于大气长距离传输，一次颗粒物对下风向地区输送也有一定贡献。与后工业化时代欧美发达国家的大气细颗粒物相比较(Alves et al., 2017; Barrado et al., 2012; Ringuet et al., 2012)，我国大气具有更高浓度的颗粒物及其前体物，城市大气颗粒物上的 PAHs、OPAHs 和 NPAHs 的含量水平显著高于大多数西方国家(Bandowe et al., 2014)。为了达到降低公共健康风险的目的，需要甄别 PM$_{2.5}$关键毒性成分的来源及其在大气环境中的演化途径。因此，除了对常规的重金属、水溶性离子和 PAHs 等研究外，对 PAHs 衍生物及多氯联苯(polychlorinated biphenyls, 简称 PCBs)物质、醌类等健康影响的有机物质进行表征和解析也是大气 PM$_{2.5}$生物毒性研究的重点之一。

近年来，我国区域空气质量有了明显改善，但北方冬季 PM$_{2.5}$爆发增长重霾污染事件时有发生，PM$_{2.5}$暴露的健康损害及其风险评价研究成为热点(Gao et al., 2017; 梁锐明

等, 2016)。目前的研究主要集中在疾病负担的统计/模型分析和风险评价方面, 如通过北京疾控中心 2006~2013 年的数据对比发现雾霾天数与呼吸道疾病患者的就诊人数正相关(Zhang et al., 2015a), 2006~2011 年的广州轻度、中度和重度雾霾导致死亡率分别增加 3.4%、6.8%和 10.4%(Liu et al., 2014a)。对 PM$_{2.5}$ 污染事件中颗粒物化学成分及其来源方面的健康效应缺乏系统性实验研究数据的支撑, 亟需对我国 PM$_{2.5}$ 毒性组分的来源、演化与甄别开展系统性的研究工作。2015 年基金委联合重大研究计划"大气细颗粒物的毒理与健康效应"实施以来, 针对"大气细颗粒物毒性组分的来源、演化和甄别"有十余项重点支持项目和培养项目获得资助。现对这些资助项目的研究进展进行综合介绍。

### 2.1.2　关键有毒组分的研究进展

鉴于区域大气细颗粒物毒性组分的甄别是整个计划的基石, 计划在启动之初即 2015~2016 年重点资助了 15 个项目(1 个重点和 14 个培育项目)开展相关工作。这些团队在京津冀、长三角、成渝、香港等多个城市、郊区、乡村和一定时间段内收集 PM$_{2.5}$, 对特定化学组分分析做了大量工作。大部分项目团队针对实际大气细颗粒物进行了定点采样, 并对 PM$_{2.5}$ 中相关毒性组分做了表征, 并对其进行效应开展了相关研究。

从研究手段看, 12 个团队对实际大气 PM$_{2.5}$ 进行了采样, 其中 1 个团队对比研究了室内室外分粒径采集的样品有机组分(Huang et al., 2017), 1 个团队采集实验室模拟居民室内燃烧产生的样品(Wang et al., 2017b), 1 个团队研究的是碳纳米材料的表面官能团对小鼠 J774 细胞毒性效应(Han et al., 2017; Zhao et al., 2017; Han et al., 2016), 1 个团队直接分析的卫星遥感数据。涉及实际颗粒物采样研究项目的 12 个团队, 所采用的采样方法, 除了 1 个团队采用单颗粒物采样器(俞淼等, 2017)和未在项目进展报告中明确说明的之外, 均使用不同流量的大气颗粒物采样器, 部分采用了粒径分级采样(PM$_{10}$、PM$_{2.5}$ 和 PM$_1$)。7 个团队在北京及周边地区进行大气颗粒物采样, 3 个团队在长三角或者珠三角进行大气颗粒物采样, 2 个团队分别针对农村生物质燃烧和垃圾焚烧厂周边的大气进行采样。

在颗粒物表征方面, 3 个团队进行了水溶性离子分析, 4 个团队进行了颗粒物碳质成分的分析, 3 个团队进行了金属元素的分析, 1 个团队进行了 Si 的同位素分析, 2 个团队对自由基和官能团的特征进行了研究, 10 个团队对有机物的物种进行了甄别和分析。在有机物种类分析方面, 通过各类质谱和色谱对 PAHs 及其衍生物和 POPs 进行了相对充分的研究(6 个团队)。在分析这些关键组分的同时, 有 5 个团队开展了细胞毒性实验, 如, 细胞 A549、J774、RAW264.7 和 BEAS-2B 的毒性暴露实验。另有 3 个团队对所分析成分的毒性当量及致癌风险做了不同程度的评估。

上述研究项目整体上进展很快, 对效应导向的细颗粒物有毒组分开展了较为深入的研究。一些团队实现了"实际大气样品采样-组分表征-健康效应"全过程的研究, 在未知毒性化学组分的探索方面开始做出贡献, 有望获得对我国复合型大气细颗粒物毒性组分的新认知。比较突出的特色主要有以下几个方面。

(1)大胆尝试先进的分析方法,对细颗粒物中潜在毒性更强的痕量未确定组分进行了分析和表征。如糖及糖醇类物质、多元醇、脂肪酸、邻间对二甲苯酸、二甲苯、多溴联苯醚、二噁英、溴代二噁英、半醌类、多氯联苯和多氯萘、氯代与溴代多环芳烃、硝基和含氧多环芳烃衍生物。

(2)采用新技术对大气演化过程中的反应活性成分进行了甄别并对其健康效应做了评估。如全二维气相色谱-飞行时间质谱进行有机卤代物分析,飞行时间-二次离子质谱成像技术分析颗粒物微观结构层面的化学组成,电子顺磁共振技术检测颗粒物表面上的羟基自由基,以 $^{13}C$-标记物为内标的高分辨气相色谱/高分辨质谱方法对卤代和溴代同类物进行同步检测,傅里叶变换离子回旋共振质谱在分子水平上诊断衡量有机物组成。

(3)利用实验室合成的颗粒物来模拟大气细颗粒物中特定成分,以研究其相应的健康效应。如实验室处理石墨烯、氧化石墨烯和碳纳米管等来诊断炭黑的氧化损伤能力,实验室模拟燃烧过程产生不同炊事过程中细颗粒物的细胞毒性。

### 2.1.3　局限性与展望

虽然计划前两年所资助的组分研究项目都取得不同程度的进展,为分析和表征我国大气细颗粒物中关键毒性组分提供了很好的认知,但对生物毒性组分区域分布特征和甄别新毒性化学组分方面深度仍显不足,主要体现在样品采集和表征及解析的环节上,存在的局限性有:

(1)大气细颗粒物样品采集布点区域和方法缺乏系统性和规范化。多个课题组对北京及周边、长三角、珠三角、香港等地进行了大气采样,但立项以来,很少项目能够在固定站点连续或者代表性季节连续采样,这可能与采样费用及人力成本太大有关。此外,采样手段、方法和表征缺乏标准化。由于采集的样品缺乏代表性和典型性,难以分析典型区域的 $PM_{2.5}$ 关键生物毒性化学组分的区域特征及其健康效应评价。2017 年重大研究计划在整体布局思想下优先资助了 2 个重点支持项目"长三角代表性城市大气细颗粒样品的采集及其表征与解析"和"京津冀区域大气细颗粒物的标准化样品采集和表征"(表 2-1),用以支持大气细颗粒物采样与表征规范和基础平台研究,相应地,上述问题也得到解决。重大研究计划大气细颗粒物标准化样品采集和表征管理平台已经具备雏形(图 2-1)。

(2)缺少关键化学物种的毒性顺序的比较和新毒性成分的发现。 $PM_{2.5}$ 中常见的毒性化学组分包括水溶性离子、OC/EC、重金属、PAHs 及其衍生物等,但甄别新毒性化学组分研究方面较为薄弱,只有个别团队发现未知的化合物。这可能与采样的技术手段有关。加强新技术、新方法在关键化学组分的鉴别、解析等方面的突破性创新研究,才有可能发现我国独特的大气复合污染下的 $PM_{2.5}$ 中新的毒性化学成分及其在人体健康影响上所起的作用。已有项目更多聚焦在化学组分上,其混合物健康风险评估仍以简单加和为主,并在细颗粒物有害微生物组分等生物组分方面存在一定短板。鉴于此,2017 年重大研究

表 2-1　关键毒性组分识别项目研究一览表

| 项目编号 | 采样地点和时间 | 采样方法 | 颗粒物样品 | 无机组分分析手段 | 有机组分分析手段 | 毒性测试评价 | 参考文献 |
|---|---|---|---|---|---|---|---|
| 91543205 | 长三角、珠三角多个站点，多个点位，时段，每周采集一个样品 | 大流量采样器 | $PM_{2.5}$ | Ni、Zn、Cu、As、Cr、Pb、Cd/电感耦合等离子体质谱 | 糖及糖醇类物质、多元醇、脂肪酸、邻间对二甲苯酸、二甲苯/气质联用、液相和液相色谱-飞行时间质谱；气相色谱-质谱 | A549；现场细胞暴露；全自动气-液界面暴露 | (Ming et al., 2017; Jin et al., 2017a) |
| 91543101 | 北京 2014 年 APEC 期间，2015 年四个季节代表性样品 | 八级空气生物采样器、单颗粒采样器 | $PM_{2.5}$ | — | $C_6H^+$、$C_9H_3^+$、$C_6H_5O_5^+$、$C_{14}H_7O_3^+$ 等/飞行时间二次离子质谱仪 | — | (Li et al., 2018a) |
| 91543104 | 北京 2003、2013 年样品 | 导电金属网采样 | $PM_{2.5}$ | Si 同位素/MAT253 | — | — | (Grasse et al., 2017; Liu et al., 2016; Lu et al., 2016) |
| 91543106 | 北京北城 (2016/2~2016/5) | 低流量分级采样 | $PM_{10}$、$PM_{2.5}$、$PM_1$ | — | 二噁英、呋喃、多氯联苯、多氯萘、PBDE、HPAH/二维气相色谱-电子俘获负电离质谱；飞行时间质谱 | — | (Huang et al., 2017) |
| 91543108 | 北京供暖期、非供暖期 (2017/1、4、7) | 大气大流量分级采样器 | $PM_1$、$PM_{1\sim2.5}$、$PM_{2.5\sim10}$、$PM_{>10}$ | — | 半醌类、氯代与溴代-PAHs、二噁英、溴代二噁英、多氯联苯和多氯萘/高分辨气相色谱和高分辨质谱 | 毒性当量及致癌风险评价 | (Jin et al., 2017b, 2017c, 2017d; Yang et al., 2017a, 2017b, 2017c; Zhang et al., 2016a, 2016b; Zhu et al., 2017a) |
| 91543109 | 实验室制备样品 | 溶液直接收集 | 碳纳米材料 | — | 表面官能团/傅里叶红外 | 小鼠 J774 细胞毒性 | (Han et al., 2016, 2017; Zhao et al., 2017) |
| 91543110 | 北京城/郊区和河北固安县 (2017/1、4、7) | 大流量和中流量采样器 | $PM_{10}$、$PM_{2.5}$、$PM_1$ | 有无机碳、水溶性无机离子/DRI-2001A 热光碳分析仪、离子色谱仪 | 二元羧酸、PAHs 及其硝基衍生物 (NPAHs)/傅里叶变换离子回旋共振质谱 | 毒性当量及致癌风险评价 | |
| 91543115 | 南京 2013/8 (亚青会)、扬州、镇江，上海和临安大气采样 | 中流量大气颗粒物采样器 | $PM_{2.5}$、$PM_1$ | 黑炭和重金属 (Cd、As、Cr)/单颗粒气溶胶质谱 | 富勒烯/大颗粒气溶胶质谱 | 颗粒物制备染毒母液进行细胞毒性暴露 | (Qi et al., 2016; Wang et al., 2016a, 2016b) |

续表

| 项目编号 | 采样地点和时间 | 采样方法 | 颗粒物样品 | 无机组分分析手段 | 有机组分分析手段 | 毒性测试评价 | 参考文献 |
|---|---|---|---|---|---|---|---|
| 91543116 | 渭南农村地区的生物质燃烧 (2016/8~2017/1) | 大流量采样仪 | $PM_{2.5}$ | 有机无机碳、水溶性无机离子/DRI-2001A 热光碳分析仪、离子色谱仪 | — | — | (俞焘等, 2017) |
| 91543118 | 上海垃圾焚烧场周边；甘肃地区大气 | 单颗粒物采样器 | $PM_{2.5}$、$PM_{0.1}$ | 金属分析/同步辐射微束 X 射线和 3D-CT 成像 | — | RAW264.7 的细胞毒性 | — |
| 91543120 | 模拟室内燃烧 | ELPI | $PM_{10}$、$PM_{2.5}$ | — | — | $PM_{2.5}$-ROS 细胞毒性 BEAS-2B 细胞存活率 | (Wang et al., 2017b) |
| 91543128 | 全国 2004~2014 年 | 卫星搭载中分辨和多角度成像光谱仪 | $PM_{2.5}$ | 硫酸盐、硝酸盐、铵盐、有机无机碳、沙尘和海盐模型 | — | — | (Si et al., 2017a, 2017b; Li et al., 2015a) |
| 91543130 | 北京郊区 2016/4~2017/4；珠三角 2013、2014 年 | 大流量/五通道中流量采样器 | $PM_{2.5}$ | 水溶性离子/离子色谱仪 | PAHs、OPAHs、NPAHs/大气压光致电离 (APPI) 耦合傅里叶变换离子回旋共振质谱 | — | — |
| 91643104 | 北京城区 1 个站点 (2014/12/25~2015/1/4) | 大流量采样仪；Nano-MOUDI 分粒径段采集 | $PM_{2.5}$ | — | 18 种 PAHs、多溴联苯醚、二噁英/傅里叶变换离子回旋共振质谱 | PAHs 毒性当量评估 | (Jin et al., 2017c) |
| 91643112 | 北京市大气样品 (详情未描述) | 未描述 | $PM_{2.5}$ | — | 羟基自由基/电子顺磁共振 | — | — |

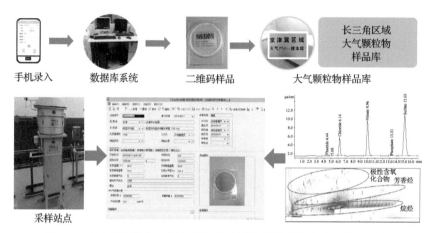

图 2-1　重大研究计划大气细颗粒物标准化样品采集和表征管理平台

计划以培育项目方式特别资助了"大气细颗粒物毒性效应化合物的高分辨质谱表征方法研究"和"东北地区室内外大气细颗粒物微生物组分来源、演化及多尺度时空暴露基础问题研究"等工作，并已在支持毒性导向的大气细颗粒物组分甄别等方面发展了靶向和非靶向分析相结合的疑似目标筛查策略(Lin et al., 2019)。

(3)计划年度指南反复强调需关注大气细颗粒物组分活化和毒性增强的环境过程机制，支持二次粒子形成过程中无毒组分的活化及新毒性物质的生成研究。但是，已有项目更多倾向于化学检测与生物分析相结合的组分甄别。*Nature* 在 2014 年时已刊文指出我国雾霾中由一次组分反应生成的二次气溶胶所占份额很大(Huang et al., 2014)，然而复杂体系转化机制的解析难度很大，需要原位检测、实验室模拟反应和计算分析等多种手段相互结合。2018 年重大研究计划资助了集成项目"大气细颗粒物毒性组分甄别研究"，分别对颗粒物负载所致长寿命自由基相关组分界面演化(Pan et al., 2019; Feng et al., 2018)和光化学过程对组分演化的影响及其毒性变化规律等开展研究。

简而言之，为了回答重大研究计划的一个核心科学问题典型区域的关键毒性组分，组分甄别研究有必要在以下三个方面加强研究。

(1)不同来源的大气 $PM_{2.5}$ 健康效应差异性显著。机动车和燃煤排放的 $PM_{2.5}$ 生物毒性是大气 $PM_{2.5}$ 毒性的 5 倍，均显著高于自然源所排放的 $PM_{2.5}$ 生物毒性(Thurston et al., 2016)。船舶排放细颗粒物的细胞毒性是大气重度雾霾期间的 3~5 倍，是轻度雾霾期间的 7~8 倍(Wu et al., 2018)。机动车和燃煤排放的 $PM_{2.5}$ 浓度每增加 10 μg/m³，人群每日死亡率分别增加 3.4%和 1.1%(Laden et al., 2000)。我国也针对不同燃油排放颗粒物的毒性做了对比研究，发现不同油品燃烧排放细颗粒物中的 PAHs 和重金属可诱导不同水平的细胞毒性、氧化应激效应和遗传毒性(Wu et al., 2018; 2017)。颗粒物组分效应导向的 $PM_{2.5}$ 生物毒性组分研究需要区分我国大气 $PM_{2.5}$ 的不同来源并分析其健康效应，集成项目"大气细颗粒物毒性组分甄别研究"需要回答这一问题。

(2)不同粒径的大气颗粒物诱导导致健康效应差异很大，粒径影响需要在集成项目"大气细颗粒物毒性组分甄别研究"实施中给出一个确定的答案。粒径越小的颗粒物越容易进入肺泡和心脑血管，如 $PM_{0.1}$ 和 $PM_{0.05}$，因其比表面积大，所携带的毒性成分造成的健康风险越大(Wu et al., 2018; Behera et al., 2015; Betha et al., 2014)。来自不同排放源及经过不同大气演化过程的颗粒物，粒径差异会很大，其健康效应将出现很大的差异。

(3)不同区域的大气演化过程差异很大，$PM_{2.5}$ 的关键毒性组分会出现很大差异。与京津冀 $PM_{2.5}$ 污染特征相区别的是，长三角和珠三角出现以高浓度 $O_3$ 为典型特征的光化学污染问题(李浩等，2015)。在光化学污染过程中，多环芳烃等有机污染物在光照、OH 自由基及 $O_3$ 等氧化作用下，有可能转化成生物毒性更强的痕量有机物(Kuang et al., 2016)。这类光化学烟雾作用下的 $PM_{2.5}$ 可能危害性更大，这些代表性区域 $PM_{2.5}$ 有毒组分的对比研究将具有更强的现实意义。集成项目"大气细颗粒物毒性组分甄别研究"应明确 $PM_{2.5}$ 关键毒性组分的演化机制。

(撰稿人：陈建民　李　庆)

## 2.2　细颗粒物的硅同位素指纹溯源技术

大气颗粒物是造成我国严重雾霾问题的主要元凶，对环境和人体健康都有显著的负面影响，已成为我国亟待解决的环境污染问题之一。准确判断大气颗粒物的来源是控制大气颗粒物污染的前提。近些年来，由于分析技术的进步，非传统稳定同位素技术在环境地球化学领域得到了飞速发展。其中，基于非传统稳定同位素的大气颗粒物及其有害组分的溯源技术也得到了快速发展。本节主要介绍了非传统稳定同位素技术的理论基础，综述了非传统稳定同位素技术在大气颗粒物溯源中的研究进展，及细颗粒物及其组分的硅同位素指纹溯源技术方面的代表性研究进展(Lu et al., 2019, 2018; Yang et al., 2019)。

### 2.2.1　非传统稳定同位素技术理论基础

#### 2.2.1.1　同位素理论基本概念

同位素是质子数相同、中子数不同的一组原子，它们具有相同的核电荷和核外电子结构，因此物理化学性质非常接近。但质量数上的差异导致它们在反应活性和理化性质上存在轻微差异(图 2-2)。同位素存在两种基本类型：放射性同位素和稳定同位素。放射性同位素经过衰变，会最终成为稳定同位素，同时也会改变自然界中特定稳定同位素的组成，例如，放射性元素 $^{87}Rb$ 可以衰变为稳定元素 $^{87}Sr$，进而影响到 Sr 同位素在自然界中的组成。近些年随着稳定同位素分析技术的发展，人们又提出了非传统稳定同位素这一概念。非传统稳定同位素通常是指传统稳定同位素(H、C、O、N 和 S)之外的其他元素的稳定同位素，例如过渡元素和重金属元素等(Lu et al., 2017)。

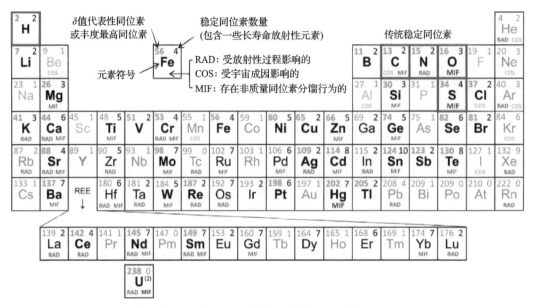

图 2-2　包含与稳定同位素研究相关内容的元素周期表(Wiederhold, 2015)

#### 2.2.1.2　稳定同位素分馏

　　稳定同位素分馏是指由于不同质量数的稳定同位素之间存在微小的物理化学性质差异(热力学性质、扩散及反应速度上的差异等)，导致它们在反应中以不同的比例分配到不同物质或物相中的现象。在自然界中，稳定同位素分馏主要受两个方面影响，分别是同位素之间质量差别的大小(图 2-3)和元素发生的地球化学行为(Wiederhold, 2015)。稳定同位素分馏主要有三种类型：动力学分馏、热力学分馏和非质量分馏。其中，热力学分馏通常发生在达到浓度平衡的体系中，较重的同位素通常富集于"更强的成键环境"中，比如更高的氧化态、更低的配位数和更短的键长等。与之相对，动力学分馏一般发

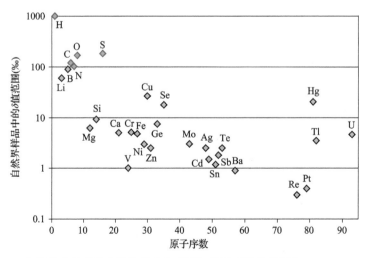

图 2-3　自然界中元素稳定同位素分布范围与原子序数的关系(Wiederhold, 2015)

生在反应过程中，轻同位素具有更快的反应速率，因此优先富集在反应产物中。热力学分馏和动力学分馏一般符合质量依赖效应，统称为质量分馏(mass-dependent fractionation，简称 MDF)。但一些特殊效应(核体积效应和磁效应)可以导致同位素分馏偏离质量依赖效应，即发生非质量分馏(mass-independent fractionation，简称 MIF)。以汞元素为例，在自然界中，汞同位素既存在质量分馏，又存在由核体积效应和磁效应导致的非质量分馏。基于这些分馏效应，可以示踪汞元素的地球化学行为。

#### 2.2.1.3 稳定同位素的描述

同位素比率 $R$(重同位素丰度/轻同位素丰度)可以用于表示物质的同位素组成，但为了更方便地观察同位素组成的微小变化，同时为了便于进行数据对比，物质的同位素组成更常用 $\delta$ 值(参比于同位素标准物质的相对千分差)表示，即

$$\delta^x\text{E} = \left( \frac{(^x\text{E} / {^y\text{E}})_{\text{样品}}}{(^x\text{E} / {^y\text{E}})_{\text{标准物质}}} - 1 \right) \times 1000 \tag{2-1}$$

其中，E 代表某种化学元素，$x$ 和 $y$ 分别代表该元素两种同位素的质量数。此外，非质量依赖分馏的程度是以物质的同位素组成偏离质量分馏线的大小来表示，即

$$\Delta^y\text{E} = \delta^{x/y}\text{E} - \beta_{\text{MDF}} \times \delta^{y/z}\text{E} \tag{2-2}$$

其中，$\Delta$ 表示该元素的质量依赖分馏和非质量依赖分馏之间的偏差，E 代表某种化学元素，$\delta$ 表示该元素相对于标准参考物质的同位素组成，$y$ 代表该元素存在非质量分馏的同位素，$x$ 和 $z$ 代表该元素描述质量分馏线的两种同位素，$\beta_{\text{MDF}}$ 代表该元素质量分馏线的斜率。

### 2.2.2 非传统稳定同位素技术在大气颗粒物溯源中的研究进展

1993 年，Walder 等(1993)首次报道了基于多接收器电感耦合等离子体质谱(MC-ICP-MS)的同位素分析方法。经过二十多年的发展，更多的非传统稳定同位素可以被精确分析，其中硅、铅、锶、汞、铁、锌、铜、钕、碘等非传统稳定同位素已成功应用于大气颗粒物及其重金属组分的源解析研究中。例如，中科院生态环境研究中心江桂斌课题组在银纳米颗粒的同位素分馏的研究基础上(Zhang et al., 2017; Lu et al., 2016)，开发了基于硅同位素示踪大气颗粒物来源的方法(Lu et al., 2018)，并根据硅稀释效应定量估算了北京地区二次气溶胶的贡献(Lu et al., 2019)。铅、锶和汞是大气颗粒物中高毒性的重金属污染物，它们在大气中的同位素溯源研究也有较多的报道(Das et al., 2016; Enrico et al., 2016; Huang et al., 2016; Wang et al., 2016c; Schleicher et al., 2015; Li et al., 2013; Zhao et al., 2013; Hyeong et al., 2011; Rutter et al., 2011; Widory et al., 2010; Li et al., 2006; Simonetti et al., 2000)。近些年，作为大气颗粒物中的高丰度金属元素，铜、铁和锌在大气中的同位素示踪研究也引起了人们的关注(Souto-Oliveira et al., 2018; Gonzalez et al., 2016; Gonzalez and Weiss, 2015; Little et al., 2014; Dong et al., 2013; Mead et al., 2013; Majestic et al., 2009; Flament et al., 2008; Gioia et al., 2008; Sivry et al., 2008; Beard et al., 2003;

Maréchal et al., 1999)。而钕和碘相关同位素技术在大气领域仅有少量应用报道（Zhang et al., 2015b; Geagea et al., 2008; Grousset and Biscaye, 2005）。下面简要介绍典型重金属元素汞和铅同位素在大气污染领域的研究进展。

目前，汞同位素研究已成为大气汞污染来源解析的重要工具。在自然界中，汞有 7 种稳定同位素：$^{196}$Hg（0.15%）、$^{198}$Hg（9.97%）、$^{199}$Hg（16.87%）、$^{200}$Hg（23.10%）、$^{201}$Hg（13.18%）、$^{202}$Hg（29.86%）和 $^{204}$Hg（6.87%），且同时存在质量分馏和非质量分馏。大气中汞主要有三种存在形式：气态单质汞、活性气态汞和颗粒态汞。很多研究报道了大气中气态单质汞和活性单质汞的同位素组成（Enrico et al., 2016; Wang et al., 2016c; Schleicher et al., 2015; Rutter et al., 2011）。而对于颗粒态汞，Das 等（2016）发现印度加尔各答省工业排放源、垃圾焚烧源以及汽车尾气源排放的 $PM_{10}$ 中汞同位素组成存在明显差异，说明不同人为排放源具有不同的汞同位素指纹特征，进而说明汞同位素可以用于指示大气颗粒物中汞污染的来源。陈玖斌等分析了北京市四季的 $PM_{2.5}$ 样品以及 30 个潜在污染源样品中的汞同位素组成，发现 $PM_{2.5}$ 中汞同位素组成具有显著的季节性变化特征，冬季更接近于燃煤排放源，秋季更靠近生物质燃烧源，而春季和初夏的汞同位素组成可能受到了长距离迁移的影响（Huang et al., 2016）。此外，近期有研究报道了大气颗粒物中汞的偶数同位素存在非质量分馏的现象（Demers et al., 2013; Chen et al., 2012; Gratz et al., 2010），推测可能与大气汞光化学过程有关（Sun et al., 2016）。综上，稳定同位素技术在大气汞污染溯源研究中展示了较好的应用前景。

铅（Pb）是大气颗粒物中的有毒重金属之一。在自然界中，铅有 4 种稳定同位素：$^{204}$Pb（1.48%）、$^{206}$Pb（23.6%）、$^{207}$Pb（22.6%）和 $^{208}$Pb（52.3%），除 $^{204}$Pb 之外，其他 3 种分别是 $^{238}$U、$^{235}$U 和 $^{232}$Th 放射性衰变的产物。大气颗粒物中铅同位素的溯源研究开展较早。1993 年，Mukai 等（1993）采集了亚洲 6 国城区的大气颗粒物并分析了它们中重金属铅的同位素组成，发现不同城市大气颗粒物中铅的主要贡献源存在差异，其中，加铅汽油、燃煤飞灰和工业排放是北京地区主要的铅污染源。而近些年，在汽油无铅化后，同位素数据表明北京地区有色金属冶炼和燃煤排放成为大气颗粒物中铅污染的主要来源（Li et al., 2006）。同样，陕西部分地区大气降尘中铅污染同样来源于铅锌冶炼厂和燃煤排放（Zhao et al., 2013）。这些研究结果表明，铅同位素能够准确示踪大气颗粒物中铅的污染源，可以为制定控制大气铅污染的政策提供依据。

### 2.2.3　硅稳定同位素指纹示踪大气细颗粒物的来源

目前我国的大气污染问题严重影响了人们的身体健康和可持续发展（Guo et al., 2014; Huang et al., 2014）。目前，大气细颗粒物 $PM_{2.5}$ 是大气污染的核心污染物，其成分和来源尤为复杂，既有有机组分，也有无机组分；既有多种污染源直接排放的一次颗粒物，也有经气态前体物转化而来的二次气溶胶（Zhang et al., 2012）。大气源解析技术可以对大气颗粒物的污染来源进行解析，是控制大气污染的基础。目前，硅稳定同位素已经被广泛应用于元素的地球化学循环研究中（Basile-Doelsch, 2006; Basile-Doelsch et al., 2005; Grant, 1954），然而其他应用却鲜有报道。中科院生态环境中心江桂斌课题组首次将硅稳定同位素作为一种新型大气污染示踪物应用于 $PM_{2.5}$ 的来源解析（Lu et al., 2018）。

#### 2.2.3.1　PM$_{2.5}$中硅元素的浓度和同位素组成

研究人员采集了 2003 和 2013 年全年的 PM$_{2.5}$ 样品，测量了其中硅浓度和硅同位素组成。2013 年 PM$_{2.5}$ 的日均浓度处在 1.6～530.0 μg/m³，年均浓度达到 106.4 μg/m³。其中，重度污染天气（PM$_{2.5}$＞200 μg/m³）在春季和冬季发生的频率更高，这可能与取暖季的供暖活动有关。硅元素广泛存在于大气颗粒物中，在大气中的浓度一般可以达到 1.0 μg/m³以上，但与 PM$_{2.5}$ 浓度分布不同的是，硅丰度（硅的质量占 PM$_{2.5}$ 质量的百分比）并没有出现明显的季节性变化特征。而对于硅同位素而言，2003 和 2013 年都出现了相同的季节性变化规律。具体来说，相对于夏季和秋季，春季和冬季 PM$_{2.5}$ 中的硅元素显著富集轻同位素。

#### 2.2.3.2　PM$_{2.5}$主要污染源中硅元素的浓度和同位素组成

为了将 PM$_{2.5}$ 与各个污染源联系起来，研究人员采集了北京周边地区 7 种主要的 PM$_{2.5}$ 一次污染源样品，并测量了其中硅元素的丰度和同位素组成。如图 2-4A 所示，所有的一次污染源都含有一定量的硅元素。其中，土壤尘、建筑尘和城市飞灰具有较高的硅丰度（＞10%），燃煤粉尘中硅丰度稍低（8.1%），生物质燃烧源、工业排放源和汽车尾气中硅丰度最低（＜1%）。

更重要的是，这些污染源都具有不同的硅同位素指纹特征（图 2-4B），因此满足同位素溯源的前提条件。汽车尾气排放的颗粒物中 $\delta^{30}$Si 的分布范围为 0.8‰～1.2‰（$n=3$），显著富集重同位素。土壤尘、建筑尘和城市扬尘中 $\delta^{30}$Si 的分布范围为−1.0‰～0.5‰（$n=64$）。此外，生物质燃烧源也有类似的 $\delta^{30}$Si 组成（−0.9‰～0.1‰，$n=10$），而工业排放源和燃煤燃烧源显著富集轻同位素，$\delta^{30}$Si 组成分别为−0.9‰～−1.8‰和−1.2‰～−3.4‰。

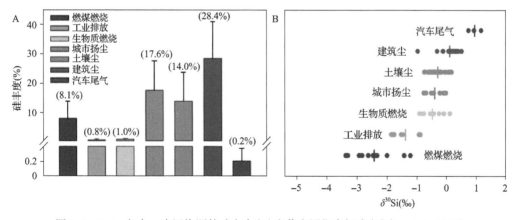

图 2-4　PM$_{2.5}$ 各个一次污染源的硅丰度（A）和稳定同位素组成（B）（Lu et al., 2018）

此外，硅同位素能够保留污染源的同位素指纹信息。大气颗粒物的来源和形成过程非常复杂，包含许多复杂的大气氧化还原过程（Zhang et al., 2012; 2013）。在这些过程中，传统同位素（C、N、O、S 等）由于具有较高的反应活性很容易发生同位素分馏（Dawson and Siegwolf, 2007），从而丢失污染源的同位素指纹信息。与传统同位素不同的是，硅元素在这方面具有独特的优势：一方面由于硅元素在大自然只有一个价态(+4)，成键环境单一(硅氧四面体)，不利于同位素分馏的发生(Savage et al., 2014)；另一方面，硅元素具有较低的反应活性。因此，理论上硅同位素能够较好地保留大气污染一次源的同位素指纹信息。

### 2.2.3.3　硅稳定同位素示踪 PM$_{2.5}$ 的来源

考虑到各类污染源具有不同的硅同位素指纹特征，PM$_{2.5}$ 中的硅同位素组成可以直接反映一次污染源的变化。2003 和 2013 年，相比于夏季和秋季，春季和冬季 PM$_{2.5}$ 中硅同位素组成显著偏负(期间所有的月均 $\delta^{30}Si < -1.0‰$)，说明在春季和冬季，燃煤排放源(-1.2‰～-3.4‰，图 2-4B)和工业排放源(-0.9‰～-1.8‰，图 2-4B)的贡献比重明显增加。此外，考虑到工业源的四季排放相对稳定，所以燃煤排放源可能是春季和冬季雾霾频发的主要贡献源，这也与北方供暖季供暖导致燃煤需求量激增的情况相符。

此外，PM$_{2.5}$ 浓度与硅同位素组成之间存在一定的相关性，通过分析可以进一步提供 PM$_{2.5}$ 的来源信息。如图 2-5(A, B)所示，重度雾霾天气中(PM$_{2.5}$ > 200 μg/m³)，PM$_{2.5}$ 中硅丰度更小。同样地，$\delta^{30}Si$ 也随着 PM$_{2.5}$ 浓度增加而减小。如果将污染分为三个级别(PM$_{2.5}$ < 100，100～200，和 > 200 μg/m³；图 2-5D)，可以清楚地发现，不同污染等级对应着不同的硅同位素组成，污染越重，$\delta^{30}Si$ 越负，说明随着污染程度的增加，贫 $^{30}Si$ 的污染源贡献比重增加，如燃煤排放源(-1.2‰～-3.4‰，图 2-5B)和工业排放源(-0.9‰～-1.8‰，图 2-5B)。

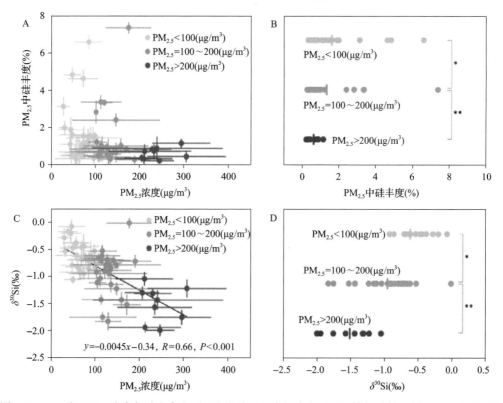

图 2-5　2013 年 PM$_{2.5}$ 浓度与硅丰度(A 和 B)和硅同位素组成(C 和 D)的相关性分析(Lu et al., 2018)

### 2.2.3.4　小结

准确判断 $PM_{2.5}$ 的来源是制定有效管控措施的前提。硅稳定同位素可以作为一种新型溯源工具，用于指示 $PM_{2.5}$ 的来源。研究显示不同的大气颗粒物一次污染源具有不同的硅同位素指纹特征。此外，硅元素在大气传输过程中不参与大气化学过程，可以很好地保留一次污染源同位素指纹特征。因此，$PM_{2.5}$ 中硅同位素的变化可以直接反映一次污染源排放特征的变化。研究表明，春季和冬季重度雾霾频发的主要原因可能是燃煤使用量的增加，这可能与我国北方地区供暖季供暖活动密切相关。

## 2.2.4　硅元素用于评估细颗粒物中二次源贡献

大气颗粒物的成因和来源解析是解决大气污染问题的核心，但是大气颗粒物的成核和生长过程涉及非常复杂的大气化学反应和过程(Zhang et al., 2012)，导致以往的研究手段不能满足分析需求。目前，大气污染中二次气溶胶的贡献比重很大(Huang et al., 2014)，但目前对二次气溶胶的评估主要依赖于对铵盐、硝酸盐、硫酸盐和二次有机碳等主要二次组分的分析，定量误差较大(Schmid et al., 2001; Watson et al., 2005)。江桂斌课题组发现，硅元素作为一种气溶胶化学研究中的新型惰性示踪物，可以用于定量评价大气二次污染的贡献，从而为大气二次气溶胶的研究提供了一种新的工具(Lu et al., 2019)。

### 2.2.4.1　硅在颗粒物二次生成中的化学惰性

研究人员发现，在雾霾爆发性增长阶段存在显著的硅稀释效应，即随着 $PM_{2.5}$ 浓度的增加，硅丰度显著降低，如图 2-6A 所示。因此，可以通过硅稀释效应来定量估算二次气溶胶贡献。该方法有效的前提是 $PM_{2.5}$ 中的硅元素全部来自于一次污染源排放，且有机硅转化以及干沉降对 $PM_{2.5}$ 中硅浓度的影响可以忽略。为了证明以上观点，首先通过分析 2013 年北京地区 $PM_{2.5}$ 中的硅浓度与二次气溶胶的主要组分($SO_4^{2-}$、$NO_3^-$、$NH_4^+$和SOC)和二次前体物($SO_2$、$NO_2$)的相关性，研究人员发现它们之间并没有显著相关性，证明了 $PM_{2.5}$ 中的硅浓度并没有受到二次气溶胶生成的影响，即 $PM_{2.5}$ 中的硅元素主要来自于一次污染源排放。

此外，有研究报道了大气中的气态有机硅可以通过羟基自由基氧化转化成二次气溶胶颗粒(Ahrens et al., 2014; Xu et al., 2012)，进而影响到 $PM_{2.5}$ 中的硅浓度。需要指出的是，气态有机硅转化需要气态有机硅和羟基自由基的同时参与(Wu and Johnston, 2017)。而在华北地区，已有研究表明大气中羟基自由基的浓度极低(Tan et al., 2017)，因此，可以推测在北京地区气态有机硅转化为二次含硅颗粒对 $PM_{2.5}$ 的贡献极低。干沉降存在明显的粒径依赖效应，即粗颗粒在大气中的沉降速度要比细颗粒的快。但有报道指出，在大气颗粒物粒径小于 2.5 μm 范围内，平均硅丰度随着粒径变化并未发生明显变化(Tan et al., 2016)，也就是说，对于 $PM_{2.5}$ 而言，干沉降并不会影响其硅丰度。综上，有机硅转化和干沉降均不会显著影响 $PM_{2.5}$ 中的硅浓度，因此，$PM_{2.5}$ 中的硅稀释效应主要是由二次气溶胶的生成导致的。

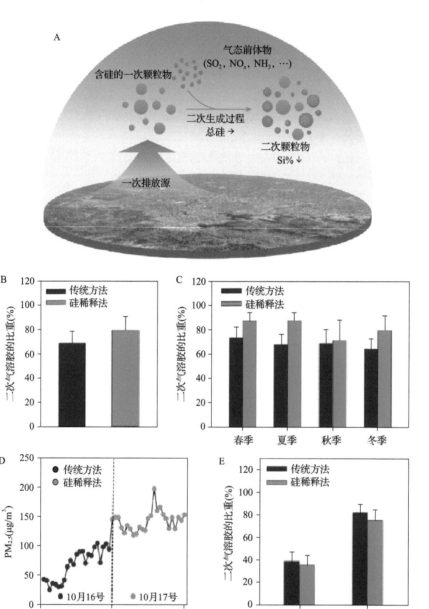

图 2-6　硅稀释法和传统方法估算二次污染比重结果对比

(A) 硅在 $PM_{2.5}$ 二次生成过程中的角色示意图；(B) 2013 年北京地区二次气溶胶年平均贡献对比；(C) 2013 年北京地区二次气溶胶四季平均贡献对比；(D, E) 典型雾霾事件二次气溶胶贡献对比 (Lu et al., 2019)

### 2.2.4.2　硅稀释法估算二次气溶胶的计算

在二次颗粒物生成过程中 $PM_{2.5}$ 中硅浓度保持不变的情形下，有

$$m_{PM_{2.5}} = m_{pri} + m_s \tag{2-3}$$

$$Si_{PM_{2.5}} = m_{PM_{2.5}} \times C_{PM_{2.5}} = m_{pri} \times C_{pri} \tag{2-4}$$

其中，$m_{PM_{2.5}}$、$m_{pri}$ 和 $m_s$ 分别代表 $PM_{2.5}$、一次颗粒物和二次颗粒物的质量。$Si_{PM_{2.5}}$ 代表 $PM_{2.5}$ 中硅元素的质量，$C_{PM_{2.5}}$ 和 $C_{pri}$ 分别代表 $PM_{2.5}$ 和一次颗粒物中的硅丰度。因此，二次气溶胶占 $PM_{2.5}$ 的比重 ($f_s$) 可得

$$f_s = \frac{m_s}{m_{PM_{2.5}}} = 1 - \frac{C_{PM_{2.5}}}{C_{pri}} \tag{2-5}$$

其中，$C_{PM_{2.5}}$ 可以由采集的 $PM_{2.5}$ 样品直接测量得出。$C_{pri}$ 可以由各个污染源的硅丰度和对应污染源的排放量计算得到，其中部分污染源的排放量是通过北京市大气污染排放清单获得 (MEIC 数据库) (Li et al., 2017)，而其他两类排放源 (生物质燃烧源和城市尘源) 需要进一步结合同位素平衡模型计算得到。在该研究中，$PM_{2.5}$ 中年平均硅丰度 ($C_{PM_{2.5}}$) 为 1.56%，理论上排放源的平均硅丰度 ($C_{pri}$) 为 7.51%，因此计算得到 2013 年二次气溶胶占 $PM_{2.5}$ 的平均比重为 79.2% (图 2-6B)。此外，通过比较发现，硅稀释法获得的二次气溶胶比重与传统方法得到的结果非常接近 [图 2.6 (B～E)]，进一步证明了这一方法的可靠性。

### 2.2.4.3 小结

由于高丰度和化学惰性，硅元素在大气化学的研究中适合作为一种新型惰性示踪物。$PM_{2.5}$ 中二次气溶胶的生成会产生明显的硅稀释效应，基于此，可以依靠单一示踪物硅元素定量估算二次气溶胶生成。同时，该方法也为大气气溶胶化学的研究提供了一种新的分析工具。值得注意的是，研究结果显示，2013 年北京地区雾霾天气时二次气溶胶的年均贡献比重达到 79.2%，说明了目前大气二次污染问题的严重性。因此，为了有效地控制大气污染，在管控大气二次前体物 ($SO_2$、$NO_x$ 和 VOCs) 排放上，需要制定更加严格的措施。

## 2.2.5 硅/氧双同位素指纹示踪 $SiO_2$ 颗粒的来源

二氧化硅 ($SiO_2$) 是大气颗粒物中的主要成分之一，且具有显著的健康风险，是需要重点关注的 $PM_{2.5}$ 有害组分 (Li et al., 2016b)。在大气中，$SiO_2$ 组分主要包含两类：石英晶体和无定型二氧化硅，它们的化学组成相同，因此很难进行区分。其中，石英晶体被国际癌症组织归为一类致癌物，过量暴露能导致慢阻肺、矽肺甚至肺癌 (Siemiatycki et al., 2004)。同时，许多研究也报道了无定型二氧化硅的毒理学效应 (Wei et al., 2015; Yamashita et al., 2011; Choi et al., 2010)。因此，准确识别大气颗粒物中 $SiO_2$ 的来源有利于准确评估大气颗粒物的毒理学效应，同时也可以为相关管控措施的制定提供依据。为了解决这一难题，江桂斌课题组基于硅和氧双同位素指纹建立了一种能够甄别天然来源和人为来源 $SiO_2$ 的方法 (Yang et al., 2019)，为大气中 $SiO_2$ 组分的溯源研究提供了有效工具。

### 2.2.5.1 不同 $SiO_2$ 颗粒物的表征

大气颗粒物中 $SiO_2$ 有很多潜在来源。石英晶体是典型的天然源 $SiO_2$ 组分，且广泛存在于大气颗粒物中。其次，很多与天然生物来源相关的 $SiO_2$ 也会通过各种途径进入到大气颗粒物中，比如秸秆燃烧和燃煤燃烧等。而某些人为来源的 $SiO_2$ 也有可能进入到大气环境中，比如工程 $SiO_2$ 纳米颗粒作为添加剂应用于汽车轮胎中，通过磨损进入到道路扬尘或是大气颗粒物中。这些不同来源的 $SiO_2$ 具有不同的毒理学效应，因此有必要对它们

的来源进行甄别。研究人员选择了石英晶体(地质源)和硅藻土(生物源)作为天然源 $SiO_2$ 的典型代表,3 种不同方法合成的工程 $SiO_2$ 颗粒(沉淀法、凝胶法和气相法)作为人为源 $SiO_2$ 的典型代表。研究人员对不同来源 $SiO_2$ 的物化性质进行了表征,结果显示由于高度相似性,形貌表征(SEM 和 TEM)、晶体结构表征(XRD)和元素组成表征(SEM-EDX)均无法用于甄别天然来源和人为来源的 $SiO_2$ 组分。

### 2.2.5.2　不同 $SiO_2$ 组分中硅和氧稳定同位素组成

如图 2-7(A~D)所示,研究人员测量了两种天然源 $SiO_2$(石英晶体和硅藻土)和 3 种人为源 $SiO_2$(沉淀法、凝胶法和气相法合成的工程 $SiO_2$)的硅和氧同位素组成,结果显示,硅藻土的硅同位素和石英晶体的氧同位素与 3 种工程 $SiO_2$ 对应的硅和氧同位素相比,具有完全不同的同位素分布范围。因此,硅和氧二维同位素指纹可以将硅藻土、石英晶体和工程 $SiO_2$ 划分到 3 个独立的区域(以 $\delta^{18}O = 13‰$ 和 $\delta^{30}Si = 0.1‰$ 为界),从而实现人为源和天然源 $SiO_2$ 的甄别[图 2-7(E, F)]。

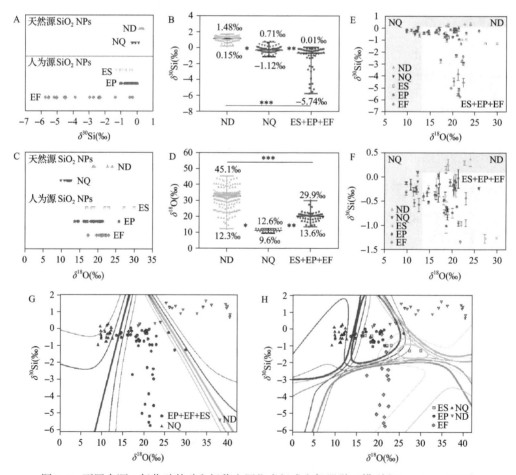

图 2-7　不同来源二氧化硅的硅和氧稳定同位素组成和机器学习模型(Yang et al., 2019)

(A~D)不同来源二氧化硅组分的硅和氧同位素组成,其中(B)和(D)中包含文献中的数据;(E, F)硅和氧二维同位素指纹图谱,其中(F)是(E)的细节放大图;(G, H)机器模型分类图:三类(G)和五类(H)。EP、EF 和 ES 分别代表沉淀法、气相法和凝胶法合成的工程二氧化硅,NQ 和 ND 分别代表天然石英晶体和天然硅藻土;*$P<0.05$,**$P<0.01$

进一步，结合机器学习模型(LDA 模型)，可以定量给出每一个样品的判别概率，并根据最大判别概率值对样品进行来源归类。如表 2-2 所示，人为源和天然源二氧化硅的准确甄别概率达到了 93.3%。因此，该方法在甄别人为源和天然源 $SiO_2$ 组分上具有显著的优势。

**表 2-2　基于机器学习模型(LDA)的二氧化硅来源识别结果**

| 样品 | 总计 | 来源识别 | | | | | 准确率 |
| --- | --- | --- | --- | --- | --- | --- | --- |
| | | EP | EF | ES | NQ | ND | |
| 二氧化硅样品 | 90 | 正确数目：84 | | | | | 93.3% |
| └ 人为来源 | 50 | 49 | | | 1 | | 98.0% |
| └ EP | 28 | 27 | 0 | 0 | 1 | 0 | 96.4% |
| └ EF | 15 | 3 | 12 | 0 | 0 | 0 | 80.0% |
| └ ES | 7 | 5 | 0 | 2 | 0 | 0 | 28.6% |
| └ 天然来源 | 40 | 5 | | | 35 | | 87.5% |
| └ NQ | 20 | 0 | 0 | 0 | 20 | 0 | 100% |
| └ ND | 20 | 5 | 0 | 0 | 0 | 15 | 75.0% |

注：EP、EF 和 ES 分别代表沉淀法、气相法和凝胶法合成的工程二氧化硅，NQ 和 ND 分别代表天然石英晶体和天然硅藻土(Yang et al., 2019)。

从工程 $SiO_2$ 的合成工艺可以看出，工艺的初始原材料是两种天然源 $SiO_2$(石英和硅藻土)，但原材料与最终产物的硅和氧同位素组成却出现了很大差别。根据产物比原材料优先富集轻同位素的结果，可以推断工业合成过程中的动力学分馏是导致人为源和天然源 $SiO_2$ 之间出现同位素组成差异的原因。此外，部分工业中间体的使用(例如氢氧化钠、正硅酸乙酯等)也可能导致人为源 $SiO_2$ 的氧同位素组成出现变化。

### 2.2.5.3　小结

大气颗粒物中有多种来源的 $SiO_2$，难以通过常规表征进行来源甄别。通过硅/氧双同位素指纹并进一步结合机器学习模型，可以实现天然来源和人为来源 $SiO_2$ 的甄别，正确率可达 93.3%。通过对工程 $SiO_2$ 的工业合成工艺的研究，可以推断动力学分馏和工艺中间体的差异可能是导致人为源和天然源 $SiO_2$ 同位素组成出现差异的原因。该方法在大气颗粒物中 $SiO_2$ 组分的溯源研究中具有一定的应用潜力，并可为大气中 $SiO_2$ 组分的人体暴露评估提供重要的参考价值。

（撰稿人：刘　倩　杨学志　陆达伟　江桂斌）

## 2.3　大气中有机污染组分的高通量非靶标筛查研究

随着工业生产迅速发展以及人们对环境质量需求的不断提高，空气污染问题日渐引起大家的重视，细颗粒物在其中更是扮演着重要的角色。有研究表明，$PM_{2.5}$ 污染与心血管疾病、呼吸道疾病、肿瘤发病及相关疾病恶化密切相关(Iburg, 2015; Cao et al., 2012)。而这些不良影响和危害很大程度上取决于它所包含的组分(Huang et al., 2012)。

### 2.3.1　大气细颗粒物中有机污染组分的研究现状

目前，国内外对 $PM_{2.5}$ 有机组分的识别已开展相关研究并取得一些成果。但大多是利用常规方法识别和量化已知的有机污染物，如二噁英、多氯联苯、多氯萘、多溴二苯醚和多环芳烃等(Jin et al., 2017f; Zhang et al., 2016b, 2015c; Zhu et al., 2016)。对于 $PM_{2.5}$ 复杂化学组分的认识仅为冰山一角，一些潜在的具有较强生物毒性的未知组分可能会被忽略。关键毒性组分不明，及其诱发疾病的健康危害机制尚不清楚，是大气污染毒理与健康效应研究的重要瓶颈之一，为有针对性地控制 $PM_{2.5}$ 的健康风险带来了极大困难。因此，亟需改变传统分析思路，发展更为有效的分离分析方法，以样品整体作为研究对象开展有机污染组分非靶标筛查，全面了解大气中有机污染物的组成种类和分布特征，可为 $PM_{2.5}$ 健康风险控制对策的制定提供有效依据。

任何分析仪器，包括色谱-质谱联用、高分辨质谱、红外光谱和核磁共振光谱等都能运用于大气样品中有机化合物的非靶标筛查，但是要想获得更为全面和准确的分析结果，使用具有较高色谱分离能力和质谱分辨率的分析仪器非常重要。傅里叶变换离子回旋共振质谱(Fourier transform ion cyclotron resonance mass spectrometry, 简称FT-ICR MS)具有超高的质量分辨率和质量精度，可以用于精确确定分子的元素组成。全二维气相色谱(comprehensive two-dimensional gas chromatography, 简称GC×GC)由于两根不同分离机理色谱柱的正交组合，极大提高了复杂组分的分离能力，结合高分辨飞行时间质谱(high resolution time-of-flight mass spectrometry, 简称HRTOFMS)对于复杂环境基质中未知污染物的分析是强有力的工具。

目前，国内外利用FT-ICR MS 和 GC×GC-TOF MS 这两种分析仪器，或联合或单独，开展环境样品中有机污染物筛查的研究已经有了一些进展。但大多是在一些已知物的基础上，筛查出了几种新的结构类似物单体，仍有许多未知化合物有待识别。存在的问题可能包括以下几点：①在色谱分离方面，没有充分利用二维空间，化合物分布较集中，色谱分离效果有待改善。②在调制器同时被释放的组分没有在一个调制周期内全部流出第二根色谱柱，就可能会造成其与下一个调制周期内流出的化合物发生重叠。③对仪器分析复杂样品时产生的海量数据进行解析是非常具有挑战性的。由于采用的数据分析方法较为单一，只是识别出了少数未知化合物，对数据的分析程度尚不够深入。因此，充分发挥和利用这两种仪器的优势，完善复杂体系中有机物高通量非靶标筛查方法学，实现复杂组分最大化分离，并进行未知化合物准确定性非常重要。

在本研究中，利用FT-ICR MS 联合 GC×GC-TOF MS 开展了环境大气有机污染组分的高通量非靶标筛查研究。在优化仪器分析条件后，建立一套系统的复杂体系中有机组分非靶标筛查分析流程，并运用于大气气相及不同粒径颗粒物样品的分析。通过超高质量分辨率的 FT-ICR MS，准确得到样品中所含有机化合物的分子元素组成信息，并在进一步可视化图形的处理下系统了解大气细颗粒物中有机污染物的组成种类和分布特征。通过具有较高色谱分离能力的 GC×GC-TOF MS，在一次进样中实现上万种化合物的同时分离分析，并结合多种有效数据分析技术鉴定出了一些未知化合物的分子结构，主动发现和识别出一些新型污染组分。

### 2.3.2　北京大气中有机污染物组分的高通量筛查方法

#### 2.3.2.1　大气样品的采集和前处理

以北京城市生态系统研究站(HD, 116°12′E, 40°00′N)作为采样点进行了 2017.11～2018.1 的大气样品采集。该采样点位于北京市海淀区北四环与北五环之间，远离城市交通主干道，周围均是居民住宅区，无明显的芳香类化合物污染源。利用大流量主动分级气溶胶采样器(KS303$_{10/2.5/1.0}$)采集 2017.11～2018.01 空气动力学直径($d_{ae}$)分别为 >10 μm，2.5～10 μm，1～2.5 μm 和 <1 μm 的不同粒径颗粒相样品及气相样品。采样前，石英纤维滤膜(quartz fiber filter, 简称 QFF)在 450℃下灼烧 12 h 以去除有机残留物。聚氨酯泡沫(polyurethane foam, 简称 PUF)先用丙酮在 100℃下加速溶剂静态提取 8 min，循环 2 次，提取完毕待溶剂完全挥发后，用铝箔包裹置于真空干燥器中保存待用。将采集到的大气样品经过正己烷：二氯甲烷(1 : 1, $v/v$)加速溶剂提取，旋转蒸发浓缩，过 0.22 μm 滤膜后，置换溶剂为正己烷，利用 GC×GC-TOF MS 进行检测，然后再将溶剂置换为甲醇：甲苯(1 : 1, $v/v$)，利用 FT-ICR MS 进行检测。

#### 2.3.2.2　仪器分析条件的选择和优化

1. 利用 FT-ICR MS 进行大气中有机污染物元素组成分析

在 FT-ICR MS 中，不同电离源适合分析不同极性的化合物，但彼此的适用范围也会有少许的交叉和重叠。为了更加全面地了解样品中存在的非极性和弱极性化合物，采用电喷雾电离(electrospray ionization, 简称 ESI)和大气压光致电离(atmospheric photoionization, 简称 APPI)相结合的方式，并且对每个样品同时在正、负电离模式下进行分析。

毛细管入口电压：1000 V；进样速度：180 μL/s；质量范围 $m/z$：200～1000；扫描叠加次数：200；离子累积时间：0.001 s。

2. 利用 GC×GC-ECNI-TOFMS 进行大气中有机卤化物分析

GC×GC-TOF MS 通过把两根分离机理不同且相互独立的色谱柱连接起来，让全部流出第一根色谱柱的化合物在调制器内实现一个捕集、聚焦和再释放的过程后在第二根色谱柱上再次进行分离，能够极大提高复杂组分的分离分析能力。

先将二噁英(polychlorinated dibenzo-$p$-dioxins and dibenzofurans, 简称 PCDD/F)、溴代二噁英(polybrominated dibenzo-$p$-dioxins and dibenzofurans, 简称 PBDD/F)、氯溴代二噁英(polybrominated/chlorinated dibenzo-$p$-dioxins and dibenzofurans, 简称 PXDD/F)、多氯联苯(polychlorinated biphenyl, 简称 PCB)、多溴联苯(polybrominated biphenyl, 简称 PBB)、氯溴代联苯(polybrominated/chlorinated biphenyl, 简称 PXB)、多氯萘(polychlorinated naphthalene, 简称 PCN)、多溴二苯醚(polybrominated diphenyl ethers, 简称 PBDE)、卤代多环芳烃(halogenated polycyclic aromatic hydrocarbons, 简称 HPAH)、有机氯农药(organochlorine pesticide, 简称 OCP)这 10 大类 248 种有机卤化物配成混标，在 DB-5ms

（30 m×0.25 mm×0.25 μm）和 BPX 50（1 m×0.10 mm×0.1 μm）分别作为第一和第二根色谱柱的情况下，观察不同分析条件对化合物分离效果的影响，然后再应用到样品中并做适当调整。优先调节冷喷气流量从而调制峰形，使得从第一根色谱柱流出的组分能够全部在调制器内被有效捕集后，再都以脉冲的方式传送到第二根色谱柱中。然后通过对色谱柱升温速度、色谱柱初温、调制周期、色谱柱组合-固定相类型、色谱柱长度、热喷升温程序等条件的选择和优化提高组分分离效果。在实际操作过程中发现，用二维色谱同时分离分析多种化合物与单一分析某类化合物相比，既要保证最大程度的组内和组间分离，也要保证整体的调制效果。需要兼顾整体和局部，同时考虑多个方面，找到分析条件的最佳组合。最终确定的色谱和质谱条件如下：

仪器型号：ZOEX FASTOF；色谱柱组合：DB-5ms（30 m×0.25 mm×0.25 μm）+BPX-50（1 m×0.10 mm×0.1 μm）；调制周期：10 s；热喷热持续时间：350 ms；冷喷气流量：3 mL；载气流速：1.2 mL/min；进样口温度：280℃；进样量：1 μL；进样模式：不分流进样；色谱柱升温程序：60℃（1 min）开始，以 20℃/min 升至 120℃（1 min），再以 1.5℃/min 升至 310℃（5 min）；热喷升温程序：280℃（30 min）开始，以 10℃/min 升至 340℃（55 min），再以 10℃/min 升至 380℃（45 min）。

在 ECNI 模式下，反应气 $CH_4$：2.0 mL/min；电子能量：125ev；离子源温度：200℃；传输线温度：280 ℃；$m/z$ 扫描范围：20~1000；采集速度：100Hz。

### 3. 利用 GC×GC-EI-HR TOFMS 进行大气中有机污染物全组分分析

选择和优化分析条件，最大化地保证实际样品中化合物的全部流出和较好分离。最终确定的色谱和质谱条件如下：

仪器型号：Leco Pegasus GC-HRT 4D+；色谱柱组合：Rxi-5ms（30 m×0.25 mm×0.25 μm）+Rxi-17Sil MS（1 m×0.25 mm×0.25 μm）；载气流速：1.0 mL/min；进样口温度：280℃；进样量：1 μL；进样模式：不分流进样；升温程序：第一个柱温箱以 60℃（1 min）开始，以 20℃/min 升至 100℃（1 min），再以 2.5℃/min 升至 310℃（5 min）；第二个柱温箱相比第一个柱温箱始终高 10℃；调制器：8 s，始终比第二个柱温箱始终高 25℃；传输线温度：310℃。

在 EI 模式下，电离能：70 ev；离子源温度：250℃；传输线温度：310℃；$m/z$ 扫描范围：20~1000；采集速度：180 spec/s。

### 2.3.3 高通量非靶标筛查检出的北京大气有机污染情况

#### 2.3.3.1 FT-ICR MS 表征大气中有机物分子组成

将同一样品分别在 APPI 和 ESI 两种电离源，以及正、负离子模式下进行分析，然后把四次所得数据进行互补整合。对于数据采集获得的大量质谱信息，首先通过分子式拟合计算出准确的元素组成。虽然仪器自带软件能够给出计算结果并进行排序，但是并非得分最高的就是最为准确的结果，需要人为判断，剔除掉不合理的元素组成。FT-ICR MS 由于其超高的质量分辨率，适用于精确测定未知物的元素组成。但是当分析复杂样品时，就会衍生出一系列问题。在分析复杂样品时，因为检测到的离子种类较多，质量轴会发生偏移，灵敏度和分辨率也会下降。因此，引入内标校准，并适当降低离子累计时间，以样品中一定会存在的化合物作为内标进行再次校准。在进行分子式拟合时，软件计算会给出多个候选结果。因此，除常规的依据质量偏差和元素组成限定规则进行筛选外，也要考虑精细同位素峰结构，得到唯一准确的元素组成。在本研究中，通过具有超高质量分辨率的 FT-ICR MS，获得了大气 $PM_1$ 样品中 8000 多种有机化合物的分子元素组成信息，发现有机污染物种类以 CHO 为主。

然后借助三种分子表征方法，系统分析了这些化合物的组成种类。质量亏损(mass defect)技术是把传统定义的 IUPAC Mass 转化为 Kendrick Mass，然后将其与最接近的整数质量之间的偏差定义为肯德里克质量亏损(简称 KMD)，这样相差若干个 $CH_2$ 基团的同系列化合物具有相同的 KMD 值。通过 KMD 分析(图 2-8)，方便观察出具有相同基本元素组成，相差若干个 $CH_2$、F、Cl、Br 的系列化合物。通过环加双键数(ring double bond equivalents，简称 RDBE)与碳数(carbon number，简称 C#)分析(图 2-9)，发现 $PM_1$ 样品中有机污染物 C 数为 10～50，不饱和度为 0～30，包含较多稠环芳烃类物质。通过范式分析

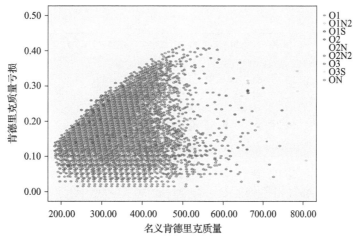

图 2-8　质量亏损(KMD)分析

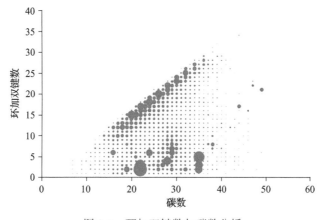

图 2-9　环加双键数与碳数分析

（Van Krevelen）（图 2-10），利用芳香指数（aromatic index，简称 AI）和氢/碳（H/C）将化合物分为五类，发现 PM$_1$ 样品中有机物以高不饱和类、酚类以及脂肪类物质为主。

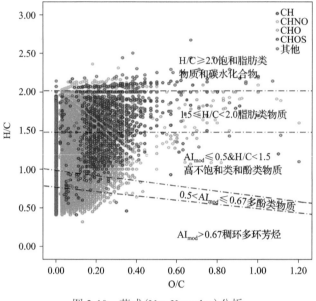

图 2-10　范式（Van Krevelen）分析

### 2.3.3.2　GC×GC-ECNI-TOF MS 分析大气中有机卤化物

通过标准品比对，对大气样品中已知有机卤化物进行定性。同时考虑各化合物在 GC-MS 上的出峰顺序（同样一维柱的前提下）和每个化合物的质谱信息，确定了 10 类 218 种有机卤化物在全二维气相色谱上的出峰情况，并从中观察到了结构化的二维谱图分布规律。如图 2-11 所示，随第一维上保留时间增加，化合物所含碳原子数逐渐增多。随第

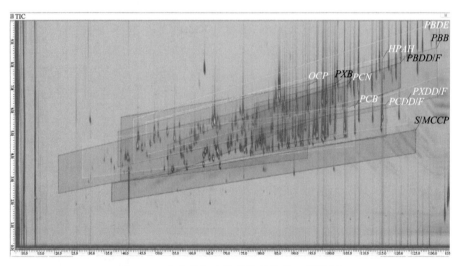

图 2-11　多种已知卤化物的结构化二维谱图

二维上保留时间增加，化合物的不饱和度和极性逐渐增强，表现为依次出现烷烃类、芳香类和氧化芳香类化合物，并依次出现同类型的氯代和溴代化合物。而在每一类化合物中，随着卤素原子取代数量的增加，所有单体呈现瓦片状分布。通过观察这些已知卤化物的色谱保留行为，有利于对其他未知化合物进行识别。建立基于各个化合物的保留时间和质谱信息的模板，再应用到实际大气样品中后（图 2-12），发现仍有许多未知有机卤化物尚待识别。初步发现了 2200 余种氯溴代化合物，其中氯代化合物>1500 种，溴代化合物>700 种。

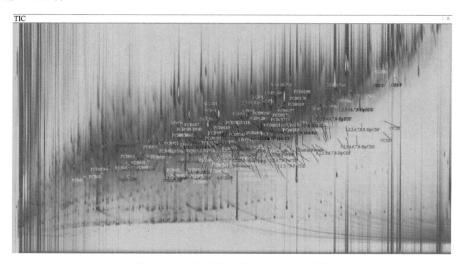

图 2-12　大气样品中的未知有机卤化物

### 2.3.3.3　GC×GC-EI-HR TOF MS 分析大气中有机污染物

将同一天采集到的气相及不同粒径颗粒物样品利用 GC×GC-EI-HR TOF MS 进行检测，能够在一次进样中实现上万种有机组分的同时分离分析，发现更多的半挥发性有机组分分布在粒径小于 1.0 μm 的颗粒物上（图 2-13）。如何快速高效地处理如此庞大的数据是非常具有挑战性的。如果直接对每个色谱峰一个个地进行分析，需要耗费大量的时间和精力。常规的标准品比对方法会过多依赖于实验室现有的标准品，谱库检索技术依赖于谱库中已收录的化合物信息，并且存在仪器间的测定偏差，及匹配结果会有多个候选无法轻易抉择等问题。因此，标准品比对和谱库检索这两种常用的未知物鉴定技术对于复杂体系的高通量非靶标筛查来说，可取但不能是仅有的数据分析方法。需要开发利用更有效的数据分析技术，更多更准确地鉴定出未知物分子结构。

第一步，通过编写离子过滤程序进行化合物分类（图 2-14），能够快速筛查出具有特征系列离子的烷烃、烯烃、脂肪醇、醛、酮、酸、酯、吡啶、喹啉及一至五环多环芳烃类 2000 多种化合物（图 2-15），并通过半定量方法比较不同类化合物的含量变化（图 2-16）。

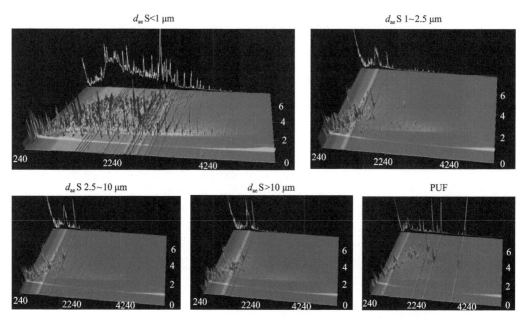

图 2-13 大气气相及不同粒径颗粒相样品的全二维色谱谱图

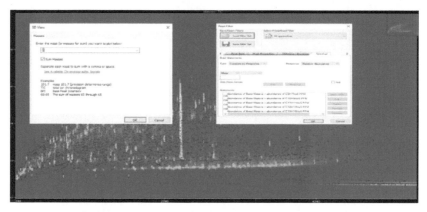

图 2-14 编写离子过滤程序

图 2-15 通过质量过滤快速筛查出一类化合物

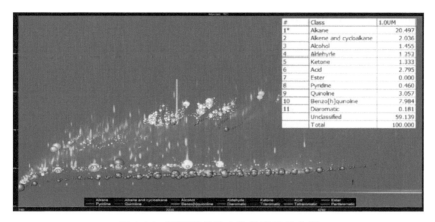

图 2-16　不同种类化合物的半定量分析

第二步，通过 Mass Defect 分析，筛查出相同类型，包含不同取代基团数的化合物。选取全二维色谱图上所有的色谱峰，产生一张整合质谱，同样可以进行 KMD 分析（图 2-17）。但在实际操作过程中发现，KMD 分析给出的信息繁多，需要经过适当过滤，得到丰度较高的一些离子的名义质量（nominal mass）和质量亏损。"同一类化合物具有相

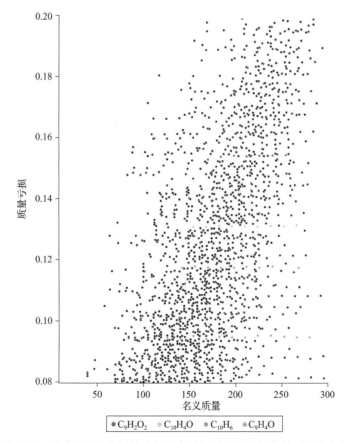

图 2-17　通过 KMD 分析筛选相同类型相差不同取代数的系列化合物

同 KMD 值"并不意味着"相同的 KMD 代表着同一类化合物"。对于样品中有可能存在, 元素组成相差若干个 CH₂ 的系列离子,可以通过编写其基础元素组成(base formula)进行快速提取,再结合选择离子色谱图和结构化的二维谱图分布规律分析其官能团类型(图 2-18),从而推测出与已知物相同类型,包含不同取代数的其他未知化合物(图 2-19)。

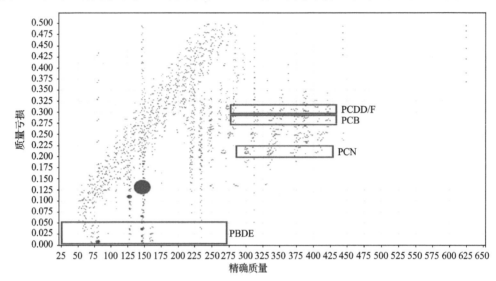

图 2-18　二噁英、多氯联苯、多氯萘和多溴二苯醚基于卤素的 KMD 分析

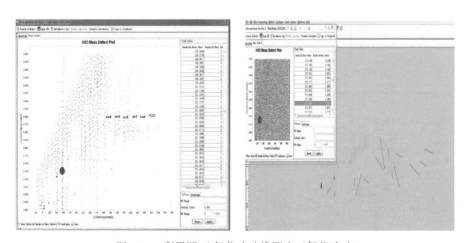

图 2-19　利用四-八氯代呋喃推测出三氯代呋喃

接下来的难度在于如何分析和识别其他更多未知离子(包括分子离子或碎片离子)。软件自动计算所给出的离子元素组成会有多个候选结果,其中也不乏较多同时符合元素组成原则和质量偏差精度的可能结果,需要从中再找出最可能的元素组成方式。名义质量相差 14 的整数倍,并且质量亏损相近的一些离子一定会有同样的基础元素组成,把具有这些特征的离子归为一组,进行相互之间互为制约的元素组成再计算,从而得到这一系列离子最可能的元素组成(图 2-20)。目前样品中共发现了 21 组未知系列化合物,多为含 CHO,CHOS,CHNOS 的离子(图 2-21)。然后提取选择离子色谱图,观察这些化合

物在二维谱图中的出峰位置，从而判断其所含官能团类型(图 2-22)。这样相同类型，相差不同取代基团数的系列未知化合物能够被同时识别出来。但因化合物的分子结构形式多样，官能团的类型和位置不容易判断，可能会有上千种同分异构体，拟再通过建立化合物的保留指数和分子结构之间的构效关系进一步进行分子结构的准确鉴定。

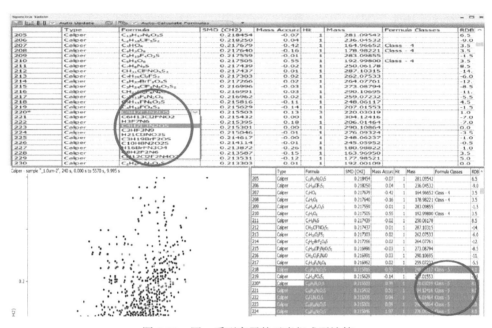

图 2-20 同一系列离子的元素组成再计算

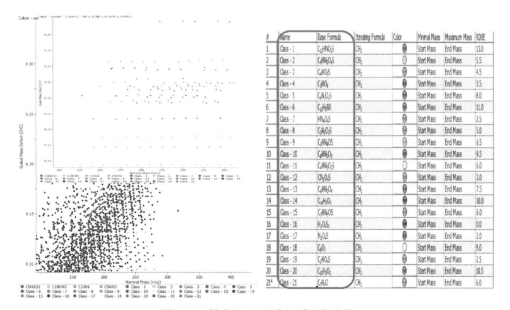

图 2-21 筛查出 21 组未知系列化合物

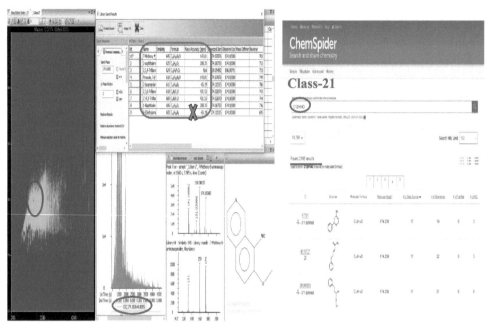

图 2-22　未知系列化合物的分子结构推断过程

第三步，通过谱库检索和谱图解析技术识别其余未知化合物。在 EI 模式下进行谱库检索，并根据离子碎裂原理对谱图进行合理解析，再结合 CI 模式核查分子元素组成。首先利用标准谱库进行检索，但由于谱库检索是基于低质量分辨率的信息，基于质谱图整体轮廓的比对，得出的只是可疑的结果。匹配度高的不一定就是真正的化合物，需要再结合精确质量数进行核查。依据精确质量数计算出碎片的元素组成，然后再根据其是否为某种特征离子或不同碎片之间掉落的特征基团进行结构验证，鉴定出 1130 种化合物。部分化合物的信息见图 2-23 所示。

| 名称 | CAS号 | 分子式 | 保留时间 (s) | 逆向似度 | 相似度 | 可能性 | 质量偏差 (ppm) | 峰面积 |
|---|---|---|---|---|---|---|---|---|
| 2,6-二(叔丁基)-4-羟基-4-甲基-2,5-环己二烯-1-酮 | 10396-80-2 | $C_{15}H_{24}O_2$ | 1250 s, 2.275 s | 784 | 774 | 78.1 | 0.72 | 1129727 |
| 对羟基苯乙酮 | 99-93-4 | $C_8H_8O_2$ | 510 s, 2.239 s | 815 | 753 | 44 | 0.7 | 1715302 |
| 2,3-二氯基萘 | 22856-30-0 | $C_{12}H_6N_2$ | 2130 s, 6.453 s | 804 | 779 | 82.9 | 0.7 | 67493 |
| 铁屎米酮 | 479-43-6 | $C_{14}H_8N_2O$ | 3460 s, 7.295 s | 940 | 774 | 77.5 | 0.7 | 141408 |
| 2-哌啶酮 | 675-20-7 | $C_5H_9NO$ | 540 s, 3.185 s | 819 | 799 | 69.8 | 0.67 | 627140 |
| 3-甲基-咪唑烷-2,4-二酮 | 6843-45-4 | $C_4H_6N_2O_2$ | 740 s, 4.852 s | 915 | 892 | 92.2 | 0.67 | 109895 |
| N-甲基-2-乙酰基吡咯 | 932-16-1 | $C_7H_9NO$ | 520 s, 2.405 s | 864 | 824 | 58.2 | 0.66 | 1069161 |
| N-甲基-1-萘胺 | 2216-68-4 | $C_{11}H_{11}N$ | 1200 s, 3.850 s | 856 | 853 | 33.2 | 0.66 | 4881634 |
| 喹啉-6-甲腈 | 23395-72-4 | $C_{10}H_6N_2$ | 1520 s, 5.995 s | 827 | 802 | 47.3 | -0.65 | 59669 |
| 4-氮杂-9-芴酮 | 3882-46-0 | $C_{12}H_7NO$ | 2540 s, 7.315 s | 809 | 797 | 89.3 | 0.65 | 122434 |
| 苯甲酰胺 | 55-21-0 | $C_7H_7NO$ | 860 s, 4.585 s | 916 | 893 | 73.2 | 0.6 | 1956703 |
| 3,4-二甲基邻苯二甲酰亚胺 | 66309-86-2 | $C_{10}H_9NO_2$ | 1910 s, 5.515 s | 762 | 755 | 84.7 | 0.6 | 266610 |
| 2-苯基吲哚嗪 | 25379-20-8 | $C_{14}H_{11}N$ | 2510 s, 5.565 s | 751 | 728 | 40.4 | -0.6 | 451597 |
| 2,3-二苯基-1-二氢茚酮 | 1801-42-9 | $C_{21}H_{16}O$ | 5000 s, 7.215 s | 755 | 727 | 49.1 | -0.6 | 526059 |
| 2-巯基苯并噻唑 | 149-30-4 | $C_7H_5NS_2$ | 2690 s, 7.535 s | 793 | 785 | 93.1 | 0.57 | 723925 |
| 苯并萘(1,2-D)噻唑 | 205-43-6 | $C_{16}H_{10}S$ | 3720 s, 6.605 s | 795 | 793 | 71.2 | 0.56 | 4185604 |
| 9H-吡啶[3,4-b]吲哚 | 244-63-3 | $C_{11}H_8N_2$ | 2260 s, 6.015 s | 871 | 853 | 39.6 | 0.49 | 738702 |
| 邻苯二甲酰亚胺 | 85-41-6 | $C_8H_5NO_2$ | 1220 s, 5.275 s | 824 | 823 | 47.8 | 0.48 | 1.8E+07 |
| 2H-萘并[1,8-bc]呋喃-2-酮 | 5247-85-8 | $C_{11}H_6O_2$ | 1680 s, 5.555 s | 825 | 806 | 76.2 | 0.47 | 443866 |
| 9,9-二甲基芴 | 4569-45-3 | $C_{15}H_{14}$ | 2380 s, 4.575 s | 837 | 781 | 60.3 | -0.46 | 288399 |
| 异吲哚啉-1-酮 | 480-91-1 | $C_8H_7NO$ | 1500 s, 6.720 s | 936 | 920 | 63.9 | 0.41 | 4831122 |
| 5-氯基吲哚 | 15861-24-2 | $C_9H_6N_2$ | 2280 s, 7.099 s | 830 | 812 | 56.1 | -0.41 | 32104 |
| N-甲基-1-萘胺 | 2216-68-4 | $C_{11}H_{11}N$ | 1170 s, 3.630 s | 812 | 782 | 17.7 | 0.4 | 1242507 |
| 乙酰丁香酮 | 2478-38-8 | $C_{10}H_{12}O_4$ | 2050 s, 5.385 s | 895 | 889 | 92.7 | 0.39 | 4565778 |

图 2-23　通过谱库检索识别出一些未知化合物

对于谱库检索中没有，得分较低的或精确质量数核查不匹配的物质，则需要根据离子的碎裂原理对质谱图进行解析，包括推断元素组成、环加双键值和离子碎裂途径等。对于推测出的可能结构，再利用标准品或合成品进行确认，或者利用气相馏分接收装置接收待测物质后通过核磁共振（nuclear magnetic resonance，简称 NMR）、红外光谱（infrared spectrography，简称 IR）等技术进行佐证。最后对于新识别出的化合物，利用定量结构-性质关系（quantitative structure-property relationships，简称 QSPR）模型识别其理化性质和毒性，并与常规监测的有机污染物进行比较。

### 2.3.4  总结与展望

在本研究中，建立了利用 FT-ICR MS 和 GC×GC-TOF MS 联合开展环境样品中有机污染物高通量非靶标筛查的分析流程（图 2-24），并成功运用于大气气相及不同粒径颗粒物样品的分析。通过具有超高质量分辨率的 FT-ICR MS，准确获得了大气 $PM_1$ 样品中 8000 多种有机化合物的分子元素组成信息，发现有机污染物种类以 CHO 为主。然后借助 KMD 分析、RDBE 与 C 分析和 Van Krevelen 分析三种分子表征方法，系统分析了这些化合物的组成种类，发现 $PM_1$ 样品中有机物以高不饱和类，酚类以及脂肪类物质为主。然后将样品利用 GC×GC-ECNI-TOFMS 进行有机卤化物分析，初步发现 2200 余种氯溴代化合物，其中氯代化合物>1500 种，溴代化合物>700 种。利用 GC×GC-EI-HR TOF MS 进行检测，发现更多的半挥发性有机污染物分布在粒径小于 1.0μm 的颗粒物上。通过编写离子过滤程序进行分类，快速筛查出具有特征系列离子的烷烃、烯烃、醇、醛、酮、酸、酯、吡啶、喹啉及一至五环多环芳烃类 2000 多种化合物。通过 KMD 分析，发现了 21 组具有相同基本元素组成，相差不同亚甲基取代数的化合物。对于其余未知物，在

图 2-24  高通量非靶标筛查分析流程

EI 模式下进行谱库检索，选取匹配度高且质量偏差小的作为候选结果，再依据碎片的精确质量数和同位素信息进行核查，共鉴定出 1130 种未知化合物。对于谱库中没有的物质，依据离子碎裂原理对谱图进行合理解析及分子结构推测，初步识别出了一些未知化合物，有待进一步的结构验证。

通过建立的这套非靶标筛查分析方法，人们能够更加全面地了解大气样品中复杂有机污染物的组成种类和分布特征，进而识别出对人体健康具有潜在危害的未知化合物。后续会比较不同地区、不同污染程度，以及不同粒径颗粒物大气样品中有机污染物的组成差异，从而为大气污染控制和人体健康问题提供丰富的数据支持。

（撰稿人：高丽荣）

## 2.4　特大城市大气颗粒物中长寿命自由基和卤代多环芳烃的污染特征

大气颗粒物造成的健康风险一直受到广泛关注，大气颗粒物的化学组成决定其环境行为和毒性，因此，大气颗粒物中污染物的甄别和环境行为研究对了解其健康危害至关重要。本章节重点关注大气细颗粒物中具有 DNA 氧化损伤特性的长寿命自由基以及具有长期低剂量暴露性质和慢性健康效应的新型持久性有机污染物的污染水平和粒径分布特征，为深入研究不同粒径大气颗粒物的健康效应提供重要数据支撑。

### 2.4.1　重雾霾城市大气颗粒物中长寿命自由基的来源和粒径分布特征

长寿命自由基(environmentally persistent free radicals，简称 EPFRs)是一种新环境有机污染物，是相对于传统关注的短寿命自由基提出的，能够与颗粒物结合，具有稳定性(Mas-Torrent et al., 2012; Lomnicki et al., 2008; Dellinger et al., 2007)。EPFRs 能够诱发活性氧(reactive oxygen species，简称 ROS)的产生，导致 DNA 氧化损伤(Khachatryan et al., 2011)。因此，近年来 EPFRs 对人体健康的影响引起了越来越多的关注。

雾霾天大气中较高浓度的 $PM_{2.5}$ 可能造成人体肺、免疫系统和心血管等疾病，其对人体健康的不利影响正被广泛关注和研究(Chi et al., 2016; Dugas et al., 2016; Wu et al., 2016)。大气颗粒物的化学组成决定其环境行为和毒性，因此，对大气颗粒物中污染物的研究对了解和控制其健康危害至关重要。颗粒物是 EPFRs 的重要载体(Gehling, et al., 2014)，与细颗粒物结合的 EPFRs 有可能随颗粒物进入人体，具有很强的氧化还原活性和细胞毒性(Chi et al., 2016; Lomnicki et al., 2008; Dellinger et al., 2007)。对大气颗粒物中 EPFRs 的浓度水平和分布特征研究对了解其健康风险具有重要意义。

不同粒径的大气颗粒物能够进入人体呼吸系统的不同部位，对人体健康造成的影响也不同(Hoek and Raaschou-Nielsen, 2014; Tillett, 2012)。有研究表明，不同粒径和不同成分的大气颗粒物毒性不同(Franck et al., 2011; Valavanidis et al., 2008)，其负载的有机污染物的种类和浓度也不同(Zhang et al., 2016a; Zhu et al., 2016)。因此，为进一步了解大气颗粒物的环境影响和健康危害，EPFRs 在大气颗粒物中的分布特征值得深入研究。

近期的研究采用分级采样器采集了特大城市北京雾霾天和非雾霾天不同粒径的大气颗粒物样品，分别为 $PM_{>10\mu m}$：$d_{ae}>10\ \mu m$；$PM_{2.5\sim10\mu m}$：$2.5\ \mu m < d_{ae} < 10\ \mu m$；$PM_{1\sim2.5\mu m}$：$1\ \mu m < d_{ae} < 2.5\ \mu m$；$PM_{<1\mu m}$：$d_{ae} < 1\ \mu m$，分析了大气颗粒物中 EPFRs 的浓度水平和分布特征，以期为更好地评估颗粒物上 EPFRs 的潜在健康风险研究提供数据支撑（Yang et al.，2017）。另外，目前对于大气颗粒物中 EPFRs 的可能来源研究还较少。探索燃煤、生物质燃烧、机动车尾气、垃圾焚烧、再生金属冶炼等被广泛认为是大气中颗粒物主要来源的人类活动是否是 EPFRs 的可能来源对其源头控制也至关重要。

### 2.4.1.1　样品采集

采用大流量串级冲击式分级采样器 KS-303（Kálmán，布达佩斯，匈牙利）采集了大气中不同粒径的颗粒物样品（$d_{ae}>10\ \mu m$，$2.5\ \mu m < d_{ae} < 10\ \mu m$，$1\ \mu m < d_{ae} < 2.5\ \mu m$，$d_{ae} < 1\ \mu m$），采样流速为 400 L/min。总悬浮颗粒物样品的采集则采用大流量采样器 Tecora，流速为 280 L/min（图 2-25）。石英纤维滤膜（quartz fiber filters，简称 QFFs）用于采集大气颗粒物，使用前需在 450℃马弗炉中烘 6 h 以去除可能的有机杂质（Zhu et al.，2016）。为准确称量采集的大气颗粒物质量，样品采集前后均将 QFFs 放置于恒温（20±5℃）恒湿（30%±2%）的干燥器中保存。在 QFFs 下面放置聚氨酯泡沫塑料，用于同步采集气相中的有机污染物。使用前采用加速溶剂萃取仪丙酮溶剂萃取去除可能的有机杂质。采样完成后，将 QFFs 和聚氨酯泡沫（PUF）用铝箔包裹，置于恒温干燥箱中保存 24 h。采样点设置于中国北京城市生态系统研究站。

图 2-25　大流量分级颗粒物采样器和大流量总悬浮颗粒物采样器（Yang et al.，2017）

根据 $PM_{<1\ \mu m}$ 颗粒物浓度被分为 A、B、C、D 四类质量的空气，代表无、轻度、中度、重度空气污染，$PM_{<1\ \mu m}$ 颗粒物浓度分别为 50 μg/m³、50～100 μg/m³、100～150 μg/m³ 和 150～200 μg/m³（Zhang et al.，2016a）。由于北京冬季大量煤炭燃烧供暖，2016 年 11 月 30 日～2016 年 12 月 30 日为北京雾霾高发期。以 $PM_{>10\ \mu m}$、$PM_{2.5\sim10\ \mu m}$、$PM_{1\sim2.5\ \mu m}$、$PM_{<1\ \mu m}$、总悬浮颗粒物（total suspended particulates，简称 TSP）颗粒物为一组样品，共采集了 12 组样品，包括 1 组对照空气（A）样品、2 组轻度空气污染（B）样品、5 组中度污染（C）样品和 4 组重度污染（D）样品。为评估煤炭燃烧对大气颗粒物中 EPFRs 的影响，采集了春季非供暖期 $PM_{<1\ \mu m}$ 浓度为 120 μg/m³ 时（在 2016 年 3 月 3 日）的颗粒物样品，作为冬季相同大气污染水平下颗粒物样品中 EPFRs 浓度的对照。此外，还采集了机动车尾气中颗粒物、

生物质燃烧颗粒物及不同工业过程中产生的飞灰样品,用于探索 EPFRs 的可能来源。垃圾焚烧、炼焦、再生金属冶炼过程产生的飞灰可能逸散进入到大气中,其样品采集自布袋除尘等污控装置。采集了炼焦过程中产生的飞灰样品,对其中的 EPFRs 进行定量检测。生物质灰样品是芦苇、稻草、树枝等生物质混合物燃烧后的剩余残灰。汽车尾气产生的颗粒物样品采集自汽车排气管道。

#### 2.4.1.2　分析方法和仪器

样品均采用 Bruker 电子顺磁共振 X 波段波谱检测自由基浓度,仪器和操作参数如下:中心磁场:3520 G;微波频率:9.36 GHz;功率:0.63 mW;调制频率:100 kHz;调制幅度:1.0 G;扫场宽度:200 G;接收增益:30 dB。根据自旋定量理论,采用 Bruker's Xenon 软件对样品中的自由基浓度进行准确定量。所有样品均在常温下进行电子顺磁共振(electron paramagnetic resonance, 简称 EPR)检测。采用扫描电子显微镜-X 射线能量色散光谱仪(scanning electronic microscopy-Energy dispersive X-ray, 简称 SEM-EDX)对大气颗粒物和煤燃烧、机动车尾气和金属冶炼过程中产生的颗粒物形态进行表征和成分分析。

#### 2.4.1.3　不同粒径颗粒物样品中 EPFRs 的浓度水平和分布特征

采样期间北京雾霾期总悬浮颗粒物的质量浓度为 $49\sim281\ \mu g/m^3$。$PM_{<1\ \mu m}$、$PM_{1\sim2.5\ \mu m}$、$PM_{2.5\sim10\ \mu m}$、$PM_{>10\ \mu m}$ 颗粒物的质量浓度分别为 $40\sim190\ \mu g/m^3$,$5\sim86\ \mu g/m^3$,$3\sim30\ \mu g/m^3$ 和 $1\sim21\ \mu g/m^3$,其中 $PM_{<1\ \mu m}$ 颗粒物占总颗粒物质量的 $58\%\sim81\%$(图 2-26)。

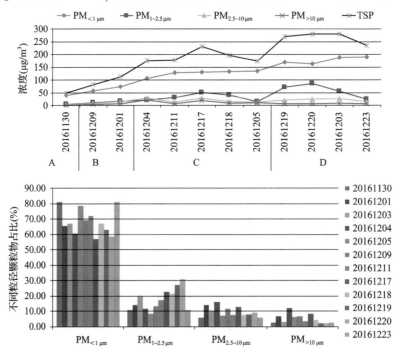

图 2-26　北京供暖期采集的大气分级颗粒物浓度和分布特征(Yang et al., 2017)

自由基与颗粒物结合能够延长其存在寿命，而气相中的自由基具有较高的反应活性，能够在气相中快速地相互作用或被氧化形成其他有机分子(Dellinger et al., 2007)。因此，EPFRs 应该主要存在于大气颗粒相中。为验证 EPFRs 能否在气相中存在，本研究采用 PUF 对大气气相进行了采集和分析检测，连续采集了 2800 m³ 的气相样品。研究结果显示，在气相样品中未检出 EPFRs。

研究对采集的大气颗粒物样品中的 EPFRs 进行了 EPR 检测分析。如图 2-27 所示，不同粒径的大气颗粒物样品呈现的 EPR 谱均为单个不饱和谱峰。由 g 值可推测颗粒物中的自由基是以氧原子为中心的半醌自由基(Liu et al., 2014b; Lingard et al., 2005)。一些研究指出，g 值为 2.003~2.004，表明体系中含有以碳原子为中心和以氧原子为中心的半醌自由基混合物或含有邻位具有氧原子的碳原子为中心的自由基(Dellinger et al., 2007)。TSP 样品的 EPR 谱 g 值为 2.00316~2.0034，略低于 $PM_{<1\ \mu m}$ 样品的 g 值(2.00323~2.00371)，推测细颗粒物上主要存在以氧原子为中心的半醌自由基。这可能是因为细颗粒物具有更多的孔隙结构，不仅能够为 EPFRs 提供更多的活性吸附位点，且更易与空气中的氧气接触并反应，发生氧化反应生成氧原子为中心的自由基。碳原子为中心的自由基具有最稳定的共振结构(Font-Sanchis et al., 2002)，且碳原子为中心的自由基能够经 C-C 耦合产生新的有机污染物(Neumann and Stapel, 1986)。综上所述，推测大气颗粒物中存在着以氧原子为中心和以碳原子为中心的半醌自由基。

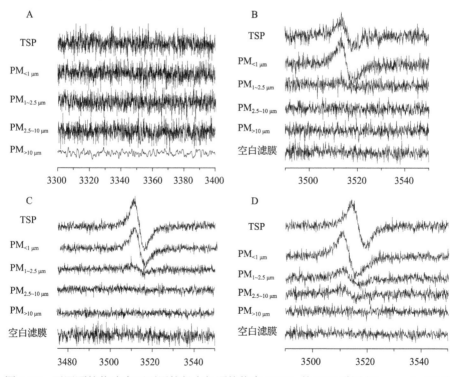

图 2-27　不同颗粒物浓度下不同粒径大气颗粒物中 EPFRs 的 EPR 谱图(Yang et al., 2017)

(A)低于 50 μg/m³；(B)50~100 μg/m³；(C)100~150 μg/m³；(D)150~200 μg/m³

在对照空气(A)天气采集的 TSP、$PM_{<1\ \mu m}$、$PM_{1~2.5\ \mu m}$、$PM_{2.5~10\ \mu m}$ 和 $PM_{>10\ \mu m}$ 样品

中，未检出 EPFRs。所有 $PM_{>10\,\mu m}$ 样品中均未检出 EPFRs。轻度雾霾天（B），TSP、$PM_{<1\,\mu m}$、$PM_{1\sim2.5\,\mu m}$ 和 $PM_{2.5\sim10\,\mu m}$ 颗粒物样品中 EPFRs 的平均浓度范围分别为 $8.9\times10^{15}\sim3.9\times10^{16}$ spins/m$^3$，$1.1\times10^{16}\sim1.9\times10^{16}$ spins/m$^3$，$1.0\times10^{15}\sim1.7\times10^{15}$ spins/m$^3$ 和 ND$\sim9.8\times10^{13}$ spins/m$^3$。中度雾霾天（C），TSP、$PM_{<1\,\mu m}$、$PM_{1\sim2.5\,\mu m}$ 和 $PM_{2.5\sim10\,\mu m}$ 颗粒物样品中 EPFRs 的平均浓度范围分别为 $8.9\times10^{15}\sim3.9\times10^{16}$ spins/m$^3$，$2.5\times10^{15}\sim3.9\times10^{16}$ spins/m$^3$，$1.8\times10^{15}\sim6.7\times10^{15}$ spins/m$^3$ 和 ND$\sim7.8\times10^{14}$ spins/m$^3$。重度雾霾天（D），TSP、$PM_{<1\,\mu m}$、$PM_{1\sim2.5\,\mu m}$ 和 $PM_{2.5\sim10\,\mu m}$ 颗粒物样品中 EPFRs 的平均浓度范围分别为 $1.6\times10^{16}\sim4.5\times10^{16}$ spins/m$^3$，$2.7\times10^{16}\sim3.5\times10^{16}$ spins/m$^3$，$2.9\times10^{15}\sim1.4\times10^{16}$ spins/m$^3$ 和 $5.1\times10^{14}\sim2.2\times10^{15}$ spins/m$^3$。

随着颗粒物粒径减小，EPFRs 浓度增大。EPFRs 主要存在于 $PM_{<1\,\mu m}$ 颗粒物中，在 $PM_{<1\,\mu m}$ 颗粒物中的浓度为 $PM_{1\sim2.5\,\mu m}$ 颗粒物中的 $2\sim12$ 倍，为 $PM_{2.5\sim10\,\mu m}$ 颗粒物中的 $12\sim138$ 倍。如图 2-28 所示，EPFRs 浓度正比于颗粒物浓度，重污染大气中的 EPFRs 浓度明显高于轻度污染大气。EPFRs 在不同粒级颗粒物（$PM_{<1\,\mu m}$、$PM_{1\sim2.5\,\mu m}$、$PM_{2.5\sim10\,\mu m}$ 和 TSP）中的质量浓度分别为 $7.4\times10^{19}\sim3.9\times10^{20}$ spins/g，$4.7\times10^{19}\sim6.5\times10^{20}$ spins/g，ND$\sim8.2\times10^{19}$ spins/g 和 $3.1\times10^{19}\sim6.2\times10^{20}$ spins/g，在 $PM_{<1\,\mu m}$ 和 $PM_{1\sim2.5\,\mu m}$ 中的质量浓度相似，约为 $PM_{2.5\sim10\,\mu m}$ 中的 10 倍，表明 EPFRs 更易吸附在细颗粒物上，这是细颗粒物较大的比表面积和孔隙结构所致，能够更大程度地吸附有机自由基并使其稳定化（Liu et al., 2013）。采样期间北京大气颗粒物中 EPFRs 的浓度远高于文献报道的美国城市大气颗粒物中 EPFRs 的浓度（Pryor et al. 1983; Saravia et al., 2013）。鉴于大气颗粒物中超过 72% 的质量由 $PM_{<2.5\,\mu m}$ 颗粒物贡献，且 EPFRs 等有机污染物主要存在于 $PM_{<1\,\mu m}$ 和 $PM_{1\sim2.5\,\mu m}$ 中，因此，对于大气污染的控制，EPFRs 在细颗粒物（$PM_{<2.5\,\mu m}$）上的浓度水平应该引起关注。

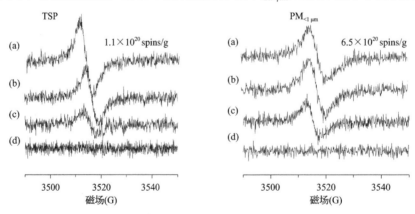

图 2-28　不同颗粒物浓度下总悬浮颗粒物（TSP）和 $PM_{<1\,\mu m}$ 颗粒物样品中
EPFRs 的 EPR 谱图（Yang et al., 2017）

(a) 150~200 μg/m$^3$；(b) 100~150 μg/m$^3$；(c) 50~100 μg/m$^3$；(d) 低于 50 μg/m$^3$

### 2.4.1.4　不同来源颗粒物样品中 EPFRs 的浓度水平

对比了汽车尾气中的颗粒物、工业飞灰等与大气颗粒物的 EPR 信号，以探索大气颗粒物中 EPFRs 的可能来源。在北京的冬季供暖期，周边区域燃煤是导致雾霾的原因之一。

　　为评估煤炭燃烧对大气颗粒物中 EPFRs 的影响，采集了春季雾霾天（非供暖期）和冬季雾霾天（PM$_{<1\,\mu m}$浓度均为 120 μg/m³ 左右）的颗粒物样品对比分析。如图 2-29A 所示，冬季雾霾天采集的 TSP 样品中自由基信号显著地高于春季，燃煤可能对大气颗粒物中 EPFRs 具有较明显的贡献。研究表明，在煤炭热解过程中，共价键断裂能够促进 EPFRs 的形成、多环芳烃的聚合等相互作用，并产生炭黑（Green et al., 2012）。煤炭燃烧过程中产生的自由基能够附着在炭黑的内部孔隙表面从而稳定存在。如图 2-30 所示，SEM-EDX 结果表明，EPFRs 浓度较高的样品，其碳含量也较高，煤炭和炼焦飞灰中碳元素占比分别为 82.6% 和 82.3%。大气颗粒物中，随着颗粒物粒径增加，碳含量降低，EPFRs 浓度降低。因此，碳含量是颗粒物中影响 EPFRs 浓度的重要因素。

　　煤炭燃烧、生物质燃烧、机动车尾气、垃圾焚烧和工业热过程等被认为是空气中 PM$_{2.5}$ 的最主要来源（Zhang et al., 2013）。煤炭燃烧是空气中 EPFRs 的重要来源，因此其他颗粒物来源的人类活动和工业热过程也可能是 EPFRs 的潜在来源（Tuan 2012; Altwicker et al., 1992）。有研究在焚烧源的飞灰中检测到了 EPFRs（Saravia et al., 2013）。本研究检测了不同工业过程的飞灰中的 EPFRs，在炼焦灰、机动车尾气和生物质燃烧飞灰中检出了较高浓度的 EPFRs，浓度分别为 $1.52\times10^{22}$ spins/g、$3.0\times10^{22}$ spins/g 和 $1.14\times10^{22}$ spins/g（图 2-29B）。因此，除煤炭燃烧外，生物质燃烧和机动车尾气也是 EPFRs 的潜在来源。且研究发现，具有更多孔隙结构或粒径更小的颗粒物，如 PM$_{<1\,\mu m}$、PM$_{1\sim2.5\,\mu m}$，机动车尾气和生物质燃烧飞灰，EPFRs 的浓度更高，说明除碳含量外，孔隙结构也是影响颗粒物中 EPFRs 浓度的重要影响因素。

　　如图 2-29C 所示，研究检测了再生铜冶炼飞灰中的 EPFRs。由于其飞灰成分复杂，常温下得到的 EPR 信号为多种自由基和金属信号的叠加，谱峰较宽（179 G），无法对 EPR 信号进行归属。采用插入式杜瓦管对飞灰样品升温处理时，金属的信号干扰减小，谱峰变窄（34 G），但仍为多种自由基信号的混合谱峰。在垃圾焚烧过程和再生铅产生的飞灰中未检出 EPFRs，如图 2-30 所示，这是由于垃圾焚烧飞灰中含有较高浓度的钙（18.3%），再生铅飞灰中含有较高浓度的硫（9.3%），而 Ca 和 S 能够和金属氧化物的活性位点结合，从而有效阻止 EPFRs 的生成（Feld-Cook et al., 2017）。因此，Ca、S 等元素可能是影响飞灰中 EPFRs 浓度的关键因素。

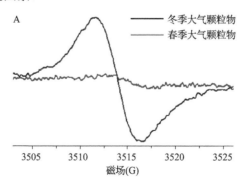

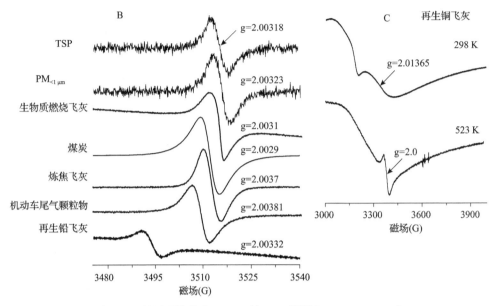

图 2-29　悬浮颗粒物中 EPFRs 的 EPR 谱图（Yang et al., 2017）

(A)冬季和春季总悬浮颗粒物中 EPFRs 的 EPR 谱图；(B)总悬浮颗粒物(TSP)、PM<sub><1 μm</sub> 颗粒物、煤炭、炼焦灰、
生物质燃烧灰、汽车尾气颗粒物、再生铅冶炼飞灰和(C)再生铜冶炼飞灰中 EPFRs 的 EPR 谱图

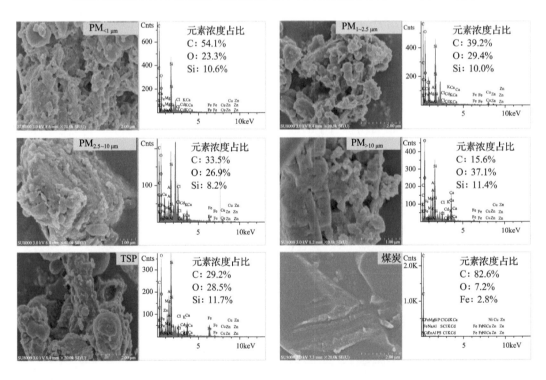

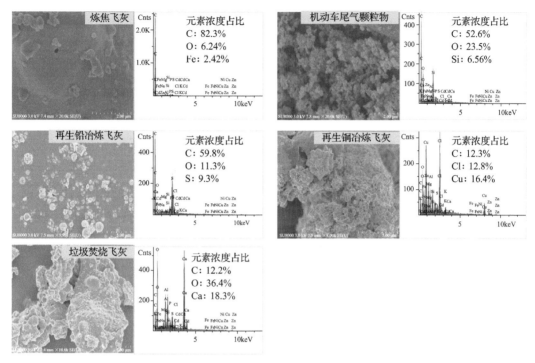

图 2-30　不同来源颗粒物的扫描电子显微镜表征和 X 射线能量色散谱(Yang et al., 2017)

综上，采用电子顺磁共振谱仪，研究了不同粒径大气颗粒物中 EPFRs 的浓度和分布特征。大气颗粒物中 EPFRs 的平均浓度为 $2.18 \times 12^{20}$ spins/g(范围：$3.06 \times 10^{19} \sim 6.23 \times 10^{20}$ spins/g)，远高于文献报道的美国城市大气颗粒物中 EPFRs 的浓度。不同粒径的大气颗粒物($d_{ae} > 10$ μm, 2.5 μm $< d_{ae} < 10$ μm, 1 μm $< d_{ae} < 2.5$ μm, $d_{ae} < 1$ μm)中 EPFRs 的分布特征研究表明，EPFRs 更易吸附在细颗粒物上，在 $PM_{<1 \text{ μm}}$ 颗粒物上的浓度最高。因此大气颗粒物中的 EPFRs 对人体和环境的长期的潜在危害值得关注。在煤燃烧、机动车尾气、生物质燃烧等人类活动产生的颗粒物中均能够检出 EPFRs，颗粒物中的碳含量、孔隙结构、钙和硫含量是颗粒物中 EPFRs 浓度的主要影响因素。

## 2.4.2　氯代和溴代多环芳烃在大气颗粒物中的污染特征

氯代和溴代多环芳烃(chlorinated and brominated polycyclic aromatichydrocarbons, 简称 Cl/Br-PAHs)是多环芳烃分子中一个或者一个以上的氢原子被氯原子或者溴原子取代的化合物。毒理学研究认为一些 Cl/Br-PAHs 同类物的致癌性比多环芳烃还要高，是新型的痕量环境有机污染物，利用酵母检测系统检测 18 种 Cl-PAHs 的芳烃受体(aryl hydrocarbon receptor, 简称 AhR)行为发现，Cl-PAHs 同类物均表现出能够与多环芳烃受体的结合，除了 9,10-二溴蒽(9,10-dibromoanthracene, 简称 9,10-Br$_2$Ant)之外，多种同类物均表现出显著的剂量-效应关系(Ohura et al., 2009; Ohura et al., 2007)。Cl/Br-PAHs 母环上卤原子的位置会影响 Cl/Br-PAHs 的 AhR 受体行为，1-氯蒽(1-chloroanthracene, 简称 1-ClAnt)、2-氯蒽(2-chloroanthracene, 简称 2-ClAnt)和 9-氯蒽(9-chloroanthracene, 简称 9-ClAnt)的毒性因子差异明显。另外，卤原子的数目也会影响其毒性。相对分子质量较低的 Cl-PAHs，其多环芳烃受体效应随着氯原子数的增加而增加。而对于相对分子质量较高的 Cl-PAHs（大于 4 环），氯原子数对毒性效应的影响规律并不明显。

目前对大气不同粒径颗粒物中 Cl/Br-PAHs 的定性定量研究仍具有很大挑战，Jin 等（2017b）建立了以 [13]C-标记同类物为内标的高分辨气相色谱/高分辨质谱方法（high resolution gas chromatographycoupled with high resolution mass spectrometry, 简称 HRGC/HRMS），该方法的灵敏度比目前普遍采用的气相色谱/四极杆质谱方法的灵敏度提高了 2～3 个数量级，可对 38 种 Cl/Br-PAHs 同类物同步检测，满足大气不同粒径颗粒物样品中超痕量 Cl/Br-PAHs 的准确定性定量分析，为大气细颗粒物中超痕量有机污染物的甄别和健康风险评估提供了重要分析手段。近期对北京雾霾期间 Cl/Br-PAHs 的污染特征进行了研究，大气样品采集自 2015 年 8 月～2016 年 3 月，采样地点位于北京城市生态系统研究站。采样设备为大流量采样器，气相样品利用 PUF 进行吸收，颗粒相样品利用石英纤维滤膜进行捕集。

#### 2.4.2.1　供暖期和非供暖期大气中 Cl/Br-PAHs 的浓度及气固分配

在北京冬季的供暖期，雾霾现象较非供暖期更为频发。采样期间北京大气中颗粒物浓度、PAHs 浓度和 Cl/Br-PAHs 的浓度如图 2-31 所示，颗粒物浓度为 36.0～733 μg/m³（平均浓度为 242 μg/m³），颗粒物的最高浓度（733 μg/m³）发生于 2015 年 11 月 30 日～12 月 1 日。供暖期颗粒物的平均浓度（312 μg/m³）显著高于非供暖期（177 μg/m³），这说明供暖期颗粒物污染现象更加严重。

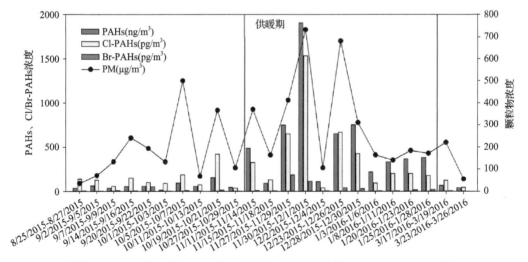

图 2-31　2015 年 8 月～2016 年 3 月北京大气中颗粒物、PAHs、Cl-PAHs 和
Br-PAHs 的浓度变化（Jin et al., 2017c）

供暖期大气中，PAHs、Cl-PAHs 和 Br-PAHs 的平均浓度分别为 549 ng/m³、401 pg/m³ 和 40.0 pg/m³，显著高于非供暖期大气中 PAHs、Cl-PAHs 和 Br-PAHs 的平均浓度（59.1 ng/m³、129 ng/m³ 和 9.5 pg/m³）。PAHs、Cl-PAHs 和 Br-PAHs 的最高浓度与颗粒物最高浓度的发生时间相同。颗粒物浓度的变化与 PAHs 浓度（$R=0.75$；$P<0.01$）、Cl-PAHs 浓度（$R=0.83$；

$P<0.01$）和 Br-PAHs（$R=0.62$；$P<0.01$）浓度相关性显著。

北京非供暖期大气中 PAHs 的浓度与中国广州、越南和印度大气中的 PAHs 浓度相当，高于日本、韩国和意大利，低于中国山西省和山东省。供暖期，大气中 PAHs 的浓度显著高于此前报道的土耳其工业园区周边的空气中 PAHs 的浓度。非供暖期北京大气中的 Cl-PAHs 浓度与日本大气中的相当（110 pg/m³），供暖期北京大气中的 Cl-PAHs 浓度显著高于日本（Jin et al., 2017c）。2004～2005 年，日本大气中颗粒相上 Br-PAHs 的平均浓度为 8.6 pg/m³（Ohura et al., 2009），低于报道的北京大气颗粒相中 Br-PAHs 浓度。

采样期间，PAHs、Cl-PAHs 和 Br-PAHs 的气固分配（图 2-32）。颗粒相上，PAHs、Cl-PAHs 和 Br-PAHs 的平均浓度分别为 128 ng/m³、92.6 pg/m³ 和 18.3 pg/m³，分别占总大气总浓度的 43.5%、35.5%和 75.9%。PAHs、Cl-PAHs 和 Br-PAHs 在颗粒相上的比例远远高于此前的研究所报道的 20%左右（Ohura et al., 2008）。供暖期颗粒相上 Cl-PAHs 和 Br-PAHs 的浓度显著高于非供暖期（T 检验，$P<0.05$），但是对于气相的 Cl-PAHs 和 Br-PAHs，该差异并不显著（T 检验，$P=0.780>0.05$；$P=0.788>0.05$）。供暖期颗粒相 Cl/Br-PAHs 的浓度显著升高，而气相 Cl/Br-PAHs 的浓度并未明显升高，这表示气相和颗粒相的 Cl/Br-PAHs 的来源可能不同。

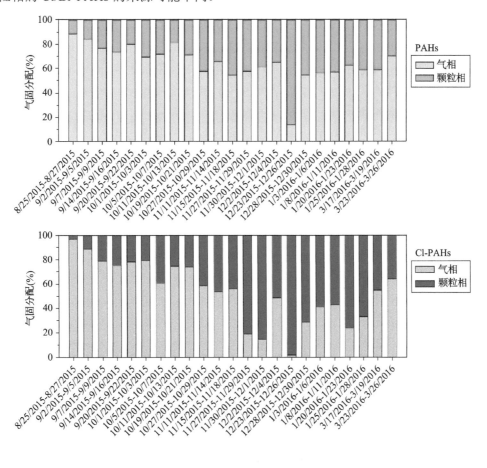

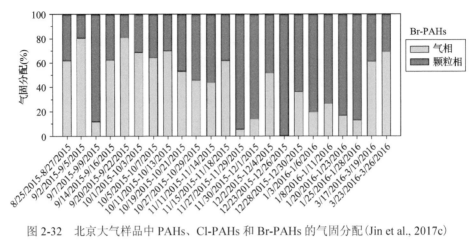

图 2-32　北京大气样品中 PAHs、Cl-PAHs 和 Br-PAHs 的气固分配（Jin et al., 2017c）

### 2.4.2.2　大气中 PAHs、Cl-PAHs 和 Br-PAHs 的同类物分布特征

化合物的同类物分布特征能够用于溯源研究。PAHs 同类物的浓度从 1.5 ng/m$^3$（苊，Acenaphthene，简称 Ana）到 64.5 ng/m$^3$（菲，Phenanthren，简称 Phe）。Cl-PAHs 同类物的浓度从 0.05 pg/m$^3$（1,5,9,10-四氯蒽，1,5,9,10-tetrachloroanthracene，简称 1,5,9,10-Cl$_4$Ant）到 62.9 pg/m$^3$（9-氯菲/2-氯菲，9-chlorophenanthrene/2-chlorophenanthrene，简称 9-ClPhe/2-ClPhe），Br-PAHs 同类物的浓度从 0.04 pg/m$^3$（1,2-二溴苊烯，1,2-dibromoacenaphthylene，简称 1,2-Br$_2$Any）到 5.80 pg/m$^3$（1,8-二溴蒽，1,8-dibromoanthracene，简称 1,8-Br$_2$Ant/1,5-二溴蒽；1,5-dibromoanthracene，简称 1,5-Br$_2$Ant）。

一些 PAHs 的同类物在供暖期和非供暖期浓度差异显著（图 2-33）。气相中（图 2-33A），一些 PAHs 同类物，比如菲、荧蒽（Fluoranthene，简称 Flu）和芘（Pyrene，简称 Pyr）在非供暖期的比例高于供暖期，而芴（Fluorene，简称 Fle）等在供暖期的比例高于非供暖期。颗粒相上（图 2-33B），Flu、Pyr、苯并[a]蒽（Benz[a]anthracene，简称 BaA）和䓛（Chrysene，简称 Chr）在供暖期有更高的比例，而茚并[1,2,3-cd]芘（Indeno[1,2,3-cd]pyrene，简称 IcdP）和苯并[g,h,i]苝（Benz[g,h,i]perylene，简称 BghiP）在非供暖期有更高的比例。供暖期和非供暖期 PAHs 同类物特征存在显著差异，原因可能是供暖期和非供暖期 PAHs 的污染来源不同。供暖期和非供暖期 Cl-PAHs 和 Br-PAHs 的同类物分布特征同样差别显著。气相中（图 2-33C），在供暖期，9-ClPhe/2-ClPhe、3-氯菲（3-chlorophenanthrene，简称 3-ClPhe），2-ClAnt 和 3-氯荧蒽（3-chlorofluoranthene，简称 3-ClFlu）是主要的 Cl-PAHs 同类物，而在非供暖期，9-ClPhe/2-ClPhe、3-ClPhe、1,4-二氯蒽（1,4-dichloroanthracene，简称 1,4-Cl$_2$Ant）、9,10-二氯菲（9,10-dichlorophenanthrene，简称 9,10-Cl$_2$Phe）、3-ClFlu 及 1-氯芘（1-ClPyrene，简称 1-ClPyr）是主要的 Cl-PAHs 同类物。颗粒相中（图 2-33D），在非供暖期 6-氯苯并[a]芘（6-chlorobenzo[a]pyrene，简称 6-ClBaP）是主要的 Cl-PAHs 同类物，之后依次为 3-ClFlu、1-氯芘（1-chloropyrene，简称 1-ClPyr）和 9-ClPhe/2-ClPhe。而在供暖期，颗粒相上 3-ClFlu 和 1-ClPyr 的比例高于 6-ClBaP。这表示，供暖期和非供暖期 Cl-PAHs 的污染来源可能也不同。对于 Br-PAHs，气相上（图 2-33E）3-溴菲（3-bromophenanthrene，简称 3-BrPhe）、2-

溴菲(2-bromophenanthrene, 简称 2-BrPhe)、1-溴蒽(1-bromoanthracene, 简称 1-BrAnt)和
1,8-二溴蒽/1,5-二溴蒽(1,8-dibromoanthracene/1,5-dibromoanthracene, 简称 1,8-Br$_2$Ant/
1,5-Br$_2$Ant)是主要的贡献同类物,而 3-溴荧蒽(3-bromofluoranthene, 简称 3-BrFlu)、
1,8-Br$_2$Ant/1,5-Br$_2$Ant 和 1-溴芘(1-BrPyrene, 简称 1-BrPyr)是颗粒相上(图 2-33F)主要的贡献
同类物。供暖期和非供暖期,Br-PAHs 同类物的特征没有显著差异。

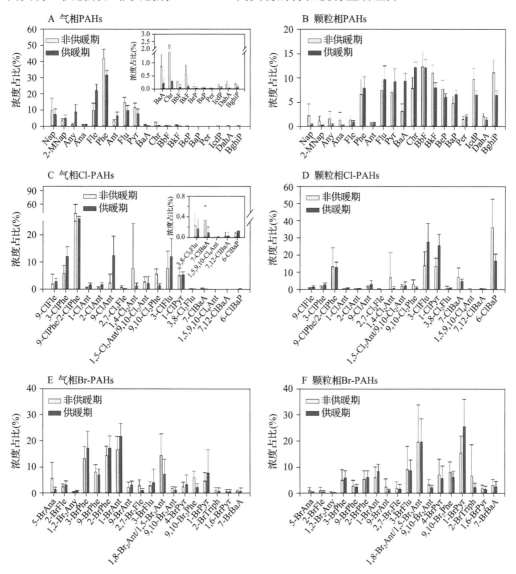

图 2-33　气相和颗粒相的 PAHs、Cl-PAHs 和 Br-PAHs 的同类物分布(Jin et al., 2017c)

### 2.4.2.3　大气中 PAHs、Cl-PAHs 和 Br-PAHs 的污染来源

　　PAHs 同类物的比值常常被用于 PAHs 的源分析中。在此前的研究中,许多人类活动,
比如煤燃烧、垃圾焚烧和汽车尾气排放等被认为是大气 PAHs 的重要排放源。供暖期的

燃煤是一个污染物的重要源之一，而在非供暖期，燃煤量相对减少。计算 PAHs 同类物的比值，包括 Flu/(Flu + Pyr)、Ant/(Ant + Phe) 和 BaA/(BaA + Chr)，用以分析供暖期和非供暖期大气中 PAHs 的污染来源。供暖期 Ant/(Ant + Phe) 的值通常＞0.1，而非供暖期，该值通常＜0.1。供暖期 BaA/(BaA + Chr) 的值通常＞0.35，而非供暖期，该值＜0.35。表示供暖期焚烧源是大气 PAHs 的主要来源，而非供暖期，除了焚烧源外，汽车尾气排放也是 PAHs 的重要排放源(图 2-34)。

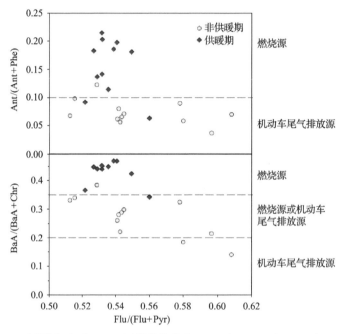

图 2-34　采样期间部分 PAHs 同类物的比值：Flu/(Flu + Pyr)，BaA/(BaA +Chr)
和 Ant/(Ant + Phe)(Jin et al., 2017c)

对 Cl-PAHs 和 Br-PAHs 同类物与母体 PAHs 同类物进行相关性分析，发现颗粒相上 Cl/Br-PAHs 同类物与母体 PAHs 同类物的相关性良好，而在气相上，大多数 Cl/Br-PAHs 同类物与母体 PAHs 的相关性并不显著。表明颗粒相上的 Cl/Br-PAHs 同类物可能是 PAHs 通过氯化反应二次生成产生，而气相 Cl/Br-PAHs 的生成途径与颗粒相 Cl/Br-PAHs 不完全一致。

供暖期，颗粒相上 Cl-PAHs 特定同类物的比值与非供暖期差别显著，而气相上供暖期和非供暖期的差别并不明显。非供暖期的 Cl-PAHs 特定同类物的比值与日本大气，上海 PM$_{10}$、PM$_{2.5}$ 颗粒物以及垃圾焚烧厂飞灰的 Cl-PAHs 特定同类物相似。这表示非供暖期北京大气 Cl-PAHs 的源与这些城市大气 Cl-PAHs 的源相似。另外，Flu 和 Pyr 是燃煤过程 PAHs 的指示性同类物。Flu 和 Pyr 的衍生物容易在煤燃烧的过程中产生。因此，3-ClFlu 和 1-ClPyr 可以认为是煤燃烧产生的 Cl-PAHs 指示性同类物。研究发现北京供暖期大气中 Flu、Pyr、3-ClFlu 和 1-ClPyr 的比例显著高于非供暖期。说明供暖期燃煤是大气 PAHs 和 Cl-PAHs 的重要排放源之一。

综上所述，利用建立的同位素稀释 HRGC/HRMS 方法，对在雾霾频发的供暖季与非供暖季的大气颗粒物样品进行了 Cl/Br-PAHs 的定性定量分析，发现供暖季大气颗粒物中 Cl/Br-PAHs 的浓度是非供暖季的 3～9 倍，供暖季与非供暖季大气颗粒物中 Cl/Br-PAHs 的同类物特征表明燃煤是供暖季 Cl/Br-PAHs 浓度明显增加的重要因素之一。以往对大气 PAHs 的研究普遍认为大气的气相吸入是 PAHs 暴露的主要途径，而 Jin 等（2017c）发现：在供暖季的雾霾天，通过大气细颗粒物摄入 PAHs 和 Cl/Br-PAHs 的量比通过大气气相的摄入量还要高，该发现对大气痕量有机污染物的准确健康风险评估具有重要意义。

### 2.4.3　小结

本节重点关注大气细颗粒物中 EPFRs 和 Cl/Br-PAHs 等新型持久性有机污染物的污染水平和粒径分布特征（Jin et al., 2017d; 2017f）。大气颗粒物中 EPFRs 的平均浓度为 $2.18 \times 10^{20}$ spins/g，约为报道的美国城市大气颗粒物浓度的 2 倍。Cl-PAHs 和 Br-PAHs 的浓度范围分别为 72.8～482 pg/m$^3$ 和 1.3～25.3 pg/m$^3$。雾霾天和供暖期大气中 EPFRs 和 Cl/Br-PAHs 浓度较非雾霾天有显著提高，且污染物更倾向于吸附在细颗粒物上，煤炭燃烧是大气中 EPFRs 和 Cl/Br-PAHs 的重要来源。因此，大气细颗粒物中长寿命自由基及 Cl/Br-PAHs 等新型持久性有机污染物的健康风险应当引起关注。

（撰稿人：刘国瑞　杨莉莉　金　蓉　郑明辉）

## 2.5　化学与微生物组分对大气细颗粒物诱导肺细胞复合效应的贡献

世界卫生组织等国际机构一般是基于风险估算值（每 μg/m$^3$）来估算空气中细颗粒物暴露对全球人口健康的影响（Cohen et al., 2017）。据 WHO 估计，以 PM$_{2.5}$ 为主要元凶的空气污染，每年造成全球 420 万人早死，且主要集中于亚洲（WHO, 2018）。此类估算都基于一个假设，即不考虑地区间 PM$_{2.5}$ 组分差异，单位质量浓度的毒性强度被视为相同（Burnett et al., 2018; Lelieveld et al., 2015）。然而，最近流行病学和体内研究的证据均质疑这一假设。一项覆盖中国 272 个城市的全国性研究确定中国每日死亡率风险估计值低于发达国家大多数研究中发现的死亡率风险估计值，并观察到中国各区域间暴露-反应关系中的差异（Chen et al., 2017b）。另一项动物研究显示，美国加利福尼亚州的 PM$_{2.5}$ 对小鼠的短期肺毒性反应大于同等质量浓度的中国山西省的 PM$_{2.5}$，化学成分分析显示该毒性差异可能与加州 PM$_{2.5}$ 中高度氧化的有机物成分和铜有关（Sun et al., 2017）。

不同区域流行病学与动物研究结果的不同可能反映了区域间污染源的差异，从而决定了区域间 PM$_{2.5}$ 化学成分的差异。例如，在中国北方冬季广泛使用住宅供暖导致煤炭燃烧的贡献高于中国东部和南部（Zhang and Cao, 2015; Huang et al., 2014）。来自不同来源类别的颗粒物已被证明具有不同的体外生物效应（Grilli et al., 2018; Oeder et al., 2015），因此，来源于不同排放组合，并经气象条件二次转化的城市特异性 PM$_{2.5}$ 是一个典型的混合物，很可能具有迥异的毒理学特性。然而，空气 $PM_{2.5}$ 混合物联合毒性的区别如何体现污染源的地区差异，能否解释已经观察到的毒性和健康结果尚不清楚(Li et al., 2019; West et al., 2016)。

随着化学分析方法的发展，对于 $PM_{2.5}$ 化学成分认识不断提升，$PM_{2.5}$ 化学质量平衡的全貌渐趋明晰(Snider et al., 2016)，然而，并非所有组分都贡献于 $PM_{2.5}$ 的联合毒性效应；相关的有毒组分混合物及其对 $PM_{2.5}$ 总体毒理学性质的贡献仍不清楚(Jin et al., 2017)，以往研究均针对金属和 PAHs 等特定组分，将其与 $PM_{2.5}$ 的联合毒性效应进行统计关联(Lee et al., 2015; Mirowsky et al., 2015)。此类方法通常基于未经证实的假设，即金属和多环芳烃是 $PM_{2.5}$ 毒性的主要贡献者，在缺乏单个金属和多环芳烃的毒理学分析的前提下，已知的毒性组分(如金属和PAHs)在多大程度上解释 $PM_{2.5}$ 的总体毒性，是否有必要识别其他毒性组分仍是未知。化学组分之外，对于 $PM_{2.5}$ 的微生物成分的认识更为有限(Jin et al., 2017a)，生物颗粒(统称为生物气溶胶)包括细菌、真菌、病毒、花粉和细胞碎片，占大气颗粒物质量的 5%～10%(Jaenicke, 2005)。可吸入生物颗粒，特别是与 $PM_{2.5}$ 相关的部分，可能对人类健康产生重大影响(Fröhlich-Nowoisky et al., 2016; Smets et al., 2016)。$PM_{2.5}$ 被认为是传播潜在微生物危害的重要载体(如过敏原、病原体、毒素、耐药基因)(Li et al., 2018b; Yue et al., 2018; Zhou et al., 2018a; Schaeffer et al., 2017; Cao et al., 2014)，其中包括号称 21 世纪公共卫生挑战的耐药性问题(WHO, 2014)。解析化学组分与微生物组分对 $PM_{2.5}$ 的复合毒性效应的相对贡献是长期以来的研究重点和难点，尚缺乏合适的定量方法来解决。复合毒性实验和模型(Kortenkamp et al., 2009)可应用于城市特定 $PM_{2.5}$ 的毒性成分贡献的比较研究，阐明 $PM_{2.5}$ 的毒性效应平衡对于确定 $PM_{2.5}$ 的健康影响比阐明其化学质量平衡更为重要。

浓度加和(concentration addition, 简称CA)概念是评价复合污染与效应的有效方法，基于给定混合物中的所有组分以相似的作用模式起作用的假设，可根据浓度加和原理预测其复合效应(Backhaus and Faust, 2012)。基于此假设，生物分析等效浓度(bioanalytical equivalent concentration, 简称 BEQ)方法可用于定量表达含有未知化学组分的环境样品在给定生物学终点上的组合效应。BEQ 的定义为环境复合样品相对于引发相同生物反应的参考化合物的等效浓度(Escher et al., 2013)。因此，基于 BEQ 的复合效应模型可作为一种实用工具，用于确定所识别组分对环境样品综合毒性效应的定量贡献，已被广泛应用于水体和土壤环境质量评估(Lam et al., 2018; Muschket et al., 2018; Tousova et al., 2017; Hu et al., 2015; Jin et al., 2015; Neale et al., 2015; Simon et al., 2013)。此方法在空气污染与健康研究中鲜有尝试(Zhang et al., 2018; Chou et al., 2017; Fang et al., 2015)，却可以帮助识别驱动 $PM_{2.5}$ 复合效应(如氧化应激)的相关毒性成分。

氧化应激是空气污染引起健康影响过程中的一大关键作用机制(Kelly, 2003)。以往研究经常基于非细胞分析，例如，二硫苏糖醇(dithiothreitol, 简称DTT)测定，评估大气颗粒物的化学氧化潜势(Calas et al., 2018; Weber et al., 2018)，这些非细胞化学分析方法较易捕获 $PM_{2.5}$ 中固有的氧化还原活性成分，如过渡金属和醌类(Lyu et al., 2018; Charrier et al., 2012)，但无法识别那些需要代谢活化才能在人体内产生反应的成分，如母体 PAHs(Moorthy et al., 2015)。此限制可能部分解释大气颗粒物化学氧化潜势与呼吸系统健康影响之间存在争议的联系(Abrams et al., 2017; Fang et al., 2016; Weichenthal et al., 2016; Bates et al., 2015; Strak et al., 2012;)。体外细胞分析是测量细胞内活性氧(reactive oxygen species, 简称 ROS)的潜在替代方法，是对基于 DTT 的胞外 ROS 生成测试方法的有益补充(Saffari et al., 2014)。例如，BEAS-2b 人支气管上皮细胞模型在很大程度上保留了体内肺代谢的能力(Courcot et al., 2012)。这种体外代谢能力允许细胞系统以充分捕获 $PM_{2.5}$ 中的所有活性成分以诱导细胞内 ROS。尽管细胞测试不能完全预测人体毒性，但体外试验提供了一个操作上更简单的平台以评估 $PM_{2.5}$ 的复合效应以及毒性贡献组分，并为细胞-动物-人类连续体的进一步连贯研究提供了第一层证据。

尽管 $PM_{2.5}$ 毒性机制研究不断深入，但 $PM_{2.5}$ 组分对其在特定毒性终点上的复合效应的定量作用仍不明晰。因此，本研究的目的是确定由 $PM_{2.5}$ 成分对引发胞外 ROS 和促炎性因子生成的定量贡献，聚焦具有显著城市和污染特征差异的中国三大都市区，比较相同质量浓度的城市特异性 $PM_{2.5}$ 样品在 BEAS-2b 人支气管上皮细胞中的毒性效应强度，开展复合毒性实验和模拟以测试浓度-加和模型在预测 $PM_{2.5}$ 样品中存在的环境现实混合物(如金、PAHs 和细菌内毒素)对 ROS、促炎性因子诱导的联合效应方面的有效性，并在此前提下，采用 BEQ 概念来估算金属、多环芳烃和内毒素，三类 $PM_{2.5}$ 主导毒性组分的定量贡献。该研究提供了一种新方法来评估不同组分在 $PM_{2.5}$ 复合效应中的相对重要性，从而揭示了空气污染与人类健康之间的暴露-毒性关系中的区域差异。

### 2.5.1　大气细颗粒物毒性的组分贡献研究方法

#### 2.5.1.1　$PM_{2.5}$ 采集

2016 年 3 月～2017 年 2 月，在长三角和珠三角地区同时进行了 $PM_{2.5}$ 采样活动。根据每个城市的土地利用梯度选择若干采样点，长三角采样点包括南京浦口(PK，代表工业区)，玄武(XW，代表市区)和溧水(LS，代表农村地区)，珠三角采样点包括天河(TH，代表市区)，从化(CH，代表郊区)和鹤山(HS，代表半山工业区)，北京采样点包括北京大学与中科院大气物理研究所两个市区点。采用大容量采样器(TH-1000C II)每周采集 24 小时 $PM_{2.5}$ 样品，流量约为 1 m³/min，但溧水现场除外，采样频率为每月一次。预烘烤(在500℃下保持 5 h)8 in×10 in(1 in=2.54 cm)的石英滤膜(PALL，USA)，并在取样之前和之后称重，灵敏度为±0.0001 g。在称重之前，将滤膜放在干燥器中在25℃和40%～50%相对湿度下平衡至少 24 h。

#### 2.5.1.2　颗粒物提取

用 Milli-Q 水和甲醇提取每个 $PM_{2.5}$ 滤膜样品(包括现场空白)先将石英滤膜(尺寸相当于 A4 纸的八分之一)浸润于 15 mL Milli-Q 水中，经 30 min 超声萃取，然后将石英滤膜取出，浸润于 15 mL 甲醇中，再经 30 min 超声萃取。将合并的 PM 提取物在−80℃下储存过夜，冻干，并转移到预先称重的无菌琥珀色玻璃小瓶中。将含有干燥颗粒提取物的琥珀色玻璃小瓶再次称重，以确定从石英滤膜中提取的颗粒物质量。将提取物重新溶解于细胞培养基中，浓度定于 200 mg/L，并储存在−80℃冰箱中，以待毒性分析。

### 2.5.1.3　细胞培养与生物测试方法

人支气管上皮 BEAS-2b 细胞从美国典型培养物保藏中心（American Type Culture Collection, 简称 ATCC）获得，并在 37℃潮湿气氛中在 DMEM 培养基（10%热灭活的胎牛血清和 1%青霉素与链霉素）中培养，含 5%二氧化碳。溴化噻唑蓝四氮唑［3-(4,5-dimethyl-thiazol-2-yl)-2,5-diphenyltetrazolium bromide, 简称 MTT］比色测定法用于确定细胞的存活力。使用 2',7'-二氯荧光素二乙酸酯（dichloro-dihydro-fluorescein diacetate, 简称 DCFH-DA）测定法测定 $PM_{2.5}$ 样品的细胞内 ROS 产生。将细胞以 $2×10^5$/mL 的密度接种在黑色 96 孔板中，并生长 24 h。除去培养基后，用磷酸盐缓冲液（phosphate-buffered saline, 简称 PBS）洗涤细胞两次，然后暴露于 100 μL $PM_{2.5}$ 样品或以培养基连续稀释的测试化学品。每个测试平板包括若干叔丁基氢醌（*tert*-butylhydroquinone, 简称 *t*-BHQ）处理的阳性对照，*t*-BHQ 是已知的胞内 ROS 诱导剂（Gharavi et al., 2007; Pinkus et al., 1996），作为参考化学标准品。暴露 24 h 后，除去培养基，用 PBS 洗涤细胞两次。然后向细胞中加入 100 μL 含有 100 μmol/L DCFH-DA 的无酚红 DMEM 培养液。在 37℃温育 30 min 后，除去培养基，再次用 PBS 洗涤细胞两次。使用酶标仪，分别在起始时间和 2 h，在激发/发射波长 485/535 nm 下，测量荧光强度。ROS 产生表示为从起始到 2 h 荧光强度的增加百分比。使用公式 2-6 计算样品相对于对照的 ROS 诱导率（induction ratio, 简称 IR）。设定线性浓度-效应曲线的截距为 1，拟合斜率（公式 2-7），用于确定 1.5 倍 ROS 诱导率下的效应浓度（$EC_{IR1.5}$；公式 2-8）（Escher et al., 2018）。

$$IR = \frac{\%_{荧光增强样品t=2}}{\%_{荧光增强对照组t=2}} \tag{2-6}$$

$$IR = 1 + 斜率 × 浓度 \tag{2-7}$$

$$EC_{IR1.5} = \frac{0.5}{斜率} \tag{2-8}$$

### 2.5.1.4　化学分析

对 $PM_{2.5}$ 样品进行多种化学分析，包括有机碳、元素碳、水溶性离子以及重金属和生物可利用金属以及具有毒性意义或溯源意义的有机化合物。通过热/光学碳分析仪分析有机碳（organic carbon, 简称 OC）和元素碳（elemental carbon, 简称 EC）浓度，并基于热光学反射的结果计算。通过 Milli-Q 水提取主要水溶性离子（$Na^+$、$K^+$、$NH_4^+$、$Cl^-$、$NO_3^-$ 和 $SO_4^{2-}$）并通过离子色谱法（Dionex）分析。对于通过模拟人工肺液 Gamble 溶液提取的生物可利用金属，在酸消化后通过电感耦合等离子体质谱进行分析。样品中痕量金属的分析遵循先前建立的程序，将等份的提取物与 70%高纯度硝酸（$HNO_3$）和 65%高氯酸（$HClO_4$）混合。使用渐进加热程序将样品消化至干燥后，重新溶解于 5% $HNO_3$。通过分析试剂空白、重复和标准参考物质（NIST SRM 1648a, 城市颗粒物）进行质量控制。使用电感耦合等离子体-质谱仪（inductively coupled plasma mass spectrometry, 简称 ICP-MS）测定痕量金属的浓度。程序空白中痕量金属的浓度＜1%，标准参考物质（NIST SRM 1648a）中金属元素的回收率为 96%～110%。有机化合物的分析遵循先前建立的程序，基于直接热解吸和衍生化手段，随后进行气相色谱-飞行时间质谱（Orasche et al., 2011）。除 PAHs 作为潜在的 ROS 诱导剂外，还将藿烷作为化石燃料燃烧的示踪剂，以及作为生物质燃烧示踪剂的脱水糖（左旋葡聚糖、甘露聚糖和半乳糖）进行定量。

### 2.5.1.5 复合效应实验与模拟

选择细胞内 ROS 作为示例性终点，以量化所识别的化学物质（包括痕量金属和 PAHs）对 $PM_{2.5}$ 的总体效果的贡献。通过复合毒性模型，以空白对照 1.5 倍 ROS 诱导为基准，测定参考化合物 $t\text{-BHQ}$（$EC_{IR1.5,t\text{-BHQ}}$）、目标金属和 PAHs 单一化学品（$EC_{IR1.5,i}$）与配制混合物（$EC_{IR1.5,mix}$）以及 $PM_{2.5}$ 样品提取物（$EC_{IR1.5,PM_{2.5}}$）的效应浓度。利用公式 2-9，可计算每种活性化学物质相对于 $t\text{-BHQ}$ 在诱导 ROS 产生层面的效应强度（$REP_i$）。

$$REP_i = \frac{EC_{IR1.5,t\text{-BHQ}}}{EC_{IR1.5,i}} \qquad (2\text{-}9)$$

$PM_{2.5}$ 提取物由未知浓度的化学物质混合物组成。BEQ 的概念可以定量表征样品提取物的复合毒性效应，其定义为基于特定毒性测试终点，$PM_{2.5}$ 样品中存在的总体生物活性化学负荷（$BEQ_{bio}$）。$BEQ_{bio,PM_{2.5}}$ 代表 $PM_{2.5}$ 提取物中所有活性物质的等效 $t\text{-BHQ}$ 浓度（公式 2-10）。

$$BEQ_{bio,PM_{2.5}} = \frac{EC_{IR1.5,t\text{-BHQ}}}{EC_{IR1.5,PM_{2.5}}} \qquad (2\text{-}10)$$

为了定量各单独识别组分的毒性贡献，测试了浓度加和假设的有效性，即每个组分对 ROS 生成的影响总和近似于这些化学品混合在一起的综合影响，使用 CA 模型。过往研究针对该模型已展开充分验证，证明其可预测基线毒性和涉及多种机制的氧化应激反应等有机化学物质对非特异性终点的混合效应（Escher et al., 2013; Tang et al., 2013）。金属、多环芳烃、内毒素等混合物对细胞内 ROS 生成的影响的有效性尚待确认。基于 CA 模型，可使用公式 2-11，预测按照样品中摩尔组成百分比（$p_i$）混合的金属和 PAHs 诱导 ROS 产生的浓度-效应曲线。

$$EC_{IR1.5,CA} = \frac{1}{\displaystyle\sum_{i=1}^{n} \frac{p_i}{EC_{IR1.5,i}}} \qquad (2\text{-}11)$$

预测质量指数（index on prediction quality, 简称 IPQ）用于评估预测和观察到的混合物效应之间的偏差（Altenburger et al., 1996）。IPQ 为零意味着模型预测和实验观察之间存在完美的一致性。正 IPQ 表示 CA 预测的 $EC_{IR1.5}$（$EC_{IR1.5,CA}$）高于实验值（$EC_{IR1.5,exp}$），而负 IPQ 则相反（公式 2-12 和 2-13）。

$$\text{当 } EC_{IR1.5,CA} > EC_{IR1.5,exp}, \text{ 则 } IPQ = \frac{EC_{IR1.5,CA}}{EC_{IR1.5,exp}} - 1 \tag{2-12}$$

$$\text{当 } EC_{IR1.5,CA} < EC_{IR1.5,exp}, \text{ 则 } IPQ = 1 - \frac{EC_{IR1.5,exp}}{EC_{IR1.5,CA}} \tag{2-13}$$

如果 IPQ 在 –1～+1 内,则可认为在实验测定和模型预测之间达成了良好的一致性,这意味着金属和 PAHs 的联合效应与浓度加合模型的预测结果一致。然后,根据公式 2-14,基于仪器分析可得出每个已识别组分或其混合物的 $BEQ_{chem}$;并根据公式 2-15,计算样品中已识别组分对 $PM_{2.5}$ 复合效应的毒性贡献(即 % contribution)。

$$BEQ_{chem} = \sum_{i=1}^{n}(C_i \times REP_i) \tag{2-14}$$

$$\%contribution = \frac{BEQ_{chem}}{BEQ_{bio,PM_{2.5}}} \times 100\% \tag{2-15}$$

### 2.5.1.6 微生物分析

切下每个 $PM_{2.5}$ 滤膜样品的四分之一,用已灭菌的磷酸盐缓冲盐水超声处理每个子样品。然后将每月合并的提取物通过 0.2-μm PES 膜过滤。使用 FastDNA SPIN 试剂盒从滤膜中提取 DNA,改进的纯化步骤包括使用 Agencourt AMPure XP 珠子(Beckman Coulter),(Xie et al., 2018; Cao et al., 2014)所有 DNA 提取物均保持于 –80℃ 冰箱,以待分析。

由于从 $PM_{2.5}$ 中提取的生物量有限,量化了 10 个目标基因,包括 16S rRNA 基因,6 个耐药基因(antibiotic resistance genes, 简称 ARGs)(红霉素耐药基因 *erm*B、四环素类耐药基因 *tet*W、喹诺酮类耐药基因 *qnr*S、林可霉素类耐药基因 *lnu*A、β-内酰胺类耐药基因 *bla*TEM-1 和磺胺类耐药基因 *sul*1),以及 3 个可移动遗传元件(mobile genetic elements, 简称 MGEs)(一类整合子 *int*I1、转座子 *tnp*A-02 和 *tnp*A-04)使用 StepOnePlus 实时荧光定量聚合酶链式反应(quantitative polymerase chain reaction, 简称 qPCR)系统(Applied Biosystems,CA)。16S rRNA 基因作为细菌总体丰度的指标。所选择的 6 种 ARGs 广泛存在于地表和大气环境中(Xie et al., 2018; Zhou et al., 2018b; Zhu et al., 2017 b),3 种 MGEs 则为常见的 ARG 遗传区室(Ma et al., 2017; Gillings et al., 2015)。为了减少 PCR 抑制作用,测试了若干随机样品来确定稀释因子,并对所有 DNA 提取物进行 10 倍稀释,从而准确定量 ARG 丰度,每个样品、标准品和阴性对照(程序空白和现场空白)重复 3 次,PCR 扩增效率为 90%～105%。

使用 KAPA HiFi HotStart ReadyMix 和引物对 341F(ACTCCTACGGGAGGCAGCAG)/806R(GGACTACHVGGGTWTCTAAT)扩增 16S rRNA 基因的高变区。然后使用 MEGA quick-spin™ Total Fragment DNA 纯化试剂盒纯化靶向扩增子,并在 1.5% 琼脂糖凝胶中电

泳分离后用 Qubit$^{TM}$ dsDNA HS 测定试剂盒定量。在同一采样点的同一季节中纯化的扩增子以相等的摩尔数合并，并在 Illumina Miseq PE300 平台上测序。通过针对 Silva SSU 数据库（版本 111）的 BLASTn42 表征样品中细菌群落的结构，其 E 值截止值为 1e$^{-20}$（Mackelprang et al., 2011; Altschul et al., 1997）。来自 BLAST 结果的序列通过 MEGAN 分配至 NCBI 分类法（版本 4.67.5）（Huson et al., 2007），使用最低共同祖先（LCA）算法和 BLAST bitscore 50 的默认截止值，以及前 50 个命中的 10%。使用 CANOCO（版本 4.5）进行空气传播细菌群落区域差异的主成分分析（principal component analysis, 简称 PCA）。将分配给每个细菌属的 16S rRNA 基因拷贝（copy m$^{-3}$）用作输入数据，其通过将 16S rRNA 基因的拷贝总数乘以每个细菌属的百分比获得。如果细菌属的相对百分比低于 5%，则将其排除在该分析之外。对数据进行平方根变换，并在进行 PCA 分析之前进一步检查以满足正态分布。通过相似性分析（analysis of similarities, 简称 ANOSIM）和非度量多维尺度分析（non metric multidimensional scaling, 简称 NMDS），以可视化 PM$_{2.5}$ 相关 ARG 概况的区域差异。使用 CANOCO（版本 4.5）进行冗余分析（redundancy analysis, 简称 RDA）以探索细菌属和分析的 ARG 之间的相关性。基因拷贝的总数（拷贝 m-3）用于冗余分析，在分析之前进行数据的平方根变换。其他统计分析在 R（版本 3.2.2）与 GraphPad Prism 7 中进行。

### 2.5.2　典型地区大气细颗粒物化学与微生物组分的毒性贡献

#### 2.5.2.1　典型地区 PM$_{2.5}$ 的主要化学组分与来源解析

长三角年均 PM$_{2.5}$ 浓度高于珠三角近 20%，两地 PM$_{2.5}$ 的化学组成迥异，最显著的差别在于长三角 PM$_{2.5}$ 二次无机气溶胶贡献较珠三角高，而有机质比较少。各区域内颗粒态重金属组分反映了土地利用类型的梯度，在长三角，浦口站（工业区）检测到最高浓度的重金属是铅（lead, 简称 Pb）和铜（copper, 简称 Cu），在珠三角，鹤山站（郊外工业带）检测到最高浓度的金属是砷（As）、镉（Cd）、锌（Zn）。利用人工肺液（gamble's solution）评估了重金属的生物有效性，发现长三角和珠三角 PM$_{2.5}$ 中 As、锰（Mn）、钒（V）的活性相对较高（>60%），钴（Co）、镍（Ni）、Cu、Cd 中等（20%～60%），Fe、Zn、Pb 则较低（< 20%）。

进一步评估上述生物有效部分重金属的癌症风险，结果表明，长三角人群致癌风险显著高于珠三角，前者明显超过百万分之一的癌症风险率安全限值。As 是长三角和珠三角区域 PM$_{2.5}$ 内载重金属总癌症风险的主要贡献元素，占 71%～89%。在长三角各站点，车辆排放与道路扬尘是重金属癌症风险的最大贡献来源，占比 60%，其次为燃煤与垃圾焚烧，占比 21%；在珠三角各站点，车辆排放与道路扬尘同样是重金属癌症风险的最大贡献来源，占比 66%，其次为船舶排放与海盐，占比 20%。利用 X 射线吸收近边结构（X-ray absorption near edge structure, 简称 XANES）初步显示 As 在南京与广州的两个工业区样品中以 As(V) 的形态赋存，表明 As 的毒性贡献可能被高估，需要按 As 实际价态调整。该研究结果需要更多样品分析进一步证实。

　　有机气溶胶是大气颗粒物中的重要组成部分，约占其质量浓度的 20%～70%左右，是我国雾霾污染形成的关键组分和因子之一。生物质燃烧分子标志物左旋葡聚糖及其同分异构体比值，指示六月中旬华北平原小麦秸秆燃烧长距离传输，冬季供暖期生物质燃烧增加等过程。在春季花期，蔗糖、葡萄糖和果糖呈现高浓度。海藻糖能很好地示踪春季沙尘暴过程。真菌孢子示踪物(阿拉伯醇和甘露醇)在夏季浓度最高。高浓度的异戊二烯和单萜烯二次氧化产物也发生在夏季。倍半萜烯二次产物，在冬季重霾天浓度最高，且与左旋葡萄糖呈正相关。同时根据有机分子示踪物估算，初次源(植物碎屑、真菌孢子和生物质燃烧)和二次源产物(生物源异戊二烯、单萜烯、倍半萜烯及人为源萘)对于颗粒物有机碳的贡献。

### 2.5.2.2　城市间 $PM_{2.5}$ 单位质量毒性强度与关键毒性贡献组分的差异

　　利用人工模拟肺液萃取细颗粒物的生物有效性部分，对 BEAS-2b 和 A549 细胞进行染毒实验，以胞内 ROS 为氧化应激响应标志物，细胞因子 IL-6 为促炎性反应标志物，进行毒性筛查，比较 2016 年冬季南京与广州 $PM_{2.5}$、2014 年冬季北京与广州 $PM_{2.5}$ 对肺细胞的复合效应。结果显示 2014 年冬季北京单位质量浓度 $PM_{2.5}$ 的细胞毒性强度是广州的 2 倍，对 ROS 诱导效应是广州的 3 倍(图 2-35A)，北京的 $PM_{2.5}$ 平均质量浓度是广州的 2 倍，如果考虑单位质量浓度的毒性强度差异，北京 $PM_{2.5}$ 的暴露风险是广州的 4～6 倍。2016 年冬季南京与广州 $PM_{2.5}$ 对比结果显示南京单位质量浓度 $PM_{2.5}$ 对 ROS 的诱导效应强度是广州的 2 倍，而两城市单位质量浓度 $PM_{2.5}$ 对 IL-6 的诱导效应强度相近(图 2-36A)。一般认为造成单位质量浓度 $PM_{2.5}$ 毒性差异的原因是毒性组分的差异，但过往研究未能定量解析毒性组分对 $PM_{2.5}$ 总体毒性效应的贡献，大多采用统计关联的方法来判定哪类污染物是毒性贡献组分，而此方法会将贡献 $PM_{2.5}$ 的主要质量的低毒组分(例如：$SO_4^{2-}$、$NO_3^-$)判定为主要毒性组分，此方法也无法解析毒性组分的相对重要性。运用毒性当量方法可以计算重金属、PAHs 以及内毒素三类毒性组分对 $PM_{2.5}$ 毒性效应的贡献。重金属与 PAHs 通常被视为 $PM_{2.5}$ 的关键毒性组分，但具体贡献多大并不清晰。内毒素是革兰氏阴性菌外膜中的大生物分子，有报道显示，内毒素能导致氧化应激、免疫反应等多重毒性作用，但作为微生物组分，在 $PM_{2.5}$ 毒性效应与毒性组分的分析研究中长期被忽视。化学分析显示，2014 年冬季北京 $PM_{2.5}$ 中重金属与 PAHs 的单位质量浓度分别是广州的 5 与 10 倍，2016 年冬季南京 $PM_{2.5}$ 中重金属、PAHs 的单位质量浓度分别为广州的 2 倍与 1.3 倍。

　　金属、PAHs 与内毒素的复合效应遵循浓度加合原理是定量解析它们对 $PM_{2.5}$ 诱导 ROS 复合效应的前提。为验证浓度加合模型，进行了一系列复合毒性模拟与实验。通过多个样品的重复验证，结果显示由浓度加合模型预测的金属-PAHs-内毒素复合效应与染毒实测所得的复合效应基本吻合，证明实际环境样品中的金属、PAHs 与内毒素对 ROS 和 IL-6 诱导的复合效应遵循浓度加合原理。运用毒性当量方法，在 2014 年冬季样品比较中，发现金属与 PAHs 对北京 $PM_{2.5}$ 诱导 ROS 的平均贡献为 38%，对广州 $PM_{2.5}$ 诱导 ROS 的平均贡献为 24%(图 2-35B)，PAHs 的贡献率是金属贡献率的两倍左右。Fe、Cu

与 Mn 这三种过渡金属主导了 $PM_{2.5}$ 中已测金属对 ROS 的诱导效应，贡献率大于 80%。二苯并[a,l]芘(Dibenzo[a,l]pyrene)主导了 $PM_{2.5}$ 中已测 PAHs 对 ROS 的诱导效应，贡献率大于 65%。在 2016 年冬季南京与广州的对比中，进一步发现内毒素是 $PM_{2.5}$ 诱导 ROS 与 IL-6 复合效应的重要贡献成分，内毒素对 $PM_{2.5}$ 诱导 ROS 和 IL-6 的贡献率分别高达 28% 和 64%，超过重金属(ROS: 7.5%; IL-6: 2.1%)与 PAHs(ROS: 13%; IL-6: 1.5%)的总和(图 2-36B)。16S 基因测序进一步确认了内毒素的来源，革兰氏阴性菌占 $PM_{2.5}$ 中总细菌丰度 60% 以上，以变形菌门(*Proteobacteria*)为主要革兰氏阴性菌门类，其中包含常见病原菌，包括 ESKAPE 病原菌。

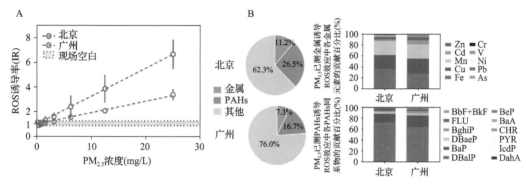

图 2-35　(A)为相同单位质量浓度的北京与广州 $PM_{2.5}$ 染毒 BEAS-2b 细胞引起不同程度的胞内 ROS；(B)为重金属和 PAHs 对北京、广州 $PM_{2.5}$ 诱导肺细胞 ROS 的定量贡献(Jin et al., 2019)

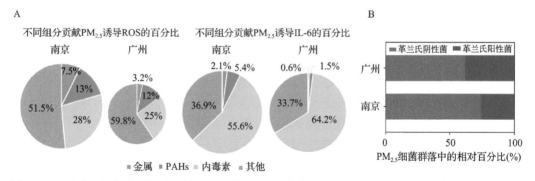

图 2-36　(A)为相同单位质量浓度的南京与广州 $PM_{2.5}$ 染毒 BEAS-2b 细胞诱导不同程度的胞内 ROS 与 IL-6 以及重金属、PAHs 与内毒素对 $PM_{2.5}$ 复合效应的贡献；(B)为革兰氏阴性菌与革兰氏阳性菌在南京与广州 $PM_{2.5}$ 细菌群落中的相对比例

### 2.5.2.3　典型地区 $PM_{2.5}$ 中的细菌群落、耐药基因与呼吸暴露

鉴于细菌在 $PM_{2.5}$ 中的毒性作用，进一步探究了珠三角、长三角和北京三大典型地区 $PM_{2.5}$ 中气载细菌的群落结构与耐药性特征。$PM_{2.5}$ 中细菌与耐药基因的绝对丰度在地处温带的北京比在地处亚热带的长三角与珠三角显现更强的季节变化特征(图 2-37A)，然而，耐药基因的相对丰度在各区域内却呈现相对稳定的组成结构，不随季节与土地利用梯度而变化(图 2-37B)，$PM_{2.5}$ 携载耐药基因进入人体的日均摄入量与其他摄入途径的

相对重要性亦呈现区域特异性，大气颗粒物经呼吸进入人体这一途径在耐药基因的环境传播与人群健康影响中有着重要作用。16S rRNA 扩增子测序分析常见人体病原菌在北京、长三角和珠三角 PM$_{2.5}$ 中广泛分布，包括 WHO 优先管控清单中的 6 种高危耐药性病原菌(ESKAPE)：屎肠球菌(*Enterococcus faecium*)、金黄色葡萄球菌(*Staphyloccus aureas*)、肺炎克雷伯菌(*Klebsiella Pneumoniae*)、鲍曼不动杆菌(*Acinobacter baumannii*)、铜绿色假单胞菌(*Pseudomonas aeruginosa*)以及肠杆菌(*Enterobacter* spp.)，RDA 分析表明三地 PM$_{2.5}$ 中的 ESKAPE 是具有重要临床意义的碳青霉烯耐药基因(*bla*$_{KPC}$、*bla*$_{NDM}$)与多粘菌素耐药基因(*mcr*-1)的潜在宿主，与临床观察有所对应，需要培养筛查确认。

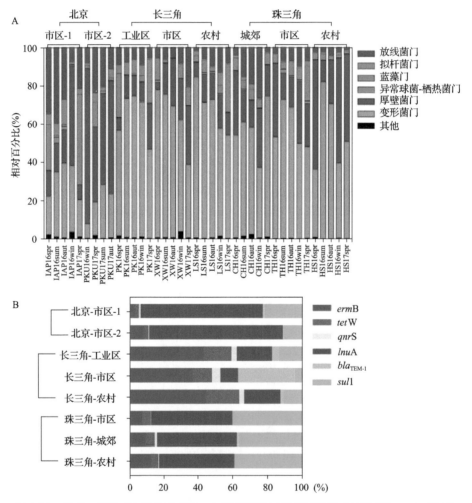

图 2-37　北京、长三角与珠三角 PM$_{2.5}$ 中细菌群落与耐药基因组成结构(Xie et al., 2019)

耐药基因在空气 PM$_{2.5}$ 中的平均相对丰度与污水介质相仿，其总体波动幅度较大，最高可达人体粪便中耐药基因的相对丰度，最低则与自然本底相近(图 2-38A)，且与可移动遗传元件相对丰度显著相关，说明空气中耐药基因水平转移的潜在可能(图 2-38B)。水平转移是耐药基因在环境介质中扩散的分子传播机制，以一类整合子 *int*I1 为主要载体，

*int*I1 嵌合于质粒和转座子等可移动遗传元件中，可以携带着耐药基因将其横向转移至各类病原菌(McAdam et al., 2012)。除了抗生素污染之外，*int*I1 的丰度变化对重金属、消毒剂等各种人为污染都有敏感响应，因此，人为污染形成的化学选择性压力造成了 *int*I1 介导的耐药基因在土壤、水体环境中的大规模散播(Gillings et al., 2015)。相较于大气，水体与土壤是抗生素、重金属等化学品富集污染的主要环境介质(Zhao et al., 2018; Hu et al., 2016; Zhang et al., 2015d)，这些高强度的化学选择性压力在大气环境中并不广泛存在，但大气环境的流动性和分散性以及城市大气特有的高氧化性(Hofzumahaus et al., 2009)，决定了大气中的细菌群落需要适应包括氧化性气体、紫外光、营养限制等在内的有别于水体与土壤环境的胁迫压力，可以合理推断，大气菌群的生存策略与耐药基因的水平转移能力可能与水体和土壤环境中的相关特征迥异，其中的机理尚待阐明，因此，宏观气象因素和微观颗粒物化学组分如何影响大气耐药基因的赋存、分布对理解其在大气环境中的传播机制意义重大，值得进一步深入探讨。

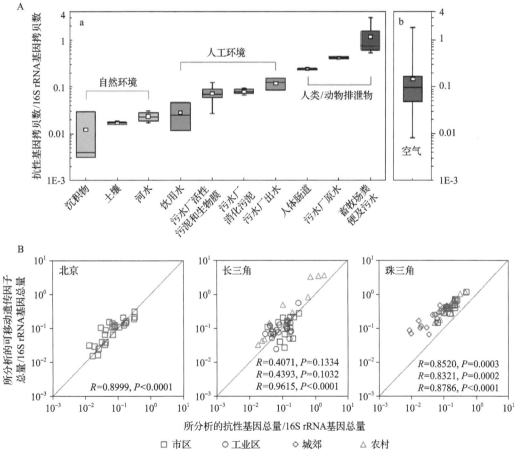

图 2-38　(A)为环境与人体介质中耐药基因相对丰度比较；(B)为我国典型地区 PM$_{2.5}$ 中耐药基因相对丰度与可移动遗传元件相对丰度的关系(Xie et al., 2019)

### 2.5.2.4　原位、长期细胞暴露方法的建立

基于 VITROCELL 全自动气-液界面暴露装置，建立了肺细胞原位暴露方法，以满足长期间断性大气颗粒物细胞暴露实验的需要。该装置具有可移动性的优点，便于开展室外直接暴露实验，能实时监测颗粒物的暴露剂量，且能与大型气体和颗粒物成分分析仪器联用，从而达到同步检测颗粒物毒性与化学组分特征的目的，但该装置至今仅应用于短期暴露(8 h)，为实现长期间断暴露研究的目标，在已有方法应用的基础上，进一步改良硬件设备，实现了对温度和湿度的恒定控制，克服了长期暴露过程中的短板。课题组进行了一系列重复验证实验，评估肺细胞在气-液界面原位长期暴露的可行性，暴露频率为每 3 d 4 h 间断暴露、24 h 连续暴露以及 48 h 连续暴露，暴露源为柴油尾气颗粒物($PM_{2.5}=$ 200 μg/m$^3$)，对照组为洁净空气与常规培养箱。三种不同细胞毒性实验(LDH assay、ALamar Blue assay 以及 ATP assay)都显示暴露于洁净空气的肺细胞与常规培养箱中生长的肺细胞在不同暴露频率下，两者的细胞死亡率没有显著差别。系统温湿流量等参数经优化后，细胞暴露在最长的 48 h 内，不存在实验操作导致的机械性胁迫，确保细胞在污染源暴露情况下的毒性效应为真实反应。48 h 柴油尾气 $PM_{2.5}$ 原位暴露诱导了肺细胞各类遗传毒性效应，还包括微核反应与染色体损伤等。

## 2.5.3　结论与展望

颗粒物质量浓度是当前空气细颗粒物健康评估体系的基础，其基本假定相同吸入剂量的毒性基本相当，然而越来越多的文献表明不同污染源或者不同地区的 $PM_{2.5}$ 在相同质量浓度下显现迥异的毒性效应。从复合污染效应的角度出发，量化特定组分的毒性贡献是阐明颗粒物毒性区域差异的关键。本研究探讨我国若干典型城市 $PM_{2.5}$ 对人肺细胞的体外复合毒性效应的差异，并针对胞外活性氧类和促炎性因子生成等测试，重点解析重金属、多环芳烃与细菌内毒素，三类主要 $PM_{2.5}$ 毒性组分对 $PM_{2.5}$ 整体效应的贡献。对比 2014 年冬季北京和广州同期 $PM_{2.5}$ 样品，发现北京的 $PM_{2.5}$ 在等质量浓度下表现出更高强度的氧化应激。靶向化学分析显示北京每单位质量 $PM_{2.5}$ 的金属和多环芳烃浓度较高，两类毒性成分对 $PM_{2.5}$ 诱导 ROS 效应的贡献率不超过 40%(北京：38%；广州：24%)，其中多环芳烃对 $PM_{2.5}$ 复合效应的贡献大约是重金属的两倍，而剩余超过 60% 的复合效应的贡献组分有待进一步解析。Fe,Cu 和 Mn 三种过渡金属元素是 $PM_{2.5}$ 金属部分的主导效应成分，贡献率高达 80% 以上。Dibenzo [a,l]pyrene 是 $PM_{2.5}$ 多环芳烃部分的主导效应成分，其单独贡献多环芳烃部分效应的 65% 以上。在 2016 年冬季南京与广州的对比中，进一步发现内毒素是 $PM_{2.5}$ 诱导 ROS 与促炎性因子(IL-6)复合效应的重要贡献成分，内毒素对 $PM_{2.5}$ 诱导 ROS 和 IL-6 的贡献率分别高达 28% 和 64%，超过重金属与 PAHs 的总和。16S 基因测序进一步确认了内毒素的来源，革兰氏阴性菌占 $PM_{2.5}$ 中总细菌丰度 60%以上，以变形菌门为主要革兰氏阴性菌门类，包括常见病原菌，其中 ESKAPE 病原菌可能是重要临床耐药基因的潜在宿主。本研究说明了在评价 $PM_{2.5}$ 复合效应的过程中，需要均衡考虑化学组分与微生物组分的贡献作用，有助阐明地区间 $PM_{2.5}$ 污染的毒性效应强度差异的根本原因。

　　此外，本研究为建立 PM$_{2.5}$ 毒性强度差异、毒性组分贡献与污染来源贡献的因果联系提供了新方法与新见解，相关数据有助完善基于 PM$_{2.5}$ 质量浓度的现有健康风险评价体系，为往后工作奠定了较好的方法学与初期数据基础，从而更好地识别组分对颗粒物总体毒性的定量贡献，探讨不同典型污染过程中主导细颗粒物毒性关键成分的差异以及不同粒径中细颗粒物关键组分的毒性。今后将借助高通量非靶向筛查识别未知毒性组分，基于同步辐射技术的矿物学组成分析针对 Pb、Hg、Cu、Zn 等传统及非传统稳定同位素，针对 (非) 生物源有机分子示踪物及单体同位素示踪物，并通过 PMF 源解析模型、气象信息 HYSPLIT 模型实现的气流轨迹反演以及 NAQPMS 动态传输模型等方法，解析大气颗粒物及其化学与微生物毒性组分的定量来源与传输过程，进而阐释地区间毒性组分差异、单位质量浓度 PM$_{2.5}$ 的毒性强度以及最终健康风险差异的根本原因；探索如何利用细胞实验的数据联系实际暴露剂量和人体健康效应，拟基于细胞暴露的生物有效剂量 (体外数据)，运用生理毒代-毒效动力学等模型外推至实际人体可吸入的细颗粒物化学组分的暴露剂量 (体内数据)，并估算能够诱导相应毒性通路的有效暴露剂量；另拟将定量毒性终点 (活性氧、8-羟基鸟苷、促炎性细胞因子等) 与已有队列样本中的心肺血管发病住院频次等流行病数据进行统计关联，初步探索大气细颗粒物污染与人群健康效应的关系。

(撰稿人：李向东　金　灵)

参 考 文 献

李浩, 李莉, 黄成, 等. 2015. 2013 年夏季典型光化学污染过程中长三角典型城市 O$_3$ 来源识别[J]. 环境科学, 36: 1~10.

梁锐明, 殷鹏, 周脉耕. 2016. 大气 PM$_{2.5}$ 长期暴露对健康影响的队列研究进展[J]. 环境与健康杂志, 33: 172~177.

俞淼, 汪冰, 张丹, 等. 2017. SO$_2$ 与 CeO$_2$ 超细颗粒非均相反应产物的细胞毒性效应[J]. 生态毒理学报, 12: 63~70.

Abrams J Y, Weber R J, Klein M, et al. 2017. Associations between ambient fine particulate oxidative potential and cardiorespiratory emergency department visits[J]. Environ Health Persp, 125: 107008.

Altenburger R, Boedeker W, Faust M, et al. 1996. Regulations for combined effects of pollutants: Consequences from risk assessment in aquatic toxicology[J]. Food Chem Toxicol 34: 1155~1157.

Altschul S F, Madden T L, Schäffer A A, et al. 1997. Gapped BLAST and PSI-BLAST: A new generation of protein database search programs[J]. Nucleic Acids Res, 25: 3389~3402.

Altwicker E R, Konduri R K N V, Lin C, et al. 1992. Rapid formation of polychlorinated dioxins furans in the post combustion region during heterogeneous combustion[J]. Chemosphere, 25(12): 1935~1944.

Alves C A, Vicente A M, Custodio D, et al. 2017. Polycyclic aromatic hydrocarbons and their derivatives (nitro-PAHs, oxygened PAHs, and azaarenes) in PM$_{2.5}$ from southern European cities [J]. Sci Total Environ, 595: 494~504.

Ahrens L, Harner T, Shoeib, M. 2014. Temporal variations of cyclic and linear volatile methylsiloxanes in the atmosphere using passive samplers and high-volume air samplers[J]. Environ Sci Technol, 48(16): 9374~9381.

Backhaus T, Faust M. 2012. Predictive environmental risk assessment of chemical mixtures: A conceptual framework[J]. Environ Sci Technol, 46: 2564~2573.

Bandowe B A M, Meusel H, Huang R J, et al. 2014. PM$_{2.5}$-bound oxygenated PAHs, nitro-PAHs and parent-PAHs from the atmosphere of a Chinese megacity: Seasonal variation, sources and cancer risk assessment [J]. Sci Total Environ, 473: 77~87.

Barrado A I, Garcia S, Barrado E, et al. 2012. PM$_{2.5}$-bound PAHs and hydroxy-PAHs in atmospheric aerosol samples: Correlations with season and with physical and chemical factors [J]. Atmos Environ, 49: 224~232.

Basile-Doelsch I. 2006. Si stable isotopes in the Earth's surface: A review[J]. J Geochem Explor, 88(1): 252~256.

Basile-Doelsch I, Meunier J D, Parron C. 2005. Another continental pool in the terrestrial silicon cycle[J]. Nature, 433: 399~402.

Bates J T, Weber R J, Abrams J, et al. 2015. Reactive oxygen species generation linked to sources of atmospheric particulate matter and cardiorespiratory effects[J]. Environ Sci Technol, 49: 13605~13612.

Beard B L, Johnson C M, Von Damm K L, et al. 2003. Iron isotope constraints on Fe cycling and mass balance in oxygenated Earth oceans[J]. Geology, 31 (7): 629~632.

Behera S N, Betha R, Huang X, et al. 2015. Characterization and estimation of human airway deposition of size-resolved particulate-bound trace elements during a recent haze episode in southeast Asia[J]. Environ Sci Pollut R, 22: 4265~4280.

Betha R, Behera S N, Balasubramanian R. 2014. 2013 southeast Asian smoke haze: Fractionation of particulate-bound elements and associated health risk[J]. Environ Sci Technol, 48: 4327~4335.

Burnett R, Chen H, Szyszkowicz M, et al. 2018. Global estimates of mortality associated with long-term exposure to outdoor fine particulate matter[J]. Proc Natl Acad Sci U. S. A. , 115: 9592~9597.

Calas A, Uzu G, Kelly F J, et al. 2018. Comparison between five acellular oxidative potential measurement assays performed with detailed chemistry on $PM_{10}$ samples from the city of Chamonix (France) [J]. Atmos Chem Phys, 18: 7863~7875.

Cao C, Jiang W J, Wang B Y, et al. 2014. Inhalable microorganisms in Beijing's $PM_{2.5}$ and $PM_{10}$ pollutants during a severe smog event[J]. Environ Sci Technol, 48, 1499~1507.

Cao J J, Xu H M, Xu Q, et al. 2012. Fine particulate matter constituents and cardiopulmonary mortality in a heavily polluted Chinese city[J]. Environ Health Persp, 120: 373~378.

Charrier J G, Anastasio C. 2012. On dithiothreitol (DTT) as a measure of oxidative potential for ambient particles: Evidence for the importance of soluble transition metals[J]. Atmos Chem Phys, 12: 11317~11350.

Chen J, Hintelmann H, Feng X, et al. 2012. Unusual fractionation of both odd and even mercury isotopes in precipitation from Peterborough, ON, Canada[J]. Geochim Cosmochim Ac, 90: 33~46.

Chen J, Li C, Ristovski Z, et al. 2017a. A review of biomass burning: Emissions and impacts on air quality, health and climate in China[J]. Sci Total Environ, 579: 1000~1034.

Chen R, Yin P, Meng X, et al. 2017b. Fine particulate air pollution and daily mortality: A nationwide analysis in 272 Chinese cities[J]. Am J Respir Crit Care Med, 196: 73~81.

Chi G C, Hajat A, Bird C E, et al. 2016. Individual and neighborhood socioeconomic status and the association between air pollution and cardiovascular disease[J]. Environ Health Persp, 124 (12): 1840~1847.

Cho A K, Di Stefano E, You Y, et al. 2004. Determination of four quinones in diesel exhaust particles, SRM 1649a, an atmospheric $PM_{2.5}$[J]. Aerosol Sci Tech, 38: 68~81.

Choi J, Zheng Q, Katz H E, et al. 2010. Silica-based nanoparticle uptake and cellular response by primary microglia[J]. Environ Health Persp, 118 (5): 589~595.

Chou W C, Hsu C Y, Ho C C, et al. 2017. Development of an in vitro-based risk assessment framework for predicting ambient particulate matter-bound polycyclic aromatic hydrocarbon-activated toxicity pathways[J]. Environ Sci Technol, 51: 14262~14272.

Cohen A J, Brauer M, Burnett R, et al. 2017. Estimates and 25-year trends of the global burden of disease attributable to ambient air pollution: An analysis of data from the Global Burden of Diseases Study 2015[J]. Lancet, 389: 1907~1918.

Courcot E, Leclerc J, Lafitte J J, et al. 2012. Xenobiotic metabolism and disposition in human lung cell models: Comparison with in vivo expression profiles[J]. Drug Metab Dispos, 40: 1953~1965.

Das R, Wang X, Khezri B, et al. 2016. Mercury isotopes of atmospheric particle bound mercury for source apportionment study in urban Kolkata, India[J]. Elementa-Sci Anthrop, 4: 1~12.

Dawson T E, Siegwolf R T W. 2007. Stable isotopes as indicators of ecological change[M]//Terrestrial ecology. New York: Elsevier: 1~18.

Dellinger B, Lomnicki S, Khachatryan L, et al. 2007. Formation and stabilization of persistent free radicals[J]. Proc Combust Inst, 31 (1): 521~528.

Demers J D, Blum J D, Zak D R. 2013. Mercury isotopes in a forested ecosystem: Implications for air-surface exchange dynamics and the global mercury cycle[J]. Global Biogeochem Cy, 27 (1): 222~238.

Dong S, Weiss D J, Strekopytov S, et al. 2013. Stable isotope ratio measurements of Cu and Zn in mineral dust (bulk and size fractions) from the Taklimakan Desert and the Sahel and in aerosols from the eastern tropical North Atlantic Ocean[J]. Talanta, 114: 103~109.

Dou J, Lin P, Kuang B Y, et al. 2015. Reactive oxygen species production mediated by humic-like substances in atmospheric aerosols: enhancement effects by pyridine, imidazole, and their derivatives[J]. Environ Sci Technol, 49: 6457~6465.

Dugas T R, Lomnicki S, Cormier S A, et al. 2016. Addressing emerging risks: Scientific and regulatory challenges associated with environmentally persistent free radicals[J]. Int J Environ Res Public Health, 13 (6): 573.

Enrico M, Le Roux G, Marusczak N, et al. 2016. Atmospheric mercury transfer to peat bogs dominated by gaseous elemental mercury dry deposition[J]. Environ Sci Technol, 50 (5): 2405~2412.

Escher B I, Neale P A, Villeneuve D L. 2018. The advantages of linear concentration-response curves for in vitro bioassays with environmental samples[J]. Environ Toxicol Chem, 37: 2273~2280.

Escher B I, van Daele C, Dutt M, et al. 2013. Most oxidative stress response in water samples comes from unknown chemicals: The need for effect-based water quality trigger values[J]. Environ Sci Technol, 47: 7002~7011.

Fang M, Webster T F, Stapleton H M. 2015. Effect-directed analysis of human peroxisome proliferator-activated nuclear receptors (PPARγ1) ligands in indoor dust[J]. Environ Sci Technol, 49: 10065~10073.

Fang T, Verma V, Bates J T, et al. 2016. Oxidative potential of ambient water-soluble $PM_{2.5}$ in the southeastern United States: Contrasts in sources and health associations between ascorbic acid (AA) and dithiothreitol (DTT) assays[J]. Atmos Chem Phys, 16: 3865~3879.

Feld-Cook E E, Bovenkamp-Langlois L, Lomnicki S M. 2017. Effect of particulate matter mineral composition on environmentally persistent free radical (EPFR) formation[J]. Environ Sci Technol, 51 (18): 10396~10402.

Feng H R, Zhang H Y, Cao H M, et al. 2018. Application of a novel coarse-grained soil organic matter model inthe environment[J]. Environ Sci Technol, 52: 14228~14234.

Flament P, Mattielli N, Aimoz L, et al. 2008. Iron isotopic fractionation in industrial emissions and urban aerosols[J]. Chemosphere, 73 (11): 1793~1798.

Font-Sanchis E, Aliaga C, Focsaneanu K S, et al. 2002. Greatly attenuated reactivity of nitrile-derived carbon-centered radicals toward oxygen[J]. Chem Commun, (15): 1576~1577.

Franck U, Herbarth O, Roder S, et al. 2011. Respiratory effects of indoor particles in young children are size dependent[J]. Sci Total Environ, 409 (9): 1621~1631.

Fröhlich-Nowoisky J, Kampf C J, Weber B, et al. 2016. Bioaerosols in the Earth system: Climate, health, and ecosystem interactions[J]. Atmos Res 182: 346~376.

Fu H, Chen J. 2017. Formation, features and controlling strategies of severe haze-fogpollutions in China[J]. Sci Total Environ, 578: 121~138.

Gao J H, Woodward A, Vardoulakis S, et al. 2017. Haze, public health and mitigation measures in China: A review of the current evidence for further policy response[J]. Sci Total Environ, 578: 148~157.

Geagea M L, Stille P, Gauthier-Lafaye F, et al. 2008. Tracing of industrial aerosol sources in an urban environment using Pb, Sr, and Nd isotopes[J]. Environ Sci Technol, 42 (3): 692~698.

Gehling W, Khachatryan L, Dellinger B. 2014. Hydroxyl radical generation from environmentally persistent free radicals (EPFRs) in $PM_{2.5}$[J]. Environ Sci Technol, 48 (8): 4266~4272.

Gharavi N, Haggarty S S, El-Kadi A. 2007. Chemoprotective and carcinogenic effects of tert-butylhydroquinone and its metabolites[J]. Curr Drug Metab, 8: 1~7.

Gillings M R, Gaze W H, Pruden A, et al. 2015. Using the class 1 integron-integrase gene as a proxy for anthropogenic pollution[J]. ISME J, 9: 1269~1279.

Gioia S, Weiss D, Coles B, et al. 2008. Accurate and precise measurements of Zn isotopes in aerosols[J]. Anal Chem, 80: 9776~9780.

Gonzalez R O, Weiss D. 2015. Zinc isotope variability in three coal-fired power plants: A predictive model for determining isotopic fractionation during combustion[J]. Environ Sci Technol, 49(20): 12560~12567.

Gonzalez R O, Strekopytov S, Amato F, et al. 2016. New insights from zinc and copper isotopic compositions into the sources of atmospheric particulate matter from two major European cities[J]. Environ Sci Technol, 50(18): 9816~9824.

Grant F S. 1954. The geological significance of variations in the abundances of the isotopes of silicon in rocks[J]. Geochim Cosmochim Ac, 5(5): 225~242.

Grasse P, Brzezinski M A, Cardinal D, et al. 2017. Geotraces inter-calibration of the stable silicon isotope composition of dissolved silicic acid in seawater[J]. J Anal At Spectrom, 32: 562~578.

Gratz L E, Keeler G J, Blum J D, et al. 2010. Isotopic composition and fractionation of mercury in great lakes precipitation and ambient air[J]. Environ Sci Technol, 44(20): 7764~7770.

Green U, Aizenshtat Z, Ruthstein S, et al. 2012. Stable radicals formation in coals undergoing weathering: Effect of coal rank[J]. Phys Chem Chem Phys, 14(37): 13046~13052.

Grilli A, Bengalli R, Longhin E, et al. 2018. Transcriptional profiling of human bronchial epithelial cell BEAS-2B Exposed to diesel and biomass ultrafine particles[J]. BMC Genomics 19: 302.

Grousset F, Biscaye P J C G. 2005. Continental aerosols, isotopic fingerprints of sources and atmospheric transport: A review[J]. Chem Geol, 222: 149~167.

Guo S, Hu M, Zamora M L, et al. 2014. Elucidating severe urban haze formation in China[J]. P Natl Acad Sci USA, 111(49): 17373~17378.

Han C, Liu Y, He H. 2016. The Photoenhanced Aging process of soot by the heterogeneous ozonization reaction[J]. Phys Chem Chem Phys, 18: 24401~24407.

Han C, Liu Y C, He H. 2017. Heterogeneous reaction of $NO_2$ with soot at different relative humidity[J]. Environ Sci Pollut R, 24: 21248~21255.

Hoek G, Krishnan R M, Beelen R, et al. 2013. Long-term air pollution exposure and cardio- respiratory mortality: A review[J]. Environ Health Glob, 12: 43~57.

Hoek G, Raaschou-Nielsen O. 2014. Impact of fine particles in ambient air on lung cancer[J]. Chin J Cancer, 33(4): 197~203.

Hofzumahaus A, Rohrer F, Lu K, et al. 2009. Amplified trace gas removal in the troposphere[J]. Science, 324: 1702~1704.

Hu H W, Wang J T, Li J, et al. 2016. Field-based evidence for copper contamination induced changes of antibiotic resistance in agricultural soils[J]. Environ Microbiol 18: 3896~3909.

Hu X, Shi W, Yu N, et al. 2015. Bioassay-directed identification of organic toxicants in water and sediment of Tai Lake, China[J]. Water Res, 73: 231~241.

Huang H, Gao L, Xia D, et al. 2017. Characterization of short- and medium-chain chlorinated paraffins in outdoor/indoor $PM_{10}$/ $PM_{2.5}$/ $PM_{1.0}$ in Beijing, China[J]. Environ Pollut, 225: 674~680.

Huang Q, Chen J, Huang W, et al. 2016. Isotopic composition for source identification of mercury in atmospheric fine particles[J]. Atmos Chem Phys, 16(18): 11773~11786.

Huang R J, Zhang Y, Bozzetti C et al. 2014. High secondary aerosol contribution to particulate pollution during haze events in China[J]. Nature, 514(7521): 218~222.

Huang W, Cao J, Tao Y, et al. 2012. Seasonal variation of chemical species associated with short-term mortality effects of $PM_{2.5}$ in Xian, a central city in China[J]. Am J Epidemiol, 175(6): 556~566.

Huson D H, Auch A F, Qi J, et al. 2007. MEGAN analysis of metagenomic data[J]. Genome Res, 17: 377~386.

Hyeong K, Kim J, Pettke T, et al. 2011. Lead, Nd and Sr isotope records of pelagic dust: Source indication versus the effects of dust extraction procedures and authigenic mineral growth[J]. Chem Geol, 286(3-4): 240~251.

Iburg K M. 2015. Global, regional, and national age-sex specific all-cause and cause-specific mortality for 240 causes of death, 1990-2013: A systematic analysis for the Global Burden of Disease Study 2013[J]. Lancet, 385: 117~171.

Jaenicke R. 2005. Abundance of cellular material and proteins in the atmosphere[J]. Science, 308: 73.

Jariyasopit N, Zimmermann K, Schrlau J, et al. 2014. Heterogeneous reactions of particulate matter-bound PAHs and NPAHs with $NO_3/N_2O_5$, OH radicals, and $O_3$ under simulated long-range atmospheric transport conditions: Reactivity and mutagenicity[J]. Environ Sci Technol, 48: 10155~10164.

Jin L, Gaus C, Escher B I. 2015. Adaptive stress response pathways induced by environmental mixtures of bioaccumulative chemicals in dugongs[J]. Environ Sci Technol, 49: 6963~6973.

Jin L, Luo X S, Fu P Q, et al. 2017a. Airborne particulate matter pollution in urban China: A chemical mixture perspective from sources to impacts[J]. Nat Sci Rev, 4: 593~610.

Jin L, Xie J, Wong C K C, et al. 2019. Contributions of city-specific fine particulate matter（$PM_{2.5}$）to differential *in vitro* oxidative stress and toxicity implications between Beijing and Guangzhou of China[J]. Environ Sci Technol, 53: 2881~2891.

Jin R, Liu G R, Zheng M H, et al. 2017b. Congener-specific determination of ultratrace levels of chlorinated and brominated polycyclic aromatic hydrocarbons in atmosphere and industrial stack gas by isotopic dilution gas chromatography/high resolution mass spectrometry method[J]. J Chromatogr A, 1509: 114~122.

Jin R, Liu G R, Jiang X X, et al. 2017c. Profiles, sources and potential exposures of parent, chlorinated and brominated polycyclic aromatic hydrocarbons in haze associated atmosphere[J]. Sci Total Environ, 593: 390~398.

Jin R, Liu G R, Zheng M H, et al. 2017d. Secondary copper smelters as sources of chlorinated and brominated polycyclic aromatic hydrocarbons[J]. Environ Sci Technol, 51: 7945~7953.

Jin R, Liu G R, Zheng M H, et al. 2017e. Congener-specific determination of ultratrace levels of chlorinated and brominated polycyclic aromatic hydrocarbons in atmosphere and industrial stack gas by isotopic dilution gas chromatography/high resolution mass spectrometry method[J]. J Chromatogr A, 1509: 114~122.

Jin R, Zheng M H, Yang H B, et al. 2017f. Gas-particle phase partitioning and particle size distributions of chlorinated and brominated polycyclic aromatic hydrocarbons in haze[J]. Environ Pollut, 31: 1601~1608.

Kelly F J. 2003. Oxidative stress: its role in air pollution and adverse health effects[J]. Occup Environ Med, 60: 612~616.

Khachatryan L, Vejerano E, Lomnicki S, et al. 2011. Environmentally persistent free radicals（EPFRs）. 1. Generation of reactive oxygen species in aqueous solutions[J]. Environ Sci Technol, 45（19）: 8559~8566.

Kheirbek I, Wheeler K, Walters S, et al. 2013. $PM_{2.5}$ and ozone health impacts and disparities in New York City: Sensitivity to spatial and temporal resolution[J]. Air Qual Atmos Health, 6: 473~486.

Kortenkamp A, Backhaus T, Faust M. 2009. State of the art report on mixture toxicity. Directorate general for the environment: Report to the EU Commission[R/OL]. [2013-04-06]. http://ec.europa.eu/environment/chemical? s/effects/pdf/report_mixture_toxicity.pdf.

Knecht A L, Goodale B C, Truong L, et al. 2013. Comparative developmental toxicity of environmentally relevant oxygenated PAHs[J]. Toxicol Appl Pharmacol, 271: 266~275.

Kuang B Y, Lin P, Hu M, et al. 2016. Aerosol size distribution characteristics of organosulfates in the pearl river delta region, China[J]. Atmos Environ, 130: 23~35.

Laden F, Neas L M, Dockery D W, et al. 2000. Association of fine particulate matter from different sources with daily mortality in six US cities[J]. Environ Health Perspect, 108: 941~947.

Lam M M, Engwall M, Denison M S, et al. 2018. Methylated polycyclic aromatic hydrocarbons and/or their metabolites are important contributors to the overall estrogenic activity of polycyclic aromatic hydrocarbon-contaminated soils[J]. Environ Toxicol Chem, 37: 385~397.

Lee K Y, Cao J J, Lee C H, et al. 2015. Inhibition of the WNT/β-catenin pathway by fine particulate matter in haze: Roles of metals and polycyclic aromatic hydrocarbons[J]. Atmos Environ, 109: 118~129.

Lelieveld J, Evans J S, Fnais M, et al. 2015. The contribution of outdoor air pollution sources to premature mortality on a global scale[J]. Nature, 525: 367~371.

Li G, Li Y, Zhang H, et al. 2016b. Variation of airborne quartz in air of Beijing during the Asia-Pacific Economic Cooperation Economic Leaders' Meeting[J]. J Environ Sci, 39: 62~68.

Li J, Cao J J, Zhu Y G, et al. 2018b. Global survey of antibiotic resistance genes in air[J]. Environ Sci Technol, 52: 10975~10984.

Li M, Zhang Q, Kurokawa J I, et al. 2017. MIX: A mosaic Asian anthropogenic emission inventory under the international collaboration framework of the MICS-Asia and HTAP[J]. Atmos Chem Phys, 17(2): 935~963.

Li P, Duan X, Cheng H, et al. 2013. Application of lead stable isotopes to identification of environmental source[J]. Environ Sci Technol, 36(5): 63~67.

Li S S, Yu C, Chen L F, et al. 2016a. Inter-comparison of model-simulated and satellite-retrieved componential aerosol optical depths in China[J]. Atmos Environ, 141: 320~332.

Li W J, Li H, Li J J, et al. 2018a. TOF–SIMS surface analysis of chemical components of size-fractioned urban aerosols in a typical heavy air pollution event in Beijing[J]. J Environ Sci, 69: 61~76.

Li X, Liu X, LI B, et al. 2006. Isotopic determinations and source study of lead in ambient $PM_{2.5}$ in Beijing[J]. Environ Sci, (27): 401~407.

Li X D, Jin L, Kan H D. 2019. Air pollution: A global problem needs local fixes[J]. Nature, 570: 437~439.

Lin Y F, Yang J, Fu Q, et al. 2019. Exploring the occurrence and temporal variation of ToxCast chemicals in fine particulate matters using suspect screening strategy[J]. Environ Sci Technol, 53: 5687~5696.

Lingard J J N, Tomlin A S, Clarke A G, et al. 2005. A study of trace metal concentration of urban airborne particulate matter and its role in free radical activity as measured by plasmid strand break assay[J]. Atmos Environ, 39(13): 2377~2384.

Little S H, Vance D, Walker-Brown C, et al. 2014. The oceanic mass balance of copper and zinc isotopes, investigated by analysis of their inputs, and outputs to ferromanganese oxide sediments[J]. Geochim Cosmochim Ac, 125: 673~693.

Liu C, Shi S, Weschler C, et al. 2013. Analysis of the dynamic interaction between SVOCs and airborne particles[J]. Aerosol Sci Tech, 47(2): 125~136.

Liu J, Jiang X, Han X, et al. 2014b. Chemical properties of superfine pulverized coals. Part 2. Demineralization effects on free radical characteristics[J]. Fuel, 115: 685~696.

Liu T, Zhang Y H, Xu Y J, et al. 2014a. The effects of dust-haze on mortality are modified by seasons and individual characteristics in Guangzhou, China[J]. Environ Pollut, 187: 116~123.

Liu Q, Hintelmann H, Jiang G B. 2016. Natural stable isotopes: new tracers in environmental health studies[J]. Nat Sci Rev, 3: 410.

Lomnicki S, Truong H, Vejerano E, et al. 2008. Copper oxide-based model of persistent free radical formation on combustion-derived particulate matter[J]. Environ Sci Technol, 42(13): 4982~4988.

Lu D, Liu Q, Yu M, et al. 2018. Natural silicon isotopic signatures reveal the sources of airborne fine particulate matter[J]. Environ Sci Technol, 52(3): 1088~1095.

Lu D W, Liu Q, Zhang T Y, et al. 2016. Stable silver isotope fractionation in the natural transformation process of silver nanoparticles[J]. Nat Nanotechnol, 11: 682~686.

Lu D, Tan J, Yang X, et al. 2019. Unraveling the role of silicon in atmospheric aerosol secondary formation: a new conservative tracer for aerosol chemistry[J]. Atmos Chem Phys, 19(5): 2861~2870.

Lu D, Zhang T, Yang X, et al. 2017. Recent advances in the analysis of non-traditional stable isotopes by multi-collector inductively coupled plasma mass spectrometry[J]. J Anal Atom Spectrom, 32(10): 1848~1861.

Lyu Y, Guo H, Cheng T, et al. 2018. Particle size distributions of oxidative potential of lung-deposited particles: Assessing contributions from quinones and water-soluble metals[J]. Environ Sci Technol, 52: 6592~6600.

Ma L P, Li A D, Yin X L, et al. 2017. The prevalence of integrons as the carrier of antibiotic resistance genes in natural and man-made environments[J]. Environ Sci Technol, 51: 5721~5728.

Mackelprang R, Waldrop M P, DeAngelis K M, et al. 2011. Metagenomic analysis of a permafrost microbial community reveals a rapid response to thaw[J]. Nature, 480: 368~371.

Majestic B J, Anbar A D, Herckes P. 2009. Elemental and iron isotopic composition of aerosols collected in a parking structure[J]. Sci Total Environ, 407 (18): 5104~5109.

Maréchal C N, Télouk P, Albarède F. 1999. Precise analysis of copper and zinc isotopic compositions by plasma-source mass spectrometry[J]. Chem Geol, 156 (1): 251~273.

Mas-Torrent M, Crivillers N, Rovira C, et al. 2012. Attaching persistent organic free radicals to surfaces: how and why[J]. Chem Rev, 112 (4): 2506~2527.

McAdam P R, Templeton K E, Edwards G F, et al. 2012. Molecular tracing of the emergence, adaptation, and transmission of hospital-associated methicillin-resistant Staphylococcus aureus[J]. Proc Natl Acad Sci U. S. A. , 109: 9107~9112.

Mead C, Herckes P, Majestic B J, et al. 2013. Source apportionment of aerosol iron in the marine environment using iron isotope analysis[J]. Geophys Res Lett, 40 (21): 5722~5727.

Ming L L, Jin L, Li J, et al. 2017. $PM_{2.5}$ in the Yangtze river delta, China: chemical compositions, seasonal variations, and regional pollution events[J]. Environ Pollut, 223: 200~212.

Mirowsky J E, Jin L, Thurston G, et al. 2015. *In vitro* and *in vivo* toxicity of urban and rural particulate matter from California[J]. Atmos Environ, 103: 256~262.

Moorthy B, Chu C, Carlin D J. 2015. Polycyclic aromatic hydrocarbons: From metabolism to lung cancer[J]. Toxicol Sci, 145: 5~15.

Mukai H, Furuta N, Fujii T, et al. 1993. Characterization of sources of lead in the urban air of Asia using ratios of stable lead isotopes[J]. Environ Sci Tech, 27 (7): 1347~1356.

Muschket M, Di Paolo C, Tindall A J, et al. 2018. Identification of unknown antiandrogenic compounds in surface waters by effect-directed analysis (EDA) using a parallel fractionation approach[J]. Environ Sci Technol, 52: 288~297.

Neale P A, Ait-Aissa S, Brack W, et al. 2015. Linking *in vitro* effects and detected organic micropollutants in surface water using mixture-toxicity modeling[J]. Environ Sci Technol, 49: 14614~14624.

Neumann W P, Stapel R. 1986. Über sterisch gehinderte freie Radikale, XVI. Zur Existenz von Tetraphenylbernsteinsäure und ihrer Ester sowie über die Struktur der Dimeren der Diarylmethyl-Radikale Ar₂C. -X, X=CO₂R, CN, COR[J]. Chem Ber, 119 (11): 3422~3431.

Oeder S, Kanashova T, Sippula O, et al. 2015. Particulate matter from both heavy fuel oil and diesel fuel shipping emissions show strong biological effects on human lung cells at realistic and comparable *in vitro* exposure conditions[J]. PLoS One 10: e0126536.

Ohura T, Fujima S, Amagai T, et al. 2008. Chlorinated polycyclic aromatic hydrocarbons in the atmosphere: Seasonal levels, gas-particle partitioning, and origin[J]. Environ Sci Technol, 42 (9): 3296~3302.

Ohura T, Morita M, Makino M, et al. 2007. Aryl hydrocarbon receptor-mediated effects of chlorinated polycyclic aromatic hydrocarbons[J]. Chem Res Toxicol, 20 (9): 1237~1241.

Ohura T, Sawada K I, Amagai T, et al. 2009. Discovery of novel halogenated polycyclic aromatic hydrocarbons in urban particulate matters: Occurrence, photostability, and AhR activity[J]. Environ Sci Technol, 43 (7): 2269~2275.

Orasche J, Schnelle-Kreis J, Abbaszade G, et al. 2011. Technical Note: In-situ derivatization thermal desorption GC-TOFMS for direct analysis of particle-bound non-polar and polar organic species[J]. Atmos Chem Phys, 11: 8977~8993.

Pan W X, Chang J M, Liu X, et al. 2019. Interfacial formation of environmentally persistent free radicals-Atheoretical investigation on pentachlorophenol activation onmontmorillonite in $PM_{2.5}$[J]. Ecotoxicol Environ Saf, 169: 623~630.

Perera F P, Rauh V, Whyatt R M, et al. 2006. Effect of prenatal exposure to airborne polycyclic aromatic hydrocarbons on neurodevelopment in the first 3 years of life among inner-city children[J]. Environ Health Perspect, 114: 1287~1292.

Pinkus R, Weiner L M, Daniel V. 1996. Role of oxidants and antioxidants in the induction of AP-1, NF-kappaB, and glutathione S-transferase gene expression[J]. J Biol Chem, 271: 13422~13429.

Pryor W A, Prier D G, Church D F. 1983. Electron-spin resonance study of mainstream and sidestream cigarette smoke: nature of the free radicals in gas-phase smoke and in cigarette tar[J]. Environ Health Perspect, 47: 345~355.

Pyror W A, Stone K, Zang L Y, et al. 1998. Fractionation of aqueous cigarette tar extracts: fractions that contain the tar radical cause DNA damage[J]. Chem Res Toxicol, 11: 441~448.

Qi L, Zhang Y F, Ma Y H, et al. 2016. Source identification of trace elements in the atmosphere during the second Asian youth games in Nanjing, China: influence of control measures on air quality[J]. Atmos Pollut Res, 7: 547~556.

Ringuet J, Albinet A, Leoz-Garziandia E, et al. 2012. Diurnal/nocturnal concentrations and sources of particulate-bound PAHs, OPAHs and NPAHs at traffic and suburban sites in the region of Paris（France）[J]. Sci Total Environ, 437: 297~305.

Rutter A P, Schauer J J, Shafer M M, et al. 2011. Dry deposition of gaseous elemental mercury to plants and soils using mercury stable isotopes in a controlled environment[J]. Atmos Environ, 45（4）: 848~855.

Saffari A, Daher N, Shafer M M, et al. 2014. Global perspective on the oxidative potential of airborne particulate matter: A synthesis of research findings[J]. Environ Sci Technol, 48: 7576~7583.

Saravia J, Lee G I, Lomnicki S, et al. 2013. Particulate matter containing environmentally persistent free radicals and adverse infant respiratory health effects: A review[J]. J Biochem Mol Toxic, 27（1）: 56~68.

Savage P S, Armytage R M G, Georg R B, et al. 2014. High temperature silicon isotope geochemistry[J]. Lithos 190~191: 500~519.

Schaeffer J, Reynolds S J, Magzamen S, et al. 2017. Size, composition, and source profiles of inhalable bioaerosols from Colorado dairies[J]. Environ Sci Technol, 51: 6430~6440.

Schleicher N J, Schäfer J, Blanc G, et al. 2015. Atmospheric particulate mercury in the megacity Beijing: Spatio-temporal variations and source apportionment[J]. Atmos Environ, 109: 251~261.

Schmid H, Laskus L, Abraham H J, et al. 2001. Results of the "carbon conference" international aerosol carbon round robin test stage I[J]. Atmos Environ, 35（12）: 2111~2121.

Shen G, Chen Y, Du W, et al. 2016. Exposure and size distribution of nitrated and oxygenated polycyclic aromatic hydrocarbons among the population using different household fuels[J]. Environ Pollut, 216: 935~942.

Si Y D, Li S S, Chen L F, et al. 2017a. Assessment and improvement of MISR angstrom exponent and single-scattering albedo products using AERONET data in China[J]. Remote Sens Basel, 9: 693.

Si Y D, Li S S, Chen L F, et al. 2017b. Estimation of satellite-based $SO_4^{2-}$ and $NH_4^+$ composition of ambient fine particulate matter over China using chemical transport model[J]. Remote Sens Basel, 9: 817.

Siemiatycki J, Richardson L, Straif K, et al. 2004. Listing occupational carcinogens[J]. Environ Health Perspect, 112（15）: 1447~1459.

Simon E, van Velzen M, Brandsma S H, et al. 2013. Effect-directed analysis to explore the polar bear exposome: Identification of thyroid hormone disrupting compounds in plasma[J]. Environ Sci Technol, 47: 8902~8912.

Simonetti A, Gariepy C, Carignan J. 2000. Pb and Sr isotopic evidence for sources of atmospheric heavy metals and their deposition budgets in northeastern North America[J]. Geochi Cosmochim Ac, 64（20）: 3439~3452.

Sivry Y, Riotte J, Sonke J E, et al. 2008. Zn isotopes as tracers of anthropogenic pollution from Zn-ore smelters The Riou Mort-Lot River system[J]. Chem Geol, 255（3）: 295~304.

Smets W, Moretti S, Denys S, et al. 2016. Airborne bacteria in the atmosphere: Presence, purpose, and potential[J]. Atmos Environ, 139: 214~221.

Snider G, Weagle C L, Murdymootoo K K, et al. 2016. Variation in global chemical composition of $PM_{2.5}$: Emerging results from SPARTAN[J]. Atmos Chem Phys, 16: 9629~9653.

Souto-Oliveira C E, Babinski M, Araújo D F, et al. 2018. Multi-isotopic fingerprints（Pb, Zn, Cu）applied for urban aerosol source apportionment and discrimination[J]. Sci Total Environ, 626: 1350~1366.

Strak M, Janssen N A H, Godri K J, et al. 2012. Respiratory health effects of airborne particulate matter: The role of particle size, composition, and oxidative potential-the RAPTES project[J]. Environ Health Persp, 120: 1183~1189.

Sun G, Sommar J, Feng X, et al. 2016. Mass-dependent and -independent fractionation of mercury isotope during gas-phase oxidation of elemental mercury vapor by atomic Cl and Br[J]. Environ Sci Technol, 50(17): 9232~9241.

Sun X, Wei H, Young D E, et al. 2017. Differential pulmonary effects of wintertime California and China particulate matter in healthy young mice[J]. Toxicol Lett, 278: 1~8.

Tan J, Duan J, Zhen N, et al. 2016. Chemical characteristics and source of size-fractionated atmospheric particle in haze episode in Beijing[J]. Atmos Res, 167: 24~33.

Tan Z, Fuchs H, Lu K, et al. 2017. Radical chemistry at a rural site (Wangdu) in the North China Plain: Observation and model calculations of OH, $HO_2$ and $RO_2$ radicals[J]. Atmos Chem Phys, 17(1): 663~690.

Tang J Y M, McCarty S, Glenn E, et al. 2013. Mixture effects of organic micropollutants present in water: Towards the development of effect-based water quality trigger values for baseline toxicity[J]. Water Res, 47: 3300~3314.

Thurston G D, Burnett R T, Turner M C, et al. 2016. Ischemic heart disease mortality and long-term exposure to source-related components of US fine particle air pollution[J]. Environ Health Perspect, 124: 785~794.

Tillett T. 2012. Hearts over time: Cardiovascular mortality risk linked to long-term $PM_{2.5}$ exposure[J]. Environ Health Perspect, 120(5): A205.

Tousova Z, Oswald P, Slobodnik J, et al. 2017. European demonstration program on the effect-based and chemical identification and monitoring of organic pollutants in European surface waters[J]. Sci Total Environ, 601~602: 1849~1868.

Tuan Y J. 2012. Formation of PCDD/Fs in the cooling down process of incineration flue gas[J]. Aerosol Air Qual Res, 12(6): 1309~1314.

Valavanidis A, Fiotakis K, Vlachogianni T. 2008. Airborne particulate matter and human health: Toxicological assessment and importance of size and composition of particles for oxidative damage and carcinogenic mechanisms[J]. J Environ Sci Health C, 26(4): 339~362.

Walder A J, Platzner I, Freedman P A. 1993. Isotope ratio measurement of lead, neodymium and neodymium–samarium mixtures, hafnium and hafnium–lutetium mixtures with a double focusing multiple collector inductively coupled plasma mass spectrometer[J]. J Anal At Spectrom, 8(1): 19~23.

Wang J F, Onasch T B, Ge X L, et al. 2016a. Observation of fullerene soot in eastern China[J]. Environ Sci Tech Let, 3: 121~126.

Wang J F, Ge X L, Chen Y F, et al. 2016b. Highly time-resolved urban aerosol characteristics during springtime in Yangtze river delta, China: Insights from soot particle aerosol mass spectrometry[J]. Atmos Chem Phys, 16: 9109~9127.

Wang J Z, Xu H M, Guinot B, et al. 2017a. Concentrations, sources and health effects of parent, oxygenated- and nitrated-polycyclic aromatic hydrocarbons (PAHs) in middle-school air in Xi'an, China[J]. Atmos Res, 192: 1~10.

Wang L, Xiang Z, Stevanovic S, et al. 2017b. Role of Chinese cooking emissions on ambient air quality and human health[J]. Sci Total Environ, 589: 173~181.

Wang X, Bao Z, Lin C -J, et al. 2016c. Assessment of global mercury deposition through litterfall[J]. Environ Sci Technol, 50(16): 8548~8557.

Watson J G, Chow J C, Chen L -W A. 2005. Summary of organic and elemental carbon/black carbon analysis methods and interconparisons[J]. Aerosol Air Qual Res, 5: 65~102.

Weber S, Uzu G, Calas A, et al. 2018. An apportionment method for the oxidative potential of atmospheric particulate matter sources: Application to a one-year study in Chamonix, France[J]. Atmos Chem Phys, 18: 9617~9629.

Wei X, Jiang W, Yu J, et al. 2015. Effects of $SiO_2$ nanoparticles on phospholipid membrane integrity and fluidity[J]. J Hazard Mater, 287: 217~224.

Weichenthal S, Crouse D L, Pinault L, et al. 2016. Oxidative burden of fine particulate air pollution and risk of cause-specific mortality in the Canadian Census Health and Environment Cohort (CanCHEC) [J]. Environ Res, 146: 92~99.

West J J, Cohen A, Dentener F, et al. 2016. What we breathe impacts our health: Improving understanding of the link between air pollution and health[J]. Environ Sci Technol, 50: 4895~4904.

Widory D, Liu X, Dong S. 2010. Isotopes as tracers of sources of lead and strontium in aerosols (TSP & PM$_{2.5}$) in Beijing[J]. Atmos Environ, 44(30): 3679~3687.

Wiederhold J G. 2015. Metal stable isotope signatures as tracers in environmental geochemistry[J]. Environ Sci Technol, 49(5): 2606~2624.

World Health Organization (WHO). 2014. Antimicrobial resistance: Global report on surveillance[R/OL]. [2015-03-02]. http: //apps. who. int/iris/bitstream/10665/112642/1/9789241564748_eng. pdf.

World Health Organization (WHO). 2018. Ambient (outdoor) air quality and health[R/OL]. [2019-01-01]. https: //www. who. int/en/news-room/fact-sheets/detail/ambient-(outdoor)-air-quality-and-health.

Wu D, Zhang F, Lou W H, et al. 2017. Chemical characterization and toxicity assessment of fine particulate matters emitted from the combustion of petrol and diesel fuels[J]. Sci Total Environ, 605: 172~179.

Wu D, Li Q, Ding X, et al. 2018. Primary particulate matter emitted from heavy fuel and diesel oil combustion in a typical container ship: Characteristics and toxicity[J]. Environ Sci Tech, 52: 12943~12951.

Wu S, Ni Y, Li H, et al. 2016. Short-term exposure to high ambient air pollution increases airway inflammation and respiratory symptoms in chronic obstructive pulmonary disease patients in Beijing, China[J]. Environ Int, 94: 76~82.

Wu Y, Johnston M V. 2017. Aerosol formation from OH oxidation of the volatile cyclic methyl siloxane (cVMS) decamethylcyclopentasiloxane[J]. Environ Sci Technol, 51(8): 4445~4451.

Xie J W, Jin L, He T T, et al. 2019. Bacteria and antibiotic resistance genes (ARGs) in PM$_{2.5}$ across China: Implications for human exposure[J]. Environ Sci Technol, 53: 963~972.

Xie J W, Jin L, Luo X S, et al. 2018. Seasonal disparities in airborne bacteria and associated antibiotic resistance genes in PM$_{2.5}$ between urban and rural sites[J]. Environ Sci Technol Lett, 5: 74~79.

Xiong Q, Yu H, Wang R, et al. 2017. Rethinking dithiothreitol-based particulate matter oxidative potential: Measuring dithiothreitol consumption versus reactive oxygen species generation[J]. Environ Sci Technol, 51: 6507~6514.

Xu L, Shi Y, Thanh W, et al. 2012. Methyl siloxanes in environmental matrices around a siloxane production facility, and their distribution and elimination in plasma of exposed population[J]. Environ Sci Technol, 46(21): 11718~11726.

Yamashita K, Yoshioka Y, Higashisaka K, et al. 2011. Silica and titanium dioxide nanoparticles cause pregnancy complications in mice[J]. Nature Nanotech, 6(5): 321~328.

Yang L L, Liu G R, Zheng M H, et al. 2017a. Atmospheric occurrence and health risks of PCSS/FS, polychlorinated biphenyls, and polychlorinated naphthalenes by air inhalation in metallurgical plants[J]. Sci Total Environ, 580: 1146~1154.

Yang L L, Liu G R, Zheng M H, et al. 2017b. Highly elevated levels and particle-size distributions of environmentally persistent free radicals in haze-associated atmosphere[J]. Environ Sci Technol, 51: 7936~7944.

Yang L L, Liu G R, Zheng M H, et al. 2017c. Molecular mechanism of dioxin formation from chlorophenol based on electron paramagnetic resonance spectroscopy[J]. Environ Sci Technol, 51: 4999~5007.

Yang X, Liu X, Zhang A, et al. 2019. Distinguishing the sources of silica nanoparticles by dual isotopic fingerprinting and machine learning[J]. Nat Commun, 10: 1620.

Yue Y, Chen H, Setyan A, et al. 2018. Size-resolved endotoxin and oxidative potential of ambient particles in Beijing and Zürich[J]. Environ Sci Technol, 52: 6816~6824.

Zhang J J, Cui M M, Fan D, et al. 2015a. Relationship between haze and acute cardiovascular, cerebrovascular, and respiratory diseases in Beijing[J]. Environ Sci Pollut Res, 22: 3920~3925.

Zhang L, Hou X, Xu S. 2015b. Speciation analysis of $^{129}$I and $^{127}$I in aerosols using sequential extraction and mass Spectrometry detection[J]. Anal Chem, 87(13): 6937~6944.

Zhang Q Q, Ying G G, Pan C G, et al. 2015d. Comprehensive evaluation of antibiotics emission and fate in the river basins of China: Source analysis, multimedia modeling, and linkage to bacterial resistance[J]. Environ Sci Technol, 49: 6772~6782.

Zhang R, Jing J, Tao J, et al. 2013. Chemical characterization and source apportionment of PM$_{2.5}$ in Beijing: Seasonal perspective[J]. Atmos Chem Phys, 13(14): 7053~7074.

Zhang R, Khalizov A, Wang L, et al. 2012. Nucleation and growth of nanoparticles in the atmosphere[J]. Chem Rev, 112(3): 1957~2011.

Zhang S, Li S, Zhou Z, et al. 2018. Development and application of a novel bioassay system for dioxin determination and aryl hydrocarbon receptor activation evaluation in ambient-air samples[J]. Environ Sci Technol, 52: 2926~2933.

Zhang T, Lu D, Zeng L, et al. 2017. Role of secondary particle formation in the persistence of silver nanoparticles in humic acid containing water under light irradiation[J]. Environ Sci Technol, 51(24): 14164~14172.

Zhang X, Zheng M H, Liu G R, et al. 2016a. A Comparison of the levels and particle size distribution of lower chlorinated dioxin/furans (mono- to tri-chlorinated homologues) with those of tetra-to octa-chlorinated homologues in atmospheric samples[J]. Chemosphere, 151: 55~58.

Zhang X, Zheng M H, Liang Y, et al. 2016b. Particle size distributions and gas-particle partitioning of polychlorinated dibenzo-p-dioxins and dibenzofurans in ambient air during haze days and normal days[J]. Sci Total Environ, 573: 876~882.

Zhang X, Zhu Q Q, Dong S J, et al. 2015c. Particle size distributions of PCDD/Fs and PBDD/Fs in ambient air in a suburban area in Beijing, China[J]. Aerosol Air Qual Res, 15(5): 1933~1943.

Zhang Y L, Cao F. 2015. Fine particulate matter (PM$_{2.5}$) in China at a city level[J]. Sci Rep, 5: 14884.

Zhao D, Wei Y, Wei S, et al. 2013. Pb pollution source identification and apportionment in the atmospheric deposits based on the lead isotope analysis technique[J]. J Safety Environ, 4(13): 107~110.

Zhao Y, Liu Y C, Ma J Z, et al. 2017. Heterogeneous reaction of SO$_2$ with soot: the roles of relative humidity and surface composition of soot in surface sulfate formation[J]. Atmos Environ, 152: 465~476.

Zhao Y, Zhang X, Zhao Z, et al. 2018. Metagenomic analysis revealed the prevalence of antibiotic resistance genes in the gut and living environment of freshwater shrimp[J]. J Hazard Mater, 350: 10~18.

Zhou H, Wang X L, Li Z H, et al. 2018a. Occurrence and distribution of urban dust-associated bacterial antibiotic resistance in northern China[J]. Environ Sci Technol Lett, 5: 50~55.

Zhou J, Wei J J, Choy K T, et al. 2018b. Defining the sizes of airborne particles that mediate influenza transmission in ferrets[J]. Proc Natl Acad Sci U. S. A. , 115: E2386~E2392.

Zhu Q Q, Zhang X, Dong S J, et al. 2016. Gas and particle size distributions of polychlorinated naphthalenes in the atmosphere of Beijing, China[J]. Environ Pollut, 212: 128~134.

Zhu Q Q, Zheng M H, Liu G R, et al. 2017a. Particle size distribution and gas-particle partitioning of polychlorinated biphenyls in the atmosphere in Beijing, China[J]. Environ Sci Pollut R, 24: 1389~1396.

Zhu Y G, Zhao Y, Li B, et al. 2017b. Continental-scale pollution of estuaries with antibiotic resistance genes[J]. Nat Microbiol, 2: 16270.

# 第3章 大气细颗粒物的暴露研究

暴露是大气细颗粒物导致损伤的起点,没有暴露就谈不上其导致的损害。然而,现有暴露研究大多没有将内外暴露很好地关联,既缺乏链接污染与特定机体损伤的关键环节,又难以做到精准的个体暴露评估,亟需突破现有暴露评价技术和方法方面的瓶颈。研究筛选特征大气细颗粒物及其毒性组分的生物标志物,探索建立大气细颗粒物暴露相关的研究方法、设备与装置,关注细颗粒物污染个体暴露评价方法等一直是重大研究计划鼓励和支持的方向。限于篇幅,本章在新型个体暴露评价便携设备、个人暴露评价系统和生物标志物研究方面各则一例进行介绍。

## 3.1 大气细颗粒物的暴露组研究

人的健康状态或疾病结局是由环境因素和遗传因素共同作用决定的。例如,在北欧的双生子队列研究发现环境因素对肿瘤的贡献率达80%以上,而遗传因素仅占10%左右。目前已经完成的慢性疾病全基因组关联研究的结果也显示大多数基因变异仅能解释10%疾病易感性差异。有人推测慢性疾病危险因素遗传因素的影响占10%~30%,而环境因素对疾病的贡献高达70%~90%。

多数流行病学研究仅使用调查问卷和居住地区域监测信息评价当前及过去有害因素暴露状况与水平。这种调查对于发现问题的线索具有重要价值,然而难以准确、全面地描述和反映复杂多变的场景下的实际环境暴露状况。在以往的很多研究中,对于环境暴露评价未能予以足够重视。包括对环境危险因素的测量不全面和不准确;采样和测定的时间不够充分;设定的监测污染物仅围绕以往研究已知的因素,没有关注环境中同时存在的多种风险因素,也没有关注这些有害因素间的相互作用(郑玉新,2013)。

环境与健康的病因研究中需要同时关注环境因素和遗传因素已经成为共识。但是,过去10余年的疾病与健康研究中,对遗传因素的关注远远大于环境因素。2005年,Wild(2005)撰文提出应该更关注环境因素的评价,首次提出暴露组(exposome)的概念。暴露组不仅包括对人群生存环境中的所有暴露因素进行评价,还包括对从受精卵开始的各个关键时点,包含全部生命阶段的终生暴露评价及内环境暴露因素的全面评价。高通量、广谱、高效的甄别检测技术的发展为这个概念的付诸实施提供了技术可行性。其质的飞跃在于仅从对若干环境因素管中窥豹式测量评价,发展到对一组化合物和/或者对多种化合物同时进行全景式分析测定。暴露组研究除强调对环境全面评价外,更关注应用暴露标志物以内暴露来评价环境暴露,进而应用于研究其与遗传因素和疾病的关系(Rappaport et al., 2010)。

### 3.1.1　暴露组的研究策略

为实现暴露组评价全生命过程全部环境因素对疾病和健康影响这一终极目标，针对复杂的环境暴露和更复杂的人对环境的反应，提出了"自下而上"和"自上而下"研究策略，此策略同时关注在生命过程关键敏感时期进行聚焦式重点评价。

"自下而上"研究是通过对空气、水和食物等环境介质中的化合物进行测定，分析污染与疾病等健康结局间的相关性，寻找确定影响疾病的外源性暴露来源；"自上而下"研究是分析测定疾病和健康人群血液或者尿液等生物样本中所有外来化合物的种类和水平，确定体内所有的暴露因素，分析与疾病的关系，确定导致健康损害的有害因子。两者各具优势和不足，前者可以在众多的有害因素中分析其环境介质的来源，可以进行大规模的人群研究，但是难以分析进入体内有害物质的量，不能给出与疾病的关系；后者由于可以测定进入体内的有害因子，因此能为确定与疾病的关系提供有力证据，但是由于生物材料采集和分析的限制，难以进行大规模的人群研究，并且也无法确定有害因素的来源。因此，将两者有机结合，各取其优势，是研究中应该采取的策略。同时还应考虑到实施的可行性，以及有害物质毒性作用的机制，提出对生命过程的关键时期进行重点分析测定的方案(Rappaport, 2011)。

### 3.1.2　暴露组的研究方法

#### 3.1.2.1　自下而上方法

通过从外环境暴露开始，关注空气、水、饮食、生活方式等外部环境介质，定量分析每类暴露因素的水平和强度，结合个体的暴露频率估算个体的暴露水平，分析与疾病发生的关系。在空气污染与健康效应关系研究中，广泛应用的是土地利用回归模型(land use regression model)。该模型基于地理信息系统，发现多种源的影响，建立各种源与空气污染物浓度贡献的方程，继之应用该方程模拟计算出个体的暴露水平(白志鹏等，2015)。在欧洲的多个出生队列中研究了空气污染与肺炎、哮喘之间的相关性，找到了儿童肺炎和哮喘和污染物年平均浓度梯度之间的关联的证据。但是，这些研究仅考虑了空气中监测的污染指标，对其他污染物以及生活方式的影响没有考虑。通过对水体中污染谱进行全面系统的分析，结合进化生物学的方法，构建"污染树"模型，可将暴露组的理念应用于水体污染特征与致突变关系研究(Zheng et al., 2012)。该方法需要基于已有的环境监测资料，且需要花费大量精力估计外来污染物，还可能遗漏其他污染物。

#### 3.1.2.2　自上而下的研究

该方法适用于揭示导致人类疾病的未知有害因子。原则上是通过应用高通量的"组学"技术，分析检测病例和对照人群血、尿等生物材料中各种有害物质的含量，确定这些物质与疾病的关系。有学者指出：对人体生物材料中化学物的测定，是评价暴露污染物水平的金标准。该方法可以在成千上万种化学污染物中确定优先关注化学物，提出优先关注和控制的因素，并且测定多途径暴露的总的剂量水平。例如，Patel 等 2010 年对

266 个暴露因子的研究发现 II 型糖尿病的风险与有机氯杀虫剂环氧七氯, γ -维生素 E, β-胡萝卜素存在强关联。该方法依赖于高通量的组学技术发展，以及对生物标志物有效性和特异性的验证。此外，较大的个体差异、内暴露标志物的不断变化和波动都是限制其应用的因素(Patel et al., 2010)。

### 3.1.2.3　生命阶段暴露组快照

生命阶段暴露组快照(lifestage exposome snapshots, 简称 LEnS)的指导原则是基于生物学和毒理学信息，在靶器官的特定敏感时期，记录和评价所有暴露因素。每个快照捕捉单次或者重复暴露，并为急性效应或慢性效应流行病学研究提供基础信息。这一框架方案通过多个靶器官特殊时期的暴露快照，针对关键时期提供了不同生命阶段的全景式暴露评价。例如，在儿童期开始暴露健康风险的研究中，分别在孕前、孕期、婴儿期、儿童期、青少年期的几个关键敏感窗口摄取暴露快照，用几个连续而关键的快照来描绘和表述全部的暴露情境(Shaffer et al., 2017)。

### 3.1.2.4　全暴露组关联研究(exposome-wide association studies, EWAS)

暴露组理念的提出加之高效准确的分析方法的快速发展，在技术水平上推动了 EWAS 的开展。EWAS 研究与 GWAS 类似，基于数据驱动的无假设研究设计在众多的环境因子通过比较筛选出与疾病关联的致病因子，继而提出病因假设。该方法不是针对一种或几种暴露因子，而是分析检测尽可能多的暴露因素或者标志物，以暴露数据导向的技术和方法开展全景式暴露因素的筛选，并在重复样本中进行验证。Rappaport 提出了两阶段的研究方法。第一阶段主要是比较病例组和对照组血液和尿液中大量的金属、蛋白、基因和小分子化合物的差异，鉴定并发现可疑的关键有害物质，并检验它们与疾病的关联。第二阶段则是在大样本的血液样本中，针对性分析这些物质与早期效应和疾病的标志物，结合已有的生物信息学和毒性作用机制，开展导向性研究，以期利用这些具有毒理学机制或者致病机制的生物标志物，在人群水平阐明暴露-效应关系以及作用机制。将全环境关联研究与全基因组关联研究结合，使人们对环境-基因交互作用与疾病关系的认识进入新的阶段(Rappaport, 2011; 任爱国，2012)。

### 3.1.2.5　以生物标志物为中介，阐释暴露与疾病的关系

生物标志物分为暴露标志物、早期效应标志物、早期疾病标志物和易感性标志物四大类。它们在大气环境污染与健康研究中得以广泛应用。其优势主要体现在通过对个体暴露标志物的测定，可改进暴露评价的精度，测量从呼吸道、消化道、皮肤等多途径进入体内的总剂量；通过效应标志物和早期疾病标志物所反映的致病机制中的生物学意义，可帮助在人群水平打开致病过程的黑箱，以期在人群水平上理解环境污染致病机制，并提高对疾病的预测和预警的精确度；通过定量测定效应标志物和疾病中间标志物，可以提高研究效率，比仅观测疾病终点需要的时间短、样本量少；通过易感性标志物，可筛选环境暴露的敏感人群进行精准保护(WHO, 2001)。通过基因组、转录组、蛋白组和代谢组等一系列"组学"研究，可以在 DNA、RNA、蛋白大分子和代谢小分子水平上筛选

多个与环境暴露以及疾病相关的生物标志物用于环境与健康研究，解释环境因素与疾病的关系。在很多情况下，污染环境暴露之后需要数十年才可能发展为疾病状态。因此，研究人员提出一个以生物标志物为中介，构建环境病因和疾病关系的研究方法，通过探索环境暴露-内暴露标志物-效应标志物-疾病标志物的关系，识别和构建环境暴露致疾病结局的框架。亦即，应用多阶段生物标志物的信息和毒理学机制，研究暴露-标志物-疾病的关系。其过程分为三个步骤：①研究外环境暴露与疾病的关联；②寻找外环境暴露与内暴露标志物、效应标志物和早期疾病标志物等中介标志物的关系；③分析评价疾病结局与上述中间标志物的关系。通过中介标志物的阶梯接力作用，将人群宏观研究信息与生物标志物本身具有的暴露机制和致病机制信息整合，构建环境污染致病的因果关联框架 (Scheepers et al., 2013)。

### 3.1.2.6　大气污染暴露评价的重要标志物

内暴露标志物为准确评价体内实际暴露水平提供重要证据，也是深入研究的基础。例如多环芳烃(包括硝基多环芳烃)是大气颗粒物吸附的主要毒性组分之一，其在尿中的羟基代谢产物可作为内剂量暴露生物标志物，用于评价近期暴露水平。长期暴露于交通尾气可致尿中 1-羟基芘和 1-氨基芘水平显著升高。多环芳烃经过代谢活化后生成的亲核代谢产物，与生物大分子如 DNA 和蛋白质共价结合形成半衰期较长的加合物，是环境致癌物暴露标志物。多项人群研究中都发现大气污染物与 DNA 加合物之间存在正相关 (Herbstman et al., 2012)。

大气污染暴露可通过扰动遗传、免疫和氧化应激等毒性通路产生健康损伤效应。在人群水平上测定这些重要毒性通路上关键节点的标志物，对于认识早期效应和致病过程有重要价值。在遗传毒性通路上，常用染色体畸变、微核、彗星实验、端粒 DNA 长度和线粒体 DNA 拷贝数等生物标志物。染色体畸变和微核(尤其是胞质分裂阻滞法微核细胞组学)是反映可遗传的染色体损伤标志物，以及基因组不稳定性指标，是肿瘤发生过程中的重要早期生物学事件，已经被验证与癌症风险密切相关。研究发现暴露大气颗粒物可导致染色体和 DNA 损伤水平增高，并且与端粒长度和 DNA 拷贝数水平等标志物相关 (Duan et al., 2016; Zhang et al., 2015a; Hou et al., 2013; Rossnerovaet al., 2011; Pedersen et al., 2009)。

免疫毒性通路是 $PM_{2.5}$ 毒性作用的靶系统之一，$PM_{2.5}$ 对特异性和非特异性免疫系统的破坏与机体各种疾病密切相关。C-反应蛋白(C-reactive protein, 简称 CRP)是炎症和组织损伤的敏感指标。Clara 细胞分泌蛋白-16(CC16)由分布于终末细支气管和呼吸性细支气管的 Clara 细胞分泌，是评价呼吸道上皮屏障功能的早期敏感指标。血清淀粉样蛋白是一种急性相关蛋白并与血浆高密度脂蛋白结合。研究发现大气颗粒物可导致上述免疫指标的升高，并可影响血液淋巴细胞的免疫表型分布、细胞百分比和免疫因子的改变 (Wang et al., 2018a; Bassig et al., 2017; Dai et al., 2016a, 2016b; Dobreva et al., 2015; Ostro et al., 2014; Herr et al., 2010; Jacquemin et al., 2009)。在氧化应激通路上，研究发现大气颗粒物可作用于靶细胞或炎性细胞的酶反应产生活性氧(reactive oxygen species, 简称 ROS)，继之产生 8-羟基脱氧鸟苷(8-hydroxy-2-deoxyguanosine, 简称 8-OHdG)。队列研究发现大气颗粒物暴露与尿中 8-OHdG 水平及肺癌风险高度相关；柴油机尾气暴露致脂质过氧化水平增高；短期暴露于 $PM_{2.5}$ 和超细颗粒增加哮喘患者的氧化应激负担，降低呼出气冷凝液的 pH 值；急性大气污染暴露导致的哮喘儿童中也有相似发现 (Dai et al., 2018; Bin et al., 2016; Shen et al., 2016; Cooke et al., 2008)。

大气污染物的组分复杂多变，可导致急性、慢性多器官系统的损害。因此，在大气污染与人群健康研究中，应用暴露组技术方法，系统分析环境暴露因素的种类并进行定量评价，可以在对环境因素和暴露特征进行充分解析与分析的基础上，全面系统地探索大气污染与疾病的关系。

（撰稿人：郑玉新）

## 3.2　大气污染的新型生物标志物研究

生物标志物可以反映外源性物质引发生物系统的可以测量的结构和功能改变，因此在大气污染与健康研究中具有巨大的优势。由于大气颗粒物长期暴露导致的慢性健康效应或者引发的疾病往往需要数十年才可能发展为临床症状和体征。将现在的环境监测评估资料用于评价过去数年的累积暴露水平，需要的前提条件是污染水平一直处于稳定状态。而实际情况往往并非如此。这也成为环境与健康研究的限制性瓶颈因素。因此，基于生物标志物构建环境因素与疾病关系成为一个有效方法。中介标志物不是疾病指标，而是环境暴露致疾病的因果链条上的关键生物学事件，往往可以较高的精确度预测疾病的发生。抑癌基因启动子区甲基化等中介标志物具有可逆性，可以作为生物学靶点，用于干预手段的研究，以降低环境因素致疾病的风险 (Scheepers et al., 2013)。

在生态尺度的人群研究虽然支持大气颗粒物污染导致的呼吸系统、循环系统等疾病的超额死亡增加与癌症和全身多系统和器官损害存在相关的结论。但是，这些宏观尺度上大气污染与疾病之间的关联在证据链上还存在一些明显缺陷，原因之一是没有区分大气污染物中颗粒物、臭氧、氮氧化物和其他有机污染物的作用，也没有进行充分和精确的暴露评估。另外，多数研究缺乏个体内暴露的评价，仅基于较大区域监测点的粗略暴露评价，往往与个人的暴露水平差距甚远。个体采样器采集样品考虑了活动范围等因素，但是对准确估算体内的实际暴露水平还有很大距离。由于对人体样本中污染物的检测是评价环境暴露水平的金标准 (Ken et al., 2004)，所以研究者致力于探索测定人体生物材料中的污染水平的指标和方法。一些研究测定了内暴露标志物，其中最常用的指标是测定尿中多环芳烃的代谢产物。然而，多环芳烃也仅仅是大气污染物中的众多组分之一，又容易受经口摄入和吸烟等因素的影响。此外，进入肺中颗粒物的量受其种类、性质、粒径以及个体身体活动状态、肺对颗粒物的清除功能等多种因素的影响，大大增加了暴露评估的难度。因此，寻找反映个体的颗粒物暴露水平的标志物是大气污染与健康研究的难点之一，而精确的暴露评估是研究剂量-效应（反应）关系的关键之一（冷曙光和郑玉新，2017）。

在重大研究计划的支持下，针对大气颗粒物与健康研究中存在的关键问题，课题组在大气颗粒物暴露与健康影响的新型生物标志物方面进行了深入探索。研究人员发展了肺内巨噬细胞碳载荷测定和分析方法，应用于颗粒物暴露的靶剂量生物标志物，以评价个体颗粒物的暴露水平；应用 CT 影像重组技术，构建数字化肺影像，定量定位测定颗粒物暴露导致的小气道重塑和肺损伤；在队列中应用肺发育轨迹标志物，研究暴露大气颗粒物对儿童肺发育轨迹的影响；探索了 DNA 甲基化等疾病中间标志物与暴露的关系，以期解决大气颗粒物健康效应研究中起点(内暴露评价)和终点(疾病中间标志物)问题。通过靶剂量标志物和疾病中间标志物，在靶细胞中暴露评价的基础上，测量靶组织中位于致病通路上与疾病风险高度关联的重要生物学事件，在人群水平上还原致病过程中重要事件发生的序列和强度，完整化发病机制证据链条，精准评估暴露人群的疾病风险。

### 3.2.1　颗粒物暴露的靶剂量标志物-肺巨噬细胞碳载荷

吸入支气管内的颗粒物可以经过支气管纤毛的摆动随痰液排出体外，肺泡内缺乏纤毛黏液流运输系统，进入肺泡内的颗粒物的主要清除途径是通过巨噬细胞的吞噬和转移。基于肺的解剖结构，其清除不溶的颗粒异物的速度很慢，有的可长达数周至数月，使得颗粒物能够长时间与肺内细胞相互作用。被肺巨噬细胞吞噬后，可以启动并诱发一系列的生物效应，并损害肺组织和其他脏器；部分吞噬了颗粒物的巨噬细胞可以从痰液排出体外，但是崩解后还可以继续再被其他细胞吞噬而诱发一系列级联反应。由于哺乳动物细胞内没有元素碳的聚集，并且含碳颗粒可以在光学显微镜下观测到聚集的黑色颗粒物，因此，收集肺泡和支气管内巨噬细胞并测量其中碳含量可以作为评价颗粒物暴露的标志物(Bai et al., 2015)。

在颗粒物的刺激下，巨噬细胞活化，并通过抗原递呈作用于 T 细胞和中性粒细胞，协同引起肺内促炎因子风暴。肺内促炎因子风暴及其趋化的炎性细胞，可损伤气血屏障，并进入循环系统，进一步带来级联放大的全身炎性反应，作用于肺外器官比如动脉内皮和肝脏。与此同时，肺外器官如肝脏产生的炎性因子还可以通过血液循环反过来作用于气血屏障，导致间接性肺损伤。基于巨噬细胞胞吞效应在肺内激发细胞因子风暴中的重要作用，理论上，肺巨噬细胞碳颗粒可反映空气碳核颗粒暴露的生物学有效剂量。

一般认为，肺内巨噬细胞碳载荷在评价人体暴露含碳颗粒水平方面存在以下优势：①对靶细胞内颗粒物的直接测量；②综合了室外、室内吸入的污染物暴露，直接评价进入体内的颗粒物水平，避免复杂的环境测定和计算过程；③考虑了个体廓清能力的差异，反映长期的累积暴露水平；④可以无创伤反复采样。但是，此指标也存在缺点：①痰的采集和处理分析方法复杂；②仅适合反映含碳颗粒，不能反映硅颗粒和其他有机颗粒物；③分析测量方法还未标准化；④对碳核的成分不清楚，不能观察到一些不聚集的碳颗粒(Bai et al., 2015)。

肺巨噬细胞碳载荷的测定包括肺巨噬细胞的收集、涂片、染色拍照和图像分析等环节。其中肺巨噬细胞收集方法就有诱导痰和肺灌洗两种方法。两种收集方式各具优势和局限性。①肺灌洗液中可以获得大量的均一的肺巨噬细胞，方便了后续的图像分析工作，重复性好；而从诱导痰中获得的细胞纯度低、均匀性差、混有多种细胞，需要在图像分析过程中人工识别出肺巨噬细胞。此外，痰液中的细胞常常受损、破裂，导致测量结果的变异较大。②由于不同粒径的颗粒物在肺中沉积的部位不同，肺泡灌洗液中获得肺泡和远端支气管中的巨噬细胞中以细颗粒物为主，而近端的导气支气管的痰液中获得的巨噬细胞中吞噬的以粗颗粒物居多。③肺灌洗液为有创伤采样，需要麻醉等医疗条件，操作复杂难度高，不适合对一般人群采样，仅适合在医院对特殊需要患者进行采样；痰液的采集操作简单易行、无创伤、适用于一般大人群采样，并可以获得重复样本。④依据肺解剖特征和颗粒物的沉积时间，推测肺灌洗获得深部肺细胞吞噬的碳颗粒，而痰中的含碳颗粒可能来自气道。目前，还没有相关的研究数据来比较两个方法的优劣。

有三种碳颗粒的计量分析方法，分别是：①计数含有可见碳颗粒的巨噬细胞百分比；②巨噬细胞碳含量分级；③测量巨噬细胞内碳颗粒的面积占细胞质面积的比例。上述方法都有优点和局限性。方法一以在光学显微镜下观察判断细胞内含碳颗粒有无，简单易行，但是没有考虑到细胞内的颗粒含量的差异；方法二为分级评价方法，是前一种方法的改良，但是需要观察者进行分级评分，在不同观测者间存在很大变异，并且重复性差；相比之下，方法三使用图像分析软件计算每个预先选定的巨噬细胞碳颗粒面积，并得出与细胞质面积的比值，可以得到相对客观完全定量的结果。为了计算黑色颗粒的面积，需要用光学显微镜在 1000 倍下成像，使用图像分析软件计算细胞质中黑色颗粒所占的面积，需要随机选定并分析 50 或 100 巨噬细胞，因此，需要花费大量的人力和时间。

目前，缺乏直接评价大气中碳核颗粒内暴露剂量指标，从直接测量靶细胞碳颗粒来看，肺巨噬细胞碳颗粒是一个反映大气中碳核颗粒暴露的适宜标志物。但是，还有一些技术问题需要解决，如方法的标准化和自动化问题。目前在细胞的收集和图像分析手段方面，不同研究者使用了不同的方法，还有待统一，以增加研究结果的可比性。由于在光学显微镜下，只可以观测到聚集的碳颗粒，对于超细的未聚集的颗粒还无法观察和评价，需要发展新的分析技术分析细胞内超细颗粒的水平和组成成分。

迄今，国际上开始有小规模的人群研究，尝试以肺巨噬细胞碳载荷作为内暴露标志物，分析其与肺功能和心血管系统效应的关系(Hachesu et al., 2019)。发现儿童颗粒物内暴露水平与肺功能参数的剂量-效应关系(Neeta et al., 2006)。也提示需要考虑一些直接影响肺巨噬细胞吞噬功能的疾病或者暴露因素，或者暴露窗口等时间因素的作用。

在暴露于交通来源的柴油机尾气、炭黑暴露人群和一般对照人群中，发现暴露水平与肺功能改变的剂量-效应关系(Niu Y et al., 2018; Wang et al., 2018b)。继续通过高渗盐水诱导采集痰样本，获得肺巨噬细胞，制作细胞涂片后，计数 50 个巨噬细胞内的碳含量，以其中位数代表每个人的巨噬细胞碳含量的水平。结果暴露于背景大气污染的对照组水厂工人，痰液巨噬细胞碳颗粒含量介于 0.2%~4.6%，均数为 2.2%。暴露炭黑和柴油机尾气人群痰液巨噬细胞碳颗粒的含量分别为 16.1%(4.8%~40.0%)和 8.7%（1.6%~39.7%)，均显著性高于对照组，与环境空气元素碳浓度呈现较好的剂量-反应关系。相关性分析发现痰液巨噬细胞碳含量与高分辨率胸部 CT 扫描测定的 RB9 的第六级支气管的内径呈明显的负相关($R = -0.55$，$P=0.0036$)，提示与巨噬细胞高碳含量导致的气道炎性水平增高，气道内膜变厚有关(图 3-1)。目前，此研究工作在向大样本推进，继续推广应用于精准的个体化评价大气中炭黑的内暴露水平。

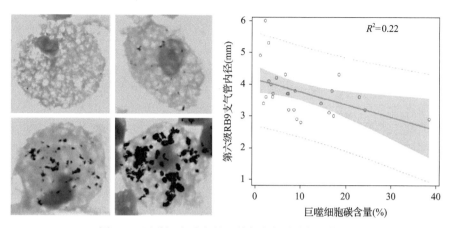

图 3-1　巨噬细胞碳含量及其与小气道内径的相关

### 3.2.2　肺功能轨迹(lung function trajectories)标志物

肺的发育从胚胎期开始。在第 5 周左右两个肺芽形成左右支气管，第 6 个月形成 17 级支气管。出生后，支气管树继续发育，最终形成 24 级分支。幼儿期肺发育主要是呼吸性细支气管和肺泡数量增多，约 8 岁时，即达到约 3 亿个肺泡，比出生时增加了 8 倍。

从儿童期到青春期,肺从结构到功能都经历快速发育的过程,在 20 岁左右达到高峰。随着年龄的增长，肺功能进入一个持续下降的过程。依据肺功能发育和下降的模式，可以将其分为 4 个主要类型，如图 3-2 所示：①正常型(如曲线 D)，肺功能在增长到其高度峰水平后,进入一个相对平坦的平台期，随年龄增加缓慢下降；②早期下降型(如曲线 B)，肺功能没有发育到成熟状态，没有进入平台期，早期表现一些肺功能参数下降；③快速下降型(如曲线 C)，肺发育到正常水平，进入平台期后，快速下降；④发育障碍型(如曲线 A)，肺功能发育迟缓未达到正常水平，之后以正常速度下降。后三个类型都可导致个体提前出现呼吸系统的症状和体征，提前达到 COPD 的诊断标准(Melén and Guerra, 2017)。

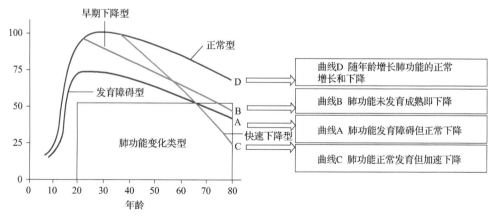

图 3-2　肺功能发育轨迹以及几种类型

除了遗传因素外，肺部感染性疾病和环境污染因素也是肺功能发育迟缓的决定因素(Castillejos et al., 1992)。儿童期肺功能增长迟缓和成年期的快速下降决定了进入老年期肺疾病的易感状态(Redline et al., 1989)。因此，儿童期肺功能增长和成年期肺功能下降这一肺功能轨迹指标可以作为反映环境暴露和疾病的标志物。它们既与环境暴露有关，又可以预测疾病状态，具备疾病中间标志物的特征。

关于空气污染影响肺功能测定参数的研究，不论在成年人还是儿童中，颗粒物暴露导致肺功能降低这一结论十分一致，仅在关联强度上存在差异。但是，仅仅发现肺功能在横断面研究上的差异不足以完全解析颗粒物暴露对肺功能动态变化的影响规律。能够做到在队列研究中，追踪大气污染对肺功能轨迹或者增长速率的影响的研究还是比较少见。如前所述，儿童时期肺功能的增长对预测老年时期的 COPD 发病有重要临床价值。一项在波兰的出生队列研究随访了 294 名 4～9 岁儿童，重复检测肺功能轨迹，发现母亲孕期暴露高水平 $PM_{2.5}$ 和 PAHs 影响儿童的用力肺活量(FVC)和 FEV1 的增长(Majewska et al., 2018)。在中国重庆、广州、兰州和武汉的儿童队列研究中发现 $PM_{2.5}$ 增加导致儿童 FEV1 和 FVC 的增长速度减慢(Roy et al., 2012)。

中年期肺功能快速下降是 COPD 的重要易感因素。对伦敦运输工人的随访研究发现，在 30～59 岁工人中，男性不吸烟者每年 FEV1 的下降速率为 36 mL/a，吸烟者每年下降达 44～55 mL/a。在美国的 8842 人大样本的研究进一步证实吸烟加速肺功能下降速度。戒烟后肺功能的下降速度减慢，COPD 的发病风险降低。研究发现不同年龄段肺功能下降的速度不同，青年期的肺功能缓慢形成一个平台期，该平台期的长度也是影响 COPD 的重要因素(Korn et al., 1987)。肺部感染、吸烟、暴露于环境刺激气体、粉尘等因素都可以导致肺功能的快速下降和青年期肺功能平台缩短(Ware et al., 1986)。

以华北地区某市作为 $PM_{2.5}$ 高污染区，华东地区某市作为 $PM_{2.5}$ 低污染区，选择 12 所小学建立小学生健康动态队列。2014～2017 年，累计有 21616 名 1～6 年级儿童纳入队列(高污染区 10655 人 vs 低污染区 10961 人)。每年 9～10 月对纳入队列的儿童进行 FVC 测试。利用线性混合效应模型分析儿童肺功能轨迹及影响因素。纳入队列的 21616 名小学生中，有 13980 人(64.67%)有至少两次的肺功能测试，3159 人(14.81%)有四次肺功能测试。其中，男生 11406 人，女生 9962 人。基线时，低污染区儿童 FVC 的均值为 1388.48±571.44 mL，高污染区儿童 FVC 的均值为 1254.04±475.33 mL。随访三年后，利用线性混合效应模型校正性别、基线年龄、BMI、身高，结果表明地区、性别、随访时间具有三阶交互作用。低污染区男生 FVC 增长 171.55 mL/a，女生 137.62 mL/a，性别差异为 33.93 mL/a；高污染区男生 FVC 增长 73.03 mL/a，女生 55.06 mL/a，性别差异为 17.97 mL/a。由此可见，随着 FVC 增长的性别差异随着空气污染的加重明显降低。将基线年龄、BMI、身高、$PM_{2.5}$、性别、随访时间纳入线性混合效应模型，$PM_{2.5}$ 浓度每增加 10 μg/m³，儿童 FVC 年增长量减慢 11.83 mL/a。将 $PM_{2.5}$、性别、随访时间三阶交互作用纳入模型，结果显示具有三阶交互作用，$PM_{2.5}$ 浓度每增加 10 μg/m³，男生 FVC 年增长量减慢 13.42 mL/a，女生 FVC 年增长量减慢 9.99 mL/a，不同性别间的减慢幅度有统计学差异。上述结果显示 $PM_{2.5}$ 高污染区儿童 FVC 低于 $PM_{2.5}$ 低污染区，$PM_{2.5}$ 高污染区儿童 FVC 增长率同样低于 $PM_{2.5}$ 低污染区，随着时间的增长 FVC 差异逐渐增大。$PM_{2.5}$ 的高暴露导致儿童 FVC 增长的性别差异减弱，男生肺发育更易受到空气污染的影响。

对高污染区域与低污染区域儿童肺功增长速度进行比较。在校正基线年龄、性别、体重指数、身高后，低污染城市儿童年均 FVC 增长为 144.70 mL/a，高污染城市儿童年均 FVC 增长为 77.56 mL/a，差异有显著性(图 3-3)。

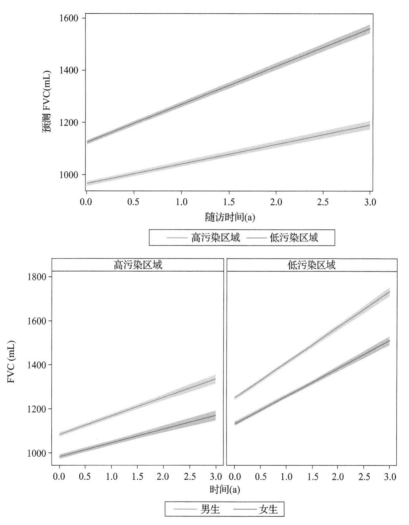

图 3-3　不同污染区域的儿童 FVC 的增长速率和不同性别的增长速度比较

### 3.2.3　X 射线计算机断层成像技术诊断气道疾病

人类呼吸道包括鼻咽、气管、支气管和肺泡区，具有约 150 m² 的巨大内表面。气管支气管区域可以进一步细分为气管、叶支气管、段支气管和细支气管，这部分为传导气道；而肺泡区域包括呼吸性细支气管和肺泡，此部分为换气气道。呼吸道阻塞性改变和小气道疾病临床上可通过呼吸功能测试而得以诊断。但由于双肺代偿能力强大，只有肺组织严重破坏时，呼吸功能测试才会发现异常。由于个体差异大、影响因素多，在个体水平上，难以使用肺功能测试发现环境污染的早期效应和健康损害。

鉴于影像学与病理的一致性，影像学专家致力于使用 CT 成像技术提供活体气道结构的非侵入性研究方法(Weissman et al., 2015)。CT 作为一项非介入性检查，不仅能够对肺部病变进行精确的定位、定量，而且还能够较准确地反映肺形态状况，为肺部疾病的诊断提供一个形态和影像学方法。通过对高分辨率 CT 的数据进行分析，可以获得三维的数字化影像，并测定吸气相末支气管开口处的管腔直径和管壁厚度，以及各区域肺密度和肺气肿体积（阈值= –950HU）。结合呼吸相末 CT 扫描，还可以测定肺容积和空气潴留程度（Paulin et al., 2018）。Safak 等（2010）曾对公路收费站工作人员进行相关研究，发现其右上叶支气管管壁增厚，且与年龄、吸烟呈正相关（$R = 0.577$、0.457，$P < 0.05$），与工作时间呈负相关（$R = –0.366$，$P=0.020$），提示柴油机尾气颗粒暴露的气道改变在 CT 上存在一定分布特征，但其研究仅局限于大气道结构。

　　目前临床使用的肺气肿和气道评估软件只能对 6 级以上的支气管进行评估。课题组通过与飞利浦公司合作，引入飞利浦公司最新的图像后处理软件——星云三维影像数据中心 ISP 9.0 系统，优化其分析软件对肺小气道病变的分析能力。使用新算法分割气道树，确定气道轴，并重新格式化与所选气道轴线正交的截面，优化飞利浦公司软件对肺小气道病变的分析能力，实现了对 1～9 级支气管管腔直径和管壁厚度的精确测定（图 3-4），实现了 1～9 级支气管结构（管腔直径和管壁厚度）的全覆盖，并兼具区域性肺密度和肺气肿评估功能。使用该方法测定轻、中、重度慢阻肺患者的相关参数，发现 LB9 和 RB1 第九级支气管开口处支气管管壁/管腔比[ratio wall/lumen area（%）]和管腔/管道面积比[ratio lumen/airway area（%）]与 MMEF（呼吸中期流速）的相关性优于六级支气管，且不同区域支气管的测定值、密度值和肺气肿范围均有所差异，为进一步研究空气污染导致肺损害的重构表现提供了直观、方便的研究方法。对炭黑暴露人群和对照组的吸气末的高分辨率 CT 影像进行二次成像，获得各区域肺密度、肺气肿体积（阈值= –950HU），以及 L9、RB1、LB1_2 和 RB9 气道的 6 和 9 级支气管的气管管壁和管腔参数。研究结果显示炭黑组 LB1_2、L9 和 RB9 气道的第六级支气管的内径明显小于对照人群，类似的改变在第九级支气管不明显。进一步将气道测量扩大至其他级支气管，以描述颗粒物暴露导致的气道损伤的易感部位。

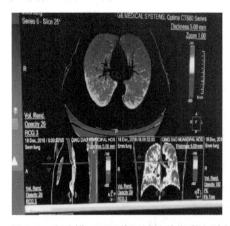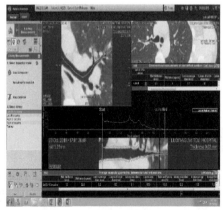

图 3-4　高分辨 CT 评估区域性肺密度和肺气肿，测量 1～9 级支气管腔直径和管壁厚度

　　肺部高分辨率 CT 扫描结合肺功能测定能更加准确的发现颗粒物暴露导致的早期肺损伤的部位和特点，作为疾病诊断的影像学生物标志物，可用于暴露人群肺损伤的解剖

定位，以及疾病的早期发现和预警。

### 3.2.4　DNA 甲基化标志物

近年来，大气污染导致的表观遗传学改变受到广泛重视。污染物可以通过影响表观遗传修饰，改变基因表达，进而影响生物学表型和疾病发生的风险。实验室机制研究涵盖了大气污染导致的 DNA 甲基化、组蛋白修饰和非编码 RNA 调控等几方面，然而人群研究则主要集中在 DNA 甲基化的评价，其主要原因在于其定量方法较为标准化，可做到准确定量，并且在一定时间内相对稳定，更适合作为环境暴露和预测疾病风险的生物标志物(Breton and Marutani, 2014)。研究发现 PM$_{2.5}$ 与学龄儿童口腔黏膜细胞及成人外周血 DNA 甲基化有显著关联。在一个由高加索人组成的外周血淋巴细胞 DNA 的全基因组甲基化关联分析中，PM$_{2.5}$ 暴露和 12 个 CpG 位点甲基化有显著性关联，这些位点所在基因主要分布在致癌、炎症、肺疾病和血糖代谢等通路(Panni et al., 2016)。发现多环芳烃暴露导致外周血 DNA 中的 Line-1、Alu、P53、P16、HIC1、MGMT 和 IL-6 的甲基化改变(He et al., 2017; Zhang et al., 2016; Bind et al., 2014; Duan et al., 2013; Yang et al., 2012)。此外，PM$_{2.5}$ 暴露与全血 DNA 中甲基化胞嘧啶含量间的关联还受到基因型的影响(Liu et al., 2017)。产前 PM$_{2.5}$ 暴露也与新生儿胎盘 DNA 甲基化(比如 Line1 和 HSD11B2)有显著性关联(Cai et al., 2017)。

有关 DNA 甲基化与肺功能的关联也有所报道。一个基于国际 COPD 遗传学网络和波士顿早发 COPD 研究队列开展的以罹患 COPD 为终点的全表观基因组关联研究发现血液 DNA 中 349 个 CpG 位点的甲基化与 COPD 有显著性关联(Qiu et al., 2012)。这些差异性甲基化位点主要富集于免疫和炎症系统、应激和外来刺激反应系统及伤口愈合和凝血级联系统。通过正常衰老队列研究，发现血液白细胞 DNA 中 CRAT、F3 和 TLR2 启动子区甲基化和 Alu 重复元件甲基化与肺功能增高有显著性关联，而 IFNγ 和 IL-6 启动子区甲基化与肺功能降低有显著性关联(Lange et al., 2012; Lepeule et al., 2012)。在正常衰老队列研究中还发现外周血 DNALine-1 低甲基化与快速肺功能降低有显著性关联(Lange et al., 2012)。

上述研究中最突出的问题在于：①使用替代组织测定 DNA 甲基化标志物。表观遗传学改变具有很强的器官特异性，并且替代组织(比如血液)与靶组织细胞(比如肺和心脑血管)对环境因素的暴露程度和组分也不同，同一个效应指标在不同组织中的检出所反映的病因和病理学意义也不同，因此使用替代组织标志物来预测靶组织里的机制和剂量-效应关系有很大的不确定性。替代组织标志物多反映机体暴露后的反应，其提供的机制和疾病风险信息有限，因此也降低了其应用价值。②所用实验设计无助于因果联系的确认。绝大多数研究使用的是横断面设计，并且 COPD 病例均为现患病例，因此观察到的血液中的甲基化改变基本上反映的是 COPD 的全身炎性反应带来的损伤。

肺脏是大气污染进入体内的主要途径，也是其损害的主要靶器官。由于肺的位置和解剖学特点，可以通过无创手段采集到肺内组织，比如临床上疑似肺癌的细胞学筛检和结核等病原体检查中常用到的晨痰和诱导痰。近年来的研究发现痰液也可以用来开展大规模的分子流行病学研究，比如检测痰液中的 K-ras 突变和 DNA 甲基化来早期发现肺癌。

因此与大气污染导致的心脑血管和神经系统等损害相比，在人群中开展肺脏疾病的研究更能够得到基于靶细胞的证据支持。在痰液中检测呼吸道上皮细胞中的分子生物学改变对方法学有着很大的挑战性，这是因为痰液中只含有约 3%～10%的肺上皮细胞，并且样本间存在很大的变异。这就要求检测方法敏感，并能特异的检出只在肺上皮细胞中发生的分子改变。

与香烟烟雾类似，大气污染中含有大量的致癌和致突变物，其对呼吸道上皮的持续攻击，引起遗传学和表观遗传学损伤，形成包括非典型增生和化生在内的多个区域性病理学改变。区域性病变的细胞可以脱落并收集到痰液中，其携带的表观遗传学损伤可在痰液样本中被灵敏的检测手段检出。在吸烟个体的痰液中优化出一组由 12 个基因构成的甲基化标志物。这 12 个基因的选择依据包括只在肺上皮细胞里发生启动子区甲基化、甲基化可以导致基因表达静默、检出方法灵敏（能够从 10000 个未甲基化等位基因中检出一条甲基化等位基因）、在肺癌组织里发生甲基化的频率大于 15%以及与肺癌风险显著相关。在以人群为基础的病例-对照研究中，这 12 个肿瘤基因的甲基化组合可以明显提高肺癌危险度评价模型的预测准确性，使其总体预测准确性超过 90%（Leng et al., 2012; 2017）。在中重度吸烟者队列中，还发现该甲基化标志物可前瞻性的预测肺癌的风险、肺功能的降低和全病因病死率（图 3-5，Leng et al., 2018）。单个基因关联研究发现 PAX5a 启动子区甲基化与 FEV1 的下降关联最为密切，其潜在机制可能与 PAX5a 甲基化灭活可降低金属蛋白酶 2 的组织抑制因子的表达，增加众多基质金属蛋白酶的转录，进而增强细胞外基质的降解有关。这个研究在世界上首次揭示了吸烟者痰液中用于衡量区域性病变的基因甲基化不仅可以预测肺癌发生的风险，也反映出由吸烟导致的肺功能的过早衰

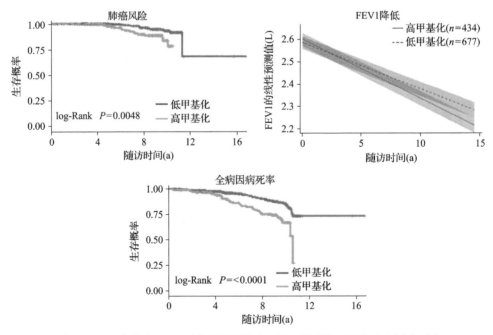

图 3-5　吸烟者痰液 DNA 甲基化预测肺癌风险、肺功能下降和全病因病死率

老，并与吸烟导致的病死率增高密切相关。因此，痰液 DNA 甲基化也满足靶组织中测定的、位于致病通路上的、与疾病风险高度关联的疾病中间生物标志物的定义。探讨大气污染与痰液 DNA 甲基化间的关联有助于揭示表观遗传学在大气污染致肺损伤中的作用机制。

（撰稿人：郑玉新　冷曙光）

## 3.3　Bio$^3$Air：高时空分辨率个体空气污染暴露量监测系统

空气污染是造成全球疾病负担的主要原因。缺乏合适的方法来长期测量个体暴露水平已经严重限制了空气污染的环境流行病学研究。在重大研究计划支持下，研究人员发布了一个可以长期测量个体空气污染暴露量的集成系统 Bio$^3$Air，该系统目前主要集中在对环境大气细颗粒物（PM$_{2.5}$）的测量。该系统可以实时地量化个体的室内/室外状态、地理位置、肺通气量，以及个体周围环境的 PM$_{2.5}$ 浓度，并用这些指标来计算个体 PM$_{2.5}$ 暴露量。该系统已经开发完整，并在中国、美国、加拿大等全球很多国家进行了全面的测试，已成功应用于流行病学研究。Bio$^3$Air 具有很高的可靠性、灵敏度以及可重复性和准确性。它具有很高的时空精度（时间上≤2 min 和空间上≤20 m），并与膜采集和离线分析这一"金标准"的测量值达到了 91.89% 的高度一致性。因此，Bio$^3$Air 是大气细颗粒物环境健康研究方法学研究及其落地应用的典范。Bio$^3$Air 可以采集与测量实时的室内/室外信息、位置以及肺通气率等与个体细颗粒物暴露量密切相关的信息，而这类信息通常被传统的方法所忽略。Bio$^3$Air 还具有易用、有利的成本效益以及自动数据采集等特点，使其成为促进空气污染暴露和健康后果研究的有力工具。

### 3.3.1　Bio$^3$Air 的研究背景

随着全球工业化的扩大，空气污染日益严重，暴露可能会产生严重的人类、医疗以及经济后果（Cohen et al., 2017）。空气污染被确定为全球疾病负担的主要原因，特别是在低收入和中等收入国家（GBD 2015 Risk Factors Collaborators, 2016）。中国是世界上环境空气污染最严重的地区之一（Wang et al., 2017a；Xu et al., 2016）。PM$_{2.5}$ 是空气污染物的主要组成部分，与肺、心血管疾病、记忆障碍和其他疾病相关（Cacciottolo et al., 2017; Kaufman et al., 2016; Tetreault et al., 2016; Beelen et al., 2014）。空气污染和健康后果之间的联系大多来自环境流行病学研究，该研究依赖于使用受试者的地址以及固定地点区域监测仪和/或卫星获得的气溶胶光学深度计算出的污染暴露量（AOD）（Baron and Willeke, 2001）。例如，在最近的一项研究中，Lee 等（2017）使用住宅位置、卫星获得的中分辨率成像光谱仪气溶胶光学深度（AOD）以及新英格兰地区 78 个监测站的地面测量数据来估计参与者的 PM$_{2.5}$ 暴露量。这样的研究设计（例如，基于社区或地址）只提供了有关致病机制的有限信息。即使生活在同一个区域的个体，其 PM$_{2.5}$ 暴露量也可能会随着活动、位置和通风量频繁的发生变化。目前，个体携带个人 PM$_{2.5}$ 监视器/收集器被认为是"金标准"(Hsu et al., 2016; Sloan et al., 2016)。这些装置可以实时测量 PM$_{2.5}$ 浓度，也可以将 PM$_{2.5}$ 收集到膜上供以后分析研究。然而，这些方法在个体水平 PM$_{2.5}$ 暴露的流行病学研究中存在着重大的缺陷。①不考虑受试者吸入的空气量；②相对较重并且需要定期维护（例如，充电），使得难以在长期研究中（例如，≥1 a）进行部署，对儿童的研究尤其不切实际。如果没有长期的个体水平的 PM$_{2.5}$ 暴露量，环境流行病学研究是粗略的，统计学上也存在不足，并且难以得出因果推断。

近年来，智能手机和 PM$_{2.5}$ 传感器技术的进步使得长期监测个体暴露量成为可能。智能手机已经成为人们日常生活所必需的设备。皮尤研究中心（Pew Research Center）在 2016 年 11 月进行的一项调查显示，大约 77% 的美国人拥有智能手机[①]。智能手机的功能也在迅速发展，其中全球定位系统（GPS）跟踪和运动传感成为标准。另一方面，PM$_{2.5}$ 传感器技术业也取得了显著的进步。这种廉价的传感器可以放置在个人的生活和工作地点，并以足够的时间和空间精度来采集 PM$_{2.5}$ 浓度数据。最近，研究人员用标准化的校准协议对常用的传感器进行了全面的评估（Wang et al., 2015）。所有经过测试的传感器在很宽的浓度范围（0～1000 μg/m$^3$）（Wang et al., 2015）和基于膜收集的方法（SidePak, TSI Inc., St. Paul, MN, USA）表现出了高度的线性。

研究人员试图结合上述两种技术，实现一个能够实时监测个体 PM$_{2.5}$ 摄入量的便携系统，以促进长期流行病学研究。该系统的主要功能包括实时测量受试者的位置、运动、室内/室外状态及其周围环境中高精度的 PM$_{2.5}$ 浓度。基于这些测量的指标，系统能够计算个体的实时 PM$_{2.5}$ 摄入量，如每分钟吸入的 PM$_{2.5}$ 量（μg），此外，还在数据再现性、分辨率和准确性等方面的性能对系统进行了评估。

### 3.3.2 Bio$^3$Air 的系统与使用方法

#### 3.3.2.1 系统架构和组件

Bio$^3$Air 系统包括了四个主要部分（图 3-6）：①智能手机应用程序（Bio$^3$Air），这是该系统的核心部分，实时收集三个指标：用户的位置（经度和纬度）、室内/室外状态和用户的动作（每分钟的步数）。它还通过云服务器（Bio$^3$Cloud）来检索用户周围环境的 PM$_{2.5}$ 浓度。之后，APP 在智能手机屏幕上计算并显示暴露级别（如果 APP 在手机的前台运行），并自动将收集和计算的所有信息上传到 Bir$^3$Cloud。现在已经开发出了使用与 iOS 和 Android 的 APP。②Bio$^3$Cloud，云服务器和数据库接收和储存来自室内 PM$_{2.5}$ 传感器（Bio$^3$Gear）和智能手机 APP 的数据。它还能响应 APP 的请求，通过用户的室内/室外状态，从 Bio$^3$Cloud 返回用户周围环境的 PM$_{2.5}$ 浓度。③Bio$^3$Gear 是部署在用户工作或者居住地点（例如，办公室和家庭）的室内 PM$_{2.5}$ 传感器，可以自动测量 PM$_{2.5}$ 浓度，将该数据显示在设备上并上传到 Bio$^3$Cloud。④Bio$^3$Band 是一种可穿戴设备，可以实时监测用户的位置和心率，并感知紫外线（UV）光强度。Bio$^3$Band 通过蓝牙协议与智能手机 APP 通信，是系统的可选组件。

---

① http://www.pewresearch.org/ fact-tank//01/12/evolution-of-technology/

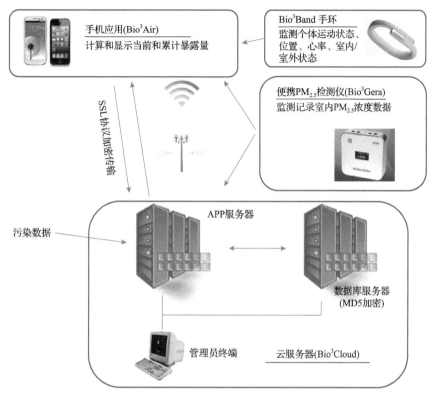

图 3-6　Bio$^3$Air 系统组成

### 3.3.2.2　数据采集

Bio$^3$Air 系统量化了下面四个指标：①用户的位置（经度和纬度），通过 Apple MapKit[①]或者百度地图 API[②]获取，获取方式取决于智能手机的类型（例如，苹果手机或者安卓系统手机）。②室内/室外状态，通过 GPS 信号强度、互联网接入环境和紫外光强度（Bio$^3$Band 有内置紫外光传感器）来计算。③用户的运动状态通过 Apple Health Kit[③]或者 Google Fit SDK[④]进行获取。④PM$_{2.5}$浓度通过 Bio$^3$Cloud 和 Bio$^3$Gear 采集。研究人员通过不同的途径获取室内/室外的 PM$_{2.5}$浓度。每小时室外的 PM$_{2.5}$浓度下载自来自美国、加拿大和中国的公共资源并储存在 Bio$^3$Cloud 中。数据资源包括：Urban Air[⑤]、PM$_{2.5}$ in API[⑥]，AirNow[⑦]和 US EPA[⑧]。室内 PM$_{2.5}$浓度由 Bio$^3$Gear 直接测量并上传至 Bio$^3$Cloud。需要注意的是，如果没有直接测量，室内 PM$_{2.5}$浓度很难通过已经提出的数学模型进行准确估计（Deng et al., 2017; Deshpande et al., 2009）。这主要是因为室内 PM$_{2.5}$浓度受到多种因素的影响。如果用户处在一个没有安装 Bio$^3$Gear 的室内环境中，在这种情况下，使用简单的渗透公式使

---

① https://developer.apple.com/documentation/mapkit
② http://api.map.baidu.com/lbsapi/
③ https://developer.apple.com/healthkit/
④ https://developers.google.com/fit/
⑤ https://www.microsoft.com/en-us/research/project/urban-air/
⑥ http://pm25.in/api_doc
⑦ http://www.airnow.gov/index.cfm?action= topics.about_airnow
⑧ http://www3.epa.gov/airdata/

Bio$^3$Air 能够根据室外浓度估算室内的 PM$_{2.5}$ 浓度：在寒冷的月份(11～3 月)，室内浓度为室外浓度的 1/3；在温暖的月份(4～10 月)，室内浓度为室外浓度的 1/2。

### 3.3.2.3　数据处理流程

Bio$^3$Air 系统每两分钟执行一次迭代。在每次迭代中，APP 首先确定室内/室外状态(图 3-7)。如果在室外，APP 获取 GPS 位置(经度和纬度)，并向通过 Bio$^3$Cloud 获取当前位置的室外 PM$_{2.5}$ 浓度。如果在室内，并且用户所在位置没有安装 Bio$^3$Gear，APP 获取 GPS 位置，向 Bio$^3$Cloud 获取该位置的室外 PM$_{2.5}$ 浓度，通过渗透率公式计算室内浓度。如果在室内并有 Bio$^3$Gear 部署，APP 直接获取室内 PM$_{2.5}$ 浓度，通过智能手机与 Bio$^3$Gear 之间进行通信。同时，智能手机应用也获取用户的运行状态(每分钟的步数)，并基于先前描述的公式计算用户的肺换气次数(L/min)，其中心率和通气量有很高的相关性(平均 $R^2$=0.9) (Zuurbier et al., 2009)。利用下面的信息：①个体环境污染物浓度，定义为 $C_t$(μg/m$^3$)；②个体换气率(L/min)，定义为 $V_t$，污染吸入速度 $I_t$(μg/min)= $V_t \times C_t$。

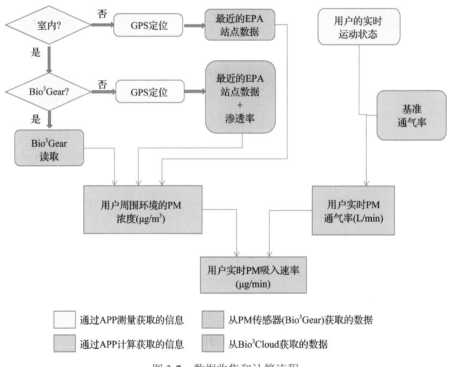

图 3-7　数据收集和计算流程

个体在$(t_0～t_1)$时间段内污染物吸入量总和可以表示为

$$I = \int_{t_0}^{t_1} V_t \times C_t \, dt \tag{3-1}$$

值得注意的是，Bio$^3$Band 是本系统的一个可选组件。Bio$^3$Air 可以实时监测位置、心率和紫外线光强度。上述信息通过蓝牙协议传输到智能手机，以用来重新计算个体的肺通气率和室内/室外状态。

### 3.3.2.4　时间和空间分辨率

Bio³Air 系统的时间分辨率≤2 min，空间分辨率≤20 m。空间分辨率取决于智能手机、移动电话服务提供商和 GPS 的准确性[1]，其中，美国政府目前要求民用 GPS 的水平精度在 4 m[7.8 m，95% 置信区间(95% CI)]。时间精度是系统开发人员所定义的。在该系统中，将 2 min 设置为一次迭代的时间间隔。时间分辨率的选择是精度、数据粒度和智能手机电池寿命之间的权衡。

### 3.3.2.5　评估 Bio³Air 测量的可重复性

研究人员将多个 Bio³Air 系统(每个系统在一个单独的智能手机上运行)部署到一个研究对象上，并经过下面几种情况的测试：①空气质量好和差的天气；②久坐、行走和跑步的状态；③室内和室外；④使用和不使用 Bio³Gear。该实验由两名志愿者于 2016 年 9～12 月在中国上海同济大学校园内进行。每个实验持续 4 h 并包含两次重复。每次实验结束后，从 Bio³Cloud 下载研究对象的 PM$_{2.5}$ 暴露数据(通过多个 Bio³Air 系统测量)进行相关性分析。

### 3.3.2.6　准确性评估以及与传统方法的比较

膜采集和离线分析方法被认为是测量个体水平 PM$_{2.5}$ 暴露量的"金标准"，在之前的研究中也有采用了该方法来校准不同类型 PM$_{2.5}$ 传感器(Wang et al., 2015)。研究人员采用相同的方法，并使用 SidePak 仪器(TSI Inc., St. Paul, MN, USA)与 Bio³Air 所测量的 PM$_{2.5}$ 暴露量进行了比较。该实验于 2017 年 3～4 月在中国北京清华大学环境学院楼顶平台进行，在不同的天气和空气质量的不同日期进行了 6 次实验。在每个实验中，SidePak 和 Bio³Air 在同一位置同时进行操作，以保证头对头比较。Bio³Air 在实验中保持静止以保证实验结果的可比性，因为 SidePak 以恒定的速率采集 PM$_{2.5}$ 且无法感知个体的运动状态。在之前的研究中(Wang et al., 2015)已经描述了使用 SidePak 进行环境 PM$_{2.5}$ 收集和分析的流程。在每个实验中独立地运行两个 Bio³Air 系统。其中一个系统与 Bio³Gear 相连接，另一个则没有与 Bio³Gear 相连接。没有连接 Bio³Gear 的 Bio³Air 系统通过公共数据资源[2]来计算 PM$_{2.5}$ 的浓度。实验结束后，Bio³Air 系统的测量结果从 Bio³Cloud 下载并进行数据分析。

### 3.3.2.7　Bio³Air 应用场景

2016 年 10 月至 2017 年 10 月，Bio³Air 被部署在中国上海一个 40 个研究对象的环境健康小组中。所有受试者均提供了上海同济大学、上海市第十人民医院机构审查委员会批准的书面知情同意书。该研究采用了下面两种方法来量化 PM$_{2.5}$ 暴露量：①Bio³Air；②基于街道地址的估算，这里使用的是距离研究对象住所最近的环保部监测站所报告的

---

① https://www.gps.gov/technical/ps/#spsps
② https://www.microsoft.com/en-us/research/project/urban-air/

$PM_{2.5}$浓度。

### 3.3.3　Bio³Air 的准确性与案例研究

#### 3.3.3.1　系统可靠性与分辨率

Bio³Air 系统已经完整开发，并在中国和北美的多个城市进行了测试。该系统经过长期的应用和实地研究（≥1 a），表现出足够的稳定性。系统在测量 $PM_{2.5}$ 暴露和肺通气量方面提供了非常高的灵敏度和时空分辨率，这很大程度上取决于当今智能手机在量化位置和运动方面的高性能。

#### 3.3.3.2　测量值重现性

基于同一研究对象部署的多台智能手机（每台手机独立运行 Bio³Air APP），可见肺通气与 $PM_{2.5}$ 摄入量高度相关（$R^2 \geqslant 0.99$）（图 3-8）。这些结果表明，Bio³Air 对 PM 暴露测量值提供了很高的可重复性，主要是因为当今智能手机能够准确可靠的量化指标（如位置和运动）。

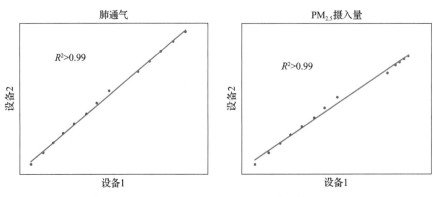

图 3-8　肺通气和 $PM_{2.5}$ 摄入量相关性

#### 3.3.3.3　准确性评估以及与传统方法的比较

如前所述，采用 TSI SidePak（"金标准"）和 Bio³Air 在同一天/同一时间、同一实验地点测定 $PM_{2.5}$ 的摄入量。SidePak 与没有连接到 $PM_{2.5}$ 传感器（Bio³Gear）的 Bio³Air 的测量值的皮尔森相关性为 73.68%（图 3-9A）。在这个场景中，Bio³Air 计算的 $PM_{2.5}$ 摄入量基于 UrbanAir 发布的 $PM_{2.5}$ 浓度[①]。接下来，研究发现 SidePak 和与 Bio³Gear 相连接的 Bio³Air 的测量值有高度的相关性（皮尔森相关性，$R^2 = 91.89\%$，图 3-9B），显示了 Bio³Air 系统的测量值具有很高的精确度。最后，比较研究中两种 Bio³Air 系统的测量结果（有和没有连接 Bio³Gear），得到相关性 $R^2 = 86.42\%$（图 3-9C），这反映了实验现场 $PM_{2.5}$ 传感器与 UrbanAir[②]公布数据之间的差异。

---

① https://www.microsoft.com/en-us/research/project/urban-air/
② https://www.microsoft.com/en-us/research/project/urban-air/

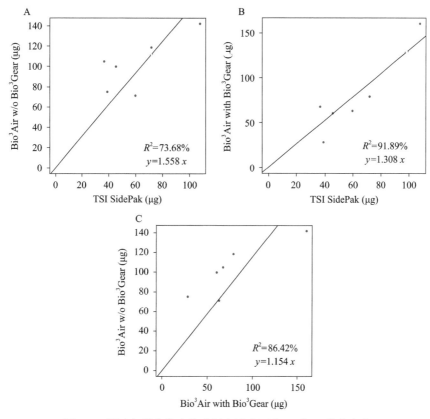

图 3-9　通过与膜收集离线分析方法来评估 $Bio^3Air$ 的准确度

### 3.3.3.4　$Bio^3Air$ 应用场景以及案例研究

研究中所有的受试者均居住在上海市区，研究人员从最近的国家环保部站点检索每个受试者的 $PM_{2.5}$ 浓度数据。这里，共用了 5 个站点的数据(图 3-10A)。事实上，这五个站点所报告的 $PM_{2.5}$ 值是高度相关的(图 3-10B)。例如杨浦站与虹口站的相关性高达 $R^2=98\%$。对于每个受试者，采用了两种方法来量化其 $PM_{2.5}$ 暴露：①$Bio^3Air$；②基于街道地址的估算，使用的是距离研究受试者住所最近的环保部监测站报告的 $PM_{2.5}$ 浓度。随机选取两名受试者(分别居住在杨浦区和虹口区)，并比较了他们使用基于街道地址的方法所估算的 $PM_{2.5}$ 暴露值(图 3-10C)。由于 MEP 站点发布的浓度是相关的，因此这两个受试者的每小时暴露量紧密相关($R^2=98\%$)。换句话说，基于街道地址的方法所估算的这两个受试者具有相同的暴露水平，这使得所有的关联分析($PM_{2.5}$ 暴露与健康结果之间)变得不可行。通过考虑他们的实时位置(从受试者的智能手机的 GPS 获取)到 $PM_{2.5}$ 暴露计算中，捕获了更多的异样性($R^2=64\%$，图 3-10D)，这是因为受试者在上海和长江三角洲的其他城市之间旅游所导致。值得注意的是，较低的 $R^2$ 表明在两个受试者的暴露水平存在着较大的差异，这也意味着捕获了更多的信息。通过 $Bio^3Air$ 测量的 $PM_{2.5}$ 暴露量(图 3-10E)在受试者之间捕获了更多的差异性($R^2=36\%$)，因为它将实时位置、室内/室外状态以及运动状态都纳入了暴露量计算中。

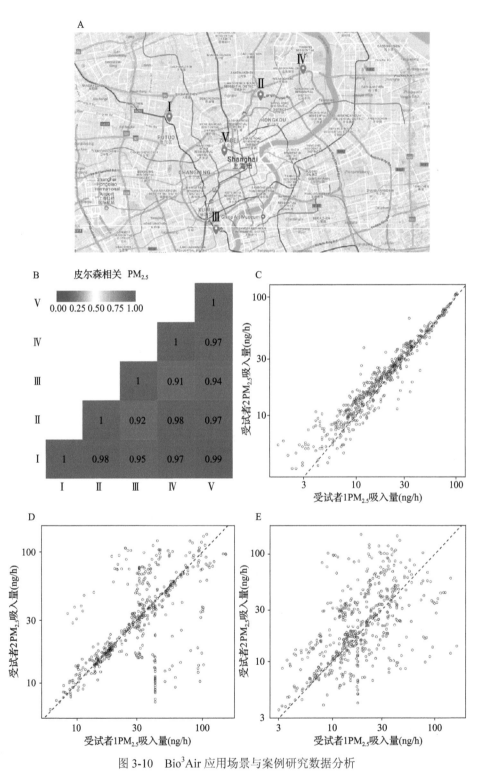

图 3-10　Bio³Air 应用场景与案例研究数据分析

(A)受试者居住地址最近 5 个监测站点位置图；(B)随机 500h 五个站点 PM₂.₅ 浓度的皮尔森相关图；(C)吸入量计算考虑受试者住处地址时的个体 PM₂.₅ 暴露相关性；(D)吸入量计算考虑受试者 GPS 实时定位时的个体 PM₂.₅ 暴露相关性；(E)吸入量计算考虑受试者 GPS 实时定位、室外/室内环境差异和运动状态时的个体 PM₂.₅ 暴露相关性

图 3-10 采用了如下两种方法来测量 $PM_{2.5}$ 暴露量：$Bio^3Air$ 和基于街道地址的估算。通过确定每个研究对象居住地址最近的 MEP 监测站点，这里总共涉及 5 个站点(图 3-10A)，站名和经纬度如下：A 站，普陀(31.26374 N，121.39844 E)；虹口站 B(31.28250 N，121.49192 E)；徐汇 C 站(31.16915 N，121.44624 E)；杨浦 D 站(31.30451 N，121.53572 E)；静安站 E (31.23538 N，121.45476 E)。在研究期间(2016 年 10 月至 2017 年 10 月)，随机选择 500 h 的 $PM_{2.5}$ 浓度，并证明了五个站点的高度相关性(B)。在这一研究案例中，两个受试者的基于街道地址的 $PM_{2.5}$ 暴露是高度相关的(C)。当两个受试者的考虑实时位置(D)或考虑实时位置，室外/室内状态和运动状态(E)的作为估计 $PM_{2.5}$ 暴露量的因素时，表现出了相当大的差异。

### 3.3.4 $Bio^3Air$ 应用前景

用于长期监测个体水平 $PM_{2.5}$ 暴露的综合系统 $Bio^3Air$ 充分利用了智能手机和小型 $PM_{2.5}$ 传感器最新技术的进步。系统的主要创新性在于：实时量化个体的室内/室外状态、地理位置、肺通气率以及受试者周围环境的 $PM_{2.5}$ 浓度，并将这些测量值用于计算 $PM_{2.5}$ 暴露量。该系统具有很高的可靠性、分辨率、可重复性和准确性。重要的是，它易于使用，低成本高效益，并将自动采集的数据按照分析需要的格式储存在云服务器中。该系统已经完成开发，所有功能在中国、美国和加拿大成功通过测试。事实上，大多数长期健康环境研究采用基于地址或者社区为基础来评估受试者的污染物暴露水平。正如图 3-10B 中所示，同一城市中的各个站点所测量的 $PM_{2.5}$ 浓度高度相关，导致参与者的 $PM_{2.5}$ 暴露量变化很小(图 3-10C)，这使得关联分析不可行。一个典型的折中方案是在多个城市进行研究，不同城市有不同的 $PM_{2.5}$ 污染水平。然而，混杂因素(如气候、饮食行为、生活方式、遗传分层等)与城市的暴露水平完全相关，且无法进行调整，这使得此类研究结果很容易产生偏差。最终的解决方案是在个体水平上测量长期 $PM_{2.5}$ 暴露量。到目前为止，很少有适合的系统应用于监测个体水平的长期 $PM_{2.5}$ 暴露。传统的"金标准"方法，即膜采集和离线分析，要求定期处理膜/过滤器，研究对象必须携带设备(表 3-1)。虽然在短期研究中(如几天)这种方法是可控的，但对于长期监测(如一年)来说，这种方法非常昂贵，而且耗费劳动。此外，对于长期部署，参与者的遵从性可能非常低。相比之下，$Bio^3Air$ 只需要参与者在智能手机后台维持 APP 的运行(表 3-1)，使用方便，维护成本低，因此能够达到较高的依从性，更加适用于空气污染的长期健康研究。

研究人员系统地对 $Bio^3Air$ 的时间和空间分辨率、数据重现性和准确性进行了基准测试。结果表明，与"金标准"方法相比，$Bio^3Air$ 具有极高的重现性($R^2 > 99\%$)和准确性($R^2 = 91.89\%$，图 3-9B)。$Bio^3Air$ 在很大程度上取决于政府机构(中国生态环境部，美国环保署等)公布的 $PM_{2.5}$ 浓度数据。因此，公共数据源的质量至关重要。未来先进的技术和更密集的监测站将提高政府发布的空气质量数据的准确性/可靠性，从而更利于 $Bio^3Air$ 应用于研究。此外，$Bio^3Air$ 并不局限于量化 $PM_{2.5}$ 暴露(表 3-1)，其在污染物类型(如 VOCs、$O_3$、$NO_x$ 等)方面具有多样性。希望 $PM_{2.5}$ 的实时化学成分和浓度可以被获取和公布(例如，生态环境部)，并直接与 $Bio^3Air$ 相结合，甚至可以回顾性地计算个体暴露量。虽然室内监测 $PM_{2.5}$ 以外污染物的传感器/监测仪在商业上是可以买到的(例如，

VOCs），但对于大规模流行病学研究来说价格相当昂贵。下一步的方向是将这些传感器（例如，VOCs）加入到 Bio$^3$Gear 中。重要的是，未来将对 Bio$^3$Air 系统进行广泛的测试和评估，用来监测个体接触污染物的化学成分。

　　Bio$^3$Air 有两种获取个体室内环境 PM$_{2.5}$ 浓度的策略：①通过 Bio$^3$Gear 直接测量，②根据室外浓度估算室内 PM$_{2.5}$ 浓度。尽管提出了许多数学模型，但很难基于室外浓度估算室内 PM$_{2.5}$ 浓度（Deng et al.，2017；Deshpande et al.，2009）。这主要是因为在长期流行病学研究中很多影响室内 PM$_{2.5}$ 浓度的因素很难被高时间分辨率测量影响，如 PM$_{2.5}$ 的室内产生（例如，家中烹饪或者学校使用粉笔）以及使用室内净化器和净化器的有效性。为了应对这一挑战，Bio$^3$Air 集成了室内 PM$_{2.5}$ 监测仪（Bio$^3$Gear，图 3-7），可以实时测量 PM$_{2.5}$ 浓度。测量值被传输到智能手机 APP 中，用来计算个体的暴露程度（图 3-6）。Bio$^3$Gear 可以方便地部署在个体大部分时间活动的场所（工作场所和家中），为 Bio$^3$Air 提供准确的数据。当个体处于没有 Bio$^3$Gear 的室内环境中时，我们应用了一个简单的公式来估算室内 PM$_{2.5}$ 浓度。Bio$^3$Gear 的精度对整个系统至关重要，通过与 TSI SidePak 进行比较来评估（图 3-9B）。Bio$^3$Gear 与"金标准"方法的所测量的值的相关性为 91.89%。事实上，低成本粒子传感器均表现出良好的线性度和准确性之前，对其进行了评估（Deng et al.，2017），其中，测试的所有传感器对"金标准"方法的校正均大于 89.14%（Wang et al.，2015）。

表 3-1　个体污染物暴露量测量方法的比较

| 特征 | 膜收集和离线分析[①] | Bio$^3$Air |
| --- | --- | --- |
| 参与者积极参与 | 需要（膜处理，充电等） | 基本不需要（只需要在智能手机上运行程序） |
| 肺通气率（L/min） | 不考虑 | 测试并进入计算暴露水平 |
| 污染物类型 | 细颗粒物（PM） | 任何类型的污染物 |
| 自动数据采集 | 否 | 是 |
| 参与者的合规性 | 低 | 高 |
| 适合的研究时长 | 几天 | 几天～几年 |
| 研究样本量 | <100 | 多达数千样本量 |

①膜收集和离线分析是常规方法，通常被认为是测量个体水平 PM 暴露的"金标准"。

　　综上所述，研究并发布了一个可以长期监测个体水平的空气污染物暴露的系统 Bio$^3$Air。该系统可以采集测量通常被传统方法所忽略的 PM$_{2.5}$ 个体暴露相关信息。通过评估验证，Bio$^3$Air 具有高可靠性、时间和空间分辨率、重现性和准确性。Bio$^3$Air 已在中国上海进行了为期一年的小组研究，研究所收集的数据比传统的基于地址的方法更为丰富。作为个体暴露评估方法学和设备化的一个重要进展，Bio$^3$Air 可以极大地促进环境健康研究，并帮助揭示空气污染物暴露对健康结果的影响。

（撰稿人：郝　柯）

# 3.4  基于网络的实时个体 $PM_{2.5}$ 暴露监测系统的设计与应用

公共卫生研究对开展大规模流行病学项目以探索 $PM_{2.5}$ 健康影响的需求不断增加，这一点已得到充分证明。本节重点介绍采用商用的便携式 $PM_{2.5}$ 监测设备设计开发的一个基于网络的实时个体 $PM_{2.5}$ 暴露监测系统（$RPPM_{2.5}$ 系统），帮助调查人员以低成本、低劳动力和低操作技术要求的方式获取个体 $PM_{2.5}$ 暴露的大数据。$RPPM_{2.5}$ 系统可以为保护人群个体、研究人员和决策者提供相对准确的实时个体暴露数据。该系统已用于中国 5 个城市的 $PM_{2.5}$ 个体暴露水平调查，为流行病学研究提供了大量有价值的数据。

## 3.4.1  个体暴露监测系统研发背景

$PM_{2.5}$ 的成分包括有毒化合物，如微量有毒有机污染物：二噁英、多氯化萘、氯化和溴化多环芳烃等（Jin et al., 2017a, 2017b; Zhu et al., 2016; Zhang, 2015b）。它们都会对人类健康产生不同影响。根据 2010 年全球疾病负担报告，环境颗粒物污染是全球疾病负担的第九大危险因素，是东亚和中国第四大危险因素（Lim et al., 2012）。为探讨 $PM_{2.5}$ 对健康的影响，开展大规模的流行病学研究势在必行，其中，暴露评估在流行病学研究和健康风险评估中占有重要地位（Zou et al., 2009）。大量研究证明了 $PM_{2.5}$ 对人体健康的不良影响（Lin et al., 2017; Wang et al., 2017b; Pope et al., 2002）。在以往流行病学研究中，$PM_{2.5}$ 暴露数据主要来自固定站点监测（Cao et al., 2011; Kan et al., 2007）。然而，$PM_{2.5}$ 的个体暴露浓度不仅会受到室外环境浓度的影响，还会受到室内微环境中其他 $PM_{2.5}$ 源的影响（Gauvin et al., 2002; Rodes et al., 2001）。此外，个体暴露水平与环境监测点之间的关系可能因人口、地点、季节和研究的分析方法而异（Burke et al., 2001）。将个体暴露水平与固定站点监测的数据等同是不准确的。个体暴露监测是暴露监测方法中最准确的方法（Hu et al., 2017; Setton et al., 2011）。为了提高大气污染暴露测量的准确性，很多研究者开发了各种技术，例如使用地理信息系统（Gumrukcuoglu, 2011）、遥感技术（Hashim and Sultan, 2010）、土地利用回归模型（Johnson et al., 2010; Hoek et al., 2008）和机器学习模型（Hu et al., 2017）。这些方法可以提高暴露评估的准确性。但是时间-活动模式的研究表明，人们大部分时间都在室内度过，例如，苏州市区的居民在家中停留的时间超过 65%，而在室内则占 90%。在美国国家人类活动模式调查报告中，受访者平均 87% 的时间停留在封闭的建筑物内（Zhu and Wang, 2015; Klepeis et al., 2001），室内空气污染浓度与室外不同（Siddiqui et al., 2009; Branis et al., 2005）。因此，对个体暴露监测进行准确评估仍然是一个重要问题。

除了准确的个体暴露，有关暴露水平的及时信息也是至关重要的。获得实时 $PM_{2.5}$ 暴露水平将有助于个体特别是脆弱人群采取保护措施，帮助卫生从业者和决策者监测潜在的健康风险并启动缓解措施（Wiemann et al., 2016）。同时传统的个体暴露水平监测存在着成本高、难度大的缺点，并要求受试者有良好的依从性，因此很难进行大规模的个体暴露水平监测。虽然研究人员已经进行了一些小规模的个体暴露评估（Habil et al., 2016; Janssen et al., 2011），但到目前为止，还没有展开大规模的实时个体暴露水平调查的能力。

因此，需要一套低成本、低劳动力、低操作技术要求的系统方法，为此研究人员探索建立一种基于移动互联网实时传输的个体暴露评估系统。基于全球定位系统(GPS)的 $PM_{2.5}$ 实时监测技术和可穿戴设备的更新为其发展奠定了基础。首先，中国开发了国家城市空气质量实时发布平台，因此可以收集实时室外 $PM_{2.5}$ 浓度。其次，随着便携式 $PM_{2.5}$ 监测技术的发展，低噪声、低成本、小尺寸的轻型监测设备被生产出来。使用新一代便携式 $PM_{2.5}$ 监测器，可以持续监测室内的实时 $PM_{2.5}$ 浓度。最后，随着 GPS 技术的发展，许多可穿戴设备可以接收佩戴者的实时坐标，从而可以收集佩戴者的时间-活动模式。基于以上进展，探索了一套个体 $PM_{2.5}$ 暴露的实时监测系统。一方面，为基于该系统的大规模流行病学研究提供了相对准确的暴露时间。另一方面，为个体、研究和决策者提供实时个体暴露数据。为此，该系统旨在收集三种实时数据：个体位置信息、室内 $PM_{2.5}$ 浓度和室外 $PM_{2.5}$ 浓度。监测室内 $PM_{2.5}$ 浓度并每 5 min 上传至数据平台。室外 $PM_{2.5}$ 浓度来自国家大气污染监测站，每小时从互联网上获取数据并上传到数据平台。根据手机定位 APP 来获取个体的实时经纬度信息，然后匹配个体的实时 $PM_{2.5}$ 暴露浓度。

### 3.4.2　系统研发技术框架及软硬件管理

根据项目研究的管理需求，设计了 $RPPM_{2.5}$ 系统。为了满足要求，$RPPM_{2.5}$ 系统包括三个部分：网络数据库平台、电脑端和移动手机终端。该系统的最大允许并发用户数为 300 个调查对象。$RPPM_{2.5}$ 系统的框架如图 3-11 所示。网络平台有三个模块：数据

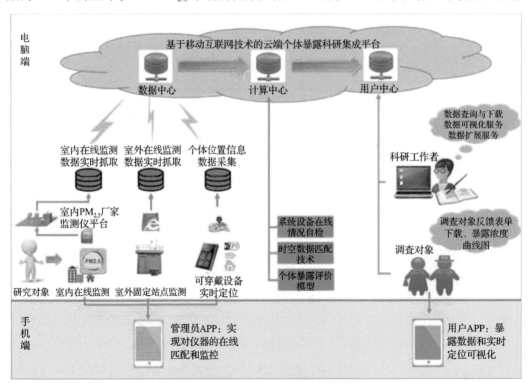

图 3-11　$RPPM_{2.5}$ 系统框架

采集模块、数据计算模块和数据可视化模块。数据采集模块从国家城市空气质量实时发布平台收集室外 $PM_{2.5}$ 浓度数据，从便携式 $PM_{2.5}$ 监测设备获取室内 $PM_{2.5}$ 浓度数据，从可穿戴设备获取头时定位数据。数据计算模块匹配时空数据、监测硬件状态并评估个体暴露水平。数据可视化模块提供时空数据可视化界面、统计数据和个体暴露反馈报告。电脑端用于管理和监督系统中运行的研究项目。手机终端分别为调查人员和调查对象安装了不同的手机终端 APP。调查人员 APP 用于管理项目，调查对象 APP 用于查看实时位置和暴露浓度。

### 3.4.2.1　相关硬件

#### 1. 便携式 $PM_{2.5}$ 室内微环境监测设备

当系统运行时，便携式 $PM_{2.5}$ 监测设备(air quality monitor B3, Hike Inc.)可用于监测调查对象在住宅、办公室等室内环境中的 $PM_{2.5}$ 浓度、温度、湿度及其他指标。将便携式 $PM_{2.5}$ 监测设备的数据与个体暴露监测仪器 MicroPEM 进行了比较，发现二者相关性较高(Wang et al., 2016)。数据采集频率为 5 min。此外，该设备连接到互联网，并可以将捕获的数据实时传输到网络数据库平台。

#### 2. 可穿戴设备(包括 SIM 卡)

可穿戴设备需要支持 android 系统或 IOS 系统，并已安装应用程序进行定位。每个调查对象在系统运行时都佩戴可穿戴设备。基于 GPS 关于暴露行为模式的定位技术，可穿戴设备主要用于收集个体的位置信息数据。同时，可穿戴设备具有连接互联网的功能，可以将位置的实时信息上传到数据采集模块。手表和手机都是可选的可穿戴设备。

#### 3. 室内环境中的 Wi-Fi

每个调查对象的室内环境都会配备 Wi-Fi，使室内环境中的便携式 $PM_{2.5}$ 监测设备能够及时上传数据。此外，可穿戴设备可以根据 Wi-Fi 的 MAC 地址来区分调查对象是否已进入室内环境。

### 3.4.2.2　软件框架

#### 1. 网络平台

(1)数据收集模块介绍

数据采集模块收集的数据包括三种类型：室内 $PM_{2.5}$ 浓度的实时数据、室外 $PM_{2.5}$ 浓度的实时数据以及室内和室外环境中的个体位置数据。

在可穿戴设备中打开 APP 的定位功能后，系统可以根据每个可穿戴设备的唯一 MAC 地址识别和区分每个个体的身份，然后与服务器的数据平台进行交互，获得安装在调查对象家中、办公室和其他住处中的 Wi-Fi 路由器的唯一 MAC 地址。同时，可穿戴设备的定位 APP 将自动扫描附近的 Wi-Fi 路由器信息，判断调查对象是在室内还是室外环境。其中，个体在室内环境中的定位是在完成以下所有步骤后实现的。首先，APP 的后台服务需要检测与室内 Wi-Fi 路由器匹配的基本服务集标识符(BSSID)，然后与从服务器数据库获得的 BSSID 匹配，并上传与 Wi-Fi 路由器匹配的 BSSID。最后，通过预先维护到数据库中的 Wi-Fi 路由器信息来识别室内环境。室外环境则利用百度地图(百度公司)提供定位界面,并使用网络和 GPS 的双重定位模式来获取个体的经纬度等相关位置信息。

关于室内 PM$_{2.5}$ 浓度的数据收集:以往的研究表明,在各种室内环境中,人们在住宅和工作场所停留的时间最多(Wiemann et al., 2016)。便携式 PM$_{2.5}$ 监测器安装在办公室和家中,实时监测 PM$_{2.5}$ 浓度、温度和湿度。打开监测器并建立网络连接后,PM$_{2.5}$ 监测器通过网络传输,在 5 min 内将各监测对象的最新浓度值传送到数据采集模块。系统后端服务程序在获取数据后将其传输到系统数据库。

关于室外 PM$_{2.5}$ 浓度的数据收集:目前,有大量在线空气质量监测数据可供使用(Habil et al., 2016)。系统从互联网上获取开放的实时 PM$_{2.5}$ 浓度数据。国控点的监测数据每小时在国家城市空气质量实时发布平台上公布。数据采集模块通过 VPN 网络从平台获取实时数据,并直接发送到系统数据库中。

此外,定位数据将临时存储在可穿戴设备的缓冲存储器中,并在每天 18:00 将SIM3G/4G 网络不稳定且无法上传的数据上传到服务器。服务器还将再次更新个体定位数据,以便服务器可以获取并补充室外 PM$_{2.5}$ 浓度数据。

(2)数据计算模块介绍

数据计算模块有三个主要功能:硬件状态监测、时空数据匹配和个体暴露评估。硬件状态监控:如果硬件处于脱机状态,模块将发出警告。时空数据匹配:如果调查对象在室内,计算模块将调用室内便携式监测器的监测数据。如果调查对象在室外,将调用最近的固定站点监测站的数据。个体暴露评估:数据计算模块利用浓度数据和时间-活动数据进行个体 PM$_{2.5}$ 暴露评估。

(3)数据可视化模块介绍

基于互联网和物联网技术,该系统构建了个体暴露海量数据中心平台,用于管理个体暴露海量数据的实时传输、实时存储、实时视图、空间可视化、实时通话等。同时,互联网平台为外部环境健康数据预留对接接口,以便实现海量实时暴露参数的共享和应用。

2. 电脑端

电脑端上的界面包括系统主页、项目管理、设备管理、调查对象管理、数据管理和调查人员管理。电脑端网站的框架显示在图 3-12。

(1)主页

主页上用统计表和地图显示了所有调查对象中不同类型硬件的在线/离线状态。统计表显示处于不同状态的设备数量。地图显示设备处于不同状态的位置。通过查看主页,调查人员可以掌握所有正在运行的项目。

(2)项目管理

该系统根据项目管理研究的要求运行。项目管理中的模块包括项目设置、权限设置、动态监测和设备解绑。在项目设置模块中,项目可根据调查对象的要求分为不同的阶段。每个阶段的开始和结束时间以及每个阶段的研究项目都是可控的。项目设置模块显示每个阶段的进度和状态。在权限设置模块中,管理员可以为每个项目添加多个管理器或删除管理器。管理人有权管理项目,在动态监测模块中,可以查询调查对象的总在线时间和在线速率(通过可穿戴设备判断)和相应的便携式监测器。可以查询所有设备的实时状态，当设备状态异常时，系统会给出警告信息。该功能可以帮助调查人员区分错误配置或设备故障。在分离设备模块中，通过一键操作可以分离连接到一个或多个调查对象的所有设备。该功能可帮助调查人员在项目完成后快速轻松地分离设备。

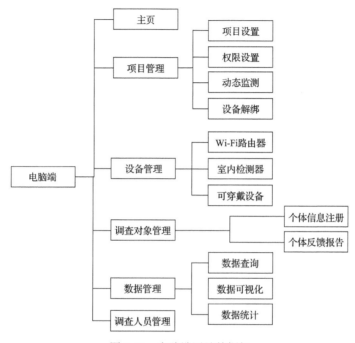

图 3-12 电脑端网站的框架

（3）设备管理

包括室内监测器的管理模块、可穿戴设备的管理模块和 Wi-Fi 路由器管理模块。当进入 $PM_{2.5}$ 个体暴露研究集成平台-室内监控管理模块时，可以查看有关室内监测器输入信息和分配给个体的监测器信息。室内 $PM_{2.5}$ 监测器的管理模块包括：相关的个体编号、监测器编号、室内 $PM_{2.5}$ 浓度以及设备是否在线及分布情况等。当进入 $PM_{2.5}$ 个体暴露研究集成平台-可穿戴设备管理模块时，可以查看关于可穿戴设备输入信息和分配给个体的设备信息。可穿戴设备管理模块包括：设备名称、设备型号、设备编号、无线网卡物理地址、服务提供商信息和 SIM 卡的数量、设备是否在线情况、分布情况等。可穿戴设备的 MAC 地址是一个唯一的标识符，用于识别调查对象的身份。当进入 $PM_{2.5}$ 个体暴露研究集成平台 Wi-Fi 路由器管理模块时，可以查看有关 Wi-Fi 路由器设备输入信息和分配给个体的设备信息。Wi-Fi 路由器管理包括：设备号、设备型号、设备名称、MAC 地址、最大传输速率、坐标信息、服务提供商信息和 SIM 卡号等。在配置 Wi-Fi 路由器信息时，需要指定 Wi-Fi 路由器设备的定位点，该信息表示受监控个体的住宅或办公室的位置。Wi-Fi 路由器标识中的 MAC 地址是唯一标识符，例如，个体可穿戴设备通过识别个体安装在家中、办公室的 Wi-Fi 路由器 MAC 以确定个体所处的相应环境。

（4）调查对象管理

调查对象管理包括个体信息注册模块和个体反馈报告。个体信息包括：姓名、年龄、性别、地址、健康状况、联系信息、分配给个体的 Wi-Fi 路由器的数量、室内 $PM_{2.5}$ 监测器的数量和可穿戴设备的数量。有关调查对象的详细信息可以在个体信息注册模块中进行注册、查看和管理。在个体反馈报告中，调查人员可以下载每个调查对象的个体 $PM_{2.5}$暴露报告。报告内容包括表格和数字，显示住宅、办公室和室外个体 $PM_{2.5}$ 暴露浓度和$PM_{2.5}$浓度的动态变化和统计值。这些报告可以发送给调查对象。

(5)数据管理

数据输出模块中的数据输出包括三种类型：室内和室外环境中的个体定位数据、关于室内 $PM_{2.5}$ 浓度的实时数据和关于室外 $PM_{2.5}$ 浓度的实时数据。其中，室内和室外 $PM_{2.5}$的个体平均暴露浓度可以直观地显示在地图上。调查对象的研究区域、已分配的可穿戴设备、Wi-Fi 路由器在线或离线的情况、个体位置和相应的 $PM_{2.5}$ 浓度可通过单击"详细信息"查看。有关上传的个体位置的所有信息都可以显示在地图上并形成行动轨迹，然后我们可以通过地图上的图标区分调查对象是在家中、室外还是在办公室。此外，可以导出监测过程中有关调查对象的信息和数据。

(6)调查人员管理

调查人员是该系统的用户。项目管理的权限可分为：高级管理员和管理员。高级管理员具有增加、删除、修改和查看所有项目的权限，还具有增加、删除和修改管理员以及将项目分配给管理员的权限。管理员只有权限增加、删除、修改和查看自己的项目。

3. 手机终端

手机终端分别为调查人员和调查对象安装了不同的 APP（图 3-13）。研究员 APP 用于管理项目、硬件和调查对象。调查对象 APP 用于显示调查对象的实时位置和实时暴露浓度（图 3-14）。

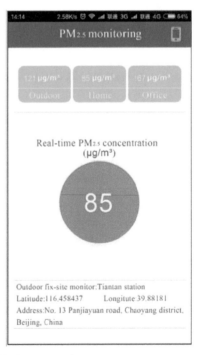

图 3-13　手机终端 APP 界面

图 3-14　现场调查期间的系统页面显示

### 3.4.3　监测系统实际应用案例

#### 3.4.3.1　系统应用背景

基于 $PM_{2.5}$ 个体暴露实时监测平台，在黑龙江省哈尔滨市、河北省石家庄市辛集市、山东省济南市以及四川省成都市开展了 $PM_{2.5}$ 个体暴露实时监测，每个地区监测人数为 20 人，研究合计调查人数 80 人次。此外，本监测平台也应用在济南市开展的老年人群定群研究中，成功监测了 76 人共计 1140 人·d 的 $PM_{2.5}$ 个体暴露实时情况(图 3-15)。

图 3-15　调查监测图片

#### 3.4.3.2　系统应用相关研究结果

我国居民的 $PM_{2.5}$ 个体暴露浓度存在区域性差异。2017 年秋季，在哈尔滨道里区、济南市历城区、石家庄市辛集市、成都市青羊区开展的调查结果(表 3-2)显示每个研究地区 $PM_{2.5}$ 浓度水平差异较大。其中，哈尔滨道里区调查对象 $PM_{2.5}$ 个体暴露水平相对较高，均值为 316.0 $\mu g/m^3$，且调查对象的个体 $PM_{2.5}$ 暴露浓度范围较宽，其四分位间距为 517.1 $\mu g/m^3$。石家庄市辛集市在研究期间个体暴露浓度也相对较高，均值为 132.4 $\mu g/m^3$。成都青羊的调查对象 $PM_{2.5}$ 个体暴露浓度范围相对较窄，四分位间距为 23.9 $\mu g/m^3$。

表 3-2　研究地区 $PM_{2.5}$ 个体暴露浓度　　　　　　　　　（单位：$\mu g/m^3$）

| 地区 | 个体暴露浓度 | | | | |
| --- | --- | --- | --- | --- | --- |
| | 最小值 | 均值 | M | 最大值 | IQR |
| 道里 | 7.0 | 316.0 | 80.6 | 975.7 | 517.1 |
| 历城 | 0.7 | 38.7 | 32.0 | 151.8 | 39.4 |
| 辛集 | 8.8 | 132.4 | 120.0 | 328.5 | 184.3 |
| 青阳 | 12.0 | 45.4 | 44.3 | 102.0 | 23.9 |

$PM_{2.5}$ 个体暴露与固定站点监测存在差异，但具有统计学相关性。基于个人实时 $PM_{2.5}$ 暴露平台对哈尔滨道里区、济南市历城区、石家庄市辛集市、成都市青羊区的调查对象开展 $PM_{2.5}$ 个体暴露监测，收集同期环境监测站点的 $PM_{2.5}$ 浓度数据。对个体暴露数据和环保监测数据的 $PM_{2.5}$ 小时平均浓度的 Spearman 相关性分析结果(图 3-16)显示，哈尔滨市道里区($R_s$=0.41，$P<0.001$)、济南市历城区($R_s$=0.68，$P<0.001$)、石家庄市辛集市($R_s$=0.84，$P<0.001$)及成都市青羊区($R_s$=0.79，$P<0.001$)的环保站点数据与个体暴露数据均存在统计学相关性。其中石家庄市辛集市个体暴露与固定站点相关性相对较强，哈尔滨市道里区环境监测站点与个体暴露浓度数据线性拟合的 $R^2$ 值较低，且线性拟合的 95%置信区间的范围相对较宽，表明该地区固定站点与个体暴露浓度相关性较弱。

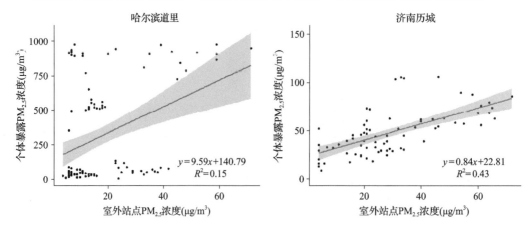

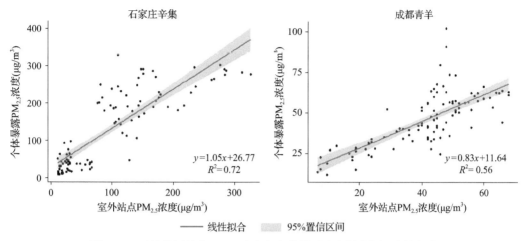

图 3-16    环境监测站点 $PM_{2.5}$ 浓度与个体暴露浓度散点图及线性拟合

$PM_{2.5}$ 室内暴露与室外暴露存在差异，$PM_{2.5}$ 浓度相比个体暴露与室内暴露更加相似。基于个人实时 $PM_{2.5}$ 暴露平台对哈尔滨道里区、济南市历城区、石家庄市辛集市、成都市青羊区及常州市金坛区的调查对象开展监测，对调查对象的室内外暴露数据进行时间序列图(图 3-17)显示，各地区室内外 $PM_{2.5}$ 浓度情况存在差异，除石家庄辛集外，其他地区室外 $PM_{2.5}$ 浓度均值在研究期间均低于室内 $PM_{2.5}$ 浓度均值，石家庄辛集在部分研究时段室外浓度均值高于室内浓度均值。在济南市开展的 76 名调查对象的定群研究 4 次个体暴露监测结果显示(图 3-18)，相对于室外监测站点，$PM_{2.5}$ 个体暴露的情况与室内 $PM_{2.5}$ 暴露浓度更加相似。

基于项目平台，收集了 6 个我国大气污染防治的三区十群城市 $PM_{2.5}$ 个体暴露 176 人、1380 人·d 的 $PM_{2.5}$ 个体暴露数据和室内监测数据和室外监测数据，其中个体暴露监测数据及室内监测数据频率为 5 min，室外监测数据频率为 1 h，该数据库对相关科研工作者的 $PM_{2.5}$ 健康影响研究具有重要的参考意义。

### 3.4.3.3    科学意义及应用前景

本项目搭建的个人实时 $PM_{2.5}$ 监测系统，实现了我国多地区大量人群的 $PM_{2.5}$ 个体暴露监测，基于该平台，明确了我国多地区居民的 $PM_{2.5}$ 个体暴露水平，揭示了 $PM_{2.5}$ 个体暴露的区域差异及暴露相关的影响因素，该研究结果对于准确评价居民的 $PM_{2.5}$ 个体暴露及 $PM_{2.5}$ 暴露的健康影响研究具有重要的科学意义。

随着公众健康意识的不断提高，居民对空气污染的健康影响越来越重视，调查对象可以通过 $PM_{2.5}$ 个体暴露平台的手机 APP 可以直观看到自己当前的 $PM_{2.5}$ 个体暴露情况，因此调查对象非常配合项目的调查工作，并希望能够将该平台产品化，让更多的居民了解到自己的个体暴露水平；同时，科研工作者可以通过该平台，方便快捷的下载 $PM_{2.5}$ 个体暴露数据，未来完善平台的管理规定后，科研工作者可以通过签署协议申请使用平台数据，以开展相关的空气污染健康影响研究。

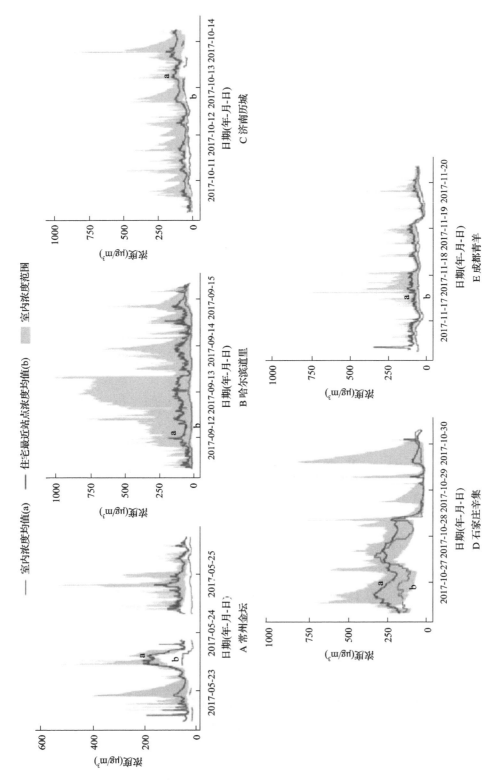

图3-17　个研究地区室内外PM₂.₅浓度时间序列图

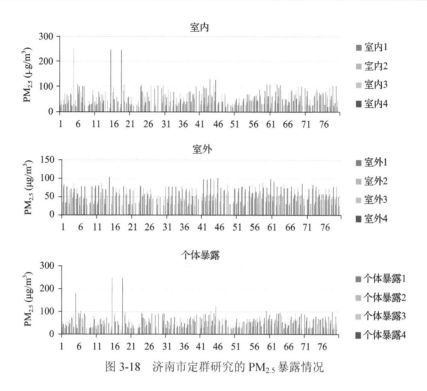

图 3-18　济南市定群研究的 $PM_{2.5}$ 暴露情况

（撰稿人：李洄洄）

# 参 考 文 献

白志鹏, 陈莉, 韩斌. 2015. 暴露组学的概念与应用[J]. 环境与健康杂志, 32(1): 1~9.

冷曙光, 郑玉新. 2017. 基于生物标志物和暴露组学的环境与健康研究[J]. 中华疾病控制杂志, 21(11): 1079~1095.

任爱国. 2012. 暴露组与暴露组学[J]. 华流行病学杂志, 33: 973~976.

郑玉新. 2013. 暴露评估与暴露组研究—探索环境与健康的重要基础[J]. 中华预防医学杂志, 47(2): 99~100.

Bai Y, Brugha R E, Jacobs L, et al. 2015. Carbon loading in airway macrophages as a biomarker for individual exposure to particulate matter air pollution—A critical review[J]. Environ Int, 74: 32~41.

Baron P A, Willeke K. 2001. Aerosol measurement: Principles, techniques, and applications[M]. New York: Wiley-Interscience.

Bassig B A, Dai Y, Vermeulen R, et al. 2017. Occupational exposure to diesel engine exhaust and alterations in immune/inflammatory markers: A cross-sectional molecular epidemiology study in China[J]. Carcinogenesis, 38(11): 1104~1111.

Beelen R, Raaschou-Nielsen O, Stafoggia M, et al. 2014. Effects of long-term exposure to air pollution on natural-cause mortality: An analysis of 22 European cohorts within the multicentre ESCAPE project[J]. Lancet, 383(9919): 785~795.

Bin P, Shen M, Li H, et al. 2016. Increased levels of urinary biomarkers of lipid peroxidation products among workers occupationally exposed to diesel engine exhaust[J]. Free Radic Res, 50(8): 820~830.

Bind M A, Lepeule J, Zanobetti A, et al. 2014. Air pollution and gene-specific methylation in the normative aging study[J]. Epigenetics, 9(3): 448~458.

Branis M, Rezacova P, Domasova M. 2005. The effect of outdoor air and indoor human activity on mass concentrations of $PM_{10}$, $PM_{2.5}$, and $PM_1$ in a classroom[J]. Environ Res, 99: 143~149.

Breton C V, Marutani A N. 2014. Air pollution and epigenetics: Recent findings[J]. Curr Environ Health Rep, 1(1): 35~45.

Burke J M, Zufall M J, Ozkaynak H. 2001. A population exposure model for particulate matter: Case study results for PM$_{2.5}$ in Philadelphia, PA[J]. J Expo Anal Environ Epidemiol, 11: 470~489.

Cacciottolo M, Wang X, Driscoll I, et al. 2017. Particulate air pollutants, APOE alleles and their contributions to cognitive impairment in older women and to amyloidogenesis in experimental models[J]. Transl Psychiat, 7(1): e1022.

Cai J, Zhao Y, Liu P, et al. 2017. Exposure to particulate air pollution during early pregnancy is associated with placental DNA methylation[J]. Sci Total Environ, 607-608: 1103~1108.

Cao J, Yang C, Li J, et al. 2011. Association between long-term exposure to outdoor air pollution and mortality in China: A cohort study[J]. J Hazard Mater, 186: 1594~1600.

Castillejos M, Gold D R, Dockery D, et al. 1992. Effects of ambient ozone on respiratory function and symptoms in Mexico City schoolchildren[J]. Am Rev Respir Dis, 145: 276~282.

Cohen A J, Brauer M, Burnett R, et al. 2017. Estimates and 25-year trends of the global burden of disease attributable to ambient air pollution: An analysis of data from the Global Burden of Diseases Study 2015[J]. Lancet, 389(10082): 1907~1918.

Cooke M S, Olinski R, Loft S, et al. 2008. Measurement and meaning of oxidatively modified DNA lesions in urine[J]. Cancer Epidem Biomar, 17: 3~14.

Dai Y F, Ren D Z, Bassig B A, et al. 2018. Occupational exposure to diesel engine exhaust and serum cytokine levels[J]. Environ Mol Mutagen, 59(2): 144~150.

Dai Y, Niu Y, Duan H, et al. 2016a. Effects of occupational exposure to carbon black on peripheral white blood cell counts and lymphocyte subsets[J]. Environ Mol Mutagen, 57(8): 615~622.

Dai Y, Zhang X, Zhang R, et al. 2016b. Long-term exposure to diesel engine exhaust affects cytokine expression among occupational population[J]. Toxicol Res, 5(2): 674~681.

Deng G, Li Z, Wang Z, et al. 2017. Indoor/outdoor relationship of PM$_{2.5}$ concentration in typical buildings with and without air cleaning in Beijing[J]. Indoor Built Environ, 26(1): 60~68.

Deshpande B, Frey H C, Cao Y, et al. 2009. Modeling of the penetration of ambient PM$_{2.5}$ to indoor residential, microenvironment: Proceedings, 102nd Annual Conference and Exhibition, Air & Waste, Management Association D, June 16-19[C]. USA: Michigan.

Dobreva Z G, Kostadinova G S, Popov B N, et al. 2015. Proinflammatory and anti-inflammatory cytokines in adolescents from Southeast Bulgarian cities with different levels of air pollution[J]. Toxicol Ind Health, 31: 1210~1217.

Duan H, He Z, Ma J, et al. 2013. Global and MGMT promoter hypomethylation independently associated with genomic instability of lymphocytes in subjects exposed to high-dose polycyclic aromatic hydrocarbon[J]. Arch Toxicol, 87(11): 2013~2022.

Duan H, Jia X, Zhai Q, et al. 2016. Long-term exposure to diesel engine exhaust inducesprimary DNA damage: A population-based study[J]. Occup Environ Med, 73(2): 83~90.

Erik M G S. 2017. Recent advances in understanding lung function development[J]. F1000 Res, 6: 726~736.

Forouzanfar M H, Afshin A, Alexander L T, et al. 2016. Global, regional, and national comparative risk assessment of 79 behavioural, environmental and occupational, and metabolic risks or clusters of risks, 1990-2015: A systematic analysis for the Global Burden of Disease Study 2015[J]. Lancet, 88(10053): 1659~1724.

Gauvin S, Reungoat P, Cassadou S, et al. 2002. Contribution of indoor and outdoor environments to PM$_{2.5}$ personal exposure of children‐VESTA study[J]. Sci. Total Environ, 297: 175~181.

GBD 2015 Risk Factors Collaborators. 2016. Global, regional, and national comparative risk assessment of 79 behavioural, environmental and occupational, and metabolic risks or clusters of risks, 1990-2015: A systematic analysis for the Global Burden of Disease Study 2015[J]. Lancet, 388: 1659~1724.

Gumrukcuoglu M. 2011. Urban air pollution monitoring by using geographic information systems: A case study from Sakarya, Turkey[J]. Carpath J Earth Env, 6: 73~84.

Habil M, Massey D D, Taneja A. 2016. Personal and ambient PM$_{2.5}$ exposure assessment in the city of Agra[J]. Data Brief, 6: 495~502.

Hachesu V R, Shadi N, Li F, et al. 2019. Carbon load in airway macrophages, dna damage and lung function in taxi drivers exposed to traffic-related air pollution[J]. Environ Sci Pollut Res, 26: 1~9.

Hashim B M, Sultan M A. 2010. Using remote sensing data and GIS to evaluate air pollution and their relationship with land cover and land use in Baghdad City[J]. Iranian J Earth Sci, 2: 20~24.

He Z, Li D, Ma J, et al. 2017. TRIM36 hypermethylation is involved in polycyclic aromatic hydrocarbons-induced cell transformation[J]. Environ Pollut, 225: 93~103.

Herbstman J B, Tang D L, Zhu D G, et al. 2012. Prenatal exposure to polycyclic aromatic hydrocarbons, benzo[a]pyrene-DNA adducts, and genomic DNA methylation in cord blood[J]. Environ Health Perspect, 120: 733~738.

Herr C E, Dostal M, Ghosh R, et al. 2010. Air pollution exposure during critical time periods in gestation and alterations in cord blood lymphocyte distribution: A cohort of livebirths[J]. Environ Health, 9: 46~58.

Hoek G, Hoogh B K D, Vienneau D, et al. 2008. A review of land-use regression models to assess spatial variation of outdoor air pollution[J]. Atmos Environ, 42: 7561~7578.

Hou L F, Zhang X, Dioni L, et al. 2013. Inhalable particulate matter and mitochondrial DNA copy number in highly exposed individuals in Beijing, China: A repeated-measure study[J]. Part Fibre Toxicol, 10: 17~25.

Hsu Y M, Wang X, Chow J C, et al. 2016. Collocated comparisons of continuous and filter-based $PM_{2.5}$ measurements at Fort McMurray, Alberta, Canada[J]. J Air Waste Manag Assoc, 66(3): 329~339.

Hu K, Rahman A, Bhrugubanda H, et al. 2017. HazeEst: Machine learning based metropolitan air pollution estimation from fixed and mobile sensors[J]. IEEE Sensors J, 17: 3517~3525.

Jacquemin, B, Lanki T, Tarja Y T, et al. 2009. Source category-specific $PM_{2.5}$ and urinary levels of Clara cell protein CC16. The ULTRA study[J]. Inhal Toxicol, 21(13): 1068~1076.

Janssen N A H, de Hartog J J, Hoek G, et al. 2011. Personal exposure to fine particulate matter in elderly subjects: Relation between personal, indoor, and outdoor concentrations[J]. J Air Waste Manage Assoc, 50: 1133~1143.

Jin R, Liu G, Jiang X, et al. 2017a. Profiles, sources and potential exposures of parent, chlorinated and brominated polycyclic aromatic hydrocarbons in haze associated atmosphere[J]. Sci Total Environ, 593-594: 390~398.

Jin R, Zheng M, Yang H, et al. 2017b. Gas-particle phase partitioning and particle size distribution of chlorinated and brominated polycyclic aromatic hydrocarbons in haze[J]. Environ Pollut, 231: 1601~1608.

Johnson M, Isakov V, Touma J S, et al. 2010. Evaluation of landuse regression models used to predict air quality concentrations in an urban area[J]. Atmos Environ, 44: 3660~3668.

Kan H, London S J, Chen G, et al. 2007. Differentiating the effects of fine and coarse particles on daily mortality in Shanghai, China[J]. Environ Int, 33: 376~384.

Kaufman J D, Adar S D, Barr R G, et al. 2016. Association between air pollution and coronary artery calcification within six metropolitan areas in the USA (the Multi-Ethnic Study of Atherosclerosis and Air Pollution): A longitudinal cohort study[J]. Lancet, 388(10045): 696~704.

Ken S, Larry L, Needham, et al. 2004. Human biomonitoring of environmental chemicals[J]. Am Sci, 92(1): 38-45.

Klepeis N E, Nelson W C, Ott W R, et al. 2001. The National Human Activity Pattern Survey (NHAPS): A resource for assessing exposure to environmental pollutants[J]. J Expo Anal Environ Epidemiol, 11: 231~252.

Korn R J, Dockery D W, Speizer F E, et al. 1987. Occupational exposures and chronic respiratory symptoms: A population-based study[J]. Am Rev Respir Dis, 136(2): 298~304.

Lange N E, Sordillo J, Tarantini L, et al. 2012. Alu and line-1 methylation and lung function in the normative ageing study[J]. BMJ Open, 2(5): e001231.

Lee A, Leon Hsu H H, Mathilda Chiu Y H, et al. 2017. Prenatal fine particulate exposure and early childhood asthma: Effect of maternal stress and fetal sex[J]. J Allergy Clin Immunol, 141(5): 1880~1886.

Leng S, Diergaarde B, Picchi M A, et al. 2018. Gene promoter hypermethylation detected in sputum predicts fev1 decline and all-cause mortality in smokers[J]. Am J Resp Crit Care, 198(2): 187~196.

Leng S, Do K, Yingling C M, et al. 2012. Defining a gene promoter methylation signature in sputum for lung cancer risk assessment[J]. Clin Cancer Res, 18 (12): 3387~3395.

Leng S, Wu G, Klinge D M, et al. 2017. Gene methylation biomarkers in sputum as a classifier for lung cancer risk[J]. Oncotarget, 8 (38): 63978~63985.

Lepeule J, Baccarelli A, Motta V, et al. 2012. Gene promoter methylation is associated with lung function in the elderly: The normative aging study[J]. Epigenetics, 7 (3): 261~269.

Lim S S, Vos T, Flaxman A D, et al. 2012. A comparative risk assessment of burden of disease and injury attributable to 67 risk factors and risk factor clusters in 21 regions, 1990-2010: A systematic analysis for the Global Burden of Disease Study 2010[J]. Lancet, 380: 2224~2260.

Lin H, Ratnapradipa K, Wang X, et al. 2017. Hourly peak concentration measuring the $PM_{2.5}$-mortality association: Results from six cities in the Pearl River Delta study[J]. Atmos Environ, 161: 27~33.

Liu J, Xie K, Chen W, et al. 2017. Genetic variants, $PM_{2.5}$ exposure level and global DNA methylation level: A multi-center population-based study in Chinese[J]. Toxicol Lett, 269: 77~82.

Majewska R, Pac A, Mróz E, et al. 2018. Lung function growth trajectories in non-asthmatic children aged 4-9 in relation to prenatal exposure to airborne particulate matter and polycyclic aromatic hydrocarbons-Krakow birth cohort study[J]. Environ Res, 166: 150~157.

Melén E, Guerra S. 2017. Recent advances in understanding lung function development[J]. F1000 Res, 6: 726.

Neeta Kulkarni, Pierse N, Rushton L, et al. 2006. Carbon in airway macrophages and lung function in children[J]. N Engl J Med, 355: 21~30.

Niu Y, Zhang X, Zheng Y, et al. 2018. Exposure characterization and estimation of benchmark dose for cancer biomarkers in an occupational cohort of diesel engine testers[J]. J Expo Sci Environ Epidemiol, 28 (6): 579~588.

Ostro B, Malig B, Broadwin R, et al. 2014. Chronic $PM_{2.5}$ exposure and inflammation: Determining sensitive subgroups in mid-life women[J]. Environ Res, 132: 168~175.

Panni T, Mehta A J, Schwartz J D, et al. 2016. Genome-wide analysis of dna methylation and fine particulate matter air pollution in three study populations: Kora f3, kora f4, and the normative aging study[J]. Environ Health Perspect, 124 (7): 983~990.

Patel C J, Bhattacharya J, Butte A J. 2010. An environment-wide association study (EWAS) on type 2 diabetes mellitus[J]. PLoS One, 5: 390~390.

Paulin L M, Smith B M, Koch A, et al. 2018. Occupational exposures and computed tomographic imaging characteristics in the SPIROMICS cohort[J]. Ann Am Thorac Soc, 15 (12): 1411~1419.

Pedersen M, Wichmann J, Autrup H, et al. 2009. Increased micronuclei and bulky DNA adducts in cord blood after maternal exposures to traffic-related air pollution[J]. Environ Res, 109: 1012~1020.

Pope 3rd C A, Burnett R T, Thun M J, et al. 2002. Lung cancer, cardiopulmonary mortality, and long-term exposure to fine particulate air pollution[J]. JAMA, 287: 1132~1141.

Qiu W, Baccarelli A, Carey V J, et al. 2012. Variable dna methylation is associated with chronic obstructive pulmonary disease and lung function[J]. Am J Resp Crit Care, 185 (4): 373~381.

Rappaport S M, Smith M T. 2010. Environment and disease risks[J]. Science 330: 460~461.

Rappaport S M. 2011. Implications of the exposome for exposure science[J]. J Expo Sci Env Epid, 21: 5~9.

Redline S, Tager I B, Speizer F E, et al. 1989. Longitudinal variability in airway responsiveness in a population-based sample of children and young adults. Intrinsic and extrinsic contributing factors[J]. Am Rev Respir Dis, 140 (1): 172~178.

Rodes C E, Lawless P A, Evans G F, et al. 2001. The relationships between personal PM exposures for elderly populations and indoor and outdoor concentrations for three retirement center scenarios[J]. J Expo Anal Environ Epidemiol, 11: 103~115.

Rossnerova A, Spatova M, Pastorkova A, et al. 2011. Micronuclei levels in mothers and their newborns from regions with different types of air pollution[J]. Mutat Res-Fund Mol M, 715: 72~78.

Roy A, Hu W, Wei F, et al. 2012. Ambient particulate matter and lung function growth in Chinese children[J]. Epidemiology, 23 (3): 464~472.

Safak A A, Arbak P, Yazici B, et al. 2010. Bronchial wall thickness in toll collectors[J]. Ind Health, 48 (3): 317~323.

Scheepers P T J, Beckmann G, Biesterbos J W H, et al. 2013. Biomarkers of environmental risk factors for prevention and research[J]. Trac Trends Anal Chem, 52 (12): 275~281.

Setton E M, Allen R, Hystad P, et al. 2011. Outdoor air pollution and health-a review of the contributions of geotechnologies to exposure assessment[M]. Amsterdam: Springer.

Sexton K, Needham L L, Pirkle J L. 2004. Human Biomonitoring of Environmental Chemicals[J]. Am Sci, 92 (1): 38~45.

Shaffer R M, Smith M N, Faustman E M. 2017. Developing the regulatory utility of the exposome: Mapping exposures for risk assessment through lifestage exposome snapshots (LEnS)[J]. Environ Health Perspect, 125.

Shen M, Bin P, Li H, et al. 2016. Increased levels of etheno-DNA adducts and genotoxicity biomarkers of long-term exposure to pure diesel engine exhaust[J]. Sci Total Environ, 543: 267~273.

Siddiqui A R, Lee K, Bennett D, et al. 2009. Indoor carbon monoxide and $PM_{2.5}$ concentrations by cooking fuels in Pakistan[J]. Indoor Air, 19: 75~82.

Sloan C D, Philipp T J, Bradshaw R K, et al. 2016. Applications of GPS-tracked personal and fixed-location $PM_{2.5}$ continuous exposure monitoring[J]. J Air Waste Manag Assoc, 66 (1): 53~65.

Tetreault L F, Doucet M, Gamache P, et al. 2016. Childhood exposure to ambient air pollutants and the onset of asthma: An administrative cohort study in Quebec[J]. Environ Health Perspect, 124 (8): 1276~1282.

Wang H, Duan H, Meng T, et al. 2018b. Local and systemic inflammation may mediate diesel engine exhaust-induced lung function impairment in a Chinese occupational cohort[J]. Toxicol Sci, 162 (2): 372~382.

Wang J, Wang Q, Sun Q, et al. 2016. Assessment on household $PM_{2.5}$ monitoring instruments (in Chinese)[J]. J Environ Health, 33: 1086~1089.

Wang J, Xing J, Mathur R, et al. 2017b. Historical trends in $PM_{2.5}$-related premature mortality during 1990-2010 across the northern hemisphere[J]. Environ. Health Perspect, 125: 400~408.

Wang J, Zhao B, Wang S, et al. 2017a. Particulate matter pollution over China and the effects of control policies[J]. Sci total environ, 584-585: 426~447.

Wang Y, Duan H, Meng T, et al. 2018a. Reduced serum club cell protein as a pulmonary damage marker for chronic fine particulate matter exposure in Chinese population[J]. Environ Int, 112: 207~217.

Wang Y, Li J, Jing H, et al. 2015. Laboratory evaluation and calibration of three low-cost particle sensors for particulate matter measurement[J]. Aerosol Sci Tech, 49 (11): 1063~1077.

Ware J H, Ferris B G Jr, Dockery D W, et al. 1986. Effects of ambient sulfur oxides and suspended particles on respiratory health of preadolescent children[J]. Am Rev Respir Dis, 133 (5): 834~842.

Weissman D N. 2015. Role of chest computed tomography in prevention of occupational respiratory disease: Review of recent literature[J]. Semin Respir Crit Care Med, 36 (3): 433~448.

Wiemann S, Brauner J, Karrasch P, et al. 2016. Design and prototype of an interoperable online air quality information system[J]. Environ Model Softw, 79: 354~366.

Wild C P. 2005. Complementing the genome with an "exposome": The outstanding challenge of environmental exposure measurement in molecular epidemiology[J]. Cancer Epidemiol Biomarkers Prev, 14: 1847~1850.

World Health Organization. 2001. Biomarkers in risk assessment: Validity and validation[M]. Geneva: World Health Organization.

Xu J, Chang L, Qu Y, et al. 2016. The meteorological modulation on $PM_{2.5}$ interannual oscillation during 2013 to 2015 in Shanghai, China[J]. Sci Total Environ, 572: 1138~1149.

Yang P, Ma J X, Zhang B, et al. 2012. Cpg site-specific hypermethylation of p16ink4α in peripheral blood lymphocytes of pah-exposed workers[J]. Cancer Epidemiol, 21 (1): 182.

Zhang X, Duan H W, Gao F, et al. 2015a. Increased micronucleus, nucleoplasmic bridge, and nuclear bud frequencies in the peripheral blood lymphocytes of diesel engine exhaust-exposed workers[J]. Toxicol Sci, 143(2): 408~417.

Zhang X, Li J, He Z N, et al. 2016. Associations between DNA methylation in DNA damage response-related genes and cytokinesis-block micronucleus cytome index in diesel engine exhaust-exposed workers[J]. Arch Toxicol, 90(8): 1997~2008.

Zhang X, Zhu Q, Dong S, et al. 2015b. Particle size distributions of PCDD/Fs and PBDD/Fs in ambient air in a suburban area in Beijing, China[J]. Aerosol Air Qual Res, 15: 1933~1943.

Zheng W W, Wang X, Tian D J, et al. 2012. Pollution trees: Identifying similarities among complex pollutant mixtures in water and correlating them to mutagenicity[J]. Environ Sci Technol, 46: 7274~7282.

Zhu Q, Zhang X, Dong S, et al. 2016. Gas and particle size distributions of polychlorinated naphthalenes in the atmosphere of Beijing, China[J]. Environ Pollut, 212: 128~134.

Zhu W, Wang H. 2015. Refined assessment of human $PM_{2.5}$ exposure in Chinese city by incorporating time-activity data[C]. AGU Fall Meeting.

Zou B, Wilson J G, Zhan F B, et al. 2009. Air pollution exposure assessment methods utilized in epidemiological studies[J]. J Environ Monit, 11: 475~490.

Zuurbier M, Hoek G, van den Hazel P, et al. 2009. Minute ventilation of cyclists, car and bus passengers: An experimental study[J]. Environ Health. 8(1): 48~57.

# 第4章 大气细颗粒物污染人群健康危害的流行病学研究

大气细颗粒物污染环境流行病学研究成果是将环境大气污染与区域人群健康相关联和开展污染防治的重要科学依据。本章主要示例了重大研究计划针对大气细颗粒物对于呼吸和心血管系统短期和长期影响开展的典型流行病学调查分析、对大气污染敏感人群儿童和对大气细颗粒物健康危害的剂量-反应关系的认识。

## 4.1 我国大气细颗粒物污染的环境流行病学研究进展

大气污染作为我国的主要环境污染因素之一，其与健康的关系一直是环境科学和公共卫生研究的热点。近年来，我国中东部地区出现了持续的大规模雾霾，其持续时间之长、覆盖范围之广、污染程度之高都属罕见，引起了政府的高度重视和社会的密切关注。以细颗粒物($PM_{2.5}$)为主要特征的大气污染已经给我国居民健康构成严重威胁。2013 年初，著名医学杂志《柳叶刀》发表了最新的全球疾病负担研究结果(Lim et al., 2012)。在我国，$PM_{2.5}$是排名第 4 的健康危险因子，2010 年我国约有 124 万居民死亡与 $PM_{2.5}$ 污染相关，包括 61 万脑血管疾病、20 万慢性阻塞性肺疾病(COPD)、28 万缺血性心脏病、14 万肺癌和 1 万下呼吸道感染；大气细颗粒物污染与健康研究日益受到关注(Chen et al., 2017a)。近年来，我国在大气污染流行病学的研究方法、理论和成果上均有显著的进步。现针对我国大气 $PM_{2.5}$ 流行病学方面的进展进行综合介绍。

### 4.1.1 大气污染流行病学研究方法

#### 4.1.1.1 研究设计

纵观我国近年来的大气颗粒物污染流行病学研究，从简单的横断面研究、生态学比较到时间序列研究、病例交叉研究，再到固定群组(panel)追踪研究、队列研究和随机对照试验，研究设计更加规范、严密，尽可能多地控制了潜在的混杂因素，因而论证颗粒物与健康危害之间因果关系的力度也更强，对大气污染健康效应的估计更准确。就地理范围而言，从单个城市研究，逐步发展到多个城市的协同研究，从而有效地避免发表偏倚的问题，使得研究结果更具说服力。从传统的 $PM_{10}$，已深入到对 $PM_{2.5}$ 甚至超 $PM_{2.5}$ 的研究。就健康结局范围而言，从患病率、发病率、死亡率，到一系列临床、亚临床指标，均发现与 $PM_{2.5}$ 暴露相关联，从而更加丰富了大气污染的健康效应谱。我国的 $PM_{2.5}$ 污染研究从关注呼吸系统疾病、症状，到心脑血管系统疾病、肺癌，再到生殖发育系统。近几年来，随着 panel 研究的开展，更多的亚临床或病理生理指标纳入了研究范围。

1. 定群研究

定群研究又叫定组研究(panel study)，属于前瞻性研究，通常在短时间内(通常为数日到数月)对一小组的个体进行集中随访,其目的是研究随时间变化的环境暴露对健康结局的短期效应。在整个研究期间,研究者对暴露和结局变量以及可能的混杂因素进行重复观测,观测次数在 2 次以上。定群研究是研究环境暴露改变后导致的短期效应。定群研究也已被广泛应用于研究大气细颗粒物的急性健康效应。

2. 队列研究

队列研究是将人群按是否暴露于某种可疑因素及其暴露程度分为不同的亚组,追踪其各自的结局,比较不同亚组之间结局事件出现频率的差异,从而判定暴露因子与结局之间有无因果关联及关联大小的一种观察性研究方法。由于队列研究开始时研究对象未患有所研究的疾病,因此通过随访可观察大片人群暴露于某因素后,疾病逐渐发生、发展,直至出现结局的全过程,即能方便地研究疾病的自然史。队列研究可确证一种暴露与一种疾病之间的关联,也可检验一种暴露与多种疾病之间的关联,是检验病因假设最佳的方法之一。

3. 横断面研究

横断面研究,又称横断面调查,是在某一特定时间对某一定范围内的人群,以个体为单位收集暴露和健康资料,描述暴露和健康状况的特征及二者的关联。横断面研究因为所获得的描述性资料是在某一时点或在一个较短时间区间内收集的,所以它客观地反映了这一时点的疾病分布以及某些暴露特征与健康之间的关联。由于所收集的资料是调查当时所得到的现况资料,故又称现况研究或现况调查。相比于需要多次随访的纵向研究而言,横断面研究可以在短时间内取得大量暴露与健康资料,可以使研究工作降低成本,易在大样本人群中组织实施,节省时间和人力,是探索环境污染健康效应的一种常用方法。

### 4.1.1.2　急性效应研究、慢性效应研究和干预研究

1. 急性健康效应研究

20 世纪 90 年代以来,随着统计方法的进展,国际上广泛采用的时间序列和病例交叉方法被我国环境与健康工作者用在对北京、上海、重庆、沈阳、西安等城市大气污染的流行病学研究。最近我国已开展针对 PM$_{2.5}$ 与死亡率的全国性时间序列研究,已能基本回答我国 PM$_{2.5}$ 对人群日死亡率影响的全貌。结果显示,我国单位浓度的健康危害较国外为小。近 10 年来,我国定群研究呈上升态势,开始探讨我国 PM$_{2.5}$ 影响人体心肺系统的致病机制。

2. 慢性健康效应研究

迄今为止,与全球数百项的急性效应研究相比,PM$_{2.5}$ 长期暴露与死亡率变化关系的队列研究相对较少,仅有 20 世纪 90 年代的哈佛六城市和美国癌症学会(ACS)队列研究结果,被得以公认和广泛应用。世界卫生组织(WHO)、美国环境保护署(EPA)、欧盟和世界银行对于大气污染的标准制修订、健康风险评估和经济损失评估均基于这些经典研究。2017 年 6 月,哈佛大学基于 6000 多万名 65 岁及以上美国老人 7 年期间的健康随访

数据，在低于当前国家空气质量标准下，仍发现了 $PM_{2.5}$ 可以显著增加居民的死亡率。截至目前，我国尚无针对 $PM_{2.5}$ 与居民死亡的前瞻性队列研究，仅有部分回顾性队列研究和横断面调查结果。

3. 干预研究

2008 年北京奥运会的举行，为大气污染的干预研究提供了很好的机会。国家在此期间采取了诸多措施控制污染物排放，北京大气 $PM_{2.5}$ 浓度从奥运前的 80 $\mu g/m^3$ 下降到奥运期间的 45 $\mu g/m^3$ 左右，期间北京市居民哮喘发病风险下降了 50%，各种亚临床健康指标(比如肺功能、心律变异性等)也有了明显改善。在南京青奥会期间开展的干预研究，也显示 $PM_{2.5}$ 浓度的降低，可显著改善循环系统的炎症水平。空气净化器、口罩等个体干预手段，从另一个角度也论证了 $PM_{2.5}$ 短期暴露可对人体心肺系统导致多方面的损伤。

### 4.1.2　大气污染流行病学研究的典型健康危害

#### 4.1.2.1　呼吸系统健康影响

基于多种人群的定群研究的结果显示，在短期暴露于 $PM_{2.5}$ 后，可观察到肺功能指标和呼吸道炎症/氧化应激指标的变化。大量的时间序列研究或病例交叉研究比较一致地发现 $PM_{2.5}$ 短期暴露后，可引起人群每日呼吸系统死亡率升高、医院门急诊和住院人次增加。值得一提的是，一项我国 272 个城市的时间序列研究评估了 $PM_{2.5}$ 短期暴露对各种心肺疾病日死亡率的影响。该研究进一步证实了 $PM_{2.5}$ 短期暴露可显著增加我国居民的呼吸系统疾病(含慢阻肺)的死亡率(Chen et al., 2017a)。

#### 4.1.2.2　心血管系统健康影响

$PM_{2.5}$ 污染短期暴露可迅速使人体心血管系统的效应生物标志或临床指标出现异常，乃至引起发病或死亡。基于多种人群的定群研究结果显示，短期暴露于 $PM_{2.5}$ 可以引起升高血压水平，升高血液中多种反映炎性、凝血和血管内皮功能紊乱的细胞因子水平，引起心脏自主神经功能紊乱等。基于南京青奥会和净化器、口罩的干预研究显示，$PM_{2.5}$ 污染水平短期降低将会显著改善受试者的心血管系统亚临床健康指标水平，如有害细胞因子和心率变异性。大量的时间序列研究或病例交叉研究比较一致地发现空气污染短期暴露后，可引起人群每日呼吸系统死亡率升高、医院门急诊和住院人次增加。我国 272 个城市的时间序列研究进一步发现 $PM_{2.5}$ 短期暴露可显著增加我国居民的心血管系统疾病(含高血压、冠心病和脑中风)的死亡率(Chen et al., 2017a)。

#### 4.1.2.3　其他方面的健康影响

$PM_{2.5}$ 还可引起癌症、对人类生殖功能、儿童发育、免疫功能、神经行为功能产生不良影响。但是，我国在这些方面的研究很少，研究设计稍显粗糙，而且结果并不一致。近来，Jacobs 等对中国大气污染与不良出生结局的研究做了一系统综述，比较一致地发现了 $SO_2$ 对低出生体重和早产的影响，部分证据还显示 $PM_{10}$ 对先天畸形有影响，尚缺乏针对 $PM_{2.5}$ 的研究结果，缺乏说服力(Jacobs et al., 2017)。仅有一项出生队列研究发现，

武汉地区的 $PM_{2.5}$ 等大气污染物可以显著增加早产的发生风险，但危害的窗口期有所差别（Qian et al., 2016）。

### 4.1.2.4 $PM_{2.5}$ 组分、粒径的健康影响

$PM_{2.5}$ 的粒径、成分和来源特征均非常复杂，这些均可影响到其毒性和健康效应。我国在这方面的研究起步较晚，开展得还较少，但仍有一些值得关注的研究成果。有研究者对北京、上海和沈阳的多中心时间序列研究结果显示，$PM_{2.5}$ 对日死亡率的影响在控制粗颗粒物后依然显著；粗颗粒物对死亡率尽管存在显著性，但在同时控制 $PM_{2.5}$，其效应明显降低，且不再具有统计学显著性（Chen et al., 2011）。对于 $PM_{2.5}$ 以下哪种粒径段对健康的危害更大，目前国际上尚无定论。也有研究者通过时间序列研究和定群研究，比较一致性地发现颗粒物中 0.5 或 0.4 μm 以下的颗粒物数量浓度与居民死亡率、多种亚临床指标、效应生物标志的关系更强（Meng et al., 2013; Chen et al., 2015）。北京地区的研究发现 0.03~0.1 μm 的颗粒物数量浓度与心血管疾病死亡率关系更强（Leitte et al., 2012）。尽管我国已开展不少 $PM_{2.5}$ 成分解析工作，但将 $PM_{2.5}$ 成分与健康关联的研究较少。与前期的时间序列研究结果相类似，上海地区的定群研究显示，$PM_{2.5}$ 中的有机碳、元素碳和无机盐类（硫酸盐、硝酸盐和铵盐）对亚临床指标和效应生物标志的关联更稳健（Liu et al., 2017; Chen et al., 2017b）。北京地区的定群研究还发现了一些重金属对心肺功能和效应生物标志的影响相对更强（Wu et al., 2015）。

### 4.1.2.5 疾病负担评价

明确大气污染相关的疾病负担，包括过早死亡、伤残调整寿命年损失（DALY）、寿命年损失（YLL）以及相关的健康经济损失，可为我国制修订大气污染防治政策及规划提供科学依据。过早死亡是最常用的评价终点。根据全球疾病负担的评估结果，2015 年 $PM_{2.5}$ 导致我国 110 万居民过早死亡，位列我国排名第 4 的致死因子。Song 等估计发现在 2015 年我国有 150 万人过早死亡可归因于 $PM_{2.5}$，占我国全年死亡总数的 15%；对于各个敏感疾病而言，脑中风死亡的 40%、下呼吸道感染的 33%、缺血性心脏病的 27%、肺癌的 24% 以及 COPD 的 19% 可归因于 $PM_{2.5}$ 污染（Song et al., 2017）。Liu 等（2016）估算我国 2010 年大气污染可导致 2523 万损失。近来的几项时间序列研究显示颗粒物即便是短期暴露，也可以导致寿命年的损失。由于颗粒物来源复杂、毒性各异，鉴别不同来源的颗粒物导致的疾病负担具有重要的意义。近期的一项研究显示，燃煤来源的 $PM_{2.5}$ 在 2013 年可导致我国 36.6 万人过早死亡，是 $PM_{2.5}$ 导致的总死亡中占比最大的（40%）。此外，工业源和家庭固体燃料燃烧可分别导致 25 万和 17.7 万人过早死亡。另一份研究显示，民用和商用能源导致的过早死亡占到了颗粒物总死亡中的 32%。大气污染相关的健康经济损失近来研究较少（Lelieveld et al., 2015）。

## 4.1.3 差距与展望

我国现有的大气细颗粒物污染流行病学研究已经较为系统地回答了我国大气细颗粒物污染急性健康效应的全貌，但在方法上仍存在一定差距：①关于慢性健康效应研究，

我国开展不少的生态学研究和一些回顾性队列研究，但尤为缺乏前瞻性队列研究；②对 $PM_{2.5}$ 理化特征(粒径、成分和来源)的研究，以及对 $PM_{2.5}$ 与 $O_3$ 交互作用的研究较少，不能满足我国当前防治大气复合型污染的需要；③关于健康结局种类，我国现有的研究大多集中在总死亡率、心肺系统疾病的死亡率、医院就诊人次等较粗和较末端的健康终点以及一些常见的生物标志，缺乏对从基因、表观遗传、病理生理异常、亚临床指标到发病、死亡的完整性认识。

由于自身的工业结构和以燃煤为主的能源结构，在经济持续高速增长的背景下，我国大气环境问题尤为突出，已经成为我国最主要的环境和健康问题之一，严重制约了我国社会经济的进一步发展。随着我国政府对环保工作前所未有的重视和人们环保意识的提高，我国大气污染与健康研究面临重大的发展机遇期。基于以上回顾和综述，建议有必要在以下几个方面加强研究。

### 4.1.3.1　启动大气细颗粒物污染前瞻性队列专项研究，支持我国大气环境管理工作

基于人群的环境流行病学调查是世界各国和世界卫生组织制订、修订环境空气质量标准的首要依据。队列研究结果应用于对污染物年平均浓度标准的制订，时间序列研究结果则应用于日平均标准的制订。前瞻性队列研究在污染物暴露评价、个体健康资料的收集和质量控制更为严格，在支持防治大气污染健康危害、制修订相关环境标准等方面具独特优势，得到了当今各国的高度关注。比如，尽管美国已有两项著名队列研究，2004 年美国环保署又在"动脉粥样硬化的多种族队列(MESA)"基础上，启动了历史上投入最大(3000 万美元)、历时 10 年的大气污染对居民心血管系统影响的前瞻性队列研究。当前，我国环保部门已建立了覆盖全国的大气环境监测网络，卫生部门也建立了全国疾病和死亡监测系统，因此我国完全有条件开展自己的大气污染前瞻性队列研究，这将对我国未来制定、修订环境质量标准提供最重要的本土科学依据。可喜的是，在国家自然科学基金委"中国大气复合污染的成因、健康影响与应对机制"联合重大研究计划等国家重大科研项目中，已有多项 $PM_{2.5}$ 前瞻性队列研究项目获得资助。这将对我国未来 $PM_{2.5}$ 的健康风险管理提供最重要的本土科学依据，建议给予长期稳定支持。

### 4.1.3.2　加强大气细颗粒物污染与健康的基础研究

大气污染对居民健康危害的特征与作用机制是世界性难题。为满足居民对环境和健康的迫切需求，有必要以大气污染与人体交互作用为核心，围绕典型大气污染健康危害特征和作用机制这一关键，在以下方面继续开展大气污染与健康危害的基础研究：①我国代表性地区大气污染的来源、时空分布、暴露特征、居民个体暴露来源解析；②大气污染所致机体生物效应、早期健康损害(如肺功能、DNA 加合物和 DNA 损伤、心率变异、炎性与免疫反应)和激发重大心肺疾病(哮喘、肺癌和心血管疾病)发生和死亡的剂量效应/反应关系与作用机制；③与政府重大环境干预措施相匹配，开展干预研究，评估健康收益。在国家自然科学基金委"中国大气复合污染的成因、健康影响与应对机制"联合重大研究计划等国家重大科研项目中，已有多项 $PM_{2.5}$ 暴露评价和分子流行病学方面项目获得资助，这将对我国掌握 $PM_{2.5}$ 的致病机制提供重要的科学依据。

#### 4.1.3.3　综合考虑大气污染、全球气候变化与人群健康危害

我国近期雾霾频发的重要成因之一是近地面风速较小、大气较为稳定，污染物的扩散条件和干湿沉降条件不到位，致使局地污染不断蓄积。全球气候变化可导致异常天气的发生频率增加，静稳天气日数增加。缺乏去除机制的污染物不断蓄积导致雾霾的频率和程度不断加强，反过来又会影响到气象要素和局地气候。有证据表明，气候变化和大气污染在对居民的不良健康效应上可能存在着协同作用。因此，我国需要开展这方面的研究以支持制定气候友好型大气污染防治战略和措施，为应对全球气候变化和控制空气污染、保护公共健康奠定科学基础。

（撰稿人：阚海东）

## 4.2　大气细颗粒物污染与呼吸系统疾病的关联

以大气污染为代表的环境问题已成为人类健康的巨大威胁，每年造成全球约九百万人过早死亡（Landrigan et al., 2018）。大气污染物主要包括可吸入颗粒物（$PM_{10}$）、细颗粒物（$PM_{2.5}$）、超细颗粒物（$PM_1$）、臭氧（$O_3$）、二氧化硫（$SO_2$）、二氧化氮（$NO_2$）和一氧化碳（CO）等，这些有毒物质常由呼吸道进入人体，损害最严重的是呼吸系统。2017 年全球疾病负担研究显示（GBD, 2017），慢性呼吸疾病是仅次于心脑血管疾病和恶性肿瘤的第三大慢性非传染性疾病，慢性阻塞性肺疾病（简称慢阻肺）和支气哮喘（简称哮喘）是最常见的慢性呼吸疾病。大气污染是慢阻肺和哮喘的主要危险因素（Wong et al., 2008），大气污染对慢阻肺和哮喘患者的健康影响尚存许多问题待解答。

### 4.2.1　大气细颗粒物对呼吸系统健康影响的研究进展

大气颗粒物对呼吸系统的影响取决于颗粒物浓度、成分和粒径大小。其中，粒径是颗粒物最重要的性质之一，可决定最终于呼吸系统内的沉积部位和沉积量。如图 4-1 所示，空气动力学直径大于 10 μm 的颗粒物大部分阻留在鼻腔及咽喉部，而小于 2 μm 的可沉积肺部，对人体危害最大，如 $PM_1$ 和 $PM_{2.5}$。

颗粒物在肺部沉积是揭示颗粒物暴露与疾病发病率和死亡率相关性以及评价其毒性的重要因素，对颗粒物沉积的认识有利于减小健康风险。计算流体力学（CFD）可有效预测颗粒物在人体呼吸系统中的传输与沉积特性（Deng et al., 2019a），这将为研究颗粒物毒理机制，弥散过程，产生的健康效应等方面提供重要帮助。目前，常通过环境流行病学研究（时间序列研究、队列研究、病例-对照研究、横断面研究以及定组研究）评价颗粒物对呼吸系统的急慢性健康影响。

#### 4.2.1.1　$PM_{2.5}$ 对健康的影响

$PM_{2.5}$ 暴露的慢性健康效应队列研究多集中在欧美（Burnett et al., 2014; Lim et al., 2012），我国仅香港（Wong et al., 2015）和台湾（Chuang et al., 2011）地区评价了 $PM_{2.5}$ 的慢

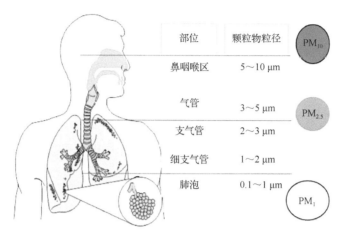

图 4-1　不同粒径颗粒物在呼吸系统的沉积状况

性效应。Wong 等(2015)研究发现，$PM_{2.5}$ 每升高 10 μg/m$^3$，呼吸疾病死亡风险增加 5%。现有研究中以慢阻肺发病或死亡为终点结局事件的报道较少(Yin et al., 2017)，可能与观察时间过短，队列覆盖面窄有关。

另外，毒理学实验就 $PM_{2.5}$ 以及其他粒径的颗粒物对呼吸系统的损害机制做了深入研究。发现 $PM_{2.5}$ 能引起肺上皮细胞产生白介素-6(IL-6)、肿瘤坏死因子 a(TNF-a)等炎性因子及 mRNA 表达的增加，可诱导人支气管上皮细胞发生凋亡。而且研究提示不同粒径颗粒物对人外周血淋巴细胞 DNA 有损伤作用，粒径越小对 DNA 的损伤越大(Shrine et al., 2019)。意大利某市 $PM_{2.5}$ 污染的健康影响研究中发现 $PM_{2.5}$ 会引起染色体的畸变和可遗传突变(Nawrot et al., 2018)。

颗粒物的成分对健康也有危害，Burnett 等(2000)分析了加拿大 8 个城市，测定了颗粒物中 47 种元素浓度，得出细颗粒物中的硫酸盐离子、铁、镍和锌与死亡呈强烈相关，这四种成分的总健康效应大于细颗粒物质量浓度本身，这一现象表明细颗粒本身的特征可能要比其质量浓度更具有代表性。

### 4.2.1.2　$PM_1$ 对健康的影响

$PM_1$ 是近年逐渐被关注的一种空气动力学直径小于等于 1 μm 的颗粒物，其在大气中停留时间比 $PM_{2.5}$ 更长，更易进入人体肺部，对健康的影响比 $PM_{2.5}$ 更显著。不过，$PM_1$ 的观测更复杂，目前我国各地区普遍采用气溶胶质谱仪，通过测量颗粒物在粒径测量室的飞行时间，获得其空气动力学直径，再经热表面气化和电子轰击电离后，获得 $PM_1$ 及各组分的质量浓度信息。有研究团队建立了出生队列，根据卫星遥感数据、气象数据、地面监测站数据和土地利用数据等推算每个孕妇暴露的 $PM_1$ 浓度，分析发现孕早期、中期、晚期及整个孕期的 $PM_1$ 暴露每增加 10 μg/m$^3$，会导致早产的发生风险分别增加 7%、10%、4% 和 9%；与 $PM_1$ 浓度小于 34 μg/m$^3$ 的低污染地区相比，$PM_1$ 浓度大于 52 μg/m$^3$ 的高污染地区孕产妇发生早产的风险增加 36%(Atkinson et al., 2012)。波兰一项针对 13~14 岁健康学龄儿童的定组研究发现，$PM_1$ 每升高 1 个四分位数单位浓度，用力肺活量(FVC)和最大呼气峰流速(PEF)分别降低 1.0% 和 4.4%(Zwozdziak et al., 2016)。我国一项

26 个城市的研究发现，每日急诊就诊率有 4.47%（95%CI：2.05%～6.79%）可归因于 $PM_1$ 污染（Chen et al., 2017c）。

中国学者观察我国大陆地区 2013～2014 年 $PM_1$ 的时空分布情况发现，全年 $PM_1$ 与 $PM_{2.5}$ 平均浓度比值（$PM_1/PM_{2.5}$）为 0.75～0.88，$PM_1$ 浓度呈现"夏季低，冬季高"的季节特征，并且东北地区、华北平原、东部沿海地区和四川盆地 $PM_1/PM_{2.5}$ 超过 0.9，而我国北方部分地区（新疆、西藏和内蒙古）$PM_1/PM_{2.5}$ 低于 0.7。大气污染严重时期的 $PM_1/PM_{2.5}$ 高于相对清洁时期。通过比值计算可以发现，我国 $PM_{2.5}$ 的主要成分为 $PM_1$，提醒发现并控制 $PM_1$ 来源的重要性（Chen et al., 2018a）。

目前全球范围对 $PM_1$ 的研究还很少，世界卫生组织（WHO）和各国环保部门尚未制定相关标准。关于 $PM_1$ 的了解还非常有限，$PM_1$ 在大气中的停留时间长、输送距离远，对大气环境质量和呼吸系统的影响更大，未来需对此开展进一步深入的健康影响研究。

### 4.2.2 中国成人健康肺部队列研究结果

受原卫生部"卫生行业科研专项"和国家重点专项"重大慢性非传染性疾病防控研究"资助，中日医院牵头建立的中国成人肺部健康队列于 2012～2014 年完成 5 万人的基线随访，这是我国规模最大的呼吸专项队列研究。研究针对自然人群进行细致的信息收集，阐明了我国自然人群肺功能情况分布，研究结果于 2018 年发表在 *The Lancet* 期刊（Chen et al., 2018b）。

研究揭示了我国慢阻肺最新的患病率，20 岁以上人口患病率为 8.6%，40 岁以上人口患病率 13.8%，慢阻肺人口约为 9990 万，同时就慢阻肺相关危险因素进行了较为深入的探讨。除既往公认的长期（20 年以上）吸烟史外，年平均暴露于 $PM_{2.5}$ 浓度在 50～74 $\mu g/m^3$ 及 75 $\mu g/m^3$ 以上，也是我国慢阻肺主要的危险因素之一，在非吸烟人群中尤为明显。如表 4-1 所示，在 40 岁以下成年人中也观察到 $PM_{2.5}$ 暴露与慢阻肺患病风险增加有关。此外，$PM_{2.5}$ 暴露还与其他因素（年龄、吸烟和生物燃料暴露）发生交互作用，增加慢阻肺的患病风险。

表 4-1　$PM_{2.5}$ 暴露与年龄、吸烟和生物燃料暴露对慢阻肺的影响

| 变量 | 多因素校正的 OR 值[①]（95%CI） | | | P 值 |
| --- | --- | --- | --- | --- |
| | $PM_{2.5}$ 暴露浓度均值（$\mu g/m^3$） | | | |
| | ＜50 | 50～74 | ≥75 | |
| 年龄（岁） | | | | |
| 20～39 | 1.0（参考） | 3.52（1.70～7.27） | 3.17（1.30～7.71） | |
| 40～59 | 2.41（0.48～12.21） | 8.41（4.09～17.31） | 7.88（4.48～13.85） | ＜0.0001 |
| ≥60 | 27.84（15.50～50.00） | 30.44（16.62～55.75） | 40.53（22.20～73.98） | |
| 吸烟史 | | | | |
| 从未吸烟 | 1.0（参考） | 2.33（1.74～3.11） | 2.37（1.89～2.96） | |
| 既往吸烟 | 2.78（1.67～4.64） | 4.22（2.83～6.28） | 4.92（3.63～6.68） | ＜0.0001 |
| 生物燃料暴露 | | | | |
| 无 | 1.0（参考） | 1.90（1.26～2.86） | 2.05（1.31～3.22） | |
| 有 | 1.31（1.08～1.59） | 2.37（1.47～3.81） | 2.58（1.84～3.61） | 0.0002 |

①校正的因素：性别、年龄、居住地、吸烟史、生物燃料暴露史、二手烟暴露史、教育水平、既往患病史和身体质量指数等（原表节选）。

### 4.2.3　京津冀及周边地区 PM$_{2.5}$ 对慢阻肺和哮喘患者的急性健康影响

#### 4.2.3.1　研究背景

我国京津冀、长三角和珠三角等区域因人口密度大、颗粒物污染水平高，已成为大气污染高风险地区。2008 年以来，环京津冀地区饱受雾霾的影响，污染水平最高，涉及人口最多，产业结构多样，成为该地区大气污染防控的难点和痛点。2013 年，国家多部委联合印发《京津冀及周边地区落实大气污染防治行动计划实施细则》，目标用 10 年或更长时间，逐步消除重污染天气。2018 年京津冀及周边地区 PM$_{2.5}$ 年均浓度为 60 μg/m$^3$，较五年前同比下降超过 50%。不过，从 PM$_{2.5}$ 年均值这一指标来看，目前我国环境质量标准中对 PM$_{2.5}$ 年均浓度设定标准仍较低。中国、欧盟、美国（陈魁等，2011）及 WHO（陈振民等，2008）推荐的标准值分别是 35 μg/m$^3$、25 μg/m$^3$、12 μg/m$^3$ 和 10 μg/m$^3$，因此空气质量改善的挑战依然艰巨。

既往研究中大气污染相关数据主要依靠卫星反演（Crouse et al., 2012; Wong et al., 2015）、固定的环境监测点（Ostro et al., 2010）或通过模型（Jerrett et al., 2005）模拟测量等方式获取，这些方法不能真实反映污染物的暴露-反应关系，固定监测点也无法准确描述个体真实的暴露水平，模拟过程也会带来模型本身的不准确性。同时，这些研究往往将一大类疾病作为整体评估，或仅面对住院患者，与结局相关的混杂因素也缺乏很好的控制，并且由于缺少详细的临床信息和个体暴露信息，难以观察大气污染随时间变化对个体或特定人群健康效应产生的综合影响。

#### 4.2.3.2　研究方法

1. 研究内容

2017 年 10 月，中日医院团队选择在京津冀及周边地区作为研究区域，以慢阻肺和哮喘非住院患者作为主要研究对象，利用前瞻性定组研究设计，对该人群进行为期 1 年的追踪随访。每次访视时收集该人群的生活环境情况、临床症状、肺功能、气道炎症水平及血液等生物样品，同步采集主要大气污染物和气象参数，利用个体采样设备对部分研究对象开展精确 PM$_{2.5}$ 浓度测量，评估该区域大气污染对慢阻肺和哮喘患者的急性健康影响。

2. 研究地点和时间

如图 4-2 所示，本研究在京津冀及周边地区的 9 个城市 19 家二、三级医院开展，患者入选时间从 2017 年 10 月到 2018 年 5 月止，随访时间为 1 a。根据空气质量标准设定访视时间窗：当 PM$_{2.5}$<75 μg/cm$^3$ 时入组患者，获取空气质量相对清洁时的基线情况；当 PM$_{2.5}$>115 μg/cm$^3$ 时进行三次面对面随访。统计分析时采用随访前 0～3 d 的 PM$_{2.5}$ 浓度计算（lag03），反映 PM$_{2.5}$ 累积 3 d 的滞后效应。

图 4-2　研究城市分布图（红色点位）

3. PM$_{2.5}$ 数据采集

（1）个体 PM$_{2.5}$ 暴露测量

采用美国 RTI 实验室生产研发的 MicroPEM$^{TM}$ version 3.2A 个体暴露采样仪（Chartier et al., 2017）（Personal Aerosol Exposure Monitor, RTI International）对调查对象进行连续 3 天±0.5 天的 PM$_{2.5}$ 暴露测量。

（2）群体水平 PM$_{2.5}$ 暴露测量

图 4-3（A，B）分别代表每个慢阻肺和哮喘患者的住所定位。对未佩戴 PM$_{2.5}$ 个体采样仪的患者，根据其家庭住址经纬度，匹配距离住所最近的大气监测站，获得这部分患者日均 PM$_{2.5}$ 浓度的暴露数据。

图 4-3　慢阻肺（A）和哮喘（B）患者分布图

#### 4.2.3.3　主要研究结果

**1. 研究期间 PM$_{2.5}$ 水平**

如表 4-2 所示，研究地区总体 PM$_{2.5}$ 年均浓度为 61.12 μg/m$^3$，超过空气质量二级标准（35 μg/m$^3$）74%，各城市年均浓度也都高于 2018 年全国平均水平（39 μg/m$^3$），属于污染典型地区。

**表 4-2　观察期间研究地区 PM$_{2.5}$ 年均值情况**　　　　　（单位：μg/m$^3$）

| 指标 | 均值 | 标准差 | 中位数 | 最小值 | IQR | 最大值 |
|---|---|---|---|---|---|---|
| 北京 | 50.82 | 41.9 | 42 | 4 | 48 | 255 |
| 天津 | 55.5 | 42.15 | 46 | 5 | 43 | 305 |
| 石家庄 | 69.3 | 49.73 | 53 | 11 | 54 | 329 |
| 太原 | 59.7 | 39.65 | 49 | 3 | 46 | 233 |
| 济南 | 50.5 | 19.35 | 45 | 26 | 29.5 | 84 |
| 沧州 | 60.81 | 41.73 | 47 | 12 | 35 | 281 |
| 邯郸 | 77.15 | 54.52 | 57 | 14 | 54 | 312 |
| 衡水 | 66.14 | 46.71 | 51 | 15 | 41 | 260 |
| 郑州 | 60.18 | 40.85 | 46 | 7 | 47 | 295 |
| 总体 | 61.12 | 41.84 | 48.44 | 10.78 | 44.17 | 261.56 |

**2. 随访各阶段 PM$_{2.5}$ 浓度水平**

如表 4-3 和图 4-4 所示，基线期患者个体 PM$_{2.5}$ 水平显著低于其他各次随访，三次随访间 PM$_{2.5}$ 浓度水平无明显差异，符合研究方案要求。

**表 4-3　访视期间患者个体 PM$_{2.5}$ 暴露水平**

| | 基线 | 第一次随访 | 第二次随访 | 第三次随访 | $P$ |
|---|---|---|---|---|---|
| PM$_{2.5}$（μg/m$^3$） | 42[23,62]* | 164[131,203] | 181[133,196] | 160[130,196] | <0.001 |

*$P<0.05$。

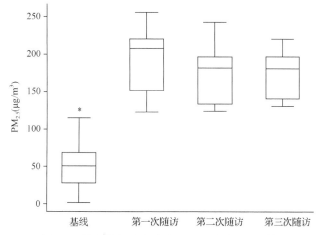

**图 4-4　访视期间患者个体 PM$_{2.5}$ 暴露水平比较**

*$P<0.05$

3. 个体 $PM_{2.5}$ 采样仪与大气监测站结果比对

通过秩和检验，用中位数和四分位数对个体 $PM_{2.5}$ 暴露测量数据和固定站点监测数据进行描述性分析，对个体 $PM_{2.5}$ 暴露测量数据和固定站点监测数据采用 Spearman 相关性进行分析，用监测站点 $PM_{2.5}$ 浓度水平对个体 $PM_{2.5}$ 暴露浓度水平进行拟合，建立线性回归模型。

如表 4-4 所示，个体 $PM_{2.5}$ 浓度低于同期监测站点数据（$P<0.001$），Spearman 相关系数为 0.837（$P<0.001$），呈正相关，散点图见图 4-5。

**表 4-4　个体采样仪与大气监测站点 $PM_{2.5}$ 浓度的相关性**

| 设备 | 样本数 | 中位数(median) | 最小值(min) | P(25~75) | 最大值(max) | 相关系数(Spearman) | 线性相关模型 回归系数 | 线性相关模型 调整 $R^2$ |
|---|---|---|---|---|---|---|---|---|
| 个体采样仪 | 95 | 48.5 | 5 | 10~143 | 206 | 0.837* | 0.727 | 0.80 |
| 大气监测站 | 95 | 103.5 | 12 | 14~201 | 230 | | | |

*$P<0.001$。

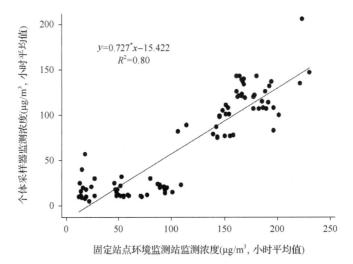

图 4-5　个体采样仪与环境监测站点结果散点图
*$P<0.001$

4. 研究对象基本情况

如图 4-6 所示，根据纳入和排除标准，共招募 1098 例患者，剔除因主动退出、失访、研究期间怀孕等终止随访进程的 41 例患者（3.73%）后，最终共纳入 1057 例（慢阻肺 497 例，哮喘 560 例），男性 605 例，女性 452 例。

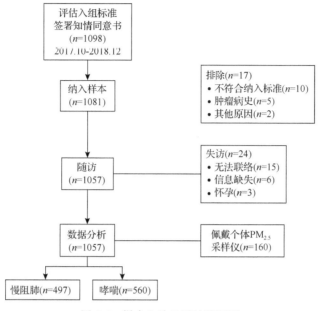

图 4-6　样本入选及随访流程图

如表 4-5 所示，慢阻肺患者中男性 390 人（78.47%），女性 107 人（21.53%），男女性别比为 3.64。哮喘患者中男性 215 人（38.40%），女性 345 人（61.60%），男女性别比为 0.62。慢阻肺和哮喘患者平均年龄分别为 65.19 岁和 49.78 岁。将 BMI≥24 作为超重指标分层发现，60% 以上患者处于超重，将腰臀比≥0.9 作为肥胖指标分层发现，50% 以上患者处于肥胖状态。慢阻肺患者中既往吸烟比例（73.04%）明显高于哮喘（23.22%），哮喘患者教育程度在大学及以上的比例（37.50%）高于慢阻肺（17.51%）。两组患者从事与大气污染暴露相关的职业比例均低于 10%，但有超过 60% 的患者住所与最近交通主干道的距离小于 200 m。

**表 4-5　研究人群基线情况**

| 人口学特征 | 慢阻肺 | 哮喘 |
|---|---|---|
| 样本量（人） | 497 | 560 |
| 年龄（a） | 65.19±8.09 | 49.78±11.40 |
| $FEV_1$（L） | 1.47±0.61 | 2.35±0.84 |
| FVC（L） | 2.65±0.72 | 2.85±2.31 |
| $FEV_1$/FVC | 49.83±19.52 | 70.58±18.80 |
| $FEV_1$%pred | 53.19±20.08 | 84.05±22.14 |
| FeNO（ppb） | 29.63±18.50 | 46.03±29.37 |
| 性别（人，%） | | |
| 男 | 390（78.47） | 215（38.40） |
| 女 | 107（21.53） | 345（61.60） |
| BMI（kg/$m^2$） | 24.93±4.29 | 25.29±4.29 |
| ≥24（人，%） | 308（61.97） | 350（62.50） |

续表

| 人口学特征 | 慢阻肺 | 哮喘 |
| --- | --- | --- |
| <24(人,%) | 189(38.03) | 210(37.50) |
| 腰臀比(人,%) | 0.92±0.08 | 0.89±0.09 |
| ≥0.9 | 335(67.40) | 287(51.25) |
| <0.9 | 162(32.60) | 273(48.75) |
| 吸烟情况(人,%) | | |
| 从未吸烟 | 134(26.96) | 430(76.78) |
| 既往吸烟 | 363(73.04) | 130(23.22) |
| 教育程度(人,%) | | |
| 小学及以下 | 103(20.72) | 50(8.92) |
| 初中 | 164(33.00) | 150(26.79) |
| 高中 | 143(28.77) | 150(26.79) |
| 大学及以上 | 87(17.51) | 210(37.50) |
| 大气污染职业暴露(人,%) | | |
| 无 | 485(97.59) | 520(92.85) |
| 是 | 12(2.41) | 40(7.15) |
| 住所与交通主干道距离(人,%) | | |
| <50 m | 138(27.77) | 104(18.57) |
| 50~100 m | 107(21.53) | 140(25.00) |
| 101~200 m | 105(21.13) | 111(19.82) |
| 201~300 m | 99(19.92) | 52(9.29) |
| >300 m | 48(9.65) | 153(27.32) |

注：第一秒用力呼气容积占预计值百分比（$FEV_1$% pred）、用力肺活量（FVC）、第一秒末用力呼气量（$FEV_1$）、第一秒用力呼气容积占用力肺活量百分比（$FEV_1$/FVC）、呼出气一氧化氮（FeNO）、身体质量指数（BMI）。

5. $PM_{2.5}$ 对慢阻肺和哮喘患者肺功能和气道炎症水平的急性效应

本研究观察肺功能的主要结局指标为第一秒用力呼气容积占预计值百分比（$FEV_1$% pred）。次要结局指标为：肺活量（VC）、肺总量（TLC）、用力肺活量（FVC）、第一秒末用力呼气量（$FEV_1$）、第一秒用力呼气容积占用力肺活量百分比（$FEV_1$/FVC）、最大呼气峰流速占预计值百分比（PEF%）和一氧化碳弥散量占预计值百分比（$DL_{CO}$% pred）。同时，以呼出气一氧化氮（FeNO）作为评估呼吸道炎症水平的指标。利用混合效应模型进行分析，并在模型中控制了风速、温度、湿度、年龄、性别、地区和吸烟史等变量。

（1）单污染物模型

表4-6描述了 $PM_{2.5}$ 在测量前1~3d的平均水平对慢阻肺和哮喘患者肺功能和气道炎症水平的累积滞后效应（lag03），结果显示：①$PM_{2.5}$ 每升高 10 μg/m³，慢阻肺患者肺通气指标 FVC、$FEV_1$ 和 $FEV_1$% pred 分别平均降低 0.02 L、0.08 L 和 0.15%；肺容量指标 VC 平均下降 0.03L；FeNO 升高 0.61ppb。②$PM_{2.5}$ 每升高 10 μg/m³，哮喘患者 $FEV_1$ 和 PEF% 分别平均降低 0.04 L 和 0.14%；FeNO 升高 0.04 ppb。

表 4-6　PM$_{2.5}$对慢阻肺患者肺功能的累积滞后效应(lag03)

| 指标 | 慢阻肺 | 哮喘 |
|---|---|---|
| VC(L) | $-0.03^*(-0.09\sim-0.01)$ | $-0.11(-0.29\sim0.12)$ |
| TLC(L) | $-0.001(-0.01\sim0.23)$ | $-0.04(-0.14\sim0.02)$ |
| FVC(L) | $-0.02^*(-0.04\sim-0.01)$ | $-0.01(-0.06\sim0.05)$ |
| FEV$_1$(L) | $-0.08^*(-0.13\sim-0.03)$ | $-0.04^*(-0.17\sim-0.01)$ |
| FEV$_1$% pred | $-0.15^*(-0.35\sim-0.02)$ | $-0.03(-0.15\sim0.08)$ |
| FEV$_1$/FVC | $-0.37^*(-0.44\sim-0.38)$ | $-0.37(-0.44\sim0.35)$ |
| PEF% | $-0.11(-0.44\sim1.17)$ | $-0.14^*(-0.62\sim-0.08)$ |
| DLco% | $-0.01(-0.30\sim0.66)$ | $-0.01(-0.08\sim0.98)$ |
| FeNO(ppb) | $0.61^*(0.23\sim0.99)$ | $0.04^*(0.03\sim0.19)$ |

注：表中数据代表 PM$_{2.5}$浓度每升高 10 μg/m$^3$，相应指标的变化量及 95%置信区间。

$^*P<0.05$。

(2)双污染物模型

考虑大气污染物之间存在相关性，为避免忽略污染物间的交互作用对结果产生的影响，通过构建双污染物模型进一步检验影响是否存在。如图 4-7 所示，通过双污染物模型发现 PM$_{2.5}$对慢阻肺患者 FVC 的效应具有独立作用。

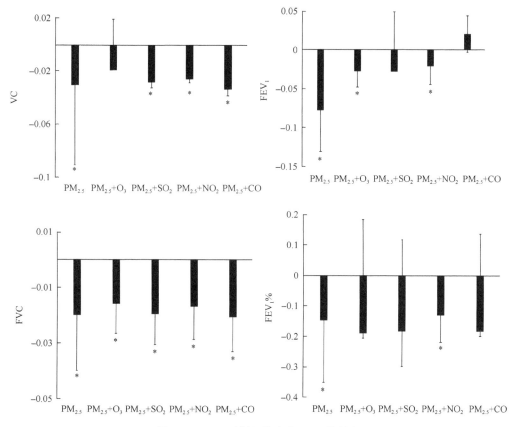

图 4-7　PM$_{2.5}$对慢阻肺患者 FVC 的效应

$^*P<0.05$

6. PM$_{2.5}$对慢阻肺和哮喘患者临床症状的急性效应

由表 4-7 可见，随访前 1～3 d 各污染物的平均浓度(lag03)与临床症状出现的风险有关，具体如下：①PM$_{2.5}$每升高 10 μg/m$^3$，慢阻肺患者发生咳痰、喘息、鼻痒、鼻塞、眼睛发红发痒及过敏性症状的风险分别平均增加 32%、38%、9%、7%、7%和 7%。②PM$_{2.5}$每升高 10 μg/m$^3$，哮喘患者发生胸闷和眼部发红发痒的风险分别平均增加 21%和 30%。

表 4-7　PM$_{2.5}$浓度与临床症状的急性效应(lag03)(OR,95%CI)

| 指标 | 慢阻肺 | 哮喘 |
| --- | --- | --- |
| 胸闷 | 0.95(0.89～1.02) | 1.21(1.01～1.45)* |
| 咳嗽 | 0.97(0.92～1.03) | 0.99(0.79～1.23) |
| 咳痰 | 1.32(1.12～1.91)* | 1.15(0.92～1.44) |
| 气短 | 1.02(0.97～1.07) | 1.03(0.96～1.11) |
| 喘息 | 1.38(1.09～1.75)* | 1.04(0.87～1.24) |
| 咽喉发痒 | 1.01(0.94～1.08) | 1.22(0.87～1.69) |
| 鼻痒 | 1.09(1.03～1.17)* | 1.01(0.84～1.21) |
| 鼻塞 | 1.07(1.01～1.14)* | 1.12(0.93～1.24) |
| 眼睛发红、发痒 | 1.07(1.01～1.12)* | 1.30(1.08～1.55)* |
| 过敏性症状 | 1.06(1.01～1.12)* | 1.20(0.99～1.44) |

注：过敏性症状包括剧烈打喷嚏、湿疹、皮肤出现风团等表现；污染物暴露为随访当天及前 3 天的污染物平均浓度。
*$P<0.05$。

### 4.2.3.4　研究讨论

1. 个体 PM$_{2.5}$浓度测量与环境监测站结果比较

近年来，环境流行病学研究的大气污染数据多通过环境监测站或卫星气溶胶厚度(aerosol optical depth, 简称 AOD) 反演地面 PM$_{2.5}$浓度，但监测站部署在离地面高度 20～25 m 的位置，很多站点位于郊区，不能直接代替人群 PM$_{2.5}$个体暴露水平开展精准的健康影响研究。

目前个体暴露数据尚难获得，相关研究有限，为充分利用现有监测数据，尝试通过利用国际认可的 PM$_{2.5}$个体采样仪对个体暴露数据与监测站数据进行相关分析，发现二者呈正相关，相关系数为 0.84。基于此结果，研究人员利用监测站数据模拟个体暴露水平，二者回归模型的线性拟合效果也较佳($R^2 = 0.727$)，说明基于监测站数据模拟个体 PM$_{2.5}$暴露水平效果较好。既往研究认为 PM$_{2.5}$暴露水平与个体时间-活动模式有关，包括室内外停留时间，所处的不同场合以及是否使用净化装置等。例如研究发现步行、骑自行车和乘坐公交车时，环境相对开放，其个体 PM$_{2.5}$暴露水平与监测站数据拟合效果较好，而地铁环境相对封闭，拟合效果较差。对患者进行个体 PM$_{2.5}$水平估计时，也将时间-活动模式的数据纳入模型中，但因存在患者的回忆偏倚，所以得到的回归方程系数还需在未来研究中予以验证。今后还应通过大样本、多污染物和全时空的个体暴露研究以积累大量科学数据，形成更为精准的个体暴露数据库，有利于制定相关政策、环境健康标准及干预措施意见等，降低大气污染对易感人群的健康风险。

### 2. $PM_{2.5}$ 与肺功能

肺功能是反映呼吸系统早期健康损伤的客观指标之一，本研究慢阻肺患者基线期肺功能指标 $FEV_1$ 为 1.47 L、$FEV_1$% pred 为 53.19%、FVC 为 2.65 L、$FEV_1$/FVC 为 49.83，均低于欧美自然人群队列水平，但优于印度大气污染易感人群（FVC：2.27±1.05）。同国内人群肺功能调查结果比较，肺功能水平也低于我国 9 城市成人肺功能调查，中国慢性病前瞻性研究（CKB）及中国成人健康肺部队列的研究结果，研究结果的差异可能归因于本研究多为重度和极重度慢阻肺患者，以及开展地区的污染水平和人群基础也存在不同。

本研究发现，$PM_{2.5}$ 平均浓度每升高 10 $\mu g/m^3$，慢阻肺患者 FVC、$FEV_1$ 和 $FEV_1$% pred 分别平均降低 0.02 L、0.08 L 和 0.15%，下降程度高于美国的一项研究。该研究显示，肺功能检查前 1 天，$PM_{2.5}$ 浓度每增加 5 $\mu g/m^3$，$FEV_1$ 下降 0.008 L。但本研究肺功能的下降程度低于 Framingham 队列研究，即 $PM_{2.5}$ 每上升 2 $\mu g/m^3$，$FEV_1$ 下降 0.013 L，所以不同种族、地区、人群、社会和环境因素都对肺功能有影响，为更好地横向比较效应指标变化量，目前文献报道都将污染物改变单位趋于一致表达（10 $\mu g/m^3$）（Rice et al., 2015）。

本研究在哮喘患者中也发现 $PM_{2.5}$ 每升高 10 $\mu g/m^3$，$FEV_1$ 和 PEF% 分别平均降低 0.04 L 和 0.14%，结果和英国牛津大街与海德公园的随机对照研究（McCreanor et al., 2007）、美国西雅图（Delfino et al., 2008）及欧洲队列（Götschi et al., 2008）的研究一致。

### 3. $PM_{2.5}$ 与 FeNO

FeNO 作为表征气道炎症水平的亚临床指标，其主要来源于气道上皮细胞合成酶（NOS）所合的一氧化氮，炎症因子和介质可诱导气道上皮细胞生成高浓度的一氧化氮（Shrine et al., 2019）。

本研究基线期哮喘患者 FeNO 水平明显高于慢阻肺（46.03±29.37 vs 29.63±18.50，$P<$ 0.05），这与哮喘常以慢性气道炎症为特征有关。研究发现 $PM_{2.5}$、$SO_2$、$NO_2$ 和 CO 对慢阻肺患者 FeNO 均有显著效应，可引起 FeNO 升高。哮喘患者中，$PM_{2.5}$、$O_3$ 和 $SO_2$ 浓度增加，可引起 FeNO 升高。这和 Wu（2016）等开展的一项 23 例稳定期慢阻肺患者的定组研究结果一致，$PM_{2.5}$、$SO_2$ 分别每升高 76.5 $\mu g/m^3$ 和 45.7 $\mu g/m^3$，FeNO 平均升高 13.6% 和 34.2%。

目前关于大气污染的对慢阻肺和哮喘气道炎症影响的滞后效应模式尚无一致的结论，可能与不同研究中大气污染物浓度及成分、研究对象的易感性不同有关，温度等气象因素也是影响结果差异的原因（Warburton et al., 2013）。

### 4. $PM_{2.5}$ 与临床症状

大气污染暴露和临床症状，例如，持续咳嗽、咳痰，哮喘症状发作和住院率升高有关。研究发现大气污染急性暴露可不同程度引起慢阻肺和哮喘患者发生咳痰、喘息、鼻塞、鼻痒、眼睛发红发痒及过敏性症状，其中慢阻肺患者主要容易出现眼睛发红发痒、咽喉发痒和鼻痒，哮喘患者容易发生喘息、鼻痒、眼睛发红发痒和过敏性症状。国内外关于大气污染与临床症状的研究结论并不都相同。我国一项纳入 11860 例哮喘患者的北方六城市研究发现（Pan et al., 2010），$PM_{10}$、$SO_2$ 和 $NO_2$ 分别每增加 172 $\mu g/m^3$、69 $\mu g/m^3$ 和 30 $\mu g/m^3$，咳嗽、咳痰和喘息的发生风险分别增加 21%～28%、21%～30% 和 39%～56%。

然而国外一些研究认为大气污染对临床症状的急性效应并不明显,其中一项长达 11 个月的观察研究发现(Shrine et al., 2019),仅 $NO_2$ 与儿童哮喘患者发生咳嗽有关(RR = 1.05, 95% CI:1.003~1.10)。目前国内大多是回顾分析污染天气对门诊、急诊就诊率的时间序列研究,而基于个体水平的人群研究鲜有报道。研究结果提示除了呼吸系统症状外,过敏相关症状可能也是慢阻肺和哮喘患者对大气污染的早期急性表现,因而也要重视污染天气下对眼睛、鼻腔和皮肤的防护。

#### 4.2.3.5　主要研究结论

(1)京津冀及周边地区大气污染形势严峻,$PM_{2.5}$ 污染较为严重,远高于我国 $PM_{2.5}$ 平均水平、WHO 建议的指导值和发达国家目前的污染水平。

(2)$PM_{2.5}$ 对慢阻肺和哮喘患者肺功能、气道炎症水平均有不同程度的急性效应。

(3)$PM_{2.5}$ 急性暴露可不同程度引起慢阻肺和哮喘患者发生咳痰、喘息、鼻塞、鼻痒、眼睛发红发痒及过敏性症状。

### 4.2.4　展望

(1)建立前瞻性环境与呼吸疾病健康队列研究。目前,探索大气污染暴露与呼吸疾病发生风险关联性的前瞻性队列研究主要集中于污染水平低的欧洲与北美地区,由于大气污染物成分和基因显著不同,其结果不能直接应用于我国。

(2)开展大气污染与呼吸疾病有关的基础研究。通过队列研究的发现,指导基础研究方向,还可将基础研究的初步成果在队列研究中加以验证,相辅相成。同时,继续开展与大气细颗粒物污染健康影响有关的生物标志物研究。

(3)开展定性研究,增加研究维度和视角。现有研究多基于制式问卷或量表,缺乏调查对象的主观感受,通过定性访谈可予以弥补。

(4)深入分析大气污染物具体成分对健康的影响,从源头探寻主要的有害物质。同时通过分析气象主要参数(温度、湿度、气压、风速、边界层厚度等)与呼吸疾病的健康关系,构建气象与健康指标的效应关系,丰富气象医学研究。

我国大气污染治理初见成效,但参照欧美污染治理的经验,这仍是一条长期攻坚之路。因此尚需继续加强基础研究、队列研究和干预研究,强化多学科合作,努力构建基于我国特征的环境健康数据库,形成更为精准的空气质量健康指南。

（撰稿人：杨　汀　王　辰）

## 4.3　大气细颗粒物与儿童喘息发病的关联研究

随着经济的快速发展及城市化进程的加速,我国城市大气环境面临严峻挑战。各地雾霾现象日趋严重,与雾霾发生有直接关系的大气细颗粒物($PM_{2.5}$)已成为我国大中城市的首要污染物,$PM_{2.5}$ 对健康的影响引起了广泛的关注。大气细颗粒物对敏感人群如儿童呼吸系统的影响是近年来国内外大气污染研究的焦点,其中哮喘由于在世界各国儿童中发病率和病情的严重程度均逐年上升而引起了广泛关注。

哮喘是一种以慢性气道炎症、气道高反应性和气管壁重塑为主要特征的慢性呼吸系统疾病(Lambrecht and Hammad, 2015)，影响全球约 3.39 亿人(Lai et al., 2009)，是严重威胁儿童健康的主要慢性疾病之一。我国儿童哮喘形势严峻，第三次中国城市儿童哮喘流行病学调查显示，我国城区 0～14 岁儿童哮喘总患病率为 3.02%，与 2000 年全国调查的结果(累计患病率 1.97%)相比，增加了近 53%(Sha et al., 2015)，给家庭和社会带来了沉重的精神和经济负担。关于大气细颗粒物与儿童哮喘的关系，目前已得到一致认同的结论是，细颗粒物的浓度升高可导致已患有哮喘的患者急性发作增加(Habre et al., 2014; Silverman and Ito, 2010)。然而，细颗粒物暴露是否会增加哮喘发生的风险，目前研究结论并不一致。有些研究认为大气细颗粒物暴露可增加儿童哮喘发生的风险。Gehring 等(2015)利用欧洲的四个出生队列进行研究发现，细颗粒物暴露与儿童哮喘发生情况呈正相关，Bowatte 等(2015)对现有的十一个队列研究进行荟萃分析后认为，儿童细颗粒物暴露可增加哮喘发生的风险。但"欧洲空气污染效应队列研究"(European study of cohorts for air pollution effects, 简称 ESCAPE)对欧洲五个不同国家和地区的儿童进行研究后认为，大气细颗粒物与儿童哮喘发生不存在关联(Annesi-Maesano, 2015)，而 Zhang 等进行的荟萃分析也未发现产前大气细颗粒物暴露与儿童哮喘的关联(Hehua et al., 2017)。除此外，不同地域间细颗粒物浓度的差异与儿童哮喘患病率的差异也存在不一致性。国际儿童哮喘和过敏研究组数据显示(Weinmayr et al., 2007)，澳大利亚、新西兰、英国等细颗粒物污染程度轻的欧美发达国家儿童哮喘患病率明显高于我国。不同人种基因型的差异并不能完全解释这种不一致性。例如，美国南加州地区近 20 年来细颗粒物浓度显著下降，但其儿童哮喘患病率自 1984 年到 2005 年上升了近 100%(Simcox et al., 2017)。

可见，目前围绕大气细颗粒物暴露是否会增加儿童哮喘发生风险的研究结论尚不一致。研究人员认为，造成这些不一致的原因主要有：①低龄儿童哮喘病例确认的不确定性。哮喘是一种发作性慢性呼吸道疾病，50%～80%哮喘患儿在 6 岁以前症状是不断发展的，低龄儿童哮喘常不能明确诊断(Guilbert et al., 2014)。因此在人群流行病学研究中对儿童哮喘病例的确认常出现不确定性。②大气细颗粒物暴露评估窗口期的差异。有些研究采用现况研究设计观察哮喘发生前数天或数月的细颗粒物暴露与哮喘的关系，有些研究则观察出生后第一或二年的细颗粒物暴露情况。③大部分研究未考虑大气细颗粒物毒性组分的时空差异。大气细颗粒物的来源复杂，其形成受地区、污染源、地形、气象条件、季节、浓度等因素的影响，具有鲜明的地域特征。不同地区的细颗粒物含有不同类型的化学污染物，导致其毒性效应机制也不同。单纯的以细颗粒物浓度作为暴露并不能精确判断其对哮喘风险的影响和作用机制。我国细颗粒物浓度高，来源和成分复杂，要明确我国细颗粒物与婴幼儿喘息和哮喘的关联，不可忽视细颗粒物不同毒性组分的影响。因此，对于细颗粒物暴露是否会增加儿童哮喘发生的风险，还需要更灵敏精确的效应指标，更精确全面的暴露评估，同时考虑细颗粒物毒性组分的影响，采用良好设计的流行病学研究加以佐证。

目前国内外关于细颗粒物暴露与儿童哮喘的研究，大多以"是否有医生明确诊断为哮喘"作为哮喘病例的判断标准。但对于低龄儿童，由于目前尚缺乏特异性的检测方法和指标可作为哮喘确诊依据(Jusko et al., 2006)，常导致病例确认的不确定性。婴幼儿喘息作为 0～6 岁儿童常见的呼吸道炎性症状，与儿童哮喘存在密切联系，80%的哮喘患者 3 岁前有喘息表现，50%则在 1 岁前即有喘息症状(Wright, 2002)。在喘息的 3 种临床表型(早发暂时型、早发持续型和迟发型喘息)中，早发暂时型喘息大多预后良好，在 3 岁后不再发作，而然部分早发持续型和迟发型喘息患儿在 6 岁后仍反复发作，最终将发展为哮喘(Taussig et al., 2003)。我国目前婴幼儿喘息的发生率不断上升，如上海 0～3 岁儿童喘息发生率达 25%，与欧美发达国家水平相当，但我国儿童哮喘的患病率并不如欧美国家儿童高。这提示我国喘息患儿的主要临床表型及最终转归与欧美发达国家可能存在较大差异。因此，单独通过临床诊断或以喘息发作判断哮喘，都难以准确全面的揭示我国大气细颗粒物对儿童哮喘发生风险的影响。而以婴幼儿喘息的发生和转归作为健康效应终点，可完整观察婴幼儿喘息发生、临床表型到最终转归的变化，有助于更灵敏精确的评估我国细颗粒物暴露与儿童哮喘风险的关系，明确细颗粒物对我国儿童喘息和哮喘的影响特征，也有助于有针对性的早期识别哮喘高危儿童。

最近研究表明，哮喘是一种发育起源性疾病,绝大部分哮喘开始于生命早期(Martinez, 2002)，出生后 0～3 年尤其是第一年是儿童哮喘风险形成的敏感窗口期。这段时期是婴幼儿固有免疫和获得免疫系统成熟时期，此时的不良环境暴露极易使婴幼儿过敏性或特应性疾病的风险增加(Gern, 2010)。此外，新生儿出生后第一年也是哮喘的主导炎症反应类型 Th2 型免疫反应建立的关键时期(Martinez, 2002)。和后期的暴露相比，这段时期内的环境暴露对儿童哮喘和过敏性疾病的发生将产生更关键的作用。因此，要阐明大气细颗粒物对哮喘发生的影响，需采用前瞻性队列研究设计，评估儿童出生后不同时间段内的细颗粒物暴露情况与哮喘的关联。现况研究设计有可能由于暴露评估窗口期不够敏感而使结果出现偏差。例如，Lilian 等对大气污染和儿童哮喘的研究进行综述分析后发现，从现有的现况研究结果中无法确认大气污染和儿童哮喘的关系(Tzivian, 2011)。而 Bowatte 等(2015)对 4 篇出生队列研究进行荟萃分析后发现，生命早期细颗粒物暴露和 3～12 岁儿童喘息和哮喘的发病率增加显著相关。Clark 等(2010)发表的一项巢式病例对照研究结果也显示，儿童早期生活环境大气中细颗粒物、CO、NO、$NO_2$、$SO_2$ 的暴露水平与儿童哮喘患病呈显著正相关，并表示其研究结果印证了儿童早期空气污染物的暴露会导致哮喘发生的假说。因此大气细颗粒物暴露评估时间的选择，是揭示细颗粒物对哮喘风险影响的关键。

由于哮喘发生时会产生 Th2 相关细胞因子增加的现象，如 IL-5 诱导嗜酸性粒细胞增多、IL-4 和 IL-13 促进 B 淋巴细胞完成 IgE 抗体转换等，因此传统观点认为 Th1/Th2 免疫细胞失衡诱发炎症反应导致了哮喘的发生。但随着对儿童哮喘疾病认识的逐渐加深，发现尽管 Th1/Th2 失衡炎症反应在哮喘中发挥重要作用，但是以其为主要作用机理的药物(如皮质类固醇类)并不能对哮喘疾病的进程进行改善和治愈，仅能暂时缓解哮喘的症状(Adcock et al., 2008)。并且，以炎症相关细胞因子为靶点展开的哮喘新药研发，在临床试验阶段中也宣告失败(Mullane, 2011)。这些研究提示：Th1/Th2 炎症反应失衡可能只是哮喘疾病的表象和终点效应，存在更早期的病理机制导致哮喘疾病发生，深入探索早期作用机制有利于预警哮喘的发生和发展。

氧化应激是机体内产生过量活性氧物种(reactive oxygen species, 简称 ROS), 导致机体氧化和抗氧化两个拮抗系统失衡所引起机体生化生理过程的异常。研究表明, 大气细颗粒物能诱导 ROS 的大量生成, 产生氧化损伤作用(Chan et al., 2013; Garza et al., 2008; Xiao et al., 2003)。而 ROS 过量导致的氧化应激能进一步诱导 Th2 免疫应答, 并放大和持续 Th2 介导的气道炎症反应, 造成气道高反应性、气道微血管高渗透性、气道黏液高分泌, 从而导致气道组织损伤和形态的改变(Casalino-Matsuda et al., 2009; Sugiura and Ichinose, 2008)。除此外, ROS 可通过引起上皮细胞直接的氧化性损伤和脱落, 刺激肥大细胞释放组胺, 促进上皮细胞分泌黏液, 诱导平滑肌收缩等引起机体产生哮喘的病理生理特点。由此, 细颗粒物暴露可通过增加 ROS 的生成导致氧化损伤, 进而介导炎症反应。作为供能代谢中心的线粒体是细胞内 ROS 产生的主要来源, 当 ROS 大量蓄积未被及时清除, 就会对线粒体的多种成分如蛋白质、脂质和 DNA 成氧化损伤, 再反过来促使线粒体加剧 ROS 的生成(Figueira et al., 2013), 极易形成机体氧化应激和线粒体损伤的"恶性循环"。研究表明, 线粒体是众多环境化学外源物毒性作用的优先靶点(Meyer et al., 2013)。由于线粒体 DNA(mtDNA)位于线粒体基质内, 靠近产生 ROS 的氧化呼吸链, 所处环境异常活跃; 其本身又不具组蛋白和染色质结构的保护, 直接暴露在大量 ROS 的环境中, 又缺乏有效的校读和修复系统。这些特点均决定了 mtDNA 为脆弱敏感, 而 mtDNA 的损伤又会引起线粒体膜成分和功能的改变。在环境氧化物暴露导致小鼠哮喘模型的研究中发现, 暴露组小鼠气道上皮细胞先出现线粒体功能异常, 再出现气道炎性反应从而诱发哮喘, 表明环境毒性物质引起过敏性气道炎症是由线粒体损伤介导的(Aguilera-Aguirre et al., 2009)。目前已有研究显示, 大气细颗粒物暴露可引起线粒体结构改变和膜电位降低(Zhao et al., 2009; Kamdar et al., 2008; Li et al., 2003), 影响 mtDNA 的含量(Pieters et al., 2013)、拷贝数(Hou et al., 2013), 以及甲基化(Byun et al., 2013)等。因此, 有理由认为细颗粒物暴露可通过引起线粒体损伤, 进而介导炎症反应的发生, 增加儿童哮喘疾病的风险。深入探讨细颗粒物对线粒体的损伤作用, 有助于明确细颗粒物暴露导致儿童哮喘疾病的机制; 同时线粒体损伤的相关指标也可作为细颗粒物暴露导致儿童哮喘疾病的早期生物标志物, 用于早期识别可能发展为哮喘的儿童。

出生队列研究对儿童从出生起进行持续的追踪观察, 根据长期的随访和自身对比研究, 描述疾病发生时间、空间和人群分布和发展规律, 具有由"因"及"果", 能确认暴露与疾病之间因果关系的特点。因此, 采用出生队列研究可评估从胚胎期、出生、幼儿至儿童期各阶段的细颗粒物暴露水平, 观察婴幼儿喘息从发生、发展到是否转归为哮喘的全过程, 并可观察不同时间段线粒体损伤等生物标志物的变化情况, 是研究细颗粒物暴露导致儿童哮喘疾病风险, 探索作用机制并发现早期生物标志物的最有效手段。为了探索生命早期环境暴露对儿童发育性疾病风险的影响规律, 前期与武汉市妇女儿童医疗保健中心合作, 在武汉市建立了出生队列, 至今已募集母婴达 20000 多对, 对纳入到队列中的孕妇、婴幼儿和儿童进行定期调查和跟踪随访。本队列人群基线资料详细、随访率高、人群代表性良好并具有良好的环境监测资料为研究细颗粒物暴露与儿童哮喘疾病的关系, 回答本研究的关键科学问题提供了良好基础和条件。

本研究将利用已建立的出生队列, 对婴幼儿从出生开始进行不同时间段的细颗粒物暴露评估,并对采集的细颗粒物中的重要化学成分(金属、PAHs、PBDEs、PCDD/Fs 等)进行分析,评估儿童不同阶段的暴露水平,同时以婴幼儿喘息的发生发展和哮喘发生为效应指标,追踪出生队列儿童喘息的发生、临床分型和最终转归,研究细颗粒物暴露与婴幼儿喘息以及哮喘发生的关系。在此基础上,紧密围绕线粒体损伤介导的炎症反应与儿童哮喘的发生,研究细颗粒物对不同阶段(出生、3 岁、6 岁)儿童线粒体膜和 mtDNA 的损伤、炎症因子的影响,并评估细颗粒物对 6 岁儿童肺功能的影响,探讨线粒体损伤在增加儿童哮喘风险中的作用。将分子水平的机制探讨与婴幼儿喘息发生、发展以及哮喘的发生有机联系起来,精确评估细颗粒物暴露导致儿童哮喘疾病的风险,为掌握我国城市细颗粒物暴露水平和对儿童健康影响风险提供基础数据。

### 4.3.1　大气细颗粒物与儿童喘息相关研究方法

#### 4.3.1.1　队列儿童追踪随访

在前期建立的出生队列中随机选出 6000 名儿童作为研究对象,对研究对象生长发育和健康状况进行追踪随访。①问卷调查:对研究对象进行定期问卷调查,询问幼儿及儿童的喘息发病患病及哮喘情况。采用第二次全国儿童哮喘患病率调查使用的哮喘与过敏性疾病初筛问卷,并根据本课题的研究特点增加喘息相关问题,由经严格培训的调查员对研究对象进行随访,保证调查信息的准确性和应答率,减少应答偏倚。问卷主要内容包括:近期(即自调查时间点起一年内,不足一年则至出生时间)喘息发病情况、发病次数及患病情况;既往喘息史(即自出生到随访时间点喘息患病情况)、近期哮喘发病患病情况等。对年满 3 岁的儿童进行喘息的回顾性分型,对 6 岁以上儿童进行肺功能检测。并调查其他可能的混杂因素信息,包括人口学特征、生活环境、家庭室内环境、饮食饮水、家族过敏性疾病史、主被动吸烟情况、呼吸道病毒感染、宠物饲养、抗生素使用等与儿童喘息及哮喘相关的各种因素。同时对该出生队列中孕妇的基本情况、健康状况、孕期环境暴露、孕产妇保健、病历资料以及婴幼儿健康状况等信息整理录入汇总,形成完善的数据库系统。②体格发育随访:利用武汉市妇女儿童医疗保健中心已建立的妇幼信息系统,对儿童的生长发育和健康状况进行追踪,在该系统中社区卫生服务中心和幼儿园定期对全部婴幼儿及儿童进行调查和体检,并直接将调查和体检结果进行网络直报。③样本收集:收集母亲孕早、中、晚期母亲的血液和尿液样本,儿童出生时的脐带血、胎盘和脐带等样本以及 3 岁儿童的外周血,对样本进行整理核对入库,存放于–80℃冰箱。

#### 4.3.1.2　大气细颗粒物暴露评估模型构建

近年来,已有多种方法用于人群空气污染物浓度暴露评估,其中,应用较多的方法包括反距离加权算法(inverse distance weighting, 简称 IDW)、克里格插值算法(Kriging)和土地利用回归(land use regression, 简称 LUR),然而这些方法在应用上都存在一定的局限性:IDW 方法只是单纯考虑了空间距离,因而可信度差,在很大程度上可能高估人群空气污染物暴露水平;克里格插值算法极大地依赖地面监测站点的数目,当地面监测站点较少时,无法有效地评估人群空气污染物暴露浓度的空间变异;LUR 利用一系列的预测变量如土地利用，交通流量和植被覆盖，在一定程度上改良了 IDW 和克里格插值算法的不足。但由于 LUR 模型主要依赖的变量如土地利用和道路交通在短期内变异非常小，因而只适合预测人群空气污染物的长期暴露水平，无法对人群的短期空气污染物暴露水平进行有效估算。

基于以上研究方法存在的问题，本研究提出了一种基于监测数据评估人群空气污染物短期暴露浓度的方法。利用时空回归模型将传统的土地利用回归模型从单一考虑空间维度推广到了时间和空间维度，利用卫星遥感数据获取高时空分辨率的气象变化网格数据，在考虑空气污染物浓度变化的短期趋势和长期趋势条件下，对人群空气污染物浓度短期暴露水平进行有效估算。

（1）数据收集

从 NASA 遥感卫星 LandSAT-7 获取了武汉市 30 km×30 km 的卫星遥感数据，利用 ArcGIS 9.3 提取了武汉市的土地利用类型（商业以及居住用地、工业用地、河流以及湖泊、农田以及绿地）分布栅格数据；计算了队列人群居住地址和监测站点获取 1 km、5 km、10 km、15 km、20 km 半径内的各个土地利用类型的面积，利用 NASA 的 MODIS 遥感卫星获取了武汉市 2013～2016 年的逐日地表平均地温栅格数据，利用 ArcGIS 9.3 进行克里格插值获取了武汉市 500 m×500 m 栅格的逐日平均地温数据，计算了队列人群居住地址和监测站点 500 m 半径内的平均地表温度；从 OPENSTREETMAP 上获取了武汉市时速 20 km 及以上的道路分布数据，计算了队列人群居住地址以及监测站点 1 km 和 5 km 半径内的道路长度以及距离最近道路的距离；从武汉市环保局获取了污染源企业的名称以及详细地址，利用 ArcGIS 9.3 对污染源企业进行了定位，计算了队列人群以及空气污染监测站点 1 km 和 5 km 半径范围内的污染源企业数以及距离最近污染源企业的距离。

（2）构建模型

建立武汉市 21 个监测站点逐日细颗粒物监测浓度与土地利用、道路交通、地表气温以及污染源企业之间的时空土地利用回归模型，利用自然立方样条函数（每年设置了 12×4 个阈值点）拟合了地表气温与监测站点细颗粒物逐日浓度之间的非线性关系和监测站点细颗粒物逐日浓度的逐周短期趋势和季节趋势。并且利用建立的时空土地利用回归模型评估了队列人群 2013～2016 年的逐日细颗粒物暴露浓度。

（3）结果分析

利用 10 重交叉验证的方法评估了时空土地利用回归评估孕妇细颗粒物逐日暴露浓度的效果。评估结果显示，结合卫星遥感数据和地面监测站点数据的时空土地利用回归模型可以很好地预测武汉市队列人群的逐日细颗粒物暴露浓度（模型解释 $R^2 = 71.4\%$，10 重交叉验证模型解释 $R^2 = 72.6\%$）。

### 4.3.1.3　线粒体损伤水平检测

本研究旨在探索细颗粒物对线粒体的损伤作用，以明确细颗粒物暴露导致儿童哮喘疾病的机制，并早期识别可能发展为哮喘的喘息高危患儿。收集队列儿童出生时的脐带血，进行脐带血线粒体损伤水平的检测，作为线粒体损伤的基线水平。已有研究表明，线粒体 DNA 拷贝数含量是线粒体损伤和功能障碍的重要标志物之一（Hou et al., 2010;

Schins et al., 2004)，以脐血线粒体拷贝数作为线粒体损伤水平指标，分析孕期细颗粒物暴露对新生儿线粒体的损伤作用。用 Wizard® Genomic DNA Purification Kit 从脐血白细胞中提取 DNA，采用荧光定量 PCR 对脐血中线粒体 DNA 拷贝数进行相对定量，并检测端粒长度。本年度完成了 762 名儿童脐血样本中线粒体 DNA 拷贝数和端粒长度的检测。

### 4.3.2　大气细颗粒物与儿童喘息相关研究进展

#### 4.3.2.1　队列人群大气细颗粒物外暴露水平

利用已建立的时空土地利用回归模型，获得队列人群 2013～2016 年的逐日细颗粒物暴露浓度，计算不同暴露时期的平均暴露浓度。2013 年 $PM_{2.5}$ 暴露年平均浓度为 94.08 $\mu g/m^3$，图 4-8 展示了 2013 年 $PM_{2.5}$ 暴露月平均浓度变化。由图 4-8 可知，$PM_{2.5}$ 水平有明显的季节性差异，$PM_{2.5}$ 的暴露浓度在 1 月份最高(大于 200 $\mu g/m^3$)，12 月和 2 月次之(介于 130～200 $\mu g/m^3$)，其他月份均低于 150 $\mu g/m^3$，冬季各月份浓度明显高于夏季。收集医院分娩记录中儿童的分娩日期和母亲的末次月经，计算队列儿童不同阶段 $PM_{2.5}$ 的外暴露浓度，3500 名 2 岁儿童细颗粒物暴露分布如图 4-9 所示，孕期 $PM_{2.5}$ 平均暴露浓度为 74.4 $\mu g/m^3$，出生到 1 岁为 65.1 $\mu g/m^3$，出生到 2 岁为 63.8 $\mu g/m^3$。表 4-8 为 $PM_{2.5}$ 中重金属组分的浓度分布，武汉市 $PM_{2.5}$ 中不同重金属组分浓度差异较大，其中主要组分为 Al、Pb、Mn 和 Cr，除了 Cr，Al、Pb、Mn 在冬季的浓度最高，夏秋季较低，与 $PM_{2.5}$ 的季节分布一致。

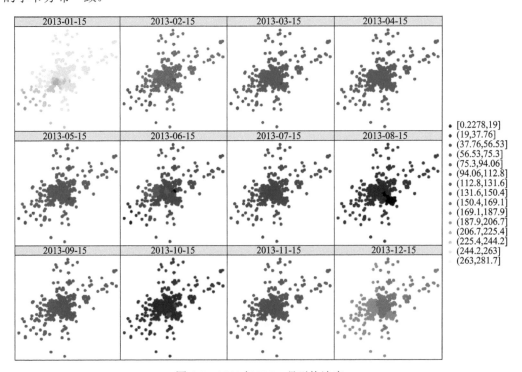

图 4-8　2013 年 $PM_{2.5}$ 月平均浓度

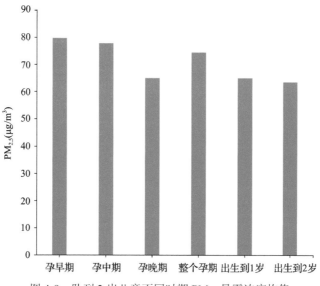

图 4-9　队列 2 岁儿童不同时期 PM$_{2.5}$暴露浓度均值

**表 4-8　PM$_{2.5}$重金属组分浓度分布**　　　　　　　（单位：ng/m$^3$）

| 元素 | 春季 | 夏季 | 秋季 | 冬季 | 采样期 |
| --- | --- | --- | --- | --- | --- |
| Ag | 0.83 | 0.28 | 0.25 | 0.37 | 0.44 |
| Pb | 23.65 | 21.3 | 26.61 | 36.14 | 25.08 |
| Ni | 2.22 | 2.15 | 2.43 | 1.87 | 2.23 |
| Cd | 1.64 | 1.05 | 1.74 | 1.79 | 1.51 |
| Cr | 35.82 | 54.27 | 35.94 | 21.27 | 39.94 |
| V | 2.43 | 1.59 | 2.17 | 1.59 | 2.02 |
| Mn | 27.09 | 19.96 | 28.23 | 28.45 | 25.43 |
| Al | 177.58 | 180.52 | 148.49 | 213.18 | 173.3 |
| As | 10.68 | 7.1 | 10.6 | 12.71 | 9.78 |
| Se | 2.69 | 1.97 | 3.22 | 2.28 | 2.59 |
| Tl | 0.2 | 0.16 | 0.22 | 0.31 | 0.21 |

#### 4.3.2.2　大气细颗粒物内暴露评估

本研究对细颗粒物暴露的生物标志物进行初步分析，从队列中筛选出 4000 名孕妇作为研究对象，分析研究对象尿液中重金属（铅、钒、铬、铊、银）浓度与收集尿液前 10 天（短期效应）和前 10 周（长期效应）PM$_{2.5}$浓度之间的关联。

表 4-9 为尿液中重金属的浓度与 PM$_{2.5}$浓度相关联的归因估计值，当大气细颗粒物控制在最低风险浓度值以下，尿液中重金属浓度增加的风险降低。调整混杂因素后，在尿液收集的前 10 天内，当细颗粒物每天的浓度控制在 25 µg/m$^3$ 以下时，尿液中银浓度增加

的风险降低 45.0%、钒浓度增加的风险降低 20.7%、铬浓度增加的风险降低 16.9%；在尿液收集的前 10 周内，当细颗粒物每周的浓度控制在 35 μg/m³ 以下时，尿液中铊浓度增加的风险降低 36.2%、铅浓度增加的风险降低 30.7%、钒浓度增加的风险降低 29.3%。同时，归因分值存在季节差异，表 4-10 表明，尿液中铅、钒、铬和铊的浓度在春季和(或)冬季的变异能被细颗粒物浓度变化解释的比例更高。此外，通过混合效应模型分析 PM$_{2.5}$ 暴露与孕期尿样中重金属的纵向关联，发现尿液中重金属浓度与 PM$_{2.5}$ 暴露浓度呈正相关，其关联在不同孕期中存在差异且受暴露期长短的影响。研究表明，妊娠期钒、铬、锰和铅等重金属的内暴露水平与 PM$_{2.5}$ 的暴露具有关联性，尿金属水平可以作为人体暴露于大气颗粒物的内暴露标志物之一。

表 4-9　尿液中重金属的浓度与 PM$_{2.5}$ 浓度相关联的归因估计值

| 重金属 | 尿液收集前 10 天[①] | | 尿液收集前 10 周[①] | |
|---|---|---|---|---|
| | 归因分值 | 95% CI | 归因分值 | 95% CI |
| 铅 | — | — | 0.307 | (0.254～0.357) |
| 钒 | 0.207 | (0.191～0.222) | 0.293 | (0.278～0.308) |
| 铬 | 0.169 | (0.153～0.186) | 0.106 | (0.086～0.126) |
| 铊 | 0.125 | (0.024～0.214) | 0.362 | (0.292～0.423) |
| 银 | 0.450 | (0.419～0.480) | — | — |

①校正了母亲年龄、母亲被动吸烟、母亲教育程度、母亲孕前 BMI、母亲妊娠期高血压和母亲妊娠期糖尿病。

表 4-10　尿液中重金属的浓度与不同季节组的 PM$_{2.5}$ 浓度相关联的归因估计值

| 重金属 | 季节 | 尿液收集前 10 天[①] | | 尿液收集前 10 周[①] | |
|---|---|---|---|---|---|
| | | 归因分值 | 95% CI | 归因分值 | 95% CI |
| 铅 | 春 | — | — | 0.661 | (0.608～0.708) |
| | 夏 | — | — | — | — |
| | 秋 | — | — | — | — |
| | 冬 | — | — | — | — |
| 钒 | 春 | — | — | 0.224 | (0.169～0.274) |
| | 夏 | — | — | 0.173 | (0.128～0.218) |
| | 秋 | — | — | — | — |
| | 冬 | 0.431 | (0.377～0.482) | 0.428 | (0.349～0.499) |
| 铬 | 春 | — | — | — | — |
| | 夏 | — | — | — | — |
| | 秋 | 0.210 | (0.166～0.253) | — | — |
| | 冬 | 0.440 | (0.392～0.487) | — | — |

续表

| 重金属 | 季节 | 尿液收集前 10 天[①] | | 尿液收集前 10 周[①] | |
| --- | --- | --- | --- | --- | --- |
| | | 归因分值 | 95% CI | 归因分值 | 95% CI |
| 铊 | 春 | 0.628 | (0.564~0.682) | 0.674 | (0.632~0.712) |
| | 夏 | — | — | — | — |
| | 秋 | 0.311 | (0.236~0.381) | — | — |
| | 冬 | 0.175 | (0.113~0.233) | — | — |
| 银 | 春 | 0.701 | (0.649~0.745) | — | — |
| | 夏 | 0.423 | (0.375~0.465) | — | — |
| | 秋 | 0.694 | (0.673~0.715) | — | — |
| | 冬 | 0.210 | (0.093~0.313) | — | — |

①校正了母亲年龄、母亲被动吸烟、母亲教育程度、母亲孕前 BMI、母亲妊娠期高血压和母亲妊娠期糖尿病。

### 4.3.2.3　大气细颗粒物暴露与孕期增重增加相关

研究表明，孕期增重过多儿童后期肥胖和各种疾病风险增加相关(Gaillard et al., 2013)，而孕期增重不足对新生儿的出生结局产生不良影响(Fujiwara et al., 2014)。本研究分析了孕期大气细颗粒物暴露与孕期增重的相关性，共纳入 2029 名孕妇，记录孕妇孕前体重和孕早期(13 周)、中期(27 周)、晚期(36 周)的体重，计算孕妇孕早、中、晚三期的体重增重和总孕期增重。利用已建立的土地利用回归模型，并计算孕早中晚三期和整个孕期的 $PM_{2.5}$ 暴露平均浓度，采用混合线性模型对孕三期 $PM_{2.5}$ 暴露与孕三期体重增重进行相关联分析，结果见表 4-11：孕期 $PM_{2.5}$ 暴露每增加 10 μg/m$^3$，总孕期增重增加 0.14 kg(95% CI: 0.12~0.17)，孕早、中、晚三期增重分别增加 0.15 kg(95% CI: 0.12~0.18)，0.15 kg(95% CI: 0.11~0.19)和 0.13 kg(95% CI: 0.09~0.17)。此外，分层分析发现，$PM_{2.5}$ 暴露与孕期增重的关联存在季节差异，结果见表 4-12，在春季或者夏季分娩的孕妇孕期增重增加明显。表明孕期高浓度 $PM_{2.5}$ 暴露可能会导致孕期增重增加，强调了探索 $PM_{2.5}$ 暴露对孕妇和儿童健康的影响的重要性。结果发于 *Environment International*(Liao et al., 2018)。

### 表 4-11　$PM_{2.5}$暴露与孕期增重的相关性

| 暴露期 | 孕期增重改变(95% CI) (kg) | |
| --- | --- | --- |
| | 未校正 | 校正[①] |
| 整个孕期 | 0.14(0.12~0.17)[*] | 0.14(0.12~0.17)[*] |
| 孕早期 | 0.15(0.11~0.18)[*] | 0.15(0.12~0.18)[*] |
| 孕中期 | 0.14(0.10~0.18)[*] | 0.15(0.11~0.19)[*] |
| 孕晚期 | 0.13(0.08~0.17)[*] | 0.13(0.09~0.17)[*] |

①校正了胎龄、母亲年龄、产次、母亲被动吸烟、母亲教育程度、母亲孕前 BMI、孕期睡眠质量和体育活动、母亲妊娠期高血压和母亲妊娠期糖尿病。

*$P<0.05$。

**表 4-12　PM$_{2.5}$暴露与孕期增重的季节分层分析**

| 暴露期 | 孕期增重改变(95% CI)(kg)[①] | | P[②] |
|---|---|---|---|
| | 春夏季分娩 | 秋冬季分娩 | |
| 整个孕期 | 0.17(0.14~0.20)* | 0.13(0.09~0.17)* | <0.001 |
| 孕早期 | 0.14(0.10~0.18)* | 0.14(0.07~0.22)* | |
| 孕中期 | 0.36(0.29~0.43)* | 0.15(0.03~0.27)* | <0.001 |
| 孕晚期 | 0.10(0.04~0.17)* | 0.12(0.07~0.18)* | |

①校正了孕周、母亲年龄、产次、母亲被动吸烟、母亲教育程度、母亲孕前 BMI、孕期睡眠质量和体育活动、母亲妊娠期高血压和母亲妊娠期糖尿病。

②孕期、PM$_{2.5}$暴露和季节的交互项的 P 值。

*P<0.05。

### 4.3.2.4　大气污染物暴露增加儿童喘息的发生风险

目前已完成 3500 名 2 岁儿童随访资料的核对、录入、质控和整理,队列儿童喘息发病情况见表 4-13,队列 2 岁儿童喘息、持续咳嗽和反复呼吸道感染的发生率分别为 9.5%、3.1%和 8.7%,男孩均高于女孩(P<0.01)。

**表 4-13　2 岁儿童呼吸道症状分布**

| 呼吸道症状 | 总人群 | | 男孩 | | 女孩 | |
|---|---|---|---|---|---|---|
| | n | % | n | % | n | % |
| 孩子是否有过喘息 | 329 | 9.5 | 217 | 12 | 112 | 6.8 |
| 孩子是否有过连续咳嗽多于 1 个月 | 106 | 3.1 | 70 | 3.9 | 36 | 2.2 |
| 孩子是否有反复呼吸道感染 | 301 | 8.7 | 178 | 9.8 | 123 | 7.5 |

根据建立的土地利用回归模型,计算儿童不同阶段大气污染物的外暴露水平,分析大气污染物的外暴露对儿童呼吸系统疾病的影响,校正的混杂因素通过调查问卷获得,包括母亲孕期情况、过敏家族史、抗生素暴露史、宠物接触史、饮食习惯、室内环境等。结果见表 4-14 和表 4-15,研究发现,孕期多种大气污染物暴露增加 2 岁儿童喘息的风险:孕早期 NO$_2$ 暴露每增加一个四分位数间距与儿童喘息的风险比为 1.25(95% CI: 1.04~1.52);孕期 SO$_2$ 暴露每增加一个四分位数间距与儿童喘息的风险比为 1.43(95% CI: 1.12~1.83);此外,孕期 PM$_{2.5}$、NO$_2$ 和 SO$_2$ 暴露增加 2 岁儿童反复呼吸道感染的风险,OR 值分别为 1.54(95% CI: 1.11~2.14)、1.39(95% CI: 1.04~1.87)和 1.82(95% CI: 1.36~2.44)。研究未发现儿童出生到 1 岁空气污染暴露与呼吸系统以及过敏性疾病的相关性,提示孕早期可能为空气污染对儿童呼吸系统健康产生影响的敏感时期。

**表 4-14　儿童不同阶段大气污染物暴露浓度**　　　　　(单位: μg/m³)

| 暴露期 | 污染物 | 均数 | 标准差 | 百分位数 | | | IQR |
|---|---|---|---|---|---|---|---|
| | | | | 25 | 50 | 75 | |
| 孕期 | PM$_{2.5}$ | 67.9 | 8.0 | 62.8 | 68.5 | 74.5 | 11.7 |
| | NO$_2$ | 53.9 | 5.6 | 50.4 | 53.9 | 58.3 | 7.9 |
| | SO$_2$ | 16.5 | 3.6 | 14.1 | 16.0 | 19.6 | 5.5 |

续表

| 暴露期 | 污染物 | 均数 | 标准差 | 百分位数 | | | IQR |
| --- | --- | --- | --- | --- | --- | --- | --- |
| | | | | 25 | 50 | 75 | |
| 孕早期 | $PM_{2.5}$ | 69.7 | 18.5 | 55.6 | 68.7 | 85.0 | 29.4 |
| | $NO_2$ | 54.5 | 9.6 | 48.2 | 54.8 | 60.3 | 12.1 |
| | $SO_2$ | 16.7 | 6.6 | 11.8 | 15.8 | 19.1 | 7.3 |
| 孕中期 | $PM_{2.5}$ | 71.2 | 20.0 | 55.3 | 70.0 | 89.7 | 34.4 |
| | $NO_2$ | 55.5 | 9.9 | 49.9 | 55.3 | 62.1 | 12.2 |
| | $SO_2$ | 17.6 | 7.0 | 12.6 | 16.3 | 22.3 | 9.7 |
| 孕晚期 | $PM_{2.5}$ | 62.5 | 22.0 | 42.5 | 59.2 | 80.2 | 37.7 |
| | $NO_2$ | 51.4 | 10.2 | 42.5 | 53.2 | 57.8 | 15.3 |
| | $SO_2$ | 15.0 | 6.7 | 10.7 | 14.8 | 17.4 | 6.7 |
| 出生一年 | $PM_{2.5}$ | 61.7 | 3.1 | 59.7 | 61.6 | 64 | 4.3 |
| | $NO_2$ | 49.8 | 3.5 | 48.3 | 50.1 | 51.8 | 3.6 |
| | $SO_2$ | 13.4 | 2.0 | 12.0 | 13.3 | 14.6 | 2.6 |

表 4-15　儿童早期大气污染物暴露与儿童呼吸系统症状的关联

| 呼吸系统症状 | 暴露期 | $PM_{2.5}$ 校正 OR（95% CI）[①] | $NO_2$ 校正 OR（95% CI）[①] | $SO_2$ 校正 OR（95% CI）[①] |
| --- | --- | --- | --- | --- |
| 喘息 | 孕期 | 1.05（0.80～1.37） | 1.25（0.99～1.59） | 1.43（1.12～1.83）* |
| | 孕早期 | 1.16（0.91～1.47） | 1.25（1.04～1.52）* | 1.17（1.00～1.36）* |
| | 孕中期 | 0.96（0.67～1.38） | 1.14（0.89～1.45） | 1.33（1.03～1.70）* |
| | 孕晚期 | 0.91（0.70～1.18） | 0.95（0.76～1.20） | 1.03（0.88～1.21） |
| | 出生一年 | 0.53（0.16～1.79） | 1.1（0.9～1.34） | 0.77（0.59～1.01） |
| 持续咳嗽 | 孕期 | 0.77（0.51～1.18） | 0.97（0.69～1.37） | 1.11（0.77～1.60） |
| | 孕早期 | 1.06（0.73～1.53） | 1.09（0.82～1.45） | 1.10（0.86～1.40） |
| | 孕中期 | 0.62（0.36～1.09） | 0.82（0.58～1.17） | 0.93（0.64～1.37） |
| | 孕晚期 | 0.98（0.65～1.46） | 1.01（0.71～1.44） | 0.93（0.64～1.37） |
| | 出生一年 | 0.72（0.11～4.57） | 0.89（0.69～1.15） | 0.79（0.51～1.20） |
| 反复呼吸道感染 | 孕期 | 1.54（1.11～2.14）* | 1.39（1.04～1.87）* | 1.82（1.36～2.44）** |
| | 孕早期 | 1.07（0.80～1.41） | 1.24（0.99～1.56） | 1.16（0.96～1.39） |
| | 孕中期 | 1.47（0.96～2.27） | 1.40（1.04～1.89）* | 1.78（1.33～2.39）* |
| | 孕晚期 | 1.13（0.83～1.54） | 0.97（0.73～1.28） | 1.16（0.95～1.40） |
| | 出生一年 | 0.49（0.10～2.32） | 0.93（0.75～1.15） | 0.91（0.64～1.28） |

①校正了儿童年龄、性别、出生季节、过敏史、儿童被动吸烟、母亲分娩年龄、母亲过敏史。
*P<0.05；**P<0.01。

研究收集 2 岁儿童体检的血常规数据，分析细颗粒物暴露对儿童外周血嗜酸性粒细胞的影响，共纳入 902 名 2 岁儿童。调整混杂因素后，孕期 $PM_{2.5}$、$NO_2$ 和 $SO_2$ 暴露每增加一个四分位数间距，儿童外周血嗜酸性粒细胞百分比分别增加 0.85%（95% CI: 0.60%～1.09%）、0.65%（95%CI: 0.44%～0.86%）、1.17%（95% CI: 0.91%～1.43%）；出生到 1 岁 $PM_{2.5}$ 和 $SO_2$ 暴露每增加一个四分位数间距，儿童外周血嗜酸性粒细胞百分比分别增加 0.31%（95% CI: 0.03%～0.60%）和 0.48%（95% CI: 0.18%～0.77%）（表 4-16）。表明孕期和儿童早期空气污染暴露可能增加儿童早期呼吸系统以及二型过敏性疾病的风险。

表 4-16　大气污染物暴露与 2 岁儿童外周血嗜酸性粒细胞百分比的关联

| 暴露期 | PM$_{2.5}$ $\beta$(95% CI)[1] | NO$_2$ $\beta$(95% CI)[1] | SO$_2$ $\beta$(95% CI)[1] |
|---|---|---|---|
| 孕期 | 0.85(0.60～1.09)* | 0.65(0.44～0.86)* | 1.17(0.91～1.43)* |
| 出生一年 | 0.31(0.03～0.60)* | 0.05(−0.12～0.22) | 0.48(0.18～0.77)* |

①校正了儿童年龄、性别、出生季节、过敏史、母亲分娩年龄、文化程度和母亲过敏史。
*$P<0.05$。

此外，检测了 981 名孕妇孕早、中、晚三期尿液中重金属的浓度，分析孕期重金属暴露对儿童喘息的影响。结果见表 4-17，孕中期铅暴露会增加 2 岁儿童喘息的发生风险，调整混杂因素后，孕中期铅暴露与 2 岁儿童喘息的 OR 值为 1.33（95% CI: 1.11～1.60）。同时，孕中期铅暴露对儿童喘息关联的影响受到性别的修饰效应，按性别分层后男孩中喘息的风险更高，男孩和女孩分别为 1.38（95% CI: 1.08～1.74）和 1.18（95% CI: 0.87～1.60）；结果表明孕期铅暴露为 2 岁男童喘息发生风险的危险因素，且孕中期可能为暴露作用的敏感窗口期。

表 4-17　孕期铅暴露与 2 岁儿童喘息的相关性

| 暴露期 | 总人群 OR(95%CI)[1] | 男孩 OR(95%CI)[2] | 女孩 OR(95%CI)[2] |
|---|---|---|---|
| 孕早期 | 1.08(0.87～1.34) | 1.13(0.86～1.48) | 0.94(0.73～1.22) |
| 孕中期 | 1.33(1.11～1.60)* | 1.38(1.08～1.74)* | 1.18(0.87～1.60) |
| 孕晚期 | 1.03(0.86～1.24) | 1.09(0.88～1.36) | 0.89(0.65～1.21) |

①校正了儿童性别、父母哮喘史、被动吸烟、母亲孕期增重、产次、文化程度、孕期被动吸烟。
②校正了父母哮喘史、被动吸烟、母亲孕期增重、产次、文化程度、孕期被动吸烟。
*$P<0.05$。

#### 4.3.2.5　大气细颗粒物暴露对儿童线粒体损伤研究

研究旨在探索细颗粒物对线粒体的损伤作用，以明确细颗粒物暴露导致儿童哮喘疾病的机制，并早期识别可能发展为哮喘的喘息高危患儿。收集队列儿童出生时的脐带血进行线粒体损伤水平的检测，作为线粒体损伤的基线水平。已有研究表明，线粒体 DNA 拷贝数含量是线粒体损伤和功能障碍的重要标志物之一（Hou et al., 2010; Schins et al., 2004），以脐血线粒拷贝数作为线粒体损伤水平指标，分析孕期细颗粒物暴露对新生儿线粒体的损伤作用。研究共纳入 762 名完成脐血线粒体 DNA 拷贝数检测的儿童，计算孕期 1～40 周 $PM_{2.5}$ 暴露的周平均浓度，利用分布滞后模型(DLM)分析孕期 $PM_{2.5}$ 暴露对脐血线粒体拷贝数的影响，并探索相应的敏感暴露期。结果见图 4-10：妊娠中晚期(25～33 周)$PM_{2.5}$ 暴露与脐血线粒体 DNA 拷贝数降低相关。表 4-18 为孕期 $PM_{2.5}$ 暴露对脐血线粒体拷贝数影响的累积效应，孕 25～33 周 $PM_{2.5}$ 暴露的累积效应为：$PM_{2.5}$ 每升高 10 μg/m³，脐血线粒体 DNA 拷贝数改变–2.87%(95% CI：–5.59%～–0.16%)，与整个孕期 $PM_{2.5}$ 暴露的累积效应方向一致，结果表明孕期 $PM_{2.5}$ 暴露与脐血线粒体拷贝数降低相关，且孕中晚期可能暴露敏感期。孕期 $PM_{2.5}$ 暴露有可能通过损伤子代线粒体 DNA 从而进一步对子代产生不良健康影响。

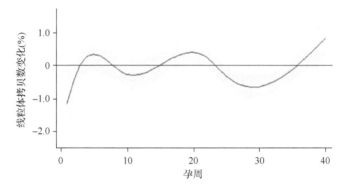

图 4-10　孕期 $PM_{2.5}$ 暴露与脐血线粒体拷贝数的相关性

阴影表示95%CI

**表 4-18　孕期 $PM_{2.5}$ 暴露对脐血线粒体拷贝数影响的累积效应**

| 暴露期 | 线粒体拷贝数变化(95% CI)[①] |
|---|---|
| DLM 窗口期(25～33 周) | –2.87(–5.59～–0.16)[*] |
| 孕期 | –2.51(–11.25～6.22) |
| 孕早期 | 0.30(–2.22～2.81) |
| 孕中期 | –1.24(–4.74～2.26) |
| 孕晚期 | –2.46(–5.22～0.31) |

①校正了胎龄、性别、出生季节、母亲分娩年龄、产次、文化程度、孕期被动吸烟和分娩方式。

*$P<0.05$。

　　此外，研究还分析了尿液中铊浓度与脐血线粒体拷贝数的相关性。采用广义估计方程分析不同孕期铊暴露对脐血线粒体拷贝数的影响，以识别敏感暴露期。结果见表 4-19，孕早期铊暴露与线粒体拷贝数下降显著相关，校正混杂因素后，孕早期铊浓度每增加一倍，脐血线粒体拷贝数改变–10.4%(95% CI：–16.4%～–3.9%)。敏感性分析中排除妊娠糖尿病、高血压或者三期尿样不全的人，结果与总人群保持一致。结果表明孕早期铊暴露与脐血线粒体拷贝数降低显著相关，提示铅暴露可能引起新生儿线粒体损伤，进而对出生结局和儿童健康产生不良影响。

表 4-19　孕期铊暴露对脐血线粒体拷贝数的影响

| 暴露期 | 线粒体拷贝数变化(95% CI) | | |
| --- | --- | --- | --- |
| | 模型 1[①] | 模型 2[②] | 模型 3[③] |
| 孕早期 | −10.9 (−17.1～−4.1)[*] | −10.6 (−16.7～−4.1)[*] | −10.4 (−16.4～−3.9)[*] |
| 孕中期 | −6.7 (−15.4～2.9) | −6.1 (−14.8～3.4) | −6.8 (−15.3～2.7) |
| 孕晚期 | −1.9 (−10.1～7.0) | −1.4 (−9.6～7.5) | 1.6 (−9.9～7.3) |

①模型 1，未校正。
②模型 2 校正了胎龄、母亲分娩年龄、孕前 BMI。
③模型 3 校正了新生儿性别、胎龄、母亲分娩年龄、孕前 BMI、母亲分娩年龄、产次、文化程度、孕期被动吸烟和妊高妊糖。
*$P < 0.05$。

### 4.3.3　小结

至 2018 年研究人员已经完成队列 2 岁儿童的追踪随访，持续进行三岁随访并采集三岁儿童外周血；构建时空土地利用回归模型，完成队列人群大气细颗粒物及其组分的外暴露评估；完成脐带血线粒体损伤水平和外周血炎症因子的检测。初步探索大气细颗粒物暴露的生物标志物，发现妊娠期钒、铬、锰和铅等重金属的内暴露水平与 $PM_{2.5}$ 的暴露具有关联性，尿金属水平可以作为人体暴露于大气颗粒物的内暴露标志物之一，外暴露和内暴露评估相结合能更加准确地评估人体的 $PM_{2.5}$ 暴露水平。发现孕期 $PM_{2.5}$ 暴露增加 2 岁儿童反复呼吸道感染的风险，且与儿童外周血嗜酸性粒细胞升高显著相关。完成了 762 名儿童脐血样本中线粒体 DNA 拷贝数的检测，发现孕期 $PM_{2.5}$ 暴露与脐血线粒体拷贝数降低相关，且孕中晚期可能暴露敏感期，孕期 $PM_{2.5}$ 暴露有可能通过损伤子代线粒体 DNA 从而进一步对子代产生不良健康影响。将继续进行队列儿童追踪随访，并在 3 岁对喘息进行回顾性诊断及分型，分析 $PM_{2.5}$ 暴露对儿童喘息转归的影响；对四岁以上儿童进行肺功能检测，研究 $PM_{2.5}$ 暴露对儿童肺功能的影响；围绕 ROS-线粒体-炎症反应，研究 $PM_{2.5}$ 影响儿童喘息发生和转归的机制。

（撰稿人：徐顺清）

## 4.4　大气细颗粒物对心血管健康的长期影响和预测研究

心血管疾病(cardiovascular disease, 简称 CVD)是我国首位死因，给国家造成了巨大的疾病负担和经济负担。国外研究发现，大气细颗粒物 $PM_{2.5}$ 暴露增加心血管疾病的发病风险，但是国外大气污染浓度水平较低，组分构成与我国差异较大，现有研究证据对我国指导意义不足。因此，需要在我国人群开展 $PM_{2.5}$ 的长期影响和预测研究，为制定相关大气质量标准提供坚实的理论基础，为我国大气污染控制、心血管病防治和提高公众健康水平提供重要的科学依据。

### 4.4.1　中国 $PM_{2.5}$ 对心血管疾病危险因素的长期影响

高血压和糖尿病是心血管疾病最重要的可控危险因素。第五次全国高血压调查表明，我国目前高血压患病率为 23.2%（Wang et al., 2018），且高血压患病率还将持续升高，预计到 2025 年我国高血压患者将高达 3 亿人（Kearney et al., 2005）。糖尿病是主要的慢性非传染性疾病之一。根据全球疾病负担研究，2016 年全球有 140 万人死于糖尿病，我国糖尿病发病率占全球的 19.1%，位居首位（GBD, 2017），糖尿病的持续增长对公众健康构成了巨大挑战（Wang et al., 2017a）。因此，探讨 $PM_{2.5}$ 对高血压、糖尿病等心血管疾病危险因素的长期影响，有助于阐明 $PM_{2.5}$ 对心血管疾病危害的潜在机制，对心血管疾病的防控具有重要意义。

尽管既往研究报道了 $PM_{2.5}$ 长期暴露与高血压、糖尿病发病之间的关系，但结果并不一致。现有研究大多来自于北美或欧洲，这些地区的平均 $PM_{2.5}$ 水平远低于中国。2015 年，欧洲和美国的年平均 $PM_{2.5}$ 低于 15 $\mu g/m^3$，而中国则高达 58.4 $\mu g/m^3$。在京津都市圈等人口密集地区，2004～2013 年的 $PM_{2.5}$ 的均值浓度一般都高于 100 $\mu g/m^3$（Ma et al., 2016）。因此，其他国家关于 $PM_{2.5}$ 对高血压、糖尿病发病影响的评估可能不适用于中国人群。另外，中国的 $PM_{2.5}$ 监测网络于 2013 年才建成，历史 $PM_{2.5}$ 数据的缺乏使得无法利用我国前瞻性队列随访数据评价 $PM_{2.5}$ 的长期影响。近年来，采用卫星遥感反演技术获取 $PM_{2.5}$ 浓度极大地补充了地面监测网络的时空局限性（van Donkelaar et al., 2010），也使得 $PM_{2.5}$ 的长期健康效应评估成为可能（Qiu et al., 2018）。然而，中国人群中高暴露水平下 $PM_{2.5}$ 长期健康影响的证据仍然十分缺乏。

### 4.4.1.1　研究简介

中国动脉粥样硬化性心血管疾病风险预测研究（prediction for atherosclerotic cardiovascular disease risk in China，简称 China-PAR）整合了中国心血管流行病学多中心协作研究、中国心血管健康多中心合作研究等 4 项长期随访的大规模队列，最长随访时间超过 20 年，分布在全国 15 个省市，最近一轮随访于 2015 年完成。所有参加 China-PAR 研究基线和随访调查的工作人员均需经过严格培训，考核合格后上岗工作。使用标准化问卷收集基线人口统计学特征、疾病史和生活方式危险因素等信息，根据标准化程序进行体格检查、采集研究对象空腹静脉血。China-PAR 研究基线共纳入研究对象 127840 名，其中 119388 名研究对象完成随访，随访率高达 93.4%。

基于 China-PAR 研究的高质量队列人群资源，采用卫星遥感的时空统计模型，估算 2004～2015 年 10 km×10 km 分辨率的月均 $PM_{2.5}$ 浓度，结合研究对象研究对象基线和随访期间的住址信息，计算 2004～2015 年的时间加权平均 $PM_{2.5}$ 暴露水平。探讨长期暴露于 $PM_{2.5}$ 与高血压及糖尿病发病之间的关系。

### 4.4.1.2　$PM_{2.5}$ 长期暴露增加高血压的发病风险

在排除失访、基线血压信息缺失、2004 年之前已患高血压、随访期间血压信息缺失等的研究对象后，最终 59456 名研究对象纳入高血压发病分析，研究对象的平均年龄为 50 岁，其中 39% 为男性，23.6% 为当前吸烟者，25.9% 为超重或肥胖者。新发高血压定义为随访期间收缩压≥140 mmHg（1 mmHg=0.133 kPa）和/或舒张压≥90 mmHg 和/或过去 2 周内服用降压药。首次诊断高血压或初次使用降压药的日期即为高血压发病日期。

随访期间，共发生 13981 例新发高血压。研究对象的平均 $PM_{2.5}$ 浓度为 77.7 $\mu g/m^3$，范围为 37.0～109.1 $\mu g/m^3$。在调整年龄、性别、吸烟、饮酒、体力活动、教育水平、体质指数、高胆固醇血症、糖尿病、收缩压和平均温度后，$PM_{2.5}$ 每增加 10 $\mu g/m^3$，高血压发病风险增加 11%（风险比：1.11，95% CI：1.05～1.17）（表 4-20）。按照 $PM_{2.5}$ 浓度的四分位数（第 25 百分位数：71.9 $\mu g/m^3$，第 50 百分位数：73.7 $\mu g/m^3$，第 75 百分位数：82.2 $\mu g/m^3$）将研究对象分为四组，相对于 $PM_{2.5}$ 浓度最低的参照组，$PM_{2.5}$ 浓度的第 2、3、4 个四分位组的高血压发病风险比（95%CI）分别为 1.27（1.17～1.39）、1.44（1.30～1.58）和 1.77（1.56～2.00）（表 4-20）。通过计算人群归因危险度（population attributable risk，简称 PAR），全人群中 20.7%的高血压发病归因于 $PM_{2.5}$ 暴露增加，其中女性高于男性，人群归因危险度分别为 21.9%和 16.3%。

**表 4-20　$PM_{2.5}$ 暴露与中国成人高血压发病的风险比及 95% 置信区间**

| | $PM_{2.5}$ 分组 | | | | | $PM_{2.5}$ |
| --- | --- | --- | --- | --- | --- | --- |
| | 第一四分位数 | 第二四分位数 | 第三四分位数 | 第四四分位数 | P 值 | 每增加 10 $\mu g/m^3$ |
| 人年 | 89835 | 80521 | 109878 | 84713 | — | — |
| 病例数，例 | 4293 | 2781 | 4084 | 2823 | — | — |
| 发病率（每 1000 人年） | 47.8 | 34.5 | 37.2 | 33.3 | — | — |
| 原模型 | 1.00 | 1.14（1.05～1.23） | 1.31（1.19～1.44） | 1.62（1.44～1.82） | <0.0001 | 1.12（1.06～1.18） |
| 调整模型 1 | 1.00 | 1.17（1.08～1.27） | 1.39（1.26～1.52） | 1.68（1.49～1.89） | <0.0001 | 1.10（1.04～1.16） |
| 调整模型 2 | 1.00 | 1.17（1.08～1.27） | 1.37（1.24～1.50） | 1.66（1.47～1.87） | <0.0001 | 1.10（1.04～1.16） |
| 调整模型 3 | 1.00 | 1.27（1.17～1.39） | 1.44（1.30～1.58） | 1.77（1.56～2.00） | <0.0001 | 1.11（1.05～1.17） |

注：原模型：Cox 比例风险模型，按队列分层，将调查点作为随机项。没有调整其他变量；调整模型 1：原模型 + 根据年龄和性别进行调整；调整模型 2：调整模型 1 + 吸烟状态，饮酒，体育活动，教育水平；调整模型 3：调整模型 2 + 体重指数，高胆固醇血症，糖尿病，收缩压，平均体温。

按照性别、年龄、教育程度、吸烟状况、体质指数和糖尿病进行亚组分析，$PM_{2.5}$ 长期暴露对年轻人的危害更大，$PM_{2.5}$ 每增加 10 $\mu g/m^3$，年轻人的高血压发病风险增加 15%（风险比：1.15，95% CI：1.08～1.23）。

### 4.4.1.3　$PM_{2.5}$ 长期暴露增加糖尿病的发病风险

在排除失访、2004 年前患糖尿病和糖尿病相关信息缺失等的研究对象后，共 88397 名研究对象纳入糖尿病发病分析。研究对象的平均年龄为 51.7 岁，其中 39.8%为男性。新发糖尿病定义为随访期间的空腹血糖水平≥7.0 mmol/L 和/或使用胰岛素或口服降糖药和/或诊断出的糖尿病病史。糖尿病的发病日期确定为自我报告的首次诊断日期、首次使用胰岛素或口服降糖药的日期或随访调查日期。

随访期间，共发生 6439 例新发糖尿病。研究对象的平均 $PM_{2.5}$ 浓度范围是 38.1～108.5 $\mu g/m^3$。在调整年龄、性别、吸烟、体力活动、教育水平、体质指数、高血压、糖尿病家族史、平均温度、相对湿度、城市化水平和县级平均教育年限后，$PM_{2.5}$ 每增加 10 $\mu g/m^3$，糖尿病发病风险增加 15.66%（95% CI：6.42%～25.70%）（表 4-21）。按照年龄、性别、地区、体质指数、吸烟状况、和高血压进行亚组分析后发现，$PM_{2.5}$ 长期暴露对年轻人、体重正常人群、非吸烟人群及血压正常人群的危害更大（图 4-11）。

表 4-21　PM$_{2.5}$ 长期暴露与糖尿病发病风险的关系(每增加 10 μg/m$^3$)

| 模型 | 增加百分比(%) | 95% CI(%) |
|---|---|---|
| 模型 1：调整年龄和性别 | 6.74 | -0.87～14.94 |
| 模型 2：模型 1+调整温度和相对湿度 | 16.40 | 7.33～26.23 |
| 模型 3：模型 2+体质指数、吸烟、教育水平、体力活动水平、糖尿病家族史和高血压 | 17.07 | 7.80～27.13 |
| 模型 4：模型 3+城市化和县级平均教育年限 | 15.66 | 6.42～25.70 |

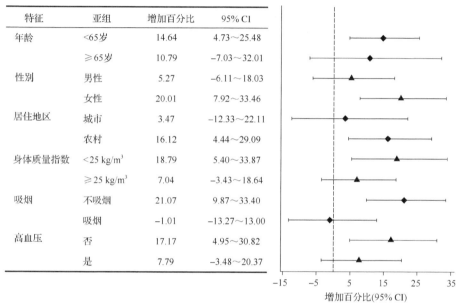

图 4-11　PM$_{2.5}$ 长期暴露与糖尿病发病关系的亚组分析

#### 4.4.1.4　小结

这是首个覆盖我国南北方的评价 PM$_{2.5}$ 长期暴露对高血压、糖尿病发病影响的前瞻性队列研究。研究整合了多个中国成年人的大型队列，通过标准化方法评估高血压和糖尿病结局，采用经过验证的基于卫星的高精度 PM$_{2.5}$ 暴露模型。此外，研究对象分布广泛，PM$_{2.5}$ 水平跨度大。前瞻性研究设计和先进的暴露评价方法等优势使研究人员能够确定 PM$_{2.5}$ 暴露与高血压、糖尿病发病之间的关联，为高污染地区的大气污染健康危害提供了重要的科学依据。

北美或欧洲国家关于 PM$_{2.5}$ 长期暴露与高血压和糖尿病发病风险的研究结果并不完全一致。例如，加拿大的研究发现，PM$_{2.5}$ 浓度每升高 10 μg/m$^3$，高血压的发病风险增加 13%(Chen et al., 2014)，糖尿病的发病率增加了 11%，但是对黑人妇女健康研究并未发现 PM$_{2.5}$ 暴露与高血压发病有显著关联(Coogan et al., 2016)。欧洲大气污染效应的队列研究(European Study of Cohorts for Air Pollution Effects, 简称 ESCAPE)发现 PM$_{2.5}$ 仅与研究对象自报的高血压之间显著相关(相对危险度：1.22，95% CI：1.08～1.37)，但与实测的高血压不存在显著相关性(相对危险度：0.97，95% CI：0.80～1.17)(Fuks et al., 2017)。最新的一项荟萃分析纳入了西方国家的 5 个队列，也没有发现 PM$_{2.5}$ 与高血压之间存在关联(Yang et al., 2018)。研究结果的不一致可能与 PM$_{2.5}$ 暴露评估方法、PM$_{2.5}$ 组分、结局评估方法、人群易感性、调整的混杂变量不同有关。

本研究不但明确了 PM$_{2.5}$ 长期暴露的危害，还鉴别了易感人群。例如，研究发现年龄可能具有修饰效应，与老年人相比，年轻人中 PM$_{2.5}$ 与高血压、糖尿病发病风险之间的关联更强。其他研究也发现了类似的结果(Bai et al., 2018; Zhang et al., 2016)。年龄对高血压结局的修饰效应的潜在机制可能与老年人自主神经系统对刺激的反应性降低有关(Cohen et al., 2012)。PM$_{2.5}$ 长期暴露对糖尿病发病的影响在女性中更显著，可能与不同性别人群的生理机制和生活方式(如吸烟和家务)的差异有关。另外，研究发现非吸烟者的糖尿病发病更容易受到 PM$_{2.5}$ 长期暴露的影响，与先前的研究结果一致(Hansen et al., 2016; Andersen et al., 2012)。一方面，PM$_{2.5}$ 和吸烟导致糖尿病发病的机制可能类似(Hansen et al., 2016)；另一方面，PM$_{2.5}$ 和吸烟与糖尿病发病可能存在竞争风险。此外，PM$_{2.5}$ 排放源和化学成分的差异可能导致农村地区 PM$_{2.5}$ 对糖尿病发病率的影响增大。

尽管中国的 PM$_{2.5}$ 年均水平远高于北美或欧洲地区，本研究却得出与之相近甚至更低的效应值。一方面，提示中国人群高血压、糖尿病的基础风险高于北美或欧洲国家；另一方面，中国和欧美国家 PM$_{2.5}$ 健康效应的暴露-反应关系曲线可能不同。未来需要更多国内外的前瞻性队列研究为 PM$_{2.5}$ 的长期健康危害提供更多的证据。

研究在中国人群中证明，长期暴露于较高浓度的大气 PM$_{2.5}$ 会增加高血压、糖尿病的发病风险。研究结果对于高血压、糖尿病乃至心血管疾病的预防和控制具有重要意义。未来的研究需要开展更为精细化的个体暴露评估，充分考虑室内污染、室内外活动情况等因素，从而为大气污染的健康效应评价提供更准确的证据。我国应当在现有大气污染防治成果的基础上，制定严格的 PM$_{2.5}$ 污染控制策略，动员全社会共同参与，继续提升空气质量，从而降低我国心血管疾病等慢性病的疾病负担。

### 4.4.2　中国城市地区 PM$_{2.5}$ 控制的心血管健康获益

自我国 2012 年版《环境空气质量标准》实施以来，越来越多的城市开始监测大气中 PM$_{2.5}$ 浓度，我国也采取了很多防控空气污染的措施。根据 2013～2017 年《中国环境状况公报》，PM$_{2.5}$ 的浓度逐年下降，已经从 2013 年的 72 μg/m$^3$ 下降到 2017 年的 43 μg/m$^3$，但仍然高于我国二级空气质量标准(35 μg/m$^3$)，远高于世界卫生组织推荐的年标准(10 μg/m$^3$)，可见空气污染问题仍然十分严重。

全球每年因为空气污染导致 330 万人过早死亡，其中绝大多数发生在亚洲(Lelieveld et al., 2015)。归因于 PM$_{2.5}$ 的成年人死亡中，心肺疾病占 8%，缺血性心脏病占 9.4%(Evans et al., 2013)。我国疾病负担研究发现，在可改变的危险因素中，空气污染位列造成我国疾病负担的第四位，造成约 2520 万伤残调整生命年的损失(Yang et al., 2013)。

2008 年北京奥运会召开期间，中国政府采取了一系列严格的减排措施保证空气质量，空气污染得到了显著有效的控制(Rich et al., 2012)。类似地，为迎接 2014 年 11 月份在北京召开的 APEC 会议，我国政府同样采取了有效措施，短期改善了空气质量(Wen et al., 2016)。发达国家和地区经验表明，空气污染逐步得到有效控制后，心血管的死亡率有所降低，这种对现实世界的观察称为"自然试验"(Brook et al., 2010)。但是，目前在我国人群水平开展空气污染干预而评估心血管疾病效应并不实际。

既往研究利用 BenMAP(benefits mapping and analysis program, 简称 BenMAP)模型软件, 估计 $PM_{2.5}$ 污染改善的健康获益(Voorhees et al., 2014), 发现在上海实施政府提出的空气污染控制措施, 将每年减少 39～1400 例全因死亡(Voorhees et al., 2014)。然而, 该研究的 $PM_{2.5}$ 浓度是通过 $PM_{10}$ 的浓度以及固定的 $PM_{2.5}/PM_{10}$ 比值转换得来, 因此 $PM_{2.5}$ 浓度不够准确。另一项研究发现在我国实施减排措施每年能减少 4%(1%～7%) 全因死亡(Zhao et al., 2011)。但是, 这些研究没有充分考虑传统危险因素、人口老龄化、人口增长以及城乡人口迁移的未来趋势的影响。

因此, 利用中国心血管疾病政策模型, 采用计算机模拟方法探讨空气污染改善到不同目标值时, 城市地区人群潜在的心血管疾病获益, 并进一步与传统心血管疾病危险因素控制的健康获益进行比较。

### 4.4.2.1 研究简介

研究采用的中国心血管疾病政策模型是一种利用马尔科夫(Markov)原理, 基于计算机编程模拟技术建立的心血管发病、死亡和干预措施的投入和效果的预测评价模型。中国心血管疾病政策模型已经多次被用来进行我国心血管疾病流行趋势分析和特定治疗或干预的成本效果分析(Gu et al., 2015)。在此基础上, 开发了中国心血管疾病政策模型-城市版本, 该模型由三个子模型构成, 分别为人口流行病学模型(demographic epidemiological model, 简称 DE)、桥梁模型(bridge model)、有疾病史人群模型(disease history model, 简称 DH)(图 4-12), 包括人口、传统心血管疾病危险因素、冠心病和脑卒中相关参数和大气污染水平及其健康效应参数等(表 4-22)。为了确保中国心血管疾病政策模型预测输出值的可靠性和可信度, 对模型进行了校验, 使得心血管疾病死亡和非心血管疾病死亡之和与死因监测系统报告的总死亡相匹配, 误差在±1%以内。

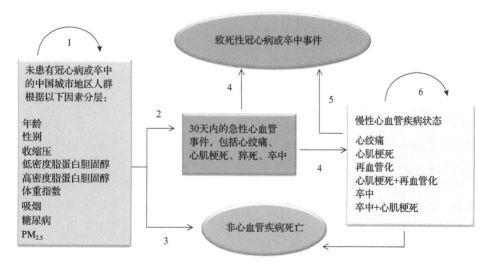

图 4-12 中国心血管疾病政策模型结构

转变 1: 仍然保持没有心血管疾病状态; 转变 2: 急性心血管事件; 转变 3: 死于其他竞争性疾病(非心血管病);

转变 4、5: 心血管疾病带病存活或死亡; 转变 6: 心血管疾病患者再发或未再发心血管事件

表 4-22　中国心血管疾病政策模型-城市版本基本参数来源

| 类型 | 定义 | 来源 |
|---|---|---|
| 人口 | 我国城市地区 35 岁以上成年人口数 | 2010 年我国第六次人口普查 |
| | 人口增长、老龄化以及城市化进程对人口数量的影响 | 联合国人口计划署预测 |
| 传统心血管疾病危险因素 | 包括收缩压、低密度脂蛋白胆固醇、高密度脂蛋白胆固醇、体重指数的水平，以及吸烟状态、糖尿病状态 | |
| | 危险因素在我国城市地区人群的均值及比例分布 | 中国心血管健康多中心合作研究(Wang et al., 2015)、ChinaMUCA (He et al., 2004) |
| | 危险因素的 2016~2030 年趋势分析 | CHNS |
| | 各个危险因素对冠心病和卒中发病率和全因死亡的性别及年龄别多元校正风险比 | CMCS (Liu et al., 2004) |
| 空气污染 | 细颗粒物 $PM_{2.5}$ | |
| | 我国城市地区 $PM_{2.5}$ 年均暴露浓度 | 环保部《2014 年我国环境状况公报》 |
| | 长期 $PM_{2.5}$ 暴露对心血管疾病死亡和全因死亡的健康效应 | Meta 分析(Hoek et al., 2013) |
| 疾病参数 | 冠心病患病率、发病率、病死率、死亡率 | CHEFS (He et al., 2005)，Sino-MONICA (Zhao et al., 2008) |
| | 卒中患病率、发病率、病死率、死亡率 | CHEFS (He et al., 2005)，Sino-MONICA (Zhao et al., 2008) |

注：ChinaMUCA, China Multicenter Collaborative Study of Cardiovascular Epidemiology，中国心血管病流行病学多中心协作研究；CHNS, China Health and Nutrition Survey，中国健康与营养调查；CMCS, China Multi-provincial Cohort Study，中国多省市心血管疾病危险因素队列研究；CHEFS, China National Hypertension Survey Epidemiology Follow-up Study，全国高血压调查研究；Sino-MONICA, Sino-Monitoring Trends and Determinants in Cardiovascular Disease，中国多省市心血管病趋势及决定因素的人群监测。

　　2013 年，我国政府提出了第一个空气污染预防与控制国家规划，针对不同地区与城市，提出了到 2017 年 $PM_{2.5}$ 年均浓度下降 15%~25%的目标(Chen et al., 2013a)。北京市政府于 2015 年底提出，到 2030 年北京市城区年平均 $PM_{2.5}$ 达到国家二级空气质量标准，即 35 μg/m³ 的目标。研究中假设大气污染的控制对冠心病和卒中死亡的获益在 $PM_{2.5}$ 年平均浓度 10~65 μg/m³ 浓度范围内大致符合线性剂量-反应关系。

　　本模型模拟 2017~2030 年在维持传统心血管疾病危险因素的背景趋势变化基础上，$PM_{2.5}$ 水平导致的我国城市地区 35~84 岁成年人中因冠心病和卒中死亡数。其中，现况情境保持 $PM_{2.5}$ 水平不变(61 μg/m³)；空气污染改善情境包括三种，假定 2017~2030 年，$PM_{2.5}$ 年平均浓度能逐渐线性地降低到以下三个目标值：①2008 年北京奥运会期间 $PM_{2.5}$ 平均浓度(55 μg/m³)；②我国二级空气质量标准(35 μg/m³)；③世界卫生组织推荐浓度限值(10 μg/m³)。

　　为了更好地理解空气污染物浓度改善带来的心血管疾病获益，进一步模拟了传统心血管疾病危险因素(收缩压和吸烟)的控制情境，并与空气污染改善的情境进行比较。同样在我国城市地区 35~84 岁成年人群中，除收缩压或吸烟率外，其余传统心血管疾病危险因素的背景趋势变化影响同样存在，$PM_{2.5}$ 浓度保持在现况水平，2017~2030 年，逐步实现：①血压未达标率下降 25%；②吸烟率降低 30%；③血压未达标率下降 25%且吸烟率降低 30%。

采用蒙特卡罗概率敏感性分析(Monte Carlo probabilistic sensitivity analysis)估计模拟空气污染改善以及传统心血管疾病危险因素控制带来的心血管疾病获益的置信区间。在 $PM_{2.5}$、收缩压、吸烟对冠心病死亡和卒中死亡的相对危险度 95% 置信区间内，随机抽样进行 1000 次概率模拟。利用这 1000 次概率模拟的结果，计算模型主要结果的 95% 置信区间。

### 4.4.2.2　主要结果

#### 1. $PM_{2.5}$ 与心血管疾病死亡的关系

通过纳入评价长期 $PM_{2.5}$ 暴露与全因死亡和心血管疾病死亡的研究 18 项汇总效应值，其中以全因死亡为结局 14 项(Ostro et al., 2015; Cesaroni et al., 2013; Crouse et al., 2012; Lepeule et al., 2012; Hart et al., 2011; Puett et al., 2011; Krewski et al., 2009; Puett et al., 2009; Beelen et al., 2008; Lipfert et al., 2006; Enstrom 2005; Lipfert et al., 2000; McDonnell et al., 2000)、冠心病死亡为结局 7 项(Ostro et al., 2015; Beelen et al., 2014; Cesaroni et al., 2013; Crouse et al., 2012; Puett et al., 2011; Krewski et al., 2009; Miller et al., 2007)和卒中死亡为结局 5 项(Beelen et al., 2014; Cesaroni et al., 2013; Crouse et al., 2012; Lipsett et al., 2011; Pope et al., 2004)。纳入的原始研究全部是在欧美地区开展的，监测 $PM_{2.5}$ 浓度时间跨度为 1974～2010 年，年均 $PM_{2.5}$ 浓度范围为 12～31 $\mu g/m^3$。结果显示，长期 $PM_{2.5}$ 暴露浓度每增加 10 $\mu g/m^3$，全因死亡风险增加 6%(风险比：1.06，95% CI：1.03～1.08，$I^2$=74.1%，图 4-13)、冠心病死亡风险增加 19%(风险比：1.19，95% CI：1.10～1.29，$I^2$=83.8%，图 4-14)、卒中死亡风险增加 7%(风险比：1.07，95% CI：1.03～1.10，$I^2$=0%，图 4-15)。

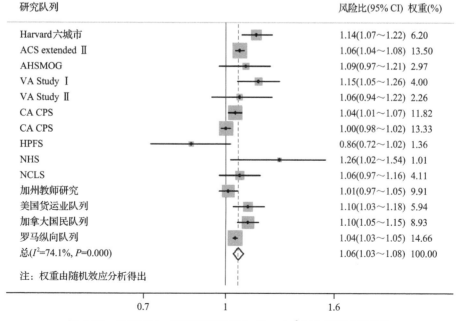

图 4-13　长期 $PM_{2.5}$ 暴露浓度每增加 10 $\mu g/m^3$ 与全因死亡风险比

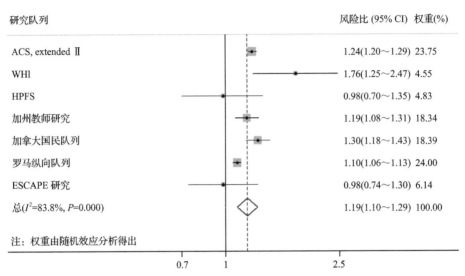

图 4-14　长期 $PM_{2.5}$ 暴露浓度每增加 10 μg/m³ 与冠心病死亡风险比

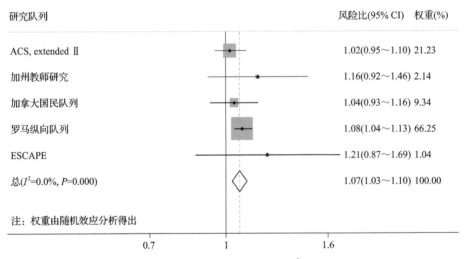

图 4-15　长期 $PM_{2.5}$ 暴露浓度每增加 10 μg/m³ 与卒中死亡风险比

**2. 空气污染与传统心血管疾病危险因素控制的心血管疾病死亡获益**

在现况模拟情境中，保持 $PM_{2.5}$ 的浓度仍然是 61 μg/m³，仅考虑传统危险因素趋势变化和人口数量变化所带来的影响，2017～2030 年，我国城市地区 35～84 岁成年人群中，将有 790.0（774.1～807.6）万人死于冠心病，1106.1（1040.8～1161.7）万人死于卒中（表 4-23）。在综合考虑传统危险因素趋势变化和人口数量变化所带来的影响的同时，将 $PM_{2.5}$ 的浓度改善到 2008 年北京奥运会召开时的平均浓度（55 μg/m³），我国城市地区可以减少 43.9（23.3～64.3）万例冠心病死亡（下降 5.6%）和 23.7（10.9～35.7）万例卒中死亡（下降 2.1%），同时将增加 337.9（264.5～410.9）万生命年（图 4-16）。将 $PM_{2.5}$ 的浓度进一步改善到我国二级空气质量标准（35 μg/m³），2017～2030 年，我国城市地区可以减少

168.4（94.7～233.9）万例冠心病死亡，98.1（46.6～143.8）万例卒中死亡。如果 $PM_{2.5}$ 的浓度能理想化地达到 WHO 推荐的年均 $PM_{2.5}$ 浓度限值，将有更大心血管疾病的获益。

表 4-23　不同情境下的 2017～2030 年中国城市地区 35～84 岁人群死亡减少预测值

| | $PM_{2.5}$年均浓度（μg/m³） | 冠心病死亡（万，95% CI） | 减少冠心病死亡（万，95% CI） | 脑卒中死亡（万，95% CI） | 减少脑卒中死亡（万，95% CI） |
|---|---|---|---|---|---|
| 现况情境 | 61 | 790.0（774.1～807.6） | — | 1106.1（1040.8～1161.7） | — |
| $PM_{2.5}$改善情境[①] | | | | | |
| 目标情境 1 | 55 | 746.1（718.4～777.8） | 43.9（23.3～64.3） | 1082.4（1018.1～1139.1） | 23.7（10.9～35.7） |
| 目标情境 2 | 35 | 621.6（552.4～704.0） | 168.4（94.7～233.9） | 1008.0（933.5～1079.7） | 98.1（46.6～143.8） |
| 目标情境 3 | 10 | 503.1（410.9～625.5） | 287.0（171.7～376.0） | 924.0（829.2～1021.2） | 182.1（89.6～259.2） |
| 比较情境[②] | | | | | |
| 血压未达标率下降 25% | 61 | 717.7（709.7～724.2） | 72.4（57.7～88.9） | 979.3（929.9～1020.4） | 126.8（90.5～166.3） |
| 吸烟率降低 30% | 61 | 748.9（722.9～772.0） | 41.2（26.8～55.3） | 1094.4（1018.3～1159.1） | 11.6（0.9～24.1） |
| 血压未达标率下降 25%且吸烟率降低 30% | 61 | 680.6（660.7～696.7） | 109.4（89.0～128.2） | 969.3（908.3～1020.0） | 136.8（100.3～176.4） |

①目标情境 1：年均 $PM_{2.5}$ 浓度改善到奥运会水平（55 μg/m³）；目标情境 2：年均 $PM_{2.5}$ 浓度改善到中国二级空气质量标准（35 μg/m³）；目标情境 3：年均 $PM_{2.5}$ 浓度改善到 WHO 推荐水平（10 μg/m³）。

②与现况情境死亡数相比。

　　如果保持 $PM_{2.5}$ 年均浓度不变，维持在现有的 61 μg/m³ 水平，同时考虑传统心血管疾病危险因素的趋势变化和人口数量变化带来的背景影响，2017～2030 年血压未达标率下降 25%、吸烟率降低 30% 和血压未达标率下降 25% 且吸烟率降低 30% 减少的冠心病死亡分别是 72.4（57.7～88.9）万例、41.2（26.8～55.3）万例和 109.4（89.0～128.2）万例，减少的脑卒中死亡分别是 126.8（90.5～166.3）万例、11.6（0.9～24.1）万例和 136.8（100.3～176.4）万例。三种情况下增加的生命年分别为 1006.6（888.9～1143.9）万，309.4（243.9～376.3）万，1298.6（1161.4～1445.8）万（图 4-16）。由此可见，$PM_{2.5}$ 控制到我国二级空气质量标准的健康获益与血压和吸烟控制的健康获益相当，进一步控制空气污染的心血管健康获益将远远超过血压和吸烟控制。

### 4.4.2.3　研究意义与展望

　　自改革开放的四十年间，我国经济快速发展，已经成为世界第二大经济体。然而，持续快速发展伴随着能源消耗的急剧增加，大气污染问题日益严重，这一问题在我国城市地区尤为突出。研究显示大气中 $PM_{2.5}$ 的来源随着时间空间变化，存在着极大的变异，全国范围的 $PM_{2.5}$ 来源主要包括农业生产、汽车尾气排放、燃煤取暖和生物质燃烧（Guo et al., 2014）。我国政府在特殊时期采取了一系列严格的大气污染排放控制措施，可以实现

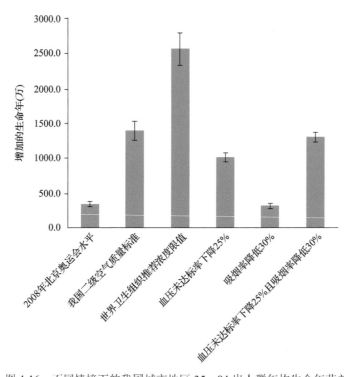

图 4-16　不同情境下的我国城市地区 35～84 岁人群年均生命年获益

大气污染水平短期内的明显下降。然而，随着政府撤销了大气污染减排的限制令，大气污染水平又再次反弹（Wang et al., 2016a; Schleicher et al., 2012; Wang et al., 2010）。研究发现，如果 $PM_{2.5}$ 浓度降低长期保持，将带来明显的心血管健康获益，达到甚至超过血压和吸烟控制所带来的健康获益，这对于我国的慢性病防控至关重要。

欧美一些国家历史上也曾经历过长期严重的大气污染问题，通过健全法律规范和技术提升等方式，经过几十年的努力空气质量明显提升（Samet, 2011）。例如，英国炭黑年平均水平从 1971 年的 42.7 μg/m³ 下降到 2011 年的 11.8 μg/m³（Hansell et al., 2016）。墨西哥城的 $PM_{2.5}$ 浓度也从 2000～2002 年平均 35 μg/m³ 下降到 2011 年的 25 μg/m³（WHO 2014; Vega et al., 2004），说明即使是发展中国家（或地区）也能实现大气污染的控制。

2011 年，联合国大会召开的慢病主题峰会提出实现遏制慢性病流行的目标。2013 年，WHO 为响应该目标，规划了全球监测框架，包括降低 25% 的高血压患病率、降低 30% 的烟草使用等内容，旨在减少主要慢性非传染性疾病导致的死亡，而其中心血管疾病是重要组成部分。虽然传统危险因素对个体心血管病发病风险的危害明显高于大气污染的作用，但是由于所有人都暴露在大气污染环境中，所以其影响范围大大增加，大气污染的控制对于遏制心血管疾病的蔓延非常重要。因此，在控制传统危险因素的基础上，进一步做好空气污染的控制将使得健康获益更大。

现有研究结合传统心血管疾病危险因素对未来中国心血管疾病的影响，同时考虑人口增长、人口老龄化以及城市化进程对人口数量的影响，直观清楚地比较大气污染改善与传统心血管疾病危险因素的控制带来的心血管健康获益。我国应该在控制传统危险因素控制的同时进一步做好环境质量管理。未来，需要结合中国人群大气污染与心血管疾病的暴露-反应关系，预测全国范围以及不同地区大气污染控制的心血管健康获益，以及大气污染控制与健康获益的成本效果评价，为我国的大气污染防控提供更多的科学依据。

（撰稿人：黄建凤）

## 4.5　空气颗粒物与心血管疾病发生的关联性和 DNA 甲基化的作用

### 4.5.1　空气颗粒物与心血管疾病发生的研究进展与需求

中国大气、水和土壤环境污染对人体健康危害的严重性已客观存在，尤其是与人类终生为伴的空气污染对国民健康危害尤为突出。空气污染主要包括颗粒物(PM)、氮氧化物($NO_x$)、一氧化碳(CO)、二氧化硫($SO_2$)、臭氧($O_3$)和二手烟等。据 2013 年《中国环境分析》报告数据显示，世界上空气污染最严重的 10 个城市中有 7 个在中国，全国 500 个城市中，空气质量达到世界卫生组织推荐标准的不足 5 个(张庆丰等，2012)。污染的空气经呼吸道进入体内，随血液循环分布全身，因此，最严重的健康损害是心肺系统危害，特别是引起心血管疾病发生与死亡的显著增加，严重制约了健康中国的实现和生态文明建设。近年来，日渐增长的研究证据表明大气污染已经成为心血管系统疾病的危险因素。美国对 150 多个城市的空气污染和 50 万成年人的研究数据表明，死于空气污染的心脏病患者人数是死于空气污染的肺癌和其他呼吸系统疾病患者人数的两倍(Pope et al., 2004; Pope et al., 1995)。Pope 等(1995)对美国 50 个州暴露于大气污染 16 年的约 50 万成年人的研究发现，$PM_{2.5}$ 的年平均浓度每增加 10 $\mu g/m^3$，心血管死亡率增加 6%。2007 年 *N England J Med* 杂志(Miller et al., 2007)也报道绝经后女性长期暴露于 $PM_{2.5}$ 污染与心血管疾病的发病及死亡有关，作者对美国 6 万多例无心血管疾病的绝经后女性平均随访 6 年，发现 $PM_{2.5}$ 每增加 10 $\mu g/m^3$，心血管事件发生风险增加 24%，心血管疾病死亡风险增加 76%。2013 年美国北卡罗来纳大学报道，全球每年约 210 万人死于人类活动产生的 $PM_{2.5}$ 浓度上升(Silva et al., 2013)。这些数据充分地表明大气颗粒物污染，尤其 $PM_{2.5}$ 是导致心血管系统疾病的诸多因素中的一个重要危险因素。

而在我国，尽管代表性城市空气颗粒物的来源和理化特征与欧美地区不同，但是，多个研究小组采用时间序列和病例交叉等研究方法，系统地阐明了不同种类的空气颗粒物和化学成分对城市人群心肺系统发病和死亡的急性健康效应(如心脏骤停、医院日均急诊人次、心肺疾病死亡率、心血管和肺部疾病发生和早期损害如肺功能、心率变异性下降)的剂量-反应关系。如：在我国最大规模(16 个城市)空气颗粒物短期暴露与居民死亡率的研究中，城市空气 $PM_{10}$ 年均浓度在 52～156 $\mu g/m^3$，均超过 WHO 发布的《全球空气质量指南》的年均准则值(20 $\mu g/m^3$)。研究发现 $PM_{10}$ 短期暴露(每增加 10 $\mu g/m^3$)增加非意外死亡率(0.35%)、心血管系统疾病死亡率(0.44%)、冠心病死亡率(0.36%)和脑中风死亡率(0.54%)。

但值得注意的是，这些研究结果发现，$PM_{10}$ 与死亡率的暴露反应曲线近似为线型，却没有观察到 PM 阈值(Li et al., 2015; Zhou et al., 2014; Chen et al., 2013b; Chen et al., 2012)。进一步在北京、上海、广州、西安、沈阳 5 个城市研究发现，当调整 $PM_{2.5\sim10}$ 后，$PM_{2.5}$ 仍有显著的健康损害效应(Chen et al., 2011)。在西安市，发现有机碳、元素碳、铵盐、硝酸盐、氯离子、氯元素和镍元素组分与居民日死亡率仍有显著相关性(Cao et al., 2012)。在空气质量相对较好的深圳市，大气污染物($PM_{10}$、$O_3$、$NO_2$ 和 $SO_2$)浓度与院外心脏骤停的风险增加显著有关，并且 $NO_2$ 和 $SO_2$ 浓度引起院外心脏骤停风险存在滞后效应，$PM_{10}$ 和 $O_3$ 污染的急性健康危害则主要发生在炎热季节；此外，$O_3$ 与 $NO_2$ 的交互作用共同影响滞后一天院外心脏骤停的风险增加，当 $O_3$ 浓度 $\geq 64.19$ $\mu g/m^3$ 时，$NO_2$ 浓度可显著增加院外心脏骤停的风险(Dai et al., 2015)。在上海地区，当在模型中调整 $PM_{2.5}$ 后，有机碳和元素碳组分与全市医保居民急诊人次有显著相关性(Qiao et al., 2014)，提示我国空气颗粒物污染治理应更加关注 $PM_{2.5}$ 中源于化石燃料的有机碳和元素碳组分。另外，在上海等典型城市，$PM_{10}$ 与 $PM_{2.5}$ 短期暴露也增加了居民门诊、急诊和心肺系统疾病的住院人次(Cai et al., 2014; Zhao et al., 2014; Wang et al., 2013)。然而，其致心血管疾病发生、死亡的关联性和机制仍不完全清楚。

个体对相同或相似 PM 暴露的反应差异性一直是倍受关注的科学问题。研究显示，机体对 PM 的反应性既与 PM 污染类型与污染水平、气候条件和地理因素等有关，还与人群的耐受性和易感性有关。环境污染的暴露和心血管疾病的危险因素，如吸烟、饮酒、体力活动、营养摄入等，均可导致表观遗传学改变，而这些表观遗传学改变可能是心血管疾病发生发展的重要机制之一(Webster et al., 2013)，也是心血管疾病治疗和干预的潜在靶点。表观遗传学的主要机制包括 DNA 甲基化和新近发现的非编码 RNA。DNA 甲基化是指在 DNA 序列不改变的前提下，DNA 上胞嘧啶的 5′碳原子被甲基化修饰的一种表观遗传修饰机制(Jones, 2012)。基于大量的机制研究，目前认为，DNA 甲基化可以通过调节基因转录和基因组稳定性，参与众多细胞学、生理生化和病理学过程(Jones, 2012)。环境流行病学研究发现，基因组整体、以及基因组不同特定区域的 DNA 甲基化的水平，可以被急性或长期慢性的环境暴露所改变，而且 DNA 甲基化的改变与很多生物学性状的变异和疾病的发生风险、发病和预后具有密切的关联，可能是疾病发生发展的重要机制之一(Robertson, 2005)。国外的研究团队，针对一些常见心血管危险因素，如吸烟、血脂、血压和肥胖等，开展了很多大样本、高质量的表观遗传组关联性分析研究，发现了一系列具有机制研究或临床应用价值的甲基化基因位点(Demerath et al., 2015; Pfeiffer et al., 2015; Dick et al., 2014; Irvin et al., 2014)。DNA 甲基化在这其中可能扮演了重要的、分子水平的中介体，但是其证据仍严重不足，机制也不清楚。我国是 $PM_s$ 污染严重的国家之一，但 $PM_s$ 来源与组成成分复杂，其污染特征以及对健康影响的研究目前尚处于起步阶段，$PM_{2.5}$ 污染致机体表观遗传的变化特征以及对心血管系统功能异常或疾病的影响程度及其特征并不清楚，尤其是 $PM_{2.5}$ 污染致队列人群心血管健康效应分子流行病学的数据缺乏。利用已经建立的基线、完成的第一次随访和第二次随访工作，开展如下研究：运用 DNA 甲基化芯片技术，发现与 $PM_s$ 及其重要组分(多环芳烃、重金属)所致 DNA 甲基化和 miRNAs 的特征性改变，分析主要成分的内暴露水平与上述特征性改变是否激发了急性冠脉综合征(acute coronary syndrome，简称 ACS，冠心病的严重类型)的发生、是否存在剂量反应的因果关系。研究结果阐明空气颗粒物致心血管早期损伤和心血管疾病发生的表观遗传机制，不仅有助于寻找有效的防治对策，而且为高危个体的预防与干预提供重要科学依据。

### 4.5.2　空气颗粒物及组分与心血管疾病发生和死亡的关联性

#### 4.5.2.1　固体燃料使用产生的室内空气污染与心血管死亡、全死因死亡率的关联性

众所周知，烹饪和取暖是人类赖以生存与发展的基本条件。随着社会经济的转型，出现了使用不同种类能源的烹饪和取暖方式，如用电、用气、中央供暖等(清洁燃料类)和用煤、木柴、木炭、农作物等(固体燃料类)。据 WHO 统计，全球约 30 亿人仍使固体燃料烹饪或者取暖，主要集中在低收入和中等收入国家。中国仍有大约 4.5 亿人使用固体燃料，即使在欧美发达国家也有 1.8 亿人(WHO, 2019)。固体燃料燃烧时产生大量细颗粒物等污染物，导致严重的室内空气污染，是当今全球面临的最重要的环境健康威胁之一，同时也是城市空气污染的主要来源之一。但是，关于固体燃料使用在室内产生空气污染的健康危害特征，特别是与健康威胁最大的心血管和全死因死亡等关联性，仍缺乏大样本、多中心、高质量的科学证据，更缺少可持续和经济上可行的预防措施。

本研究(Yu et al., 2018)基于中国慢性病前瞻性队列，利用来自中国四川省彭州市、甘肃省天水市麦积区、河南省辉县市、浙江省桐乡市和湖南省浏阳市 5 个地区 27 万多名农村居民(世界上样本量最大、多中心)的研究数据，使用 Cox 比例风险回归模型分析了使用固体燃料烹饪或者取暖与心血管和全死因死亡风险的关联性。经过 7.2 年的跟踪随访后，发现与使用清洁燃料相比，基线使用固体燃料烹饪分别增加了 20% 的心血管死亡[绝对死亡率差值(absolute rate difference, ARD)/100000 人年，135 (95% CI: 77~193)；风险比 (hazard ratio，简称 HR)，1.20 (95% CI: 1.02~1.41)]和 11% 的全死因死亡[ARD, 338 (95% CI: 249~427)；HR，1.11 (95% CI: 1.03~1.20)]风险；使用固体燃料取暖分别增加了 29% 的心血管死亡 [ARD, 175 (95% CI: 118~231)；HR, 1.29 (95% CI: 1.06~1.55)]和 14% 的全死因死亡[ARD, 392 (95% CI: 297~487)；HR，1.14 (95% CI: 1.03~1.26)]风险。在按不同固体燃料类型、心血管死亡亚型、地区分层和采取一系列敏感性分析后，均观察到相似的研究结果 ($P_{heterogeneity}$ > 0.05)。且随着固体燃料使用的时间越长，死亡增加越多(图 4-17；$P_{trend}$ < 0.001)，在进一步根据烹饪频率或者取暖时间加权后，该趋势更为显著($P_{trend}$ < 0.001)。此外，同时使用固体燃料烹饪和取暖叠加了心血管和全死因死亡风险($P_{additive\ interaction}$ < 0.05)；与不吸烟而且使用清洁燃料烹饪的居民相比，固体燃料使用与吸烟更显著增加居民的心血管和全死因死亡风险($P_{additive\ interaction}$ < 0.05)，这些清楚表明使用固体燃料产生的室内空气污染是农村居民死亡的重大原因之一，必须进行预防和干预。

非常有意义的是，与一直使用固体燃料的居民相比，停止使用固体燃料转变为清洁燃料烹饪可分别减少 17% 的心血管死亡[ARD, 138 (95% CI: 71~205)；HR, 0.83 (95% CI: 0.69~0.99)]和 13% 的全死因死亡[ARD, 407 (95% CI: 317~497)；HR, 0.87 (95% CI: 0.79~0.95)]风险；转变为清洁燃料取暖可分别减少 43% 的心血管死亡[ARD, 193 (95% CI: 128~258)；HR, 0.57 (95% CI: 0.42~0.77)]和 33% 的全死因死亡[ARD, 492 (95% CI: 383~601)；HR, 0.67 (95% CI: 0.57~0.79)]风险(表 4-24)，这不仅证实室内空气污染的健康危害性，

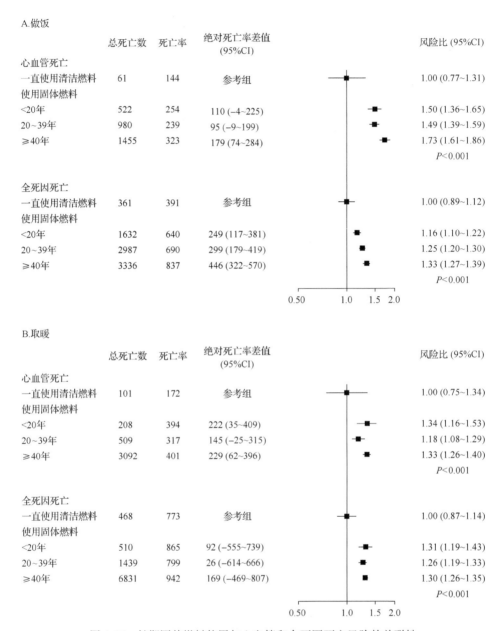

图 4-17　长期固体燃料使用与心血管和全死因死亡风险的关联性

清洁燃料指电、气或者中央供暖(仅取暖中有)；固体燃料指煤、木柴和木炭。烹饪相关分析排除了之前使用固体燃料但是现在转变为使用清洁燃料的研究对象(n=15475)，最终纳入了 162076 名研究对象。一直使用清洁燃料组、使用固体燃料<20 年组、使用固体燃料 20～39 年组和使用固体燃料≥40 年组，总人数(总人年数)分别为 1084(82206)、41171(304674)、76072(553267)和 33749(240044)。取暖相关分析排除了之前使用固体燃料但是现在转变为使用清洁燃料的研究对象(n=5757)，最终纳入了 156332 名研究对象。一直使用清洁燃料组、使用固体燃料<20 年组、使用固体燃料 20～39 年组和使用固体燃料≥40 年组，总人数(总人年数)分别为 9060(61981)、8292(59486)、45460(333602)和 93520(667071)。死亡率(No./100000 人年)根据年龄、性别和研究地区进行了校正，绝对死亡率差值是由暴露组的校正后死亡率减去对照组的校正后死亡率。模型按 age at risk、性别和研究地区分层，并校正了受教育水平、家庭年收入水平、吸烟情况、饮酒情况、被动吸烟、体力活动、体质指数、饮食情况(包括新鲜水果、腌制蔬菜、红肉及其制品、水产海鲜品、乳类及制品、大米、禽肉及制品和蛋类及制品)、炉灶通风和对烹饪和取暖相关分析进行了相互校正。存在三组及以上的分组均采用了浮动绝对危险法以保证组间可以进行相互比较

表 4-24　固体燃料转变为清洁燃料和炉灶通风与心血管和全因因死亡风险的关联性[1]

| | 烹饪 | | | | 取暖 | | | |
|---|---|---|---|---|---|---|---|---|
| | 总死亡数 | 死亡率[2] | 绝对死亡率差值(95%CI)[3] | 风险比(95%CI)[3] | 总死亡数 | 死亡率[2] | 绝对死亡率差值(95%CI)[2] | 风险比(95%CI)[3] |
| 过去从固体燃料转变为清洁燃料[4] | | | | | | | | |
| 心血管死亡 | | | | | | | | |
| 　一直使用固体燃料 | 2957 | 319 | 138(71~205) | 参考组 | 3809 | 347 | 193(128~258) | 参考组 |
| 　固体燃料转变为清洁燃料 | 119 | 181 | | 0.83(0.69~0.99) | 46 | 154 | | 0.57(0.42~0.77) |
| 全死因死亡 | | | | | | | | |
| 　一直使用固体燃料 | 7955 | 901 | 407(317~497) | 参考组 | 8780 | 932 | 492(383~601) | 参考组 |
| 　固体燃料转变为清洁燃料 | 492 | 494 | | 0.87(0.79~0.95) | 159 | 440 | | 0.67(0.57~0.79) |
| 炉灶有效通风情况[5] | | | | | | | | |
| 心血管死亡 | | | | | | | | |
| 　使用固体燃料时无通风设施 | 1235 | 291 | 33(-9~75) | 参考组 | —[6] | — | — | — |
| 　使用固体燃料时有通风设施 | 1722 | 258 | | 0.89(0.80~0.99) | — | — | — | — |
| 全死因死亡 | | | | | | | | |
| 　使用固体燃料时无通风设施 | 3136 | 797 | 87(20~153) | 参考组 | — | — | — | — |
| 　使用固体燃料时有通风设施 | 4819 | 710 | | 0.91(0.85~0.96) | — | — | — | — |

①清洁燃料指电、气或者中央供暖（仅取暖中有）；固体燃料指煤、木柴和木炭。

②死亡率（No./100000 人年）根据年龄、性别和研究地区进行了校正，并校正了受教育水平、家庭年收入水平、吸烟情况、被动吸烟、饮酒情况、饮食情况、体力活动、体质指数、禽肉及制品、大米、水/冷海鲜类、乳类及制品、大米、禽肉及制品和蛋类及制品，炉灶通风和烹饪和取暖相关分析进行了相互校正。

③按 age at risk、性别和研究地区分层，并校正了受教育水平、家庭年收入水平、吸烟情况、被动吸烟、饮酒情况、饮食情况（包括新鲜水果、腌制蔬菜、红肉及其制品、水/冷海鲜类、乳类及制品、大米、禽肉及制品和蛋类及制品），炉灶通风和烹饪和取暖相关分析进行了相互校正。

④一直使用清洁燃料烹饪（n=11084）或者取暖（n=9060）的研究对象被排除烹饪和取暖相关分析。

⑤排除基线使用固体燃料烹饪（n=26559），最终纳入 150992 名基线使用固体燃料烹饪的研究对象[有通风设施：n=55589（410422 人年）；没有通风设施：n=95403（687563 人年）]。

⑥空缺数据表示取暖没有炉灶通风相关数据。

而且揭示改用清洁能源后的巨大健康获得。更重要的是，在使用固体燃料烹饪的居民中，与没有通风设施相比，通风可显著降低 11% 的心血管死亡[ARD, 33 (95% CI: −9～75)；HR, 0.89 (95% CI: 0.80～0.99)]和 9% 的全死因死亡[ARD, 87 (95% CI: 20～153)；HR, 0.91 (95% CI: 0.85～0.96)]风险(表 4-24)，表明了在即使无条件使用清洁能源的居民，增加有效通风也可减少巨大的死亡风险。

研究结果于 2018 年发表于 *JAMA*。论文发表后，全球媒体广泛报道，属该杂志中的前5%，得到主编写信祝贺且作为国际医学继续教育(continuing medical education, 简称 CME)推广。国际权威专家 Pope 教授评价"该文不仅定量回答室内空气污染致健康危害的世界难题，相当于年均 $PM_{2.5}$ 75 μg/m³ 所引起的危害，还阐明了多种空气污染联合的健康危害" (Pope et al., 2018)。根据该结果的绝对发病率差值计算，中国 4.5 亿固体燃料使用者若改用清洁能源烹饪和取暖将可减少约 180 万人过早死亡；即使未用清洁能源但采用通风设施，每年亦可减少约 39 万人过早死亡。这些结果为国家加快推广清洁能源、实施改灶通风策略、有效降低疾病负担提供了重要科学证据。

### 4.5.2.2　血浆多金属水平与新发冠心病风险的关联性研究

自然环境及污染物中的金属可通过空气、饮水、食物、药物等途径被人体吸收。尽管人体同时暴露于多种金属，但少有研究探索了多种金属暴露与心血管疾病风险之间的关联性。该研究(Yuan et al., 2017)以东风同济队列第一次随访中符合纳入标准的新发冠心病(coronary heart disease, 简称 CHD)患者 1621 例为病例组，在未发病人群中以 1:1 随机选取年龄(±5)、性别、随访日期匹配的对照。使用电感耦合等离子体质谱仪(inductively coupled plasma mass spectrometry, 简称 ICP-MS)检测血浆中 23 种金属浓度，并采用组内相关系数(intraclass correlation coefficients, 简称 ICC)以评估暴露水平检测的稳定性。使用条件 Logistic 回归分析血浆金属浓度与 CHD 发病风险之间的关联性。该研究对血浆、全血、尿液三种生物样本中的金属浓度进行了相关性研究。为了评估金属与 CHD 之间的剂量反应关系，使用对数转化的金属浓度构建了三次样条插值(cubic spline)。

研究主要发现如下：①与对照人群相比，CHD 病例组在基线时更可能患有高血压，高脂血症以及糖尿病；且病例组 BMI 相对较高，从不吸烟的人群比例较低，肾功能相对较低。对照组与病例组相比，饮酒量、体力活动、心脏病家族史并无显著差异。两组之间，金属铝、钛、锰、铜、锌、砷、硒、锶、钡和铅的浓度有统计学差异。②三种生物样本中金属浓度的相关性：为了探究同一种金属浓度在不同种类生物样本中的相关性，该研究在十堰市东风公司体检人群中随机选取了 94 名健康志愿者，收集血浆、全血、尿液样本，并完成了调查问卷和体格检查。结果显示，砷和硒在血浆与全血($R_s$ =0.68，$R_s$ =0.52，$P<0.001$)以及血浆与尿液($R_s$ =0.34，$R_s$ =0.64，$P<0.005$)中的浓度均显著相关；血浆与尿液中的钛浓度也明显相关($R_s$ =0.32，$P$ =0.002)。镉、铁、铬在全血与尿液中的浓度无明显相关性($P>0.05$)。③金属暴露与冠心病发病风险的关联性：随着血浆钛和砷的浓度增加，CHD 发病风险显著增加，而随着硒浓度增加，CHD 发病风险会显著降低。与金属浓度的最低分位参考值相比，相应校正后的比值比(odds ratio, 简称 OR)分别为钛

1.33（1.04～1.71；$P_{trend}$=0.03），砷 1.74（1.26～2.41；$P_{trend}$ = 0.002），硒 0.67（0.52～0.85；$P_{trend}$=0.001），具体结果见表 4-25。剂量反应关系显示钛、硒与 CHD 发病风险呈现显著的线性关系（线性 $P$ =0.027 和 $P$ =0.001，非线性 $P$=0.36 和 $P$=0.25）。砷和 CHD 发病风险之间则存在非线性关系（非线性 $P$ =0.002）：在低水平时两者的剂量反应关系平稳，但在 3.7 μg/L 左右冠心病发病风险迅速上升（图 4-18）。④金属间的交互作用及分组分析：在两种金属的交互作用分析中，虽然发现交互作用 $P$ 值不显著，但当硒水平低（等于或低于中位数）时，较高水平的钛或砷与 CHD 风险增加相关，而当硒水平高时（大于等于中位数）这种关联性不再显著。这说明高硒水平会减弱钛和砷的冠心病致病作用。根据年龄、性别、BMI、吸烟、高血压、糖尿病和肾功能等因素分层分析后，冠心病与钛、砷和硒之间的关联在这些亚组中并无明显差异。此外，金属的变异性研究显示血浆中钛（ICC =0.56）和硒（ICC = 0.64）的测量有良好的可重复性。论文于 2017 年被 *Environment Health Perspective* 发表，被选为该杂志推荐新闻（Konkel, 2018），引起了广泛的国际关注。纽约大学的流行病学家 Yu Chen 在新闻评论文章中指出，该研究所发现的金属钛和冠心病发病的剂量反应关系非常新颖，有待于在更多的研究中进行探讨。霍普金斯公共卫生学院的环境流行病学家 Katherine Moon 则认为该研究为低到中浓度的砷暴露与冠心病发生的关联性提供了有力的依据。

**表 4-25  多种血浆金属水平与新发冠心病发病风险的关联性**

| 血浆金属 | 金属浓度四分位(μg/L)[①] | | | | $P_{trend}$[②] |
|---|---|---|---|---|---|
| | Q1 | Q2 | Q3 | Q4 | |
| 铝 | <31.03 | 31.03～48.95 | 48.95～97.15 | >97.15 | |
| N(病例/对照) | 358/405 | 349/405 | 395/405 | 519/406 | |
| 模型 1[③] | 1.00 | 0.85(0.67, 1.08) | 0.90(0.70, 1.15) | 0.94(0.71, 1.25) | 0.83 |
| 模型 2[④] | 1.00 | 0.85(0.67, 1.08) | 0.89(0.70, 1.14) | 0.94(0.71, 1.24) | 0.86 |
| 模型 3[⑤] | 1.00 | 0.85(0.67, 1.08) | 0.90(0.70, 1.15) | 0.94(0.71, 1.24) | 0.87 |
| 砷 | <1.28 | 1.28～1.96 | 1.96～3.49 | >3.49 | |
| N(病例/对照) | 323/405 | 357/405 | 369/405 | 572/406 | |
| 模型 1 | 1.00 | 1.17(0.91, 1.50) | 1.15(0.88, 1.50) | 1.78(1.29, 2.46) | 0.001 |
| 模型 2 | 1.00 | 1.16(0.91, 1.50) | 1.14(0.87, 1.49) | 1.74(1.26, 2.41) | 0.001 |
| 模型 3 | 1.00 | 1.16(0.90, 1.49) | 1.13(0.86, 1.47) | 1.74(1.26, 2.41) | 0.002 |
| 钡 | <23.26 | 23.26～35.48 | 35.48～62.52 | >62.52 | |
| N(病例/对照) | 328/405 | 375/405 | 424/405 | 494/406 | |
| 模型 1 | 1.00 | 1.15(0.90, 1.47) | 1.03(0.79, 1.34) | 0.91(0.66, 1.25) | 0.41 |
| 模型 2 | 1.00 | 1.14(0.89, 1.45) | 1.03(0.79, 1.35) | 0.91(0.66, 1.25) | 0.44 |
| 模型 3 | 1.00 | 1.13(0.89, 1.45) | 1.03(0.79, 1.35) | 0.92(0.66, 1.26) | 0.46 |
| 硒 | <57.69 | 57.69～67.48 | 67.48～78.66 | >78.66 | |
| N(病例/对照) | 438/405 | 437/405 | 392/406 | 354/405 | |
| 模型 1 | 1.00 | 0.92(0.74, 1.14) | 0.80(0.64, 1.00) | 0.67(0.52, 0.85) | 0.001 |
| 模型 2 | 1.00 | 0.93(0.75, 1.15) | 0.80(0.64, 1.01) | 0.67(0.52, 0.85) | 0.001 |

续表

| 血浆金属 | 金属浓度四分位(μg/L)① | | | | $P_{trend}$② |
| --- | --- | --- | --- | --- | --- |
| | Q1 | Q2 | Q3 | Q4 | |
| 模型3 | 1.00 | 0.93(0.75, 1.16) | 0.80(0.63, 1.00) | 0.67(0.52, 0.85) | 0.001 |
| 钛 | <24.42 | 24.42~29.14 | 29.14~35.70 | >35.70 | |
| N(病例/对照) | 319/405 | 396/405 | 441/405 | 465/406 | |
| 模型1 | 1.00 | 1.28(1.01, 1.62) | 1.33(1.05, 1.69) | 1.32(1.03, 1.69) | 0.04 |
| 模型2 | 1.00 | 1.28(1.01, 1.63) | 1.35(1.06, 1.71) | 1.33(1.04, 1.71) | 0.03 |
| 模型3 | 1.00 | 1.29(1.02, 1.64) | 1.36(1.07, 1.73) | 1.33(1.04, 1.71) | 0.03 |

①血浆金属浓度展示的原始值。

②$P_{trend}$是将对数转化后的金属在每个分位的中位数作为连续型变量纳入回归模型。

③模型1：五种金属同时纳入Logistic模型中，并且校正了BMI、吸烟状况、包年数、饮酒状况、教育程度、体育锻炼、高血压、高脂血症、冠心病家族史、糖尿病和估算肾小球滤过率。

④模型2：在模型1基础上进一步校正了职业类型(六类)。

⑤模型3：在模型1基础上进一步校正了职业类型(六类)和是否经常食用五种食物的饮食习惯(肉、鱼或者海鲜、牛奶或奶制品、大豆或豆奶、水果或蔬菜)，如果研究对象一周至少食用五次，则认为经常食用此种食物。

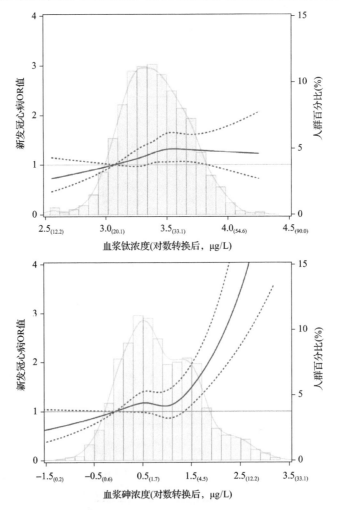

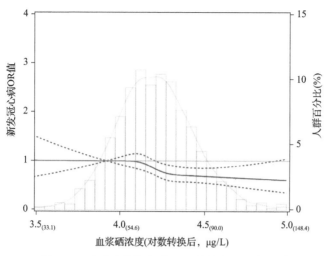

图 4-18　血浆金属与新发冠心病的剂量反应关系

曲线显示了对数转换后的血浆金属与新发冠心病的剂量反应关系。在 Logistic 模型中纳入了多金属模型的五种金属，校正了 BMI、吸烟状况、包年数、饮酒状况、教育程度、体育锻炼、高血压、高脂血症、冠心病家族史、糖尿病和估算肾小球滤过率。节点设置在金属的 20 th、40 th、60 th、80 th 分位数上，参考值设在 10 th 分位数。图中的直方图代表了血浆金属在总人群中的分布情况。

### 4.5.3　DNA 甲基化在空气颗粒物致心血管疾病发生中的作用

#### 4.5.3.1　吸烟对中国汉族人群 DNA 甲基化影响的基因组关联性研究

烟雾为空气细颗粒物成分和来源之一，而吸烟则是目前世界上暴露最广、最受关注、研究最多且最易调查的环境暴露因素。香烟烟雾中含有高浓度的上千种有害化学成分的气体，因此，也是全基因组甲基化中研究最多的环境有害因素。本研究(Zhu et al., 2016)在中国汉族人群中探讨吸烟对 DNA 甲基化的影响，研究对象共 596 人，分别包括 400名在湖北招募的研究对象(包括 137 名焦化工人、101 名急性冠脉综合征患者和 162 名武汉社区居民)以及 196 名在广东招募的研究对象(包括 97 名急性冠脉综合征患者和 99 名珠海社区居民)。所有研究对象的基因组甲基化水平均采用 Illumina Human450K 甲基化芯片，包含＞485000 个多鸟嘌呤-胞嘧啶核苷酸(cytosine polyguanine, 简称 CpG)进行检测。针对在基因组 Meta 分析中达到显著性水平的 CpGs，进一步在 144 名湖北十堰招募的健康个体中探讨其 DNA 甲基化水平(采用 Human450K 甲基化芯片检测)与相应基因mRNA 水平(采用 Illumina HumanHT-12 v4 表达谱芯片检测)之间的关联性。此外，在无多环芳烃(polycyclic aromatic hydrocarbons, 简称 PAHs)职业暴露的健康男性人群中，分析吸烟相关 CpGs 的甲基化水平与吸烟内暴露标志物(2-羟基萘)之间的关联性。分析结果显示，有 318 个 CpGs 的甲基化水平与吸烟的关联性达到了全基因组显著性水平[图 4-19;假阳性率(false discovery rate, 简称 FDR)＜0.05]，其中 161 个 CpGs(位于 123 个基因上)的甲基化水平与吸烟的关联性在欧洲人群和非裔美国人群的相关研究中并未报道(其中，显著性最强的 40 个 CpGs 见表 4-26）。在上述发现的 318 个 CpGs 中，有 80 个 CpGs 的甲基化水平与其相应基因 mRNA 水平存在显著关联性（包括 *RUNX3*、*IL6R*、*PTAFR*、*ANKRD11*、*CEP135* 和 *CDH23*）。此外，在无 PAHs 职业暴露的健康男性人群中，有 15 个 CpGs 的甲基化水平与尿 2-羟基萘水平存在显著关联性（Bonferroni 校正，$P<1.57\times10^{-4}$）；且对这 15 个 CpGs 的中介效应分析结果显示，其中 12 个 CpGs 的吸烟相关甲基化改变可能由 2-羟基萘介导。研究结果于 2016 年发表于 *Environment Health Perspective*。开展有关吸烟的表观遗传学研究，对阐明表观遗传在环境暴露与疾病发生发展中的作用具有重要意义，也为疾病预防和治疗策略的制定提供了新的依据与方向。

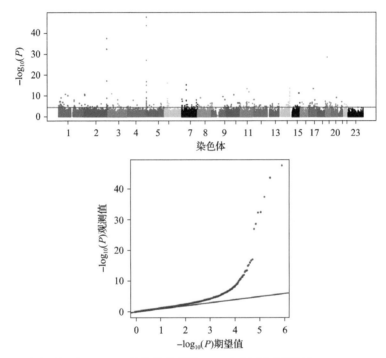

图 4-19　吸烟与基因组 DNA 甲基化的关联性 Meta 分析（曼哈顿图和 Quantile-Quantile 图）

表 4-26　基因组 Meta 分析中甲基化水平与吸烟呈现显著关联性的 40 个 CpGs（FDR<0.01）

| 染色体 | 位置 | 基因 | 与基因的关系[①] | CpG 名称 | 效应(标准差)[②] | $P$ | FDR |
|---|---|---|---|---|---|---|---|
| 1 | 11908164 | *NPPA* | TSS1500 | cg05396397 | 0.257(0.047) | $1.02\times10^{-7}$ | $6.97\times10^{-4}$ |
| 1 | 19717337 | *CAPZB* | Body | cg07573717 | −0.104(0.020) | $1.00\times10^{-7}$ | $6.97\times10^{-4}$ |
| 1 | 21617442 | *ECE1* | TSS1500 | cg26348226 | −0.143(0.030) | $2.18\times10^{-6}$ | 0.007 |
| 1 | 42367407 | *HIVEP3* | 5'UTR | cg14663208 | 0.193(0.035) | $1.63\times10^{-7}$ | $9.99\times10^{-4}$ |
| 1 | 154299179 | *ATP8B2* | TSS1500 | cg06811467 | −0.126(0.021) | $1.29\times10^{-8}$ | $1.22\times10^{-4}$ |
| 1 | 154379696 | *IL6R* | Body | cg09257526 | −0.112(0.020) | $5.59\times10^{-8}$ | $4.16\times10^{-4}$ |
| 2 | 11969958 | — | | cg02560388 | −0.180(0.037) | $1.60\times10^{-6}$ | 0.006 |
| 2 | 176987918 | *HOXD9* | 1stExon | cg22674699 | 0.216(0.043) | $7.15\times10^{-7}$ | 0.003 |

续表

| 染色体 | 位置 | 基因 | 与基因的关系① | CpG 名称 | 效应(标准差)② | $P$ | FDR |
|---|---|---|---|---|---|---|---|
| 2 | 231790037 | GPR55 | TSS200 | cg16382047 | −0.128(0.026) | $1.31×10^{-6}$ | 0.005 |
| 3 | 99792561 | C3orf26 | Body | cg15554421 | −0.159(0.031) | $5.94×10^{-7}$ | 0.003 |
| 4 | 56813860 | CEP135 | TSS1500 | cg26542660 | −0.150(0.026) | $1.57×10^{-8}$ | $1.41×10^{-4}$ |
| 4 | 95679705 | BMPR1B | 5'UTR | cg09156233 | 0.198(0.042) | $3.15×10^{-6}$ | 0.010 |
| 5 | 146614298 | STK32A | TSS1500 | cg09088988 | 0.177(0.035) | $5.57×10^{-7}$ | 0.003 |
| 6 | 46702983 | PLA2G7 | 1stExon | cg18630040 | 0.196(0.038) | $6.68×10^{-7}$ | 0.003 |
| 7 | 1102177 | C7orf50 | Body | cg15693483 | −0.161(0.027) | $3.33×10^{-9}$ | $3.79×10^{-4}$ |
| 7 | 147065665 | MIR548I4 | Body | cg15700587 | 0.181(0.034) | $1.81×10^{-7}$ | 0.001 |
| 7 | 158937969 | VIPR2 | TSS1500 | cg23572908 | 0.239(0.048) | $1.16×10^{-6}$ | 0.004 |
| 9 | 127054428 | NEK6 | TSS1500 | cg14556677 | −0.111(0.019) | $7.99×10^{-9}$ | $8.02×10^{-4}$ |
| 10 | 49892930 | WDFY4 | TSS1500 | cg15164194 | −0.091(0.020) | $1.81×10^{-6}$ | 0.006 |
| 10 | 116298339 | ABLIM1 | Body | cg07978738 | −0.145(0.028) | $3.62×10^{-7}$ | 0.002 |
| 10 | 128994432 | DOCK1 | Body | cg03242819 | 0.229(0.044) | $3.41×10^{-7}$ | 0.002 |
| 11 | 65201834 | — | | cg10416861 | 0.216(0.043) | $8.67×10^{-7}$ | 0.004 |
| 11 | 65550444 | — | | cg09419102 | −0.141(0.029) | $1.60×10^{-6}$ | 0.006 |
| 11 | 122709551 | CRTAM | Body | cg22512531 | 0.138(0.026) | $4.70×10^{-7}$ | 0.002 |
| 12 | 7055657 | PTPN6 | TSS200 | cg23193870 | −0.204(0.042) | $1.84×10^{-6}$ | 0.006 |
| 14 | 78051204 | SPTLC2 | Body | cg14544289 | −0.199(0.041) | $3.06×10^{-6}$ | 0.010 |
| 14 | 89933549 | FOXN3 | 5'UTR | cg13679772 | 0.149(0.031) | $1.94×10^{-6}$ | 0.007 |
| 14 | 106331803 | — | | cg14387626 | −0.142(0.026) | $4.34×10^{-8}$ | $3.47×10^{-4}$ |
| 14 | 106354912 | — | | cg27113548 | −0.284(0.047) | $4.60×10^{-9}$ | $5.09×10^{-5}$ |
| 15 | 99194021 | IGF1R | Body | cg07779120 | 0.251(0.046) | $2.35×10^{-7}$ | 0.001 |
| 17 | 4923126 | KIF1C | Body | cg03877174 | 0.154(0.030) | $7.12×10^{-7}$ | 0.003 |
| 17 | 9921982 | GAS7 | Body | cg02018337 | −0.122(0.024) | $4.43×10^{-7}$ | 0.002 |
| 17 | 27050723 | RPL23A | Body | cg18150958 | −0.229(0.046) | $8.85×10^{-7}$ | 0.004 |
| 17 | 27401793 | TIAF1 | 5'UTR | cg18960216 | 0.181(0.034) | $1.97×10^{-7}$ | 0.001 |
| 17 | 56082867 | SFRS1 | 3'UTR | cg08591265 | −0.152(0.032) | $1.42×10^{-6}$ | 0.005 |
| 18 | 76739409 | SALL3 | TSS1500 | cg05080154 | 0.212(0.038) | $4.87×10^{-8}$ | $3.75×10^{-4}$ |
| 19 | 40919465 | PRX | TSS200 | cg01447828 | 0.233(0.044) | $1.54×10^{-7}$ | $9.63×10^{-4}$ |
| 19 | 53758055 | ZNF677 | 5'UTR | cg03217253 | 0.216(0.042) | $3.10×10^{-7}$ | 0.002 |
| 20 | 43438809 | RIMS4 | Body | cg15207742 | 0.212(0.043) | $1.40×10^{-6}$ | 0.005 |
| 22 | 20792535 | SCARF2 | TSS1500 | cg14785479 | 0.123(0.025) | $1.10×10^{-6}$ | 0.004 |

　　①Body：CpG 位于基因体；TSS200：CpG 位于转录起始位点 200bp 内；TSS1500：CpG 位于转录起始位点 1500bp 内；1stExon：CpG 位于 1 号外显子；5'UTR 或 3'UTR：CpG 位于 5'UTR 或 3'UTR。
　　②效应值的计算基于逆正态转换后的甲基化值。在固定效应 Meta 分析中，使用样本量加权的方法获得 $P$ 值，逆方差转换的方法获得效应估计值。

#### 4.5.3.2　多环芳烃暴露加快 DNA 甲基化年龄增加

煤仍是我国主要的能源之一，其燃烧产生的代表性空气污染物，焦炉炼焦过程产生的大量焦炉逸散物，含有较多的多环芳烃类污染物和金属等。多环芳烃是空气细颗粒物的重要化学成分，研究人员(Li et al., 2018)利用 539 名中国汉族人群(包括 137 名焦化工人、258 名武汉或珠海的社区居民及 144 名在湖北十堰招募的健康个体)的全基因组甲基化数据(采用 Illumina Human 450K 甲基化芯片进行检测)，建立甲基化年龄预测模型，并分别在双生子甲基化研究人群(来自中国的 225 对双生子)和哮喘家系研究人群(来自加拿大的 160 名研究对象)中验证模型的准确性。研究定义了两个衰老指标，分别是 Δage(甲基化年龄与编年年龄的差值)、衰老率(甲基化年龄与编年年龄的比值)。通过检测 539 名研究对象尿中 10 种 PAHs 代谢产物，评估相应多环芳烃的暴露水平。该研究利用线性回归模型分析 PAHs 代谢产物与两个衰老指标之间的关联性；挑选甲基化水平与 Δage、衰老率及 OH-PAHs 水平均存在显著性关联的 CpGs，进一步采用中介(mediation)分析方法探索介导多环芳烃暴露和衰老之间关联性的甲基化改变。分析结果显示，本研究建立的甲基化年龄预测模型在中国人群和高加索人群中均呈现出良好的预测精度($R = 0.94 \sim 0.96$，RMSE $= 3.8 \sim 4.3$)。在职业性多环芳烃暴露的焦化人群中，Δage、衰老率均高于其他人群。在 10 种 PAHs 代谢产物中，1-羟基芘、9-羟基菲与两个衰老指标之间存在显著关联性(图 4-20)。此外，有 6 个 CpGs(分别位于 *FHL2*、*BOK*、*ELOVL2* 和 *TRIM59*)的甲基化改变在介导多环芳烃暴露和衰老关联性的中介效应分析中具有显著性(表 4-27)。研究结果于 2018 年发表于 *Environment Health Perspective*。DNA 甲基化在人体衰老和长寿中起到了重要的作用，甲基化年龄在研究生理衰老机制以及衰老和疾病的关系时，具有广泛的应用前景。

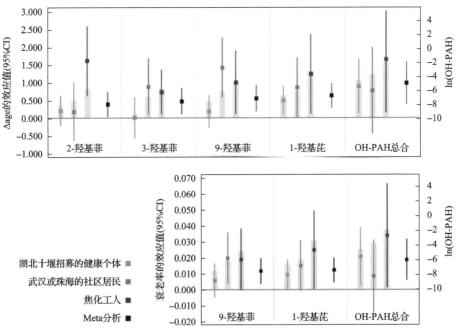

图 4-20　尿中 OH-PAHs 水平与甲基化衰老指标之间的关联性

**表 4-27　CpG 甲基化改变在介导多环芳烃暴露和衰老关联性的中介效应分析**

| OH-PAH 代谢物 | 中介 CpGs 基因 | 中介 CpGs CpG 名称 | PAH, CpG 和衰老指标之间的关联性 CpG 与 Δage 的关联性 效应值 | P | CpG 与 AR① 的关联性 效应值 | P | CpG 与 OH-PAH 的关联性 效应值 | P | 由 CpG 介导的 PAHs 与衰老指标的关联性 由 CpG 介导的 PAHs 与 Δage 的关联性 效应值 | P | 由 CpG 介导的 PAHs 与 AR 的关联性 效应值 | P |
|---|---|---|---|---|---|---|---|---|---|---|---|---|
| 1-羟基萘 | 总效应 | | | | | | | | 0.622 | 0.0003 | 0.012 | 0.001 |
| | FHL2 | cg22454769 | 1.96 | $2.0 \times 10^{-15}$ | 0.041 | $5.8 \times 10^{-16}$ | 0.069 | 0.012 | 0.119 | 0.018 | 0.003 | 0.017 |
| | FHL2 | cg06639320 | 2.00 | $7.9 \times 10^{-16}$ | 0.042 | $3.1 \times 10^{-16}$ | 0.054 | 0.023 | 0.107 | 0.033 | 0.003 | 0.031 |
| | BOK | cg24436906 | 1.16 | $4.8 \times 10^{-9}$ | 0.024 | $4.1 \times 10^{-9}$ | 0.103 | 0.013 | 0.081 | 0.0497 | 0.002 | 0.046 |
| | 中介效应② | | | | | | | | 0.227 | 0.001 | 0.005 | 0.0009 |
| 9-羟基菲 | 总效应 | | | | | | | | 0.551 | 0.0002 | 0.012 | 0.002 |
| | ELOVL2 | cg24724428 | 1.93 | $6.7 \times 10^{-18}$ | 0.041 | $1.1 \times 10^{-16}$ | 0.121 | 0.0004 | 0.085 | 0.005 | 0.002 | 0.005 |
| | ELOVL2 | cg21572722 | 2.17 | $3.2 \times 10^{-19}$ | 0.043 | $3.1 \times 10^{-17}$ | 0.092 | 0.003 | 0.173 | 0.005 | 0.004 | 0.005 |
| | TRIM59 | cg07553761 | 1.20 | $1.2 \times 10^{-8}$ | 0.023 | $1.7 \times 10^{-7}$ | 0.093 | 0.009 | 0.022 | 0.028 | 0.001 | 0.03 |
| | 中介效应② | | | | | | | | 0.219 | $1.13 \times 10^{-5}$ | 0.005 | $1.32 \times 10^{-5}$ |

① 衰老率。
② 使用 CpG 分数加权的方法计算。

### 4.5.3.3　金属与 PAHs 共暴露、microRNA 表达水平与工人的早期健康损害

人类通常暴露于复合污染物中。大气颗粒物及其主要贡献源工厂废气、汽车尾气、香烟烟雾等普遍存在的复合污染物中往往共同存在有较高浓度的金属和 PAHs,因此其联合暴露问题值得关注。金属与 PAHs 也是焦炉逸散物(coke oven emissions, 简称 COE)的主要组分,以 COE 暴露的健康男性焦炉工为研究对象,采用高通量 Solexa 测序技术,筛查并比较不同暴露水平下工人血浆 miRNA 表达谱的差异,发现 COE 暴露可影响miRNA 表达谱,使大多数 miRNA 呈现表达下调的趋势(图 4-21)(Deng et al., 2014a)。该部分筛查结果为后续探讨 COE 主要致病成分(如金属、PAHs 等)对 miRNA 表达的独立影响和联合影响奠定了基础。

研究(Deng et al., 2019b)选择了 360 名男性健康焦炉工来验证COE中主要致病成分的内负荷水平对 miRNA 表达量的影响。采用多种检测技术,评价了机体的金属和 PAHs内负荷水平,包括:采用 ICP-MS 技术检测尿中 23 种金属的浓度;采用气相色谱-质谱联用(gas chromatography-mass spectrometer, 简称 GC-MS)技术检测尿中萘(ΣOH-Nap)、芴(ΣOH-Flu)、菲(ΣOH-Phe)、芘(1-OH-Pyr)和非致癌性 PAHs(ΣOH-PAHs)的代谢物浓度;并采用酶联免疫吸附测定(enzyme-linked immunosorbent assay, 简称 ELISA)法检测血浆反式二氢二醇环氧苯并[a]芘(anti-7,8,-dihydrodiol-9,10-epoxide benzo[a] pyrene, 简称BPDE)白蛋白加合物,评价致癌性 PAHs 的暴露水平。从差异表达的 miRNA(图 4-21)中,根据以下标准选择部分 miRNA 进行验证:在至少一个筛查组中表达水平不低于 50 个拷贝;与环境因素暴露应答、遗传损伤及其相关机制或心血管疾病及其相关机制有关。最终选择了 10 种 miRNA(表 4-28),并采用 qRT-PCR 法检测这些 miRNA 在 360 名工人中的表达量。

前期研究已经探讨了 PAHs 暴露对 miRNA 的影响(Huang et al. 2016; Deng et al. 2014b)。为了评估差异表达的 miRNA 是否与金属暴露有关,首先采用 LASSO 惩罚回归法,选择了多种金属作为 miRNA 的重要预测指标(表 4-28),并将它们纳入到多金属模型中,探讨多金属对 miRNA 表达的联合影响。研究发现,在校正协变量、PAHs 和其他金属的影响后,铝与 miR-16-5p 和 miR-320b 表达量下降有关($P<0.05$);锑与所有 miRNA 表达量下降有关($P<0.035$);铅与 miR-27a-3p 表达量下降有关($P=0.046$);钼与 miR-126-3p 和 miR-28-5p 表达量增高有关($P<0.05$);锡与大部分miRNA(除 miR-150-5p 与 miR-451a 以外)的表达量增加有关($P<0.008$);而钛与let-7b-5p、miR-126-3p、miR-24-3p、miR-27a-3p、miR-28-5p 与 miR-320b 表达量下降有关($P<0.045$)。

进一步分析了 PAHs 与金属联合暴露对 miRNA 表达的影响。首先根据与 miRNA 相关的金属和 PAHs 指标,将研究对象分成高、中、低暴露组,并评价金属对 PAHs-miRNA 关联的效应修饰作用以及 PAHs 对金属-miRNA 关联的效应修饰作用。分析发现,非致癌性

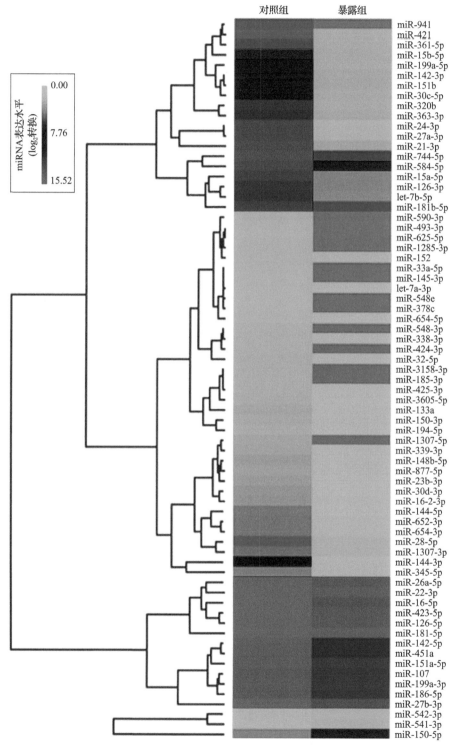

图 4-21　COE 暴露工人与对照组血浆中差异表达的 miRNA（Deng et al., 2014b）

表 4-28　LASSO 惩罚回归模型选择的金属与 miRNA 表达量的关联[$\beta_{std}$(95% CI)]（多金属模型）

| 金属[①] | $\beta_{std}$(95% CI) (%) | $P$ 值 |
|---|---|---|
| let-7b-5p | | |
| 锑 | −24.80(−37.67~−11.94) | $1.58 \times 10^{-4}$ |
| 铅 | −10.07(−20.85~0.71) | 0.067 |
| 锡 | 20.74(6.03~35.46) | 0.006 |
| 钛 | −14.59(−26.55~−2.64) | 0.017 |
| miR-126-3p | | |
| 锑 | −15.14(−28.71~−1.57) | 0.029 |
| 镉 | −15.73(−32.14~0.68) | 0.060 |
| 钴 | −6.84(−25.77~12.08) | 0.479 |
| 铁 | −8.68(−25.28~7.92) | 0.305 |
| 铅 | −3.97(−14.68~6.73) | 0.467 |
| 锰 | −5.98(−21.99~10.03) | 0.464 |
| 钼 | 14.68(0.94~28.41) | 0.036 |
| 锡 | 42.46(24.40~60.51) | $4.04 \times 10^{-6}$ |
| 钛 | −22.83(−35.06~−10.60) | $2.53 \times 10^{-4}$ |
| 钨 | 6.26(−6.67~19.19) | 0.343 |
| 铀 | −8.45(−22.55~5.64) | 0.240 |
| miR-142-5p | | |
| 铝 | −13.49(−40.34~13.36) | 0.325 |
| 锑 | −15.15(−28.80~−1.51) | 0.030 |
| 钴 | −6.14(−25.84~13.55) | 0.541 |
| 铁 | −11.28(−28.04~5.49) | 0.187 |
| 铅 | −8.97(−19.45~1.51) | 0.093 |
| 锰 | −4.12(−27.28~19.04) | 0.727 |
| 钼 | 11.05(−2.68~24.79) | 0.115 |
| 镍 | −6.16(−19.44~7.13) | 0.364 |
| 硒 | −13.50(−31.42~4.42) | 0.140 |
| 锡 | 41.52(22.33~60.70) | $2.22 \times 10^{-5}$ |
| 钛 | −2.39(−17.20~12.43) | 0.752 |
| 铀 | −4.24(−18.10~9.62) | 0.549 |
| miR-150-5p | | |
| 锑 | −13.42(−25.78~−1.06) | 0.033 |
| 锰 | −8.91(−21.63~3.81) | 0.170 |
| 镍 | −6.78(−19.35~5.80) | 0.291 |

续表

| 金属[①] | $\beta_{std}$ (95% CI) (%) | $P$ 值 |
|---|---|---|
| 钛 | −10.51 (−22.54～1.52) | 0.087 |
| miR-16-5p | | |
| 铝 | −22.95 (−41.60～−4.30) | 0.016 |
| 锑 | −16.26 (−29.96～−2.57) | 0.020 |
| 铅 | −3.96 (−14.66～6.74) | 0.468 |
| 钼 | 7.93 (−7.07～22.92) | 0.300 |
| 镍 | −6.17 (−19.09～6.75) | 0.349 |
| 铷 | −8.01 (−26.93～10.91) | 0.407 |
| 硒 | −9.87 (−30.16～10.41) | 0.340 |
| 锡 | 29.04 (10.03～48.04) | 0.003 |
| 钛 | −8.95 (−24.20～6.31) | 0.250 |
| 钨 | 10.74 (−2.80～24.29) | 0.120 |
| 铀 | −6.39 (−20.91～8.12) | 0.388 |
| miR-24-3p | | |
| 铝 | −10.03 (−35.33～15.27) | 0.437 |
| 锑 | −23.43 (−36.21～−10.66) | $3.25 \times 10^{-4}$ |
| 铅 | −5.92 (−16.35～4.51) | 0.266 |
| 锰 | −11.43 (−33.00～10.15) | 0.299 |
| 镍 | −3.31 (−15.42～8.80) | 0.592 |
| 锡 | 37.38 (20.92～53.83) | $8.51 \times 10^{-6}$ |
| 钛 | −19.43 (−31.03～−7.82) | 0.001 |
| miR-27a-3p | | |
| 锑 | −23.01 (−35.83～−10.20) | $4.32 \times 10^{-4}$ |
| 铅 | −10.66 (−21.15～−0.18) | 0.046 |
| 锰 | −12.25 (−25.36～0.86) | 0.067 |
| 锡 | 26.81 (10.66～42.96) | 0.001 |
| 钛 | −15.93 (−27.79～−4.07) | 0.008 |
| 钒 | 8.47 (−2.26～19.19) | 0.122 |
| miR-28-5p | | |
| 锑 | −21.80 (−34.71～−8.89) | $9.32 \times 10^{-4}$ |
| 砷 | −12.90 (−28.31～2.51) | 0.101 |
| 铅 | −3.41 (−13.69～6.88) | 0.516 |
| 锰 | −13.25 (−27.18～0.68) | 0.062 |
| 钼 | 13.74 (0.10～27.39) | 0.048 |
| 锶 | −10.10 (−24.64～4.45) | 0.174 |

续表

| 金属[①] | $\beta_{std}$ (95% CI) (%) | $P$ 值 |
|---|---|---|
| 铊 | 13.65(−2.62～29.92) | 0.100 |
| 锡 | 27.61(9.69～45.53) | 0.003 |
| 钛 | −16.97(−29.10～−4.85) | 0.006 |
| 铀 | −6.84(−19.79～6.11) | 0.301 |
| miR-320b | | |
| 铝 | −16.92(−33.02～−0.81) | 0.040 |
| 锑 | −14.85(−28.14～−1.56) | 0.029 |
| 砷 | −7.30(−20.21～5.61) | 0.268 |
| 钴 | −7.81(−25.54～9.93) | 0.388 |
| 铅 | −6.22(−16.67～4.22) | 0.243 |
| 锡 | 34.21(16.56～51.85) | $1.45 \times 10^{-4}$ |
| 钛 | −12.64(−24.67～−0.60) | 0.040 |
| 钒 | 6.95(−3.94～17.84) | 0.211 |
| miR-451a | | |
| 锑 | −15.94(−28.08～−3.79) | 0.010 |
| 铁 | −10.00(−23.10～3.11) | 0.135 |

①LASSO 惩罚回归模型选择的金属被同时纳入到多因素线性回归模型(多金属模型)中，校正年龄、吸烟饮酒状态、吸烟包年、BMI、工龄、工作班次、工作岗位、ΣOH-PAHs 和 BPDE 白蛋白加合物。

PAHs 与 miRNA 之间的正关联普遍在低锑暴露组中关联强度更高(图 4-22)，而铝和锑与 miRNA 之间的负关联在非致癌性 PAHs 高暴露组和致癌性 PAHs 低暴露组中关联强度更高(图 4-23)($P_{效应修饰}$＜0.05)。

随后评价了金属与 PAHs 的交互作用对 miRNA 表达的影响，发现锑分别与菲和非致癌性 PAHs 之间存在拮抗交互作用，共同影响 let-7b-5p 的表达量($\beta_{interaction}$＜−12.00%，$P_{interaction}$＜0.025)，而金属与致癌性 PAHs 之间存在协同交互作用，共同影响 miRNA 表达量($\beta_{interaction}$＞7.50%，$P_{interaction}$＜0.05)。

此外，遗传损伤、氧化应激和心率变异性(heart rate variability，简称 HRV)等是肿瘤、心血管疾病等环境相关性疾病发生发展过程中的关键早期生物学事件，为了深入了解 miRNA 在环境污染物致早期健康效应的作用，前期研究(Huang et al., 2016; Deng et al., 2014a, 2014b)与本研究(Deng et al., 2019b)发现均分析了受污染物单独或联合影响的 miRNA 与以上早期健康损害标志物之间的关联性。分析发现，miRNA 与升高的遗传损伤(包括 DNA 链断裂、染色体损伤和及氧化性 DNA 损伤)标志物有关，而与降低的脂质过氧化水平和 HRV 指标相关($P$＜0.05)。本研究提示，金属和 PAHs 的共同暴露可能通过对 miRNA 表达水平的影响，进而导致早期健康损害。本成果的研究设计与统计分析策略为复合污染物健康效应的流行病学研究提供了示范和借鉴。

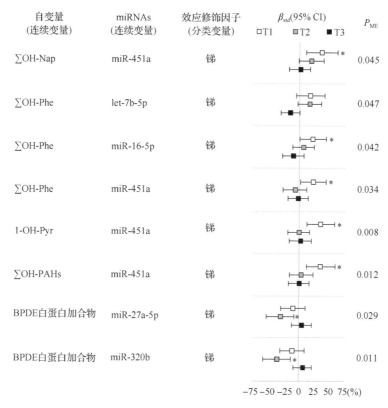

图 4-22　金属对 PAHs-miRNA 关联的效应修饰作用（$P_{修饰效应} < 0.05$）

\* $P < 0.05$

### 4.5.3.4　DNA 甲基化与急性冠脉综合征及主要心血管疾病指标/危险因素的关联性研究

本研究（Li et al., 2017a）采取两阶段（发现和验证）的研究策略，发现阶段利用 HumanMethylation450K 芯片检测 102 名 ACS 患者和 101 名匹配的健康对照全血中全基因组 >485000 个 CpGs 位点的甲基化水平，并分析每个 CpG 的甲基化水平与 ACS 的关联性。随后，在独立的 100 名 ACS 患者和 102 名健康对照中，对发现阶段中的显著性位点进行验证。对于被验证的 ACS 相关 CpGs，一方面在两阶段人群中分析上述位点与心血管疾病指标/危险因素之间的关联性；另一方面在 8 名 ACS 患者和 8 名健康对照中，检测了全血中分离纯化的中性粒细胞、单核细胞、CD8+T 细胞、CD4+T 细胞、B 细胞和自然杀伤细胞（natural killer cell，简称 NK 细胞）的甲基化水平，并分析每个 CpG 在每种细胞亚型中的甲基化水平与 ACS 的关联性。此外，该研究在 144 名来自湖北十堰的健康人群中，分析了 ACS 相关 CpGs 的甲基化水平与其所在/临近基因表达水平的关联性。发现阶段中，192 个 CpGs 的外周血甲基化水平与 ACS 的关联性达到全基因组显著性水平；其中，47 个 CpGs（位于 44 个基因上）的甲基化水平与 ACS 的关联性，在验证人群中得到验证（表 4-29）。在多种免疫细胞亚型（尤其是 CD8+T 细胞、CD4+T 细胞和 B 细胞）中，上述 47 个 CpGs 与 ACS 之间的关联效应方向与全血中的效应方向一致，且其中 42 个

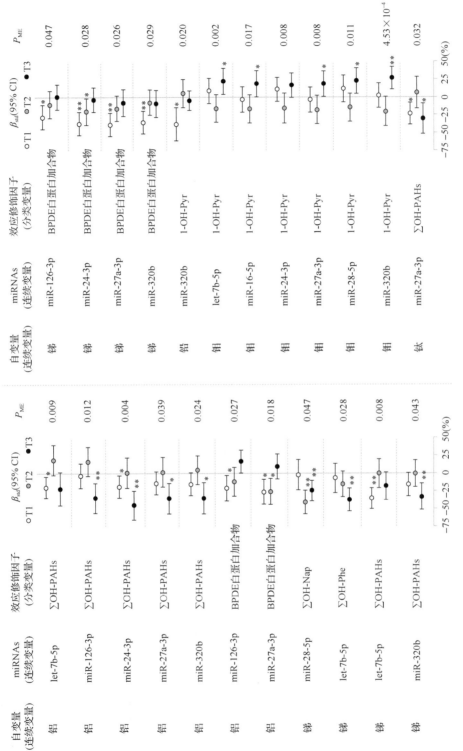

图4-23　PAHs对金属-miRNA关联的效应修饰作用($P_{修饰效应}$<0.05)

*$P$<0.05，**$P$<0.001

表 4-29　47 个发现并验证的与 ACS 发病具有关联性的 CpGs

| 染色体 | 位置 | 基因 | 与基因的关系① | CpG 名称 | 发现阶段 效应(标准差)① | 发现阶段 $P$ | FDR③ | 验证阶段 效应(标准差)② | 验证阶段 $P$ | 联合分析① 效应(标准差) | 联合分析① $P$ |
|---|---|---|---|---|---|---|---|---|---|---|---|
| 1 | 3301446 | PRDM16 | Body | cg02484476 | 0.403(0.060) | $2.50\times10^{-10}$ | $1.35\times10^{-5}$ | 0.261(0.064) | $5.98\times10^{-5}$ | 0.336(0.044) | $2.59\times10^{-13}$ |
| 1 | 25238271 | RUNX3 | Body | cg12217270 | 0.401(0.064) | $2.06\times10^{-9}$ | $4.94\times10^{-5}$ | 0.397(0.062) | $1.38\times10^{-9}$ | 0.399(0.044) | $1.58\times10^{-17}$ |
| 1 | 25243348 | RUNX3 | Body | cg20288927 | 0.421(0.080) | $4.10\times10^{-7}$ | $1.64\times10^{-3}$ | 0.422(0.077) | $1.55\times10^{-7}$ | 0.421(0.056) | $3.09\times10^{-13}$ |
| 1 | 25876626 | LDLRAP1 | Body | cg22442430 | -0.474(0.095) | $1.46\times10^{-6}$ | $3.80\times10^{-3}$ | -0.504(0.125) | $8.62\times10^{-5}$ | -0.485(0.076) | $6.29\times10^{-10}$ |
| 1 | 28521540 | PTAFR | TSS1500 | cg20460771 | 0.452(0.080) | $5.48\times10^{-8}$ | $4.10\times10^{-4}$ | 0.474(0.078) | $6.02\times10^{-9}$ | 0.463(0.056) | $1.79\times10^{-15}$ |
| 1 | 45276338 | BTBD19 | Body | cg16651877 | -0.384(0.076) | $1.18\times10^{-6}$ | $3.23\times10^{-3}$ | -0.504(0.074) | $1.67\times10^{-10}$ | -0.446(0.053) | $1.83\times10^{-15}$ |
| 1 | 48687524 | SLC5A9 | TSS1500 | cg00294940 | 0.460(0.080) | $4.60\times10^{-8}$ | $3.55\times10^{-4}$ | 0.481(0.088) | $1.30\times10^{-7}$ | 0.470(0.059) | $3.02\times10^{-14}$ |
| 1 | 154379696 | IL6R | Body | cg09257526 | -0.315(0.064) | $2.02\times10^{-6}$ | $4.63\times10^{-4}$ | -0.271(0.062) | $2.20\times10^{-5}$ | -0.292(0.045) | $2.01\times10^{-10}$ |
| 1 | 172628514 | FASLG | 1stExon | cg15729230 | 0.396(0.071) | $8.00\times10^{-8}$ | $5.48\times10^{-4}$ | 0.297(0.069) | $2.53\times10^{-5}$ | 0.345(0.049) | $1.25\times10^{-11}$ |
| 2 | 420052 | 2p25.3 (ACP1) | | cg05464506 | 0.419(0.070) | $1.00\times10^{-8}$ | $1.32\times10^{-4}$ | 0.214(0.056) | $1.92\times10^{-4}$ | 0.294(0.044) | $2.23\times10^{-11}$ |
| 2 | 96933283 | CIAO1 | Body | cg25522181 | 0.453(0.082) | $1.11\times10^{-7}$ | $7.01\times10^{-4}$ | 0.392(0.082) | $3.92\times10^{-6}$ | 0.423(0.058) | $2.25\times10^{-12}$ |
| 2 | 97510201 | ANKRD23 | TSS1500 | cg08402572 | 0.574(0.107) | $2.70\times10^{-7}$ | $1.27\times10^{-3}$ | 0.660(0.112) | $1.95\times10^{-8}$ | 0.615(0.078) | $2.73\times10^{-14}$ |
| 2 | 175500072 | WIPF1 | 5'UTR | cg10037068 | 0.449(0.078) | $4.03\times10^{-8}$ | $3.18\times10^{-4}$ | 0.322(0.080) | $8.37\times10^{-5}$ | 0.387(0.056) | $2.66\times10^{-11}$ |
| 3 | 52260090 | TLR9 | 5'UTR | cg21578541 | -0.296(0.049) | $8.05\times10^{-9}$ | $1.20\times10^{-4}$ | -0.203(0.053) | $1.69\times10^{-4}$ | -0.253(0.036) | $1.54\times10^{-11}$ |
| 4 | 964011 | DGKQ | Body | cg12226453 | 0.623(0.103) | $7.49\times10^{-9}$ | $1.15\times10^{-4}$ | 0.539(0.087) | $4.67\times10^{-9}$ | 0.575(0.067) | $1.83\times10^{-16}$ |
| 4 | 2322078 | ZFYVE28 | Body | cg12811871 | 0.363(0.073) | $1.45\times10^{-6}$ | $3.78\times10^{-3}$ | 0.501(0.082) | $5.51\times10^{-9}$ | 0.424(0.054) | $5.10\times10^{-14}$ |
| 4 | 7657303 | SORCS2 | Body | cg21254939 | -0.396(0.074) | $2.61\times10^{-7}$ | $1.24\times10^{-3}$ | -0.401(0.070) | $3.63\times10^{-8}$ | -0.399(0.051) | $4.86\times10^{-14}$ |
| 5 | 149756966 | TCOF1 | Body | cg24032269 | 0.384(0.077) | $1.49\times10^{-6}$ | $3.85\times10^{-3}$ | 0.376(0.069) | $1.91\times10^{-7}$ | 0.380(0.052) | $1.39\times10^{-12}$ |
| 6 | 11212619 | NEDD9 | Body | cg12531611 | 0.540(0.106) | $1.01\times10^{-6}$ | $2.98\times10^{-3}$ | 0.619(0.091) | $1.26\times10^{-10}$ | 0.586(0.069) | $1.20\times10^{-15}$ |
| 6 | 35696870 | FKBP5 | TSS1500 | cg25114611 | -0.512(0.082) | $3.24\times10^{-9}$ | $6.99\times10^{-5}$ | -0.347(0.082) | $4.03\times10^{-5}$ | -0.429(0.058) | $1.32\times10^{-12}$ |
| 6 | 41139345 | 6p21.1 (TREM1-2) | | cg21575923 | 0.565(0.111) | $8.16\times10^{-7}$ | $2.69\times10^{-3}$ | 0.531(0.110) | $2.81\times10^{-6}$ | 0.548(0.078) | $1.05\times10^{-11}$ |
| 6 | 112096760 | FYN | 5'UTR | cg08376209 | 0.394(0.076) | $5.21\times10^{-7}$ | $1.91\times10^{-3}$ | 0.351(0.091) | $1.68\times10^{-4}$ | 0.376(0.058) | $5.28\times10^{-10}$ |
| 6 | 170753313 | 6q27 (DLL1-PSMB1) | | cg01291375 | 0.489(0.096) | $8.48\times10^{-7}$ | $2.71\times10^{-3}$ | 0.574(0.096) | $1.08\times10^{-8}$ | 0.531(0.068) | $5.30\times10^{-14}$ |
| 7 | 38370874 | 7p14.1 (TRG) | | cg01726890 | 0.525(0.105) | $1.36\times10^{-6}$ | $3.61\times10^{-3}$ | 0.560(0.105) | $2.94\times10^{-7}$ | 0.543(0.074) | $1.90\times10^{-12}$ |
| 9 | 116288739 | RGS3 | Body | cg14049634 | 0.458(0.067) | $9.80\times10^{-11}$ | $8.30\times10^{-6}$ | 0.406(0.060) | $2.00\times10^{-10}$ | 0.429(0.045) | $1.16\times10^{-19}$ |

续表

| 染色体 | 位置 | 基因 | 与基因的关系① | CpG 名称 | 发现阶段 | | | 验证阶段 | | 联合分析④ | |
|---|---|---|---|---|---|---|---|---|---|---|---|
| | | | | | 效应(标准差)② | $P$ | FDR③ | 效应(标准差)④ | $P$ | 效应(标准差) | $P$ |
| 10 | 72363216 | PRF1 | TSS1500 | cg18352710 | 0.394(0.080) | $1.80 \times 10^{-6}$ | $4.24 \times 10^{-3}$ | 0.427(0.076) | $7.02 \times 10^{-8}$ | 0.411(0.055) | $6.59 \times 10^{-13}$ |
| 12 | 53608721 | RARG | Body | cg27036638 | -0.465(0.088) | $4.29 \times 10^{-7}$ | $1.66 \times 10^{-3}$ | -0.349(0.092) | $2.09 \times 10^{-4}$ | -0.409(0.064) | $5.71 \times 10^{-10}$ |
| 12 | 124016861 | RILPL1 | Body | cg21618017 | -0.509(0.095) | $2.80 \times 10^{-7}$ | $1.30 \times 10^{-3}$ | -0.340(0.088) | $1.64 \times 10^{-4}$ | -0.418(0.065) | $3.02 \times 10^{-10}$ |
| 13 | 114307602 | ATP4B | Body | cg01561807 | 0.458(0.071) | $1.02 \times 10^{-9}$ | $2.93 \times 10^{-5}$ | 0.286(0.076) | $2.29 \times 10^{-4}$ | 0.378(0.052) | $4.35 \times 10^{-12}$ |
| 15 | 74862662 | ARID3B | Body | cg02384859 | 0.416(0.073) | $5.51 \times 10^{-8}$ | $4.10 \times 10^{-4}$ | 0.539(0.081) | $3.62 \times 10^{-10}$ | 0.471(0.054) | $1.28 \times 10^{-16}$ |
| 16 | 4516078 | NMRAL1 | Body | cg01850135 | 0.327(0.065) | $1.15 \times 10^{-6}$ | $3.21 \times 10^{-3}$ | 0.318(0.065) | $2.37 \times 10^{-6}$ | 0.323(0.046) | $1.26 \times 10^{-11}$ |
| 16 | 88832485 | FAM38A | Body | cg03831847 | 0.356(0.069) | $6.84 \times 10^{-7}$ | $2.36 \times 10^{-3}$ | 0.311(0.072) | $2.54 \times 10^{-5}$ | 0.335(0.050) | $8.61 \times 10^{-11}$ |
| 16 | 89408403 | ANKRD11 | 5'UTR | cg27513667 | 0.414(0.077) | $2.12 \times 10^{-7}$ | $1.06 \times 10^{-3}$ | 0.578(0.069) | $2.07 \times 10^{-14}$ | 0.505(0.051) | $1.15 \times 10^{-19}$ |
| 17 | 27401793 | TIAF1 | 5'UTR | cg18960216 | 0.468(0.093) | $1.15 \times 10^{-6}$ | $3.21 \times 10^{-3}$ | 0.641(0.093) | $8.87 \times 10^{-11}$ | 0.555(0.066) | $1.03 \times 10^{-15}$ |
| 17 | 34394215 | CCL18 | Body | cg06040872 | 0.480(0.087) | $1.36 \times 10^{-7}$ | $8.03 \times 10^{-4}$ | 0.773(0.088) | $1.31 \times 10^{-15}$ | 0.626(0.062) | $6.84 \times 10^{-21}$ |
| 17 | 38696507 | | 17q21.2(CCR7) | cg25248278 | 0.261(0.048) | $1.36 \times 10^{-7}$ | $8.03 \times 10^{-4}$ | 0.207(0.046) | $1.29 \times 10^{-5}$ | 0.233(0.033) | $9.59 \times 10^{-12}$ |
| 17 | 72674297 | RAB37 | Body | cg14066471 | -0.437(0.080) | $1.79 \times 10^{-7}$ | $9.51 \times 10^{-4}$ | -0.422(0.091) | $7.18 \times 10^{-6}$ | -0.431(0.060) | $6.63 \times 10^{-12}$ |
| 19 | 1411919 | DAZAP1 | Body | cg11947857 | 0.387(0.075) | $6.49 \times 10^{-7}$ | $2.31 \times 10^{-3}$ | 0.431(0.082) | $4.27 \times 10^{-7}$ | 0.407(0.055) | $1.30 \times 10^{-12}$ |
| 19 | 5660924 | S4FB | Body | cg25974922 | 0.443(0.061) | $1.32 \times 10^{-11}$ | $2.43 \times 10^{-6}$ | 0.248(0.066) | $2.15 \times 10^{-4}$ | 0.352(0.045) | $1.32 \times 10^{-13}$ |
| 19 | 42411405 | ARHGEF1 | 3'UTR | cg12168357 | 0.324(0.064) | $1.07 \times 10^{-6}$ | $3.03 \times 10^{-3}$ | 0.250(0.062) | $7.36 \times 10^{-5}$ | 0.286(0.044) | $4.03 \times 10^{-10}$ |
| 19 | 42704706 | DEDD2 | Body | cg13790259 | 0.445(0.084) | $3.22 \times 10^{-7}$ | $1.41 \times 10^{-3}$ | 0.450(0.073) | $5.76 \times 10^{-9}$ | 0.448(0.055) | $1.07 \times 10^{-14}$ |
| 20 | 58630240 | C20orf197 | TSS1500 | cg26482164 | 0.397(0.071) | $8.55 \times 10^{-8}$ | $5.76 \times 10^{-4}$ | 0.266(0.057) | $5.32 \times 10^{-6}$ | 0.317(0.044) | $2.45 \times 10^{-12}$ |
| 21 | 47844012 | PCNT | Body | cg03062881 | 0.706(0.110) | $1.32 \times 10^{-9}$ | $3.57 \times 10^{-5}$ | 0.549(0.116) | $4.22 \times 10^{-6}$ | 0.631(0.080) | $4.61 \times 10^{-14}$ |
| 21 | 47844134 | PCNT | Body | cg04314225 | 0.409(0.078) | $4.00 \times 10^{-7}$ | $1.62 \times 10^{-3}$ | 0.364(0.080) | $9.89 \times 10^{-6}$ | 0.388(0.056) | $1.94 \times 10^{-11}$ |
| 21 | 47845788 | PCNT | Body | cg22217449 | 0.442(0.073) | $9.30 \times 10^{-9}$ | $1.29 \times 10^{-4}$ | 0.431(0.076) | $6.29 \times 10^{-8}$ | 0.437(0.053) | $3.10 \times 10^{-15}$ |
| 22 | 39492189 | APOBEC3H | TSS1500 | cg06229674 | 0.490(0.098) | $1.54 \times 10^{-6}$ | $3.91 \times 10^{-3}$ | 0.501(0.100) | $1.26 \times 10^{-6}$ | 0.495(0.070) | $8.79 \times 10^{-12}$ |
| X | 62972602 | ARHGEF9 | Body | cg00369058 | 0.406(0.082) | $1.86 \times 10^{-6}$ | $4.35 \times 10^{-3}$ | 0.401(0.082) | $2.16 \times 10^{-6}$ | 0.404(0.058) | $1.80 \times 10^{-11}$ |

①Body: CpG 位于基因体；TSS1500: CpG 位于转录起始位点 1500bp 内；1stExon: CpG 位于 1 号外显子；CpG 位于 3'UTR；5'UTR: CpG 位于 5'UTR 或 3'UTR。

②发现和验证阶段的效应值的计算基于逆正态转换后的甲基化值，可以解释为病例和对照间甲基化水平差异为多少倍的标准差。

③全基因组水平计算的假阴性率。

④发现和验证阶段的结果通过固定效应的 Meta 分析合并。

CpGs 在至少一种免疫细胞亚型中，甲基化水平与 ACS 的关联性达到了显著性水平。26 个 ACS 相关 CpGs 的全血甲基化水平与其所在/临近基因(包括 *PTAFR*、*IL6R*、*FASLG*、*PRF1* 等)的表达水平具有显著相关性。此外，上述 47 个 ACS 相关 CpGs 的甲基化水平与心血管疾病指标/危险因素的关联性分析结果显示(图 4-24)，有 29 个 CpGs 的甲基化水平与吸烟之间存在显著关联性($P<0.05$)，且显著关联性的富集性具有统计学意义($P_{富集性}<1.0\times10^{-6}$，即更频繁地出现 $P<0.05$ 的关联性)；有 10 个 CpGs 的甲基化水平与低密度脂蛋白胆固醇(low density lipoprotein cholesterol, 简称 LDL-C)之间存在显著关联性($P<0.05$)，且关联性的富集性具有统计学意义($P_{富集性}=1.0\times10^{-5}$)。此成果已于发表在 *Circulation Research* 上，并得到斯坦福大学权威教授 Emma Monte 的高度赞扬，并撰写了长达 2 页的编辑评论(Monte et al., 2017)。

　　DNA 甲基化可能会通过调节基因的表达参与 ACS 的发生和发展，继而影响 ACS 风险和发病；此外，DNA 甲基化也可能是心血管危险因素致 ACS 发病通路上潜在的调控机制之一。因此，在中国人群中开展 DNA 甲基化与 ACS 及主要心血管疾病指标/危险因素的关联性研究，为进一步阐明 ACS 的病因和病理机制提供了重要的表观遗传学依据，也为心血管危险因素控制、ACS 靶向预防和将来临床标志物和治疗靶位点研究提供了新的思路。

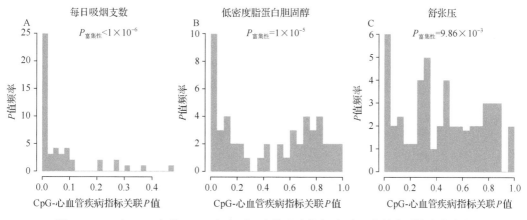

图 4-24　47 个 ACS 相关 CpGs 与主要心血管疾病指标/危险因素的关联性富集分析

#### 4.5.3.5　补充 B 族维生素可防止 PM$_{2.5}$ 所致的 DNA 甲基化异常

　　与哥伦比亚大学等合作发表在《美国科学院院报》上的研究(Zhong et al., 2017)提示，补充 B 族维生素可防止 PM$_{2.5}$ 诱导的 DNA 甲基化异常，B 族维生素个体干预将有可能成为保护人群少受 PM$_{2.5}$ 损害的防治手段。此研究思路和主要内容如下(图 4-25)：PM$_{2.5}$ 可沉积于呼吸道细支气管及肺泡中，刺激局部或全身的炎症反应和氧化应激反应，对人体健康产生健康损害。由于 PM$_{2.5}$ 造成健康损害的分子机制尚未研究清楚，此前的应对措施主要为大规模的排放控制政策。发现针对个体水平上的预防措施，是这个重大公共卫生问题面临的挑战。DNA 甲基化依赖于甲基营养素(即 B 族维生素，包括叶酸、维生素 B$_6$

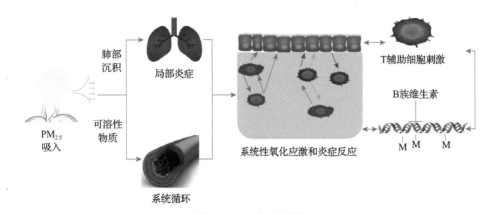

图 4-25　研究思路图

和 $B_{12}$；以及氨基酸，包括甲硫氨酸、甜菜碱和胆碱)生化循环反应过程中提供的甲基 (Cropley et al., 2007; Dolinoy et al., 2006; Ramchandani et al., 1999)，有证据表明含甲基营养素膳食干预可影响 DNA 甲基化(Jacob et al., 1998)。本研究是一项安慰剂-对照交叉试点干预试验，假设急性 $PM_{2.5}$ 暴露可快速改变外周 CD4$^+$ Th 细胞中的 DNA 甲基化水平，且此改变可被补充甲基的主要来源——B 族维生素(叶酸、维生素 $B_6$ 和 $B_{12}$)抑制。

研究对象为 10 位 10~49 岁、不抽烟、未服用任何药物及维生素补充剂的志愿者，整个试验中所有志愿者保持统一的膳食模式。通过单盲-交叉干预试验：10 位志愿者按照同一顺序每人经历 3 次暴露试验：①服用安慰剂两周后暴露在干净空气中 2 h；②服用安慰剂 4 周后暴露在有细颗粒物($PM_{2.5}$=250 μg/m$^3$)污染的空气中 2 h；③服用维生素 B 补充剂 4 周后暴露在有细颗粒物($PM_{2.5}$ =250 μg/m$^3$)污染的空气中。该研究主要发现如下。

(1)$PM_{2.5}$ 和维生素 B 补充对 DNA 甲基化的影响：2 h 的 $PM_{2.5}$ 暴露可改变 CD4$^+$ Th 细胞的 DNA 甲基化，且此改变可被补充维生素 B 所抑制。此研究统计效能有限，仅挑选了前 10 个位点分析，前两个位点为 cg06194186 和 cg17157498，分别位于 *CPO* 和 *NDUFS7* 的启动子区域。4 周的维生素 B 补充剂可扭转 $PM_{2.5}$ 暴露对前 10 个甲基化位点改变的 28%~76%。

(2)$PM_{2.5}$ 和维生素 B 补充对线粒体 DNA 含量的影响：*CPO* 和 *NDUFS7* 均参与线粒体氧化能量代谢。研究发现，暴露在 $PM_{2.5}$ 环境 2 h 后再过 24 h，线粒体 DNA 含量显著下降 11.1%(95% CI: −21.7%~−0.4%; $P$ = 0.04)；补充维生素 B 后可将此影响扭转 102% ($P_{interaction}$ =0.01)。补充维生素 B 后，暴露在 $PM_{2.5}$ 环境下 2 h 与线粒体 DNA 含量的关联消失(0.2%; 95% CI: −8.3%~8.8%; $P$ =0.96)。

(3)探索性中介分析：研究进一步发现 cg06194186 和 cg17157498 位点的甲基化水平是介导 $PM_{2.5}$ 对线粒体 DNA 含量影响作用的中间通路，分别有 16.0%(95% CI: 4.1%~27.9%)和 18.4% (95% CI: 9.9%~26.9%)的 PM 对线粒体 DNA 含量的影响由 cg06194186 和 cg17157498 甲基化所介导(表 4-30)。

**表 4-30　与 2 h PM$_{2.5}$ 暴露最相关的 10 个甲基化位点及补充 B 族维生素降低 PM$_{2.5}$ 所致的甲基化异常改变**

| CpG 位点 | 位置 | 与 CpG 岛的关系 | 基因 | 甲基化改变水平[①] | P | B 族维生素降低 PM$_{2.5}$ 所致甲基化改变(%) | P |
| --- | --- | --- | --- | --- | --- | --- | --- |
| **PM$_{2.5}$ 暴露所致的甲基化水平升高** | | | | | | | |
| cg06194186 | Chr 2: 207803693 | | CPO | 1.74 | $2.3\times10^{-5}$ | -1.00(57) | 0.003 |
| cg07689821 | Chr 6: 33290736 | Island | DAXX | 1.72 | $1.3\times10^{-5}$ | -0.84(49) | 0.01 |
| cg00068102 | Chr 2: 121619261 | Island | GLI2 | 1.67 | $4.9\times10^{-5}$ | -1.22(73) | 0.0007 |
| cg00647528 | Chr 18: 32957127 | Island | ZNF396 | 1.66 | $4.7\times10^{-5}$ | -0.52(31) | 0.13 |
| cg15426626 | Chr 12: 13298426[②] | Island | | 1.60 | $7.6\times10^{-6}$ | -0.73(45) | 0.01 |
| **PM$_{2.5}$ 暴露所致的甲基化水平降低** | | | | | | | |
| cg10719920 | Chr 21: 46724843[②] | S_Shelf | | -1.77 | $1.0\times10^{-6}$ | 0.49(28) | 0.07 |
| cg21986027 | Chr 6: 169238138[②] | | | -1.68 | $1.2\times10^{-5}$ | 1.27(76) | 0.0002 |
| cg17157498 | Chr 19: 1383493 | Island | NDUFS7 | -1.67 | $1.3\times10^{-5}$ | 1.24(74) | 0.0004 |
| cg08075528 | Chr 19: 1961017 | Island | CSNK1G2 | -1.63 | $5.8\times10^{-5}$ | 1.03(63) | 0.004 |
| cg26995744 | Chr 2: 200322034 | Island | SATB2 | -1.61 | $3.0\times10^{-5}$ | 1.14(71) | 0.001 |

①在计算 P 值时，DNA 甲基化 $\beta$ 值基于秩次进行了正态转换。
②Illumina 芯片注释文件显示该位点不位于任何注释的甲基化位点区域并与任何基因都无关。

研究成果发表后引起了国内外媒体的广泛关注，得到美国有线电视新闻网、《中国日报》等多家媒体的报道。空气污染是全世界共同面临的重大公共卫生问题，空气污染对人体健康不利影响的分子机制尚未完全研究清楚，制定针对空气污染个体水平上的健康防护是解决问题的方法之一。研究阐述了空气污染对人体表观遗传层面的影响并发现补充B 族维生素也许能作为减轻空气污染对表观遗传作用的补充剂。此研究是一个样本量很小且有设计局限性的试验，还需要开展更多的流行病学研究，在维生素 B 有效性、安全性、剂量效应曲线以及是否适用于长期暴露在雾霾环境下的人群等方面也需深入、系统研究。研究结果提示：“现在我们还不能提出补充维生素的建议，事实上我们之前在(美国)新英格兰地区的研究中发现，摄入足够来源于食物的维生素 B 也展现出防护与雾霾相关的心血管损伤效应。其建议是应多吃富含维生素 B 来源的饮食。”

### 4.5.4 小结

研究围绕空气细颗粒物及其重要成分致机体表观遗传的变化特征及与心血管损害发生的联系进行了系统研究。①定量回答了用煤、木柴、木炭、农作物等(固体燃料类)产生的室内空气污染致健康损害的问题，相当于年均 $PM_{2.5}$ 75 $\mu g/m^3$ 所引起的危害，为国家加快推广清洁能源、实施改灶通风策略、有效降低疾病负担提供了重要科学证据；②金属暴露与冠心病发病风险的有关联：血浆钛和砷会显著增加 CHD 发病风险，而硒则降低 CHD 发病风险，高硒水平会减弱钛、砷对 CHD 发病风险的增加。③吸烟烟雾和焦炉逸散物(煤燃烧)为空气细颗粒物重要来源之一，发现有 318 个 CpGs 的甲基化水平与吸烟的关联性达到了全基因组显著性水平，其中 161 个 CpGs(位于 123 个基因上)的甲基化水平与吸烟的关联性在欧洲人群和非裔美国人群的相关研究中并未报道。在上述发现的 318 个 CpGs 中，有 80 个 CpGs 的甲基化水平与其相应基因 mRNA 水平有显著关联性。此外，在无 PAHs 职业暴露的健康男性人群中，有 15 个 CpGs 的甲基化水平与尿 2-羟基萘水平存在显著关联性；且对这 15 个 CpGs 的中介效应分析结果显示，其中 12 个 CpGs 的吸烟相关甲基化改变可能由 2-羟基萘介导。④多环芳烃是空气细颗粒物重要成分，本研究利用多中心、两个种族建立甲基化年龄预测模型，在高多环芳烃暴露人群中，$\Delta age$、衰老率均高于其他人群。在 10 种 PAHs 代谢产物中(内暴露)，1-羟基芘、9-羟基菲与两个衰老指标之间存在显著关联性，有 6 个 CpGs(分别位于 *FHL2*、*BOK*、*ELOVL2* 和 *TRIM59*)的甲基化改变在介导多环芳烃暴露和衰老关联性的中介分析中具有显著性作用。⑤金属和 PAHs 的共同暴露可能通过对 miRNA 表达水平的影响，进而导致早期健康损害。⑥发现 47 个 CpGs(位于44 个基因上)的甲基化水平与 ACS 的关联性，有 29 个 CpGs 的甲基化水平与吸烟之间存在显著关联性($P<0.05$)，有 10 个 CpGs 的甲基化水平与 LDL-C 之间存在显著关联性。⑦合作研究提示补充 B 族维生素可防止 $PM_{2.5}$ 诱导的 DNA 甲基化异常，B 族维生素个体干预将可能成为保护人群少受 $PM_{2.5}$ 损害的防治手段。这些结果已发表在 JAMA、*Environment Health Perspective*、*Circulation Research*、*PNAS* 上，且在 *Circulation Research*、*PNAS* 上均有编辑评论，得到了权威专家的高度赞扬和国内外媒体所报道。

(撰稿人：邬堂春)

# 4.6　大气细颗粒物及其组分与暴露人群心肺损伤关联和干预研究

## 4.6.1　个体 PM$_{2.5}$暴露的心肺系统健康危害

已有大量文献报道 PM$_{2.5}$所致循环系统、呼吸系统的健康危害，但包括我国在内的发展中国家缺乏基于个体水平 PM$_{2.5}$暴露的健康影响研究，并且涉及表观遗传学，如 DNA 甲基化在 PM$_{2.5}$所致心血管健康损害中的作用机制尚不明确，也没有文献探讨过 PM$_{2.5}$所致肺功能损伤的作用机制。因此研究旨在从个体角度评估 PM$_{2.5}$暴露对人群心、肺系统的急性健康影响，并探讨 DNA 甲基化在循环系统健康危害中的中介效应，和 CC16 在肺功能损伤中的中介效应，以初步探讨 PM$_{2.5}$急性健康危害的作用机制。相关成果已正式发表于 *Environment International*、*Environment Pollution* 等杂志（Wang et al., 2017b; 2016b）。

### 4.6.1.1　研究方法

1. 研究设计与人群招募

研究采用固定群组追踪研究，即在较短时间内，对暴露水平和健康结局进行重复测量，进而分析暴露因素的健康效应。总共招募了 36 名健康在校研究生，纳入标准要求无慢性心、肺系统疾病，且无吸烟史。每位受试对象需要重复进行 4 轮个体暴露监测和健康体检，每次随访间隔约 2 周，每轮的采样时间为连续 72 小时，跨度为 4 个自然天。

2. 暴露测量与健康体检

研究采用的暴露测量仪器为美国 RTI 公司开发的 MicroPEM 个体暴露采样器，它既可以利用光学法记录 PM$_{2.5}$实时监测数据，又可以利用滤膜质量称重法收集颗粒物样本，提供多角度的 PM$_{2.5}$暴露水平资料。同时还使用 HOBO 温湿度采样仪，实时记录研究对象的个体温、湿度暴露情况。受试对象在采样期间记录本人的时间-地点-活动模式，饮酒、二手烟暴露情况以及饮食结构，药物、营养素服用情况等。

在每一轮采样的第四天，研究对象结束个体采样，同时由经过培训的现场工作人员对受试者进行健康检查，内容包括外周静脉血采集、血压测量和肺功能的测量。全部随访结束之后，血液样本被送至专业机构进行检测。研究测定的蛋白因子包括 4 种炎症类因子：肿瘤坏死因子-α（TNF-α）、可溶性细胞间粘附因子-1（sICAM-1）、可溶性 CD40 配体（sCD40L）和白介素-6（IL-6）；3 种血管收缩类因：血管紧张素转化酶-2（ACE-2）、血管紧张素-2（Ang-2）、内皮素-1（ET-1）；和 1 种凝血因子：纤溶酶原激活物抑制因子-1（PAI-1）；1 种呼吸系统健康相关的蛋白：Club 细胞分泌蛋白（CC16）。此外，研究共测定了 7 种基因的 DNA 甲基化水平：包括 4 种炎症类基因 *TNF-α*、*ICAM-1*、*CD40L* 和 *IL-6*，2 种血管收缩类基因 *ACE-2*、*ET-1* 以及 1 种凝血基因 *PAI-1*。DNA 甲基化的测量方法为基于亚硫酸盐转化后的焦磷酸测序法，所选的特定 CpG 位点均来源于已发表文献（Lakshmi et al., 2013; Qiu et al., 2012）。

3. 统计分析

首先，采用线性混合效应模型(LME)分析个体 $PM_{2.5}$ 急性暴露对健康结局的影响。除不同时间窗的个体 $PM_{2.5}$ 暴露水平之外，还在模型中引入了个体温湿度、体质指数、星期几效应、年龄、性别以及实验板等作为混杂因素进行调整。

研究还进行了中介效应分析，中介效应是指将暴露因素(X)对结局变量(Y)的影响，分解成暴露因素的直接影响和通过中介因素(M)的间接影响两部分(图 4-26)。中介效应的暴露因素(X)、潜在的中介因子(M)和结局变量(Y)之间必须同时满足三个条件：①暴露因素(X)对结局变量(Y)有显著性影响；②暴露因素(X)对潜在的中介因子(M)有显著性影响；③在控制了暴露因素(X)后，潜在的中介因子(M)对结局变量(Y)有显著性相关。随后利用两个线性混合效应模型计算中介率，以探讨中介因子(M)在多大程度上影响了暴露因素(X)对结局变量(Y)的改变。所有统计分析在 R 软件中进行，双侧统计学检验 $P<0.05$ 视为具有统计学显著性。

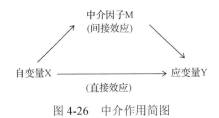

图 4-26　中介作用简图

### 4.6.1.2　研究结果

1. 描述性结果

在 36 名受试对象中，男性 14 人(38.9%)，女性 22 人(61.1%)，平均年龄为 24 周岁。研究期间，个体 $PM_{2.5}$ 暴露平均水平为 47.5 $\mu g/m^3$，不同时间地点活动模式下的个体暴露浓度范围较大(6.1～215.4 $\mu g/m^3$)，个体温度水平约为 22～23℃，湿度约在 55%～60% 之间波动。循环系统健康指标方面，收缩压(SBP)、舒张压(DBP)和平均动脉压(MAP)的平均值分别为 106.0 mmHg、68.7 mmHg 和 81.2 mmHg；炎症指标、血管收缩因子、凝血因子的测量结果中，不同指标的度量范围跨度较大(4～170 pg/mL)，不同蛋白因子基因位点的甲基化水平差异较大(3.1%5mC～26.36 %5mC)。

相关性分析结果显示，收缩压、舒张压和平均动脉压之间的相关性均显著；相同功能类的蛋白之间相关性并不显著，相反功能蛋白之间部分呈高度相关；同时，同一基因不同位点之间 DNA 甲基化的程度均高度相关。

2. 个体 $PM_{2.5}$ 暴露对循环系统的急性影响及 DNA 甲基化的中介作用

$PM_{2.5}$ 暴露对循环系统血液蛋白因子产生影响。首先是炎症类蛋白，$PM_{2.5}$ 个体暴露 6 h 内，TNF-α、sICAM-1、IL-6 水平均有显著性增加，当 $PM_{2.5}$ 暴露超过 24 h，TNF-α 和 sICAM-1 的显著性变化消失，之后均不再呈现明显上升趋势，而 IL-6 水平会在 $PM_{2.5}$ 暴露 24 h 之后仍持续显著性上升，在第三天浓度最高。血管收缩类蛋白，ACE-2、Ang-2 和 ET-1 的浓度在 $PM_{2.5}$ 暴露 0～6 h 无显著性上升，7～24 h，ACE-2 和 Ang-2 的水平呈显著性上升，之后效应即消失（图 4-27）。

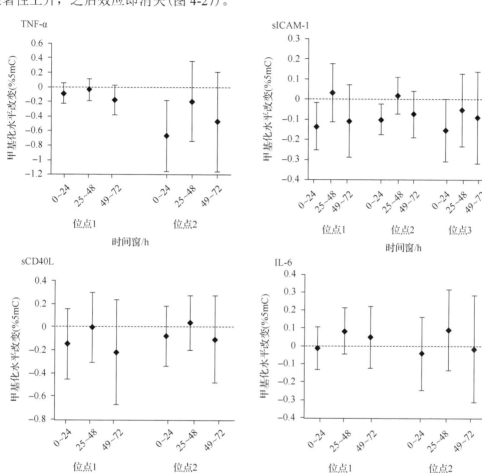

图 4-27　个体暴露 $PM_{2.5}$ 所致炎症蛋白因子特定位点甲基化水平的改变

其次是炎症类基因（图 4-28），*TNF-α* 基因位点 2、*ICAM-1* 基因位点 1 和 2、*CD40L* 基因位点 1 的甲基化水平均在 $PM_{2.5}$ 暴露 0~6 h，发生了显著性下降，且这种下降趋势一直持续到暴露后 24 h，之后效应消失。对于这三个基因的其他位点及其 IL-6 的所有位点的甲基化水平均没有在个体 $PM_{2.5}$ 暴露后出现显著性降低。血管收缩类基因，个体 $PM_{2.5}$ 急性暴露对 *ACE* 基因 3 个位点的效应影响一致，即在暴露后 0~6 h，三个位点的甲基化水平均出现显著性下降，效应一直持续到暴露后 7~24 h，之后效应消失。

血压方面，$PM_{2.5}$ 个体暴露对 3 种血压指标的急性效应滞后时间一致，即在 $PM_{2.5}$ 暴露后 0~6 h，各血压指标均显著性上升，且一直持续到暴露后 24 h。

中介效应分析结果显示，个体水平 $PM_{2.5}$ 暴露后 0~6 h 和 7~24 h 内，*TNF-α* 基因位点 2 甲基化程度的降低，在 $PM_{2.5}$ 所致的 TNF-α 蛋白水平升高过程中，分别间接发挥了 0.08%（$P=0.20$）和 20.4%（$P=0.01$）的中介作用。在个体水平 $PM_{2.5}$ 暴露后 7~24 h，*ICAM-1* 基因位点 1 甲基化程度的降低，在 $PM_{2.5}$ 所致的 sICAM-1 蛋白水平升高过程中，间接发

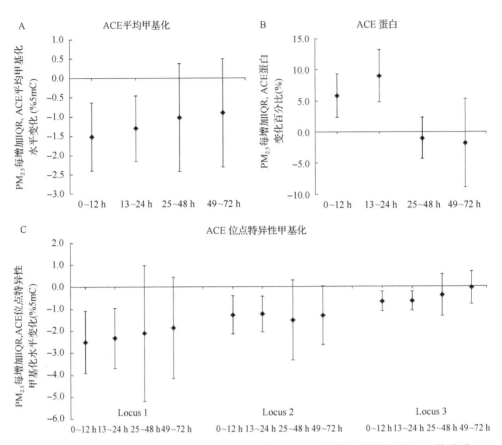

图 4-28　ACE 甲基化水平、ACE 蛋白、ACE 特定位点甲基化与个体暴露 PM$_{2.5}$ 的关联

挥了 18.3%（$P=0.25$）的作用；在个体水平 PM$_{2.5}$ 暴露后 7～24 h，*ACE* 基因 3 个位点甲基化程度的降低，在 PM$_{2.5}$ 所致的 ACE-2 蛋白水平升高过程中，分别间接发挥了 11.6%（$P=0.12$）、14.5%（$P=0.14$）和 15.3% 的作用（$P=0.02$）。该结果提示，表观遗传学在 PM$_{2.5}$ 引起的循环系统炎症反应中起重要作用。

3. 个体 PM$_{2.5}$ 暴露对肺功能的急性影响及 Club 蛋白的中介作用分析

还发现，PM$_{2.5}$ 急性暴露与肺功能降低、血清中 CC16 蛋白升高呈显著相关（图 4-29），提示肺泡通透性增加，且 PM$_{2.5}$ 对 CC16 蛋白的效应早于对肺功能的效应。例如，在滞后 0～2 h 时，PM$_{2.5}$ 每增加一个 IQR，即可引起 CC16 蛋白水平显著升高 4.84%；在滞后 3～6 h 时，PM$_{2.5}$ 每增加一个 IQR，可引起 FEV$_1$、FVC、FEV$_1$/FVC、PEF 分别显著降低 1.08%、0.69%、1.32%、0.87%。利用中介分析，发现 CC16 蛋白的升高解释了 PM$_{2.5}$ 暴露引起 FEV$_1$/FVC 降低的 34.4%。该结果表明，PM$_{2.5}$ 暴露导致肺功能降低可能与肺泡通透性增加有关。

### 4.6.1.3　小结

研究发现急性暴露于个体 PM$_{2.5}$，特别是在暴露后 7～24 h 内，循环系统中心血管系统健康相关的炎症和血管收缩蛋白水平会发生显著性升高；同时，短期暴露于个体 PM$_{2.5}$，

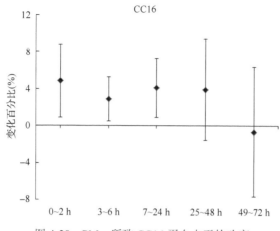

图 4-29　PM$_{2.5}$ 所致 CC16 蛋白水平的改变

特别是暴露后 0~6 h，会显著降低循环系统中上述蛋白上游调控基因特定位点的甲基化水平，大部分效应值在 24 h 之后消失，极少数蛋白和甲基化水平的显著变化会持续到 24 h 之后；但是急性暴露于个体 PM$_{2.5}$ 没有明显改变凝血因子及其上游调控基因的甲基化水平。呼吸系统方面，在急性暴露于个体 PM$_{2.5}$ 后，肺功能发生显著下降，循环系统 CC16 蛋白水平显著升高，这种变化会持续到暴露后 24 h，随后显著性的改变消失。

首先，个体 PM$_{2.5}$ 暴露会对循环系统造成急性损伤。个体水平 PM$_{2.5}$ 急性暴露导致健康年轻人循环系统炎症和血管收缩功能蛋白的水平显著增加。已有不少文献报道了颗粒物的急性暴露会显著增加人体循环系统中炎症、血管收缩和凝血因子的水平（Schneider et al., 2010; Chuang et al., 2007; Liao et al., 2005）。比如在美国北卡州，Schneider 等（2010）针对 II 型糖尿病病人开展了一项固定群组追踪研究，以探讨短期暴露于 PM$_{2.5}$ 对循环系统炎症、凝血因子等指标的影响；研究发现 PM$_{2.5}$ 暴露两天后，其浓度每增加 10 μg/m$^3$，糖尿病病人体内的 TNF-α 水平增加了 13.1%（95% CI：1.9%~24.4%），IL-6 的水平增加了 20.2%（95% CI：6.4%~34.1%），其增长幅度略高于本研究，同时该研究还发现凝血因子 PAI-1 的水平在 PM$_{2.5}$ 暴露 1 d 之后出现轻微升高。此外研究发现，DNA 甲基化是 PM$_{2.5}$ 致循环系统急性损伤的潜在生物学作用机制。大量文献报道了 DNA 甲基化改变与心血管系统疾病之间的关联，包括全基因组甲基化和特异基因位点的甲基化（Peng et al., 2016; Gomez-Uriz et al., 2014; Baccarelli et al., 2010）。例如，Baccarelli 等（2010）探讨了 LINE-1 甲基化与缺血性心脏病、中风的关联后发现，LINE-1 甲基化程度在总体 25% 以下的研究对象，其患缺血性心脏病的风险是 LINE-1 甲基化程度在总体 75% 以上的研究对象的 2.1 倍（95% CI：1.2~4.0），其患中风的风险是后者的 2.5 倍（95% CI：0.9~7.5）。

其次，研究发现个体 PM$_{2.5}$ 暴露对呼吸系统造成急性损伤，各国研究者也发现了类似的结果（Rice et al., 2013; Cakmak et al., 2011; Korrick et al., 1998）。比如，Korrick 等（1998）以美国成年的徒步旅行者为研究对象，发现在完成一天的徒步活动之后，研究对象的肺功能水平显著性下降：PM$_{2.5}$ 每增加一个 IQR（9 μg/m$^3$），FVC 降低 0.4%（95% CI：0.2%~0.6%）。此外，研究发现，CC16 蛋白在 PM$_{2.5}$ 所致的急性肺功能损伤过程中，发挥了显著性的中介作用，也就是说，CC16 水平增加可能是 PM$_{2.5}$ 造成肺功能受损的潜在生物学作用机制之一(图4-30)。有关颗粒物暴露致肺功能损伤的确切生物学机制,目前仍不十分清楚。已发表研究提出的可能机制有颗粒物刺激使得呼吸道产生活性氧,改变呼吸道屏障功能,促使呼吸道的抗氧化防御等(Janssen et al., 2015; Hogervorst et al., 2006)。另外,$PM_{2.5}$因粒径较小,可以穿过肺血-气屏障,从而导致肺的内皮通透性增加,进一步引起急性的肺功能紊乱,直接影响肺功能(Broeckaert et al., 1999)。

本研究的结论是,个体$PM_{2.5}$暴露会对人群心、肺系统造成急性损伤,DNA甲基化在心血管损伤通路中发挥了中介作用,CC16在肺功能减低通路中发挥了中介作用。

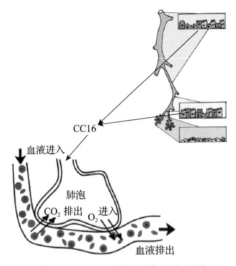

图4-30 CC16蛋白与肺血-气屏障

与此前的研究相比,本研究的创新性与意义包括:①从个体水平的角度评估了$PM_{2.5}$暴露对心、肺系统的急性健康影响,丰富了发展中国家关于个体暴露健康效应研究的流行病学结果。$PM_{2.5}$的暴露数据来源于每一位受试对象真实的且实时的暴露水平,这在很大程度上降低了以往流行病学研究依靠室外监测站作为暴露数据来源而引入的暴露测量误差,因而能较真实地反映暴露-效应关系;②从中介作用角度出发,补充了$PM_{2.5}$致心肺系统急性健康损伤的生物学作用机制,包括DNA甲基化和CC16蛋白介导的肺功能下降,为我国$PM_{2.5}$急性健康效应的防治提供了新的思路,具有重要的公共卫生学意义。

### 4.6.2 空气净化器对防护$PM_{2.5}$健康危害的随机对照研究

目前大气细颗粒物的心血管系统危害已经有大量流行病学证据支持,但其机制尚未完全明确。代谢组学作为一种新的高通量研究策略,能够通过检测生物样本中的多种代谢物来反映机体受到外界环境刺激或出于某种状态下真正发生的变化,因而适合用于机制的探索性研究,然而鲜有研究将代谢组学运用于大气细颗粒物污染健康效应的机制研究中。研究拟通过在健康青年人中开展随机、双盲交叉设计实验,定量评估暴露于不同$PM_{2.5}$浓度环境下研究对象血清代谢谱差异并找出主要的差异代谢物,探索$PM_{2.5}$急性心血管危害效应的致病机制。相关成果已正式发表于*Circulation*等杂志(Li et al., 2017b)。

### 4.6.2.1　研究方法

**1. 研究设计与人群招募**

研究采用随机、双盲、交叉的实验设计(图 4-31)，分为两个阶段进行。在第一阶段，所有受试者将随机分为两组，其中一组接受高暴露组处理，另一组接受低暴露组处理。在为期 9 天的第一阶段结束后，两组同时进入 2 周的洗脱期。在第二阶段，两组受试者交换处理方式，再进行为期 9 天的处理。

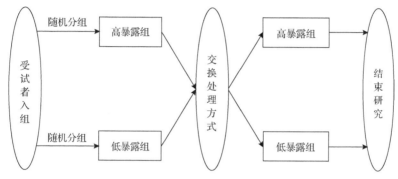

图 4-31　随机、双盲、交叉实验设计示意图

研究对受试者施加的处理方法是：在低暴露组受试者居住的寝室内放置高效空气净化器(3M 公司，适用面积 20 m²，洁净空气量 200 m³/h)一台，研究开展期间全天候开启；在高暴露组处理的受试者居住的寝室内放置一台拆除了高效滤网的空气净化器(拆除了滤网后的净化器基本上不具有去除颗粒物的功能)，研究开展期间全天候开启。

研究选择了复旦大学在校学生作为受试对象。受试对象的纳入标准为身体健康，无既往心血管疾病，呼吸系统疾病及其他慢性病史，无吸烟史、酗酒史，且所居住的寝室内无人吸烟。

**2. 暴露测量与健康体检**

研究期间，在每个受试者的寝室内放置一台微型环境采样监测仪(MicroPEM, 美国 RTI 公司)用于测量两个研究阶段中受试者寝室内 $PM_{2.5}$ 水平。室外大气 $PM_{2.5}$ 水平通过在楼顶放置的一台室外 $PM_{2.5}$ 监测仪(GRIMM 180)获得。另外，还收集了整个研究期间上海市 9 个监测站的 $PM_{2.5}$ 小时浓度均值用于受试者个体 $PM_{2.5}$ 暴露估计。研究在每个阶段均要求受试者如实记录每天的个人时间-场景转换情况，个体 $PM_{2.5}$ 根据受试者每天的时间-场景转换匹配在相应时间点距离受试者活动地点最近的监测站的 $PM_{2.5}$ 水平计算得出。研究人员使用直读式温湿度记录仪(HOBO)记录室内温度、相对湿度；室外温度及相对湿度来自于上海市气象局提供的实时气象小时数据。

所有纳入的受试者在研究开始前均接受了一次健康指标的基线测量，主要测量指标包括身高、体重和血压。每个研究阶段结束后，所有受试者均立即接受一次健康检测，其内容包括：血压、空腹静脉血采集和晨尿收集。

每个阶段结束后的健康测量中所采集的空腹静脉血在采集后立即离心分离血清用于

代谢组学分析。首先，采用气相色谱-质谱法(GC-MS)分析血清代谢物，经过前处理和衍生化后，GC-MS 分析在气相色谱飞行时间质谱联用平台(Agilent Technology)上进行。随后，采用了超高效液相色谱-质谱法(UHPLC-MS)分析血清代谢物，试验在超高效液相色谱-四级杆飞行时间质谱平台上进行，质谱测定采用了正离子和负离子两种模式分别对液相色谱分离得到的产物进行质谱分析。

研究还采用酶联免疫吸附测定法(ELISA)对外周静脉血的血清生物标志物进行定量检测，包括 sCD40L、C 反应蛋白(CRP)、白介素-1β(IL-1β)、IL-6、TNF-α 和 ICAM-1，分别测定其在不同处理下的受试者血清中的水平。同时，还测量了血清中促肾上腺皮质激素水平以及胰岛素水平。

研究选择了 $PM_{2.5}$ 暴露相关的氧化损伤指标，包括 8-羟基脱氧鸟苷(8-OHdG)、丙二醛(MDA)、超氧化物歧化酶(SOD)和异前列腺素 F2(iso-PGF2)并分别测定了这些指标在受试者尿液中的含量，上述指标的测定均采用酶联免疫吸附测定法进行。为了控制受试者的尿量以及个体间的差异，所有尿液氧化应激指标水平均采用尿肌酐浓度进行校正。

3. 统计分析

首先进行差异代谢物筛选，对数据矩阵中的质谱峰强度进行平均中心化和帕累托转换(Pareto scaling)，后采用多维统计分析中的无监督的主成分分析(PCA)来观察各个样本的总体分布，最后采用有监督的正交偏最小二乘-判别分析(OPLS-DA)引入分组情况来区分高暴露组和低暴露组之间代谢谱的总体差异，并根据变量权重得分(VIP)来衡量每个代谢物的组间差异对两组样本代谢谱总差异的贡献的大小，并据此筛选出初步的潜在差异代谢物。

为了进一步比较初步筛选出的潜在差异代谢物是否具有显著的组间差异，对根据 OPLS-DA 模型的 VIP 值选出的初步差异代谢物进行单变量统计检验。同时，为了进一步验证血清中各差异代谢物的含量变化是否与受试者 $PM_{2.5}$ 暴露相关，还采用线性混合效应模型来检验血清中代谢物的含量与 $PM_{2.5}$ 暴露水平的关系。对于健康指标如血压、循环炎症标志物和尿液氧化应激标志物等，在统计分析过程中同样采用线性混合效应模型进行统计分析。线性混合效应模型分析在 R 软件中采用"lme4"以及"lmerTest"软件包进行，$P < 0.05$ 视为具有统计学显著性。

### 4.6.2.2　研究结果

1. 描述性结果

研究在复旦大学共招募到了符合纳入标准的受试者 60 名，其中男女性各 30 名，平均年龄为 21.2 周岁。

受试者在两个研究阶段中室内外逗留时间的比例大致一致：在第一、第二阶段，受试者平均每天有 74.5% 和 75.9% 的时间逗留于寝室内，其中工作日平均每天在寝室内的时间比例约为 63.0% 和 64.9%，周末平均每天在寝室内的时间比例约为 92.2% 和 92.1%。

空气净化器可有效降低室内 $PM_{2.5}$ 浓度。在研究的两个阶段中，低暴露组的受试者寝室室内 $PM_{2.5}$ 日均浓度分别为 9.89 和 7.24 μg/m³，而低暴露组的受试者寝室室内 $PM_{2.5}$ 日均浓度分别为 51.76 和 41.87 μg/m³。通过比较高暴露组室内和室外大气 PM₂.₅ 浓度，发现在没有已知的室内污染源的情况下室内 PM₂.₅ 浓度约为室外大气 PM₂.₅ 浓度的 50%，

个体暴露水平方面，低暴露组的受试者日均 PM₂.₅ 暴露水平约为 24.6 和 23.8 μg/m³，高暴露组的受试者日均 PM₂.₅ 暴露水平约为 47.8 和 59.8 μg/m³。整个研究期间低暴露组的受试者与其在高暴露组时相比 PM₂.₅ 暴露水平平均下降了 54.2%。

2. 血清代谢谱变化以及差异代谢物与 PM₂.₅ 暴露的关系

采用 GC-MS 和 UHPLC-MS 对 110 份血清样本进行的代谢组学检测经数据前处理后共得到 2213 个质谱峰。对经前处理后得到的数据矩阵分别进行主成分分析后，得分图显示混合质控样本在 GC-MS 和 UHPLC-MS 分析中均呈现较好的聚集性，说明 GC-MS 和 UHPLC-MS 分析的重复性良好（图 4-32）。随后，根据 GC-MS 和 UHPLC-MS 的数据矩阵分别建立了 OPLS-DA 模型，两个模型的得分图均显示高暴露组和低暴露组的代谢谱有显著的差异（图 4-33）。

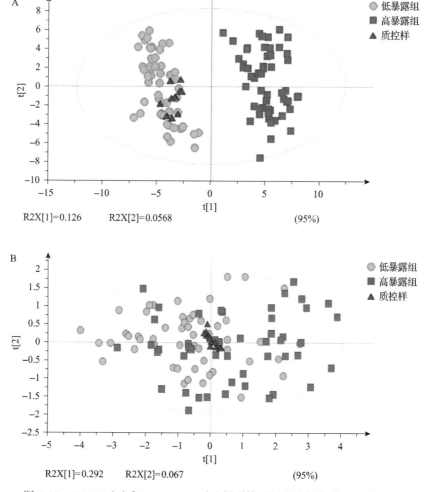

图 4-32　GC-MS（A）和 UHPLC-MS（B）得到的两组血清代谢谱 PCA 得分图

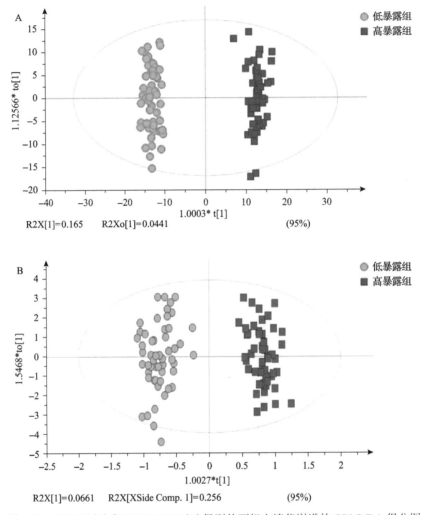

图 4-33　GC-MS（A）和 UHPLC-MS（B）得到的两组血清代谢谱的 OPLS-DA 得分图

　　根据 OPLS-DA 模型得到的 VIP 值，初步筛选出了 448 个 VIP 值＞1 的质谱峰作为潜在的差异代谢物进行配对 T 检验，并采用混合效应模型在控制年龄、性别、BMI 以及温湿度的情况下检验每个潜在的差异代谢物的变化是否与 PM$_{2.5}$ 有关。在校正了多重比较的错误发现率后，将两组间仍有显著变化并与 PM$_{2.5}$ 暴露显著相关的物质进行定性，最后共得到 97 种差异代谢物。

　　血清激素水平上，有 2 种糖皮质激素（皮质醇和皮质素，肾上腺素和去甲肾上腺素）和 2 种儿茶酚胺类物质（褪黑素和血清素）的水平在高暴露和低暴露组之间存在显著差异，并且与 PM$_{2.5}$ 暴露水平显著相关（表 4-31）。

　　血清脂类代谢物中，有 10 种游离脂肪酸的含量在不同暴露组的受试者之间具有显著差异，并且与 PM$_{2.5}$ 暴露显著相关。其中 8 种游离脂肪酸，包括短链脂肪酸如癸酸、辛酸和长链脂肪酸如亚麻酸等均在受试者接受高暴露组处理时显著升高，并随 PM$_{2.5}$ 暴露升高而显著增加，另有 2 种脂肪酸（5-十二碳烯酸、二十碳烯酸）则在受试者在高暴露显著降低，并随 PM$_{2.5}$ 暴露升高而显著降低。另外，其他与脂肪酸氧化相关的物质，包括肉碱、乙酰肉碱以及丙酮等均在高暴露组的受试者中显著上升，且随 PM$_{2.5}$ 暴露升高而显著上升。

**表 4-31　受试者的血清激素水平变化及其与 PM$_{2.5}$ 暴露的关系**

| 代谢物名称 | VIP 值 | 配对 T 检验 | | 变化倍数[①] | 与 PM$_{2.5}$ 暴露的关系[②] |
| --- | --- | --- | --- | --- | --- |
| | | $P$ 值 | FDR($q$ 值) | | |
| 皮质醇 | 1.25 | $1.04 \times 10^{-4}$ | $2.61 \times 10^{-4}$ | 1.33 | 7.53(4.65~10.41) |
| 皮质素 | 1.27 | $2.63 \times 10^{-4}$ | $5.42 \times 10^{-4}$ | 1.18 | 3.69(1.85~5.54) |
| 去甲肾上腺素 | 1.54 | $2.32 \times 10^{-2}$ | $2.84 \times 10^{-2}$ | 1.57 | 11.28(7.37~15.21) |
| 肾上腺素 | 3.44 | $1.92 \times 10^{-4}$ | $4.19 \times 10^{-4}$ | 1.20 | 5.17(3.21~7.14) |
| 血清素 | 1.58 | $1.41 \times 10^{-14}$ | $2.53 \times 10^{-13}$ | 0.84 | −5.15(−6.39~−3.90) |
| N-乙酰血清素 | 2.04 | $1.61 \times 10^{-5}$ | $6.43 \times 10^{-5}$ | 1.56 | 12.19(8.53~15.86) |
| 褪黑素 | 2.91 | $4.61 \times 10^{-4}$ | $8.63 \times 10^{-4}$ | 1.34 | 8.21(5.38~11.05) |

①变化倍数采用高暴露组/低暴露组来表示。
②受试者个体 PM$_{2.5}$ 暴露水平每上升 10 μg/m³ 血清激素变化的百分比及其 95%置信区间。

血清葡萄糖和氨基酸的代谢变化及其与 PM$_{2.5}$ 暴露显著相关，处于高暴露组的受试者血清中的葡萄糖以及葡萄糖-6-磷酸水平分别升高了 1.25 和 3.98 倍并且差异具有统计学意义；除葡萄糖外，有 10 种氨基酸及其 11 种代谢产物的水平在两个处理组之间存在显著差异，且均与 PM$_{2.5}$ 暴露水平相关。

3. 血压、血清以及尿液生物标志物的变化及其与 PM$_{2.5}$ 暴露的关系

将受试者经过两次处理之后血压之间的差异进行比较，与基线相比，接受了两种处理后的受试者的收缩压、舒张压和脉压均出现了下降，但是高暴露组受试者的血压水平下降幅度较小且差异没有统计学意义，而低暴露组受试者的收缩压和舒张压与基线相比均出现了显著下降。

在 6 种血清炎症因子中，发现 sCD40L、CRP、IL-1β 和 IL-6 具有显著的组间差异，并且这 4 种炎症因子的水平均与 PM$_{2.5}$ 暴露水平显著相关。尿液生物标志物方面，与低暴露组相比，高暴露组的受试者尿液中的 8-OHdG、MDA、SOD 和 iso-PGF2 分别上升 8.59%、2.85%、7.60%和 9.64%，其中 8-OHdG、iso-PGF2 以及 SOD 的变化具有统计学意义。与低暴露组相比，受试者在高暴露组下血清中促肾上腺皮质激素上升了 6.71%，葡萄糖、胰岛素和胰岛素抵抗指数分别上升了 9.26%、24.29%和 33.34%，且差异有统计学意义。

### 4.6.2.3　小结

研究通过分析比较暴露于不同 PM$_{2.5}$ 水平环境下的健康个体的血清代谢谱发现短期的 PM$_{2.5}$ 暴露能够引起血清中多种代谢物水平发生显著变化。经筛选共得到 97 种差异代谢物，它们可在人体内参与诸如蛋白质和脂质分解、氨基酸代谢、脂质氧化等多种代谢活动，提示 PM$_{2.5}$ 暴露可引起人体发生一系列相互关联的代谢变化(图 4-34)。以上代谢组学研究结果提示，PM$_{2.5}$ 可激活下丘脑-垂体-肾上腺轴和交感神经-肾上腺髓质轴，进而产生一系列的心血管系统危害。

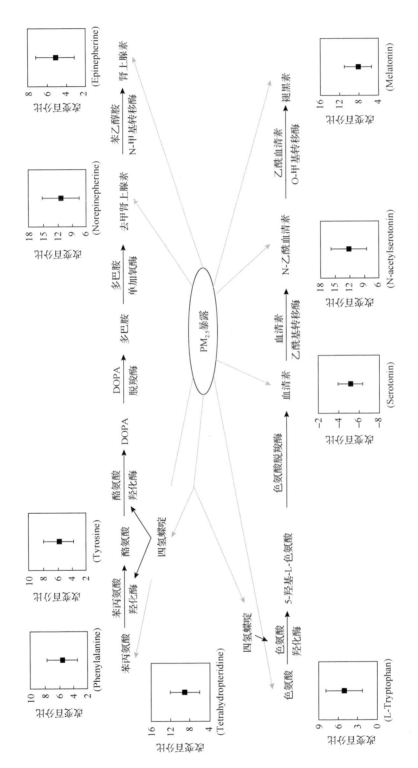

图 4-34　PM₂.₅暴露对去甲肾上腺素、肾上腺素以及褪黑素合成的影响

研究发现受试者的血清皮质醇和皮质素水平随 $PM_{2.5}$ 暴露增加而显著上升，同时高暴露组的受试者血清中的促肾上腺皮质激素水平比其处于低暴露组时的水平显著升高，提示 $PM_{2.5}$ 可能可以激活人体中的下丘脑-垂体-肾上腺轴（HPA 轴）。$PM_{2.5}$ 在进入机体后，可使机体产生应激反应，下丘脑释放促肾上腺皮质激素释放激素到达垂体（Balasubramanian et al., 2013），进而刺激垂体产生促肾上腺皮质激素，后者可作用于肾上腺髓质并促进糖皮质激素的合成与释放。研究表明糖皮质激素能够影响人机体的多项代谢活动，包括提高基础代谢率以及能量消耗，升高血糖水平，并且促进脂肪和蛋白质的分解以及脂质氧化供能（Pasieka and Rafacho 2016; Zhou et al., 2016; Djurhuus et al., 2002; Brillon et al., 1995; Simmons et al., 1984）。在研究中，也相应观察到受试者血清中的氨基酸、游离脂肪酸、葡萄糖以及乙酰胆碱等与脂肪酸氧化相关的代谢物均随 $PM_{2.5}$ 暴露的增加出现显著的升高。另外，糖皮质激素还具有增加心输出量、收缩血管以及介导水钠潴留等效应，进而可导致血压升高（Hunter and Bailey, 2015）。

研究还观察到受试者血清肾上腺素和去甲肾上腺素水平随 $PM_{2.5}$ 暴露增加而显著上升。人体中的去甲肾上腺素和肾上腺素是由酪氨酸作为重要前体物质，在肾上腺髓质经多步酶促反应合成，而酪氨酸在人体内可由苯丙氨酸经苯丙氨酸羟化酶催化转化而来。在研究中，受试者血清中苯丙氨酸、酪氨酸水平也随 $PM_{2.5}$ 暴露水平的改变而发生显著的变化，且变化方向与 $PM_{2.5}$ 变化的方向一致。另外，受试者血清中的四氢蝶啶含量随 $PM_{2.5}$ 暴露的升高亦出现了显著上升。四氢蝶啶在由苯丙氨酸和酪氨酸合成肾上腺素和去甲肾上腺素的过程中具有重要作用（Thony et al., 2000）。上述物质的变化均提示暴露于 $PM_{2.5}$ 可以使人体中去甲肾上腺素和肾上腺素这两种应激激素的合成和释放增加。肾上腺髓质合成释放儿茶酚胺类物质的活动又可受到糖皮质激素通过诱导苯乙醇胺-N-甲基转移酶的活性进行调控（Wurtman, 2002; Axelrod and Reisine, 1984）。另一方面，肾上腺素同时也可以通过刺激促肾上腺皮质激素在垂体的释放从而影响 HPA 轴的活动（Al-Damluji and Rees, 1987）。

研究发现 $PM_{2.5}$ 暴露水平的上升可以引起血清中色氨酸、N-乙酰血清素以及褪黑素水平显著升高，同时血清素水平显著下降。在人体中，色氨酸可经色氨酸脱氢酶和色氨酸脱羧酶生成血清素，血清素又在血清素乙酰化酶和乙酰血清素甲基转移酶的作用下经 N-乙酰血清素生成褪黑素（图 4-34）。以上物质的变化均提示短期暴露于 $PM_{2.5}$ 可以引起人体褪黑素的合成与释放增加。褪黑素在人体的中枢神经系统的重要物质，能够起到调节昼夜节律的作用，该物质同时还具有极强的抗炎和抗氧化能力，能够清除机体内的活性氧，进而起到改善内皮功能的作用（Pechanova et al., 2014）。现有研究提示 $PM_{2.5}$ 暴露可以引起机体发生氧化应激（Wang et al., 2016b; Sorensen et al., 2003），因此，研究观察到的褪黑素升高有可能是机体应对由 $PM_{2.5}$ 导致的氧化损伤而采取的自我保护机制（Tengattini et al., 2008）。

综上所述，本研究是国内第一个采用代谢组学方法和随机双盲交叉实验设计的大气细颗粒物暴露的健康效应研究，为目前已有的大气细颗粒物的健康效应，尤其是心血管系统健康效应提供了支持性证据，同时也为代谢组学在环境健康相关研究中的可行性提供了证据，并为今后大气污染的健康效应机制研究提供了新的方向和思路。未来的大气细颗粒物健康效应研究可应用组学的方法，在代谢物的基础上向上游的蛋白质组以及表观遗传组的变化进行进一步的探索。

### 4.6.3　膳食补充鱼油改善 PM$_{2.5}$ 心血管系统危害的干预研究

我国空气污染问题严重,除国家大尺度干预措施之外,采用何种个体化干预措施降低大气污染的健康危害值得深入研究。国外有大量研究关注鱼油作为膳食补充剂的抗炎作用,然而在我国类似的研究十分缺乏。研究人员在健康青年志愿者中开展一项真实生活和暴露场景下的随机、双盲、安慰剂对照试验,评估膳食补充富含 omega-3 多不饱和脂肪酸的深海鱼油对大气 PM$_{2.5}$ 急性健康效应的干预作用。相关成果已被杂志 *Journal of the American College of Cardiology* 接收。

#### 4.6.3.1　研究方法

1. 研究设计与人群招募

研究采用随机、双盲、对照设计。将受试者随机分成 2 组,其中一组给予深海鱼油胶囊干预,另一组给予葵花籽油胶囊干预作为对照。研究持续 4 个月,研究期间要求受试者每天按时按量服用各自补充剂。在服用补充剂的第 1 个月之后,对所有受试者进行重复 4 轮的暴露监测和健康测量,每轮之间间隔约 2 周。研究期间还收集了每位受试者的食物频率问卷,用于评估其日常饮食营养素摄入情况,以控制饮食混杂因素对研究结果的影响。

研究选择了复旦大学在校学生作为受试对象。受试对象的纳入标准为身体健康,无既往心血管疾病,呼吸系统疾病及其他慢性病史,无吸烟史、酗酒史,对鱼油不过敏,且所居住的寝室内无人吸烟。

2. 暴露测量与健康体检

环境 PM$_{2.5}$ 的实时浓度采用一台室外 PM$_{2.5}$ 监测仪(GRIMM 180)测量,将其安装在校园中心的 10 米高层建筑的屋顶开阔地带。使用温湿度采样仪(HOBO)实时记录研究对象的个体温湿度暴露情况。为了控制气态污染物对研究结果的影响,本研究从距校园较近的环境空气质量固定监测站(十五厂)获取了气态污染物二氧化硫(SO$_2$)、二氧化氮(NO$_2$)、一氧化碳(CO)和臭氧(O$_3$)的小时数据。

研究开始前,收集了受试者的基线资料,包括年龄、性别、身高、体重、BMI,以及干预 2 个月后的间隔 2 周共 4 次的健康测量。在每轮健康体检时,进行和空腹静脉血样采集,检测的健康指标包括血压,心血管系统炎症因子(hs-CRP、TNF-α 和 IL-6)、凝血因子(血管性血友病因子,vWF;纤维蛋白原,Fibrinogen)、内皮功能因子(ET-1;E-选择素,E-selectin;内皮型一氧化氮合酶 eNOS)、氧化应激因子(氧化型低密度脂蛋白,LDL;过氧化物酶,LPO;总抗氧化能力,TAC;谷胱甘肽过氧化物酶,GSH-Px;超氧化物歧化酶,SOD)、应激激素(促肾上腺皮质激素释放激素,CRH;促肾上腺皮质激素,ACTH;皮质醇,5-羟色胺)和胰岛素抵抗指数,肺功能,呼出气一氧化氮(FeNO)。

每位受试者在研究开始、中期和结束时分别填写了一份简化版的食物频率问卷(FFQ),该问卷依据国外以往的膳食模式研究和国内半定量食物频率问卷进行修改和完善。

3. 统计分析

研究所收集数据为重复测量资料，因此采用线性混合效应模型(LME)来分别评估鱼油组和安慰剂组 $PM_{2.5}$ 短期暴露对健康结局的影响。模型调整了年龄、性别、BMI、个体暴露温湿度等混杂因素。研究人员还探讨了 $PM_{2.5}$ 对健康测量指标影响的不同滞后模式，如 $0\sim6\,h$、$0\sim12\,h$、$0\sim24\,h$ 和 $0\sim48\,h$，并进行了一系列敏感性分析，包括：①采用双污染物模型依次将 4 种气态污染物进行调整控制；②分别将组间显著性差异的基线营养素(十七碳酸和十七碳烯酸)纳入基础回归模型进行分析；③采用了更长的滞后暴露时间窗(如 $0\sim72\,h$ 和 $0\sim96\,h$)重复上述分析；④为了评估油酸对健康指标的作用，将血液油酸浓度替代 $PM_{2.5}$ 数据纳入回归模型，分析其与健康检测指标的关联；⑤基础模型引入了 $PM_{2.5}$ 与胰岛素抵抗指数的交互项来评估胰岛素抵抗对 $PM_{2.5}$ 与其他健康指标关联的影响。

统计分析通过 R 软件"lme4"软件包实现，采用 Benjamini-Hochberg 法计算错误发现率(FDR)，FDR<0.05 时则认为具有统计学意义，根据鱼油组和安慰剂组 $PM_{2.5}$ 与健康指标关联的效应值差值及 95%CI 和相应的 FDR 值来评估膳食补充鱼油对大气 $PM_{2.5}$ 急性暴露健康效应的干预作用。

### 4.6.3.2　研究结果

1. 描述性结果

研究共纳入了 31 名安慰剂组和 34 名鱼油组的受试者。在基线水平上，两组受试者的所有心血管健康指标组间差异均不存在统计学意义，说明两组受试者心血管健康指标在基线时具有可比性。

在随访期间，受试者心血管健康指标水平存在差异：损害心血管健康的指标(如 IL-6)在鱼油组的均数比安慰剂组小，而保护心血管健康的指标(eNOS、TAC、GSH-Px、SOD 和 5-羟色胺)在鱼油组的均数比安慰剂组大，提示鱼油可以降低血压、炎症因子、凝血因子、内皮功能因子、氧化应激因子、应激激素和胰岛素抵抗指数的水平，同时提高抗氧化物活性。

2. 鱼油对 $PM_{2.5}$ 心血管健康影响的干预作用

总体而言，安慰剂组 $PM_{2.5}$ 急性暴露与循环系统中心血管健康指标的炎症因子、凝血因子、内皮功能因子、氧化应激因子、应激激素和胰岛素抵抗指数显著相关，而鱼油组的这些关联消失或减弱(图 1-11)。此外，这些关联的组间差异的大小和统计学意义因心血管指标和暴露滞后时间窗而变化。

血压改变方面，安慰剂组的血压水平在 $PM_{2.5}$ 暴露后 48 h 内，均无显著性变化，鱼油组也未发现显著性变化。

炎症因子方面，安慰剂组的 $PM_{2.5}$ 暴露水平与 3 种系统性炎症因子显著正相关(hs-CRP、IL-6 和 TNF-α)，但鱼油组的上述关联减弱或消失。例如，在滞后 24 h 情况下，安慰剂组 $PM_{2.5}$ 每升高 10 $\mu g/m^3$，IL-6 水平增加了 31.08%(95%CI：23.03%~39.66%)，而鱼油组 IL-6 水平变化了–1.60%(95%CI：–8.16%~5.41%)。根据 FDR 调整的结果，仅观察到 $PM_{2.5}$ 引起的 IL-6 升高效应值在两组组间的差异具有统计学意义。与安慰剂组相比，$PM_{2.5}$ 每升高 10 $\mu g/m^3$，鱼油组 IL-6 水平在滞后 24 h 和滞后 48 h 分别降低了 32.68%

（95%CI：14.73%～50.64%；FDR＜0.001）和33.47%（95%CI：14.43%～52.51%；FDR=0.002），提示膳食补充鱼油能够显著降低大气$PM_{2.5}$急性暴露引起的心血管炎症因子水平。

凝血因子方面，安慰剂组2种凝血因子（vWF和纤维蛋白原）的浓度在$PM_{2.5}$暴露48 h内显著性上升，但在鱼油组，除了纤维蛋白原在滞后48 h浓度高于安慰剂组外，其他效应值总体上低于安慰剂组，提示膳食补充鱼油能够显著降低大气$PM_{2.5}$急性暴露引起的心血管凝血因子的水平。

内皮因子方面，安慰剂组2种内皮因子（ET-1和E-selectin）的浓度在$PM_{2.5}$暴露48 h内显著性上升，但在鱼油组，其效应值总体上低于安慰剂组；安慰剂组的eNOS的浓度在$PM_{2.5}$暴露48 h内显著下降，但在鱼油组，其效应值高于安慰剂组，且无统计学差异。

氧化应激因子方面，安慰剂组ox-LDL的浓度在$PM_{2.5}$暴露48 h内显著性上升，LPO浓度均无显著性变化，而鱼油组ox-LDL和LPO与$PM_{2.5}$的效应值低于安慰剂组；安慰剂组的抗氧化指标（TAC、GSH-Px和SOD）的浓度在$PM_{2.5}$暴露48 h内降低（其中TAC在$PM_{2.5}$暴露12 h后显著降低），而鱼油组其浓度呈上升趋势。提示膳食补充鱼油能够显著降低大气$PM_{2.5}$急性暴露引起的心血管氧化应激损伤因子水平。

心血管应激激素和胰岛素抵抗指数方面，安慰剂组CRH、ACTH和皮质醇的浓度在$PM_{2.5}$暴露48 h内总体上显著性上升，但在鱼油组，其效应值低于安慰剂组；安慰剂组的胰岛素抵抗指数在$PM_{2.5}$暴露48 h内，均无显著性变化；安慰剂组5-羟色胺的浓度水平在$PM_{2.5}$暴露48 h内显著下降，但在鱼油组，其效应值高于安慰剂组。表明膳食补充鱼油能够显著降低大气$PM_{2.5}$急性暴露引起的心血管应激激素水平。

在敏感性分析中，随着暴露滞后时间的推移，鱼油组$PM_{2.5}$急性暴露对心血管健康指标的影响与安慰剂组相应指标影响的差异逐渐不明显，最终在滞后96 h消失；利用双污染物模型控制气态污染物$O_3$、$NO_2$、$SO_2$、CO之后，鱼油组和安慰剂组$PM_{2.5}$急性暴露对心血管健康指标的影响基本不变；调整十七碳烯酸、十七碳酸之后，上述结果相对稳健；血液油酸浓度水平与心血管健康指标的关联均不存在统计学差异；胰岛素抵抗指数与$PM_{2.5}$交互作用结果显示，无论是安慰剂组还是鱼油组，均未观察到胰岛素抵抗指数与$PM_{2.5}$存在交互作用。

### 4.6.3.3 小结

研究发现，志愿者连续每日服用鱼油2.5 g，$PM_{2.5}$急性暴露引起的外周血炎症水平升高、凝血和内皮功能异常、氧化应激损伤和应激激素水平紊乱，与对照组相比均出现不同程度的改善，提示膳食补充鱼油对大气$PM_{2.5}$污染导致的心血管损伤具有潜在的保护作用（图4-35）。

炎性反应和血栓形成被认为是$PM_{2.5}$损害心血管健康的两种重要机制。研究观察到安慰剂组心血管炎症和凝血功能的多个蛋白因子与$PM_{2.5}$急性暴露显著相关，而鱼油组的这些关联较弱或消失。目前鱼油补充对血清/血浆炎症性因子的降低作用尚存争议。例如，Root等（2013）在超重且健康人群中开展的研究显示鱼油补充对志愿者血清IL-6、TNF-α和CRP水平均无显著作用。而Li等（2014）对68项纳入4601名受试者的鱼油干预随机对照试验进行了Meta分析，结果显示鱼油能够显著降低慢性病患者和健康人血清IL-6、TNF-α和CRP水平，其中非肥胖受试者中改善效果更明显而且建议长期服用。研

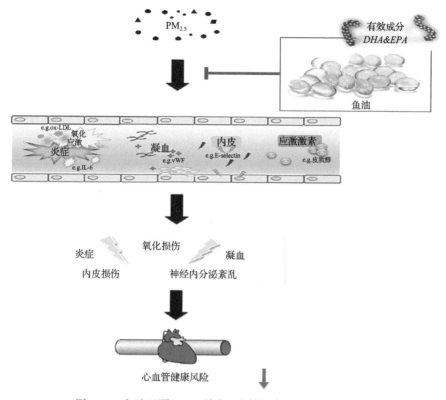

图 4-35 鱼油干预 PM$_{2.5}$ 所致心血管健康风险的生物学通路

究中鱼油补充可显著降低 PM$_{2.5}$ 急性暴露升高的 IL-6 和 vWF 浓度水平,提示膳食补充鱼油对大气 PM$_{2.5}$ 急性暴露的心血管炎症和凝血功能异常具有明显的保护作用, 这与目前体内外实验报道结果相一致。

研究发现 omega-3 多不饱和脂肪酸补充可以显著降低 E-selectin 水平和不显著升高 eNOS 水平以拮抗 PM$_{2.5}$ 急性暴露引起的内皮功能损伤, 表明膳食补充鱼油对心血管内皮功能具有潜在的保护作用。内皮功能紊乱是空气污染危害心血管健康的另一个生物学机制。既往研究报道鱼油补充可改善血脂异常、心力衰竭和糖尿病患者的内皮功能 (Saravanan et al., 2010; Duda et al., 2009)。从机制上讲, omega-3 多不饱和脂肪酸通过调控包括 E-selectin 等直接介导血管生成和内皮细胞增殖的关键黏附分子等内皮血管收缩标志物的表达抑制中性粒细胞和单核细胞向内皮的聚集 (Nomura et al., 2003)。同时, omega-3 多不饱和脂肪酸也可以增加调节血管平滑肌张力的 NO 等内皮源性舒张因子水平保护心血管内皮健康 (Mozaffarian and Wu, 2011)。

氧化应激在心血管事件的发生、发展过程中起着重要作用。研究发现膳食补充鱼油能够显著降低氧化应激水平, 对大气 PM$_{2.5}$ 急性暴露引起的心血管氧化损伤具有潜在的保护作用。Isablle 等通过招募墨西哥城疗养院中环境 PM$_{2.5}$ 水平升高的居民开展随机双盲试验, 发现补充 omega-3 多不饱和脂肪酸可以逆转 PM$_{2.5}$ 引起机体 Cu/Zn SOD 活性和血浆 GSH 水平的降低, 进而抑制 PM$_{2.5}$ 暴露引起的机体氧化损伤。体内外实验研究结果与上述研究结果相一致 (Romieu et al., 2008)。因而, 寻找有效的抗氧化措施如增加抗氧化饮食的摄入，可能通过减少体内 ROS 产生，防止脂质过氧化以及减轻氧化损伤，为预防心血管潜在风险提供了选择方案。

本研究中，虽然与安慰剂组相比，膳食补充鱼油对 PM$_{2.5}$ 急性暴露引起的血压水平升高和胰岛素抵抗有轻微的降低作用，但是结果无统计学意义。已有研究报道鱼油可以显著降低高血压患者的血压水平，而对正常人的效果则不明显（Morris et al., 1993; Rasmussen et al., 1993）。例如，一项在高血压患者中开展的临床试验发现，鱼油对降低高血压患者的血压水平具有显著功效；志愿者持续服用 3 个月剂量为 2.04 g/d 的鱼油后收缩压和心脏舒张压分别平均降低 4.1 mmHg 和 2.4 mmHg（Radack et al., 1991），而另一项研究却报道血压正常的志愿者每天服用剂量为 3.6 g 鱼油后并不能改善血压水平，甚至对服用鱼油的健康志愿者追踪 12 个月也未观察到任何改善效应（Deslypere, 1992）。这些异质性的结果可能与志愿者特征、干预剂量和干预时间等因素有关。

本研究作为我国第一个膳食补充鱼油的流行病学干预试验，弥补了国内只有体内外实验研究报道和只有国外开展人群干预研究的缺憾，为我国居民选择简易可行的降低空气污染健康效应的个体化防护措施提供了初步依据。通过适当补充 omega-3 多不饱和脂肪酸有可能获得较好的个体保护，可能会实现心血管健康风险和皮肤健康风险的二级预防，具有重要的公共卫生学意义；同时为今后开展类似研究提供了一定的理论依据，也为亚健康人群的健康促进和自我管理提供了一定的干预选项。

（撰稿人：阚海东）

## 参 考 文 献

陈魁, 董海燕, 郭胜华, 等. 2011. 我国环境空气质量标准与国外标准的比较[J]. 环境与可持续发展, 36(1): 47~50.

陈振民, 马慧敏. 2008. 我国环境空气质量标准与 WHO 最新大气质量基准的比较[J]. 环境与健康杂志, 25(12): 1103~1103.

生态环境部. 2018. 中国生态环境状况公报[J]. 环境经济, 227(11): 12~13.

苏楠, 林江涛, 刘国梁, 等. 2014. 我国 8 省市支气管哮喘患者控制水平的流行病学调查[J]. 中华内科杂志, 2014. 53(8): 601~606.

张庆丰, 罗伯特·克鲁克斯. 2012. 迈向环境可持续的未来—中华人民共和国国家环境分析[M]. 北京: 中国财政经济出版社.

Adcock I M, Caramori G, Chung K F. 2008. New targets for drug development in asthma[J]. Lancet, 372: 1073~1087.

Aguilera-Aguirre L, Bacsi A, Saavedra-Molina A, et al. 2009. Mitochondrial dysfunction increases allergic airway inflammation[J]. J Immunol, 183: 5379~5387.

Al-Damluji S, Rees L H. 1987. Effects of catecholamines on secretion of adrenocorticotrophic hormone (acth) in man[J]. J Clin pathol, 40: 1098~1107.

Andersen Z J, Raaschou-Nielsen O, Ketzel M, et al. 2012. Diabetes incidence and long-term exposure to air pollution: A cohort study[J]. Diabetes Care, 35(1): 92~98.

Annesi-Maesano I. 2015. It is not time to lower the guard![J]. Eur Respir J, 45: 589~591.

Atkinson R W, Cohen A, Mehta S, et al. 2012. Systematic review and meta-analysis of epidemiological time-series studies on outdoor air pollution and health in Asia[J]. Air Qual Atmos Hlth, 5: 383~391.

Axelrod J, Reisine T D. 1984. Stress hormones: Their interaction and regulation[J]. Science, 224: 452~459.

Baccarelli A, Wright R, Bollati V, et al. 2010. Ischemic heart disease and stroke in relation to blood DNA methylation[J]. Epidemiology, 21: 819~828.

Bai L, Chen H, Hatzopoulou M, et al. 2018. Exposure to ambient ultrafine particles and nitrogen dioxide and incident hypertension and diabetes[J]. Epidemiology, 29(3): 323~332.

Balasubramanian P, Sirivelu M P, Weiss K A, et al. 2013. Differential effects of inhalation exposure to PM$_{2.5}$ on hypothalamic monoamines and corticotrophin releasing hormone in lean and obese rats[J]. Neuro Toxicology, 36: 106~111.

Beelen R, Hoek G, van den Brandt P A, et al. 2008. Long-term effects of traffic-related air pollution on mortality in a Dutch cohort (NLCS-AIR study)[J]. Environ Health Perspect, 116(2): 196~202.

Beelen R, Stafoggia M, Raaschou-Nielsen O, et al. 2014. Long-term exposure to air pollution and cardiovascular mortality: An analysis of 22 European cohorts[J]. Epidemiology, 25(3): 368~378.

Bowatte G, Lodge C, Lowe A J, et al. 2015. The influence of childhood traffic-related air pollution exposure on asthma, allergy and sensitization: A systematic review and a meta-analysis of birth cohort studies[J]. Allergy, 70: 245~256.

Brillon D J, Zheng B, Campbell R G, et al. 1995. Effect of cortisol on energy expenditure and amino acid metabolism in humans[J]. Am J Physiol 268: 501~513.

Broeckaert F, Arsalane K, Hermans C, et al. 1999. Lung epithelial damage at low concentrations of ambient ozone[J]. Lancet, 353: 900~901.

Brook R D, Rajagopalan S, Pope C R, et al. 2010. Particulate matter air pollution and cardiovascular disease: An update to the scientific statement from the American Heart Association[J]. Circulation, 121(21): 2331~2378.

Burnett R T, Brook J, Dann T, et al. 2000. Association between particulate- and gas-phase components of urban air pollution and daily mortality in eight Canadian cities[J]. Inhal Toxicol, 4: 15~39.

Burnett R T, Pope C A 3rd, Ezzati M, et al. 2014. An integrated risk function for estimating the global burden of disease attributable to ambient fine particulate matter exposure[J]. Environ Health Persp, 122(4): 397~403.

Byun H M, Panni T, Motta V, et al. 2013. Effects of airborne pollutants on mitochondrial DNA methylation[J]. Part Fibre Toxicol, 10: 18.

Cai J, Zhao A, Zhao J, et al. 2014. Acute effects of air pollution on asthma hospitalization in Shanghai, China[J]. Environ Pollut, 191: 139~144.

Cakmak S, Dales R, Leech J, et al. 2011. The influence of air pollution on cardiovascular and pulmonary function and exercise capacity: Canadian health measures survey (chms)[J]. Environ Res, 111: 1309~1312.

Cao J, Xu H, Xu Q, et al. 2012. Fine particulate matter constituents and cardiopulmonary mortality in a heavily polluted Chinese city[J]. Environ Health Perspect, 120(3): 373~378.

Casalino-Matsuda S M, Monzon M E, Day A J, et al. 2009. Hyaluronan fragments/cd44 mediate oxidative stress-induced muc5b up-regulation in airway epithelium[J]. Am J Respir Cell Mol Biol, 40: 277~285.

Cesaroni G, Badaloni C, Gariazzo C, et al. 2013. Long-term exposure to urban air pollution and mortality in a cohort of more than a million adults in Rome[J]. Environ Health Perspect, 121(3): 324~331.

Chan J K W, Charrier J G, Kodani S D, et al. 2013. Combustion-derived flame generated ultrafine soot generates reactive oxygen species and activates Nrf2 antioxidants differently in neonatal and adult rat lungs[J]. Part Fibre Toxicol, 10: 34.

Chartier R, Phillips M, Mosquin P, et al. 2017. A comparative study of human exposures to household air pollution from commonly used cookstoves in Sri Lanka[J]. Indoor Air, 27: 147~159.

Chen G, Li S, Zhang Y, et al. 2017c. Effects of ambient PM$_1$ air pollution on daily emergency hospital visits in China: An epidemiological study[J]. Lancet Planet Health, 1: 221~229.

Chen G, Morawska L, Zhang W, et al. 2018a. Spatiotemporal variation of PM$_1$ pollution in China[J]. Atmos Environ, 178: 198~205.

Chen H, Burnett R T, Kwong J C, et al. 2014. Spatial association between ambient fine particulate matter and incident hypertension[J]. Circulation, 129(5): 562~569.

Chen R, Kan H, Chen B, et al. 2012. Association of particulate air pollution with daily mortality: The China air pollution and health effects study[J]. Am J Epidemiol, 175(11): 1173~1181.

Chen R, Li Y, Ma Y, et al. 2011. Coarse particles and mortality in three Chinese cities: The China air pollution and health effects study (CAPES)[J]. Sci Total Environ, 409(23): 4934~4938.

Chen R, Yin P, Meng X, et al. 2017a. Fine particulate air pollution and daily mortality: A nationwide analysis in 272 Chinese cities[J]. Am J Respir Crit Care Med, 196 (1): 73~81.

Chen R, Zhang Y, Yang C, et al. 2013b. Acute effect of ambient air pollution on stroke mortality in the China air pollution and health effects study[J]. Stroke, 44 (4): 954~960.

Chen R, Zhao Z, Sun Q, et al. 2015. Size-fractionated particulate air pollution and circulating biomarkers of inflammation, coagulation and vasoconstriction in a panel of young adults[J]. Epidemiology, 26 (3): 328~336.

Chen S, Gu Y, Qiao L, et al. 2017b. Fine particulate constituents and lung dysfunction: A time-series panel study[J]. Environ Sci Technol, 51 (3): 1687~1694.

Chen W, Xu J, Lan Y, et al. 2018b. Prevalence and risk factors of chronic obstructive pulmonary disease in China (the China Pulmonary Health [CPH] study): A national cross-sectional study[J]. Lancet, 391: 101~131.

Chen Z, Wang J N, Ma G X, et al. 2013a. China tackles the health effects of air pollution[J]. Lancet, 382 (9909): 1959~1960.

Chuang K J, Chan C C, Su T C, et al. 2007. The effect of urban air pollution on inflammation, oxidative stress, coagulation, and autonomic dysfunction in young adults[J]. Am J Respir Crit Care Med 176: 370~376.

Chuang K J, Yan Y H, Chiu S Y, et al. 2011. Long-term air pollution exposure and risk factors for cardiovascular diseases among the elderly in Taiwan[J]. Occup Environ Med, 68: 64~68.

Clark N A, Demers P A, Karr C J, et al. 2010. Effect of early life exposure to air pollution on development of childhood asthma[J]. Environ Health Perspect, 118: 284~290.

Cohen L, Curhan G C, Forman J P, et al. 2012. Influence of age on the association between lifestyle factors and risk of hypertension[J]. J Am Soc Hypertens, 6 (4): 284~290.

Coogan P F, White L F, Yu J, et al. 2016. $PM_{2.5}$ and diabetes and hypertension incidence in the black women's health study[J]. Epidemiology, 27 (2): 202~210.

Cropley J E, Suter C M, Martin D I K. 2007. Methyl donors change the germline epigenetic state of the A (vy) allele[J]. FASEB J, 21 (12): 3021~3021.

Crouse D L, Peters P A, van Donkelaar A, et al. 2012. Risk of nonaccidental and cardiovascular mortality in relation to long-term exposure to low concentrations of fine particulate matter: A Canadian national-level cohort study[J]. Environ Health Perspect, 120 (5): 708~714.

Dai X, He X, Zhou Z, et al. 2015. Short-term effects of air pollution on out-of-hospital cardiac arrest in Shenzhen, China[J]. Int J Cardiol, 192: 56~60.

Delfino R J, Staimer N, Tjoa T, et al. 2008. Personal and ambient air pollution exposures and lung function decrements in children with asthma[J]. Environ Health Perspect, 116: 550~558.

Demerath E W, Guan W, Grove M L, et al. 2015. Epigenome-wide association study (EWAS) of BMI, BMI change and waist circumference in African American adults identifies multiple replicated loci[J]. Hum Mol Genet, 24 (15): 4464~4479.

Deng Q, Dai X Y, Guo H, et al. 2014b. Polycyclic aromatic hydrocarbons-associated microRNAs and their interactions with the environment: Influences on oxidative DNA damage and lipid peroxidation in coke oven workers[J]. Environ Sci Technol, 48 (7): 4120~4128.

Deng Q, Dai X, Feng W, et al. 2019b. Co-exposure to metals and polycyclic aromatic hydrocarbons, microRNA expression, and early health damage in coke oven workers[J]. Environ Int, 122: 369~380.

Deng Q, Deng L, Miao Y, et al. 2019a. Particle deposition in the human lung: Health implications of particulate matter from different sources[J]. Environ Res, 169: 237~245.

Deng Q, Huang S, Zhang X, et al. 2014a. Plasma microRNA expression and micronuclei frequency in workers exposed to polycyclic aromatic hydrocarbons[J]. Environ Health Perspect, 122 (7): 719~725.

Deslypere J P. 1992. Influence of supplementation with n-3 fatty acids on different coronary risk factors in men--a placebo controlled study[J]. Verh K Acad Geneeskd Belg 54: 189~216.

Dick K J, Nelson C P, Tsaprouni L, et al. 2014. DNA methylation and body-mass index: A genome-wide analysis[J]. Lancet, 383(9933): 1990~1998.

Djurhuus C B, Gravholt C H, Nielsen S, et al. 2002. Effects of cortisol on lipolysis and regional interstitial glycerol levels in humans[J]. Am J physiol Endoc M, 283: 172~177.

Dolinoy D C, Weidman J R, Waterland R A, et al. 2006. Maternal genistein alters coat color and protects Avy mouse offspring from obesity by modifying the fetal epigenome[J]. Environ Health Perspect, 114(4): 567~572.

Duda M K, O'Shea K M, Stanley W C. 2009. Omega-3 polyunsaturated fatty acid supplementation for the treatment of heart failure: Mechanisms and clinical potential[J]. Cardiovasc Res, 84: 33~41.

Enstrom J E. 2005. Fine particulate air pollution and total mortality among elderly Californians, 1973-2002[J]. Inhal Toxicol, 17(14): 803~816.

Evans J, van Donkelaar A, Martin R V, et al. 2013. Estimates of global mortality attributable to particulate air pollution using satellite imagery[J]. Environ Res, 120: 33~42.

Figueira T R, Barros M H, Camargo A A, et al. 2013. Mitochondria as a source of reactive oxygen and nitrogen species: From molecular mechanisms to human health[J]. Antioxid Redox Signal, 18: 2029~2074.

Fujiwara K, Aoki S, Kurasawa K, et al. 2014. Associations of maternal pre-pregnancy underweight with small-for-gestational-age and spontaneous preterm birth, and optimal gestational weight gain in japanese women[J]. J Obstet Gynaecol Res, 40: 988~994.

Fuks K B, Weinmayr G, Basagana X, et al. 2017. Long-term exposure to ambient air pollution and traffic noise and incident hypertension in seven cohorts of the European study of cohorts for air pollution effects (ESCAPE)[J]. Eur Heart J, 38(13): 983~990.

GBD 2015 Mortality and Causes of Death Collaborators. 2017. Global, regional, and national life expectancy, all-cause mortality, and cause-specific mortality for 249 causes of death, 1980~2015: A systematic analysis for the Global Burden of Disease Study 2015[J]. Lancet, 388: 1459~1544.

GBD 2016 Disease and Injury Incidence and Prevalence Collaborators. 2017. Global, regional, and national incidence, prevalence, and years lived with disability for 328 diseases and injuries for 195 countries, 1990-2016: A systematic analysis for the Global Burden of Disease Study 2016[J]. Lancet, 390(10100): 1211~1259.

GBD 2017 Risk Factor Collaborators. 2018. Global, regional, and national comparative risk assessment of 84 behavioural, environmental and occupational, and metabolic risks or clusters of risks for 195 countries and territories, 1990-2017: A systematic analysis for the global burden of disease study 2017[J]. Lancet, 392(10159): 1923~1994.

Gaillard R, Durmus B, Hofman A, et al. 2013. Risk factors and outcomes of maternal obesity and excessive weight gain during pregnancy[J]. Obesity (Silver Spring), 21: 1046~1055.

Garza K M, Soto K F, Murr L E. 2008. Cytotoxicity and reactive oxygen species generation from aggregated carbon and carbonaceous nanoparticulate materials[J]. Int J Nanomed, 3: 83~94.

Gehring U, Wijga A H, Hoek G, et al. 2015. Exposure to air pollution and development of asthma and rhinoconjunctivitis throughout childhood and adolescence: A population-based birth cohort study[J]. Lancet Respir Med, 3: 933~942.

Gern J E. 2010. The urban environment and childhood asthma study[J]. J Allergy Clin Immunol, 125: 545~549.

Gomez-Uriz A M, Goyenechea E, Campion J, et al. 2014. Epigenetic patterns of two gene promoters (tnf-alpha and pon) in stroke considering obesity condition and dietary intake[J]. J Physiol Biochem, 70: 603~614.

Gu D, He J, Coxson P G, et al. 2015. The cost-effectiveness of low-cost essential antihypertensive medicines for hypertension control in China: A modelling study[J]. PLoS Med, 12(8): e1001860.

Guilbert T W, Mauger D T, Lemanske R F Jr. 2014. Childhood asthma-predictive phenotype[J]. J Allergy Clin Immunol Pract, 2: 664~670.

Guo S, Hu M, Zamora M L, et al. 2014. Elucidating severe urban haze formation in China[J]. Proc Natl Acad Sci USA, 111(49): 17373~17378.

Götschi T, Sunyer J, Chinn S, et al. 2008. Air pollution and lung function in the European Community Respiratory Health Survey[J]. Int J Epidemiol, 37: 1349~1358.

Habre R, Moshier E, Castro W, et al. 2014. The effects of PM$_{2.5}$ and its components from indoor and outdoor sources on cough and wheeze symptoms in asthmatic children[J]. J Expo Sci Environ Epidemiol, 24: 380~387.

Hansell A, Ghosh R E, Blangiardo M, et al. 2016. Historic air pollution exposure and long-term mortality risks in England and Wales: Prospective longitudinal cohort study[J]. Thorax, 71 (4) : 330~338.

Hansen A B, Ravnskjaer L, Loft S, et al. 2016. Long-term exposure to fine particulate matter and incidence of diabetes in the Danish Nurse Cohort[J]. Environ Int, 126: 91243~91250.

Hart J E, Garshick E, Dockery D W, et al. 2011.Long-term ambient multipollutant exposures and mortality[J]. Am J Respir Crit Care Med, 183 (1) : 73~78.

He J, Gu D, Wu X, et al. 2005. Major causes of death among men and women in China[J]. N Engl J Med, 353 (11) : 1124~1134.

He J, Neal B, Gu D, et al. 2004. International collaborative study of cardiovascular disease in Asia: Design, rationale, and preliminary results[J]. Ethn Dis, 14 (2) : 260~268.

Hehua Z, Qing C, Shanyan G, et al. 2017. The impact of prenatal exposure to air pollution on childhood wheezing and asthma: A systematic review[J]. Environ Res, 159: 519~530.

Hoek G, Krishnan R M, Beelen R, et al. 2013. Long-term air pollution exposure and cardio- respiratory mortality: A review[J]. Environ Health, 12 (1) : 43.

Hogervorst J G, de Kok T M, Briedé J J, et al. 2006. Relationship between radical generation by urban ambient particulate matter and pulmonary function of school children[J]. J Toxicol Env Heal A, 69: 245~262.

Hou L, Zhang X, Dioni L, et al. 2013. Inhalable particulate matter and mitochondrial DNA copy number in highly exposed individuals in Beijing, China: A repeated-measure study[J]. Part Fibre Toxicol, 10: 17.

Hou L, Zhu Z Z, Zhang X, et al. 2010. Airborne particulate matter and mitochondrial damage: A cross-sectional study[J]. Environ Health, 9:48.

Huang S, Deng Q, Feng J, et al. 2016. Polycyclic aromatic hydrocarbons-associated microRNAs and heart rate variability in coke oven workers[J]. J Occup Environ Med, 58 (1) : 24~31.

Hunter R W, Bailey M A. 2015. Glucocorticoids and 11beta-hydroxysteroid dehydrogenases: Mechanisms for hypertension[J]. Curr Opin Pharmacol, 21: 105~114.

Irvin M R, Zhi D, Joehanes R, et al. 2014. Epigenome-wide association study of fasting blood lipids in the genetics of lipid-lowering drugs and diet network study[J]. Circulation, 130 (7) : 565~572.

Jacob R A, Gretz D M, Taylor P C, et al. 1998. Moderate folate depletion increases plasma homocysteine and decreases lymphocyte DNA methylation in postmenopausal women[J]. J Nutr, 128 (7) : 1204~1212.

Jacobs M, Zhang G, Chen S, et al. 2017. The association between ambient air pollution and selected adverse pregnancy outcomes in China: A systematic review[J]. Sci Total Environ, 579: 1179~1192.

Janssen NA, Strak M, Yang A, et al. 2015. Associations between three specific a-cellular measures of the oxidative potential of particulate matter and markers of acute airway and nasal inflammation in healthy volunteers[J]. Occup Environ Med, 72: 49~56.

Jerrett M, Arain A, Kanaroglou P, et al. 2005. A review and evaluation of intraurban air pollution exposure models[J]. J Expo Anal Environ Epidemiol, 15: 185~204.

Jones P A. 2012. Functions of DNA methylation: Islands, start sites, gene bodies and beyond[J]. Nat Rev Genet, 13 (7) : 484~492.

Jusko T A, Koepsell T D, Baker R J, et al. 2006. Maternal ddt exposures in relation to fetal and 5-year growth[J]. Epidemiology, 17: 692~700.

Kamdar O, Le W, Zhang J, et al. 2008. Air pollution induces enhanced mitochondrial oxidative stress in cystic fibrosis airway epithelium[J]. FEBS Letters, 582: 3601~3606.

Kearney P M, Whelton M, Reynolds K, et al. 2005. Global burden of hypertension: Analysis of worldwide data[J]. Lancet, 365(9455): 217~223.

Konkol L. 2018. Assessing a medley of metals. Combined exposures and incident coronary heart disease[J]. Environ Health Perspect, 126(3): 034002.

Korrick S A, Neas L M, Dockery D W, et al. 1998. Effects of ozone and other pollutants on the pulmonary function of adult hikers[J]. Environ Health Perspect, 106: 93~99.

Krewski D, Jerrett M, Burnett R T, et al. 2009. Extended follow-up and spatial analysis of the American Cancer Society study linking particulate air pollution and mortality[J]. Res Rep Health Eff Inst, (140): 5~114, 115~136.

Lai C K, Beasley R, Crane J, et al. 2009. Global variation in the prevalence and severity of asthma symptoms: Phase three of the international study of asthma and allergies in childhood (isaac)[J]. Thorax, 64: 476~483.

Lakshmi S V, Naushad S M, Reddy C A, et al. 2013. Oxidative stress in coronary artery disease: Epigenetic perspective[J]. Mol Cell Biochem, 374: 203~211.

Lambrecht B N, Hammad H. 2015. The immunology of asthma[J]. Nat Immunol, 16: 45~56.

Landrigan P J, Fuller R, Acosta N J R, et al. 2018. The Lancet Commission on pollution and health[J]. Lancet, 391: 462~512.

Leitte A M, Schlink U, Herbarth O, et al. 2012. Associations between size-segregated particle number concentrations and respiratory mortality in Beijing, China[J]. Int J Environ Health Respect, 22(2): 119~133.

Lelieveld J, Evans J S, Fnais M, et al. 2015. The contribution of outdoor air pollution sources to premature mortality on a global scale[J]. Nature, 525(7569): 367~371.

Lepeule J, Laden F, Dockery D, et al. 2012. Chronic exposure to fine particles and mortality: An extended follow-up of the Harvard Six Cities study from 1974 to 2009[J]. Environ Health Perspect, 120(7): 965~970.

Li H, Cai J, Chen R, et al. 2017b. Particulate matter exposure and stress hormone levels: A randomized, double-blind, crossover trial of air purification[J]. Circulation, 136: 618~627.

Li H, Chen R, Meng X, et al. 2015. Short-term exposure to ambient air pollution and coronary heart disease mortality in 8 Chinese cities[J]. Int J Cardiol, 197: 265~270.

Li J, Zhu X, Yu K, et al. 2017a. Genome-wide analysis of DNA methylation and acute coronary syndrome[J]. Circ Res, 120(11): 1754~1767.

Li J, Zhu X, Yu K, et al. 2018. Exposure to polycyclic aromatic hydrocarbons and accelerated DNA methylation aging[J]. Environ Health Perspect, 126(6): 067005.

Li K, Huang T, Zheng J, et al. 2014. Effect of marine-derived n-3 polyunsaturated fatty acids on c-reactive protein, interleukin 6 and tumor necrosis factor alpha: A meta-analysis[J]. PLoS One, 9: e88103.

Li N, Sioutas C, Cho A, et al. 2003. Ultrafine particulate pollutants induce oxidative stress and mitochondrial damage[J]. Environ Health Perspect, 111: 455~460.

Liao D, Heiss G, Chinchilli V M, et al. 2005. Association of criteria pollutants with plasma hemostatic/inflammatory markers: A population-based study[J]. J Expo Anal Environ Epidemiol 15: 319~328.

Liao J, Yu H, Xia W, et al. 2018. Exposure to ambient fine particulate matter during pregnancy and gestational weight gain[J]. Environment International, 119: 407-412.

Lim S S, Vos T, Flaxman A D, et al. 2012. A comparative risk assessment of burden of disease and injury attributable to 67 risk factors and risk factor clusters in 21 regions, 1990-2010: A systematic analysis for the Global Burden of Disease Study 2010[J]. Lancet, 380: 2224~2260.

Lipfert F W, Baty J D, Miller J P, et al. 2006. $PM_{2.5}$ constituents and related air quality variables as predictors of survival in a cohort of US military veterans[J]. Inhal Toxicol, 18(9): 645~657.

Lipfert F W, Perry H J, Miller J P, et al. 2000. The Washington University-EPRI Veterans' Cohort Mortality Study: Preliminary results[J]. Inhal Toxicol, 12 Suppl 4: 41~73.

Lipsett M J, Ostro B D, Reynolds P, et al. 2011. Long-term exposure to air pollution and cardiorespiratory disease in the California teachers study cohort[J]. Am J Respir Crit Care Med, 184 (7) : 828~835.

Liu C, Cai J, Qiao L, et al. 2017. The acute effects of fine particulate matter constituents on blood inflammation and coagulation[J]. Environ Sci Technol, 51 (14) : 8128~8137.

Liu J, Han Y, Tang X, et al. 2016. Estimating adult mortality attributable to $PM_{2.5}$ exposure in China with assimilated $PM_{2.5}$ concentrations based on a ground monitoring network[J]. Sci Total Environ, 568: 1253~1262.

Liu J, Hong Y, D'Agostino R, et al. 2004. Predictive value for the Chinese population of the Framingham CHD risk assessment tool compared with the Chinese multi-provincial cohort study[J]. JAMA, 291 (21) : 2591~2599.

Ma Z, Hu X, Sayer A M, et al. 2016. Satellite-based spatiotemporal trends in $PM_{2.5}$ concentrations: China, 2004-2013[J]. Environ Health Perspect, 124 (2) : 184~192.

Martinez F D. 2002. What have we learned from the tucson children's respiratory study?[J]. Paediatr Respir Rev, 3: 193~197.

McCreanor J, Cullinan P, Nieuwenhuijsen M J, et al. 2007. Respiratory effects of exposure to diesel traffic in persons with asthma[J]. N Engl J Med, 357: 2348~2358.

McDonnell W F, Nishino-Ishikawa N, Petersen F F, et al. 2000. Relationships of mortality with the fine and coarse fractions of long-term ambient $PM_{10}$ concentrations in nonsmokers[J]. J Expo Anal Environ Epidemiol, 10 (5) : 427~436.

Meng X, Ma Y, Chen R, et al. 2013. Size-fractionated particle number concentrations and daily mortality in a Chinese city[J]. Environ Health Perspect, 121 (10) : 1174~1178.

Meyer J N, Leung M C, Rooney J P, et al. 2013. Mitochondria as a target of environmental toxicants[J]. Toxicol Sci, 134: 1~17.

Miller K A, Siscovick D S, Sheppard L, et al. 2007. Long-term exposure to air pollution and incidence of cardiovascular events in women[J]. N Engl J Med, 356 (5) : 447~458.

Monte E, Fischer M A, Vondriska T M. 2017. Epigenomic disruption of cardiovascular care: What it will take[J]. Circ Res, 120 (11) : 1692~1693.

Moraga P, GBD 2016 Causes of Death Collaborators. 2017. Global, regional, and national age-sex specific mortality for 264 causes of death, 1980-2016: A systematic analysis for the Global Burden of Disease Study 2016[J]. Lancet, 390 (10100) : 1151~1210.

Morris M C, Sacks F, Rosner B. 1993. Does fish oil lower blood pressure? A meta-analysis of controlled trials[J]. Circulation, 88: 523~533.

Mozaffarian D, Wu J H. 2011. Omega-3 fatty acids and cardiovascular disease: Effects on risk factors, molecular pathways, and clinical events[J]. J Am Coll Cardiol, 58: 2047~2067.

Mullane K. 2011. Asthma translational medicine: Report card[J]. Biochem Pharmacol, 82: 567~585.

Nawrot T S, Saenen N D, Schenk J, et al. 2018. Placental circadian pathway methylation and in utero exposure to fine particle air pollution[J]. Environ Int, 114: 231~241.

Nomura S, Kanazawa S, Fukuhara S. 2003. Effects of eicosapentaenoic acid on platelet activation markers and cell adhesion molecules in hyperlipidemic patients with type 2 diabetes mellitus[J]. J Diabetes Complicat, 17: 153~159.

Ostro B, Hu J, Goldberg D, et al. 2015. Associations of mortality with long-term exposures to fine and ultrafine particles, species and sources: Results from the California Teachers Study Cohort[J]. Environ Health Perspect, 123 (6) : 549~556.

Ostro B, Lipsett M, Reynolds P, et al. 2010. Long-term exposure to constituents of fine particulate air pollution and mortality: Results from the California Teachers Study[J]. Environ Health Perspect, 118: 363~369.

Pan G, Zhang S, Feng Y., et al. 2010. Air pollution and children's respiratory symptoms in six cities of Northern China[J]. Resp Med, 104: 1903~1911.

Pasieka A M, Rafacho A. 2016. Impact of glucocorticoid excess on glucose tolerance: Clinical and preclinical evidence[J]. Metabolites, 6 (3) : 24.

Pechanova O, Paulis L, Simko F. 2014. Peripheral and central effects of melatonin on blood pressure regulation[J]. Int J Mol Sci, 15: 17920~17937.

Peng C, Bind M C, Colicino E, et al. 2016. Particulate air pollution and fasting blood glucose in nondiabetic individuals: Associations and epigenetic mediation in the normative aging study, 2000-2011[J]. Environ Health Perspect, 124: 1715~1721.

Pfeiffer L, Wahl S, Pilling L C, et al. 2015. DNA methylation of lipid-related genes affects blood lipid levels[J]. Circ Cardiovasc Genet, 8 (2): 334~342.

Pieters N, Koppen G, Smeets K, et al. 2013. Decreased mitochondrial DNA content in association with exposure to polycyclic aromatic hydrocarbons in house dust during wintertime: From a population enquiry to cell culture[J]. PLoS One, 8: e63208.

Pope C A, Cohen A J, Burnett R T. 2018. Cardiovascular disease and fine particulate matter: Lessons and limitations of an integrated exposure-response approach[J]. Circ Res, 122 (12): 1645~1647.

Pope C A, Burnett R T, Thurston G D, et al. 2004. Cardiovascular mortality and long-term exposure to particulate air pollution: Epidemiological evidence of general pathophysiological pathways of disease[J]. Circulation, 109 (1): 71~77.

Pope C A 3rd, Thun M J, Namboodiri M M, et al. 1995. Particulate air pollution as a predictor of mortality in a prospective study of U.S. adults[J]. Am J Respir Crit Care Med, 151 (3 Pt 1): 669~674.

Puett R C, Hart J E, Suh H, et al. 2011. Particulate matter exposures, mortality, and cardiovascular disease in the health professionals follow-up study[J]. Environ Health Perspect, 119 (8): 1130~1135.

Puett R C, Hart J E, Yanosky J D, et al. 2009. Chronic fine and coarse particulate exposure, mortality, and coronary heart disease in the Nurses' Health Study[J]. Environ Health Perspect, 117 (11): 1697~1701.

Qian Z, Liang S, Yang S, et al. 2016. Ambient air pollution and preterm birth: A prospective birth cohort study in Wuhan, China[J]. Int J Hyg Environ Health, 219 (2): 195~203.

Qiao L, Cai J, Wang H, et al. 2014. $PM_{2.5}$ constituents and hospital emergency-room visits in Shanghai, China[J]. Environ Sci Technol, 48 (17): 10406~10414.

Qiu H, Schooling C M, Sun S, et al. 2018. Long-term exposure to fine particulate matter air pollution and type 2 diabetes mellitus in elderly: A cohort study in Hong Kong[J]. Environ Int, 113: 113350~113356.

Qiu W, Baccarelli A, Carey V J, et al. 2012. Variable DNA methylation is associated with chronic obstructive pulmonary disease and lung function[J]. Am J Respir Crit Care Med, 185:373~381.

Radack K, Deck C, Huster G. 1991. The effects of low doses of n-3 fatty acid supplementation on blood pressure in hypertensive subjects. A randomized controlled trial[J]. Arch Intern Med, 151: 1173~1180.

Ramchandani S, Bhattacharya S K, Cervoni N, et al. 1999. DNA methylation is a reversible biological signal[J]. Proc Natl Acad Sci U S A, 96 (11): 6107~6112.

Rasmussen O W, Thomsen C, Hansen K W, et al. 1993. Effects on blood pressure, glucose, and lipid levels of a high-monounsaturated fat diet compared with a high-carbohydrate diet in niddm subjects[J]. Diabetes Care, 16: 1565~1571.

Rice M B, Ljungman P L, Wilker E H, et al. 2013. Short-term exposure to air pollution and lung function in the framingham heart study[J]. Am J Respir Crit Care Med, 188: 1351~1357.

Rice M B, Ljungman P L, Wilker E H, et al. 2015. Long-term exposure to traffic emissions and fine particulate matter and lung function decline in the Framingham heart study[J].Am J Respir Crit Care Med, 191: 656~664.

Rich D Q, Kipen H M, Huang W, et al. 2012. Association between changes in air pollution levels during the Beijing Olympics and biomarkers of inflammation and thrombosis in healthy young adults[J]. JAMA, 307 (19): 2068~2078.

Robertson K D. 2005. DNA methylation and human disease[J]. Nat Rev Genet, 6 (8): 597~610.

Romieu I, Garcia-Esteban R, Sunyer J, et al. 2008. The effect of supplementation with omega-3 polyunsaturated fatty acids on markers of oxidative stress in elderly exposed to $PM_{2.5}$[J]. Environ Health Perspect, 116: 1237~1242.

Root M, Collier S R, Zwetsloot K A, et al. 2013. A randomized trial of fish oil omega-3 fatty acids on arterial health, inflammation, and metabolic syndrome in a young healthy population[J]. Nutr J, 12: 40.

Samet J M. 2011. The Clean Air Act and health--a clearer view from 2011[J]. N Engl J Med, 365 (3): 198~201.

Saravanan P, Davidson N C, Schmidt E B, et al. 2010. Cardiovascular effects of marine omega-3 fatty acids[J]. Lancet, 376: 540~550.

Schins R P, Lightbody J H, Borm P J, et al. 2004. Inflammatory effects of coarse and fine particulate matter in relation to chemical and biological constituents[J]. Toxicol Appl Pharmacol, 195: 1~11.

Schleicher N, Norra S, Chen Y, et al. 2012. Efficiency of mitigation measures to reduce particulate air pollution--a case study during the Olympic Summer Games 2008 in Beijing, China[J]. Sci Total Environ, 427-428: 146~158.

Schneider A, Neas L M, Graff D W, et al. 2010. Association of cardiac and vascular changes with ambient $PM_{2.5}$ in diabetic individuals[J]. Part Fibre Toxicol 7: 14.

Sha L, Shao M, Liu C, et al. 2015. The prevalence of asthma in children: A comparison between the year of 2010 and 2000 in urban China[J]. Chi J Tuber Res Dis, 38(9): 664~668.

Shrine N, Portelli M A, John C, et al. 2019. Moderate-to-severe asthma in individuals of European ancestry: A genome-wide association study[J]. Lancet Respir Med, 7: 20~34.

Silva R A, West J J, Zhang Y, et al. 2013. Global premature mortality due to anthropogenic outdoor air pollution and the contribution of past climate change[J]. Environ Res Lett, 8(3): 034005.

Silverman R A, Ito K, et al. 2010. Age-related association of fine particles and ozone with severe acute asthma in New York city[J]. J Allergy Clin Immunol, 125: 367~373 e365.

Simcox L E, Myers J E, Cole T J, et al. 2017. Fractional fetal thigh volume in the prediction of normal and abnormal fetal growth during the third trimester of pregnancy[J]. Am J Obstet Gynecol 217: 451~453.

Simmons P S, Miles J M, Gerich J E, et al. 1984. Increased proteolysis. An effect of increases in plasma cortisol within the physiologic range[J]. J Clin Invest, 73: 412~420.

Song C, He J, Wu L, et al. 2017. Health burden attributable to ambient $PM_{2.5}$ in China[J]. Environ Pollut, 223: 575~586.

Sorensen M, Daneshvar B, Hansen M, et al. 2003. Personal $PM_{2.5}$ exposure and markers of oxidative stress in blood[J]. Environ Health Perspec, 111: 161~166.

Sugiura H, Ichinose M. 2008. Oxidative and nitrative stress in bronchial asthma[J]. Antioxid Redox Signal, 10: 785~797.

Taussig L M, Wright A L, Holberg C J, et al. 2003. Tucson children's respiratory study: 1980 to present[J]. J Allergy Clin Immun, 111: 661~675.

Tengattini S, Reiter R J, Tan D X, et al. 2008. Cardiovascular diseases: Protective effects of melatonin[J]. J Pineal Res, 44: 16~25.

Thony B, Auerbach G, Blau N. 2000. Tetrahydrobiopterin biosynthesis, regeneration and functions[J]. Biochem J, 347 Pt 1: 1~16.

Tzivian L. 2011. Outdoor air pollution and asthma in children[J]. J Asthma, 48: 470~481.

Van Donkelaar A, Martin R V, Brauer M, et al. 2010. Global estimates of ambient fine particulate matter concentrations from satellite-based aerosol optical depth: Development and application[J]. Environ Health Perspect, 118(6): 847~855.

Vega E, Reyes E, Ruiz H, et al. 2004. Analysis of $PM_{2.5}$ and $PM_{10}$ in the atmosphere of Mexico City during 2000-2002[J]. J Air Waste Manag Assoc, 54(7): 786~798.

Voorhees A S, Wang J, Wang C, et al. 2014. Public health benefits of reducing air pollution in Shanghai: A proof-of-concept methodology with application to BenMAP[J]. Sci Total Environ, 485-486: 396~405.

Wang C, Cai J, Chen R, et al. 2017b. Personal exposure to fine particulate matter, lung function and serum club cell secretory protein (clara)[J]. Environ Pollut, 225: 450~455.

Wang C, Chen R, Cai J, et al. 2016b. Personal exposure to fine particulate matter and blood pressure: A role of angiotensin converting enzyme and its DNA methylation[J]. Environ Int, 94: 661~666.

Wang C, Li J, Xue H, et al. 2015. Type 2 diabetes mellitus incidence in Chinese: Contributions of overweight and obesity[J]. Diabetes Res Clin Pract, 107(3): 424~432.

Wang H, Zhao L, Xie Y, et al. 2016a. "APEC blue"-The effects and implications of joint pollution prevention and control program[J]. Sci Total Environ, 553: 429~438.

Wang L, Gao P, Zhang M, et al. 2017a. Prevalence and ethnic pattern of diabetes and prediabetes in China in 2013[J]. JAMA, 317(24): 2515~2523.

Wang S, Zhao M, Xing J, et al. 2010. Quantifying the air pollutants emission reduction during the 2008 Olympic games in Beijing[J]. Environ Sci Technol, 44(7): 2490~2496.

Wang X, Chen R, Meng X, et al. 2013. Associations between fine particle, coarse particle, black carbon and hospital visits in a Chinese city[J]. Sci Total Environ, 458-460: 1~6.

Wang Z, Chen Z, Zhang L, et al. 2018. Status of hypertension in China: Results from the China hypertension survey, 2012-2015[J]. Circulation, 137(22): 2344~2356.

Warburton D, Gilliland F, Dashdendev B. 2013. Environmental pollution in Mongolia: Effects across the lifespan[J]. Environ Res, 124: 65~66.

Webster A L, Yan M S, Marsden P A. 2013. Epigenetics and cardiovascular disease[J]. Can J Cardiol, 29(1): 46~57.

Weinmayr G, Weiland S K, Bjorksten B, et al. 2007. Atopic sensitization and the international variation of asthma symptom prevalence in children[J]. Am J Respir Crit Care Med, 176: 565~574.

Wen W, Cheng S, Chen X, et al. 2016. Impact of emission control on $PM_{2.5}$ and the chemical composition change in Beijing-Tianjin-Hebei during the APEC summit 2014[J]. Environ Sci Pollut Res Int, 23(5): 4509~4521.

WHO. 2015. Ambient (outdoor) air pollution in cities database 2014[DB/OL]. [2016-3-22]. http://www.who.int/phe/health_topics/ outdoorair/databases/ cities/en/.

WHO. 2017. 2017 Global Health Observation data[DB/OL]. [2018-3-15]. https://www.who.int./gho/en/.

Wong C M, Lai H K, Tsang H, et al. 2015. Satellite-based estimates of long-term exposure to fine particles and association with mortality in elderly Hong Kong residents[J]. Environ Health Perspect, 123: 1167~1172.

Wong C M, Vichit-Vadakan N, Kan H, et al. 2008. Public health and air pollution in Asia (PAPA): A multicity study of short-term effects of air pollution on mortality[J]. Environ Health Perspect, 116: 1195~1202.

Wright A L. 2002. Analysis of epidemiological studies: Facts and artifacts[J]. Paediatr Respir Rev, 3: 198~204.

Wu S, Ni Y, Li H, et al. 2016. Short-term exposure to high ambient air pollution increases airway inflammation and respiratory symptoms in chronic obstructive pulmonary disease patients in Beijing, China[J]. Environ Int, 94: 76~82.

Wu S, Yang D, Wei H, et al. 2015. Association of chemical constituents and pollution sources of ambient fine particulate air pollution and biomarkers of oxidative stress associated with atherosclerosis: A panel study among young adults in Beijing, China[J]. Chemosphere, 135: 347~353.

Wurtman R J. 2002. Stress and the adrenocortical control of epinephrine synthesis[J]. Metabolism, 51: 11~14.

Xiao G G, Wang M, Li N, et al. 2003. Use of proteomics to demonstrate a hierarchical oxidative stress response to diesel exhaust particle chemicals in a macrophage cell line[J]. J Biol Chem, 278: 50781~50790.

Yang B Y, Qian Z, Howard S W, et al. 2018. Global association between ambient air pollution and blood pressure: A systematic review and meta-analysis[J]. Environ Pollut, 235: 235576~235588.

Yang G, Wang Y, Zeng Y, et al. 2013. Rapid health transition in China, 1990-2010: Findings from the Global Burden of Disease Study 2010[J]. Lancet, 381(9882): 1987~2015.

Yin P, Brauer M, Cohen A, et al. 2017. Long-term fine particulate matter exposure and nonaccidental and cause-specific mortality in a large national cohort of Chinese men[J]. Environ Health Perspect, 125: 117002.

Yu K, Qiu G K, Chan K H, et al. 2018. Association of solid fuel use with risk of cardiovascular and all-cause mortality in rural China[J]. JAMA, 319(13): 1351~1361.

Yuan Y, Xiao Y, Feng W, et al. 2017. Plasma metal concentrations and incident coronary heart disease in Chinese adults: The Dongfeng-Tongji cohort[J]. Environ Health Perspect, 125(10): 107007.

Zhang Z, Laden F, Forman J P, et al. 2016. Long-term exposure to particulate matter and self-reported hypertension: A prospective analysis in the nurses' health study[J]. Environ Health Perspect, 124(9): 1414~1420.

Zhao A, Chen R, Kuang X, Kan H. 2014. Ambient air pollution and daily outpatient visits for cardiac arrhythmia in Shanghai, China[J]. J Epidemiol, 24(4): 321~326.

Zhao D, Liu J, Wang W, et al. 2008. Epidemiological transition of stroke in China: Twenty-one-year observational study from the Sino-MONICA-Beijing Project[J]. Stroke, 39(6): 1668~1674.

Zhao H, Ma J K, Barger M W, et al. 2009. Reactive oxygen species- and nitric oxide-mediated lung inflammation and mitochondrial dysfunction in wild-type and inos-deficient mice exposed to diesel exhaust particles[J]. J Toxicol Environ Health A, 72: 560~570.

Zhao Y, McElroy M B, Xing J, et al. 2011. Multiple effects and uncertainties of emission control policies in China: Implications for public health, soil acidification, and global temperature[J]. Sci Total Environ, 409(24): 5177~5187.

Zhong J, Karlsson O, Wang G, et al. 2017. B vitamins attenuate the epigenetic effects of ambient fine particles in a pilot human intervention trial[J]. Proc Natl Acad Sci USA, 114(13): 3503~3508.

Zhou M, Liu Y, Wang L, et al. 2014. Particulate air pollution and mortality in a cohort of Chinese men[J]. Environ Pollut, 186: 1~6.

Zhou P Z, Zhu Y M, Zou G H, et al. 2016. Relationship between glucocorticoids and insulin resistance in healthy individuals[J]. Med Sci Monitor, 22: 1887~1894.

Zhu X, Li J, Deng S, et al. 2016. Genome-wide analysis of DNA methylation and cigarette smoking in a Chinese population[J]. Environ Health Perspect, 124(7): 966~973.

Zwozdziak A, Sowka I, Willak-Janc E, et al. 2016. Influence of $PM_1$ and $PM_{2.5}$ on lung function parameters in healthy school children-a panel study[J]. Environ Sci Pollut Res Int 23: 23892~23901.

# 第5章　大气细颗粒物及其组分的分子毒理与健康危害机制

"大气细颗粒物的毒理与健康效应"重大研究计划自启动以来,在分子毒理与健康危害机制方向设立了多项重点项目和培育项目。本章第1节集中介绍目前国内外在大气细颗粒物组分的分子毒理与健康危害机制的最新研究进展,包括体外实验和整体动物研究,并在此基础上提出目前存在的关键问题,明确下一步的研究方向,并就重大计划在这一方向的研究成果进行分类归纳总结。本章第2~5节则依次举例示范重大研究计划如何从细颗粒物模型的生物效应研究、细颗粒物健康危害动物实验和干预、细颗粒物的表观遗传毒性、细颗粒物及其组分的健康危害机制各环节开展工作。

## 5.1　大气细颗粒物机体损伤机制研究进展

目前我国大气 $PM_{2.5}$ 污染现状非常严峻,$PM_{2.5}$ 粒径小,比表面积大,易于吸附并富集空气中的毒害物质,并能随着呼吸进入肺泡和血液循环系统,进而导致呼吸系统疾病、心血管疾病、糖尿病乃至恶性肿瘤肺癌等。在大气细颗粒物暴露与人群健康研究领域,阐述健康损害的分子机制对于制定干预措施和暴露风险评估至关重要。

开展动物实验有助于研究大气细颗粒物在动物体内的吸收、分布、代谢和排泄过程;明确毒作用强度、蓄积性、靶器官等基本毒理学特征;明确 $PM_{2.5}$ 长期低剂量暴露的特殊毒作用(包括致畸、致癌、致突变);阐明剂量-反应(效应)关系和影响毒作用的因素。然而,由于 $PM_{2.5}$ 的暴露浓度及颗粒物负载的组分在不同区域及同一区域不同季节的变异度很大,动物实验染毒方式的选择以及颗粒物组分的复杂性等问题,开展整体动物实验有一定难度。因此目前关于 $PM_{2.5}$ 的分子毒理机制研究更多是利用不同类型的人或动物来源的细胞株,探讨 $PM_{2.5}$ 复合暴露的细胞损害效应及其机制。

此外,由于颗粒物的表征以及负载的化学组分非常复杂,不同组分之间的交互作用很难用模型进行计算推断,低浓度混合暴露的剂量-反应关系难以建立,因此无论是细胞实验还是动物实验,$PM_{2.5}$ 颗粒物的分子机制和暴露风险评估研究都面临巨大的挑战。以下分别从动物研究和体外细胞实验来概述近年国内外的研究进展。

### 5.1.1　$PM_{2.5}$ 及其组分的动物实验研究进展

$PM_{2.5}$ 的动物研究所关注的疾病/分子终点效应集中在呼吸系统炎症、心血管系统功能紊乱、氧化应激、遗传损伤、和脂质代谢异常等。$PM_{2.5}$ 孕期暴露对子代健康的影响及其机制研究备受关注。$PM_{2.5}$ 染毒动物出现的损伤主要包括肺部炎症、心血管系统功能紊乱、脂质代谢紊乱、肾脏损伤、神经系统损伤等(Aztatzi-Aguilar et al., 2016)。多选用 C57BL/6J 小鼠、特定基因敲除小鼠或疾病模型小鼠(肥胖、高血压、高血脂、糖尿病、COPD 等);染毒方式主要为经呼吸道染毒,常用的有以下几种:①收集空气 $PM_{2.5}$ 制备细微颗粒吸入染毒;②用动物气体染毒仪将大气 $PM_{2.5}$ 浓缩后吸入染毒;③将收集的 $PM_{2.5}$ 进行组分分离后气管滴注染毒;④$PM_{2.5}$ 动式暴露仓自然染毒。机制研究方面主要从 $PM_{2.5}$ 诱导的靶器官损伤相关分子、细胞靶点和通路展开,重点关注炎症反应、遗传损伤、表观遗传变化、氧化应激、代谢紊乱以及功能改变。

关于 $PM_{2.5}$ 的吸收、分布、代谢与排泄研究,最新的报道对燃煤型城市的 $PM_{2.5}$ 组分中六种金属 Zn、Pb、Mn、As、Cu、Cd 在小鼠体内主要脏器的分布进行检测。发现在小鼠发育的窗口期吸入 $PM_{2.5}$ 后,大部分的 $PM_{2.5}$ 集中在小鼠肺部,其次为肝、心脏、大脑,且 $PM_{2.5}$ 中 Pb、Mn、As、Cd 的含量与小鼠心脏、大脑、肝及肺中胆固醇水平的升高显著相关,提示 $PM_{2.5}$ 吸入可引起金属在多种组织中分布,并伴随脂质代谢改变(Ku et al., 2017a)。

多项研究揭示核因子 κB (nuclear factor kappa B, 简称 NF-κB) 通路的激活在 $PM_{2.5}$ 诱导的损伤效应中最为重要,可能与 $PM_{2.5}$ 导致的氧化损伤有关;$PM_{2.5}$ 可通过表皮生长因子受体 (epidermal growth factor receptor, 简称 EGFR)-促分裂素原活化蛋白 (mitogen-activate protein, 简称 MAP)-NF-κB-白细胞介素-8(interleukin-8, 简称 IL8) 信号通路产生呼吸道炎症反应(Jeong et al., 2017);$PM_{2.5}$ 与 $SO_2$ 共同暴露可激活 Toll 样受体 (Toll-like receptor-4, 简称 TLR4)/p38/NF-κB 信号通路进而引起肺功能损伤,同时促炎症因子及黏附因子分泌增加(Li et al., 2017)。

$PM_{2.5}$ 的孕期暴露可以产生多种有害结局,如早产、仔鼠出生体重降低,以及成年后肺、心血管、神经系统等多系统的异常,且损害的程度和靶器官特异性具有明显的窗口期(Blum et al., 2017);载脂蛋白 E (Apolipoprotein E, 简称 ApoE) 基因敲除小鼠妊娠期暴露于柴油机尾气,产仔窝数明显减少,幼鼠出生后死亡率高(Harrigan et al., 2017);生命早期暴露于 $PM_{2.5}$ 可以增加成年小鼠罹患心血管疾病的风险;转化生长因子-β (transforming growth factor-β, 简称 TGF-β) Smad3 通路介导孕期 $PM_{2.5}$ 暴露出生后肺功能异常(Tang et al., 2017);$PM_{2.5}$ 暴露组仔鼠海马 mir-3560 和 let-7b-5p 表达升高,通过靶基因 Oxct1 和 Lin28b 来调控生酮作用,糖基化和神经细胞分化。此外 mir-99b-5p,mir-92b-5p,和 mir-99a-5p 的表达下降,导致 kbtbd8 和 adam11 的表达减少,影响细胞正常有丝分裂、迁移和分化,揭示 $PM_{2.5}$ 的孕期暴露可能对仔鼠的神经系统产生有害影响(Chao et al., 2017)。

近年来基因敲除小鼠广泛应用于大气 $PM_{2.5}$ 的研究,包括 *Nrf2*、*TLR*、*CARD9*、*CCR2*、*ApoE*、组蛋白去乙酰化酶 3 (Histonedeacetylase-3, 简称 HDAC3) 等基因敲除模型。主要的研究发现:在 *TLR* 基因敲除小鼠中发现 $PM_{2.5}$ 可以通过 TLR2/TLR4/MyD88 通路加剧小鼠的过敏性肺部炎症(He et al., 2017a);*CARD9* 敲除鼠脾脏中调节性 T 细胞(Treg)明显增多,而辅助性 T 细胞(Th17)减少,Th17 和 Treg 的失衡可能在 $PM_{2.5}$ 引起的炎性肺损伤中起重要的作用(Jiang et al., 2017);*CCR2* 敲除小鼠喂饲高脂饮食,暴露于 $PM_{2.5}$,发现可通过 CCR2 依赖和非依赖的方式调控内脏脂肪组织炎症反应,肝脂肪代谢和葡萄糖在骨骼肌的利用等引起胰岛素抵抗(Liu et al., 2014);Nrf2 是机体氧化应激反应的关键调控因子，同时也是能量代谢调控的关键因子。PM$_{2.5}$染毒影响 Nrf2 介导的氧化应激反应，并且激活 JNK 通路，引起小鼠肝性胰岛素抵抗(Xu et al., 2017)；在 ApoE 敲除的小鼠中，长期低剂量的 PM$_{2.5}$ 暴露可以改变血管的紧张度，引起血管炎症，促进动脉粥样硬化的产生(Sun et al., 2005)；PM$_{2.5}$染毒 *HDAC3* 基因敲除小鼠后，TGF-β/Smad 信号通路介导的炎症反应增强，可能具有促进肺纤维化发展的作用(Gu et al., 2017)。上述基因敲除模型的应用为阐述 PM$_{2.5}$ 的分子毒理机制提供了良好研究手段。

　　虽然大量的人群流行病学的数据证明了 PM$_{2.5}$ 暴露与呼吸系统和心血管系统疾病、肺癌、儿童出生缺陷、神经系统和生殖系统疾病的发生密切关联，但 PM$_{2.5}$ 作用的靶器官及其病理特征、疾病发生的分子机制等尚未明确，许多关键科学问题亟待解决。而颗粒物浓度及其化学组成具有较强的时空变化特征，为 PM$_{2.5}$ 实验动物研究带来许多困难。此外，目前大多数的动物研究采用急性染毒或短期暴露，难以预测 PM$_{2.5}$ 暴露的远期健康效应，尤其是肺癌的发生。应用转基因动物如 LSL-KRASG12D 小鼠模型或小鼠肺部炎症易感动物模型将为研究多阶段、多因素致癌机制提供新型的研究手段，在观察疾病发生发展过程中，除了关注疾病终点和特征性功能和病理改变，还需要借助高通量组学技术寻找预测疾病发生的关键的分子靶点和调控通路，寻找特异的基因突变和表观遗传变异，为化学干预和分子靶向治疗提供理论依据。

　　目前中国的某些区域 PM$_{2.5}$ 的水平处于一个较高水平，为研究长期慢性暴露造成的健康危害及其远期效应提供了很好的条件，如何设计动物的实时动态染毒模式？如何根据人群的实际暴露设计合理的染毒浓度？如何建立基于生物学活性的剂量-反应关系并阐述毒作用模式？这些关键问题的回答将大力推进大气细颗粒物暴露的健康风险评估。

### 5.1.2　PM$_{2.5}$及其组分的体外细胞研究进展

　　体外研究采用的细胞株主要包括人肺腺癌细胞 A549、人或啮齿类动物巨噬细胞株(RAW264.7、THP-1)、气道上皮细胞(BEAS-2B、HBE)、上皮和巨噬细胞共培养模型、血管内皮细胞。此外，还有人肝癌细胞株 HepG2、人乳腺癌细胞株 MCF-7、小鼠成纤维细胞 BALB/c 3T3、人胚胎肺成纤维细胞 HEL12469 等。细胞染毒采用现场收集的 PM$_{2.5}$ 总颗粒物、有机相/PAHs 萃取物、水相/金属萃取物、内毒素等组分；也有用 PAHs 或重金属特殊组分人工装载在碳核上染毒细胞。染毒时间多为短期暴露(数小时至数天，一般不超过 72 h)。细胞研究观察的效应终点主要包括炎症反应、氧化应激、氧化损伤、遗传损伤、细胞毒性、细胞膜及线粒体毒性等；利用受体-配体、生物膜、RNA、DNA、细胞信号转导、氧化应激、钙稳态、基因转录调控、细胞因子等一系列分子水平的研究，揭示 PM$_{2.5}$ 诱导细胞毒作用的重要分子机制及与靶器官毒效应之间的关系(Jia et al., 2017; Cavanagh et al., 2009)。

　　目前普遍认为PM$_{2.5}$的组分(PAHs 和金属)是诱导细胞毒性和细胞损伤的关键化学物质之一。其中 PAHs 的机制研究报道最多，比较明确的是 PAHs 需要经过细胞色素 P450 CYPs 的代谢活化，生成活性很强的中间代谢产物并与大分子物质结合，产生毒作用效应

(Andrysik et al., 2011；Goulaouic et al., 2008）。PAHs 对多种细胞(气道上皮细胞和巨噬细胞)都有很强的细胞毒性作用；PAHs 染毒细胞后主要诱导 CYP1A1、CYP1B1、GSTP1 酶以及芳烃受体(Aryl hydrocarbon receptor，简称 AhR)的表达，并诱导多种炎症因子(IL-1、TNF-α、IL-8、IL-6 等)水平升高，ROS 生成增加(Bourgeois et al., 2014；Abbas et al., 2009）。此外，用 PAHs 及金属萃取物染毒 A549 细胞后，发现其产生的细胞膜及线粒体毒性与 ROS 产生增加相关(Shafer et al., 2010）。上述这些作用与遗传损伤效应密切关联。采用苯并芘、苯并荧蒽、芘装载碳核后处理人 THP-1 细胞，检测发现细胞 IL-1、IL-8、IL-12 的表达升高(Goulaouic et al., 2008）。在肺泡巨噬细胞与 A549 共培养细胞模型，有机组分染毒使代谢酶 CYP2E1、CYP1A1、GSTP1、NQO1 的表达升高更加明显，表明巨噬细胞在 $PM_{2.5}$ 诱导细胞毒性中具有重要作用。颗粒物成分可通过激活 AhR 进而影响线粒体中凋亡检测点(checkpoint)功能，从而发挥抗凋亡功能，这可能和细胞暴露于颗粒物，长期处于炎性状态，且损伤修复延迟有关(Ferecatu et al., 2010）。PAHs 作用与支气管上皮细胞引起的氧化应激(HMOX-1、NQO-1、ALDH3A1、AKR1C1)、炎症因子生成(IL-6、IL-8)、AhR 依赖性 CYP1A1 酶调控轴、NF-κB 通路激活都可能与呼吸系统疾病的发生密切相关(Lauer et al., 2009）。此外，ABC 转运通路、Wnt/β-catenin 和 TGF-β 通路激活、一些芳烃受体依赖性代谢通路，如类固醇生物合成、甘油三酯的代谢异常也可能在介导颗粒物毒作用中发挥重要作用(Alessandria et al., 2014；Libalova et al., 2012）。

对于不同的细胞，颗粒物不同组分的细胞整体毒性作用没有显著的区别，差别表现在诱导氧化应激、炎症反应、遗传损伤以及信号通路的激活等，这取决于颗粒物组分的成分和含量。有机组分如多环芳烃主要引起遗传损伤；有机碳主要引起炎症反应；醌类可诱导遗传损伤和炎症反应。无机组分如金属主要引起氧化损伤。尽管以往研究在体外细胞实验揭示了颗粒物及其不同组分对细胞的毒性和损伤效应的分子机制，但是还有许多问题未能解决，如体外细胞代谢酶活性低下降低了一些实验的检测灵敏度；如何阐述混合暴露的细胞毒作用与颗粒物的物理性状和化学成分之间的关系；细胞水平高浓度的暴露观察到的效应外推到人群存在的不确定性；细胞实验无法评估长期暴露的健康效应等。此外，筛查早期、低剂量暴露与细胞适应性反应和细胞损伤的阈浓度或阈剂量，对于预测暴露风险至关重要。目前基于毒作用机制、毒性通路(toxicity pathways)紊乱为观察指标和关键靶点，结合高通量组学技术的毒性效应评价策略还未广泛应用于 $PM_{2.5}$ 颗粒物及其组分的健康危害研究。未来的发展趋势将采用有害结局路径(adverse outcome pathway，简称 AOP)来表征 $PM_{2.5}$ 通过诱导分子路径变化及分子起始事件；阐述关键事件和毒效应的剂量-反应关系，建立 AOP 路径框架；根据人群实际暴露水平和生物标志物测定，进行暴露健康风险的评估。新的研究策略更强调基于计算机的构效关系分析和以人群暴露水平作为体外试验的参考剂量。

### 5.1.3　重大研究计划项目细颗粒物分子毒理与健康危害研究

大气细颗粒物由于其特殊的理化性质和复杂的成分，对人体多个器官和系统都能够产生毒性作用。大气细颗粒物的组分多种多样，其中对人体毒性较强的成分主要包括炭黑颗粒、PAHs、金属离子等。这些组分单独或联合作用都可以引起肺脏、肝脏、神经、心血管等多系统、多器官的毒性效应。鉴于篇幅限制，在此仅摘取重大研究计划资助项目在大气细颗粒物靶器官毒性效应和分子毒理学等方面所开展的部分工作进行分类介绍。

### 5.1.3.1　重大研究计划项目细颗粒物组分生物效应分子毒理研究工作一瞥

肺脏是大气细颗粒物的首要靶器官。大气细颗粒物的长期暴露可以导致多种肺部疾病的发生，重大研究计划资助项目从分子毒理学角度对肺部疾病发生、发展进行了深入研究，发现大气细颗粒物的暴露可以引起肺细胞损伤、炎症反应、哮喘、肺气肿、肺纤维化等多种病理性改变。在肺损伤及肺炎症反应方面，体外实验和整体动物研究发现大气细颗粒物进入支气管和肺脏后，对肺细胞包括支气管上皮细胞、肺泡细胞、巨噬细胞等产生毒性效应，并引发相应的炎性反应，继而损伤肺组织导致肺部疾病发生。目前很多体外实验还是利用从大气中采集的 $PM_{2.5}$ 或者人工合成的 $PM_{2.5}$ 模拟物对体外培养的细胞系进行染毒，观察相应的效应指标，获取 $PM_{2.5}$ 毒性效应的剂量-反应关系。常用细胞系包括肺泡上皮来源的 A549 细胞、支气管上皮来源的 BEAS-2B 和 HBE 细胞、巨噬细胞系 RAW264.7 和 THP1 细胞等。此外，资助项目还开发了一些新型模型，如用 Transwell 培养的气液交界细胞染毒模型和微流控技术肺气血屏障仿生模型等。体外毒性实验研究发现 $PM_{2.5}$ 的暴露可以导致细胞活性下降，出现氧化损伤、遗传损伤、炎症因子分泌改变，甚至出现凋亡、自噬等毒性效应。在 $PM_{2.5}$ 毒性组分研究中，既有采用人工合成模拟大气 $PM_{2.5}$ 的细颗粒对体外细胞进行染毒，也有利用真实细颗粒物提取组分进行研究的。而活体动物实验则多采用转基因动物或特殊动物模型进行，譬如陈春英等利用小鼠哮喘模型探讨大气细颗粒物暴露和哮喘发生的关系。

肝脏是人体重要的代谢器官，负责外源化学物代谢和调控体内糖、脂肪和蛋白质的合成和代谢。目前研究表明大气细颗粒物暴露不仅具有肝脏毒性作用，还干扰肝脏对内源性和外源性化学物的代谢。闫兵等发现肝脏中累积的超细颗粒物的表面化学性质直接影响肝脏代谢酶功能，而表面化学修饰影响碳纳米颗粒与人肝脏微粒体中 CYP450 酶的相互作用，修饰后的碳纳米管以表面化学结构依赖的方式调节 CYP3A4 的活性。除对外源化学物的代谢转化外，肝脏也是重要的糖脂代谢器官，而 $PM_{2.5}$ 的暴露可以造成肝脏损伤，引起糖脂代谢紊乱。刘翠清等发现与对照组相比，小鼠暴露 $PM_{2.5}$3 个月后和 6 个月后糖耐量未见明显改变，但胰岛素敏感性明显下降，并随暴露时间延长呈加重趋势，说明 $PM_{2.5}$ 暴露会引起胰岛素抵抗。小鼠分别饲以正常饮食和高脂饮食，然后吸入 $PM_{2.5}$，结果发现无论是正常还是高脂饮食，$PM_{2.5}$ 暴露并未引起体重、内脏脂肪、脏器系数的显著改变。然而，在高脂饮食小鼠的 $PM_{2.5}$ 暴露组中棕色脂肪重量增加了。罗茜等利用脂质代谢组学揭示大气颗粒物的重要毒性组分 BaP 会干扰小鼠体内血清中正常脂质代谢，BaP 的摄入下调磷脂酰胆碱类(PC)、溶血磷脂酰胆碱类、磷脂酰乙醇胺和磷脂酰肌醇等。此外，丁文军等发现 Nrf2 通路介导了 $PM_{2.5}$ 暴露引起小鼠肝脏和代谢紊乱。$PM_{2.5}$ 暴露可以引起 Nrf2-KO 小鼠肝脏的炎症反应和氧化应激，血清谷丙转氨酶和谷草转氨酶水平显著升高提示肝脏损伤。$PM_{2.5}$ 暴露并不影响野生型和 Nrf2-KO 小鼠的体重，但导致小鼠的肝脏重量、空腹血糖和胰岛素水平增加，口服糖耐量受损、胰岛素抵抗、葡萄糖激酶表达抑制，并在 Nrf2-KO 小鼠中更加严重。

心血管系统是大气 $PM_{2.5}$ 作用的重要靶器官之一。计划资助项目利用动物和细胞模型对 $PM_{2.5}$ 的心血管毒性进行研究，主要发现 $PM_{2.5}$ 的长期暴露可能与心肌细胞肥大、血管内皮细胞损伤、动脉粥样硬化等相关。郭良宏等发现小鼠吸入冬季 $PM_{2.5}$ (3 mg/kg) 不仅引起小鼠呼吸功能降低，而且增加小鼠心率和血压，进而造成小鼠心脏收缩和舒张功能异常，且其功能变化主要与其负载重金属水平相关。此外，$PM_{2.5}$ 暴露可诱导心肌细胞肥大、胶原沉积，其中心肌肥大标志物 ANP 及纤维化标志物 Col1 和 Col3 的 mRNA 和蛋白表达均上升，与心肌纤维化关系密切的 TGF-β mRNA 及蛋白表达上升，激活 Smad 信号通路，提示 $PM_{2.5}$ 造成小鼠心脏收缩和舒张功能异常可能与心肌肥大和纤维化的发生相关。此外，体外试验也揭示了大气细颗粒物对人血管内皮细胞的毒性效应。庄树林等用 $PM_{2.5}$ 染毒人脐静脉内皮细胞 HUVEC，发现 $PM_{2.5}$ 暴露增加了 HUVEC 细胞的黏附性和内在化，且发现夜间采集的 $PM_{2.5}$ 样品对细胞活性的抑制作用更为显著。

### 5.1.3.2　重大研究计划项目细颗粒物健康危害机制研究工作一瞥

大气细颗粒能引起机体多个脏器的毒性效应，其作用机制目前尚不完全明确。资助项目从氧化应激相关通路的激活、炎症反应相关通路、线粒体损伤相关通路、表观遗传学调控、蛋白质硝基化反应等多方面展开机制研究。其中氧化应激通路的激活是大气细颗粒物诱导细胞氧化损伤的重要机制。陈春英等发现血红素加氧酶-1(HO-1)蛋白是敏感的氧化应激生物标记物，细颗粒物的暴露可诱导小鼠以及巨噬细胞 RAW 264.7 和 THP-1 中 HO-1 的表达增加，该效应可被抗氧化剂 N-乙酰半胱氨酸(NAC)抑制。郭良宏等发现在 BEAS-2B 细胞中 $PM_{2.5}$ 染毒剂量与活性氧自由基(ROS)生成以及细胞培养液中 IL-6 和 IL-8 的含量呈剂量-反应关系，同时细胞超氧化物歧化酶(SOD)和谷胱甘肽过氧化物酶 (GPX) 的含量则随着 $PM_{2.5}$ 浓度的增高而减少，表明 $PM_{2.5}$ 在一定暴露剂量下能够激活细胞氧化应激通路。Nrf2 是细胞氧化应激反应中的关键分子，多个课题组研究均发现 Nrf2 通路在大气细颗粒物诱导机体发生氧化应激反应过程中起重要作用。如丁文军等发现 Nrf2 通路参与了 $PM_{2.5}$ 对人体的氧化损伤作用，并介导调控糖脂代谢。$PM_{2.5}$ 暴露下，野生型小鼠肝组织中 Nrf2 及其调控的下游 II 相抗氧化酶超氧化物歧化酶(SOD)、过氧化氢酶(CAT)的含量显著上调，进而参与 $PM_{2.5}$ 激活小鼠肝脏的 JNK 信号通路，同时介导 $PM_{2.5}$ 抑制 IRS-1/AKT 信号通路，与小鼠胰岛素抵抗相关。王秀君等建立了表达 PGL-ARE 小鼠肿瘤肝细胞株 ARE-luc。用垃圾焚烧厂飞灰样品处理 ARE-luc 细胞，发现飞灰组分对 Nrf2 通路有很强的持续激活作用。用飞灰样品滴鼻染毒 BALB/c 小鼠后发现小鼠肺泡结构明显紊乱，中性粒细胞明显增多，且 Nrf2 及下游基因 *HO-1* 的表达也上调，表明飞灰及其组分可以激活 Nrf2 信号通路。田琳等用 H2DCFDA 染色法结合荧光酶标仪检测细胞内 ROS 的含量，发现随着 $PM_{2.5}$ 浓度的增加，荧光强度逐渐增强，表明 $PM_{2.5}$ 能诱导 ROS 产生并具有剂量-反应关系。当用不同浓度 $PM_{2.5}$ 染毒 BEAS-2B 细胞，Nrf2、Trx、NF-κB、

IL-1、IL-6、IL-8 和 TNF-α 的 mRNA 水平在 24 h 达到峰值，提示抗氧化通路 Nrf2/Trx 激活。同时，NF-κB 通路的激活进一步促进炎症因子 IL-1、IL-6、IL-8 和 TNF-α 等释放，加剧肺上皮细胞炎症和损伤。

炎症相关通路的激活是 $PM_{2.5}$ 引起机体损伤的关键事件。刘翠清等发现单核细胞趋化因子受体 CCR2(C-C chemokine receptor 2)在募集炎性细胞中起着重要作用。利用 CCR2⁻基因敲除小鼠，发现 CCR2 基因敲除并不影响 $PM_{2.5}$ 引起的胰岛素敏感性降低，但加剧了血糖升高。$PM_{2.5}$ 染毒可引起糖异生关键酶 PEPCK、FBPase 以及转录因子 PGC1α 的表达显著升高，而 CCR2 基因缺失抑制 FBPase 的表达，但不影响 PEPCK 和 PGC1α 的表达水平。采用 Nanostring 方法对肝脏 179 个炎性基因进行检测，发现 $PM_{2.5}$ 吸入引起 Mapk1、IL18、Nfe2L2、Mapk8、Mef2a、Cxcr4 的表达增加；除 Cxcr4 之外，CCR2 基因缺失阻断了上述基因的诱导表达。Toll 样受体是模式识别受体(pattern recognition receptor, 简称 PRRs)，参与激活免疫细胞的应答反应，TLR3 通过诱导干扰素的合成和促炎因子的表达，调节机体免疫反应。刘翠清等用 $PM_{2.5}$ 染毒 C57BL/6 和 TLR3-/-小鼠，发现暴露 4 周后小鼠的空腹血糖升高，且高于过滤空气组。尽管 5 个月后空腹血糖无显著差异，但 ITT 实验显示胰岛素注射后 $PM_{2.5}$ 吸入组的小鼠血糖水平显著高于吸入过滤空气组，提示 $PM_{2.5}$ 吸入引起胰岛素敏感性降低，而 TLR3 基因敲除则逆转这种效应。杨光等通过宏基因组的方法检测到大气 $PM_{2.5}$ 中有近 800 种细菌，采用 $PM_{2.5}$(1000 μg/mL) 刺激 A549 细胞 24 h，发现 TSLP 的 mRNA 水平增加，提示大气 $PM_{2.5}$ 暴露可能激活 TLR/TSLP 天然免疫通路。赵金镯等发现 $PM_{2.5}$ 染毒小鼠后 NLRP3、ASC、pro-caspase-1 的表达水平明显升高。与对照小鼠相比，$PM_{2.5}$ 染毒小鼠中 IL-18 的含量显著升高，表明长期 $PM_{2.5}$ 暴露可能会激活 NLRP3 炎症小体相关信号通路。

线粒体是细胞能量产生的重要场所，其损伤与细胞凋亡、自噬等均有密切关联。在线粒体损伤相关通路激活研究方面，陈瑞等研究发现柴油燃烧颗粒(diesel exhaust particles，简称 DEP)暴露能够损伤线粒体功能，并揭示颗粒物引起线粒体自噬的信号转导通路。采用 mRNA 微阵列技术，筛查 DEP 暴露引起的差异表达基因主要富集在与线粒体功能相关的氧化磷酸化通路。透射电镜观察到 DEP 处理的 HBE 细胞内线粒体肿胀，内嵴结构消失，胞浆内可见自噬小体形成，并观察到肺气肿和气道重塑这两种主要的 COPD 样病理改变。为鉴别出引起线粒体功能损伤的主要化学组分，他们分别采用 DEP 中含量最高的两种 nitro-PAHs 和三种 PAHs 组分：1-硝基芘、3-硝基荧蒽、萘、荧蒽、菲处理 HBE 细胞，结果发现 1-NP 暴露后 NDUFA1、NDUFA2、NDUFS4、NDFUC2、ATP5H 的 mRNA 调控趋势与 DEP 处理后趋势改变一致。1-NP 可以在体内外引发 C/EBPα/线粒体/ATG7d 相关的自噬通路，导致肺组织内氧化应激和炎症水平升高，进而促进肺气肿的形成。ATG7 下游分子 LC-3B 在 1-NP 处理的野生型小鼠肺组织中表达上升；而在 1-NP 处理的 ATG7 敲除小鼠肺组织中表达水平则无显著差异。在 1-NP 处理的野生型和 ATG7 敲除小鼠肺组织中 NDUFA1、NDUFA2 的蛋白表达水平比对照组显著降低。通过动物实验进一步验证 ATG7 依赖的自噬分子通路在 DEP 及细颗粒物引起的肺气肿过程中扮演的重要角色,最终揭示线粒体功能损伤是激活肺组织细胞自噬的上游信号分子,而 ATG7 依赖的自噬通路激活是促进大气细颗粒物引起的肺气肿的关键分子通路,同时阐明线粒体功能损伤与自噬之间的调控关系。

　　表观遗传调控诠释环境因素与人体相互作用,是环境暴露导致疾病发生的重要机制之一。大气细颗粒物的暴露可以引起机体表观遗传调控模式的改变,主要包括 DNA 甲基化、组蛋白修饰和非编码 RNA。陈雯等收集了不同环境颗粒物中有机组分,如环境 $PM_{2.5}$ 颗粒物的有机组分、钢铁厂焦炉逸散物(COEs)、柴油机尾气提取物等进行体外细胞毒性、遗传毒性和支气管上皮细胞恶性转化实验,并通过高通量技术分析,寻找关键的毒性通路以及可能的分子生物标志。利用 BaP 诱导细胞转化模型筛选获得 17 个甲基化差异修饰的基因,功能研究显示 *FLT1* 及 *TRIM36* 基因不仅在人群肺癌组织中表达降低,其启动子区甲基化修饰与化学致癌物混合暴露呈剂量-反应关系。基因高甲基化在不同的癌组织中普遍存在,因此认为这两个基因可能是新的抑癌基因。此外,环境中多种颗粒物组分也会引起 *TRIM36* 的甲基化的改变。计划资助项目收集了 COEs、柴油机尾气、含砷煤尘和铅尘暴露人群的生物样本,通过焦磷酸测序发现 *TRIM36* 基因启动子区域第 4、6、8 CpG 位点在焦炉工人、铅及砷暴露人群的淋巴细胞中均呈高甲基化修饰,而在柴油机尾气暴露工人中则呈显著低甲基化,且与暴露水平存在剂量-反应关系,提示 *TRIM36* 甲基化修饰改变与特定 CpG 位点以及颗粒物组分和浓度密切相关,有望作为特异的表观遗传生物学标志应用于风险评估。此外,陈雯等在 PAHs 诱导的 HBE 细胞转化模型及机制研究中发现组蛋白 H3ser10 磷酸化水平显著升高,并在 50 对人群肺癌组织中得到证实。在转化细胞中导入 H3ser10 位点突变的质粒减弱磷酸化修饰,发现细胞恶性转化的活性大大降低;在转化前期细胞中定点突变组蛋白 H3ser10 位点,用化学致癌物 BaP、COEs 染毒 HBE 细胞,发现修饰改变影响细胞恶性转化能力,证明组蛋白 H3ser10 磷酸化修饰在细胞转化及肿瘤的发生发展中起重要的调控作用。此外研究发现蛋白磷酸酶 2A(PP2A)参与调控细胞转化过程中组蛋白 H3S10 的磷酸化,阐明 PP2A 参与细胞转化的调节机制涉及组蛋白修饰改变,以及 H3Ser10 直接调控 DNA 损伤修复基因 *MLH1* 和 *PARP1* 的转录表达影响化学物诱导的 DNA 损伤修复和染色质稳定性。蒋义国等用广州地区的大气细颗粒物样品处理支气管上皮细胞后进行 lncRNA 基因高通量测序分析,发现低浓度 $PM_{2.5}$ 处理引起上调的基因有 280 个,下调的基因有 70 个;高浓度 $PM_{2.5}$ 处理下,上调的基因有 2908 个,下调的基因有 299 个。通过 qRT-PCR 验证,最终筛选出 3 个表达上调的 lncRNAs,定位分析发现 3 个候选基因都在胞核表达。选择其中异常高表达的 LINC00341 进行功能研究。在干扰 LINC00341 的表达后,$PM_{2.5}$ 导致的细胞增殖抑制得到恢复,细胞周期蛋白 p21 表达降低,G2/M 期阻滞减少,表明 $PM_{2.5}$ 诱导的细胞增殖减少、G2/M 期阻滞与 lncRNA LINC00341 的调控密切相关。此外,用 $PM_{2.5}$ 标准颗粒物染毒支气管上皮细胞 48 h 进行 circRNA 基因芯片检测发现上调和下调基因分别为 2157 个和 2040 个,其中 2 倍以上的分别有 571 个和 364 个。通过 qRT-PCR 验证芯片中高表达和低表达的差异 circRNA,对异常表达的两个 circRNA 分别进行干扰和过表达,然后用

PM$_{2.5}$染毒，检测发现这两个分子在 PM$_{2.5}$致支气管上皮细胞炎性反应中有调控作用。王宏伟等发现颗粒物提取物中含有大量的氮氧化物，可以通过与氧化自由基相结合，转化成为过氧亚硝基根离子(NOO-)，该分子在理论上可以选择性地对蛋白质的酪氨酸残基进行修饰，诱导蛋白质发生硝基化反应。利用牛血清白蛋白(BSA)和培养的呼吸道上皮细胞(BEAS-2b)，进行了颗粒物提取物的体外共孵育，发现提取物可以诱导 BSA 或细胞的蛋白发生蛋白质硝基化反应，产生的硝基化蛋白可以被硝基化酪氨酸的特异性抗体所识别。进一步研究发现，氧化自由基(ROS)具有诱导蛋白质硝基化的作用，氯化血红素有促进蛋白质硝基化的作用。动物实验研究也发现大气颗粒物暴露的小鼠肺组织中硝基化蛋白的含量显著增加；利用 N-乙酰基半胱氨酸(NAC)处理小鼠，抑制硝基化蛋白的生成可部分缓解提取物暴露所诱导产生的气道损伤，明显改善炎症反应的强度。上述研究说明氧化应激损伤及蛋白质硝基化可能是大气颗粒物诱导气道炎症导致肺部损伤的重要机制。进一步的研究发现抗氧化剂 NAC 可保护提取物诱导的细胞损伤，逆转其对巨噬细胞抗炎活性的不利影响。体外细胞实验发现颗粒物提取物的暴露可以通过激活 NF-kB、MAPK、COX-2 及 Stat3 信号通路诱导细胞产生炎症因子，如 IL-1、IL-6、IL-8 和 MCP-1等；细胞损伤的程度与氧化自由基的释放及蛋白质的硝基化密切相关。上述研究揭示颗粒物暴露诱导的氧化应激损伤及对细胞蛋白的硝基化修饰作用，可引发细胞功能障碍，破坏呼吸道上皮细胞的屏障功能，诱导细胞产生炎症反应，促进呼吸道疾病的发生。

（撰稿人：陈　雯）

## 5.2　细颗粒物模型与生物界面作用机制的系统探究

由于我国较为严重的空气污染，大气细颗粒物潜在的健康危害受到人们越来越广泛的关注。大气细颗粒物主要通过呼吸的方式进入人体，其粒径越小，组织穿透能力越强，其可能造成的毒性就越大。大气细颗粒物通过呼吸道进入肺部，引发慢性阻塞性肺部疾病(Chen et al., 2017)，同时大量颗粒物在肺泡的沉积可诱导呼吸道和肺部弥漫性肺炎(Cruz-Sanchez et al., 2013)。直径小于 100 nm 的超细颗粒物还可以通过气血屏障进入血液循环系统，加速动脉粥样硬化的进程，使心血管疾病患病率和死亡率明显升高(Liu et al., 2018a; Shah et al., 2013)。2016 年，空气污染导致了全球 7.5% 的死亡率，其中中国和印度合计贡献了近一半(Landrigan et al., 2018; Cohen et al., 2017; Shiraiwa et al., 2017)。毒理学研究表明，PM$_{2.5}$颗粒物可以诱导细胞毒性(Thomson et al., 2015)，免疫毒性(Shukla et al., 2000)，氧化应激以及人体细胞 DNA 损伤(Wei et al., 2009)。炎症是大多数 PM$_{2.5}$诱发的疾病的关键触发因素。

大气细颗粒物的来源包括工业生产和生活产生的一次性颗粒物以及通过大气化学反应而生成的二次颗粒物(Janssen et al., 2011; Cheng et al., 2010)。来源的复杂性决定了细颗粒物组分的多样性，其化学组分可多达上千种，几乎涉及元素周期表中的大多数金属和非金属元素以及过渡元素。颗粒物的毒性和对健康的危害与其化学组分密切相关。碳是大气细颗粒物中最主要的元素之一，但它的来源和形态十分复杂；另外地壳元素(Si、Al、Ca 等)也占 20%～30%。同时细颗粒物表面会吸附大量污染物，如持久性有机污染物——多环芳烃类物质(Wang et al., 2017; Hu et al., 2015; Li et al., 2015a)和重金属离子，如铅(Pb)、镉(Cd)、砷(As)、铬(Cr)、汞(Hg)和锰(Mn)等(Rui et al., 2016; Huang et al., 2014)，因此细颗粒物的组成结构可简单描述为存在一个惰性吸附核，在核表面吸附有无机盐离子、重金属、有机物和微生物等多种成分。此外大气细颗粒物成分并非一成不变，其化学组成和结构都会随时间、温度、湿度和地域等条件变化而变化；纳米级别的细颗粒物团聚为复杂微米级颗粒物的自组装过程随时都在发生。种种不确定因素使得以实地采集大气细颗粒物不足以体现大气细颗粒物的多样性，进而研究其健康危害及健康效应机制难以实现。

　　基于大气细颗粒物组成、形状、粒径及吸附污染物的多样性及随时间、温度、湿度和地域的可变性，以实地采集的 $PM_{2.5}$ 研究其毒性及致毒机制困难重重。自 1949 年以来，大量研究探索了 $PM_{2.5}$ 的各种毒性效应，但尚没有研究可以阐明产生毒性的关键 $PM_{2.5}$ 组分和机制(Xia et al., 2016; Sioutas et al., 2005; Osornio-Vargas et al., 2003)。因此，研究人员采取了还原研究方法和纳米颗粒组合化学库来模拟 $PM_{2.5}$ 进行毒性研究。还原研究方法是指将 $PM_{2.5}$ 的可变性归结为多样性内核及表面吸附的有机/无机污染物，而多样性内核则通过不同组成的纳米颗粒库来体现，纳米颗粒库包含不同形状、粒径及表面化学修饰的纳米颗粒。同时将吸附有机/无机污染物的纳米颗粒库与 $PM_{2.5}$ 进行理化性质及毒性效应方的比较，选取性质相近的纳米颗粒+有机/无机污染物体系模拟 $PM_{2.5}$ 进行毒性机制研究。此方法的优势为将 $PM_{2.5}$ 的不可控变量变为实验室可以调控的参数，为深入了解 $PM_{2.5}$ 的毒性机制和健康影响提供了可能。前期实验中，选取功能化的超细颗粒库和碳纳米颗粒作为切入点。功能化超细颗粒物以大小、形状和表面皆可调控的金为内核，碳纳米颗粒则因其在 $PM_{2.5}$ 中的含量较高成为理想的对象。运用组合化学方法对不同组成细颗粒物进行表面化学修饰，合成不同物理化学性质的细颗粒库，并使其吸附与实地采集的不同城市的 $PM_{2.5}$ 相似的有机/无机污染物。进而通过多重实验来验证用功能化细颗粒为模拟 $PM_{2.5}$ 进行毒理研究的合理性。应用功能化纳米颗粒库，结合不同城市实地采集的 $PM_{2.5}$ 样品，对细颗粒的细胞毒性机制及免疫毒性机制进行了系统研究。

### 5.2.1　功能化纳米颗粒库的制备及模拟 $PM_{2.5}$ 进行毒理研究的合理性分析

　　$PM_{2.5}$ 的结构主要由碳、二氧化硅和无机盐组成，吸附有机化合物、金属离子，甚至生物污染物。$PM_{2.5}$ 的一些组分，如铵盐、硫酸盐和液体污染物是水溶性的，而其他组分不溶于水溶液，如具有吸附污染物性能的碳和二氧化硅颗粒。首先确定了 $PM_{2.5}$ 的水溶性和不溶性组分的重量比。结果表明(Pan et al., 2019)，济南市 $PM_{2.5}$ 颗粒($PM_{2.5}$-JN)的水不溶性和可溶性组分的质量比为 0.46∶0.54 或大约为 1∶1(图 5-1A)。研究发现，在16HBE 细胞中，$PM_{2.5}$-JN 的可溶性成分表现出非常低的细胞毒性，而整个 $PM_{2.5}$-JN 悬浮液在 75 和 150 μg/mL 时均诱导更严重的细胞毒性(图 5-1B)，表明 $PM_{2.5}$ 的不溶性成分是诱导细胞毒性的主要原因。类似地,通过炎性因子 IL-6 和 IL-8 蛋白的释放评估,不溶性组分有助于 PM$_{2.5}$-JN 诱导的大多数炎症反应[图 5-1(C,D)]。因此,吸附有毒污染物的不溶性成分是 PM$_{2.5}$ 诱导的细胞毒性和炎症反应的主要原因。

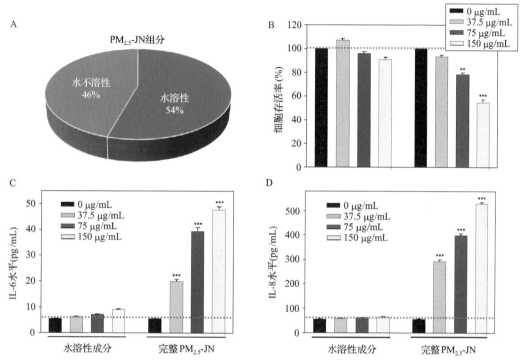

图 5-1　PM$_{2.5}$-JN 不同组分在 16HBE 细胞中的细胞毒性及诱导的炎症反应

(A)2017 年 12 月收集的 PM$_{2.5}$-JN 的水溶性和水不溶性成分的重量百分比;(B)PM$_{2.5}$-JN 颗粒的水溶性成分与整个 PM$_{2.5}$ 相比毒性较小;(C,D)与整个颗粒物相比,PM$_{2.5}$-JN 的水溶性成分不诱导炎症。虚线表示细胞对细胞培养基的反应($n=3$,平均值±SD,**$P<0.01$,***$P<0.001$,与细胞培养基相比)

　　基于此,研究人员使用了碳纳米颗粒和表面功能化的金纳米颗粒作为内核,通过表面化学修饰其物理化学性质,进而将其吸附与 PM$_{2.5}$ 相同量的有毒污染物,用以模拟 PM$_{2.5}$ 进行生物界面作用机制研究。金纳米颗粒被命名为功能化的超细颗粒(FUPs)。选择金纳米颗粒作为模型的原因在于金纳米颗粒的尺寸和形貌可控,能够利于使用还原研究的方法来探究 PM$_{2.5}$ 的毒性机制。碳纳米颗粒的选择则是因为它是真实 PM$_{2.5}$ 的主要成分。

　　以碳纳米颗粒为代表功能化纳米颗粒库的制备及模拟 PM$_{2.5}$ 进行毒理研究的合理性。研究人员使用碳纳米颗粒合成了含有 16 个成员的模拟 PM$_{2.5}$ 库(表 5-1)。因为大多数细胞毒性和炎症反应是由 PM$_{2.5}$ 的不溶性成分引起的。因此,研究模拟的 PM$_{2.5}$ 颗粒库主要模拟吸附污染物的不溶性 PM$_{2.5}$ 颗粒。不溶性 PM$_{2.5}$-JN 颗粒的 TEM 图像显示它们实际上是非常小颗粒的聚集体(图 5-2A),与碳纳米颗粒具有相当大的相似性 [图 5-2(B,C)]。研究人员分析了 PM$_{2.5}$ 颗粒中四种有毒污染物 As(III)、Pb$^{2+}$、Cr(VI) 和 BaP 的含量,通过条件优化将一种或多种污染物吸附于碳纳米颗粒上,且其浓度与

PM$_{2.5}$-JN 中的相似。具体来说，除了空白碳颗粒(C)，研究人员合成了 4 个碳颗粒，每个颗粒携带 1 种有毒污染物(C-Cr、C-Pb、C-As、C-BaP)，6 个碳颗粒各携带 2 种有毒污染物(C-BaP-Cr、C-BaP-Pb、C-BaP-As、C-Cr-Pb、C-Cr-As、C-Pb-As)，4 种碳颗粒，各自携带 3 种有毒污染物(C-BaP-Cr-Pb、C-BaP-Cr-As、C-BaP-Pb-As、C-Cr-Pb-As)和 1 种携带所有 4 种有毒污染物(C-BaP-Cr-Pb-As)的碳颗粒。通过 ICP-MS(无机金属元素)或气相色谱-质谱(BaP)定量分析所有 16 个模拟 PM$_{2.5}$ 颗粒中负载的有毒污染物的量，并且吸附污染物的量与 PM$_{2.5}$-JN 中的组成相当(表 5-1)。接下来，比较了整个模拟 PM$_{2.5}$ 库和 PM$_{2.5}$-JN 的物理化学性质。除了相似的初级尺寸之外，它们的溶液特性，例如在水和细胞培养基中的流体动力学尺寸(图 5-2D)和电动/静电特性(Zeta 电位，图 5-2E)都是相似的。随着模型细颗粒物表面吸附污染物种类的增加，其对人正常支气管上皮细胞 16HBE 的细胞毒性逐渐增强，同时吸附了 4 种不同污染物的模型细颗粒物与 PM$_{2.5}$-JN 表现出类似的毒性效应(图 5-2F)。这些结果充分显示，研究人员采用还原研究建立的模型细颗粒物与实际大气雾霾颗粒具有类似的理化性质和生物效应，可用于模拟雾霾颗粒，探究其健康效应及致毒的分子机制。

表 5-1　模拟 PM$_{2.5}$ 颗粒物库的化学组成　　　　(单位：mg/g)

| 名称 | Cr (VI) | Pb$^{2+}$ | As (III) | PAHs |
|---|---|---|---|---|
| PM$_{2.5}$-JN | 1.41 ±1.12 | 5.54 ±3.70 | 0.71 ±0.43 | 1.13 ±0.69 |
| C | 0.0 | 0.0 | 0.0 | 0.0 |
| C-Cr | 1.13 | 0.0 | 0.0 | 0.0 |
| C-Pb | 0.0 | 6.11 | 0.0 | 0.0 |
| C-As | 0.0 | 0.0 | 0.73 | 0.0 |
| C-BaP | 0.0 | 0.0 | 0.0 | 1.03 |
| C-BaP-Cr | 1.12 | 0.0 | 0.0 | 1.01 |
| C-BaP-Pb | 0.0 | 6.32 | 0.0 | 1.01 |
| C-BaP-As | 0.0 | 0.0 | 0.95 | 1.04 |
| C-Cr-Pb | 1.40 | 6.60 | 0.0 | 0.0 |
| C-Cr-As | 1.34 | 0.0 | 1.31 | 0.0 |
| C-Pb-As | 0.0 | 6.41 | 1.14 | 0.0 |
| C-BaP-Cr-Pb | 1.42 | 6.50 | 0.0 | 1.01 |
| C-BaP-Cr-As | 1.33 | 0.0 | 1.04 | 1.01 |
| C-BaP-Pb-As | 0.0 | 6.23 | 1.23 | 1.02 |
| C-Cr-Pb-As | 1.42 | 6.51 | 1.30 | 0.0 |
| C-BaP-Cr-Pb-As | 1.40 | 6.03 | 1.14 | 1.03 |

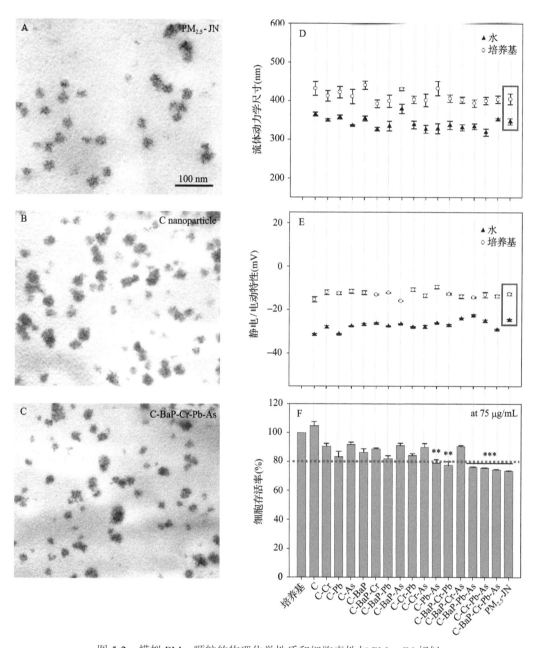

图 5-2　模拟 PM$_{2.5}$ 颗粒的物理化学性质和细胞毒性与 PM$_{2.5}$-JN 相似

(A～C) 超声 30min 后，C,C-BaP- Cr-Pb-As 和 PM$_{2.5}$-JN 的 TEM 显微照片显示相似的原始尺寸。模拟 PM$_{2.5}$ 颗粒库和 PM$_{2.5}$-JN 在水溶液中和含有 10%血清的培养基中显示出相似的流体动力学尺寸(D)和静电/电动力学行为(E)。(F) 在 16HBE 细胞中，模拟 PM$_{2.5}$ 颗粒库和 PM$_{2.5}$-JN 颗粒在浓度为 75 μg/mL 时没有表现出明显的细胞毒性($n=3$，平均值±SD，**$P<0.01$，***$P<0.001$，与细胞培养基相比)

### 5.2.2　细颗粒物与生物界面作用机制的系统探究

#### 5.2.2.1　细颗粒物载体与吸附污染物在细胞毒性机制中的作用

基于同样的方法，合成了包含 63 种 FUPs 的细颗粒物库，这些 FUPs 包含 7 种不同的表面化学修饰，同样选择 4 种有毒污染物 As(III)、$Pb^{2+}$、Cr(VI) 和 BaP，每一种 FUP 用来吸附一种或多种污染物，共计 9 种不同的污染物组合(表 5-2)，污染物的复合量与 $PM_{2.5}$ 中污染物的含量接近，以便更加合理的揭示雾霾的毒性机制(Bai et al., 2018)。在对 FUPs 进行严格表征的基础上，首先研究了 FUPs 与广州(GZ)、保定(BD)和上海(SH)的实地采集 $PM_{2.5}$ 诱导细胞氧化应激水平。

**表 5-2　63 种 FUPs 的化学结构**

| Blank | FUP1 | FUP2 | FUP3 | FUP4 | FUP5 | FUP6 | FUP7 |
|---|---|---|---|---|---|---|---|
| BAP | FUP1-BaP | FUP2-BaP | FUP3-BaP | FUP4-BaP | FUP5-BaP | FUP6-BaP | FUP7-BaP |
| As(III) | FUP1-As | FUP2-As | FUP3-As | FUP4-As | FUP5-As | FUP6-As | FUP7-As |
| $Pb^{2+}$ | FUP1-Pb | FUP2-Pb | FUP3-Pb | FUP4-Pb | FUP5-Pb | FUP6-Pb | FUP7-Pb |
| Cr(VI) | FUP1-Cr | FUP2-Cr | FUP3-Cr | FUP4-Cr | FUP5-Cr | FUP6-Cr | FUP7-Cr |
| As(III)+BaP | FUP1-As-BaP | FUP2-As-BaP | FUP3-As-BaP | FUP4-As-BaP | FUP5-As-BaP | FUP6-As-BaP | FUP7-As-BaP |
| $Pb^{2+}$+BaP | FUP1-Pb-BaP | FUP2-Pb-BaP | FUP3-Pb-BaP | FUP4-Pb-BaP | FUP5-Pb-BaP | FUP6-Pb-BaP | FUP7-Pb-BaP |
| Cr(VI)+BaP | FUP1-Cr-BaP | FUP2-Cr-BaP | FUP3-Cr-BaP | FUP4-Cr-BaP | FUP5-Cr-BaP | FUP6-Cr-BaP | FUP7-Cr-BaP |
| As(III)+$Pb^{2+}$+Cr(VI)+BaP | FUP1-As-Pb-Cr-BaP | FUP2-As-Pb-Cr-BaP | FUP3-As-Pb-Cr-BaP | FUP4-As-Pb-Cr-BaP | FUP5-As-Pb-Cr-BaP | FUP6-As-Pb-Cr-BaP | FUP7-As-Pb-Cr-BaP |

$PM_{2.5}$ 的大小对其毒性起着重要的作用。首先研究了模型 FUPs 和 $PM_{2.5}$ 颗粒的形态和大小。7 个 FUPs 在不经过超声的情况下聚集成微米大小，类似于从保定、上海和广州收集到的 $PM_{2.5}$(图 5-3A)。在超声后，FUP 和 $PM_{2.5}$ 都被重新分散为纳米颗粒(~$5.0\pm0.8$ nm)，表明微米大小的 FUPs 和 $PM_{2.5}$ 实际上是小颗粒的聚集物(图 5-3B)。$PM_{2.5}$ 和模型颗粒之间的物理相似性为这些颗粒模型提供了基础。此外，利用与碳纳米颗粒相同的思路，测定了 FUPs 的流体动力学尺寸、电动/静电特性和其对人正常支气管上皮细胞 16HBE 的细胞毒性，进一步验证了通过还原研究方法建立的 FUPs 细颗粒物与实际大气雾霾颗粒具有类似的理化性质和生物效应，可用于模拟雾霾颗粒。

与实地采集的 $PM_{2.5}$ 相比，不含污染物的 FUPs 和每个污染物本身诱导的细胞氧化应激较低(图 5-4A)。当 FUPs 复合四种污染物中的一种，只会诱导细胞氧化应激水平的小幅升高(图 5-4B)。当复合两种污染物时，会诱导细胞氧化应激进一步升高。而当复合四种污染物时，诱导细胞氧化应激显著增加至和 PM$_{2.5}$ 相当(图 5-4C)。此外，在 16HBE 细胞中，As(III)或 Cr(VI)与 BaP 及 FUPs 复合后诱导的细胞氧化应激水平比 FUPs 复合上 Pb$^{2+}$ 与 BaP 诱导的细胞氧化应激水平高(图 5-4C)。据报道，肺是 As(III) 和 Cr(VI)的靶器官，这为实验的结果提供解释。与之对应的是，在 HEK293 细胞中，FUPs 复合 Pb$^{2+}$ 和 BaP 诱导的细胞氧化应激水平是复合上 As(III)或 Cr(VI)与 BaP 诱导的细胞氧化应激水平的 1.5 倍。此结果与之前的发现一致，即肾是 Pb$^{2+}$ 毒性的靶器官(Gupta et al., 1995)。这些结果表明，PM$_{2.5}$ 诱导的细胞氧化应激诱导具有细胞、器官和污染物依赖性。

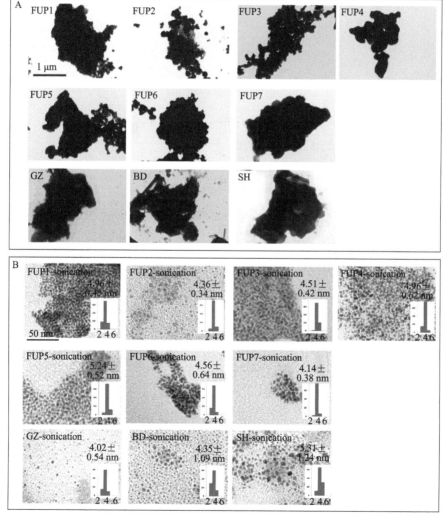

图 5-3　FUPs 和 PM$_{2.5}$ 在超声处理前(A)和处理后(B)的透射电镜图

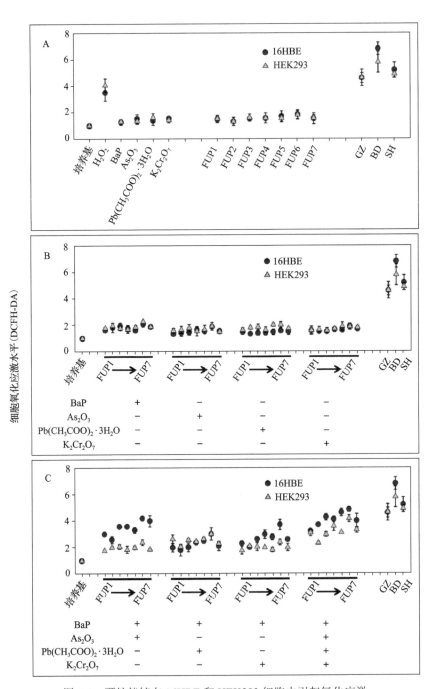

图 5-4　颗粒能够在 16HBE 和 HEK293 细胞中引起氧化应激

(A)FUPs、污染物和 PM$_{2.5}$ 单独暴露引起细胞氧化应激的情况；(B)FUPs 负载一种污染物引起细胞氧化应激的情况；(C)FUPs 负载两种或四种种污染物引起细胞氧化应激的情况

　　针对 PM$_{2.5}$ 和模型 FUPs 颗粒诱导细胞凋亡的研究显示，FUP1～FUP7 处理细胞可诱导约 3%～8% 的细胞凋亡，与细胞培养基诱导的细胞凋亡水平相似(图 5-5A)。FUPs 复

合一种污染物大约诱导 3%～15%的细胞凋亡(图 5-5B)。研究发现细胞凋亡也具有细胞和污染物的依赖性。在 16HBE 中，FUPs 复合 As(III)诱导的细胞凋亡水平比 FUPs 复合 $Pb^{2+}$ 导致细胞凋亡水平增加 6%，而在 HEK293 中则没有显著差异(图 5-5B)。FUPs 复合两种污染物诱导更高水平的细胞凋亡。在 16HBE 中，FUPs 复合 As(III)或 Cr(VI)与 BaP、时（如 FUP3-As-BaP，FUP4-Cr-BaP)，诱导的凋亡细胞比 FUPs 复合 $Pb^{2+}$ 与 BaP(FUP3-Pb-BaP、FUP4-Pb-BaP)多 16%(图 5-5C)。然而，在 HEK293 细胞中，FUPs 复合 $Pb^{2+}$ 与 BaP（FUP1-Pb-BaP、FUP6-Pb-BaP)诱导的凋亡细胞比 FUPs 复合 As(III)或 Cr(VI)与 BaP（FUP6-As-BaP、FUP1-Cr-BaP)多 11%或 13%(图 5-5C)。当 FUPs 以 $PM_{2.5}$ 中污染物的含量复合四种污染物，能够诱导约 25%的细胞凋亡。与来自各个城市的 $PM_{2.5}$ 引起的细胞凋亡水平相比[28%(GZ)、50%(SH)和 61%(BD)]，这一数值仍较低，表明其他未检测有毒污染物在毒性作用中也发挥作用。此外，研究还发现，虽然 FUPs 负载一种污染物会导致 16HBE 轻微的细胞凋亡，但 BaP 与某些成分的结合可能会导致细胞凋亡的显著增加。结果表明，BaP 和污染物可能引起靶器官的复杂的相互作用，导致细胞毒性的变化。上述结果表明，ROS 诱导的细胞凋亡是 $PM_{2.5}$ 诱导的细胞毒性的机制之一。而且，颗粒负载的污染物，在 $PM_{2.5}$ 引起细胞和生物系统毒性中发挥主要作用。

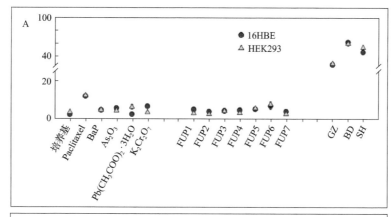

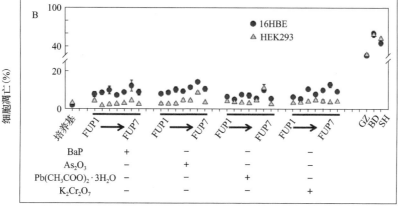

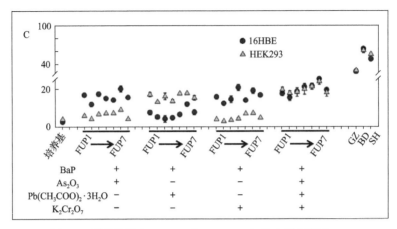

图 5-5　颗粒能够在 16HBE 和 HEK293 细胞中引起凋亡

(A)FUPs、污染物和 PM$_{2.5}$单独暴露引起细胞凋亡的情况；(B)FUPs 负载一种污染物引起细胞凋亡的情况；(C)FUPs 负载
两种或四种种污染物引起细胞凋亡的情况

### 5.2.2.2　细颗粒物吸附污染物的毒性可被肺表面活性剂减弱

细颗粒物经呼吸道进入肺脏后，首先与肺表面活性剂接触，并发生相互作用。而肺表面活性剂如何影响细颗粒物的毒性效应尚未可知。考虑肺表面活性剂主要存在于肺泡中，为更加真实地模拟细颗粒物人体暴露过程，选用人肺腺癌细胞 A549 为细胞模型，探究了肺表面活性剂对模型细颗粒物及广州雾霾细胞毒性的影响(Jia et al., 2019)。

对细颗粒物关键致毒组分的分析结果显示，PM$_{2.5}$关键核心组分 C 以及吸附了单一污染物[Cr(VI)、Pb$^{2+}$、As(III)或 BaP]的模型细颗粒物对 A549 细胞均表现出较低的细胞毒性(EC50>800 μg/mL)，而 Cr(VI)/Pb$^{2+}$共吸附显著增加了模型颗粒物的细胞毒性，暗示细颗粒物复合 Cr(VI)/Pb$^{2+}$是其细胞毒性的主要致毒组分。而肺表面活性剂 Curosurf$^{®}$显著降低了复合 Cr(VI)/Pb$^{2+}$的模型细颗粒物及广州雾霾对 A549 细胞的毒性，表现为细颗粒物对细胞的 EC50 值的显著升高(图 5-6)。

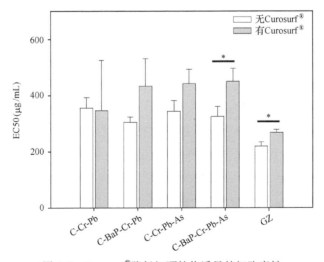

图 5-6　Curosurf$^{®}$降低细颗粒物诱导的细胞毒性

*$P<0.05$

自噬是细胞应对环境有害刺激的自我保护机制之一。进一步的研究结果显示，Curosurf® 显著增强复合 Cr(Ⅵ)/Pb$^{2+}$ 的模型细颗粒物和广州雾霾诱导的细胞自噬。而自噬诱导剂 3-MA 预处理则可显著缓解上述细颗粒物的细胞毒性(图 5-7)，表明肺表面活性剂 Curosurf® 通过诱导细胞自噬缓解细颗粒物暴露所引起的细胞毒性效应。

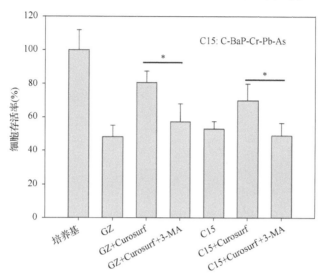

图 5-7　自噬诱导剂 3-MA 预处理缓解 C15(C-BaP-Cr-Pb-As)模型细颗粒物和广州雾霾诱导的细胞毒性
*P<0.05

### 5.2.2.3　含 Pb 细颗粒物通过下调长链非编码 RNA *lnc-PCK1-2:1* 诱导支气管上皮细胞炎症反应

经呼吸进入肺部的细颗粒物可引起显著的肺部炎症，而细颗粒物造成肺部炎症的关键致毒组分及致毒机制尚不清楚。为了研究细颗粒物的免疫毒性机制，通过实验筛选细颗粒物浓度，使其导致细胞存活率约为 80%，此时没有明显的细胞毒性，但细胞处于某些生存应激状态(Cheng et al., 2010)，细胞免疫响应将会被激活，因此可以研究细颗粒物的免疫毒性。

前面提到携带所有四种有毒污染物(C-BaP-Cr-Pb-As)的碳颗粒与 PM$_{2.5}$-JN 表现出类似的毒性效应(图 5-2F)，接下来进一步研究空白碳 C，最佳模拟 PM$_{2.5}$ 的 C-BaP-Cr-Pb-As 和 PM$_{2.5}$-JN 颗粒与细胞相互作用(Pan et al., 2019)。当这些颗粒与 16HBE 细胞一起孵育时，它们都容易被细胞内化[图 5-8(A～C)]。剂量反应数据显示，C-BaP-Cr-Pb-As 和 PM$_{2.5}$-JN 引起相似的细胞毒性，EC$_{50}$ 值约为 130 μg/mL，而空白 C 则显示出低得多的毒性，EC$_{50}$ 值约为 180 μg/mL。在 75 μg/mL 的颗粒浓度下，所有模拟 PM$_{2.5}$ 颗粒和 PM$_{2.5}$-JN 的细胞活力为约 80%。在颗粒浓度为 75 μg/mL 时，C-BaP-Cr-Pb-As 诱导的炎症因子 IL-6 和 IL-8 蛋白释放约为 C 诱导的 IL-6 和 IL-8 蛋白的 3.2 倍和 4.4 倍[图 5-8(E,F)]，并且对 16HBE 细胞无毒。为了区分碳纳米颗粒是否是炎症所需，研究人员确定了游离污染物的影响。PM$_{2.5}$ 相关浓度下的单独的污染物 As(Ⅲ)、Pb$^{2+}$、Cr(Ⅵ)和 BaP 或所有四种游离污染物的组合均未引起 16HBE 细胞中促炎细胞因子的显著释放[图 5-8(E,F)]。上述结果表明 PM$_{2.5}$ 诱导的炎症与其复杂的组成直接相关。为了进一步探索 PM$_{2.5}$ 诱导的炎症中涉及的关键污染物和分子事件，研究人员进行了 lncRNAs 微阵列分析。

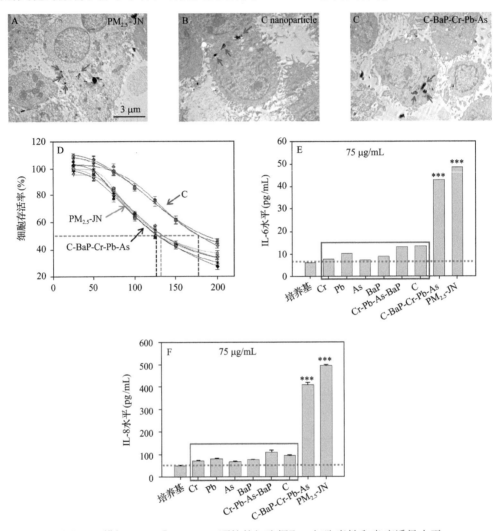

图 5-8　模拟 PM$_{2.5}$ 或 PM$_{2.5}$-JN 颗粒的细胞摄取、细胞毒性和炎症诱导水平

(A～C)用 C、C-BaP-Cr-Pb-As 和 PM$_{2.5}$-JN 颗粒(75 μg/mL)孵育 16HBE 细胞 48 h 后细胞切片的 TEM 显微照片，箭头表示细胞内的颗粒；(D)在用 16HBE 细胞孵育不同浓度的颗粒 48 h 后，通过 CCK-8 测定的模拟 PM$_{2.5}$ 颗粒 C、C-BaP-Cr-Pb-As 和 PM$_{2.5}$-JN 颗粒的剂量响应曲线。虚线表示相应的 EC50 值；(E,F)将 16HBE 细胞与 C 纳米颗粒(75 μg/mL)或污染物(黑色框突出显示)[0.30 μg/mL K$_2$Cr$_2$O$_7$, 0.82 μg/mLPb(CH$_3$COO)$_2$·3H$_2$O, 0.08 μg/mL As$_2$O$_3$ 和 0.075 μg/mL BaP]在模拟 PM$_{2.5}$ 溶液中孵育 48 h 后，通过 ELISA 测定 IL-6(E)和 IL-8(F)蛋白的表达水平($n=3$，平均值±SD，*** $p<0.001$，与细胞培养基相比)

研究人员对 lncRNAs 微阵列进行分析，以确定在用 75 μg/mL 的 C，C-BaP-Cr-Pb-As 或 PM$_{2.5}$-JN 颗粒孵育细胞 48 h 后 16HBE 细胞中 lncRNA 和 mRNA 的差异表达。使用 Genespring 软件分析 lncRNA 的表达(图 5-9A)。结果表明，C-BaP-Cr-Pb-As 相对于 C 总共诱导 1868 个 lncRNA，包括 997 个上调的和 871 个下调的 lncRNA；PM$_{2.5}$-JN 引起了 2321 个差异表达的 lncRNA，其中 1038 个被上调，1283 个被下调。C-BaP-Cr-Pb-As 和 PM$_{2.5}$-JN 共享 669 个具有相同差异表达模式的 lncRNA，包括 252 个上调和 417 个下调。

此外，在细胞暴露于 C-BaP-Cr-Pb-As 和 PM$_{2.5}$-JN 后，总共分别改变了 657 和 1591 个编码基因（图 5-9B）。通过 C-BaP-Cr-Pb-As 和 PM$_{2.5}$-JN 共同改变 279 个常见基因的 mRNA 转录物。与 C-BaP-Cr-Pb-As 相比，由 PM$_{2.5}$-JN 引起的更多基因和 lncRNA 的差异表达所显示的更多细胞扰动表明，与 C-BaP-Cr-Pb-As 相比，还有更多的有毒成分在 PM$_{2.5}$-JN 中。另一方面，PM$_{2.5}$-JN 和 C-BaP-Cr-Pb-As 对基因和 lncRNA 的许多常见改变表明，这两种颗粒调节或改变了一些常见的生物过程。在大量差异表达的 lncRNA 中，证实了一些炎症相关的 lncRNA，尤其是 16HBE 细胞中前三个下调的 lncRNA（图 5-9C）。需要特别指出的是，C-BaP-Cr-Pb-As- 和 PM$_{2.5}$-JN 均诱导新的长非编码 RNA *lnc-PCK1-2:1* 的下调，并且具有统计学显著性。

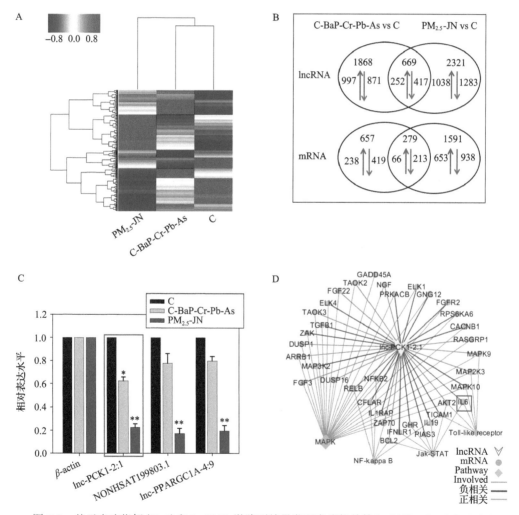

图 5-9　基于炎症指标（IL-6）和 lncRNA 微阵列结果发现炎症相关的 lncRNA　*lnc-PCK1-2:1*

（A）进行 lncRNA 微阵列分析以揭示在暴露于 C，C-BaP-Cr-Pb-As 和 PM$_{2.5}$-JN 颗粒（75 μg/mL）48 h 后来自 16HBE 细胞的 RNA 转录物的概况；（B）C-BaP-Cr-Pb-As 和 PM$_{2.5}$-JN 引起改变的 RNA 表达的比较；（C）与 C-BaP-Cr-Pb-As 或 PM$_{2.5}$-JN 颗粒（75 μg/mL）孵育后，通过 qRT-PCR 证实 16HBE 细胞中前 3 个下调的炎症相关 lncRNA 的表达，只有 *lnc-PCK1-2:1* 显示出统计学显著降低；（D）通过 Cytoscape 软件分析的 *lnc-PCK1-2:1* 与炎症相关 mRNA 的相互作用网络（对于所有实验结果，$n=3$，平均值±SD，\*$P<0.05$，\*\*$P<0.01$，与 C 相比）

大量研究表明,lncRNA 可能在扰乱与细胞毒性和炎症相关的细胞信号传导中起关键作用。为了进一步探讨为什么 *lnc-PCK1-2:1* 被 C-BaP-Cr-Pb-As 和 PM$_{2.5}$-JN 扰乱,使用 Cytoscape 软件分析了涉及 *lnc-PCK1-2:1* 的信号传导网络。构建基因共表达网络以探索在该研究中扰乱的 lncRNA 和 mRNA 之间可能的相互作用。如图 5-9D 所示,*lnc-PCK1-2:1* 与 36 种炎症相关 mRNA 直接相关(浅紫色线代表正相关,绿线代表负相关),属于四种重要的炎症调节途径(KEGG 数据库):Toll 样受体,活化 B 细胞核因子 κ-轻链增强子(NF-κB),丝裂原活化蛋白激酶(MAPK)和 Jak-STAT 信号传导途径。参与通路的基因通过灰线连接。特别地,鉴定了 *lnc-PCK1-2:1* 与关键炎性因子 IL-6 之间的负相关(浅紫色线)(图 5-8D)。因此,需要更好地了解 *lnc-PCK1-2:1* 在 PM$_{2.5}$ 诱导的肺部炎症中的作用。

为了阐明 *lnc-PCK1-2:1* 在 PM$_{2.5}$ 诱导的肺部炎症中的作用,研究人员比较了 16HBE 细胞中炎症因子 IL-6、IL-8 和 *lnc-PCK1-2:1* 的表达水平。将 16HBE 细胞与模拟 PM$_{2.5}$ 库的 16 个成员和 PM$_{2.5}$-JN 颗粒在浓度为 75 μg/mL 下孵育 48 h 后进行 qRT-PCR 测试,结果显示 IL-6 和 IL-8 的相对表达仅通过 *lnc-PCK1-2:1* 下调的模拟 PM$_{2.5}$ 和 PM$_{2.5}$-JN 颗粒增强[图 5-10(A~C)]。Pb 在诱导炎症中起主要作用,而其他污染物也起了很小的作用。例如,与 C 相比,C-Pb 引起的 IL-8 释放高 2.51 倍;与 C-Cr 相比,C-Cr-Pb 引起的 IL-8 释放高 3.70 倍;C-BaP-Pb-As 引起的 IL-8 释放比 C-BaP-As 高 2.01 倍;C-BaP-Cr-Pb-As 引起的 IL-8 释放比 C-BaP-Cr-As 高 3.75 倍。炎性因子的表达与 *lnc-PCK1-2:1* 之间的负相关是显著的(图 5-10D)。同时值得注意的是,研究发现由含 Pb$^{2+}$模型的 PM$_{2.5}$ 颗粒诱导的炎症响应显著高于单独或组合携带其他三种污染物的模拟 PM$_{2.5}$ 颗粒。

为了进一步确定 *lnc-PCK1-2:1* 在炎症诱导中的作用,通过过表达 *lnc-PCK1-2:1* 来遗传修饰 16HBE 细胞。过表达后,与用空载转染的对照组(图 5-11A)相比,用过表达载体转染的实验组中 *lnc-PCK1-2:1* 表达水平增加了 2.76 倍,表明过表达成功。同时,与用空载转染的细胞相比,过表达 *lnc-PCK1-2:1* 的细胞中,IL-6 和 IL-8 蛋白水平分别下降了 43.6%和 31.6%,*IL-6* 和 *IL-8* 基因的转录水平分别下降了 54.9%和 66.4%。这些结果证明,*lnc-PCK1-2:1* 在指导控制16HBE 细胞中的炎症反应的信号传导网络中起调节作用。此外,过表达 *lnc-PCK1-2:1* 的细胞中,*lnc-PCK1-2:1* 的表达水平被 C-BaP-Cr-As-Pb1-4 降低 55.6%、65.5%、67.9%、66.9%。C-BaP-Cr-As-Pb1-4 对 *lnc-PCK1-2:1* 的抑制反过来引起细胞炎症,如 IL-6 蛋白水平增加 50.0%、47.9%、39.7%和 36.3%(图 5-11B)和 IL-8 蛋白水平分别增加了 33.5%、26.0%、27.2%和 26.0%(图 5-11C)。此外,与用空载转染的对照组相比,过表达 *lnc-PCK1-2:1* 后 *IL-6* 和 *IL-8* 基因的转录水平也相应地降低[图 5-11(D,E)]。实验结果表明,含有 Pb$^{2+}$的 PM$_{2.5}$ 颗粒,而不是游离的 Pb$^{2+}$或空白碳纳米颗粒,是诱导 16HBE 细胞炎症反应的原因。研究还发现 *lnc-PCK1-2:1* 是含 Pb$^{2+}$的颗粒与炎症之间的关键联系。在过表达 *lnc-PCK1-2:1* 后,进一步证明 *lnc-PCK1-2:1* 通常对细胞炎症起抑制作用,而含 Pb$^{2+}$颗粒通过下调 *lnc-PCK1-2:1* 诱导肺部炎症。

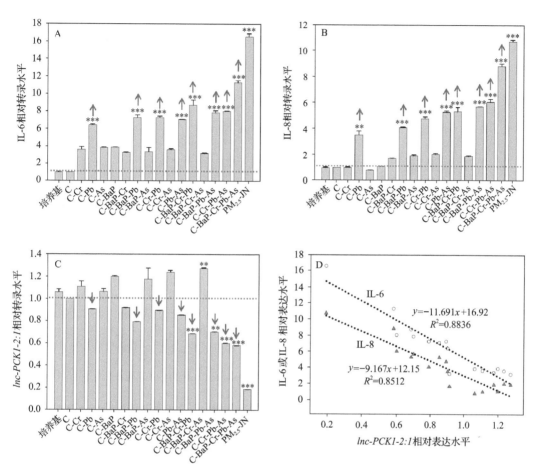

图 5-10　模拟 PM$_{2.5}$ 库诱导的 *lnc-PCK1-2:1* 的下调与炎症相关

在用各种颗粒(75 μg/mL)孵育细胞 48 h 后，通过 qRT-PCR 检测 16HBE 细胞中 IL-6(A)，IL-8(B)和 *lnc-PCK1-2:1*(C)基因的相对转录水平；(D)由模拟 PM$_{2.5}$ 颗粒库和 PM$_{2.5}$-JN 颗粒诱导的 16HBE 细胞中炎性因子 IL-6，IL-8 和 *lnc-PCK1-2:1* 的相对表达水平之间的负相关性($n=3$，平均值±SD，**$P<0.01$，***$P<0.001$，与 C 相比)

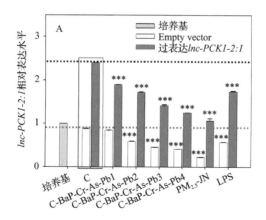

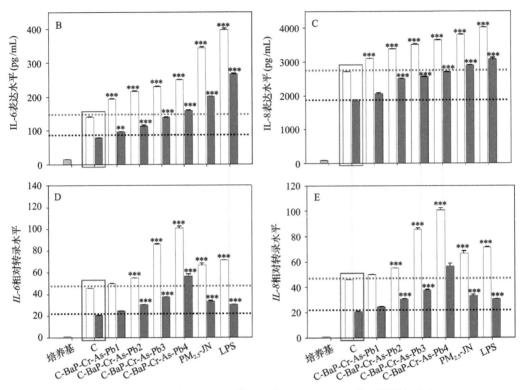

图 5-11　　模拟 PM$_{2.5}$ 颗粒 C-Pb$^{2+}$诱导的 *lnc-PCK1-2:1* 的下调引起炎症

在具有过表达 *lnc-PCK1-2:1* 的基因修饰的 16HBE 细胞中，不同 Pb$^{2+}$负载量的 PM$_{2.5}$ 颗粒，PM$_{2.5}$-JN 或对照组诱导下 *lnc-PCK1-2:1*（A），IL-6（B）和 IL-8（C）的表达水平，还显示了 16HBE 细胞中 *IL-6*（D）和 *IL-8*（E）基因的转录水平，虚线表示细胞对 C 的响应（$n=3$，平均值±SD，**$P<0.01$，***$P<0.001$，与 C 相比）

### 5.2.3　结论及展望

　　PM$_{2.5}$ 对人体细胞，关键器官，以及人类健康具有显著毒性。然而，由于 PM$_{2.5}$ 的组成成分极其复杂，以及其成分的可变性，以实地采集大气细颗粒物不足以体现大气细颗粒物的多样性，因而增加了研究其健康危害及毒性机制的难度。前期实验对中国 4 个城市的 PM$_{2.5}$ 吸附的污染物种类及含量、物理化学性质及毒性特征进行了分析，在此基础上应用还原研究方法，以表面功能化金纳米颗粒和碳纳米颗粒为内核，吸附一种或多种有毒污染物，用来模拟 PM$_{2.5}$ 进行细胞毒性机制及免疫毒性机制的研究。首先验证了金纳米颗粒和碳纳米颗粒吸附多种有毒污染物用来模拟 PM$_{2.5}$ 的可行性，揭示了复杂的 PM$_{2.5}$ 颗粒与其产生的细胞毒性在四个方面的关系：①PM$_{2.5}$ 中含有的有毒污染物成分是主要的毒性诱导物，而颗粒载体仅发挥次要作用；②每个吸附的污染物主要影响其自身的靶器官；③污染物可通过协同作用或加和作用引起毒性增强；④污染物所导致的氧化应激以及通过氧化应激诱导的细胞凋亡可能是 PM$_{2.5}$ 的致毒机制；此外，研究发现 *lnc-PCK1-2:1* 是一种新型的长链非编码 RNA，有着抑制炎症的作用，吸附了 Pb$^{2+}$的通过抑制新型长链非编码 RNA *lnc-PCK1-2:1* 的表达诱导人支气管上皮细胞炎症反应。研究的还原研究方法和模拟 PM$_{2.5}$ 库方法为将来阐明 PM$_{2.5}$ 的毒性诱导机制开辟了新的道路。

前期研究方法证明了用还原研究方法探究细颗粒物毒性机制的可行性，未来将从以下几个方面继续深入探究细颗粒物与生物界面的相互作用及潜在的健康风险：①设计不同形状和尺寸的模型细颗粒物库，对影响细颗粒物毒性的物理化学性质进行系统评价；②建立模拟呼吸暴露的细胞组合(肺上皮细胞、肺巨噬细胞、肝细胞、肾细胞)和肺上皮细胞、巨噬细胞共培养模型，体外还原细颗粒物人体暴露过程，建立细颗粒物健康风险的快速、综合评价标准；③结合中国慢性病分布情况，构建超重、哺乳、心血管疾病、衰老等易感群体小鼠模型，从个体水平揭示细颗粒物对不同群体的潜在健康风险并揭示其分子机制；④利用计算化学和生物信息学分析方法，对构建模型细颗粒物毒性大数据并进行计算模拟，建立细颗粒物毒性预测模型并用实验进行验证，为 $PM_{2.5}$ 健康风险的提早预防提供技术支撑。

(撰稿人：闫 兵)

# 5.3 典型重煤烟型污染地区 $PM_{2.5}$ 心肺损伤机制的动物实验研究

## 5.3.1 我国重煤烟型污染地区 $PM_{2.5}$ 污染特征和暴露特征

### 5.3.1.1 重煤烟型污染地区 $PM_{2.5}$ 采集

山西省太原市是我国重煤烟型污染地区的一个典型代表城市。在山西省太原市小店区 (112°21-34′E, 37°47-48′N) 连续一年采集 $PM_{2.5}$ 样本[春、夏、秋、冬(含采暖季)]，检测不同季节 $PM_{2.5}$ 上碳、多环芳烃(PAHs)、金属元素以及无机阴/阳离子含量。在此基础上，利用苯并芘当量($Bap_{eq}$)、危险熵(HQ)、危险指数(HI)及总暴露危险指数(HIt)分析了其中 18 种 PAHs 的致癌风险以及 8 种重金属的非致癌风险。

### 5.3.1.2 $PM_{2.5}$ 中碳、多环芳烃、金属元素以及无机阴/阳离子含量分布

对不同季节 $PM_{2.5}$ 中碳、PAHs、金属元素以及无机阴/阳离子含量进行分析。如表 5-3 所示，$PM_{2.5}$ 上总碳(TC)含量呈现季节差异，冬季最高，春季、秋季次之，夏季最低；其中每个季节 $PM_{2.5}$ 上有机碳(OC)均大于元素碳(EC)(Chen et al., 2017)。表 5-4 为不同季节 $PM_{2.5}$ 上 PAHs 的含量。结果显示，春、夏、秋、冬 $PM_{2.5}$ 上 PAHs 总含量分别为 79.89、38.21、49.26、269.69 $ng/m^3$ (Yue et al., 2015)。表 5-5 和表 5-6 分别为不同季节 $PM_{2.5}$ 上金属元素和无机阴/阳离子含量(Chen et al., 2017)。

表 5-3 不同季节 $PM_{2.5}$ 上有机碳(OC)、元素碳(EC)以及总碳(TC)含量 (单位：$μg/m^3$)

| 碳 | 春季 | 夏季 | 秋季 | 冬季 |
|---|---|---|---|---|
| OC | 21.759 | 8.847 | 24.368 | 45.957 |
| EC | 9.651 | 5.220 | 11.601 | 15.476 |
| TC | 31.410 | 14.068 | 35.969 | 61.432 |

表 5-4　不同季节 $PM_{2.5}$ 上多环芳烃(PAHs)含量　　　（单位：$ng/m^3$）

| 多环芳烃 | 春季 | 夏季 | 秋季 | 冬季 |
|---|---|---|---|---|
| 萘(NA) | 0.09 | 0.08 | 0.07 | 0.15 |
| 苊(ACL) | 0.05 | 0.09 | 0.07 | 0.12 |
| 苊烯(AC) | 0.36 | 0.23 | 0.04 | 0.31 |
| 芴(FLU) | 0.32 | 0.16 | 0.24 | 1.15 |
| 苯并[g,h,i]苝(BPE) | 9.96 | 4.63 | 5.42 | 23.01 |
| 茚并[1,2,3-cd]芘(IPY) | 8.65 | 4.37 | 5.33 | 33.19 |
| 二苯并[a,h]蒽(DBA) | 3.10 | 1.51 | 1.82 | 6.87 |
| 苯并[b]荧蒽(BbF) | 14.26 | 6.88 | 8.83 | 37.54 |
| 晕苯(COR) | 4.60 | 2.50 | 2.97 | 7.00 |
| 菲(PHE) | 1.33 | 1.06 | 1.63 | 6.11 |
| 蒽(ANT) | 0.19 | 0.15 | 0.20 | 1.17 |
| 荧蒽(FA) | 4.08 | 2.61 | 3.71 | 26.14 |
| 苯并[a]蒽(BaA) | 5.51 | 1.82 | 2.75 | 26.43 |
| 䓛(CHR) | 8.32 | 3.56 | 5.40 | 27.15 |
| 芘(PYR) | 2.62 | 1.62 | 2.30 | 18.12 |
| 苯并[a]芘(BaP) | 5.52 | 2.09 | 2.66 | 22.44 |
| 苯并[e]芘(BeP) | 7.69 | 3.36 | 4.14 | 21.48 |
| 苯并[k]荧蒽(BkF) | 3.24 | 1.49 | 1.68 | 11.31 |
| 总多环芳烃 | 79.89 | 38.21 | 49.26 | 269.69 |

表 5-5　不同季节 $PM_{2.5}$ 上金属元素含量　　　（单位：$ng/m^3$）

| 元素 | 春季 | 夏季 | 秋季 | 冬季 |
|---|---|---|---|---|
| Zr | 341.414 | 496.970 | 367.677 | 379.798 |
| Al | 30909.091 | 33393.939 | 32464.646 | 31313.131 |
| Sr | 202.020 | 182.424 | 122.424 | 141.212 |
| Mg | 11434.343 | 14767.677 | 14787.879 | 13737.374 |
| Ti | 1290.909 | 1444.444 | 1092.929 | 1143.434 |
| Ca | 14323.232 | 14848.485 | 10969.697 | 12585.859 |
| Fe | 2404.040 | 3151.515 | 2323.232 | 2262.626 |
| Ba | 5131.313 | 2343.434 | 1385.859 | 1301.010 |
| Li | 62.626 | 93.333 | 100.404 | 80.000 |
| Be | 0.768 | 2.424 | 2.626 | 2.020 |
| Na | 37171.717 | 11797.980 | 13373.737 | 14989.899 |
| P | 258.586 | 397.980 | 387.879 | 321.212 |
| K | 15353.535 | 7797.980 | 8161.616 | 8222.222 |
| Sc | 5.253 | 7.677 | 8.081 | 6.061 |

续表

| 元素 | 春季 | 夏季 | 秋季 | 冬季 |
|---|---|---|---|---|
| V | 33.131 | 60.202 | 61.010 | 45.253 |
| Cr | 57.374 | 57.172 | 53.535 | 41.616 |
| Mn | 165.051 | 168.485 | 161.616 | 111.554 |
| Co | 3.232 | 2.626 | 1.717 | 1.374 |
| Ni | 16.566 | 14.141 | 6.667 | 5.051 |
| Cu | 21.414 | 23.636 | 19.596 | 16.845 |
| Zn | 310.783 | 235.354 | 303.030 | 393.939 |
| Rb | 17.778 | 20.000 | 16.566 | 13.131 |
| Y | 9.495 | 12.525 | 12.727 | 10.101 |
| Mo | 2.828 | 2.828 | 3.030 | 2.828 |
| Cd | 1.697 | 1.717 | 2.020 | 2.020 |
| Sn | 11.111 | 4.444 | 4.848 | 7.273 |
| Sb | 10.707 | 25.051 | 28.889 | 25.253 |
| Cs | 3.434 | 4.646 | 4.646 | 3.232 |
| La | 16.768 | 26.061 | 28.081 | 21.818 |
| Ce | 85.657 | 174.747 | 230.303 | 292.929 |
| Sm | 1.616 | 2.424 | 2.424 | 1.919 |
| W | 2.828 | 4.444 | 5.859 | 5.051 |
| Tl | 1.091 | 0.869 | 0.828 | 1.212 |
| Pb | 120.404 | 112.525 | 115.556 | 127.071 |
| Bi | 2.424 | 2.222 | 4.242 | 2.828 |
| Th | 6.263 | 9.495 | 10.101 | 8.687 |
| U | 2.222 | 3.232 | 3.434 | 2.828 |

表 5-6 不同季节 PM<sub>2.5</sub> 上无机阴/阳离子含量 （单位：ng/m³）

| 无机离子 | 春季 | 夏季 | 秋季 | 冬季 |
|---|---|---|---|---|
| $F^-$ | 0.026 | 0.021 | 0.013 | 0.030 |
| $Cl^-$ | 0.092 | 0.024 | 0.035 | 0.345 |
| $NO_3^-$ | 0.174 | 0.189 | 0.153 | 0.088 |
| $SO_4^{2-}$ | 0.235 | 0.463 | 0.388 | 0.282 |
| $Na^+$ | 4.093 | 3.400 | 3.403 | 3.409 |
| $NH_4^+$ | 4.901 | 6.369 | 6.216 | 6.755 |
| $K^+$ | 1.739 | 1.735 | 1.737 | 2.031 |
| $Mg^{2+}$ | 0.185 | 0.242 | 0.193 | 0.240 |
| $Ca^{2+}$ | 2.904 | 5.863 | 2.679 | 2.336 |

### 5.3.1.3　PM$_{2.5}$中多环芳烃致癌风险评价

首先通过计算发散系数(CD)比较了冬季PM$_{2.5}$上PAHs与其他季节PM$_{2.5}$上PAHs的相似性。CD值小于0.269认为两组样本之间具有相似性。如图5-12所示，冬季与其他季节PM$_{2.5}$上PAHs的CD值均大于0.269，提示冬季与其他季节PM$_{2.5}$上PAHs具有不同的组成(Yue et al., 2015)。通过诊断比值分析发现(表5-7)，对于冬季PM$_{2.5}$上PAHs，其来源主要是煤炭燃烧和非燃烧源生物质燃料，而其他季节则主要是来自于汽油和柴油发动机燃料燃烧(Yue et al., 2015)。最后计算了不同季节PM$_{2.5}$上PAHs的致癌风险。研究结果提示，PM$_{2.5}$上PAHs的Bap$_{eq}$呈现季节差异，春季、夏季、秋季、冬季PM$_{2.5}$上PAHs的Bap$_{eq}$分别是12.73、5.54、6.97和43.44 ng/m$^3$，冬季Bap$_{eq}$值约为其他季节的4～8倍(表5-8)(Yue et al., 2015)。

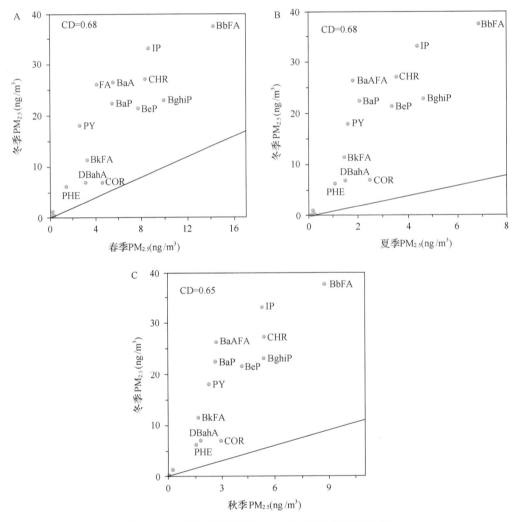

图5-12　冬季与其他季节PM$_{2.5}$上PAHs相似性分析

CD值为发散系数，表征不同季节间PM$_{2.5}$上PAHs组分的相似度

**表 5-7　不同季节 PM$_{2.5}$ 上 PAHs 诊断比值**

| | IP/<br>(IP+BghiP) | Bap/<br>BghiP | FL/<br>(FL+PY) | AN/<br>(AN+PHE) | BaA/<br>(BaA+CHR) |
|---|---|---|---|---|---|
| 汽油发动机 | >0.18 | 0.5~0.6 | <0.5 | >0.5 | >0.49 |
| 柴油发动机 | 0.35~0.7 | 0.3~0.4 | >0.5 | >0.35 | >0.68 |
| 煤炭燃烧 | >0.56 | 0.9~6.6 | >0.57 | >0.24 | >0.46 |
| 非燃烧源生物质燃料 | — | >0.58 | — | <0.1 | — |
| 天然气燃烧 | >0.32 | — | >0.49 | >0.12 | >0.39 |
| 春季 | 0.46 | 0.55 | 0.11 | 0.13 | 0.40 |
| 夏季 | 0.49 | 0.45 | 0.09 | 0.12 | 0.34 |
| 秋季 | 0.50 | 0.49 | 0.09 | 0.11 | 0.34 |
| 冬季 | 0.59 | 0.98 | 0.06 | 0.16 | 0.49 |

**表 5-8　不同季节 PM$_{2.5}$ 上 PAHs 致癌风险评估**　　　[Bap$_{eq}$(ng/m$^3$)]

| 多环芳烃 | 春季 | 夏季 | 秋季 | 冬季 |
|---|---|---|---|---|
| 萘(NA) | 0 | 0 | 0 | 0 |
| 苊(ACL) | 0 | 0 | 0 | 0 |
| 苊烯(AC) | 0 | 0 | 0 | 0 |
| 芴(FLU) | 0 | 0 | 0 | 0 |
| 苯并[g,h,i]苝(BPE) | 0.1 | 0.05 | 0.05 | 0.23 |
| 茚并[1,2,3-cd]芘(IPY) | 0.87 | 0.44 | 0.53 | 3.32 |
| 二苯并[a,h]蒽(DBA) | 3.41 | 1.67 | 2.01 | 7.55 |
| 苯并[b]荧蒽(BbF) | 1.43 | 0.69 | 0.88 | 3.75 |
| 晕苯(COR) | 0 | 0 | 0 | 0.01 |
| 菲(PHE) | 0 | 0 | 0 | 0.01 |
| 蒽(ANT) | 0 | 0 | 0 | 0.01 |
| 荧蒽(FA) | 0.2 | 0.13 | 0.19 | 1.31 |
| 苯并[a]蒽(BaA) | 0.55 | 0.18 | 0.28 | 2.64 |
| 䓛(CHR) | 0.25 | 0.11 | 0.16 | 0.81 |
| 芘(PYR) | 0 | 0 | 0 | 0.02 |
| 苯并[a]芘(BaP) | 5.52 | 2.09 | 2.66 | 22.44 |
| 苯并[e]芘(BeP) | 0.08 | 0.03 | 0.04 | 0.21 |
| 苯并[k]荧蒽(BkF) | 0.32 | 0.15 | 0.17 | 1.13 |
| 总多环芳烃 | 12.73 | 5.54 | 6.97 | 43.44 |

### 5.3.1.4　PM$_{2.5}$中典型重金属非致癌风险评价

首先，通过富集因子(EF)计算了8种典型重金属的来源，EF值小于10提示该重金属主要来自于自然环境，EF值大于10表示该重金属显著积累，且其主要来源是人类活动。如表5-9所示，Zn、Pb、Cd的EF值大于10，提示这些重金属主要来自于燃煤等人为源，而Cr、Mn、Ni、Co、Cu的EF值小于10，则说明这些重金属主要来源于矿石、土壤、岩石等自然源(Zhang et al., 2016)。

表 5-9　不同季节 PM$_{2.5}$ 上典型重金属 EF 值

| 元素 | 春季 | 夏季 | 秋季 | 冬季 | 平均值 |
|---|---|---|---|---|---|
| Cd | 34.0 | 34.8 | 38.5 | 39.9 | 36.0 |
| Co | 1.0 | 0.8 | 0.5 | 0.4 | 0.7 |
| Cr | 3.7 | 3.4 | 3.3 | 2.7 | 3.3 |
| Mn | 1.2 | 1.1 | 1.1 | 0.8 | 1.0 |
| Cu | 3.5 | 3.6 | 3.1 | 2.8 | 3.2 |
| Ni | 2.6 | 2.0 | 1.0 | 0.8 | 1.6 |
| Pb | 21.4 | 18.5 | 19.5 | 22.3 | 20.4 |
| Zn | 16.4 | 11.5 | 15.3 | 20.6 | 16.0 |

为了确定当地居民受不同季节 PM$_{2.5}$ 上典型重金属暴露的非致癌健康风险，进一步计算了8种典型重金属各自的HQ，若HQ大于1，则认为该种金属可能存在潜在的非致癌风险，反之则不具有。在此基础上，还计算了儿童和成人HQ之和HI，以及HI之和HIt，若HIt大于1，认为PM$_{2.5}$上典型重金属暴露存在潜在的非致癌风险，反之则不具有。如表5-10所示，研究发现成人的HIt大约为0.8~1.2，儿童的为4.1~5.9，是成人的4倍，提示 PM$_{2.5}$ 上典型重金属暴露对儿童的非致癌风险要远大于成年人(Zhang et al., 2016)。

表 5-10　不同季节 PM$_{2.5}$ 上典型重金属非致癌风险评估

| 重金属 | 饮食暴露参考剂量 | 呼吸暴露参考剂量 | 皮肤接触参考剂量 | 季节 | 危险熵 HQ 饮食暴露 | | 危险熵 HQ 呼吸暴露 | | 危险熵 HQ 皮肤接触 | |
|---|---|---|---|---|---|---|---|---|---|---|
| | | | | | 儿童 | 成人 | 儿童 | 成人 | 儿童 | 成人 |
| Cr | 5.0E-03 | 2.9E-05 | 2.5E-04 | 春季 | 1.10E+00 | 1.50E-01 | 3.80E-03 | 4.20E-03 | 2.10E-01 | 1.50E-01 |
| | | | | 夏季 | 8.30E-01 | 1.10E-01 | 2.80E-03 | 3.00E-03 | 1.50E-01 | 1.10E-01 |
| | | | | 秋季 | 9.40E-01 | 1.30E-01 | 3.10E-03 | 3.40E-03 | 1.70E-01 | 1.30E-01 |
| | | | | 冬季 | 8.00E-01 | 1.10E-01 | 2.60E-03 | 2.90E-03 | 1.40E-01 | 1.10E-01 |
| Ni | 2.0E-02 | 2.1E-02 | 1.0E-03 | 春季 | 8.30E-02 | 1.10E-02 | 1.50E-06 | 1.70E-06 | 1.50E-02 | 1.10E-02 |
| | | | | 夏季 | 5.10E-02 | 6.90E-03 | 9.50E-07 | 1.00E-06 | 9.30E-03 | 6.90E-03 |
| | | | | 秋季 | 2.90E-02 | 3.90E-03 | 5.40E-07 | 5.90E-07 | 5.30E-03 | 3.90E-03 |
| | | | | 冬季 | 2.40E-02 | 3.20E-03 | 4.40E-07 | 4.90E-07 | 4.30E-03 | 3.20E-03 |

续表

| 重金属 | 饮食暴露参考剂量 | 呼吸暴露参考剂量 | 皮肤接触参考剂量 | 季节 | 危险熵 HQ 饮食暴露 | | 危险熵 HQ 呼吸暴露 | | 危险熵 HQ 皮肤接触 | |
|---|---|---|---|---|---|---|---|---|---|---|
| | | | | | 儿童 | 成人 | 儿童 | 成人 | 儿童 | 成人 |
| Cu | 3.7E-02 | 4.0E-02 | 1.9E-03 | 春季 | 5.80E-02 | 7.80E-03 | 1.00E-06 | 1.10E-06 | 1.00E-02 | 7.60E-03 |
| | | | | 夏季 | 4.70E-02 | 6.20E-03 | 8.10E-07 | 8.90E-07 | 8.20E-03 | 6.10E-03 |
| | | | | 秋季 | 4.60E-02 | 6.20E-03 | 8.10E-07 | 8.90E-07 | 8.10E-03 | 6.10E-03 |
| | | | | 冬季 | 4.40E-02 | 5.80E-03 | 7.60E-07 | 8.40E-07 | 7.60E-03 | 5.70E-03 |
| Cd | 1.0E-03 | 1.0E-03 | 5.0E-05 | 春季 | 1.70E-01 | 2.30E-02 | 3.20E-06 | 3.50E-06 | 3.10E-02 | 2.30E-02 |
| | | | | 夏季 | 1.30E-01 | 1.70E-02 | 2.40E-06 | 2.60E-06 | 2.30E-02 | 1.70E-02 |
| | | | | 秋季 | 1.80E-01 | 2.40E-02 | 3.40E-06 | 3.70E-06 | 3.20E-02 | 2.40E-02 |
| | | | | 冬季 | 1.90E-01 | 2.60E-02 | 3.70E-06 | 4.00E-06 | 3.50E-02 | 2.60E-02 |
| Pb | 3.5E-03 | 3.5E-03 | 5.3E-04 | 春季 | 3.40E+00 | 4.60E-01 | 6.50E-05 | 7.10E-05 | 2.10E-01 | 1.50E-01 |
| | | | | 夏季 | 2.30E+00 | 3.10E-01 | 4.40E-05 | 4.90E-05 | 1.40E-01 | 1.00E-01 |
| | | | | 秋季 | 2.90E+00 | 3.90E-01 | 5.50E-05 | 6.00E-05 | 1.70E-01 | 1.30E-01 |
| | | | | 冬季 | 3.50E+00 | 4.70E-01 | 6.50E-05 | 7.20E-05 | 2.10E-01 | 1.60E-01 |
| Zn | 3.0E-01 | 3.0E-01 | 6.0E-02 | 春季 | 1.00E-01 | 1.40E-02 | 2.00E-06 | 2.20E-06 | 4.70E-03 | 3.50E-03 |
| | | | | 夏季 | 5.70E-02 | 7.70E-03 | 1.10E-06 | 1.20E-06 | 2.60E-03 | 1.90E-03 |
| | | | | 秋季 | 8.90E-02 | 1.20E-02 | 1.70E-06 | 1.80E-06 | 4.00E-03 | 3.00E-03 |
| | | | | 冬季 | 1.30E-01 | 1.70E-02 | 2.40E-06 | 2.60E-06 | 5.70E-03 | 4.20E-03 |
| Mn | 4.7E-02 | 1.4E-05 | 2.4E-03 | 春季 | 3.50E-01 | 4.70E-02 | 2.20E-02 | 2.40E-02 | 6.20E-02 | 4.60E-02 |
| | | | | 夏季 | 2.60E-01 | 3.50E-02 | 1.60E-02 | 1.80E-02 | 4.60E-02 | 3.40E-02 |
| | | | | 秋季 | 3.00E-01 | 4.00E-02 | 1.90E-02 | 2.10E-02 | 5.30E-02 | 4.00E-02 |
| | | | | 冬季 | 2.30E-01 | 3.00E-02 | 1.40E-02 | 1.60E-02 | 4.00E-02 | 3.00E-02 |
| Co | 2.0E-02 | 5.7E-06 | 1.6E-02 | 春季 | 1.60E-02 | 2.20E-03 | 1.10E-03 | 1.20E-03 | 1.80E-04 | 1.40E-04 |
| | | | | 夏季 | 9.60E-03 | 1.30E-03 | 6.30E-04 | 7.00E-04 | 1.10E-04 | 8.00E-05 |
| | | | | 秋季 | 7.50E-03 | 1.00E-03 | 5.00E-04 | 5.50E-04 | 8.50E-05 | 6.30E-05 |
| | | | | 冬季 | 6.60E-03 | 8.80E-04 | 4.40E-04 | 4.80E-04 | 7.40E-05 | 5.50E-05 |
| 参数 | | | | 季节 | 儿童 | 成人 | 儿童 | 成人 | 儿童 | 成人 |
| 危险熵指数 (HI, ∑HQ) | | | | 春季 | 5.40E+00 | 7.80E-01 | 2.70E-02 | 3.00E-02 | 5.40E-01 | 4.00E-01 |
| | | | | 夏季 | 3.70E+00 | 5.40E-01 | 2.00E-02 | 2.20E-02 | 3.80E-01 | 2.80E-01 |
| | | | | 秋季 | 4.50E+00 | 6.60E-01 | 2.20E-02 | 2.50E-02 | 4.60E-01 | 3.30E-01 |
| | | | | 冬季 | 4.90E+00 | 7.10E-01 | 1.60E-02 | 1.70E-02 | 4.40E-01 | 3.30E-01 |

| 总 HI 指数 (HIt, ∑HI) | 儿童 | 春季 5.9 | 夏季 4.1 | 秋季 5.0 | 冬季 5.3 |
|---|---|---|---|---|---|
| | 成人 | 春季 1.2 | 夏季 0.8 | 秋季 1.0 | 冬季 1.0 |

### 5.3.1.5　PM$_{2.5}$在不同生命阶段小鼠体内沉积和暴露特征

PM$_{2.5}$被吸入后不仅存留于呼吸道，其中的细粒子可能分布在机体不同组织器官。研究人员对 C57BL/6J 小鼠进行 3 mg/kg PM$_{2.5}$染毒，隔天注入，暴露持续 28d，通过透射电子显微镜(TEM)观察了暴露后 PM$_{2.5}$在小鼠各组织器官的沉积情况，结果如图 5-13 所示。不同生命阶段(4 周龄、4 月龄及 10 月龄)对照组小鼠肺中均未发现颗粒沉积[图 5-13 (A,C,E)]，而在不同生命阶段暴露组的肺组织中均观察到了颗粒沉积[图 5-13 (B,D,F)]。颗粒物主要沉积在肺组织肺泡上皮的细胞质中，心脏、肝脏和脑组织中没有观察到积聚现象 (Ku et al., 2017a)。

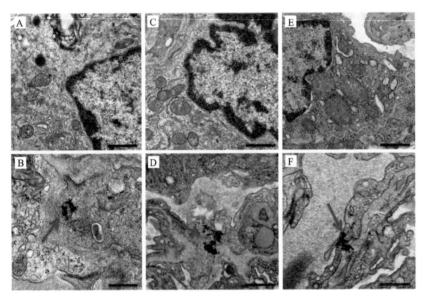

图 5-13　PM$_{2.5}$在不同生命阶段小鼠肺组织中沉积情况(Bar = 1 μm)

(A) 4 周龄、(C) 4 月龄及(E) 10 月龄对照组小鼠肺中颗粒沉积情况；(B) 4 周龄、(D) 4 月龄及(F) 10 月龄 PM$_{2.5}$暴露组小鼠肺中颗粒沉积情况。红色箭头指示颗粒物

为了阐明 PM$_{2.5}$暴露后化学组分是否在不同组织器官中分布，以金属组分为例检测了不同生命阶段小鼠血液、肺、肝脏、心脏和脑组织中六种金属元素(Zn、Pb、Mn、Cu、Cd 和 As)的含量。如图 5-14 所示，4 周龄小鼠的肺、心脏和脑中 Zn 的含量显著增加，4 月龄小鼠的肺和 10 月龄小鼠的心脏中 Zn 含量也呈现显著上升趋势。4 周龄小鼠脑和 4 月龄小鼠全血中的 Pb 含量均明显增加，10 月龄小鼠的肺和脑中的 Pb 含量显著高于对照组，分别达到 0.06 和 0.02 μg/g。4 周龄小鼠的肺和脑以及 10 月龄小鼠的肝和心脏中检测出 Mn 含量显著高于对照组。Cu 含量的变化与 Mn 的结果一致。4 周龄小鼠全血，4 周龄、4 月龄和 10 月龄小鼠肺以及 10 月龄小鼠心脏中检测出 Cd 含量升高。As 在小鼠组织中的含量最低，仅在 4 周龄肝和 4 周龄、4 月龄肺中发现 As 浓度的显著增加(Ku et al., 2017a)。

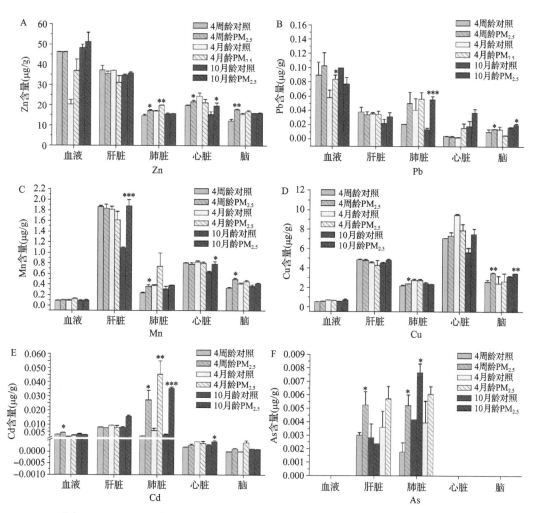

图 5-14　PM$_{2.5}$暴露后金属组分在不同生命阶段小鼠全血和组织器官中分布特征

4 周龄、4 月龄及 10 月龄小鼠血液、肝脏、肺脏、心脏和脑组织中六种金属元素：(A) Zn、(B) Pb、(C) Mn、(D) Cu、(E) Cd 和 (F) As 的含量。图中数值均以均值±标准误的形式表示；单因素方差分析及 LSD 事后检验计算显著性差异：* $P<0.05$，** $P<0.01$，*** $P<0.001$，与各自的对照组相比

### 5.3.2　重煤烟型污染地区 PM$_{2.5}$诱导呼吸系统损伤与分子机制

#### 5.3.2.1　PM$_{2.5}$与 SO$_2$、NO$_2$复合暴露诱导小鼠肺动脉高压样损伤及其分子机制

大量实验研究主要集中在单一污染物的健康危害效应而忽视了其复合污染的毒性效应。在本研究中，将 C57BL/6 小鼠随机分为三组：对照组（隔天吸入生理盐水，每天吸入洁净空气），低浓度组[隔天吸入 1 mg/kg PM$_{2.5}$，每天动力学吸入 0.5 mg/m$^3$ SO$_2$和 0.2 mg/m$^3$ NO$_2$(6 h/d)]和高浓度组[隔天吸入 3 mg/kg PM$_{2.5}$，每天动力学吸入 3.5 mg/m$^3$ SO$_2$和 2 mg/m$^3$ NO$_2$(6 h/d)]。

1. 复合暴露引起气道气流受限和肺动脉高压样损伤

PM$_{2.5}$和 SO$_2$、NO$_2$复合暴露能够引起小鼠呼吸功能减弱和气道组织病理学改变，且高浓度组受损最为明显(图 5-15)。进一步考察小鼠肺动脉高压标志因子,发现 $PM_{2.5}$ 和 $SO_2$、$NO_2$ 复合暴露显著改变了 ET-1 和 eNOS 的表达(图 5-16)。肺组织血管的 H&E 染色和 TEM 观察显示,$PM_{2.5}$ 和 $SO_2$、$NO_2$ 复合暴露引起肺组织小动脉管腔变窄、内皮细胞内处出现大量小泡,内皮细胞间隙胶原纤维沉积,提示 $PM_{2.5}$ 和 $SO_2$、$NO_2$ 复合暴露能够引起小鼠肺动脉高压病症的发生(图 5-17 和图 5-18)(Ji et al., 2016)。

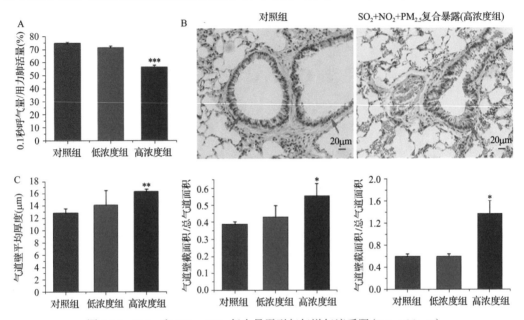

图 5-15　$PM_{2.5}$ 和 $SO_2$、$NO_2$ 复合暴露引起气道气流受限(Bar = 20 μm)

(A) $PM_{2.5}$ 和 $SO_2$、$NO_2$ 复合暴露对小鼠肺功能($FEV_{0.1}$/FVC)的影响; (B) 小鼠肺组织 H&E 染色气道代表性图片; (C) $PM_{2.5}$ 和 $SO_2$、$NO_2$ 复合暴露对支气管壁厚度、支气管壁截面积/总气道截面积、支气管壁截面积/空腔截面积比值的影响。图中数值均以均值±标准误的形式表示; 单因素方差分析及 LSD 事后检验计算显著性差异: * $P<0.05$, ** $P<0.01$, *** $P<0.001$, 与对照组相比

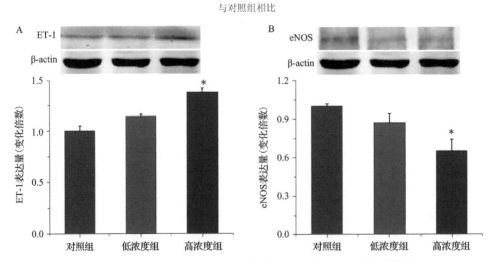

图 5-16　$PM_{2.5}$ 和 $SO_2$、$NO_2$ 复合暴露对 ET-1 和 eNOS 表达的影响

$PM_{2.5}$ 和 $SO_2$、$NO_2$ 复合暴露对小鼠肺(A)ET-1 和(B)eNOS 蛋白表达的影响。图中数值均以均值±标准误的形式表示; 单因素方差分析及 LSD 事后检验计算显著性差异: * $P<0.05$, 与对照组相比

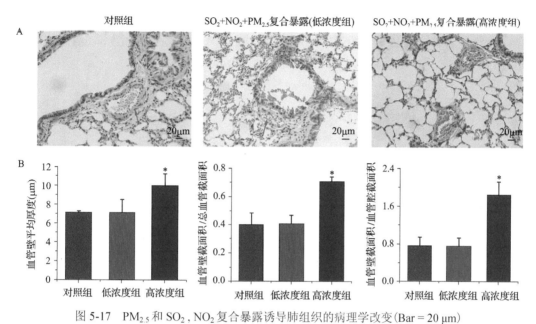

图 5-17　PM$_{2.5}$ 和 SO$_2$，NO$_2$ 复合暴露诱导肺组织的病理学改变（Bar = 20 μm）

（A）小鼠肺组织 H&E 染色肺动脉代表性图片；（B）PM$_{2.5}$ 和 SO$_2$、NO$_2$ 复合暴露对肺血管动脉壁厚度、肺血管动脉壁截面积/肺血管动脉总截面积、肺血管动脉壁截面积/空腔截面积比值的影响。图中数值均以均值±标准误的形式表示；单因素方差分析及 LSD 事后检验计算显著性差异：* $P<0.05$，与对照组相比

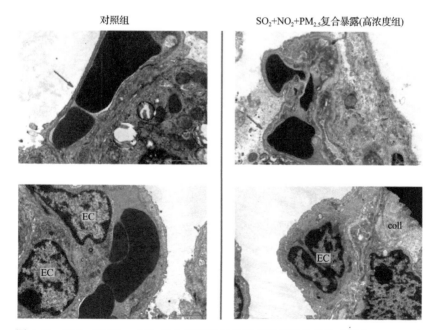

图 5-18　PM$_{2.5}$ 和 SO$_2$、NO$_2$ 复合暴露诱导的肺组织超微结构的改变（Bar = 2 μm）

小鼠肺组织肺超微结构观察代表性图片。EC 代表内皮细胞，coll 代表胶原纤维

**2. 复合暴露对肺组织 miRNAs 表达的影响及其肺动脉高压调控机制**

为了明确 miRNA 在肺动脉高压发病过程中的调控机制，首先通过 miRNA 芯片分析得出与人类同源且变化明显的 3 个关键 miRNA：miR-338-5p，miR-450b-3p 和 miR-142-5p（表 5-11）。通过 RT-PCR 验证发现 miR-338-5p 和 miR-450b-3p 表达变化与阵列分析数据一致；而 miR-142-5p 的表达与芯片分析数据有差异（图 5-19）（Ji et al., 2016）。

表 5-11　大气污染物复合暴露后肺组织中显著改变的 miRNAs

| miRNAs | SO$_2$+NO$_2$+PM$_{2.5}$（低） | miRNAs | SO$_2$+NO$_2$+PM$_{2.5}$（高） |
| --- | --- | --- | --- |
| | 变化倍数（$P$ 值） | | 变化倍数（$P$ 值） |
| 下调 (*n*=3) | | 下调 (*n*=12) | |
| mmu-miR-3095-3p | 0.72（0.0023） | mmu-miR-1196-3p | 0.41（0.0437） |
| mmu-miR-375-3p | 0.86（0.0238） | mmu-miR-1894-3p | 0.51（0.0369） |
| mmu-let-7e-5p | 0.90（0.0234） | mmu-miR-3070b-3p | 0.56（0.0458） |
| | | mmu-miR-1927 | 0.64（0.0133） |
| | | mmu-miR-504-3p | 0.68（0.0078） |
| | | mmu-miR-674-5p | 0.72（0.0057） |
| | | mmu-miR-500-3p | 0.74（0.0279） |
| | | mmu-miR-338-5p | 0.84（0.0108） |
| | | mmu-miR-450b-3p | 0.84（0.0182） |
| | | mmu-miR-185-5p | 0.86（0.0175） |
| | | mmu-miR-374c-5p | 0.87（0.0039） |
| | | mmu-miR-425-5p | 0.90（0.0063） |
| 上调 (*n*=3) | | 上调 (*n*=6) | |
| mmu-miR-34b-5p | 1.13（0.0055） | mmu-miR-3096b-3p | 1.16（0.0291） |
| mmu-miR-30e-5p | 1.13（0.0173） | mmu-miR-34b-5p | 1.19（0.0296） |
| mmu-miR-3096b-3p | 1.19（0.0069） | mmu-miR-142-5p | 1.20（0.0239） |
| | | mmu-miR-1249-3p | 1.21（0.0129） |
| | | mmu-miR-434-3p | 1.45（0.0482） |
| | | mmu-miR-205-5p | 5.95（0.0395） |

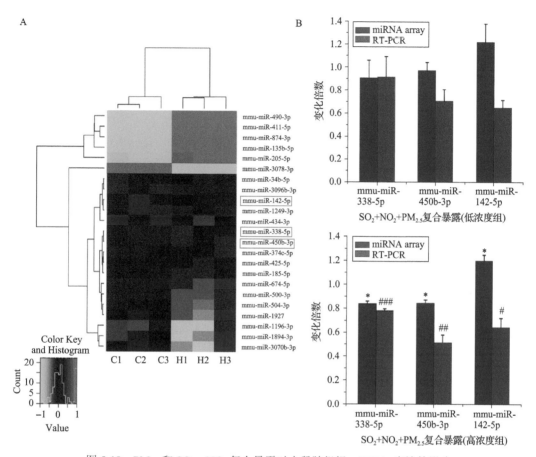

图 5-19　PM$_{2.5}$ 和 SO$_2$、NO$_2$ 复合暴露对小鼠肺组织 miRNAs 表达的影响

(A)不同处理组小鼠肺组织中 miRNA 的层次聚类分析，C1、C2、C3 代表对照组的 3 个重复，H1、H2、H3 代表高浓度组的 3 个重复；(B)PM$_{2.5}$ 和 SO$_2$、NO$_2$ 复合暴露低浓度组(上)与高浓度组(下)肺组织中与人同源的 miRNA 在基因芯片和转录水平的表达。图中数值均以均值±标准误的形式表示；单因素方差分析及 LSD 事后检验计算显著性差异：* $P<0.05$，与基因芯片中的对照组相比；# $P<0.05$，## $P<0.01$，### $P<0.001$，与转录水平检测中的对照组相比

考虑到微阵列分析和 RT-PCR 检测的一致性，选择 miR-338-5p 作为靶标进行下一步的研究。通过使用生物信息软件对 miR-338-5p 的靶基因进行预测，结果表明 HIF-1α 是靶基因相互作用的中心(图 5-20)。最后通过双荧光素酶报告基因分析，确证 miR-338-5p 可能通过绑定到 HIF-1α 的 3′-UTR 上从而造成肺动脉高压样损伤(图 5-21)。综上所述，研究发现 PM$_{2.5}$ 和 SO$_2$、NO$_2$ 复合暴露能够导致 miR-338-5p 的表达降低，进而刺激 HIF-1α 表达，最终引起肺动脉高压样损伤(Ji et al., 2016)。

### 5.3.2.2　PM$_{2.5}$ 暴露诱导肺损伤与恢复及其组蛋白修饰机制

前人的流行病学以及动物学实验逐步为 PM$_{2.5}$ 对健康影响的潜在机制提供了大量研究数据。然而，关于雾霾污染结束后肺部恢复过程还鲜有报道。因此，本研究针对易感性最强的 10 月龄小鼠，建立暴露 PM$_{2.5}$ 暴露与恢复模型，目的在于探究 PM$_{2.5}$ 暴露结束后肺部损伤的恢复过程及其机制。本研究将 10 月龄 C57BL/6 小鼠吸入暴露 3 mg/kg 的 PM$_{2.5}$ 2 周或 4 周，4 周暴露结束后停止暴露，恢复 1 周或 2 周。

1. PM$_{2.5}$ 暴露对小鼠肺功能的影响及恢复效应

PM$_{2.5}$ 暴露 2 周后，PM$_{2.5}$ 处理组小鼠的 FEV$_{0.1}$、FVC 和 FEV$_{0.1}$/FVC 值与对照组无显著性差异。PM$_{2.5}$ 暴露 4 周后，PM$_{2.5}$ 组小鼠的 FEV$_{0.1}$ 和 FEV$_{0.1}$/FVC 值分别为对照组的 0.90 倍和 0.87 倍，而 FVC 没有发生明显改变，恢复 1 周后，这些改变恢复到了正常水平[图 5-22（A～D）]。进一步检测 4 周暴露组小鼠的气道高反应性发现，与对照组相比，PM$_{2.5}$ 暴露引起小鼠更为严重的气道阻力上升和肺顺应性降低（图 5-22 E）。以上结果表明 PM$_{2.5}$ 暴露 4 周能够显著降低小鼠的肺功能，且在后期的恢复过程中会回到对照组水平（Ji et al., 2019）。

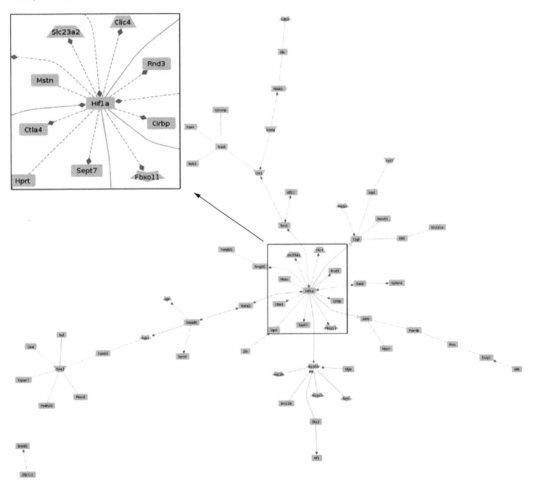

图 5-20 miR-338-5p 靶基因之间相互作用网络图

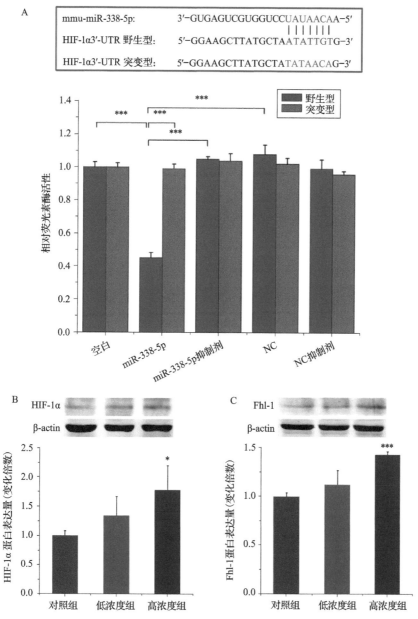

图 5-21　双荧光素梅报告基因分析及 HIF-1α 和 F Fhl-1 的表达

(A)双荧光素酶报告基因分析评价 miR-338-5p 对 HIF-1α 蛋白表达的直接抑制作用；(B,C)PM$_{2.5}$和 SO$_2$、NO$_2$复合暴露对小鼠肺组织中 HIF-1α 和 Fhl-1 蛋白表达的影响。图中数值均以均值±标准误的形式表示；单因素方差分析及 LSD 事后检验计算显著性差异：* $P<0.05$，*** $P<0.001$，与对照组相比

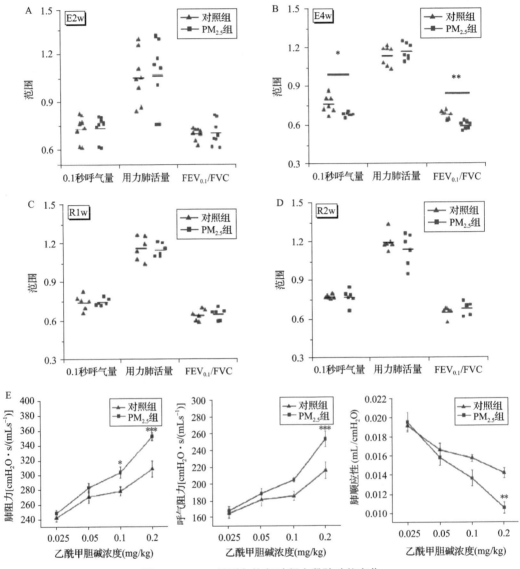

图 5-22　PM$_{2.5}$ 暴露与恢复过程小鼠肺功能变化

PM$_{2.5}$ 暴露 2 周(A)和 4 周(B)对 10 月龄小鼠肺功能(FEV$_{0.1}$、FVC、FEV$_{0.1}$/FVC)的影响；PM$_{2.5}$ 暴露 4 周并恢复 1 周(C)和恢复 2 周(D)对 10 月龄小鼠肺功能(FEV$_{0.1}$、FVC、FEV$_{0.1}$/FVC)的影响。(E)PM$_{2.5}$ 暴露 4 周对小鼠肺气道高反应性的影响。图中数值均以均值±标准误的形式表示；单因素方差分析及 LSD 事后检验计算显著性差异：*$P<0.05$，**$P<0.01$，***$P<0.001$，与各自对照组相比

## 2. PM$_{2.5}$ 暴露诱导 BALF 细胞学改变及恢复效应

气道炎性细胞的浸润和肺功能的下降存在一定的相关关系。为此进一步考察了不同暴露组小鼠肺泡灌洗液中(BALF)的总细胞数和巨噬细胞数[图 5-23(A，B)]。研究发现 PM$_{2.5}$ 暴露 2 周不会引起 BALF 细胞总数和巨噬细胞浸润的显著增加。PM$_{2.5}$ 暴露 4 周后，肺泡灌洗液中细胞总数和巨噬细胞数增加，表明 PM$_{2.5}$ 暴露 4 周能够显著促进气道细胞浸润。更重要的是，在 1 周和 2 周的恢复过程中，这些细胞数目的增加已恢复到了正常

水平。此外，研究人员还研究了不同时间点巨噬细胞内的颗粒沉积。如图 5-23C 所示，$PM_{2.5}$ 暴露 2 周，细颗粒悬浮在 BAL 液中，部分分布在细胞质和细胞核中。$PM_{2.5}$ 暴露 4 周后，胞内含有颗粒的细胞明显增多。此外，在恢复 1 周和 2 周后，细胞内仍可发现颗粒沉积(Ji et al., 2019)。

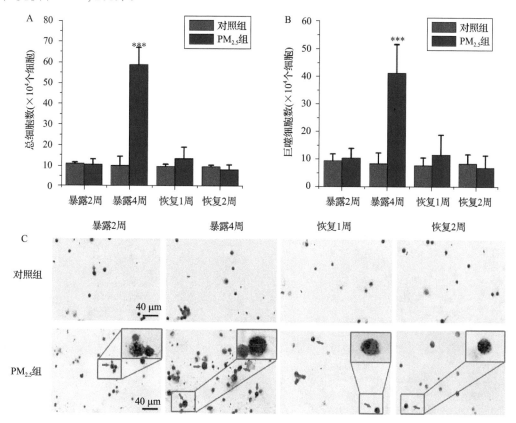

图 5-23 $PM_{2.5}$ 暴露与恢复对肺泡灌洗液中细胞数以及颗粒物负载的影响(Bar = 40 μm)

$PM_{2.5}$ 暴露 2 周和 4 周、$PM_{2.5}$ 暴露 4 周并恢复 1 周和恢复 2 周对 10 月龄小鼠肺泡灌洗液中总细胞数(A)和巨噬细胞数(B)的影响。(C)上述不同 $PM_{2.5}$ 暴露条件下肺泡灌洗液涂片染色代表性图片。图中数值均以均值±标准误的形式表示；单因素方差分析及 LSD 事后检验计算显著性差异：*** $P<0.001$，与各自对照组相比

3. $PM_{2.5}$ 暴露对组蛋白修饰的影响及恢复过程调控机制

H3K27ac 是一种重要的组蛋白修饰，与基因的转录激活有关。在本研究中，考察了与 $PM_{2.5}$ 相关的小鼠肺中 H3K27ac 的表达。如图 5-24 所示，$PM_{2.5}$ 暴露 4 周，H3K27ac 表达量增加为对照组的 1.85 倍，停止暴露后，H3K27ac 的含量能恢复到正常水平。$PM_{2.5}$ 暴露 4 周后 HAT 的表达量增加为对照组的 1.25 倍。相反，HDAC 与 HAT 的表达量呈现相反的趋势。通过 ChIP-seq 进一步分析其中可能的组蛋白修饰调控机制。研究发现，$PM_{2.5}$ 暴露改变了肺组织中 H3K27ac 峰的基因组分布，与 H3K27ac 结合增加的基因主要参与免疫系统过程、转录调控和细胞大分子代谢等生物过程。而这些基因主要富集在趋化因子信号通路，同时 *Stat2* 和 *Bcar1* 是参与该通路的两个重要基因(图 5-24E)。此外，研究还发现，$PM_{2.5}$ 暴露后与 H3K27ac 结合的 *Stat2* 和 *Bcar1* 的片段增加[图 5-24(A～D)]。最

后通过 RT-PCR 发现 PM$_{2.5}$ 暴露 4 周显著增加了 *Stat2* 和 *Bcar1* 的表达水平,恢复 2 周后,这两个基因的表达恢复到了对照组水平[图 5-25(E,F)]。综上所述,本部分的研究提示,PM$_{2.5}$ 暴露能够通过组蛋白修饰、炎性细胞分化增多影响肺功能改变和恢复(Ji et al., 2019)。

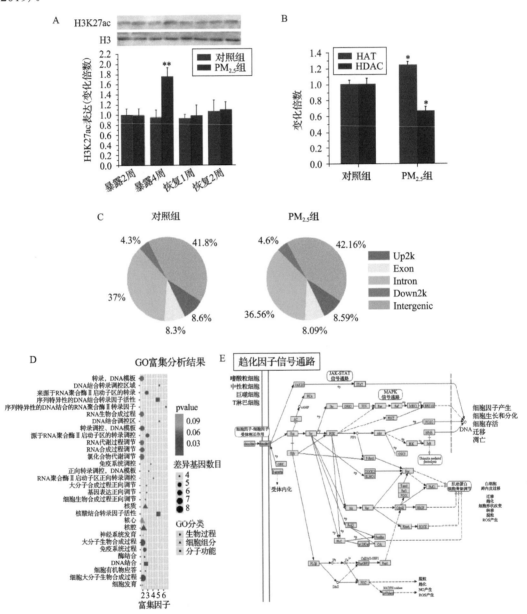

图 5-24　PM$_{2.5}$ 暴露与恢复对肺组织组蛋白修饰的影响

(A)PM$_{2.5}$ 暴露 2 周和 4 周、PM$_{2.5}$ 暴露 4 周并恢复 1 周和恢复 2 周对 10 月龄小鼠肺组织中 H3K27ac 表达的影响; (B)PM$_{2.5}$ 暴露 4 周对 10 月龄小鼠肺组织中 HAT 和 HDAC 表达的影响; (C)对照组和 PM$_{2.5}$ 暴露 4 周组小鼠 H3K27ac 峰的基因组分布; (D)H3K27ac 结合基因的 GO 基因富集分析; (E)H3K27ac 结合基因的 KEGG 分析。图中数值均以均值±标准误的形式表示; 单因素方差分析及 LSD 事后检验计算显著性差异: * $P<0.05$, ** $P<0.01$, 与各自对照组相比

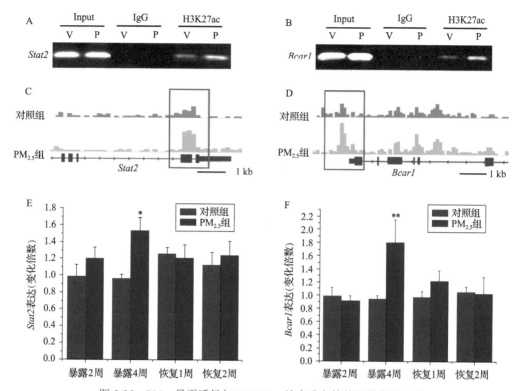

图 5-25　PM$_{2.5}$ 暴露诱导与 H3K27ac 结合升高的基因的表达水平

(A,B) PM$_{2.5}$ 暴露 4 周对 10 月龄小鼠肺组织中 H3K27ac 与 Stat2 和 Bcar1 结合的影响。(C,D) Genome browser 中 H3K27ac 与 Stat2 和 Bcar1 基因的结合区。(E,F) PM$_{2.5}$ 暴露 2 周和 4 周、PM$_{2.5}$ 暴露 4 周并恢复 1 周和恢复 2 周对 10 月龄小鼠肺组织中 Stat2 和 Bcar1 表达的影响。图中数值均以均值±标准误的形式表示；单因素方差分析及 LSD 事后检验计算显著性差异：* $P < 0.05$, ** $P < 0.01$，与各自对照组相比

### 5.3.3　重煤烟型污染地区 PM$_{2.5}$ 诱导人肺癌细胞侵袭转移及其调控机制

#### 5.3.3.1　PM$_{2.5}$ 诱导人肺癌细胞侵袭转移及其细胞上皮间质转化过程

建立 PM$_{2.5}$ 对人肺上皮细胞系 BEAS-2B 和人上皮肺癌细胞系 A549 的暴露模型，通过划痕实验和 Transwell 实验发现，PM$_{2.5}$ 暴露可增加 BEAS-2B 细胞和 A549 细胞的侵袭转移能力，并呈现浓度时间依赖关系(图 5-26)。与其他季节相比，冬季大气细颗粒物暴露诱导肺癌细胞侵袭转移效应的能力最强，并提示该效应可能与颗粒物附着的 PAHs 相关(图 5-27)(Yue et al., 2015)。

为了进一步揭示大气细颗粒物促进肺癌细胞侵袭转移的机制，研究人员考察了冬季 PM$_{2.5}$ 和 PM$_{10}$ 暴露对肺癌细胞上皮间质转化(EMT)发生以及对细胞外基质(ECM)降解的影响。结果表明，随 PM$_{2.5}$ 和 PM$_{10}$ 暴露浓度的增加，EMT 标志因子 E-cadherin(E-cad) 和 Fibronectin(Fib) mRNA 表达水平分别呈下降和上升趋势，证实 EMT 的激活参与了 PM$_{2.5}$ 和 PM$_{10}$ 暴露诱导的肺癌细胞侵袭转移的发生。相同的，随暴露浓度的增加，ECM 降解相关因子基质金属蛋白酶 MMP-2 和基质金属蛋白酶抑制因子 TIMP-2 的水平分别呈上升和下降趋势，表明 PM$_{2.5}$ 和 PM$_{10}$ 暴露后 ECM 的降解也是肺癌细胞发生侵袭转移的

主要机制之一（图 5-28）（Yue et al., 2015）。

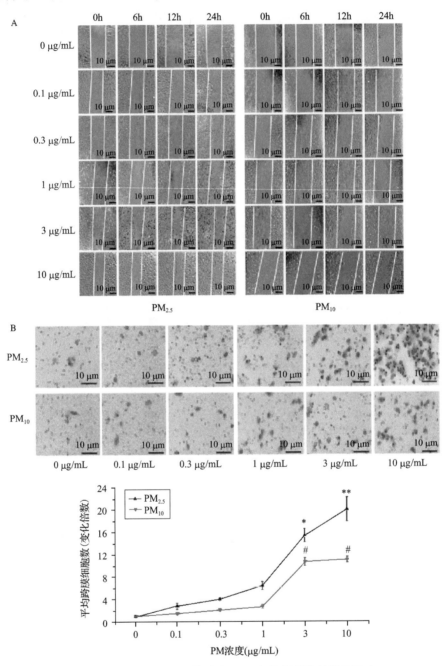

图 5-26　PM$_{2.5}$ 和 PM$_{10}$ 暴露对 A549 细胞侵袭和转移的影响

(A)不同时间、不同浓度 PM$_{2.5}$ 和 PM$_{10}$ 暴露对 A549 细胞迁移能力的影响；(B)不同浓度 PM$_{2.5}$ 和 PM$_{10}$ 暴露 24 h 对 A549 细胞侵袭能力的影响。图中数值均以均值±标准误的形式表示；单因素方差分析及 LSD 事后检验计算显著性差异；与 PM$_{2.5}$ 对照组相比：* $P<0.05$；** $P<0.01$；与 PM$_{10}$ 对照组相比：# $P<0.05$

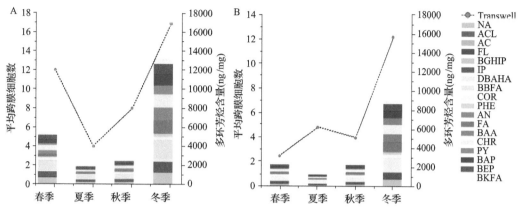

**图 5-27　不同季节 PM$_{2.5}$ 附着 PAH 含量与 A549 细胞侵袭转移的关系**

(A)直方图表示不同季节 PM$_{2.5}$ 的 PAH 含量，散点图表示 10 μg/ mL PM$_{2.5}$ 暴露诱导的侵入 Transwell 下室的细胞数；(B)直方图表示不同季节 PM$_{10}$ 的 PAH 含量，散点图表示 10 μg/ mL PM$_{10}$ 暴露诱导的侵入 Transwell 下室的细胞数

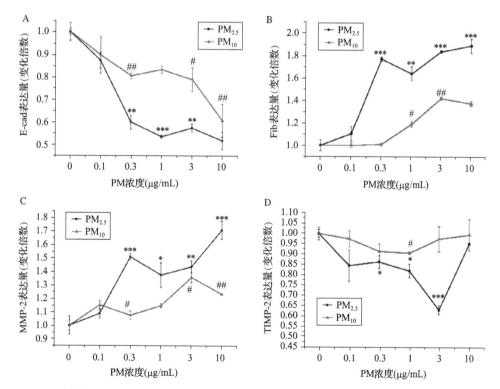

**图 5-28　PM$_{2.5}$ 和 PM$_{10}$ 暴露对 A549 细胞 EMT 发生和 ECM 降解的影响**

(A)不同浓度 PM$_{2.5}$ 和 PM$_{10}$ 暴露对 A549 细胞 E-cad mRNA 表达的影响；(B)不同浓度 PM$_{2.5}$ 和 PM$_{10}$ 暴露对 A549 细胞 Fib mRNA 表达的影响；(C)不同浓度 PM$_{2.5}$ 和 PM$_{10}$ 暴露对 A549 细胞 MMP-2 mRNA 表达的影响；(D)不同浓度 PM$_{2.5}$ 和 PM$_{10}$ 暴露对 A549 细胞 TIMP-2 mRNA 表达的影响。图中数值均以均值±标准误的形式表示；单因素方差分析及 LSD 事后检验计算显著性差异：与 PM$_{2.5}$ 对照组相比：* $P<0.05$；** $P<0.01$；*** $P<0.001$；与 PM$_{10}$ 对照组相比：# $P<0.05$；## $P<0.01$

### 5.3.3.2　二次离子气溶胶促进肺癌转移及其分子机制

#### 1. 二次离子气溶胶暴露诱导人肺癌细胞 EMT 发生

研究人员采用不同浓度硫酸盐和硝酸盐（0，10，30，100 和 300 μmol/L）依次处理 BEAS-2B 和 A549 细胞 12、24 和 48 h，考察了二次离子气溶胶暴露对肺癌细胞侵袭转移能力和 EMT 发生的影响。如图 5-29 所示，硫酸盐和硝酸盐均可显著增加癌细胞的侵袭迁移能力，且硫酸盐气溶胶［(NH₄)₂SO₄］暴露促进 A549 和 BEAS-2B 细胞侵袭转移的能力最强。同时，研究发现 (NH₄)₂SO₄ 暴露可浓度、时间依赖性地抑制 EMT 标志因子 E-cad mRNA 的表达，并增加 Fib mRNA 的表达（图 5-30），这一结果提示，EMT 参与了硫酸盐气溶胶暴露诱导的肺癌细胞侵袭转移效应的发生（Yun et al., 2017）。

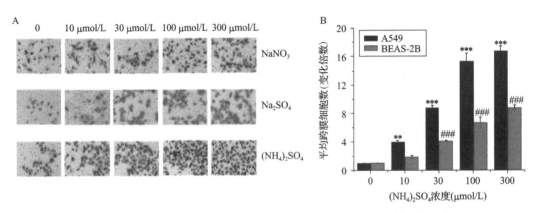

图 5-29　二次离子气溶胶暴露对 A549 和 BEAS-2B 细胞侵袭转移的影响

(A)不同浓度二次离子气溶胶组分［NaNO₃、Na₂SO₄ 和 (NH₄)₂SO₄］暴露对 A549 细胞侵袭转移的影响；(B)不同浓度 (NH₄)₂SO₄ 暴露对 A549 和 BEAS-2B 细胞侵袭转移的影响。图中数值均以均值±标准误的形式表示；单因素方差分析及 LSD 事后检验计算显著性差异：与 A549 对照组相比：** $P<0.01$；*** $P<0.001$；与 BEAS-2B 对照组相比：### $P<0.001$

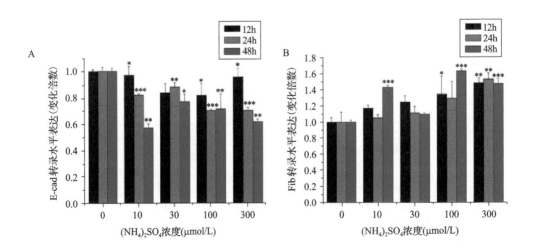

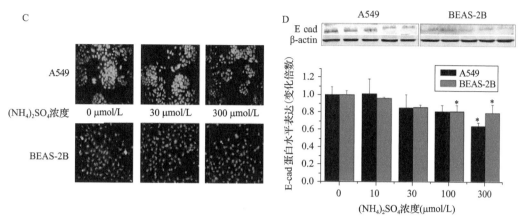

图 5-30　硫酸盐气溶胶暴露对 A549 **和** BEAS-2B 细胞 EMT 的影响

(A)不同时间、不同浓度 $(NH_4)_2SO_4$ 暴露对 A549 细胞 E-cad mRNA 表达的影响；(B)不同时间、不同浓度 $(NH_4)_2SO_4$ 暴露对 A549 细胞 Fib mRNA 表达的影响；(C)免疫荧光检测不同浓度 $(NH_4)_2SO_4$ 暴露对 A549 和 BEAS-2B 细胞 E-cad 表达的影响；(D)不同浓度 $(NH_4)_2SO_4$ 暴露对 A549 和 BEAS-2B 细胞 E-cad 蛋白表达的影响。图中数值均以均值±标准误的形式表示；单因素方差分析及 LSD 事后检验计算显著性差异：与各自的对照组相比：\* $P<0.05$；\*\* $P<0.01$；\*\*\* $P<0.001$

**2. 硫酸盐气溶胶暴露诱导 EMT 发生的调控机制**

为了阐明硫酸盐气溶胶暴露诱导 EMT 发生的调控机制,采用不同浓度硫酸盐气溶胶对 A549 细胞依次处理 0.5、1、3、6、12 和 24 h。如图 5-31 所示,硫酸盐气溶胶浓度和时间依赖性地上调 ROS 水平,改变抗氧化酶(NOX1 和 catalase)的表达,且抗氧化剂(NAC)预处理可显著抑制上述效应的发生(Yun et al., 2017)。

为进一步确定转录因子在 ROS 调控 EMT 发生中的作用,以不同浓度硫酸盐气溶胶处理 A549 细胞后,检测缺氧诱导因子(HIF-1α)和转录因子 Snail-1 和 Snail-2 表达的情况。结果表明,硫酸盐气溶胶浓度依赖性地上调缺氧诱导因子(HIF-1α)和转录因子 Snail-1 与 Snail-2 mRNA 的表达(图 5-32),且转录因子 Snail-1 可与 E-cad 启动子结合,从而调控 E-cad 的表达,明确了转录因子在 ROS 调控硫酸盐气溶胶诱导 EMT 中的作用(Yun et al., 2017)。

为了明确 EMT 标志因子 E-cad 启动子甲基化是否参与了硫酸盐气溶胶诱导人肺癌细胞 EMT 发生,首先,检测了在不同浓度硫酸盐气溶胶暴露处理后甲基化转移酶 dnmt-1 的表达。结果显示,dnmt-1 表达呈现浓度依赖性上升,而甲基转移酶抑制剂 5-Az 预处理后,可显著抑制 dnmt-1 的表达(图 5-33A),提示 DNA 甲基化可能参与了 E-cad 的调控。其次,对人肺癌细胞进行不同浓度(0、30 和 300 μmol/L)硫酸盐气溶胶暴露 24 h,采用亚硫酸氢钠测序法检测处理后 EMT 标志因子 E-cad 启动子 CpG 位点甲基化的发生情况,确认了 E-cad 启动子甲基化水平呈浓度依赖性增加(图 5-33C),揭示 E-cad 启动子甲基化参与了硫酸盐气溶胶诱导人肺癌细胞 EMT 的发生(Yun et al., 2017)。

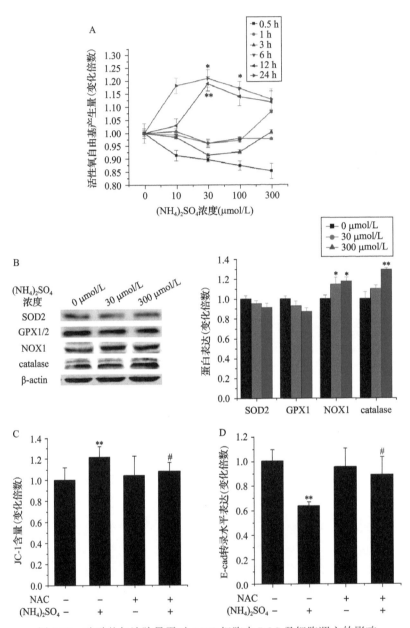

图 5-31　硫酸盐气溶胶暴露对 A549 细胞内 ROS 及细胞凋亡的影响

(A) 不同时间、不同浓度 (NH₄)₂SO₄ 暴露对 A549 细胞 ROS 含量的影响；(B) 不同浓度 (NH₄)₂SO₄ 暴露对 A549 细胞抗氧化酶 (SOD2、GPX1/2、NOX1 和 catalase) 表达的影响；(C) NAC 预处理对 (NH₄)₂SO₄ 暴露后 A549 细胞 JC-1 产生的影响；(D) NAC 预处理对 (NH₄)₂SO₄ 暴露后 A549 细胞 E-cad mRNA 表达的影响。图中数值均以均值±标准误的形式表示；单因素方差分析及 LSD 事后检验计算显著性差异；与各自的对照组相比：* $P<0.05$；** $P<0.01$；与 NAC 处理组相比：# $P<0.05$

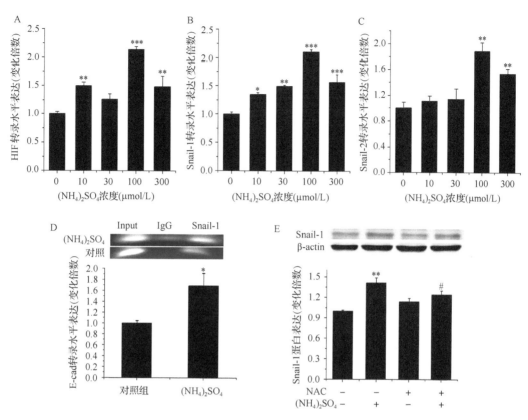

图 5-32　硫酸盐气溶胶暴露对 A549 细胞转录因子的影响

(A) 不同浓度 $(NH_4)_2SO_4$ 暴露对 A549 细胞 HIF-1α mRNA 的影响；(B) 不同浓度 $(NH_4)_2SO_4$ 暴露对 A549 细胞 Snail-1 mRNA 的影响；(C) 不同浓度 $(NH_4)_2SO_4$ 暴露对 A549 细胞 Snail-2 mRNA 的影响；(D) $(NH_4)_2SO_4$ 暴露对 A549 细胞 Snail-1 与 E-cad 结合的影响；(E) NAC 预处理对 $(NH_4)_2SO_4$ 暴露后 A549 细胞 Snail-1 蛋白表达的影响。图中数值均以均值±标准误的形式表示；单因素方差分析及 LSD 事后检验计算显著性差异：与各自的对照组相比：* $P<0.05$；** $P<0.01$；*** $P<0.001$；与 NAC 处理组相比：# $P<0.05$

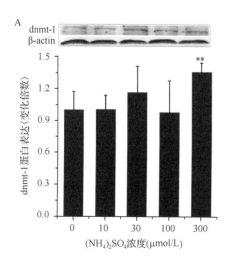

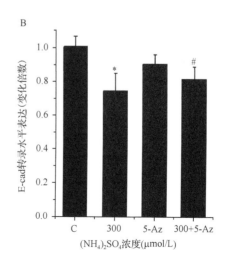

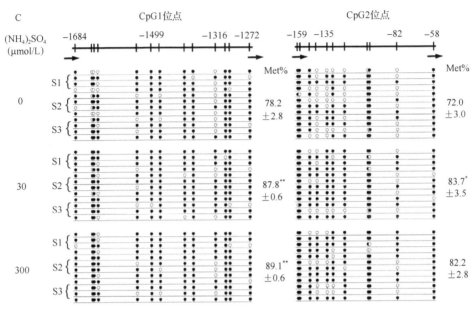

图 5-33　硫酸盐气溶胶暴露对 A549 细胞 E-cad 启动子甲基化的影响

(A)不同浓度(NH₄)₂SO₄暴露对 A549 细胞 dnmt-1 表达的影响;(B)5-Az 预处理对(NH₄)₂SO₄暴露后 A549 细胞 E-cad mRNA 的影响;(C)不同浓度 (NH₄)₂SO₄暴露对 A549 细胞 E-cad 启动子 CpG 位点甲基化的影响。图中数值均以均值±标准误的形式表示;单因素方差分析及 LSD 事后检验计算显著性差异:与各自的对照组相比:* $P<0.05$; ** $P<0.01$;与 5-Az 处理组相比: # $P<0.05$

3. 在体条件下验证硫酸盐气溶胶暴露诱导肺癌肿瘤细胞的转移效应

首先建立肺癌动物模型,在获得此模型的基础上,对模型小鼠进行低浓度硫酸盐气溶胶(300 μmol/L)雾化吸入暴露 6 周。分别在暴露 21、28、35 和 42 d 用小鼠成像系统检测肿瘤转移情况。研究结果表明,硫酸盐气溶胶(300 μmol/L)暴露 28 d 后,可加剧肿瘤细胞转移效应的发生,肺癌细胞向四周扩散,进一步远端转移到股骨、头部。硫酸盐气溶胶暴露还可显著增加肺癌裸鼠的死亡率。对暴露 42 d 小鼠肺组织进行 E-cad 的免疫荧光检测发现,硫酸盐气溶胶暴露后肺癌组织 E-cad 的表达明显下降(图 5-34)。此结果结合以上体外实验,进一步明确硫酸盐气溶胶暴露诱导肺癌肿瘤细胞转移效应的发生(Yun et al., 2017)。

### 5.3.4　PM₂.₅暴露诱导小鼠心脏功能紊乱及分子机制

#### 5.3.4.1　不同季节大气细颗粒物对 H9C2 心肌细胞的影响

采集太原市春夏秋冬四季的 PM₂.₅分别对 H9C2 大鼠心肌细胞进行染毒,检测不同季节 PM₂.₅对心肌细胞的毒性效应。

如图 5-35 所示,H9C2 大鼠心肌细胞纤维化标志基因 *Col1a1* 的 mRNA 转录水平在采自春夏秋冬四季的 PM₂.₅暴露后均显著升高,且冬季 PM₂.₅暴露后 *Col1a1* 的 mRNA 水平显著高于采自夏、秋两季的 PM₂.₅暴露后 *Col1a1* 的 mRNA 水平。使用采集自春夏秋冬四季的 PM₂.₅进行染毒均会导致 H9C2 大鼠心肌细胞纤维化标志基因 *Col1a1* 和 *Col3a1* 的蛋白表达水平出现显著升高，且冬季 PM$_{2.5}$ 暴露后 *Col1a1* 和 *Col3a1* 的蛋白水平显著高于采自春、夏、秋三个季节的 PM$_{2.5}$ 暴露后 *Col1a1* 和 *Col3a1* 的蛋白水平；而夏季 PM$_{2.5}$ 暴露后 *Col1a1* 和 *Col3a1* 的蛋白水平显著低于采自春、秋、冬三个季节的 PM$_{2.5}$ 暴露后 Col1a1 和 *Col3a1* 的蛋白水平；秋季 PM$_{2.5}$ 暴露后 *Col1a1* 的蛋白水平显著低于采自春季的 PM$_{2.5}$ 暴露后 *Col1a1* 的蛋白水平。综上所述，冬季 PM$_{2.5}$ 暴露后所诱导的心肌纤维化标志基因表达水平升高最为显著（Qin et al., 2018）。

### 5.3.4.2　大气细颗粒物对不同年龄小鼠心脏功能及心肌纤维化的影响

选择 SPF 级 C57BL/6 品系雌性小鼠，年龄分别为 4 周龄、4 月龄以及 10 月龄，每年龄段小鼠随机分为 2 组，分别为对照组和 PM$_{2.5}$ 组，每组 10～15 只。小鼠每两天以口咽吸入的方式接受 PM$_{2.5}$，剂量为 3 mg/kg 体重，对照组滴注生理盐水，染毒周期为 4 周。

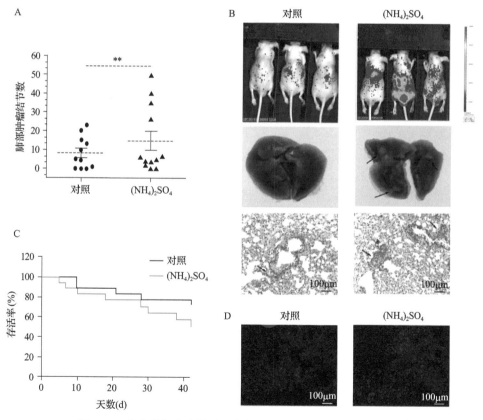

图 5-34　硫酸盐气溶胶暴露对肺癌细胞荷瘤小鼠肿瘤转移的影响

（A）(NH$_4$)$_2$SO$_4$ 暴露对肺癌小鼠肺部肿瘤结节数的影响；（B）活体成像、明场观察以及 H&E 染色检测 (NH$_4$)$_2$SO$_4$ 暴露对肺癌小鼠肺部肿瘤转移的影响；（C）Kaplan-Meier 分析 (NH$_4$)$_2$SO$_4$ 暴露对肺癌小鼠存活率的影响；（D）免疫荧光检测 (NH$_4$)$_2$SO$_4$ 暴露对肺癌小鼠肺部 E-cad 表达的影响。图 A 值以均值±标准误的形式表示；单因素方差分析及 LSD 事后检验计算显著性差异：与对照组相比：** $P<0.01$

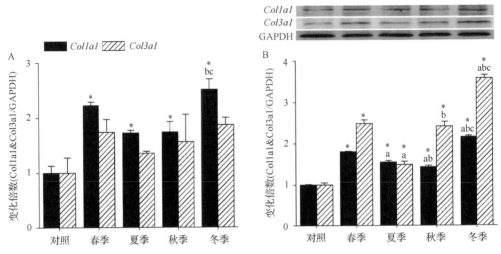

图 5-35　不同季节 PM$_{2.5}$对 H9C2 细胞纤维化相关基因 mRNA 及蛋白表达的影响

(A)纤维化标志物 *Col1a1*、*Col3a1* 的 mRNA 转录水平；(B)细胞纤维化标志基因 *Col1a1* 和 *Col3a1* 蛋白表达水平。图中数值均以均值±标准误的形式表示；单因素方差分析及 Tukey 事后检验计算显著性差异：对照组相比：* $P<0.05$；与春季 PM$_{2.5}$ 组相比：a $P<0.05$；与夏季 PM$_{2.5}$组相比：b $P<0.05$；与秋季 PM$_{2.5}$组相比：c $P<0.05$

## 1. PM$_{2.5}$ 对不同年龄小鼠心率和血压的影响

如图 5-36A 所示，PM$_{2.5}$暴露 4 周后 4 周龄小鼠心率与暴露前及暴露 2 周后相比均显著升高，但与同年龄对照组相比无显著性差异；PM$_{2.5}$暴露后 4 月龄小鼠心率在不同时间无论是与同年龄对照相比还是与暴露前相比均无显著变化；10 月龄小鼠自 PM$_{2.5}$暴露 2 周后开始与对照组相比心率显著加快，且与暴露前相比心率显著升高。PM$_{2.5}$暴露 2 周后

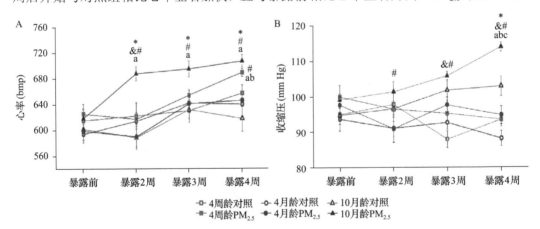

图 5-36　PM$_{2.5}$ 对不同年龄小鼠心率和血压的影响

(A)PM$_{2.5}$对不同年龄小鼠心率的影响；(B)PM$_{2.5}$对不同年龄小鼠收缩压的影响。图中数值以均值±标准误的形式表示($n=7$)；双因素方差分析及 Turkey 事后检验计算显著性差异：* $P<0.05$，与同年龄对照组相比；a $P<0.05$，与暴露前相比；b $P<0.05$，与暴露后 2 周相比；c $P<0.05$，与暴露后 3 周相比；& $P<0.05$，与 4 周龄的 PM$_{2.5}$组相比；# $P<0.05$，与 4 月龄的 PM$_{2.5}$组相比

10 月龄小鼠的心率显著高于 4 周龄和 4 月龄小鼠，暴露 4 周后仍显著高于 4 月龄小鼠，$PM_{2.5}$ 暴露 4 周后 4 周龄小鼠的心率显著高于 4 月龄小鼠。

如图 5-36B 所示，$PM_{2.5}$ 暴露后 4 周龄和 4 月龄小鼠收缩压在染毒的 2~4 周内无论是与同年龄对照相比还是与暴露前相比均无显著变化；10 月龄小鼠在 $PM_{2.5}$ 暴露 4 周后与同年龄对照组相比收缩压显著升高，与暴露前、暴露 2 周及 3 周相比收缩压也显著升高。$PM_{2.5}$ 暴露 2 周后 10 月龄小鼠的收缩压显著高于 4 月龄小鼠，暴露 3 周后 10 月龄小鼠的收缩压与 4 周龄和 4 月龄 $PM_{2.5}$ 染毒组小鼠相比收缩压均显著上升（Qin et al., 2018）。

上述结果提示，$PM_{2.5}$ 暴露可显著升高老年组小鼠的心率和血压，且有显著的时间效应关系。从心率和血压两个指标来看，老年组小鼠对 $PM_{2.5}$ 暴露最为敏感。

2. $PM_{2.5}$ 对不同年龄小鼠心脏功能的影响

E 峰是舒张早期的血流峰值，由频谱多普勒测量得到；E′峰是舒张早期的组织多普勒速度，由组织多普勒测量得到。E/E′是表征心脏舒张功能的指标，EF 是表征心脏收缩功能的指标。如图 5-37 所示，$PM_{2.5}$ 暴露 4 周后，4 周龄、4 月龄和 10 月龄小鼠的 E/E′值与同年龄对照组小鼠相比均显著升高，不同年龄组间无显著差异；而且，$PM_{2.5}$ 暴露 4 周后，10 月龄小鼠 $PM_{2.5}$ 暴露组与同年龄对照组小鼠相比 EF 显著降低，与 4 周龄和 4 月龄 $PM_{2.5}$ 染毒组小鼠相比也显著降低。上述结果提示，$PM_{2.5}$ 暴露可显著改变所有年龄组小鼠的心脏舒张功能，但仅有老年组小鼠的收缩功能会受 $PM_{2.5}$ 暴露的影响，从收缩功能 EF 这一指标来看，老年组小鼠对 $PM_{2.5}$ 暴露更为敏感（Qin et al., 2018）。

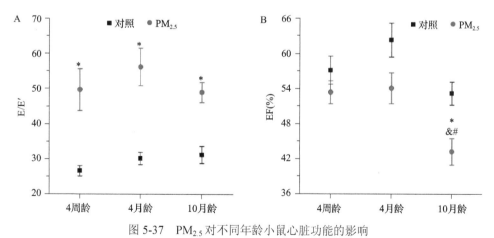

图 5-37 $PM_{2.5}$ 对不同年龄小鼠心脏功能的影响

(A)$PM_{2.5}$ 对不同年龄小鼠心脏舒张功能的影响；(B)$PM_{2.5}$ 对不同年龄小鼠心脏收缩功能的影响。图中数值以均值±标准误的形式表示(*n*=9)；双因素方差分析及 Turkey 事后检验计算显著性差异：*$P<0.05$，与同年龄对照组相比；双因素方差分析及 Bonferroni 事后检验计算显著性差异：& $P<0.05$，与 4 周龄的 $PM_{2.5}$ 组相比；# $P<0.05$，与 4 月龄的 $PM_{2.5}$ 组相比

3. $PM_{2.5}$ 对不同年龄小鼠心肌纤维化的影响

如图 5-38 Masson 染色结果所示，与同年龄对照组小鼠相比，$PM_{2.5}$ 暴露后 4 周龄及 10 月龄小鼠心肌细胞胶原蛋白沉积面积显著增加，且 $PM_{2.5}$ 暴露后，10 月龄小鼠 $PM_{2.5}$

暴露组与 4 月龄 PM$_{2.5}$ 染毒组小鼠相比胶原沉积也显著增加。表明 PM$_{2.5}$ 暴露可诱导幼年和老年组小鼠胶原蛋白的过量积累，提示具有发生心肌纤维化的可能性。从 Masson 染色这一指标来看，老年组小鼠对 PM$_{2.5}$ 暴露更为敏感(Qin et al., 2018)。

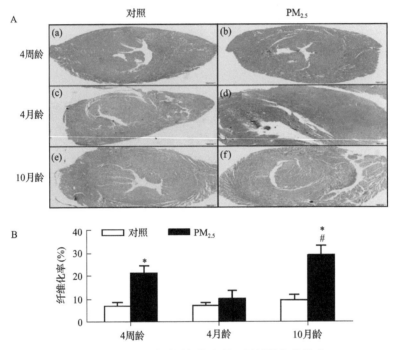

图 5-38　PM$_{2.5}$ 对不同年龄小鼠心肌纤维化的影响

(A)心脏纤维化代表性图片(40×)；(B)PM$_{2.5}$ 对不同年龄小鼠心肌胶原沉积面积的影响。图中数值以均值±标准误的形式表示($n$=6~7)；双因素方差分析及 Turkey 事后检验计算显著性差异：* $P$<0.05，与同年龄对照组相比；双因素方差分析及 Bonferroni 事后检验计算显著性差异： # $P$<0.05，与 4 月龄的 PM$_{2.5}$ 组相比

**4. PM$_{2.5}$ 对不同年龄小鼠心肌纤维化相关基因表达水平的影响**

如图 5-39(A~C)所示，与同年龄对照组小鼠相比，PM$_{2.5}$ 暴露可诱导 4 周龄及 10 月龄小鼠的心肌纤维化标志物 *Col1a1* 和 *Col3a1* 以及转化生长因子 *TGFβ1* 的 mRNA 转录水平显著升高，并且 PM$_{2.5}$ 暴露后 10 月龄小鼠 *Col1a1*、*Col3a1* 和 *TGFβ1* 的转录水平及 4 周龄小鼠 *Col3a1* 和 *TGFβ1* 的转录水平显著高于 4 月龄 PM$_{2.5}$ 组小鼠；PM$_{2.5}$ 暴露后 10 月龄小鼠 TGFβ1 的转录水平也显著高于 4 周龄 PM$_{2.5}$ 组小鼠(Qin et al., 2018)。

如图 5-39(D~F)所示，PM$_{2.5}$ 暴露后 4 周龄和 10 月龄小鼠 Col1a1 的蛋白表达水平与同年龄对照组相比显著升高，且均高于 4 月龄 PM$_{2.5}$ 组小鼠；然而，Col3a1 的蛋白表达水平只在 10 月龄 PM$_{2.5}$ 组小鼠观察到显著增加，且显著高于 4 月龄小鼠。从纤维化相关基因的转录和蛋白表达情况来看，老年小鼠更加敏感(Qin et al., 2018)。

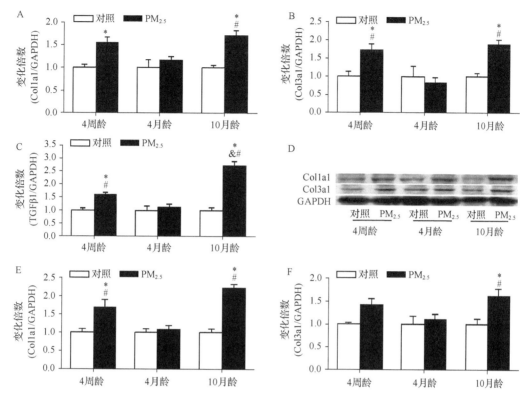

图 5-39　PM$_{2.5}$ 对不同年龄小鼠心肌纤维化相关基因 mRNA 转录和蛋白表达水平的影响

（A～C）PM$_{2.5}$ 对不同年龄小鼠心肌纤维化相关基因 mRNA 转录水平的影响；（D～F）PM$_{2.5}$ 对不同年龄小鼠心肌纤维化相关基因蛋白表达水平的影响。图中数值以均值±标准误的形式表示（$n$=6～9）；双因素方差分析及 Turkey 事后检验计算显著性差异：* $P$<0.05，与同年龄对照组相比；双因素方差分析及 Bonferroni 事后检验计算显著性差异：& $P$<0.05，与 4 周龄的 PM$_{2.5}$ 组相比；# $P$<0.05，与 4 月龄的 PM$_{2.5}$ 组相比

5. PM$_{2.5}$ 对不同年龄小鼠心肌纤维化相关通路蛋白表达的影响

如图 5-40 所示，PM$_{2.5}$ 暴露后 4 周龄及 10 月龄小鼠心脏组织内 NOX-4 和 TGFβ1 的蛋白表达水平与同年龄对照组相比显著升高，并且明显高于 4 月龄小鼠 PM$_{2.5}$ 组；PM$_{2.5}$ 暴露后 4 周龄和 10 月龄小鼠 p-Smad 的蛋白表达水平与同年龄对照组相比显著增加，4 周龄小鼠 p-Smad 的蛋白表达水平显著高于 4 月龄 PM$_{2.5}$ 组。这一结果表明 PM$_{2.5}$ 暴露可导致 4 周龄和 10 月龄小鼠心脏组织中通路蛋白 NOX-4 和 TGFβ1 表达量增加，并激活了 Smad，提示心肌纤维化的发生可能与 NOX4-TGFβ1-Smad 信号通路相关（Qin et al., 2018）。

5.3.4.3　PM$_{2.5}$ 对老年小鼠心脏功能及心肌纤维化影响的可逆性研究

10 月龄 C57BL/6 品系雌性小鼠，每组 27 只，随机分为对照组和 PM$_{2.5}$ 组。PM$_{2.5}$ 组每两天以口咽吸入的方式接受 PM$_{2.5}$，剂量为 3 mg/kg 体重，对照组滴注生理盐水，染毒周期为 4 周。染毒结束后使用多普勒超声心动仪每周一次测量心脏功能直至 PM$_{2.5}$ 组小鼠心脏功能恢复至对照组水平。

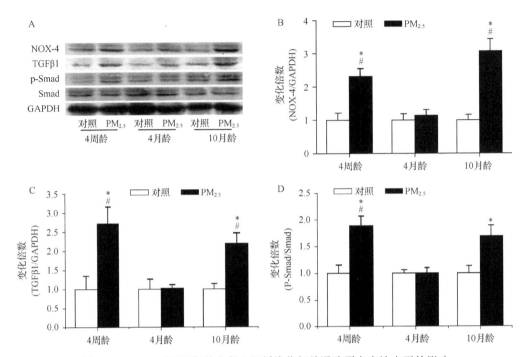

图 5-40　PM$_{2.5}$ 对不同年龄小鼠心肌纤维化相关通路蛋白表达水平的影响

(A) 各通路蛋白代表性条带；(B～D) 心脏组织中 NOX-4、TGFβ1、p-Smad/Smad 的蛋白表达水平。图中数值以均值±标准误的形式表示（$n=3\sim6$）；双因素方差分析及 Turkey 事后检验计算显著性差异：* $P<0.05$，与同年龄对照组相比；双因素方差分析及 Bonferroni 事后检验计算显著性差异：# $P<0.05$，与 4 月龄的 PM$_{2.5}$ 组相比

### 1. PM$_{2.5}$ 对老年小鼠心率和血压的影响及可逆性

由图 5-41 可知，PM$_{2.5}$ 暴露 4 周后老年小鼠的心率和收缩压显著高于对照组；恢复 1 周后小鼠心率仍显著高于暴露前小鼠的心率，而收缩压与暴露 4 周 PM$_{2.5}$ 组相比显著降低；恢复 2 周后心率与暴露前和恢复 1 周后相比均显著下降，收缩压显著低于暴露 4 周 PM$_{2.5}$ 组。从这一结果可以得出收缩压在停止暴露 1 周后即可以恢复，而心率则在停止暴露 2 周后才得以恢复（Qin et al., 2018）。

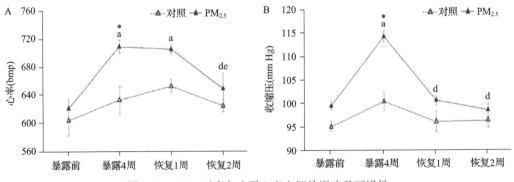

图 5-41　PM$_{2.5}$ 对老年小鼠心率血压的影响及可逆性

(A) PM$_{2.5}$ 对老年小鼠心率的影响及可逆性；(B) PM$_{2.5}$ 对老年小鼠收缩压的影响及可逆性。图中数值以均值±标准误的形式表示（$n=7$）；双因素方差分析及 Turkey 事后检验计算显著性差异：* $P<0.05$，与对照组相比；a $P<0.05$，与暴露前相比；d $P<0.05$，与暴露 4 周后相比；e $P<0.05$，与恢复 1 周后相比

**2. PM_{2.5}对老年小鼠心脏功能的影响及可逆性**

由图 5-42 可知，PM_{2.5}暴露 4 周后与对照组相比老年小鼠的 E/E′显著增加，EF 显著降低，表明老年小鼠的心脏收缩和舒张功能均发生了明显的异常；停止暴露 1 周后 E/E′和 EF 与暴露 4 周相比显著恢复，但 E/E′仍显著高于对照组；停止暴露 2 周后 E/E′和 EF 数值与对照组相比无显著差异，与暴露 4 周组相比均显著恢复。这一结果提示 PM_{2.5}的暴露可引起老年小鼠的心脏收缩和舒张功能异常，停止暴露后各项指标在两周内可以恢复至正常水平，并且收缩功能早于舒张功能发生恢复(Qin et al., 2018)。

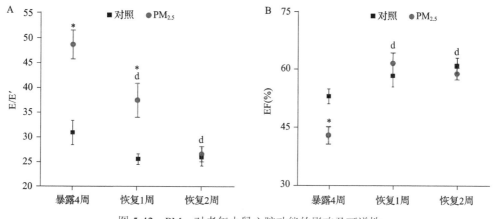

图 5-42　PM_{2.5}对老年小鼠心脏功能的影响及可逆性

(A)PM_{2.5}对老年小鼠心脏舒张功能的影响及可逆性；(B)PM_{2.5}对老年小鼠心脏收缩功能的影响及可逆性。图中数值以均值±标准误的形式表示($n$=6～9)；双因素方差分析及 Turkey 事后检验计算显著性差异：＊$P<0.05$，与对照组相比；双因素方差分析及 Bonferroni 事后检验计算显著性差异：d $P<0.05$，与暴露 4 周后相比

**3. PM_{2.5}对老年小鼠心肌纤维化标志基因 mRNA 转录水平的影响及可逆性**

由图5-43可知，PM_{2.5}暴露4周后老年小鼠纤维化标志基因 *Col1a1* 和 *Col3a1* 的 mRNA 转录水平与对照组相比均显著增加；停止暴露 1 周后 *Col3a1* 的 mRNA 转录水平与对照组相比无显著差异，与暴露 4 周 PM_{2.5}组比明显下降，但 *Col1a1* 的 mRNA 转录仍显著高于对照组；停止暴露 2 周后 *Col1a1* 和 *Col3a1* 的 mRNA 转录水平与暴露 4 周 PM_{2.5}组比均显著降低，与对照组相比无显著差异。这一结果表示 PM_{2.5}暴露可导致老年小鼠心肌细胞胶原合成活动增强，胶原蛋白的 mRNA 表达增多，提示具有胶原沉积的可能性，停止暴露后效应可以恢复(Qin et al., 2018)。

**4. PM_{2.5}诱导老年小鼠肺及心脏组织 MDA 含量增加及可逆性**

由图 5-44 可知，PM_{2.5}暴露 4 周后老年小鼠心脏和肺部 MDA 含量与对照组相比显著增多，这一结果表明 PM_{2.5}暴露可以诱导心脏和肺部氧化损伤。停止暴露 1 周和 2 周后，与对照组相比无显著差异，与暴露 4 周 PM_{2.5}组相比，心脏和肺部 MDA 均显著降低，表示 PM_{2.5}对心脏和肺部 MDA 诱导作用是可逆的(Qin et al., 2018)。

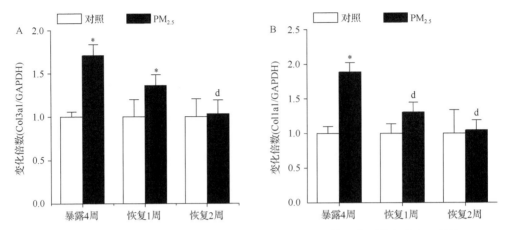

图 5-43　PM$_{2.5}$ 对老年小鼠心肌纤维化标志基因 mRNA 转录水平的影响及可逆性

PM$_{2.5}$ 对老年小鼠纤维化标志基因(A)*Col3a1* 和(B)*Col1a1* 的 mRNA 转录水平的影响及可逆性。图中数值以均值±标准误的形式表示($n=6$～9);双因素方差分析及 Turkey 事后检验计算显著性差异:* $P<0.05$,与对照组相比;双因素方差分析及 Bonferroni 事后检验计算显著性差异:d $P<0.05$,与暴露 4 周组相比

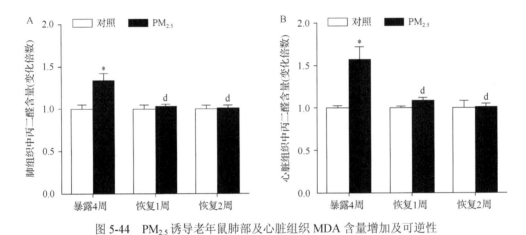

图 5-44　PM$_{2.5}$ 诱导老年鼠肺部及心脏组织 MDA 含量增加及可逆性

(A)PM$_{2.5}$ 对不同年龄小鼠肺组织 MDA 含量的影响;(B)PM$_{2.5}$ 对不同年龄小鼠心组织 MDA 含量的影响。图中数值以均值±标准误的形式表示($n=6$～9);双因素方差分析及 Turkey 事后检验计算显著性差异:* $P<0.05$,与对照组相比;双因素方差分析及 Bonferroni 事后检验计算显著性差异:d $P<0.05$,与暴露 4 周组相比

### 5.3.4.4　PM$_{2.5}$ 诱导老年小鼠心脏功能损伤的代谢通路分析

为了全面地考察 PM$_{2.5}$ 暴露对老年小鼠的心脏损伤,采用基于 GC-MS 的代谢组学分析技术对小鼠心脏代谢物进行非靶向分析,共发现了 40 种差异代谢物,与对照组相比,PM$_{2.5}$ 组中有 24 种代谢物上调,16 种代谢物下调,差异代谢物主要富集在碳水化合物代谢(延胡索酸、苹果酸、核糖 5-磷酸盐、柠檬酸、琥珀酸、苏糖酸、草酸、肌醇、磷酸盐、胆固醇、丙酮酸、乳酸、2-羟丁酸和丙三醇)、脂肪酸代谢(壬二酸、十二烷酸、壬酸、戊二酸和花生四烯酸)、氨基酸代谢(天门冬氨酸、戊二酸、焦谷氨酸、丙氨酸、4-羟脯氨酸、甲酸、赖氨酸、巯基乙胺、异亮氨酸、亮氨酸和缬氨酸)、核苷酸代谢(核糖 5-磷酸盐、腺嘌呤、腺苷酸和尿苷)以及烟碱酰胺代谢(烟碱酰胺)(图 5-45)(Zhang et al., 2019)。

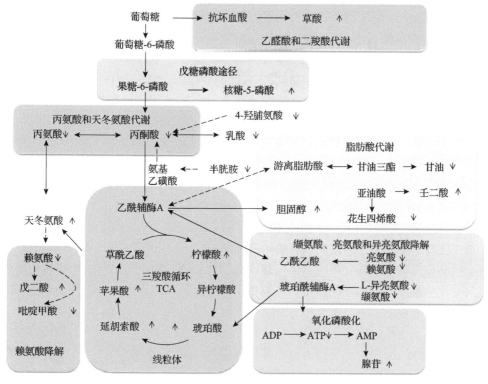

图 5-45　PM$_{2.5}$诱导老年小鼠心脏功能损伤的代谢路径分析

（撰稿人：桑　楠）

## 5.4　大气细颗粒物致慢性阻塞性肺疾病机制及肺肠损伤干预研究

### 5.4.1　大气细颗粒物中有机碳组分致慢性阻塞性肺疾病效应的分子机制研究

慢性阻塞性肺疾病是世界范围内常见的肺部损伤性疾病（He et al., 2018b）。慢性阻塞性肺疾病诊治指南称，慢性阻塞性肺疾病严重危害民众身体健康，目前居全球死因第 4 位。我国每年因慢性阻塞性肺疾病死亡的人数达 128 万人，其发病率与死亡率呈逐年上升趋势。该病具有气流受限等特征，受限不完全可逆，伴有气道高反应性，并呈进行性发展。慢性阻塞性肺疾病发生与肺部对有害气体或有害颗粒的异常炎症反应有关。所产生的病理具有多种结构改变，包括气道、肺实质、肺血管系统改变，主要特点是肺气肿和小气道重塑（Jiang et al., 2016）。

慢性阻塞性肺疾病的发病机制不仅与炎症宿主免疫反应有关，而且与慢性环境压力也密不可分（Baraldo et al., 2012）。吸烟、烟雾是导致慢性阻塞性肺疾病的最常见的刺激物。近年来有研究表明机动车辆尾气和工厂排放物等空气污染形成的雾霾、生物燃料等是慢性阻塞性肺疾病发病的重要危险因素，且生物燃料烟雾是非吸烟慢性阻塞性肺疾病患者的重要致病因素，这对当下处于空气污染较为严重部分区域人群具有较大影响。而在中国，严重的空气污染已成为对公众健康的主要威胁，不断加剧对居民呼吸系统健康的危害。尽管确定了空气污染与肺功能之间的关系(Guan et al., 2016)，但暴露于含有不同成分的空气污染物后患者的肺功能降低存在差异性(Hansell et al., 2016)。但更多研究表明雾霾可以显著增加慢性阻塞性肺疾病的患病率和慢性阻塞性肺疾病患者的症状。由于空气中的细颗粒物($PM_{2.5}$)携带大量有毒有害物质进入人体呼吸道、肺泡，甚至血液系统，长时间的暴露在空气 $PM_{2.5}$ 中，可增加慢性阻塞性肺疾病的发病率，对人体造成严重肺功能损害(Wang et al., 2015)。

$PM_{2.5}$ 中的有机组分比例超过30%，其中多环芳烃及其衍生物(如硝基多环芳烃、醌类有机物)等是重要的组成部分。多环芳烃是指两个以上苯环以稠环形式相连的化合物，是一类广泛存在于环境中的致癌性有机污染物(Muñoz et al., 2018)。多环芳烃广泛存在于大气、机动车尾气等环境介质中，可直接来源于化石燃料的不完全燃烧，也可由前体物经大气光化学反应的二次转化产生。环境中多环芳烃的存在形态及分布受其本身物理化学性质和周围环境的影响，空气中多环芳烃可与大气中的臭氧、氮氧化物等反应，生成致癌活性或诱变性更强的化合物(Kong et al., 2018)。此外，Bonnefoy 等(2012)研究发现，硝基多环芳烃的致突变和致癌潜力可达其母体多环芳烃的 $10 \sim 100000$ 倍，吸附于颗粒物表面的硝基多环芳烃能随呼吸进入人体，并引起肺癌。

研究人员研究了暴露于 $PM_{2.5}$ 后小鼠模型中人支气管上皮细胞和组织中的慢性阻塞性肺疾病样病变，探究柴油尾气颗粒主要毒性成分有机碳组分中 1-硝基芘诱导慢性阻塞性肺疾病样损伤的机理，寻找环境空气污染诱导的慢性阻塞性肺疾病预防性干预的有效靶点。

### 5.4.1.1　1-硝基芘是柴油尾气颗粒中抑制肺组织细胞线粒体基因表达的主要毒性组分

存在于大气中的硝基多环芳烃多可以从化石燃料，特别是柴油的不完全燃烧中产生，或通过母体多环芳烃的光化学反应形成(Gong et al., 2013)。为了确定影响线粒体的柴油尾气颗粒中主要毒性成分，将人支气管上皮细胞以最主要的两种硝基多环芳烃: 1-硝基芘、3-硝基芘和三种多环芳烃: 萘、荧蒽及菲进行处理，浓度分别为 1 μg/mL 和 10 μg/ mL。实验结果表明柴油尾气颗粒中最丰富的多环芳烃组分 1-硝基芘所产生的 *NDUFA1*、*NDUFA2*、*NDUFC2*、*NDUFS4* 和 *ATP5H* 的 mRNA 变化趋势与柴油尾气颗粒暴露处理的人支气管上皮细胞中观察到的现象相一致(图 5-46A)(Kameda et al., 2011)。且在暴露于 1-硝基芘的小鼠肺组织中，这五种线粒体相关基因表达水平显著降低(图 5-46B)。继而通过对人支气管上皮细胞经透射电镜观察验证 1-硝基芘的亚细胞效应。在 1-硝基芘处理的人支气管上皮细胞的细胞质中观察到溶胀的线粒体(图 5-46C，白色箭头)和自噬体(图 5-46C，黑色箭头)。综上所述，在柴油尾气颗粒 5 种最丰富的成分中，1-硝基芘是引发肺细胞线粒体抑制的主要成分。

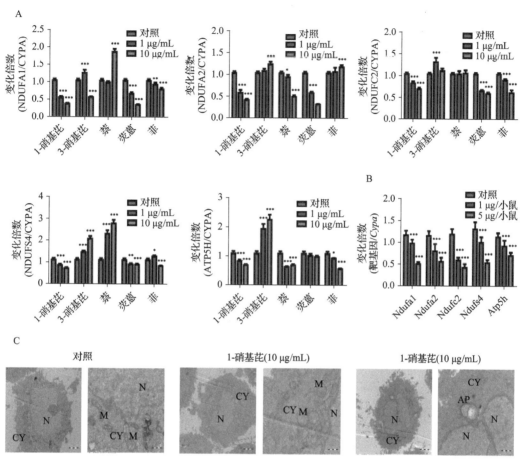

图 5-46 1-硝基芘为柴油尾气颗粒的主要毒性成分

(A)硝基多环芳烃和多环芳烃组分处理的人支气管上皮细胞 mRNA 表达水平($n=6$);(B)1-硝基芘处理的小鼠肺组织中 5 个线粒体相关基因的 mRNA 表达水平($n=6$);(C)1-硝基芘处理的人支气管上皮细胞经透射电镜观察代表性图像。对照组线粒体形态正常,1-硝基芘处理的人支气管上皮细胞中观察到线粒体肿胀和自噬现象。M 代表线粒体、N 代表核、CY 代表细胞质、AP 代表自噬,*$P<0.05$,**$P<0.01$,***$P<0.001$

### 5.4.1.2 线粒体复合物 I 功能障碍以 ATG7 依赖性方式触发自噬

由于在细胞中线粒体功能对 1-硝基芘暴露的反应具有重要作用,因此研究人员试图探究 1-硝基芘促进线粒体功能障碍的机制。研究观察暴露于 1-硝基芘的人支气管上皮细胞线粒体膜的完整性,活性氧产生和自噬。荧光探针 JC-1 在正常细胞中呈现为红色荧光,提示线粒体膜电位完整。然而,用 1 或 10 μg/mL1-硝基芘处理的细胞显示红色荧光减少,且绿色荧光增强,提示线粒体膜电位损伤(图 5-47A)。暴露 24h 后,通过荧光显微镜和流式细胞仪检测人支气管上皮细胞中的活性氧水平,表现出以浓度依赖性的方式显著增加(图 5-47B)。当在 1-硝基芘处理的人支气管上皮细胞和小鼠肺组织中通过实时荧光定量 PCR 实验检测自噬通路相关基因表达水平,发现其中之前被证实与肺气肿相关的损伤标志物 *ATG7* 和 *LC3B* 的表达增强(图 5-47C)(Mizumura et al., 2014)。为了进一步证实 1-硝基芘暴露增加自噬,使用蛋白质印迹法检测 ATG7 和 LC3B 蛋白水平,结果显示 1-硝基芘暴露增加 ATG7 和 LC3B-II 蛋白表达，与 mRNA 表达水平相一致（图 5-47D）。用 Cyto-ID 自噬检测试剂盒检测自噬流，发现由 Cyto-ID 标记的斑点显著增加，表明在人支气管上皮细胞中自噬体形成增强（图 5-47E）。C/EBPα 是线粒体 NADH 脱氢酶的调控基因，为了评估自噬流的上游因素，在 1-硝基芘暴露组和控制组人支气管上皮细胞中，将沉默 RNA 和慢病毒过表达的 C/EBPα 与五种线粒体相关基因转入细胞内。结果表明 NDUFA1 和 NDUFA2 的沉默 RNA，可增强 ATG7 的 mRNA 和蛋白质表达水平，但 NDUFC2，NDUFS4 或 ATP5H 沉默 RNA 则无影响。在 1-硝基芘暴露后，NDUFA1 和 NDUFA2 的过表达使 ATG7 的水平恢复至对照水平[图 5-47（F,G）]。过表达 C/EBPα 可抑制 1-硝基芘诱导的自噬流和 ATG7 蛋白表达，且抑制 C/EBPα 可增加人支气管上皮细胞中 Cyto-ID 标记的斑点数量和 ATG7 蛋白表达[图 5-47（H,I）]。结果表明 1-硝基芘在体内和体外均以线粒体-ATG7 这条通路引发自噬。然而，自噬在 1-硝基芘暴露的发病机制中所发挥的作用仍不清楚。

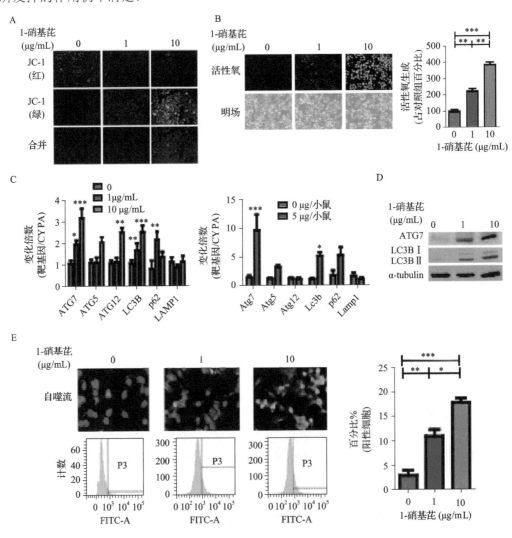

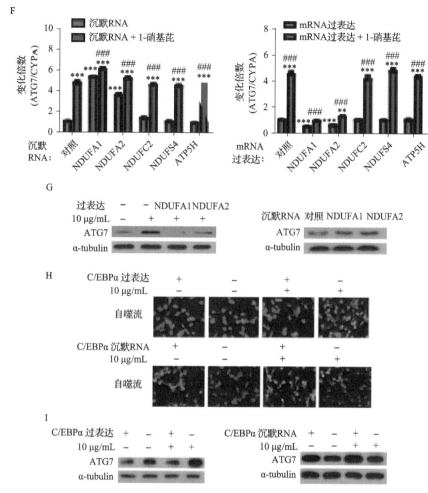

图 5-47　1-硝基芘促进人支气管上皮细胞线粒体功能障碍和自噬

(A)1-硝基芘处理的人支气管上皮细胞 JC-1 染色表示线粒体膜电位衰减；(B)1-硝基芘处理的人支气管上皮细胞中活性氧生成增加(n=3)；(C)1-硝基芘处理的人支气管上皮细胞和小鼠肺组织中自噬相关基因的 mRNA 表达水平(n=6)；(D)代表性的蛋白质印迹法结果显示 1-硝基芘处理的人支气管上皮细胞中 ATG7 和 LC3B 的表达水平；(E)Cyto-ID 标记的自噬小体斑点用流式细胞术进行检测(n=3)；(F)抑制或过表达 *NDUFA1* 和 *NDUFA2* 可增加或降低人支气管上皮细胞中 *ATG7* 的 mRNA (n=6)；(G)蛋白表达水平；(H)C/EBPα 在人支气管上皮细胞中抑制自噬流；(I)C/EBPα 抑制 1-硝基芘引起的 ATG7 表达水平增高。与对照组比较，*P<0.05，** P<0.01，***P<0.001。与相应对照组比较，###P<0.001

### 5.4.1.3　肺组织条件性 *Atg7* 基因敲除小鼠对实验性慢性阻塞性肺疾病更具抵抗力

上述研究结果表明自噬在 1-硝基芘诱导的肺部疾病中具有潜在作用，为了验证此假设，用对照培养基或单剂量的 1-硝基芘处理野生型和 *Atg7* 敲除型小鼠，并评估其肺功能。1-硝基芘暴露的野生型小鼠肺容积明显扩大，相比之下，*Atg7* 敲除型小鼠对 1-硝基芘诱导的肺气肿具有部分抗性，并且与暴露于 1-硝基芘的野生型小鼠相比，显示出远端肺容积减小的改变[图 5-48(A,B)]。支气管肺泡灌洗液中肺组织活性氧的生成和分泌的白细胞介素-6 水平与肺气肿的严重程度相一致[图 5-48(C,D)]。而白细胞介素-6 是一种与慢性阻塞性肺疾病加重和肺功能下降相关的细胞因子。在 1-硝基芘暴露后导致野生型和 *Atg7* 敲除型小鼠的肺泡灌洗液中细胞总数和中性粒细胞的数量显著增多，*Atg7* 敲除型小鼠的肺泡灌洗液中炎症细胞数量较野生型小鼠减少(图 5-48E)。特异性气道阻力为鉴定慢性阻塞性肺疾病急性支气管反应的特异性指标。该指标检测结果显示，在暴露于 1-硝基芘的 *Atg7* 敲除型小鼠中特异性气道阻力显著低于野生型小鼠(图 5-48F)。免疫组化染色发现在 1-硝基芘暴露的野生小鼠肺组织中 *Atg7* 表达升高，在 *Atg7* 敲除型小鼠中则完全缺失。在 1-硝基芘处理的野生型小鼠中 Lc3b 表达增加，但在 *Atg7* 敲除型小鼠中并未有明显改变(图 5-48G)。综上所述，研究结果表明自噬缺失可在体内阻断 1-硝基芘诱导的肺部病变。

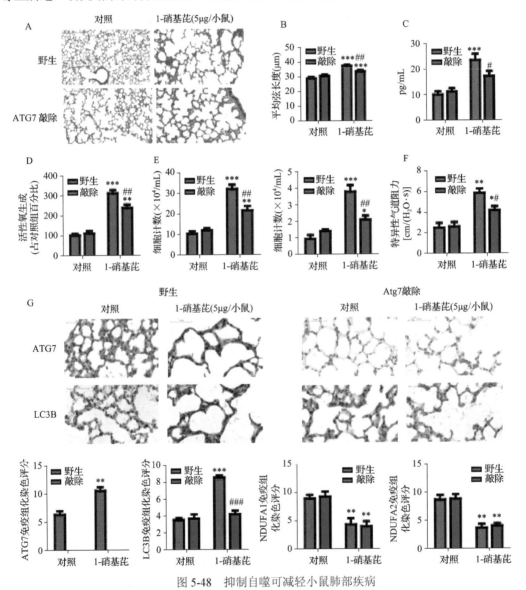

**图 5-48　抑制自噬可减轻小鼠肺部疾病**

(A)小鼠肺组织苏木精-伊红染色法代表性图像(100×)；(B)小鼠肺组织的组织学评分($n=18$)；(C)肺泡灌洗液中白细胞介素-6 水平($n=6$)；(D)肺组织中活性氧的生成；(E)肺泡灌洗液炎症细胞数($n=6$)；(F)小鼠气道反应性($n=6$)；(G)小鼠肺组织免疫组化染色代表性图像及组织学评分(400×)($n=6$)。与对照野生型小鼠组比较，*$P<0.05$，** $P<0.01$，*** $P<0.001$。与相应野生型小鼠组比较，#$P<0.05$，##$P<0.01$，###$P<0.001$

### 5.4.1.4　小结

研究发现了 PM$_{2.5}$ 暴露与慢性阻塞性肺疾病风险增加之间的关联，并证实 PM$_{2.5}$ 诱导的慢性阻塞性肺疾病是由于线粒体复合物 I 功能缺陷所致。然而，PM$_{2.5}$ 诱导的慢性阻塞性肺疾病的潜在机制仍尚未确定。1-硝基芘是一种可能的人类致癌物（2A 组）被认为在实验性慢性阻塞性肺疾病的致病中起着重要作用，且线粒体功能与慢性阻塞性肺疾病发病机制有关。自此研究人员提出了假设：由于线粒体复合体 I 功能受损，肺细胞自噬增加，导致慢性阻塞性肺疾病的炎症和肺气肿。与研究结果相符的是近期的一项报道称，在暴露于可吸入的环境颗粒后，自噬对于通过 NF-κB 和 AP-1 通路介导上皮炎症和黏液过度产生具有至关重要的作用。研究结果也验证了自噬在 PM$_{2.5}$ 诱导的肺损伤中发挥有害作用。

这些发现对于理解由 PM$_{2.5}$ 诱导的慢性阻塞性肺疾病样损伤具有重要意义。线粒体在此过程中的反应表明线粒体复合物 I 可能是环境空气污染诱导的慢性阻塞性肺疾病预防性干预的有效靶点。

## 5.4.2　大气细颗粒物中金属组分致慢性阻塞性肺病效应的分子机制研究

铝（Al）是 PM$_{2.5}$ 中最常见的重金属成分之一（Reff et al., 2009），与各种不良生物效应相关（Ebisu and Bell, 2012）。环境中的铝往往以相对稳定的氧化铝形式存在，并通过呼吸道吸入人体。采用纳米氧化铝（Al$_2$O$_3$ NPs）材料，模拟大气 PM$_{2.5}$ 中金属铝暴露，研究其呼吸系统毒性作用，发现纳米氧化铝可以促进小鼠肺巨噬细胞数量的增加（Adamcakova-Dodd et al., 2012）；Wagner 等（2007）研究表明，大鼠连续 24 h 暴露于 100 μg /mL 纳米氧化铝后，肺泡巨噬细胞的生存能力增强；另有研究发现,暴露于 53 μg/cm$^2$ 纳米氧化铝能够体外诱导人肺上皮细胞 BEAS-2B 和正常 HBE 细胞对白细胞介素-6 反应性增加（Veranth et al., 2007）。值得注意的是，纳米氧化铝可以快速进入 A549 细胞的胞质和细胞内的囊泡，并发挥相应的毒作用（Simon-Deckers et al., 2008）。以上研究表明可能存在一种包括炎症反应、氧化应激和细胞死亡在内的毒性机制。前期肺组织细胞体外毒性研究发现细胞周期及分化关键蛋白分子 PTPN6 表达上调，在纳米氧化铝致细胞毒性作用中发挥关键调控作用（Li et al., 2016）。因此，在后续体内研究中，采用纳米氧化铝模拟大气污染中铝的暴露途径，研究其致体内呼吸系统毒性作用。

### 5.4.2.1　暴露于纳米氧化铝增加小鼠肺组织中炎症介质水平

在暴露于纳米氧化铝的前一天和暴露的第 3d、第 7d，分别测量小鼠清醒状态下的特异性气道阻力（sRAW）。暴露于 2 mg/m$^3$ 纳米氧化铝的第 3d 和第 7d，小鼠特异性气道阻力显著增加。与对照组相比，暴露于 0.4 mg/m$^3$ 纳米氧化铝的小鼠在第 7d 特异性气道阻力显著增加（图 5-49A）。基于低水平暴露纳米氧化铝在第 7d 引起表型改变，以下实验进行了 7d, 对照组（过滤室内空气，FRA）、0.4 mg/m$^3$ 和 2 mg/m$^3$ 纳米氧化铝暴露组的肺部铝负荷分别为 411±68、1238±110 和 2951±234 ng/g。与暴露于 0.4 mg/m$^3$ 纳米氧化铝组相比，2 mg/m$^3$ 纳米氧化铝组肺部铝负荷增加 3 倍，可能与高剂量纳米氧化铝对肺的损伤更大有关。与过滤室内空气对照组相比，纳米氧化铝暴露组小鼠的肺泡灌洗液（BALF）白细胞介素-6 和肺泡灌洗液白细胞介素-33 浓度更高(图 5-49B)。随后测定肺泡灌洗液中细胞总数、单核细胞数和中性粒细胞数，与对照组相比，在 0.4 和 2 mg/m³ 纳米氧化铝暴露组的小鼠肺中，白细胞介素-6 水平分别升高 76% 和 113%，白细胞介素-33 水平升高 65% 和 72.5%，细胞总数分别增加 33% 和 64%，单核细胞增加 34% 和 57%，中性粒细胞增加 130% 和 250%。与过滤室内空气对照组相比，上述两组气道炎症指数均呈纳米氧化铝剂量依赖性升高(图 5-49C)。

### 5.4.2.2 暴露于纳米氧化铝诱导小鼠肺组织慢性阻塞性肺病样改变及促进凋亡

采用苏木精-伊红染色观察小鼠肺组织病理改变。与过滤室内空气对照组相比，纳米氧化铝暴露以后，肺组织空间和平均弦长度(Lm)增加[图 5-50(A,B)]。通过过碘酸希夫染色(PAS)和马松染色(Masson)来检测实验性慢性阻塞性肺病的其他重要特性，如小气道改变，在纳米氧化铝暴露的小鼠气道上皮细胞中(图 5-50C)，过碘酸希夫染色检测发现黏液蛋白糖蛋白分泌增加，黏液分泌过多。马松染色评价小气道周围胶原沉积，这是气道重塑的一个标志，如图 5-50D 所示，与过滤室内空气对照组相比，暴露于纳米氧化铝的小鼠肺部胶原沉积增强。肺泡上皮细胞和内皮细胞凋亡的增加是慢性阻塞性肺病发病机制中一个重要的上游事件，尤其是在肺气肿的发展过程中(Demedts et al., 2006, Hou et al., 2013)。研究人员采用 TUNEL 法检测小鼠肺部的凋亡，如图 5-50E 所示，与过滤室内空气对照组相比，暴露于纳米氧化铝的小鼠肺部气道上皮细胞和肺泡上皮细胞凋亡率呈剂量依赖性显著增加。以上研究表明，暴露于纳米氧化铝会导致小鼠肺部炎症与慢性阻塞性肺病的病理改变。

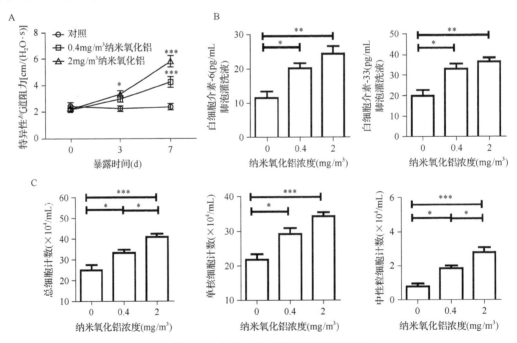

图 5-49 纳米氧化铝暴露引起肺部炎症

(A)纳米氧化铝暴露小鼠的特异性气道阻力显著升高(n=10)；(B)小鼠纳米氧化铝暴露，肺泡灌洗液中炎症介质显著增加(n=4)；(C)与过滤室内空气对照组相比，纳米氧化铝暴露小鼠肺泡灌洗液中总细胞数、单核细胞数和中性粒细胞数均显著增加(n=4)。*P<0.05，**P<0.01，**P<0.001，与同日对照组比较

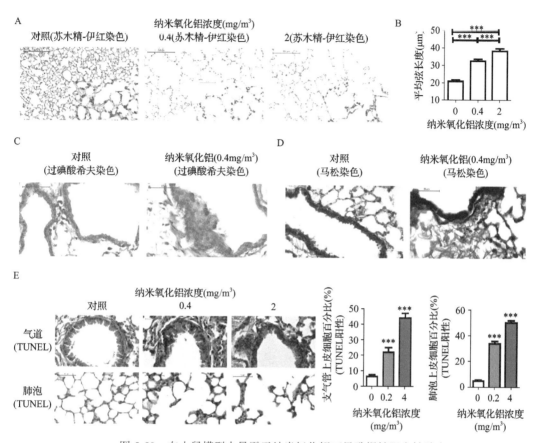

图 5-50　在小鼠模型中暴露于纳米氧化铝可导致慢性阻塞性肺病

(A)正常肺泡区和肺气肿的典型图像；(B)纳米氧化铝暴露的小鼠肺泡平均弦长度明显增加($n=36$)；(C)过碘酸希夫染色代表性图像，过碘酸希夫(PAS⁺)细胞提示气道上皮细胞分泌过多(箭头所示)；(D)马松染色的代表性图像，气道周围胶原沉积呈紫色；(E)TUNEL 染色代表性图像及 TUNEL⁺细胞百分比($n=30$)。*** $P<0.001$，与对照组比较

### 5.4.2.3　抑制 PTPN6 可导致凋亡相关基因 PDCD4 过表达

研究发现纳米氧化铝暴露后肺 *Ptpn6* 的表达水平被显著抑制，其他 3 个基因(*Pdcd4*、*Bax* 和 *App*)的表达呈剂量依赖性显著增加(图 5-51A)。

在 A549 细胞和 HBE 细胞两种肺细胞株中，进一步验证 PTPN6 对 PDCD4、BAX 和 APP 的调控作用，结果显示纳米氧化铝暴露能够降低 PTPN6 的表达，增加 PDCD4、BAX、APP 的 mRNA 及蛋白表达水平。然而，过表达 PTPN6 使 PDCD4 的表达降低到与对照组无明显差异的水平(图 5-51B)，表明 PTPN6 抑制 PDCD4 的表达。为了进一步验证 PTPN6 在体内对 PDCD4 的调控作用，研究人员建立了 *Ptpn6* 过表达小鼠模型，条件过表达 *Ptpn6* 可抑制纳米氧化铝诱导的小鼠肺中 PDCD4 表达升高至与对照组无明显差异的水平(图 5-51C)。因此，PTPN6/PDCD4 通路在纳米氧化铝诱导的小鼠实验性慢性阻塞性肺病中起重要作用。

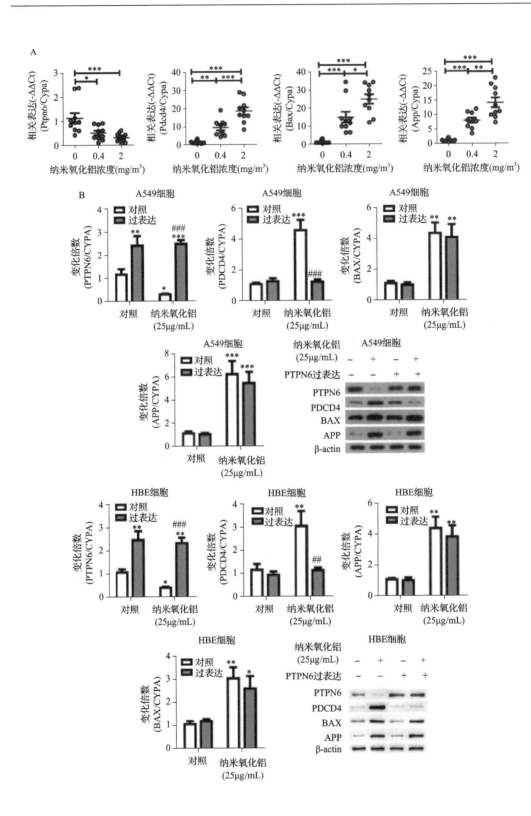

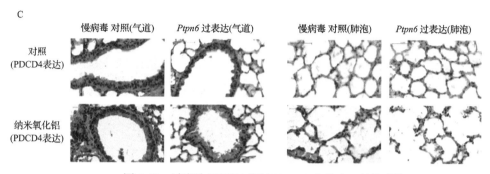

**图 5-51　过表达 PTPN6 抑制 PDCD4 在体内、外的表达**

（A）暴露于纳米氧化铝的小鼠肺组织中 *Ptpn6*、*Pdcd4*、*Bax*、*App* 的表达（$n=10$）；（B）在 A549 和 HBE 细胞中，PTPN6、PDCD4、BAX 和 APP 的 mRNA 和蛋白表达水平（$n=6$）；（C）小鼠肺组织中 PDCD4 表达的代表性图像。*$P<0.05$，**$P<0.01$，***$P<0.001$，与溶剂对照组相比，## $P<0.01$，### $P<0.001$，与溶剂/纳米氧化铝暴露组相比

### 5.4.2.4　肺组织条件性 PTPN6 过表达缓解纳米氧化铝诱导的慢性阻塞性肺病样改变

在纳米氧化铝诱导的慢性阻塞性肺病样改变中，抑制 PTPN6 是一个关键的上游事件，因此，研究 PTPN6 过表达挽救慢性阻塞性肺病样损伤的能力。PTPN6 过表达后，特异性气道阻力（sRAW）、白细胞介素-6、白细胞介素-33 在肺泡灌洗液（BALF）中的表达水平显著降低[图 5-52（A,B）]。同时，过表达 *Ptpn6* 的小鼠对纳米氧化铝诱导的肺泡扩张和

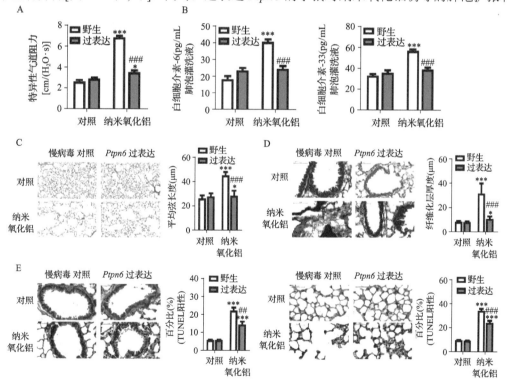

**图 5-52　过表达 PTPN6 挽救小鼠模型的实验性慢性阻塞性肺病**

（A）小鼠清醒状态下特异性气道阻力（$n=10$）；（B）肺泡灌洗液中炎症介质水平（$n=4$）；（C）小鼠肺气肿及平均弦长度的代表性图像（$n=36$）；（D）小鼠肺气道重塑及气道周围纤维化层厚度的代表性图像（$n=36$）；（E）TUNEL 染色的代表性图像及 TUNEL$^+$细胞在气道上皮和肺泡上皮中的比例（$n=30$）；*$P<0.05$，***$P<0.001$，与野生型对照组相比，##$P<0.01$，###$P<0.001$，与暴露于纳米氧化铝的野生型小鼠相比

平均弦长变化有抑制作用(图 5-52C),无小气道重构(图 5-52D),且小气道和肺泡的凋亡细胞百分比也相应降低(图 5-52E)。因此,PTPN6 过表达可预防肺气肿和小气道重构。

研究结果表明,纳米氧化铝暴露通过抑制 *Ptpn6* 的表达和增强肺部炎症反应,从而诱导小鼠肺气肿和气道重塑。反过来,*STAT3* 的激活促进 *PDCD4* 的表达,诱导肺组织凋亡(图 5-53),因此,PTPN6/STAT3/PDCD4 通路在纳米氧化铝暴露引起的慢性阻塞性肺病样病理病变中起到关键作用。

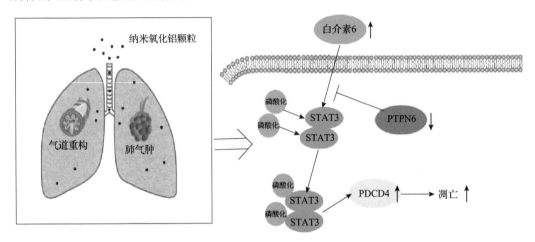

图 5-53　纳米氧化铝诱导的慢性阻塞性肺病样病变的关键分子通路

### 5.4.2.5　小结

通过比较我国多地 PM$_{2.5}$ 样品中的金属组分,发现铝是较为稳定的、质量比重最高的金属组分之一。采用纳米氧化铝颗粒模拟大气污染中铝的暴露途径和浓度,结合细胞和动物水平研究,开展 PM$_{2.5}$ 中金属铝的呼吸系统毒性研究发现 *PTPN6* 表达下调,激活小鼠肺组织细胞凋亡,加重肺组织炎性浸润,最终导致肺气肿和气道重塑。

### 5.4.3　大气细颗粒物肺损伤干预研究

代谢组学被广泛应用于多个生物学领域。目前,基于代谢组学分析所识别的生物标志物可用于疾病诊断和筛选、毒理和功效评估、新药物发现以及患者对治疗反应的监测(Monteiro et al., 2013)。事实上,代谢组学是基因组学、转录组学和蛋白质组学的补充,能够反映基因表达后、转录后、翻译后的真实情况。它与表型更直接相关,并结合了遗传和环境因素的信息,因此它可以反应机体的生理或病理状态(Patti et al., 2012)。

代谢组学是通过对体液、细胞、组织等生物样本中的小分子代谢物进行定性、定量分析,达到表征细胞、组织或器官功能的目的。它侧重于内源性小分子,主要包括分子量低于 1000 Da 分子的检测。该类小分子能够参与生物体的代谢,维持生长和发育的正常功能(McDougall et al., 2017)。通过对这类小分子化合物的定性分析,代谢组学分析能够揭示遗传修饰或环境因素对机体的影响。

因此,在阐明主要 PM$_{2.5}$ 毒性组分直接作用生物靶点的基础上,利用非靶标代谢组学分析，发现内源性小分子代谢产物对 PM$_{2.5}$ 致肺部损伤的干预作用。目前，研究已经发现几种相关的内源性小分子物质具有缓解 PM$_{2.5}$ 有害生物效应的功能。

### 5.4.3.1 牛磺酸和 3-甲基腺嘌呤缓解细颗粒物致肺气肿作用的研究

研究显示 PM$_{2.5}$ 有机碳组分中的 1-硝基芘与慢性阻塞性肺病风险增加之间具有相关性，其可能是由 C/EBPα/线粒体/自噬分子机制介导的。为了探索可能改善颗粒物致慢性阻塞性肺病的干预物质，利用代谢组学分析去鉴定与调节线粒体复合物 I 功能障碍和自噬有关的小分子。一方面，与健康受试者的血清相比，在慢性阻塞性肺病患者血清中确定了 11 种具有显著调节作用的代谢物（变化倍数>1.5 且 $P$ <0.05）（表 5-12）。另一方面，在未处理和柴油尾气颗粒物处理的两组人支气管上皮细胞的细胞裂解物中，经 Bonferroni 校正（$P$<0.0001）后发现了三种显著调节的小分子（表 5-13）。在这些小分子中，牛磺酸（taurine）和 3-甲基腺嘌呤（3-methyladenine，简称 3-MA）引起了研究人员的注意。

**表 5-12　慢性阻塞性肺病患者血清中与健康受试者差异显著的代谢物（$n=120$）**

| 代谢物名称 | HMDB 编号 | 调控 | 变化倍数 | $P$ 值 |
| --- | --- | --- | --- | --- |
| 二甲基苯并咪唑 | HMDB03701 | 上调 | 2.972 | 0.011 |
| L-羟基丁二酸 | HMDB00156 | 下调 | 0.668 | 0.022 |
| 环腺苷酸 | HMDB00058 | 下调 | 0.663 | 0.008 |
| L-3-苯基乳酸 | HMDB00748 | 下调 | 0.655 | 0.004 |
| 5'-磷酸吡哆醛 | HMDB01491 | 下调 | 0.639 | 0.001 |
| (-)-马台树脂醇 | HMDB35698 | 下调 | 0.604 | 0.009 |
| L-半胱氨酸 | HMDB00574 | 下调 | 0.59 | <0.001 |
| 3-甲基腺嘌呤 | HMDB11600 | 下调 | 0.586 | 0.003 |
| 牛磺酸 | HMDB00251 | 下调 | 0.585 | 0.02 |
| 亚牛磺酸 | HMDB00965 | 下调 | 0.547 | 0.001 |
| 肌苷酸 | HMDB00175 | 下调 | 0.539 | <0.001 |

**表 5-13　柴油尾气颗粒物处理后人支气管上皮细胞裂解液中具有显著差异的代谢物（$n=9$）**

| 柴油尾气颗粒物（μg/mL） | | 10 | | 20 | | 50 | |
| --- | --- | --- | --- | --- | --- | --- | --- |
| 代谢物名称 | HMDB 编号 | FC | $P$ 值 | FC | $P$ 值 | FC | $P$ 值 |
| 牛磺酸 | HMDB00251 | 0.6228 | 0.049 | 0.4244 | 0.013 | 0.3404 | 0.003 |
| 3-甲基腺嘌呤 | HMDB11600 | 0.6015 | 0.043 | 0.4949 | 0.017 | 0.4071 | 0.002 |
| L-天冬氨酰-L-苯丙氨酸 | HMDB00706 | 0.8497 | 0.046 | 2.0242 | 0.049 | 2.1975 | 0.0019 |

牛磺酸的主要生理功能之一是抗氧化活性，其作用主要归因于以下几种机制。①有研究显示牛磺酸可以提高抗氧化酶的活性（Duzenli et al., 2018）。通过减少有害活性氧的数量，牛磺酸可以间接地提高抗氧化的能力。②牛磺酸也是重要的抗炎剂。在髓过氧化物酶的催化下，其与次氯酸反应，能够产生抗炎产物牛磺酸氯胺。另外，通过髓过氧化

物酶反应，牛磺酸还可以降低中性粒细胞产生的活性氧及次氯酸的水平(Marcinkiewicz and Kontny, 2014)。③线粒体内牛磺酸含量的降低与线粒体超氧化物产生的升高有关，因而线粒体成为牛磺酸缺乏组织产生的活性氧的主要来源(Shetewy et al., 2016)。而 3-甲基腺嘌呤是一种众所周知的自噬抑制剂(Mi et al., 2015)。据报道，它可以抑制磷酸肌醇 3-激酶的活性，阻断前自噬体，自噬体和自噬泡的形成(Petiot et al., 2000)。也有研究表明，3-甲基腺嘌呤和缺氧联合处理可以抑制自噬，促进人结直肠癌细胞凋亡的发生(Dong et al., 2019)。

　　事实上，研究人员在 1-硝基芘诱导的线粒体功能障碍相关研究中得出了类似的结论。在 1-硝基芘暴露后，3-甲基腺嘌呤(5 μmol/L)处理的细胞中，活性氧水平恢复到正常，而 Cyto-ID 标记的自噬体也不复存在[图 5-54(A,B)]。此外，人支气管上皮细胞中 *C/EBPα*，*NDUFA1*，*NDUFA2* 和 *ATG7* 的 mRNA 表达水平也完全恢复到对照组水平(图 5-54C)。但是 3-甲基腺嘌呤只是显示抑制自噬的能力，不能调节上游基因表达水平。由此，在体外恢复 1-硝基芘扰乱的分子机制方面，认为牛磺酸可能比 3-甲基腺嘌呤更有价值。

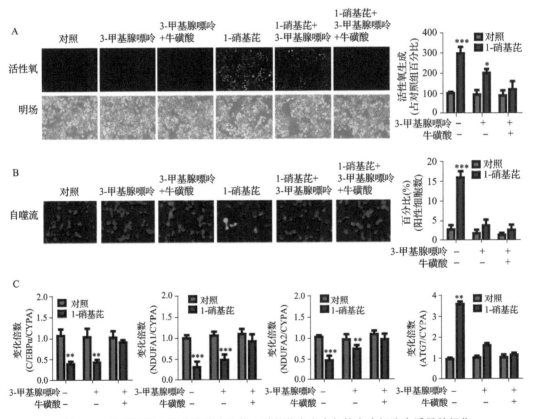

图 5-54　牛磺酸和 3-甲基腺嘌呤改善 1-硝基芘在人支气管上皮细胞中诱导的损伤

(A)3-甲基腺嘌呤和牛磺酸减少人支气管上皮细胞中 1-硝基芘所致活性氧的产生($n=3$)；(B)3-甲基腺嘌呤和牛磺酸抑制人支气管上皮细胞($n=3$)中 1-硝基芘引起的自噬；(C)3-甲基腺嘌呤和牛磺酸($n=6$)回复 *C/EBPα*，*NDUFA1*，*NDUFA2* 和 *ATG7* 的 mRNA 表达水平。与对照相比，\*$P<0.05$，\*\*$P<0.01$，\*\*\*$P<0.001$

　　在进一步实验中，在体内证实了牛磺酸对颗粒物诱导的实验性慢性阻塞性肺病的正向调节作用。首先，3-甲基腺嘌呤和牛磺酸共处理能够有效改善野生型和 *Atg7* 敲除小鼠机体中的肺气肿[图 5-55(A,B)]。其次，各组小鼠肺组织中的活性氧产生和肺泡灌洗液中的白细胞介素-6 水平是一致的，组织学改变也证实了这一点[图 5-55(C,D)]。此外，同体外实验结果一致，牛磺酸和 3-甲基腺嘌呤能够完全恢复线粒体相关基因的表达

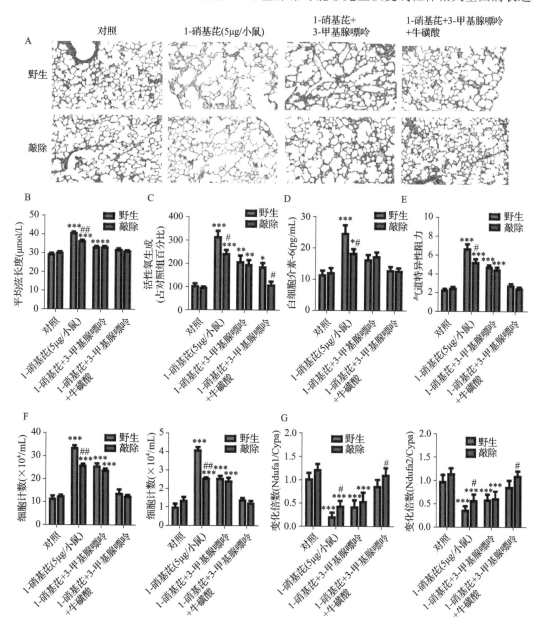

图 5-55　牛磺酸和 3-甲基腺嘌呤改善小鼠的实验性慢性阻塞性肺病

(A)苏木精-伊红染色各组小鼠肺组织的代表性图片(100×)；(B)各组小鼠肺组织的组织学评分(*n*=18)；(C)肺组织中的活性氧评价(*n*=6)；(D)肺泡灌洗液中的白细胞介素-6 水平(*n*=6)；(E)小鼠的气道反应性评定(*n*=6)；(F)肺泡灌洗液中炎性细胞的数量(*n*=6)；(G)在 1-硝基芘处理小鼠的肺组织(*n*=6)中，3-甲基腺嘌呤和牛磺酸回复了 *Ndufa1* 和 *Ndufa2* 的 mRNA 表达水平。与野生对照组相比，*$P<0.05$，**$P<0.01$，***$P<0.001$。与相应的野生对照相比，#$P<0.05$，##$P<0.01$

（图 5-55G、图 5-56）。Bai 等（2016）的研究也支持了这一观点，他们的结果表明牛磺酸通过抑制大鼠子代肝组织中的自噬和氧化应激来保护受氧化砷损伤的细胞。而 Liu 等（2011）的研究表明，3-甲基腺嘌呤可能会抑制小鼠肺细胞凋亡以减弱纳米级颗粒物暴露造成的损害。因此，有理由认为 3-甲基腺嘌呤和牛磺酸是减少 1-硝基芘致细胞损伤的重要小分子物质。牛磺酸及 3-甲基腺嘌呤可能会改善颗粒物诱导的肺功能障碍，为颗粒物诱导慢性阻塞性肺病的潜在疗法提供了新的证据。

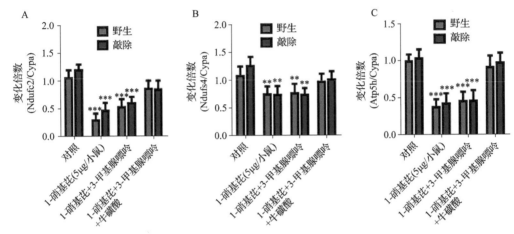

图 5-56　小鼠肺组织中的基因表达水平

与野生对照组（$n=6$）相比，牛磺酸回复了 1-硝基芘处理小鼠肺组织中（A）*Ndufc2*，（B）*Ndufs4* 和（C）*Atp5h* 的 mRNA 表达。
$**P<0.01$，$***P<0.001$

### 5.4.3.2　左旋乙酰肉碱对金属铝致呼吸系统细胞损伤的缓解作用

前期的研究表明，纳米氧化铝颗粒抑制线粒体复合物Ⅰ，Ⅳ 和 Ⅴ 中相关基因表达，引起线粒体依赖性细胞凋亡和氧化应激。通过代谢组学方法，在纳米氧化铝颗粒处理样品中发现 9 种下调和 11 种上调的小分子，并具有剂量效应关系（表 5-14）。在差异调节的代谢物中，乙酰左旋肉碱（acetyl-L-carnitine，简称 ALCAR）（$P=3.64E-09$），4-甲氧基苯乙酸（$P=7.61E-07$）和胸腺嘧啶（$P=2.99E-07$）是 $P$ 值最显著的。而其中的左旋乙酰肉碱对线粒体功能很重要，所以考虑左旋乙酰肉碱可能是改善纳米氧化铝颗粒致人支气管上皮细胞不良影响的小分子物质。

表 5-14　纳米氧化铝颗粒暴露后人支气管上皮细胞裂解物的代谢组学分析（$n=9$）

| 代谢物 | 代谢通路 | HMDB 编号 | 调控 |
| --- | --- | --- | --- |
| 3-苯基丁酸 | 牛磺酸和亚牛磺酸代谢 | HMDB01955 | 下调 |
| *N*-乙酰-5-甲氧基色胺 | 色氨酸代谢 | HMDB01389 | 下调 |
| 顺式乌头酸 | 柠檬酸循环 | HMDB00072 | 下调 |
| 3-甲基组氨酸 | 组氨酸代谢 | HMDB00479 | 下调 |
| 乙酰左旋肉（毒）碱 | 极长链脂肪酸的 β 氧化 | HMDB00201 | 下调 |
| 4-甲氧基苯乙酸 | 酪氨酸代谢 | HMDB02072 | 下调 |

续表

| 代谢物 | 代谢通路 | HMDB 编号 | 调控 |
|---|---|---|---|
| N-乙酰-L-蛋氨酸 | 甜菜碱代谢 | HMDB11745 | 下调 |
| N-甲酰-L-蛋氨酸 | 甜菜碱代谢 | HMDB01015 | 下调 |
| 5'-磷酸吡哆醛 | 维生素 B6 代谢 | HMDB01491 | 下调 |
| L-丝氨酸 | 同型半胱氨酸降解 | HMDB00187 | 上调 |
| 腺嘌呤 | 植酸过氧化 | HMDB00034 | 上调 |
| 琥珀酸 | 天冬氨酸代谢 | HMDB00254 | 上调 |
| D-谷氨酸 | 谷氨酸代谢 | HMDB03339 | 上调 |
| 胸腺嘧啶 | 嘧啶代谢 | HMDB00262 | 上调 |
| 乙基丙二酸 | 甲芳胺酸通路 | HMDB00622 | 上调 |
| 脲基丙酸 | β-丙氨酸代谢 | HMDB00026 | 上调 |
| (-)马来树脂醇 | 苯乙酸代谢 | HMDB35698 | 上调 |
| 牛磺胆酸 | 胆汁酸生物合成 | HMDB00036 | 上调 |
| 二十二碳六烯酸 | 甲芳胺酸通路 | HMDB02183 | 上调 |
| 吡哆醇 | 维生素 B6 代谢 | HMDB00239 | 上调 |

左旋乙酰肉碱是体内的一种抗氧化膳食补充剂，作为线粒体内膜的一个组成部分，具有许多基本功能，包括乙酰辅酶 A 摄取，改善线粒体生物能量和预防线粒体酶氧化 (Shimada et al., 2015)。研究表明，脂肪酸氧化作为能量代谢的重要组成部分，能产生大量的三磷酸腺苷 (Nicassio et al., 2017)。而脂肪酸产生的乙酰辅酶 A 只有转化为左旋乙酰肉碱才能进入线粒体内膜 (Schoors et al., 2015)。也只有以左旋乙酰肉碱的形式，乙酰辅酶 A 才能够产生 NADH 和 FADH2，进入三羧酸循环。因此，左旋乙酰肉碱是人体脂肪酸代谢所必需的一种辅助因子。此外，左旋乙酰肉碱还可以为乙酰胆碱合成提供乙酰基，或者为膜磷脂的酰化提供活化的酰基，增加线粒体膜的稳定性。左旋乙酰肉碱的乙酰基也可以用于合成抗氧化剂谷胱甘肽，减少氧化应激，保护细胞免受脂质过氧化。因而，左旋乙酰肉碱在线粒体损伤修复和许多疾病的治疗中起着重要作用。

为了验证左旋乙酰肉碱是否可以降低由纳米氧化铝颗粒引起的细胞毒性，对纳米氧化铝颗粒暴露组施加了 0.1 或 0.3 mg/mL 左旋乙酰肉碱的处理，结果表明，左旋乙酰肉碱处理减少了肺组织和人支气管上皮细胞内活性氧、氧负离子和丙二醇的产生 [图 5-57(A,B)]，但左旋乙酰肉碱只能保护部分人支气管上皮细胞免受羰基氰化物间氯苯腙诱导的氧化应激(图 5-57B)。考虑到羰基氰化物间氯苯腙是强大的线粒体解偶联剂，即使左旋乙酰肉碱只能部分恢复氧化应激和脂质过氧化损伤，也可以认为其具有强烈的抗氧化活性。另外，左旋乙酰肉碱还显示出对小鼠肺组织病理损伤[图 5-58(A~C)]以及支气管上皮细胞凋亡的保护作用[图 5-58(D~F)]。

总而言之，根据代谢组学分析筛选结果，对抗氧化剂左旋乙酰肉碱的干预作用进行了研究。左旋乙酰肉碱处理减少了半胱天冬酶活性和细胞色素 c 释放，降低了由于纳米氧化铝颗粒暴露引起的氧化应激和脂质过氧化，从而能够显著增加细胞活力并减少细胞凋亡。

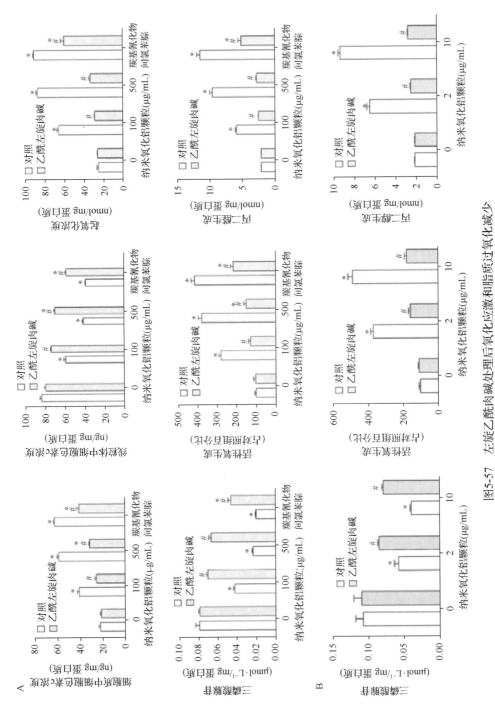

**图5-57 左旋乙酰肉碱处理后氧化应激和脂质过氧化减少**

左旋乙酰肉碱处理后，暴露于纳米氧化铝颗粒的(A)人支气管上皮细胞和(B)小鼠的肺组织中氧化应激和脂质过氧化减少。与未处理的对照相比，*P<0.05，与相应的对照相比，#P<0.05

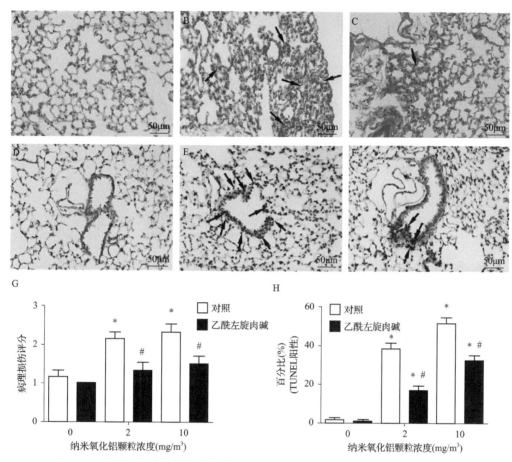

图 5-58　暴露于纳米氧化铝颗粒的小鼠肺组织的苏木精-伊红染色和 TUNEL 染色

(A) 对照组小鼠肺组织的苏木精-伊红染色；(B) 箭头所示为暴露于 2 mg/m³ 纳米氧化铝颗粒所致的小鼠肺出血；(C) 箭头所示为暴露于 10 mg/m³ 纳米氧化铝颗粒而导致的肺组织淋巴细胞浸润；(D) 通过 TUNEL 染色，对照组小鼠肺组织中的凋亡细胞很少；(E) 如箭头所示，10 mg/m³ 纳米氧化铝颗粒暴露诱导大量支气管上皮细胞的凋亡；(F) 左旋乙酰肉碱的处理减少了 10 mg/m³ 纳米氧化铝颗粒暴露所致小鼠肺组织支气管上皮细胞的凋亡。箭头所示为凋亡的上皮细胞；(G) 小鼠肺组织的病理损伤评分；(H) 各组内 TUNEL 阳性的支气管上皮细胞所占比例。与未处理的对照相比，*P<0.05。与相应的对照相比，#P<0.05

### 5.4.3.3　小结

综上所述，研究人员提出了一种基于转录组学与代谢组学方法相结合的方法，以揭示颗粒物致肺损伤相关的关键基因及其干预相关的潜在的小分子代谢物质。研究发现左旋乙酰肉碱、牛磺酸和 3-甲基腺嘌呤等小分子物质可以缓解大气 $PM_{2.5}$ 及其毒性组分引起的线粒体功能损伤，针对性回复 $PM_{2.5}$ 抑制的肺组织细胞 NDUFA1 等关键基因表达水平，改善相应的机体损伤效应。

## 5.4.4　大气细颗粒物致肠道损伤机制探索及其干预研究

大气细颗粒物 (PM) 对人体健康造成巨大危害，PM 主要通过呼吸道进入体内，大多数颗粒物质被肺泡巨噬细胞吸收，最终随粪便排出 (Semmler-Behnke et al., 2007)，表明肠道与 PM 存在潜在接触，流行病学调查研究发现机体吸入空气中的 PM 与肠道疾病的不良转归之间存在关联。使用经 PM 污染的食物饲养小鼠发现小鼠肠道内微生物的构成和生物功能发生改变，并且引起肠道炎症反应(Salim et al., 2014)。这些研究结果表明机体暴露于 PM 后，胃肠道可能是 PM 影响的主要靶器官之一。还有研究表明，机体暴露于 PM 与个体罹患阑尾炎风险性增加以及炎症性肠病(inflammatory bowel disease, 简称 IBD)患者住院率增加之间存在关联性(Ananthakrishnan et al., 2011)。Ananthakrishnan 等(2018)对诱导 IBD 的环境因素研究结果提示 PM 或其组成成分可能改变宿主肠道的黏膜防御并引发免疫反应。以上结果表明，PM 诱导肠道疾病可能是从诱发肠道炎症反应开始。由于 PM 暴露与肠道炎症之间的联系以及慢性肠道炎症与结直肠癌(colorectal cancer, 简称 CRC)之间的联系已得到明确证实，假设长期 PM 暴露在个体罹患 CRC 风险性增加中起关键作用。通过建立 PM 长期暴露小鼠模型，评估了小鼠结肠的病理改变，以及姜黄素在肠道损伤过程中的潜在治疗作用。随后，用 RNA-seq 测定法研究长期暴露于 PM 的人结肠黏膜上皮细胞中 RNA 表达谱的改变，探讨长期 PM 暴露导致 CRC 发生发展的分子机制。

### 5.4.4.1 长期 PM 暴露可以诱发小鼠结肠炎症

为了探讨长期 PM 暴露对肠道疾病的影响，建立了长期 PM 暴露小鼠模型，处理组小鼠暴露在 PM 平均质量浓度为 0.4 mg/m$^3$ 的空气中，对照组小鼠暴露清洁空气(FRA)中，连续暴露于 PM 或 FRA 12 个月，每月从每组中随机选取 10 只小鼠，收取结直肠组织，苏木精-伊红染色、阿尔新蓝和过碘酸希夫染色以及对上皮损伤和炎性细胞浸润进行评估发现[图 5-59(A～C)]，处理组小鼠结直肠较对照组更早出现散发性结直肠上皮损伤和炎性浸润。与对照组相比，PM 暴露 3 个月和 12 个月的小鼠结肠中 P65 的蛋白水平增加[图 5-59(D,E)]。以上结果表明，小鼠结直肠炎症反应随 PM 暴露时间延长而加重。

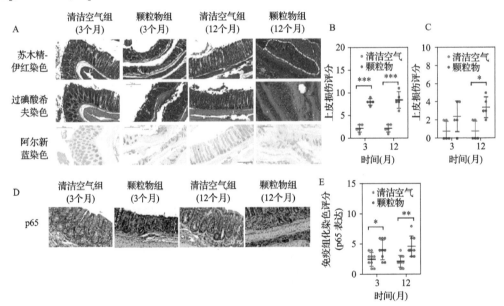

图 5-59　长期 PM 暴露可以诱发小鼠结肠炎症

(A)各组小鼠结肠组织苏木精-伊红染色、阿尔新蓝和过碘酸希夫染色代表性图片；(B)PM 暴露组小鼠的结肠组织中上皮损伤的评分高于清洁空气(FRA)组($n=6$)；(C)PM 暴露组小鼠的结肠组织中炎性浸润的评分高于清洁空气(FRA)组($n=6$)；(D)各组小鼠结肠组织 P65 免疫组化染色代表性图片。(E)各组鼠结肠组织 P65 免疫组化染色评分比较($n=9$)。与对照组相比，*$P<0.05$，**$P<0.01$，***$P<0.001$

5.4.4.2　PM 暴露促进 AOM/PM 小鼠模型中 CRC 的发生以及 NCM460 细胞的恶性转化

由于 PM 暴露与肠道炎症之间的关系已在上述研究中得到证实,接下来要探索慢性肠道炎症与结直肠癌(CRC)发生发展之间的关联。因此研究人员建立了慢性结肠炎促 CRC 发生的小鼠模型,模型设计如图 5-60A 所示,研究结果表明[图 5-60(B～G)],AOM/PM 处理组可加快小鼠结直肠肿瘤发生发展速度和降低小鼠总存活率,并且在 AOM/PM 诱导的癌组织中 Ki67+ 细胞所占百分比显著增高。因此,以上结果表明 PM 暴露加速了化学致癌物 AOM 诱导 CRC 的发生。

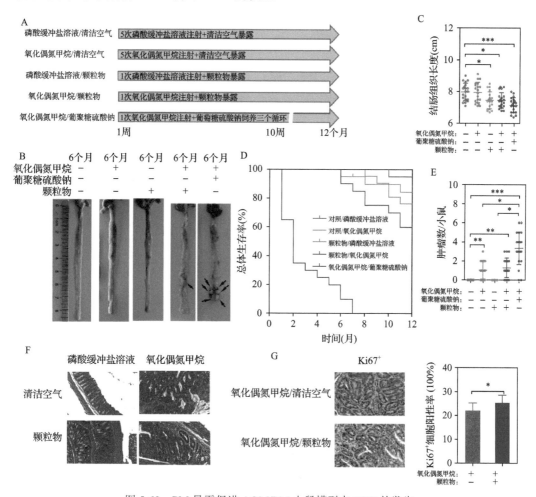

图 5-60　PM 暴露促进 AOM/PM 小鼠模型中 CRC 的发生

(A) PM 诱导小鼠结直肠癌发生的实验设计;(B) 各组小鼠的代表性结直肠组织;(C) 各组小鼠结直肠组织长度($n=20$);(D) 各组小鼠 Kaplan-Meier(KM)生存曲线图($n=20$);(E) 各组小鼠结直肠组织上肉眼可见肿瘤数($n=20$);(F) 小鼠结直肠组织苏木精-伊红染色结果的代表性图片;(G) 肿瘤细胞中 Ki67+ 细胞所占百分比($n=9$)。与对照相比,*$P<0.05$,**$P<0.01$,***$P<0.001$

接下来探讨长期暴露 PM 对正常人结肠黏膜上皮细胞(NCM460)的影响,将 NCM460 长期细胞暴露在 PM 中,评估对 NCM460 细胞的迁移和侵袭能力的影响,如图 5-61(A～C)所示,处理组的 NCM460 细胞的侵袭、迁移和集落形成能力显著增强。接着将 PM 长期暴露的 NCM460 细胞注入裸鼠皮下进行裸鼠荷瘤实验观察其皮下荷瘤能力，与此同时，将 PM 长期暴露的 NCM460 细胞小鼠尾静脉注射后利用活体成像技术评估其转移能力，结果证实[图 5-61（D～F）]，PM 长期暴露提高了 NCM460 细胞的恶性转化和转移能力。

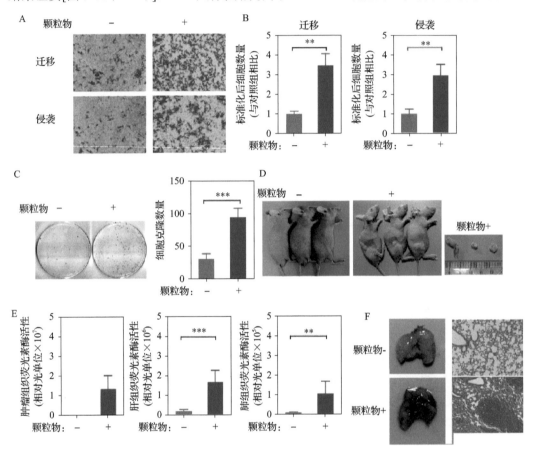

图 5-61　PM 长期暴露促进 NCM460 细胞的癌变

（A）Transwell 实验检测各组 NCM460 细胞的侵袭和转移能力；（B）PM 长期暴露显著提高了 NCM460 细胞的侵袭和转移能力（n＝3）；（C）PM 长期暴露显著提高了 NCM460 细胞克隆形成能力（n＝6）；（D）PM 长期暴露显著促进了 NCM460 细胞体内癌变能力；（E）PM 长期暴露显著提高了体内肝和肺肿瘤的转移能力（n＝6）；（F）PM 长期暴露组 NCM460 细胞通过尾静脉注射到小鼠体内，在肺组织上观察到肿瘤形成（箭头所示）。与对照相比，**$P<0.01$，***$P<0.001$

### 5.4.4.3　PI3K/AKT 通路参与 PM 促进的结肠肿瘤

为了进一步探索长期 PM 暴露增加个体罹患 CRC 风险性的分子机制，提取对照组和 PM 暴露组 NCM460 细胞中的总 RNA 用于 RNA-seq 分析。KEGG 通路富集分析结果显示 PI3K/AKT 通路上富集了 22 个差异表达的基因。此外，TCGA 数据库检索的数据显示，成纤维细胞生长因子受体-4（FGFR4）和血小板衍生生长因子亚基 B（PDGFB）在人肠癌组织中的表达水平显著高于正常组织，半胱天冬酶 9（CASP9）和血清-糖皮质激素调节激酶（SGK1）在人肠癌组织中的表达水平显著低于正常组织（图 5-62A），其变化的趋势与 RNA-seq 结果一致（图 5-62B）。使用实时荧光定量 PCR 和蛋白质印迹法验证对照组和 PM

暴露组中这 4 种基因的 mRNA 和蛋白水平，结果与 RNA-seq 结果一致[图 5-62(C,D)]，表明 PI3K/AKT 信号通路被激活。使用 DAVID Bioinformatics Resources 6.8 进行蛋白质相互作用分析并进行免疫共沉淀实验，发现 FGFR4 和 PDGFB 之间存在相互作用，并且前者在该相互作用中起主要作用(图 5-62E)。如体内研究所示，与邻近的正常组织相比，在 AOM/PM 组小鼠 CRC 组织中 FGFR4 和 p-AKT 的表达明显增高[图 5-62(F～H)]。以上结果表明 PI3K/AKT 通路的激活在 PM 暴露诱导的 CRC 肿瘤发生过程中起关键作用。

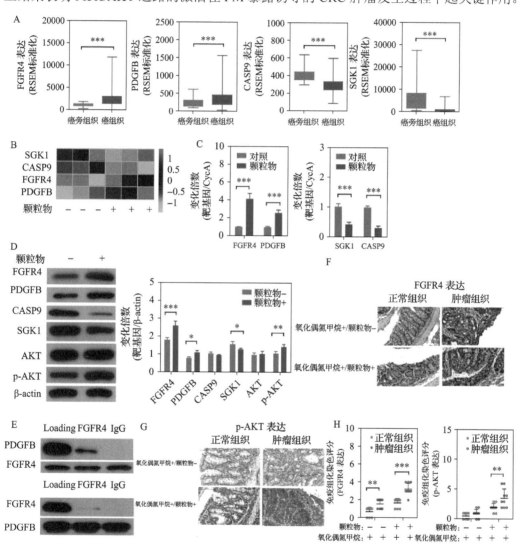

图 5-62　PI3K/AKT 通路参与 PM 促进的结肠肿瘤

(A)TCGA 数据库检索在结直肠癌中 PI3K/AKT 通路上差异表达的基因(41 例结直肠癌旁组织, 286 例结直肠癌组织)；(B)PI3K/AKT 通路上发挥显著调控作用基因的热图；(C)实时荧光定量 PCR 检测各组 NCM460 细胞中基因 mRNA 表达水平($n=6$)；(D)蛋白质印迹法检测各组 NCM460 细胞中基因蛋白表达水平($n=3$)；(E)免疫共沉淀法测定确认 FGFR4 和 PDGFB 之间的相互作用；(F)各组小鼠结肠癌组织和癌旁组织 FGFR4 免疫组化染色结果代表性图片；(G)各组小鼠结肠癌组织和癌旁组织 p-AKT 免疫组化染色结果代表性图片；(H)双向方差分析比较两组 FGFR4 和 p-AKT 蛋白表达差异($n=9$)。与对照组相比，$*P<0.05$，$**P<0.01$，$***P<0.001$

#### 5.4.4.4　Fgfr4 缺陷型小鼠抵抗长期 PM 暴露诱导的结直肠炎症

接下来，对 FGFR4 在 AOM/PM 诱导小鼠实验性 CRC 中的作用进行评估。建立了条件性肠组织 Fgfr4$^{-/-}$ 小鼠模型，结果如图 5-63（A,B）所示，AOM/PM 暴露条件下，Fgfr4$^{-/-}$ 组小鼠 CRC 组织中的肿瘤数显著低于野生型小鼠。此外，相同暴露条件下，Fgfr4$^{-/-}$ 组小鼠结肠直肠组织的长度显著低于野生型小鼠（图 5-63C），总体存活率高于野生型小鼠（图 5-63D）。苏木精-伊红染色结果表明在 AOM/PM 暴露处理的 Fgfr4$^{-/-}$ 小鼠的结肠组织中未观察到肿瘤形成（图 5-63E）。免疫组化染色结果显示，与 PBS/FRA 处理的野生型小鼠的结肠组织相比，Fgfr4$^{-/-}$ 小鼠的结肠组织中 FGFR4 的表达被抑制而 AOM/PM 处理的野生型小鼠的肿瘤组织中的 Fgfr4 表达显著增加（图 5-63F）。此外，AOM/PM 处理的 Fgfr4$^{-/-}$ 小鼠的结肠与 AOM/FRA 处理的 Fgfr4$^{-/-}$ 小鼠的结肠中的 p-AKT 表达水平无差异（图 5-63G）。

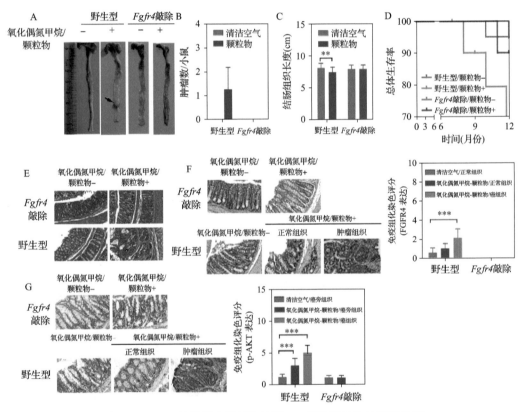

图 5-63　Fgfr4 缺陷型小鼠抵抗长期 PM 暴露诱导的结直肠炎症

(A)各组小鼠的代表性结肠组织；(B)各组小鼠结肠组织上肉眼可见肿瘤数量($n=20$)；(C)各组小鼠结肠组织长度($n=20$)；(D)各组小鼠 Kaplan-Meier(KM)生存曲线图($n=20$)；(E)各组小鼠结肠组织苏木精-伊红染色结果；(F)各组小鼠结肠癌组织和癌旁组织 FGFR4 免疫组化染色结果($n=9$)；(G)各组小鼠结肠癌组织和癌旁组织 p-AKT 免疫组化染色结果。与对照组相比，$**P<0.01$，$***P<0.001$

### 5.4.4.5　姜黄素可以缓解小鼠结肠中因长期 PM 暴露诱导的炎症

有研究发现可以缓解小鼠结肠中因长期 PM 暴露诱导炎症的膳食补充剂，如维生素 D，姜黄素和可溶性纤维（Lewis and Abreu, 2017），然而，这些膳食补充剂对 PM 暴露诱导的结肠疾病的保护作用未知。因此，接下来评估它们对长期暴露在 PM 中 NCM460 细胞的影响。研究发现。姜黄素处理缓解了小鼠 PM 暴露诱导的结肠炎症的组织病理学改变[图 5-64（A,B）]，降低了结肠上皮细胞中 p65 和 FGFR4 的 mRNA 和蛋白水平[图 5-64（C～H）]。因此，姜黄素可以作为预防和治疗 PM 暴露诱导的结肠疾病的潜在候选者。

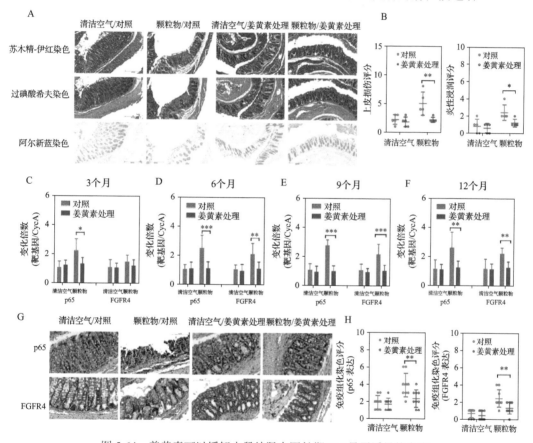

图 5-64　姜黄素可以缓解小鼠结肠中因长期 PM 暴露诱导的炎症

（A）PM 暴露 12 个月后各组小鼠结肠组织苏木素-伊红染色，阿尔新蓝和过碘酸希夫大染色代表性图片；（B）PM 暴露组小鼠的结肠组织中上皮损伤的评分高于清洁空气（FRA）组（n＝5）；（C）暴露 3 个月后各组小鼠结肠组织中 p65 和 FGFR4 mRNA 表达水平（n＝6）；（D）暴露 6 个月后各组小鼠结肠组织中 p65 和 FGFR4 mRNA 表达水平（n＝6）；（E）暴露 9 个月后各组小鼠结肠组织中 p65 和 FGFR4 mRNA 表达水平（n＝6）；（F）暴露 12 个月后各组小鼠结肠组织中 p65 和 FGFR4 mRNA 表达水平（n＝6）；（G）暴露 12 个月后各组小鼠结肠组织 p65 和 FGFR4 免疫组化染色代表性图片；（H）暴露 12 个月后各组小鼠结肠组织 p65 和 FGFR4 免疫组化染色评分（n＝9）；与对照组相比，*$P<0.05$，**$P<0.01$，***$P<0.001$

### 5.4.4.6　小结

研究表明，在长期 PM 暴露的条件下引发了小鼠结肠炎症的发生和炎症通路的激活，但是在小鼠结肠组织中没有自发性肿瘤发生。PM 暴露引起的肠道炎症加速了 AOM 诱导的小鼠 CRC。因此，PM 长期暴露可发挥促癌剂作用，加速促癌剂 AOM 诱导肠道肿瘤的发生过程。RNA-seq 和生物信息学分析表明，PM 暴露诱导的 PI3K/AKT 通路激活与 CRC 形成的加速机制相关(Mundi et al., 2016)。在本研究中，发现 FGFR4 可以作用于上游以激活 PI3K/AKT 通路，抑制 SGK1 和 CASP9 的表达。通过建立 *Fgfr4* 敲除小鼠模型发现，*Fgfr4* 的敲除有效地阻断了 AOM/PM 诱导的实验性 CRC 发生发展，表明 PI3K/AKT 通路在 PM 参与的结肠肿瘤发生中起重要作用。最后，证明植物化学物质姜黄素在预防由长期 PM 暴露引起的结肠损伤方面是有效的。

(撰稿人：陈　瑞)

## 5.5　非编码 RNA 在大气细颗粒物致气道炎性反应中的作用机制

随着工业化进程的加快，空气污染遍及世界上许多发展中国家，我国作为最大的发展中国家，在过去十几年中受到空气污染的危害尤为严重。其中以 $PM_{2.5}$ 为主要成分的雾霾空气污染是我国最严重的环境问题之一(Guo et al., 2017)。$PM_{2.5}$ 因其直径小，可随人们呼吸而进入肺部，沉积在细支气管与肺泡的颗粒物则会损伤肺泡和黏膜，进而引起支气管和肺部产生炎症，长期持续作用，还会诱发慢性阻塞性肺病(COPD)并出现继发感染，最终导致肺心病死亡率增高。许多研究表明，$PM_{2.5}$ 的暴露水平与呼吸和心血管疾病死亡率密切相关(Badyda et al., 2017)。$PM_{2.5}$ 已被证实可增加肺炎、哮喘、COPD、肺癌等呼吸系统疾病的发病率(Burnett et al., 2017)。然而，$PM_{2.5}$ 诱导肺炎的机制尚不完全清楚。

非编码 RNA(non-coding RNA，简称 ncRNA)是指不编码蛋白质的一类 RNA，目前研究较多的主要有 microRNA, lncRNA 和 circRNA 这三种。近几年的研究发现，ncRNA 在基因表达中发挥重要作用。Booton 等研究表明，ncRNAs 能够参与到肺部疾病的生理病理过程中。对这些过程中重要的 ncRNAs 的研究可以为肺部疾病提供新的临床靶点以及诊断和预后工具(Booton and Lindsay, 2014)。因此，对肺炎发病机制的研究将极大地促进对肺炎患者的治疗。目前，越来越多的研究开始关注非编码 RNA 在环境污染物毒理效应的作用机制。有研究报道 miRNA-574-5p 通过 NF-κB 调控 $PM_{2.5}$ 暴露引起的神经炎症、突触和认知障碍，该研究揭示了 $PM_{2.5}$ 暴露引起认知功能受损的分子机制，表明 miRNA-574-5p 可能成为预防和治疗 $PM_{2.5}$ 诱导神经系统疾病的潜在干预靶点(Ku et al., 2017b)。Li 等(2018a)研究表明 lncRNA MALAT1 主要通过 TLR4 调控 NF-κB 和 p38 MAPK 信号通路，进而影响 LPS 诱导的急性肺损伤。本节内容主要介绍 lncRNA 和 circRNA 在 $PM_{2.5}$ 诱导肺上皮细胞炎性反应的作用机制。

### 5.5.1　$PM_{2.5}$ 样品采集、组分分析及其毒理学效应的检测

#### 5.5.1.1　$PM_{2.5}$ 样品采集及组分分析

选取石家庄和广州 2 个城市中心区为北方和南方代表性城市设置采样点，采样滤膜为特氟龙膜和玻璃纤维素膜。$PM_{2.5}$ 样品详细收集方法参考已有报道的文献(Zhou et al.,

2014)。用超声震荡和真空冷冻干燥获取采样膜上的颗粒物，大部分用于后续实验研究，一小部分用于样品的理化特性及组分含量检测。表 5-15 显示为 2016 年冬季广州地区的 $PM_{2.5}$ 样品的组分含量检测。

**表 5-15　2016 年冬季广州 $PM_{2.5}$ 的组分含量**

| 多环芳烃 | 浓度 (ng/m³) | 金属 | 浓度 (μg/m³) |
| --- | --- | --- | --- |
| 萘 | 0.12±0.07 | 钠 (Na) | 1.62±1.23 |
| 苊烯 | 0.02±0.01 | 镁 (Mg) | 0.37±0.31 |
| 苊 | 0.003±0.002 | 铝 (Al) | 0.94±0.88 |
| 荧蒽 | 0.04±0.02 | 硅 (Si) | 3.65±2.36 |
| 菲 | 0.31±0.24 | 钾 (K) | 1.73±0.96 |
| 蒽 | 0.03±0.02 | 钙 (Ca) | 1.52±1.47 |
| 芴 | 0.59±0.55 | 钛 (Ti) | 18.54±20.17 |
| 芘 | 0.57±0.53 | 铬 (Cr) | 19.26±18.74 |
| 苯并[a]蒽 | 0.41±0.46 | 锰 (Mn) | 58.69±24.35 |
| 䓛 | 0.63±0.56 | 铁 (Fe) | 0.87±0.76 |
| 苯并[b]荧蒽 | 1.46±1.25 | 镍 (Ni) | 8.41±6.17 |
| 苯并[k]荧蒽 | 0.60±0.47 | 铜 (Cu) | 72.45±50.12 |
| 茚并[1,2,3-cd]芘 | 1.42±0.91 | 砷 (As) | 21.43±15.38 |
| 二苯并[a,h]蒽 | 0.24±0.18 | 镉 (Cd) | 4.57±2.86 |
| 苯并[g,h,i]苝 | 1.63±1.27 | 铅 (Pb) | 91.34±73.27 |

### 5.5.1.2　$PM_{2.5}$ 模拟物的构建及理化性质分析

本研究采用还原论的方法，将复杂综合因素简单化，成功制备了 $PM_{2.5}$ 模拟物，其中以碳颗粒物为载体，以 As (III)、$Pb^{2+}$、Cr (VI) 和 BaP 为负载物，将 4 种毒性物质以不同的组合方式吸附在碳颗粒物上，具体分组如表 5-16。接着，分别用透射电镜和激光粒度分析仪检测 $PM_{2.5}$ 模拟物及 $PM_{2.5}$ 实际样品的粒径大小和 Zeta 电势。在透射电镜下，$PM_{2.5}$ 实际样品、碳纳米颗粒物和吸附 4 种污染物的碳纳米颗粒物的尺寸大小较为一致。图 5-65D 和图 5-65E 结果显示，16 种颗粒物和 $PM_{2.5}$ 实际样品的水合粒径和 Zeta 电势也无显著差异。

**表 5-16　$PM_{2.5}$ 模拟物的化学成分**（以百分含量显示）

| 类型 | Cr(VI) | Pb(II) | As(III) | PAHs | 类型 | Cr(VI) | Pb(II) | As(III) | PAHs |
| --- | --- | --- | --- | --- | --- | --- | --- | --- | --- |
| C | 0.0 | 0.0 | 0.0 | 0.0 | C-Cr-Pb | 0.14 | 0.66 | 0.0 | 0.0 |
| C-Cr | 0.11 | 0.0 | 0.0 | 0.0 | C-Cr-As | 0.13 | 0.0 | 0.13 | 0.0 |
| C-Pb | 0.0 | 0.61 | 0.0 | 0.0 | C-Pb-As | 0.0 | 0.64 | 0.11 | 0.0 |
| C-As | 0.0 | 0.0 | 0.07 | 0.0 | C-BaP-Cr-Pb | 0.14 | 0.65 | 0.0 | 0.10 |
| C-BaP | 0.0 | 0.0 | 0.0 | 0.10 | C-BaP-Cr-As | 0.13 | 0.0 | 0.10 | 0.10 |
| C-BaP-Cr | 0.11 | 0.0 | 0.0 | 0.10 | C-BaP-Pb-As | 0.0 | 0.62 | 0.12 | 0.10 |
| C-BaP-Pb | 0.0 | 0.63 | 0.0 | 0.10 | C-Cr-Pb-As | 0.14 | 0.65 | 0.13 | 0.0 |
| C-BaP-As | 0.0 | 0.0 | 0.10 | 0.10 | C-BaP-Cr-Pb-As As(III) As(III) | 0.14 | 0.60 | 0.11 | 0.10 |

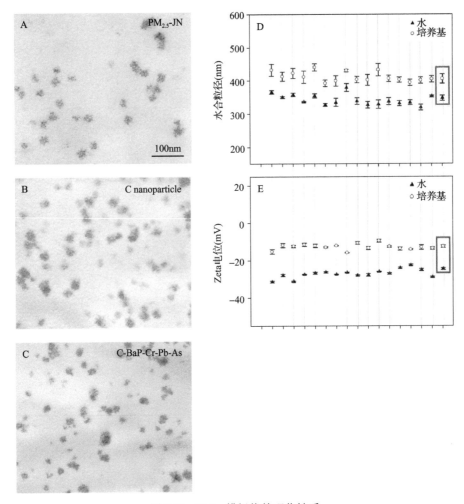

图 5-65　PM$_{2.5}$ 模拟物的理化性质

### 5.5.1.3　PM$_{2.5}$ 和 PM$_{2.5}$ 模拟物的毒理学效应

分别用不同浓度的 PM$_{2.5}$ 暴露 BEAS-2B 和 16HBE 细胞不同的时间,图 5-66A 透射电镜拍照结果显示,PM$_{2.5}$ 颗粒物可以穿过细胞膜进入细胞内部,诱发细胞产生炎性反应,从而影响细胞的增殖,凋亡和引起细胞周期阻滞等毒理学效应。目前结果表明,PM$_{2.5}$ 暴露 16HBE 细胞 48h 和 72h,随着 PM$_{2.5}$ 暴露浓度的增加,CCK8 和 EdU 检测的细胞活力和细胞增殖率逐渐降低,流式细胞术检测细胞凋亡率逐渐增加,实验结果有显著性差异,且有剂量依赖关系。另外,PM$_{2.5}$ 暴露 16HBE 细胞使细胞周期阻滞的 G2/M 期(Xu, et al., 2017)。研究人员分别用 PM$_{2.5}$ 和 PM$_{2.5}$ 模拟物暴露细胞,再检测细胞的炎性反应情况。实验结果如图 5-66A 显示,随着 PM$_{2.5}$ 浓度和暴露时间的增加,细胞活力逐渐下降,LDH 检测结果显示,PM$_{2.5}$ 对细胞的毒性也逐渐增加,ELISA 实验结果显示,PM$_{2.5}$ 暴露使白细胞介素-6/8(IL-6/8)浓度逐渐增加,且在 PM$_{2.5}$ 暴露 48h 后,实验结果呈显著性差异。另外,图 5-66B 实验结果显示,PM$_{2.5}$ 模拟物暴露细胞的 CCK8 和 ELISA 实验结果和 PM$_{2.5}$ 实际样品暴露细胞后的实验结果类似,PM$_{2.5}$ 模拟物可以使细胞活力下降,并且,IL-6/8 浓度呈显著性增加。

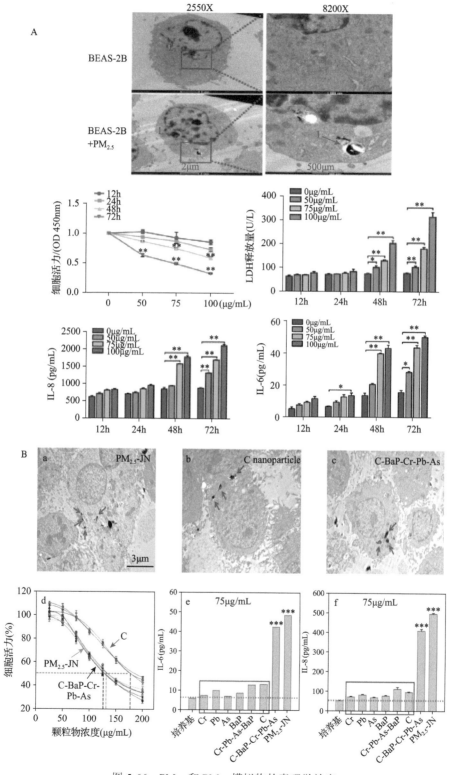

图 5-66　PM$_{2.5}$ 和 PM$_{2.5}$ 模拟物的毒理学效应

*P<0.05，**P<0.01，***P<0.001

### 5.5.2　lncRNA 在 PM$_{2.5}$ 毒理效应的作用机制

LncRNA 是长度大于 200 不编码蛋白质的核苷酸的转录本(Nagano and Fraser, 2011)。它们可以通过表观遗传、转录和转录后三种方式调控基因表达(Yoon et al., 2013; Chen and Carmichael, 2010)。许多研究表明 lncRNA 在细胞分化(Wang et al., 2014)、增殖(Xu et al., 2014)、凋亡(Han et al., 2015)等多种生物学过程中的重要功能。lncRNA 的异常表达可能导致人体功能紊乱(Batista and Chang, 2013)。研究人员用香烟提取物暴露 16HBE 细胞, qRT-PCR 实验检测 linc00152 表达显著上调, 且与暴露香烟的浓度呈剂量依赖关系。该研究揭示了 linc00152 在香烟提取物诱导的人支气管细胞恶性转化中细胞周期改变和异常增殖中发挥重要调控作用(Liu et al., 2018b)。此外, 研究人员也相继证实了 lncRpa 通过非编码 RNA 网络(Nan et al., 2016)和 lncRNAL20992 通过凋亡相关蛋白(Nan et al., 2017)调控铅(Pb)诱导细胞凋亡中的分子机制。

#### 5.5.2.1　lncRNA 调控 PM$_{2.5}$ 诱导的细胞周期阻滞

实验结果表明, PM$_{2.5}$ 暴露致人支气管上皮细胞株 16HBE 细胞周期阻滞在 G2/M 期。为了研究 lncRNA 在 PM$_{2.5}$ 致细胞周期阻滞的功能, 首先对 PM$_{2.5}$ 暴露的 16HBE 细胞进行 lncRNA 芯片检测、lncRNA 表达谱分析, 从 lncRNA 表达谱结果中分别选取 3 个上调和 3 个下调的 lncRNA 进行验证, 实验结果表明, PM$_{2.5}$ 暴露使 LINC00341 和 LINC00672 显著上调。为了证实这两个 lncRNA 在 PM$_{2.5}$ 诱导的细胞周期阻滞中发挥调控功能, 分别对它们设计 siRNA 干扰序列, 经转染细胞实验抑制 lncRNA 的表达, 再进行 PM$_{2.5}$ 暴露 16HBE 细胞, 然后检测细胞周期和细胞凋亡是否发生改变。实验结果表明, 抑制 LINC00341 表达后, 细胞周期阻滞确实缓解了, 且细胞凋亡也减少了, 而干扰 LINC00672 表达后, 细胞周期阻滞和细胞凋亡并未发生显著变化。因此, LINC00341 可能在 PM$_{2.5}$ 诱导的细胞周期阻滞中发挥重要调控作用, LINC00672 不能调控 PM$_{2.5}$ 的细胞周期阻滞。为了进一步阐明 LINC00341 在 PM$_{2.5}$ 致细胞周期阻滞的分子机制, 在 PM$_{2.5}$ 暴露 16HBE 细胞后, 研究人员选取了 14 个细胞周期相关的 mRNA 进行 qRT-PCR 检测, 实验结果显示, 只有 p21 的表达随着 PM$_{2.5}$ 暴露浓度和时间的增加呈显著上调, 且 p21 在蛋白水平的表达也是如此。随后, 又进一步研究了 LINC00341 和 p21 的关系, 将 LINC00341 干扰且联合 PM$_{2.5}$ 暴露后比单独 PM$_{2.5}$ 暴露 16HBE 细胞的 p21 表达显著下降, 因此, LINC00341 可能促进 p21 的表达。由此推断, LINC00341 可能通过调控 p21 的表达, 进而调控 PM$_{2.5}$ 诱导的细胞周期阻滞。该研究完整揭示了 PM$_{2.5}$ 诱导细胞周期阻滞和 LINC00341 调控细胞周期阻滞中的分子机制(Xu, et al., 2017)。

#### 5.5.2.2　lncRNA 调控 PM$_{2.5}$ 和 PM$_{2.5}$ 模拟物诱导的炎性反应

越来越多的研究表明 lncRNA 在多种肺部疾病的发病机制中发挥着关键的调控作用。Tang 等(2016)研究表明, 相比于正常的肺组织, 在 COPD 患者中有 8376 的异常表达的 lncRNA, 其中 lncRNA TUG1 可通过促进细胞增殖加重呼吸道疾病。有研究发现 lncRNA MEG3-4 与编码促炎细胞因子白细胞介素-1β(IL-1β)的 mRNA 竞争性地结合到 miR-138

上，从而增加 IL-1β 的丰度，增强小鼠肺泡巨噬细胞和肺上皮细胞对细菌感染的炎症反应。这些发现揭示了 lncRNA MEG3-4 通过转录调控免疫应答基因，动态调节肺部炎症反应(Li et al., 2018b)。LncRNA 在矽肺的发病机制中也有重要调控作用，有研究结果显示，miR-489 主要通过抑制其靶基因 *MyD88* 和 *Smad3* 的表达抑制硅诱导的肺纤维化(Wu et al., 2016)。若上调 lncRNA CHRF 则逆转 miR-489 对 *MyD88* 和 *Smad3* 的抑制作用，进而促进炎症和纤维化信号通路。因此，lncRNA CHRF 可能通过 miR-489 调控硅诱导的肺纤维化，这可能成为矽肺的治疗靶点。目前，关于 lncRNA 在 PM$_{2.5}$ 诱导人支气管上皮细胞炎性反应的调控机制的研究尚不充分，本研究旨在阐明 lncRNA 在 PM$_{2.5}$ 诱导炎性反应的功能和分子机制。

### 1. LOC101927514 在 PM$_{2.5}$ 诱导炎性反应的调控机制

前期细胞炎性反应模型构建的结果表明，PM$_{2.5}$ 暴露细胞诱导炎性反应，可促进 IL-6 和 IL-8 的表达增加。为了进一步研究 lncRNA 是否在 PM$_{2.5}$ 致炎性反应中发挥作用，首先对 PM$_{2.5}$ 暴露的 16HBE 细胞进行 lncRNA 芯片检测和表达谱分析，从 lncRNA 表达谱结果中选取 11 个 lncRNA 进行检测，实验结果表明，LOC101927514 在不同浓度 PM$_{2.5}$ 暴露 16HBE 细胞中表达显著上调。为了证实其在 PM$_{2.5}$ 致细胞炎性反应的功能，设计 siRNA 干扰序列，经转染细胞实验抑制 LOC101927514 的表达，再进行 PM$_{2.5}$ 暴露细胞，然后检测 IL-6 和 IL-8 是否发生改变，实验结果表明，抑制 LOC101927514 表达后，IL-6 和 IL-8 表达显著下降。为了进一步阐明 LOC101927514 在 PM$_{2.5}$ 致细胞炎性反应的分子机制，首先通过 LOC101927514 RNA-pull down 得到 LOC101927514 可能结合的蛋白质(RBPs)，然后在 RBPs 中通过 WB 实验可以检测到 p-STAT3 表达。此外，siRNA-LOC101927514 联合 PM$_{2.5}$ 暴露组相比于单独 PM$_{2.5}$ 暴露组，WB 检测 p-STAT3 和 STAT3 的表达水平是否发生变化，结果显示，p-STAT3 的表达量确实减少，STAT3 的表达并未改变。综合以上实验结果，LOC101927514 可能通过结合 p-STAT3，影响 p-STAT3 的表达，进而调控 PM$_{2.5}$ 诱导的炎性反应。

### 2. *lnc-PCK1-2:1* 在 PM$_{2.5}$ 模拟物诱导炎性反应的功能机制

由于 PM$_{2.5}$ 是成分颇为复杂的污染物，目前，关于不同的 PM$_{2.5}$ 成分是如何导致炎症和毒性仍不清楚。该研究通过构建已知成分的 PM$_{2.5}$ 模拟物，前期实验结果显示，PM$_{2.5}$ 模拟物和 PM$_{2.5}$ 一样，均可以诱导细胞炎性反应，促进 IL-6 和 IL-8 的表达。本项研究旨在揭示 PM$_{2.5}$ 引起炎性反应的关键毒性组分，以及 lncRNA 是否在 PM$_{2.5}$ 不同组分诱导的炎性反应中发挥调控功能。

从 lncRNA 表达谱中选择 3 个 lncRNA 进行 qRT-PCR 检测，结果显示，相比于对照组，*lnc-PCK1-2:1* 下调呈显著性差异。为了阐明 *lnc-PCK1-2:1* 参与 PM$_{2.5}$ 诱导的肺部炎症，将所有颗粒物分别暴露 16HBE 细胞后，通过 qRT-PCR 检测 *lnc-PCK1-2:1* 和 IL-6/8 的基因表达情况，再分析比较其相关性。图 5-67(A~C)实验结果表明，在 *lnc-PCK1-2:1* 表达下调时，IL-6 和 IL-8 的表达呈上调，且在有 Pb$^{2+}$ 的碳颗粒物暴露组，*lnc-PCK1-2:1* 均呈下调，IL-6/8 均呈显著上调结果。图 5-67D 图显示，*lnc-PCK1-2:1* 表达与炎性因子 IL-6/8 的表达呈显著负相关。综合以上实验结果，*lnc-PCK1-2:1* 是一个抑炎基因，表达水平可能与 PM$_{2.5}$ 中 Pb$^{2+}$ 的关系较大。PM$_{2.5}$ 样品中 Pb 的毒性很大，之前的相关研究揭示了

lncRNA 在 Pb 诱导细胞凋亡中的调控机制，即 lncRNA20992 通过互作凋亡相关蛋白 GRP78、HSP7C、AIFM1、LMNA 进而调控铅致 PC12 细胞凋亡（Nan et al., 2017）。

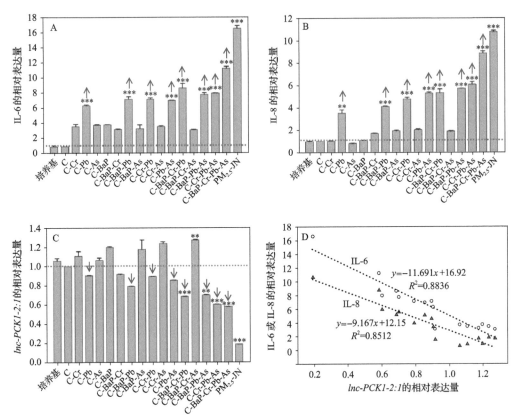

图 5-67  *lnc-PCK1-2:1* 与 IL-6/8 表达的相关性

\*\**P*<0.01，\*\*\**P*<0.001

为了进一步研究 *lnc-PCK1-2:1* 在 PM<sub>2.5</sub> 诱导炎性反应中的功能。通过构建 *lnc-PCK1-2:1* 过表达载体，转染 16HBE 细胞。实验结果显示，将 *lnc-PCK1-2:1* 过表达后，相比于空白质粒转染组，IL-6/8 蛋白和 mRNA 表达均显著下降。由此推断，*lnc-PCK1-2:1* 能够调控 PM$_{2.5}$ 诱导的炎性反应。该项研究首次发现了 C-Pb$^{2+}$加合物在诱导人支气管上皮细胞炎症反应中的作用，并且揭示了 *lnc-PCK1-2:1* 在炎症反应中的重要作用，*lnc-PCK1-2:1* 是 C-Pb$^{2+}$加合物与炎症之间的关键环节。整体实验结果不仅揭示了 Pb$^{2+}$在 PM$_{2.5}$ 诱导的炎性反应中的有害作用，而且诠释了其参与的分子机制，并进一步说明基于还原论方法和模拟 PM$_{2.5}$ 库的方法可为阐明 PM$_{2.5}$ 的毒性组分开辟新途径。

### 5.5.3 circRNA 在 PM$_{2.5}$ 致炎性反应的功能与机制

环状 RNA 是一类具有共价闭合环状结构的新型内源性 RNA。它们是在 RNA 剪接过程中产生的，由外显子（外显子环状 RNA，circRNAs）、内含子（内含子环状 RNA，ciRNAs）或两者结合而成（ElciRNAs）的 RNA 分子（Li et al., 2015b）。它们是继 microRNA，lncRNA 后的非编码 RNA 家族又一新的研究成员。目前，环状 RNA 已经成为生命科学及医学研究的热点分子。

一些环状 RNA 被证明参与转录后调控,其功能类似于 microRNA 的"海绵",降低了它们靶向 mRNA 的功能(Memczak et al., 2013)。已有相关研究表明,circRNA100146发挥 miRNA "海绵"功能,与 miRNA 靶基因 *SF3B3* 竞争吸附 miR-361-3p 和 miR-615-5p而负向调控其表达活性,进而促进癌细胞增殖、侵袭和迁移,抑制癌细胞凋亡。该研究揭示了 circRNA 通过转录后调控肺癌发展的分子机制(Chen et al., 2019)。此外,也有一些研究表明,circNOL10 与 SCML1 结合从而促进 SCML1 转录和调控 HN 多肽家族在抑制肺癌发展的功能,该研究首次探索了 circRNA 参与基因转录调控在肺癌中的分子机制(Nan et al., 2019)。近两年,关于 circRNA 在化学物致肺部疾病的作用机制已有相关研究。研究发现 circRNA0006916 在 PM$_{2.5}$ 有机毒性组分 BaP 诱导的恶变细胞中表达显著降低,主要是因为 TNRC6 结合到 circRNA0006916 的侧翼内含子区域而影响 circRNA 的表达,进而影响 circRNA 调控的细胞增殖和周期改变(Dai et al., 2018)。一些研究表明,circRNAHECTD1 和 ZC3H4 通过调控其亲本基因蛋白的泛素化来调节二氧化硅诱导的巨噬细胞激活,该研究揭示了二氧化硅诱导矽肺的分子机制,可为开发治疗矽肺的策略提供新的视角(Zhou et al., 2018; Yang et al., 2018a)。然而,尚未有 circRNA 在 PM$_{2.5}$ 诱导肺炎的功能与分子机制的相关报道。

### 5.5.3.1　circRNA 在 PM$_{2.5}$ 诱导细胞炎性反应的表达

通过 qRT-PCR 筛选 circRNA 芯片中差异表达的 circRNA,其中 circRNA104250 在炎症细胞模型能够显著高表达, circRNA406961 在炎症细胞模型表达显著下调。circRNA104250 由 *TMEM181* 基因组的 5 个外显子反向拼接形成,位于人 6 号染色体,长度为 484bp;circRNA406961 位于人 7 号染色体,有 *PTPN12* 基因组的一段内含子形成,长度为 958bp。通过 RNaseR 处理 RNA 后验证 circRNA 的性质,图 5-68A 结果显示,RNaseR能够消化降解线性 RNA,而 circRNA 不受其影响,这符合 circRNA 较稳定,不易被降解的特性。通过 FISH 分析 circRNA 在细胞的表达位置,图 5-68B 结果显示,circRNA104250主要在胞浆表达;circRNA406961 主要表达在胞核。

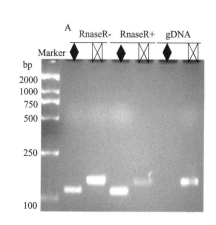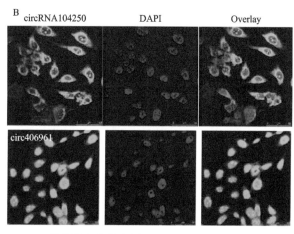

图 5-68　circRNA 的特性和定位分析

#### 5.5.3.2　circRNA406961 结合 ILF2 蛋白调控 PM₂.₅ 致炎性反应

为了证实 circRNA406961 在 PM₂.₅ 诱导细胞炎性反应中发挥调控功能，针对其设计了特异的 siRNA 和过表达载体。将它们分别转染 BEAS-2B 细胞中 48h，qRT-PCR 检测结果显示，siRNA 对 circRNA406961 的抑制率可以达到 70%；过表达载体可以将 circRNA406961 的表达量增加 50 倍左右，然而，circRNA406961 亲本基因 *PTPN12* 的表达量并没有显著差异，证实 siRNA 和过表达载体能够特异地作用于 circRNA406961。通过对 circRNA 进行干扰和过表达并联合 PM₂.₅ 暴露，然后检测其细胞活力的变化和炎性细胞因子 IL-6、IL-8 表达情况的改变，实验结果表明，过表达 circRNA406961 并联合 PM₂.₅ 暴露组相对于单独 PM₂.₅ 暴露组，LDH 活性降低，细胞活力升高，炎性细胞因子 IL-6、IL-8 的相对表达量降低，而干扰 circRNA406961 并联合 PM₂.₅ 暴露的结果与上面过表达 circRNA 的结果呈相反趋势。这些结果表明，circRNA 表达量的改变能够显著影响 PM₂.₅ 诱导的细胞炎性反应水平，因此，circRNA406961 可以参与炎性反应的调控。接着探究了 circRNA406961 在 PM₂.₅ 暴露 BEAS-2B 细胞致炎性反应中发挥调控功能的分子机制，首先通过 RNA-pull down 实验及质谱检测分析 circRNA406961 能够结合的蛋白，荧光原位杂交联合免疫荧光实验结果进一步表明，circRNA406961 和 ILF2 能够相互结合（图 5-69）。并通过生物信息学分析 circRNA406961 结合蛋白 ILF2 可能影响 STAT3 和 MAPK 的表达，由此推断，circRNA406961 是否能够通过 ILF2 蛋白调控相关的炎症信号通路。

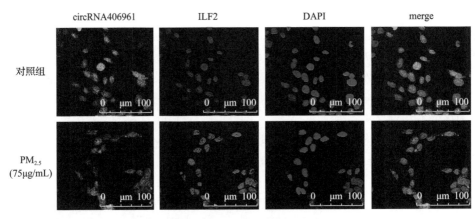

图 5-69　荧光原位杂交联合免疫荧光实验结果

为了证实 circRNA406961 能否激活 STAT3 和 MAPK 炎症信号通路，通过 WB 实验检测炎症信号通路相关蛋白 STAT3 和 JNK 的磷酸化是否发生改变，检测结果表明，过表达 circRNA406961 并联合 PM₂.₅ 暴露组相对于单独 PM₂.₅ 暴露组，STAT3 和 JNK 的磷酸化降低，而干扰 circRNA406961 并联合 PM₂.₅ 暴露组相对于单独 PM₂.₅ 暴露组，STAT3 和 JNK 的磷酸化水平升高，说明 circRNA406961 参与了调控炎症信号通路 STAT3 和 MAPK 的激活；同样，对 ILF2 进行干扰和过表后，STAT3 和 JNK 的磷酸化也发生了改变，ILF2 也确实参与调控炎症信号通路 STAT3 和 MAPK 的激活。最后，为了进一步验证 circRNA406961 是否通过 ILF2 调控炎性反应，将 circRNA406961 和 ILF2 共同过表达并联合 PM$_{2.5}$ 暴露 BEAS-2B 细胞,分析炎性细胞因子 IL-6、IL-8 的表达和 STAT3 及 JNK 的磷酸化改变。实验结果表明,共同过表达 circRNA406961 和 ILF2 组的炎性水平低于单独过表达 ILF2 组,且高于单独过表达 circRNA406961 组。研究表明,circRNA406961 主要通过结合 ILF2 蛋白调控 PM$_{2.5}$ 诱导的 BEAS-2B 细胞的炎性反应,首次揭示了 circRNA 结合 ILF2 蛋白在转录水平调控 PM$_{2.5}$ 诱导炎性反应的新机制。

### 5.5.3.3 circRNA104250 在 PM$_{2.5}$ 致炎性反应的功能与分子机制

为了对 circRNA104250 功能进行研究,分别对 circRNA104250 进行了干扰或过表达,再用 PM$_{2.5}$ 处理 BEAS-2B 细胞。检测 IL-6 及 IL-8 的分泌量变化情况,结果显示,相比于对照组,siRNA 联合 PM$_{2.5}$ 组的 IL-6 和 IL-8 的分泌量显著减少,且差异有统计学意义;过表达载体联合 PM$_{2.5}$ 组的 IL-6 和 IL-8 的分泌量及 mRNA 表达水平明显增加。通过以上的结果可知,抑制 circRNA104250 表达时,PM$_{2.5}$ 诱导的炎性细胞因子的表达量显著降低;而过表达 circRNA104250 时,则明显增加 PM$_{2.5}$ 诱导的炎性细胞因子的表达量。因此,在 PM$_{2.5}$ 致 BEAS-2B 细胞炎症过程中,circRNA104250 具有明显促进炎症的功能。

证实了 circRNA104250 的相关功能后,对 circRNA104250 在促进 PM$_{2.5}$ 诱导的炎性反应中的分子机制进行深入的研究。因为 circRNA104250 主要表达于细胞质中,推断其可能通过转录后调控的分子机制发挥功能作用。通过使用 RegRNA 数据库预测与 circRNA104250 相互作用的 miRNA,然后使用 Target Scan 数据库预测 miRNA 下游的靶基因,图 5-70A 结果显示 miR-181a、miR-221-3p、miR-3607-5p 及 miR-4301 均可靶向与炎症相关的 mRNA, lncRNA。为了确定 circRNA 和 miRNA 的相互关系,分别干扰和过表达 circRNA104250 后使用 qRT-PCR 检测 miR-181a、miR-221-3p、miR-3607-5p 及 miR-4301 的表达量改变,结果显示 circRNA104250 与上述 4 个 miRNA 均存在负向调控关系,且 miR-3607-5p 改变最为明显,又进一步分析了 miR-3607-5p 下游的 mRNA,结果如图 5-70B。通过双荧光素酶报告基因实验进一步证实了 circRNA104250 与 miR-3607-5p 直接结合的关系。接下来,在 PM$_{2.5}$ 处理的 BEAS-2B 细胞中检测 miRNAs 和 lncRNAs 的表达量,发现 miR-3607-5p 在 PM$_{2.5}$ 处理后显著下调,lncRNAuc001.dgp.1 显著上调。为继续探究 lncRNAuc001.dgp.1 与 circRNA104250 及 miR-3607-5p 的相互作用关系,将其分别进行干扰和过表达后使用 qRT-PCR 检测 circRNA104250 及 miR-3607-5p 的表达量,结果显示 lncRNAuc001.dgp.1 与 circRNA104250 存在正向调控关系,与 miR-3607-5p 存在负向调控关系。双荧光素酶报告基因结果表明 miR-3607-5p 与 lncRNAuc001.dgp.1 也具有直接结合的关系。通过功能获得和缺失实验 (gain, loss-of-function) 研究表明,miR-3607-5p 的功能与 circRNA104250 的相反,其在 PM$_{2.5}$ 诱导的炎性反应中起负向调控的关系,且 miR-3607-5p 负向调控其下游靶基因 *IL1R1* 的表达;lncRNAuc001.dgp.1 和 circRNA104250 的功能相似,可以促进 PM$_{2.5}$ 诱导的炎性反应,且正向调控 IL1R1 的表达。综上,circRNA104250、lncRNAuc001.dgp.1 共同靶向 miR-3607-5p 调控 IL1R1 的表达,进而调控 PM$_{2.5}$ 诱导的细胞炎性反应。

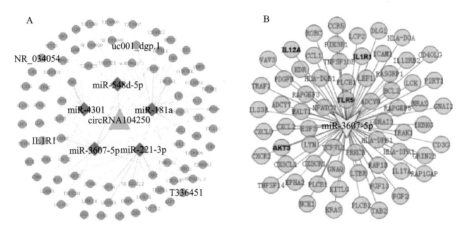

图 5-70　生物信息学分析网络互作图

　　为了进一步研究非编码 RNA 网络互作和炎症信号通路的调控关系，通过对 IL1R1 进行 KEGG 分析发现，IL1R1 参与对 Nuclear factor-kB（NF-κB ）炎症信号通路的调控，NF-κB 是一类核转录因子家族，其在免疫、炎症、肿瘤微环境以及细胞的增殖和分化中发挥重要作用(Liu et al., 2015)。NF-κB 的抑制剂IκB 可以结合并隔离细胞质中的NF-κB，进而发挥对 NF-κB 信号通路的调控功能(O'Dea et al., 2008)。NF-κB 是炎症反应的关键介质，NF-κB 信号通路的激活则会引起下游 IL-6 及 IL-8 的释放，进而引起炎症的产生(Mann et al., 2017)。WB 实验结果表明，$PM_{2.5}$暴露细胞后，p65 和 IκB 的磷酸化水平增加，TAK1 和 TRAF6 的表达量增加，说明 $PM_{2.5}$ 暴露使 NF-κB 通路激活。WB 实验结果也显示，circRNA104250、lncRNAuc001.dgp.1 均可以靶向 miR-3607-5p 调控 TAK1、TRAF6 的表达和 p65、IκB 的磷酸化，说明 circRNA104250 通过非编码 RNA 网络互作调控 NF-κB 通路。综合以上实验结果，该项研究第一次揭示了 circRNA 通过 NF-κB 通路调控 $PM_{2.5}$ 诱导细胞炎性反应的分子机制，也是首次构建了 $PM_{2.5}$ 暴露致炎性反应中的非编码 RNA 网络互作关系。非编码 RNA 网络互作调控细胞炎性反应的关系如图 5-71 所示。

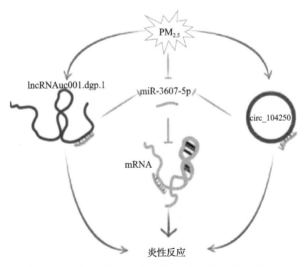

图 5-71　非编码 RNA 网络互作调控细胞炎性反应

高通量测序等技术的出现彻底改变了研究人员检测呼吸系统中信使 RNA（mRNA）表达的能力。更重要的是，高通量测序技术也发现大量非编码 RNA 的广泛表达，它们通过调控 mRNA 转录、翻译影响生物反应。到目前为止，大多数关于非编码 RNA 作用的研究都集中在通过 RNA 干扰途径调控 mRNA 翻译的 microRNAs 上，这些工作已经确定了一些 miRNA 在肺癌疾病病因学中的功能和作用机制(Zagryazhskaya et al., 2014)。目前，针对 lncRNA 和 circRNA 的研究仍然较少，circRNA 由于其本身的环状结构，不易被降解，能够较稳定地存在环境中，因此，更适合作为分子标志物，未来的工作需要将它们的研究不断扩展到呼吸系统疾病中。并进一步分析非编码 RNA 之间如何相互作用来调节 mRNA 的表达。PM$_{2.5}$ 可随人们呼吸进入肺部，刺激人体炎症相关的 mRNA 表达增加，进而引起肺部组织损伤和影响肺功能。非编码 RNA 在调控基因的表达中发挥重要调控作用，可以通过转录和转录后调控直接影响炎症相关 mRNA 的稳定性和转录起始，而快速、灵活地消除炎症反应(Anderson, 2010)。从临床角度看，将非编码 RNA 作为一种新的治疗手段，需要对其功能和作用机制有更深入的了解。

研究主要聚焦于 lncRNA 和 circRNA 在 PM$_{2.5}$ 诱导细胞炎性反应的功能和作用机制，关于 lncRNA LINC00341 和 LOC101927514 在 PM$_{2.5}$ 诱导的细胞周期阻滞和细胞炎性反应中的作用机制研究完善了 lncRNA 在 PM$_{2.5}$ 毒理效应的分子机制；而 lnc-PCK1-2:1 的研究不仅进一步证实了 lncRNA 在炎性反应中的功能，更是在复杂的 PM$_{2.5}$ 中确认了 Pb 的毒性作用，确认 lnc-PCK1-2:1 为 PM$_{2.5}$ 中 Pb 致毒相关 lncRNA。此外，研究首次研究 circRNA 在 PM$_{2.5}$ 诱导细胞炎性反应的功能，并且分别从转录水平和转录后水平进一步深入探究了 circRNA 在 PM$_{2.5}$ 诱导细胞炎性反应的分子机制，第一次构建了 PM$_{2.5}$ 诱导细胞炎性反应中的非编码 RNA 网络互作关系。这为 circRNA 在呼吸系统疾病的作用机制研究提供了新的证据。

（撰稿人：贾阳阳　蒋义国）

## 5.6　大气细颗粒物的健康危害探讨：细胞-动物-人群研究

大气污染不仅是全球面临的重大环境问题，其对人群健康的影响及所造成的疾病负担也一直是国内外政府所面对的重大公共卫生问题。最新的研究结果显示，大气污染已成为影响我国居民患病的第四位危险因素。作为大气污染的直接靶器官，呼吸系统健康损伤一直是大气污染危害效应的重要评价指标之一；且其长期暴露是肺癌发生的重要危险因素。尤其是近年来，大气污染累积危害效应开始显现，我国的肺癌发病率以每年26.9%的速度增长；过去 30 年间，肺癌死亡率在中国上升了 4.65 倍，已取代肝癌成为中国首位恶性肿瘤死亡原因。2013 年国际癌症研究组织(IARC)在总结了 18 项研究结果后确定了大气污染与肺癌的剂量效应关系，正式把大气颗粒物(PM$_{10}$ 与 PM$_{2.5}$)列为 I 类致癌物。IARC 同时指出，这些研究多数来自欧美等发达国家，大气颗粒物 PM$_{2.5}$ 的浓度范围为 10～30 μg/m$^3$，而中国大多数地区 PM$_{2.5}$ 的水平远高于这个范围，甚至某些区域日均浓度高达 700 μg/m$^3$ 以上；因此在这种长期的高污染水平下，其造成的健康危害及其远期效应更值得关注。大气污染对人群健康的危害不仅受大气污染物的来源、污染物种类、内聚成分和浓度的影响，而且也与不同地区不同人群遗传背景的差异有关；因此在评价大气污染对人群的健康危害效应时不能直接搬用欧美国家研究数据，必须开展基于国内大气细颗粒物 $PM_{2.5}$ 暴露的相关研究，阐述暴露组分产生的生物学效应和关键分子通路靶点，筛查早期人群生物标志物应用于疾病风险预测。因此，在对我国典型区域大气特征污染物进行充分解析基础上，对 $PM_{2.5}$ 进行健康危害评估以及致癌风险评价，深入探讨 $PM_{2.5}$ 及主要内载组分诱导肺癌发生的内在机理和毒性通路，将为我国居民呼吸系统疾病的预防和干预提供重要的科学依据和技术支持。

为了深入了解 $PM_{2.5}$ 对人体健康损害效应和对机体的毒性风险，从细胞，动物和人群三个方面对 $PM_{2.5}$ 的毒性进行了系统研究。研究人员建立了先进的动物实时动态染毒装置，利用此装置，获得了中国典型高浓度 $PM_{2.5}$ 暴露下的毒性效应数据和相应的毒性机制。通过体外细胞试验，检测了代表性城市北京、武汉、广州的不同季节 $PM_{2.5}$ 组分的生物学效应，获得基准剂量参数 $BMDL_{10}$ 以评估细颗粒物的化学致癌活性。通过基因敲除小鼠模型，揭示 $PM_{2.5}$ 导致的靶器官毒性效应和关键调控通路。在特定环境暴露人群中，探讨 PAHs 暴露的表观遗传生物标志物与暴露及损伤效应之间的关系，为 $PM_{2.5}$ 健康防治措施和相应标准，法规的制定提供理论依据。

### 5.6.1　大气细颗粒物对机体毒性的动物实验研究

人群大气颗粒物暴露通常混合其他环境污染物，人群流行病学研究难以区分和控制其他混杂因素，因此，吸入性染毒动物模型在大气颗粒物暴露研究中被广泛应用。以往的大气颗粒物暴露动物常采用浓缩大气颗粒物(CAPs)染毒仓进行模型构建，这种染毒系统一定程度上可保持颗粒物的各项理化性质，但是，染毒仓浓缩颗粒物的浓度高于大气颗粒物数倍，难以反映人群真实的暴露情况。为解决以上问题，研究人员在河北石家庄设计一套新型的实时动式吸入染毒系统，实现"真实环境"大气颗粒物全身暴露，并建立普通动物模型和疾病模型开展相关毒性效应和机制研究。

#### 5.6.1.1　大气颗粒物实时染毒装置的构建

据中国环境监测中心统计，河北石家庄市是全国 $PM_{2.5}$ 浓度最高的排名前五城市之一，2013～2017 年的 $PM_{2.5}$ 年均浓度高达 82～148 $\mu g/m^3$，因此选择在石家庄构建实时动式吸入染毒系统进行动物染毒。研究使用的实时动式吸入染毒装置是由传统的独立通气笼 IVC 系统改造而成(图 5-72)，主要分为染毒仓(PM)和滤膜过滤仓(AF)两部分。通过一根配备自动控温系统的不锈钢管道(长 3m，直径 8.9cm)，以恒定温度将大气空气中的颗粒物直接引入染毒仓，在充分维持颗粒物各项理化性质不变的条件下保证染毒仓中颗粒物的浓度与大气接近，平均浓度为 130～150 $\mu g/L$(图 5-73)。在过滤仓的前输气管道中，安装了三层高效空气过滤膜(HEPA)系统，过滤膜的孔径逐级递减，实现细颗粒物的高效阻隔($PM_1$=0)。在动物染毒过程中，密切监测 IVC 系统内的大气颗粒物浓度及颗粒物粒径分布，并且严密控制仓内温度、湿度、气流、气压及噪声等各方面条件维持恒定。同时，定期对染毒笼内小鼠进行微生物的检测，以排除微生物对小鼠机体的侵袭和病原菌的感染。经过 2017 年冬季三个月的监测,并未在染毒组小鼠体内检测出病原菌的感染,确保了实验结果的可靠性和安全性。研究构建的 IVC 染毒系统具有以下特点:①可模拟人体的实际暴露进行 24h 全天染毒;②过滤仓内 PM$_{2.5}$ 完全阻隔可实现暴露效应特异;③不经过浓缩直接引入大气颗粒物,能够充分维持颗粒物的各项理化性质;④染毒仓内颗粒物浓度及粒径分布等参数可实时监控,主要为细颗粒物暴露;⑤染毒仓内恒温、恒湿、恒压、低噪声,外来因素干扰小,可进行长期动物染毒试验。这个模型是目前颗粒物动式吸入染毒装置最接近自然状态的,研究的结果能真实反映人群实际暴露,因此观察到的效应外推到人具有以往研究无法比拟的优势。

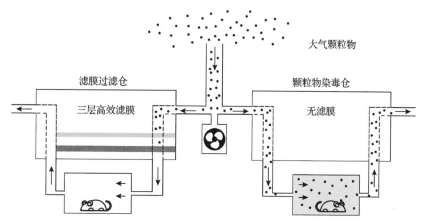

图 5-72　大气颗粒物实时动式吸入染毒系统示意图

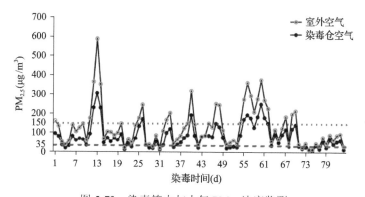

图 5-73　染毒笼内与大气 PM$_{2.5}$ 浓度监测

#### 5.6.1.2　大气颗粒物暴露致小鼠的多脏器损伤的时间效应关系和可恢复性研究

以往关于大气 PM$_{2.5}$ 的研究主要集中在呼吸系统和心血管系统,但是近几年来,越来越多的流行病学调查和实验研究表明,PM$_{2.5}$ 暴露可造成肝、肾、脑、消化系统及生殖系统等损伤,提示 PM$_{2.5}$ 暴露对机体的损伤作用可能涉及全身多器官、多系统。因此,研究人员利用以上述实时动式吸入染毒系统,构建 PM$_{2.5}$ 吸入性染毒雄性 C57BL/6J 小鼠模型,以研究 PM$_{2.5}$ 暴露对机体多器官的损害效应,揭示敏感的靶器官以及染毒停止后脏器损伤恢复的程度。整个实验设计:动物分成 4 组(图 5-74),分别染毒 3 周、6 周、

12 周，和染毒 6 周+4 周恢复，同时设立对照组，各组小鼠在染毒(或染毒+恢复)结束后处死采集全血、肺泡灌洗液并取肺、心、肝、脑、肾、脾、睾丸和小肠进行相关分析，以全面系统地研究 $PM_{2.5}$ 暴露不同时长以及暴露后恢复一段时间后机体各脏器的损伤情况。在颗粒物染毒期间，3 周、6 周、12 周大气 $PM_{2.5}$ 的日均平均浓度分别为 151.40、132.58 和 130.22 $\mu g/m^3$，而染毒笼内相应的平均浓度为 89.95、79.98 和 83.64 $\mu g/m^3$，大约是室外浓度的 60%～70%。除了 $PM_{2.5}$ 浓度，还检测了 $PM_{2.5}$ 的成分组成，共检测分析了 142 种 $PM_{2.5}$ 有机提取物组分浓度和 43 种水溶相中的离子成分浓度。有机相组分包括了 16 种典型多环芳烃(PAHs)，硝基多环芳烃(NPAHs)，烷基多环芳烃(alkyl-PAHs)，二噁英(PCDD)，多氯联苯(PCB)。水溶相的离子成分主要包括金属离子(Li、Cr、Mn、Ni、Zn、As、Cd、Pb 等)、硫酸根及硝酸根离子等。结果表明，$PM_{2.5}$ 暴露可造成全身多器官的损伤，进一步研究发现，炎症反应在 $PM_{2.5}$ 暴露至多器官损伤中发挥极其重要的作用，与各器官暴露损伤敏感性密切相关。小鼠 $PM_{2.5}$ 暴露 3 周，肺、心和小肠发生轻度损伤，随着暴露时间延长损伤逐渐加重，脑组织在暴露 6 周后发生轻度损伤，暴露 12 周肺、脑和小肠损伤严重，睾丸组织开始发生损伤，精子数量下降。暴露 6 周+恢复 4 周组脑损伤发生逆转，肺和心损伤减轻，而小肠损伤持续加重(图 5-75)。

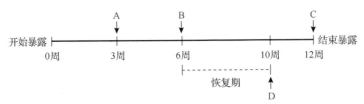

图 5-74　$PM_{2.5}$ 染毒小鼠模型暴露时间设计

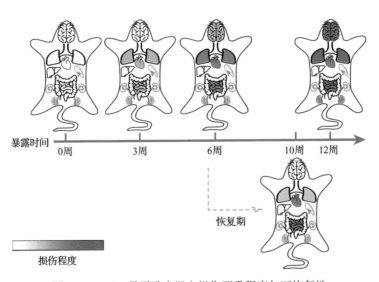

图 5-75　$PM_{2.5}$ 暴露致多器官损伤严重程度与可恢复性

在多脏器损伤中，重点关注了 $PM_{2.5}$ 引起的生殖系统损害。将小鼠随机分为三组：洁净空气组(FA)、大气组(UA)、浓缩 $PM_{2.5}$ 组(CA)，暴露 8 周和 16 周，每天染毒 6h。

PM$_{2.5}$暴露后，小鼠睾丸生精小管数目相对减少，小管间间隙增宽，生精细胞轻微紊乱，生精上皮厚度减少，生精管腔内产生的精子数目降低。一些生精小管中出现生精细胞空泡样变及坏死。与未过滤空气组相比，浓缩 PM$_{2.5}$暴露组小鼠睾丸组织病变更加严重。PM$_{2.5}$暴露引起睾丸组织内睾酮含量呈现 PM$_{2.5}$暴露剂量及时间依赖性的下降。精子运动参数包括精子密度，精子总活力，前向运动精子比例，非前向运动精子比例，平均曲线速率，平均直线速率，拍打频率均出现不同程度的降低，这在 16 周 PM$_{2.5}$暴露组小鼠表现得最为明显。此外，PM$_{2.5}$暴露后小鼠精子畸形率显著增加。机制研究发现 PM$_{2.5}$暴露后 NLRP3 炎症小体各组成蛋白的表达量显著升高，且小鼠睾丸组织 FOXO1 蛋白表达量呈明显的剂量依赖性增加。与此相反，睾丸组织内 miR-183、miR-96 和 miR-182 含量随着 PM$_{2.5}$暴露量的增加而逐渐降低。以上结果表明 PM$_{2.5}$长期暴露可以引起睾丸病理性损害，并且引起精子活性下降和畸形率增加，其作用机制可能与 NLRP3 信号通路介导的炎症激活和 miR-183/96/182 靶向调控 FOXO1 基因的表达密切相关。

PM$_{2.5}$暴露后，血生化分析结果显示血清中甘油三酯和高密度脂蛋白胆固醇浓度出现上升趋势，血清中炎性因子包括 IFN-γ、IL-1β、IL-10 出现了明显的升高。血细胞计数结果分析发现，白细胞总数，中性粒细胞，单核/巨噬细胞均出现不同程度的增加，提示 PM$_{2.5}$可以引起机体整体炎性反应增强。另外，还检测了机体的遗传损伤和氧化损伤水平。研究人员利用血细胞彗星试验和骨髓微核试验检测 PM$_{2.5}$对机体整体的遗传损伤效应，发现彗星尾距和骨髓微核率在 PM$_{2.5}$暴露后均出现增加。尿液 8-OHdG 水平也在 PM$_{2.5}$暴露后升高，提示 PM$_{2.5}$可以诱导机体的遗传损伤和氧化损伤增加。此外，PM$_{2.5}$暴露可引起肺泡灌洗液中的乳酸脱氢酶水平增加，细胞总数增多和总蛋白水平升高。肺病理发现从 3 周到 12 周，肺脏随着暴露时间的延长出现不同程度的病理损伤，从炎性细胞聚集，肺泡壁增厚，到肺泡壁充血，肺泡腔出血，最后肺泡出现纤维蛋白链，粘液化生，发现肥大性肺细胞，急性肺损伤的病理评分随暴露时间延长出现身高，表明 PM$_{2.5}$可以引起肺部炎症，并诱导肺部损伤，长期的 PM$_{2.5}$暴露可能会引起肺纤维化。

炎症反应在 PM 暴露至多器官损伤中发挥极其重要的作用，与各器官暴露损伤敏感性密切相关。为了进一步研究 PM$_{2.5}$暴露、炎症反应和小鼠多脏器损伤的关联，检测了各个脏器中多种炎性细胞因子的表达水平，发现 PM$_{2.5}$暴露后各个脏器均出现了特异性升高的炎性因子谱，验证了系统炎性反应介导各个脏器损伤，IFN-γ 和 IL-10 在几乎所有脏器中均出现高表达，与血清浓度升高趋势一致，提示它们可能是 PM$_{2.5}$暴露后的特异性炎性因子。此外，还利用 ex vivo 实验检测 PM$_{2.5}$暴露后小鼠血清对体外细胞系的毒性效应，发现 PM$_{2.5}$暴露后的小鼠血清在多个脏器来源的体外细胞系中的毒性均强于对照小鼠血清，提示 PM$_{2.5}$在血清中的代谢产物和炎性因子可能是引起小鼠多脏器损伤的主要原因。该部分结果已发表于 Environmental Pollution 杂志(Li et al., 2019)。

### 5.6.1.3　大气细颗粒物 PM$_{2.5}$暴露对大鼠神经系统的损害作用研究

将大鼠随机分为三组：洁净空气组(FA)、大气组(UA)、浓缩 PM$_{2.5}$组(CA)，暴露 12 周，每天染毒 6h。PM$_{2.5}$染毒后，进行了神经行为学实验。旷场试验显示，CA 组大鼠在中央区域时间和中央区域路程显著低于 FA 组大鼠。糖水试验结果显示，CA 组大鼠糖水偏好程度显著低于 FA 组大鼠。新颖抑制摄食试验结果显示，CA 组大鼠摄食潜伏期和摄食量显著低于 FA 组大鼠。以上结果表明 $PM_{2.5}$ 暴露可诱导大鼠抑郁情绪改变。进一步的病理结果显示，CA 组大鼠大脑皮层前额叶可见神经元细胞有明显皱缩与肿胀，细胞排列疏松，有凋亡的神经元细胞。免疫荧光检测神经营养因子 GFAP 和 BDNF，与 FA 组相比，UA 和 CA 组中 GFAP 显著增加，BDNF 显著下降。高效液相法测神经递质，与 FA 组相比，UA 和 CA 组大鼠大脑皮层前额叶 NE、DA、DOPAC、5-HT 显著降低，CA 组中 L-DOPA 和 5-HIAA 显著升高，说明 $PM_{2.5}$ 可引起大鼠神经元细胞形态学发生改变，神经营养因子失调，神经递质及其代谢产物水平改变。利用 ICP-MS 检测了大鼠大脑皮层前额叶中重金属元素，与 FA 组相比，UA 组中大鼠铬、钴、铊显著升高，CA 组中大鼠锂、铝、铬、钴、镍、镉、钡、铊显著升高，提示 $PM_{2.5}$ 暴露后大脑前额叶区有重金属的沉积。机制研究发现，与 FA 组相比，UA 组大鼠大脑前额叶 IL-8、IL-17 显著升高，CA 组 IL-6、IL-8、IL-17 均表达上调。UA 组 Caspase-1 表达升高，CA 组 NLRP3、ASC、Caspase-1、IL-1β 均表达升高，表明 $PM_{2.5}$ 可诱导大鼠大脑皮层前额叶炎性细胞因子过表达，其作用机制与 NLRP3 介导的信号通路激活有关。

另外，研究人员还研究了孕期暴露 $PM_{2.5}$ 诱导子代大鼠神经毒性及机制，将孕鼠随机分为三组，分别为出生前后暴露组（PND60）、出生前暴露组（PND30）和对照组。$PM_{2.5}$ 暴露分为两阶段，妊娠期暴露和哺乳期暴露。在妊娠期，出生前后暴露组和出生前暴露组的孕鼠全身暴露浓缩大气 $PM_{2.5}$，每天 6h。哺乳期暴露阶段，出生前后暴露组子鼠与母鼠全身暴露于浓缩 $PM_{2.5}$，出生前暴露组及对照组则暴露于洁净空气。Morris 水迷宫实验显示，巡航定向试验中，PND60 暴露组大鼠在目标象限活动时间明显低于对照组，表明孕期暴露 $PM_{2.5}$ 可诱导子代大鼠学习记忆能力的下降。病理结果显示，PND30 暴露组神经元较对照组略少，排列整齐。PND60 暴露组神经元数目明显减少，细胞层数变少，细胞体积缩小，核深染，出现核固缩的表现，表明孕期暴露 $PM_{2.5}$ 可诱导子代大鼠海马 CA1 和 CA2 区组织形态学改变。PND30 和 PND60 暴露组脑组织 ROS 和 MDA 水平明显高于对照组。GSH-PX 结果显示 PND30 暴露组各组间表达无差别，PND60 暴露组均低于对照组。SOD 的含量结果显示，PND30 暴露组 SOD 含量低于对照组，PND60 暴露组 SOD 均低于对照组，说明孕期暴露 $PM_{2.5}$ 可引起子代大鼠脑组织氧化损伤。机制研究显示，PND30 和 PND60 暴露组大鼠海马中 AKT 与 GSK-3β 的磷酸化水平均显著低于出生前暴露组和对照组。PND30 和 PND60 暴露组结果 CREB/p-CREB 蛋白水平显著低于出生前暴露组和对照组，表明孕期暴露 $PM_{2.5}$ 可诱导子代大鼠 AKT/GSK-3β/CREB 信号的激活。

以上结果说明 $PM_{2.5}$ 可以导致大鼠神经系统损伤，诱导抑郁情绪，可能与 $PM_{2.5}$ 中重金属组分沉积于脑组织，引起神经递质紊乱，神经营养因子失调，炎性细胞过表达等效应有关，其作用机制可能是激活 NLRP3 炎性小体诱导炎症反应导致。此外，$PM_{2.5}$ 还可以导致大鼠出生前后暴露发育神经毒性，引起空间学习记忆能力的下降，海马神经元的凋亡坏死，产生氧化损伤，可能机制是引起了 AKT/GSK-3β/CREB 信号通路的改变。

### 5.6.1.4　不同代谢模式下大气颗粒物实时暴露对小鼠的靶损害的研究

由于不同代谢及疾病状态机体应答环境暴露存在较大差异,进一步构建了正常饮食、高脂饮食、限制饮食和糖尿病四组模型小鼠,模拟不同代谢及疾病状态的人群对 $PM_{2.5}$ 暴露的不同反应。模型构建成功后小鼠进行为期 4 周的 $PM_{2.5}$ 暴露染毒,以检测小鼠的炎症反应、氧化损伤、遗传损伤、肝肺损伤及糖脂代谢等指标,进行各组模型间的损伤效应的比较。研究人员统计各组具有统计学意义差异的损伤指标,发现相同 $PM_{2.5}$ 暴露条件下,各模型损伤效应排序依次为高脂饮食>糖尿病>正常饮食>限制饮食(表 5-17)。以上结果提示不同代谢及疾病状态下的人群对 $PM_{2.5}$ 暴露的损伤程度有差别,其中高脂及糖尿病人群对 $PM_{2.5}$ 暴露更为敏感,而能量限制人群则有效缓解 $PM_{2.5}$ 暴露导致的损伤效应。

代谢小鼠模型提示脂质代谢紊乱在 $PM_{2.5}$ 导致的机体损伤过程中起到重要作用。为进一步探索脂质代谢在 $PM_{2.5}$ 暴露后在各脏器出现的变化情况,利用新型的技术——解吸电喷雾电离成像技术对小鼠不同脏器进行了脂质代谢的质谱成像检测,初步的研究发现,在 $PM_{2.5}$ 暴露 3 周后,小鼠的大脑的下丘脑核和丘脑核最早出现了特定脂质代谢分子的变化,提示 $PM_{2.5}$ 暴露干扰大脑神经系统这些部位的脂质代谢(图 5-76)。特定的脂质分子变化与激素调控、炎症反应之间存在密切关联。

**表 5-17　代谢及疾病小鼠模型对 $PM_{2.5}$ 暴露致损伤效应的影响**

|  | 正常组 | 高脂饮食 | 限制饮食 | 糖尿病 |
|---|---|---|---|---|
| 炎症反应 |  | ++ |  | ++ |
| 氧化损伤 |  |  |  |  |
| 遗传损伤 | + | ++ |  | + |
| 脂质代谢 |  | ++ | + | + |
| 肺损伤 | ++ | +++++ | ++ | ++ |
| 肝损伤 | + | ++++ |  |  |

注:+代表一项具有统计学意义差异的损伤指标。

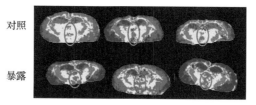

**图 5-76　颗粒物暴露 3 周后大脑下丘脑核和丘脑核的质谱成像**
红色圈内代表下丘脑核和丘脑核出现脂质代谢产物区别

### 5.6.1.5　利用基因敲除小鼠揭示大气细颗粒物对机体损伤调控机制

$PM_{2.5}$ 对机体造成多种毒性效应,其作用分子机制目前尚未完全明确,模型小鼠为研究毒性机制提供有力的工具。研究人员利用了骨髓髓系细胞蛋白磷酸酶 2A（PP2A）的 Aα 亚基敲除小鼠和 Nrf2 全身敲除小鼠对 PM$_{2.5}$ 的毒性机制进行了深入研究，取得了阶段性的成果。

骨髓髓系细胞 PP2A 的 Aα 亚基敲除属于基因条件性敲除，主要引起巨噬细胞和中性粒细胞等炎性细胞中 Aα 亚基的表达缺失，导致 PP2A 的活性显著下降。病理结果显示在 Aα 亚基敲除小鼠动式染毒 3 周和 6 周的暴露后，基因敲除小鼠的肺脏和肝脏的损害明显加重。相比较对照小鼠，基因敲除小鼠外周血白细胞数目增多，血清炎性因子水平增高，肺部炎性反应增强，同时肝脏和肺脏的凋亡细胞显著增加，提示 PP2A 活性的下调可以促进机体的炎性反应，增强脏器的损害作用。进一步对小鼠的肺泡灌洗液中的炎性细胞进行了蛋白组学检测，发现炎性细胞的葡萄糖和氨基酸合成代谢通路，核受体 LXR，FXR 等出现了明显的干扰，通过进一步的通路分析，有望揭示关键的信号调控通路，为干预研究提供作用的靶点。

在 Nrf2 基因全身敲除小鼠，研究发现，小鼠 PM$_{2.5}$ 动式暴露 6 周、12 周后，采用心动超声仪检测不同组小鼠的心功能，结果显示 PM$_{2.5}$ 暴露 6 周后，小鼠的心率显著上升，每博输出量，射血分数，心输出量，缩短的分数都相应减少，但小鼠 PM$_{2.5}$ 暴露 12 周后，这些心功能参数的指标有所改善。心脏病理组织检测发现 PM$_{2.5}$ 暴露引起小鼠右心室壁明显增厚，提示 PM$_{2.5}$ 可能诱导心脏的重构。为了探讨 PM$_{2.5}$ 诱导心脏的重构可能分子机制，应用 mRNA 转录组测序方法，针对 Nrf2 敲除及 PM$_{2.5}$ 暴露与否，筛选差异表达基因，通路富集分析显示 Ras signaling pathway、Dilated cardiomyopathy（DCM）、Platelet activation、Circadian entrainment、ECM-receptor interaction、Calcium signaling pathway 等通路受 PM$_{2.5}$ 暴露而呈现扰动。其中，野生型小鼠 PM$_{2.5}$ 暴露主要影响 MAPK 信号途径和 phagosome 途径，而 Nrf2 敲除小鼠 PM$_{2.5}$ 暴露后 Calcium signaling pathway 与 Ras signaling pathway 影响最大。

此外，研究还发现 PM$_{2.5}$ 暴露后 Nrf2$^{-/-}$ 小鼠血清中的 HDL 与肝脏中的 HDL 和 LDL 水平均显著上调。染毒后 Nrf2$^{-/-}$ 小鼠在染毒后，皮下脂肪和性腺脂肪的重量和脏器系数均明显增高。病理学观察发现染毒后 Nrf2$^{-/-}$ 小鼠的脂肪细胞变大。利用 QPCR 检测皮下脂肪中的脂代谢相关基因 AAC1、ACC2、SCD1、Srebp1c、PPARα 等 mRNA 水平，结果发现染毒后 Nrf2$^{-/-}$ 小鼠这些基因的 mRNA 水平发生显著改变。此外还发现染毒后 Nrf2$^{-/-}$ 小鼠肝脏中出现脂肪空泡，脂代谢相关基因 AAC1、ACC2、SCD1、Srebp1c、FATP2、FATP5、GPAM、GDAT、PPARα 等 mRNA 水平发生显著改变。病理学检查发现染毒后 Nrf2$^{-/-}$ 小鼠肝脏中浸润了大量 F4/80$^+$ 的巨噬细胞。上述结果表明 Nrf2 基因缺失后，PM$_{2.5}$ 暴露引起机体脂代谢异常和炎症加剧，说明氧化应激功能调控异常与上述损伤效应密切关联。

### 5.6.2　大气细颗粒物对机体毒性的体外细胞实验研究

#### 5.6.2.1　基于细胞生物学效应的 PM$_{2.5}$ 毒性风险评估模型构建

目前有关 PM$_{2.5}$ 暴露对人群健康远期危害效应（如肺癌、慢性阻塞性肺炎等）的风险评估基于环境暴露的监测数据来进行推算，例如根据环境中 PM$_{2.5}$ 浓度变化与疾病发生的关系进行致癌风险的推算，缺乏基于生物学活性的暴露剂量-反应关系的研究以及评估方法。美国环境保护署(EPA)主要根据 $PM_{2.5}$ 负载的毒物浓度[如苯并[a]芘(BAP)、砷(As)、铬(Cr)、镉(Cd)、铅(Pb)、钴(Co)、镍(Ni)等]，利用数学外推模型对 $PM_{2.5}$ 的健康风险进行推算。但是由于不同时空来源的 $PM_{2.5}$ 所负载的化学成分各异，不同化学物在体内的代谢活化模式不同，而且不同地区、不同人群遗传背景存在差异，利用致癌组分浓度进行致癌风险推算方法的准确性有待商榷。因此，建立体外细胞基于生物活性的评价方法在预测 $PM_{2.5}$ 致癌性中具有重要意义和实用价值。

与传统的动物实验方法相比，体外替代实验具有高效、经济等优势，被广泛应用于环境化学物的风险评估中。针对特定靶器官毒性的体外测试系统被广泛应用于阐述生物学终点的剂量-反应关系和时间-效应关系，如遗传毒性、氧化损伤、凋亡、炎症反应等。旨在阐明 $PM_{2.5}$ 暴露引起的不同细胞生物学效应的协同作用模式，明确其分子起始事件以及不良后果的关键事件，建立 $PM_{2.5}$ 的有害结局通路评估框架。

$PM_{2.5}$ 是由不同化合物组成的复杂混合物，包括化学组分和生物组分。由于 $PM_{2.5}$ 随着时间、地理位置、气候变化、污染物来源而变化，其浓度、特征和毒性的时空特点明显。因此，识别不同来源的 $PM_{2.5}$ 与不同生物终点之间的关联，有助于明确 $PM_{2.5}$ 诱导健康效应的关键组分。尽管已有大量关于 $PM_{2.5}$ 毒性效应的研究，但仍无法很好解释 $PM_{2.5}$ 与生物学效应之间的剂量-反应关系以及化学组分与有害健康结局之间的因果关联。因此，通过综合、全面的手段，定量评估 $PM_{2.5}$ 暴露引起的生物学效应强度，并与暴露信息(化学组分浓度与累积暴露水平)做关联分析，可确定有害健康结局的主要驱动因素。

为了快速评估不同区域、不同季节来源的 $PM_{2.5}$ 的细胞损伤效应，利用体外细胞模型，检测了来自不同城市 $PM_{2.5}$ 的不同组分(总颗粒物、有机相、无机相)引起的细胞毒性、氧化损伤、遗传损伤和炎症反应等生物学效应。研究选取了北京、武汉、广州三个典型城市，分别收集了它们 2016 年冬季和 2017 年夏季的大气 $PM_{2.5}$ 颗粒，并进行了成分解析。$PM_{2.5}$ 冬季的日均浓度较高(北京:109.64 $\mu g/m^3$、武汉: 79.99 $\mu g/m^3$、广州: 49.99 $\mu g/m^3$)，夏季的浓度较低(北京: 42.40 $\mu g/m^3$、武汉: 25.82 $\mu g/m^3$、广州: 19.82 $\mu g/m^3$)。颗粒物组分分析显示冬季 $PM_{2.5}$ 富集的 16 种 USEPA PAHs 在北京、武汉、广州三个城市的总浓度分别为 67.27 $ng/m^3$、38.50 $ng/m^3$、16.87 $ng/m^3$，显著高于夏季的浓度(北京: 7.01 $ng/m^3$、武汉: 5.91 $ng/m^3$、广州: 5.52 $ng/m^3$)。PAHs 组分中的以亚丁烯(CHR)、苯并[b]荧蒽(BbF)、苯并[k]荧蒽(BkF)、苯并[e]芘(BeP)、苯并[a]芘(BaP)、茚并[1,2,3-cd]芘(IND)、苯并[g, h, i]亚丁烯(BghiP)、蒽酮(COR)占比最高。BaP 在三个城市的冬季 $PM_{2.5}$ 的含量均超过了美国环保署设定的大气质量标准。PAHs 中主要以 4 苯环和 5 苯环 PAHs 为主。此外，研究人员还检测了烷基多环芳烃的含量，在北京、武汉、广州三城市中，冬季平均浓度分别为 9.13 $ng/m^3$、7.54 $ng/m^3$、3.56 $ng/m^3$，夏季浓度分别为 1.90 $ng/m^3$、0.97 $ng/m^3$、0.63 $ng/m^3$，其中 PAH178 与 PAH202 含量最高的。颗粒物水溶相的组分解析包括金属离子和硫酸盐及硝酸盐离子等，发现几乎每种离子在各个城市的冬季浓度均显著高于夏季，而夏季离子浓度在各个城市变化较大，浓度最高的城市是武汉，其次是广州和北京，含量最多的离子是 Na、K、$SO_4^{2-}$ 和 $NO_3^-$，其次是 Zn、Mg、Fe、Al 和 $Cl^-$。致癌性重金属如 As、Ni、Cr、Cd、Pb 和 Co 在多数水溶相中均可以检测到。另外，还检测了 PM$_{2.5}$ 的内毒素含量, 发现内毒素主要存在于水溶相组分中, 其浓度在夏季偏高, 三个城市中武汉 PM$_{2.5}$ 中的内毒素最高。

针对不同 PM$_{2.5}$ 的毒性效应终点, 分别选取了 2～3 种方法测定每个生物学效应终点。其中, 细胞毒性选择 MTT(四唑盐)、LDH(乳酸脱氢酶)实验; 氧化损伤选择活性氧(ROS)、丙二醛(MDA)、还原性谷胱甘肽(GSH)实验; 遗传损伤选择双核微核、彗星、γH2AX 实验; 炎症反应选择 IL-1β、IL-6、TNF-α 等炎症因子的检测。通过美国环保署(EPA)推荐的基准剂量模型(BMD)对各个指标的剂量反应关系进行了定量的评估, 计算各剂量反应关系曲线的 BMD$_{10}$ 的 95%置信区间下限值(BMDL$_{10}$)为各效应定量对比的参数。首先对比了各个效应所选取的生物学实验的敏感性, 结果显示, LDH 实验、MDA 实验、γH2AX 实验、TNF-α 实验分别为反映细胞毒性、氧化损伤、遗传损伤、炎症反应的最敏感的指标, 以上述四种实验的 BMDL$_{10}$ 作为参数, 比较各 PM$_{2.5}$ 样本所致健康风险。通过比较分析不同组分的损伤效应, 发现 PM$_{2.5}$ 各组分的所致细胞毒性、氧化损伤、遗传损伤等效应以有机相最强, 总颗粒物次之, 无机相最弱, 而炎症反应则以无机相最强, 总颗粒物次之, 有机相最弱。综合对比, 不同城市、不同季节样本的细胞毒性、氧化损伤、遗传损伤等效应的排序如下: 北京-冬>武汉-冬>广州-冬>北京-夏>武汉-夏>广州-夏; 而炎症反应的排序如下: 武汉-冬>武汉-夏>北京-夏>北京-冬>广州-夏>广州-冬。PM$_{2.5}$ 毒性效应和组分之间的关联分析发现, 细胞毒性和氧化损伤与总颗粒物浓度、有机组分和无机组分均呈正相关, 遗传损伤主要与总颗粒物浓度和其中的有机组分正相关, 而炎性反应主要与总颗粒物浓度和无机组分浓度正相关; 主成分分析发现, PAHs、金属和硫酸根、硝酸根、磷酸根等阴离子与细胞毒性、遗传损伤和氧化损伤呈正相关, 而炎性反应与内毒素水平关联最为密切。进一步计算累积暴露负荷, 以评估长期持续暴露的风险。综合考虑不同城市的暴露水平, 通过多路径粒子剂量(MPPD)模型估算了个体经呼吸道的 PM$_{2.5}$ 累积暴露量。以上述体外实验得出的毒理学参数 BMDL$_{10}$ 作为相对风险因子, 综合累积暴露因素, 估算出三个城市不同季节 PM$_{2.5}$ 的长期暴露健康风险, 排序如下: 北京-冬>武汉-冬>广州-冬>北京-夏>武汉-夏>广州-夏(图 5-77)。

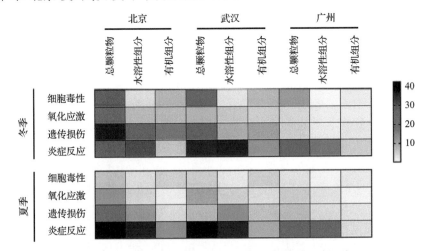

图 5-77　基于生物学活性的颗粒物累积暴露风险评估

### 5.6.2.2　基于体外细胞恶性转化模型评估 PM$_{2.5}$ 长期暴露的致肺癌风险

动物致癌性试验是评价化学物质致癌性的经典试验方法，但由于动物实验的耗时、费力、高成本等缺陷，限制了其在复合环境暴露致癌分析的评估中的应用。随着体外实验和替代方法的发展，基于人源细胞的体外实验已逐渐成为环境化学致癌物筛查的重要手段。体外细胞转化试验(CTA)是环境化学物致癌风险评估的方法，尤其适用于评估混合暴露致癌效应。体外恶性转化细胞的过程可高度模拟体内成瘤的过阶段过程，包括：①永生化；②细胞形态异型性；③细胞生长模式变化；④非整倍体和遗传物质改变；⑤锚着非依赖性；⑥体内成瘤等。通常诱导细胞转化时间短，2~4 个月就能看到转化终点，构建的多阶段转化模型为阐述环境化学物的致癌作用及调控机制提供有力的研究工具。基于人源细胞的恶性转化实验可减少物种外推的不确定性。然而，由于永生化细胞系代谢酶的低表达量、低活性，使其对环境致癌物诱发的恶性转化反应不太敏感。CYP450 酶对环境致癌化学物的代谢活化是化学致癌过程中重要的启动因素，环境化学物诱导的 CYP450 酶高表达与其所致的细胞损伤以及致癌效应高度相关。由于 CYP1A1 代谢酶在不同 PM$_{2.5}$ 样本处理后均被高效的诱导表达，建立了 CYP1A1 高表达的支气管 HBE 细胞株(HBE-1A1)。CYP1A1 高表达提高了 PM$_{2.5}$ 的细胞毒性、遗传损伤和氧化损伤等生物学效应。研究人员采用 BMD 模型分析剂量-反应关系，分析 PM$_{2.5}$ 样本致细胞恶性转化能力，从强到弱的排序如下：北京-冬>武汉-冬>武汉-夏>北京-夏>广州-冬>广州-夏(图 5-78)，与 PM$_{2.5}$ 的浓度排序不一致，说明富集的组分决定转化活性。为了探索细胞恶性转化模型与人类肺癌的发生、发展的关系，检测了恶性转化不同阶段细胞的一系列肺癌相关的分子标志物(KRAS、PTEN、P53、c-Myc、PCNA、p-AKT、p-ERK)。结果显示上述肺癌分子标志物与细胞恶性转化过程中形成的软琼脂克隆数高度相关，证明体外细胞恶性转化过程能够很好地模拟肺癌的发生、发展过程。研究发现恶性转化程度(软琼脂上克隆形成数)以及肺癌分子标志物的表达水平与苯并[a]芘、苯并[b]荧蒽、苯并[k]荧蒽、苯并[a]荧蒽、二苯并[a,h]蒽以及 PAH228 的甲基取代物的浓度显著相关。

此外，研究人员构建了一株永生化的人支气管上皮细胞株，并对其生物学特性进行了鉴定。代谢活化是 PM$_{2.5}$ 毒性通路中的关键步骤，建立了不同种属的小鼠原代肝细胞模型并鉴定了其代谢酶活性，为下一步构建代谢活化细胞和靶细胞共培养体系评价 PM$_{2.5}$ 毒性效应提供有利的研究模型。研究结果分别发表于 *Gene* 和 *Toxicology* (Gao et al., 2018; Wang et al., 2019)杂志，并获得了一项国家发明专利(一种人支气管上皮细胞株 HBE-TT 国家发明专利受理号 ZL201510450018.6)。上述结果证明，基于人源支气管上皮的细胞恶性转化模型可应用于致癌风险评估，整合环境暴露和生物学效应的风险评估策略是重要的发展方向。

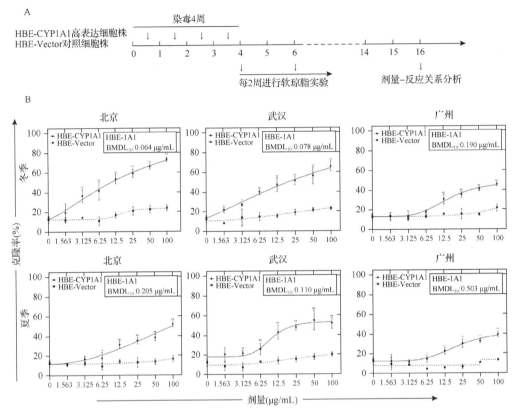

图 5-78　不同城市和季节的颗粒物诱导细胞转化能力的评估

(A)细胞转化实验方案简图；(B)各个城市和季节颗粒物诱导细胞转化的情况；*$P < 0.05$；**$P < 0.01$

### 5.6.3　大气细颗粒物对人群健康损害和肿瘤生物标志物研究

#### 5.6.3.1　环境多环芳烃暴露人群表观遗传生物标志物研究

多环芳烃 PAHs 暴露与肺癌的发生密切关联，在特定暴露人群筛查生物标志物有重要意义。$PM_{2.5}$ 的致肺癌组分中多环芳烃是重要的组分。研究人员收集环境颗粒物中有机组分，如环境 $PM_{2.5}$ 颗粒物的有机组分、钢铁厂焦炉逸散物、柴油机尾气提取物等进行体外细胞染毒实验，支气管上皮细胞恶性转化实验等，通过高通量组学技术，获取基因表达以及表观遗传调控模式变化，筛查出关键的毒性通路以及表观分子生物标志。利用苯并[a]芘(BaP)和 PAHs 诱导的细胞转化模型的不同阶段甲基化芯片结果，获得差异修饰的 17 个基因并进行功能研究，结果显示其中两个基因 *FLT1* 和 *TRIM36* 的高甲基化修饰和基因阻抑在人群肺癌组织中普遍存在，两个基因可能是新的抑癌基因，此外，在暴露人群的外周血淋巴细胞 DNA 中也发现 *FLT1* 和 *TRIM36* 基因启动子区 CpG 岛甲基化比率比非暴露组升高，启动子区甲基化修饰与 PAHs 内暴露和遗传损伤效应密切相关。上述研究结果说明特定基因甲基化修饰水平变化可作为机体对外界环境致细胞损伤的应激反应，同时也可作为机体累积暴露和损伤的生物标志物，有望应用于环境暴露健康风险评估。研究结果发表在 *Environmental Pollution* (He et al., 2017)。

在 PAHs 诱导的细胞转化模型中，研究发现组蛋白 H3ser10 磷酸化水平显著升高，并在人群肺癌组织中得到证实。在转化细胞中导入 H3ser10 磷酸化位点突变的质粒进行软琼脂实验，发现克隆的数目明显减少，克隆的体积也变小，说明组蛋白 H3ser10 磷酸化修饰在细胞转化及肿瘤的发生发展中起重要的调控作用。H3Ser10 直接调控 DNA 损伤修复基因 *MLH1* 和 *PARP1* 的转录表达影响化学物诱导的 DNA 损伤修复以及染色质稳定性。进一步的研究发现 PP2A 特定亚基参与调节细胞转化过程中组蛋白 H3 的磷酸化，阐明 PP2A 参与细胞转化的调节机制涉及组蛋白的修饰改变。此外，在 PAHs 暴露人群中，发现组蛋白 H3K27me3 和 H3K36me3 修饰在 PAHs 暴露工人外周血细胞中的水平显著增加，揭示这些组蛋白修饰可用于 PAHs 暴露的健康监测指标。上述研究结果发表在 *Molecular Carcinogenesis* 和 *Toxicology Research*（Zhang et al., 2016; Zhu et al., 2017）。

#### 5.6.3.2　大气细颗粒物暴露人群流行病学研究

通过系统 Meta 分析发现全球环境空气污染与人群血压密切相关。研究结果发表在 *Environmental Pollution*（Yang et al., 2018b）。为进一步分析 PM$_{2.5}$ 暴露于人群心血管系统之间的关系，对东北 33 社区人群进行横断面调查，研究发现 PM$_{2.5}$ 暴露与人群血脂、血压、心血管疾病患病率及代谢综合征的发生率密切相关。相关结果发表在 *Environment International*、*Environmental Research*、*Environmental Health*（Yang et al., 2018c; 2018d; 2018e; 2019a; 2019b）。

#### 5.6.3.3　大气细颗粒物暴露人群健康风险评估相关研究

基于固定群组研究，对比大气监测点和个体测量仪两种方法评估机体 PM$_{2.5}$ 的暴露水平的差异性，结果显示，与佩戴个体测量仪测量的实际暴露水平相比，传统的基于大气监测点推算的个体暴露水平低估了 37%。进一步结果显示，肺功能 MMEF 是反应 PM$_{2.5}$ 危害效应的敏感指标（表 5-18）。研究结果发表在 *Atmospheric Environment*（Hu et al., 2018）。

**表 5-18　比较大气环境与个体暴露监测的 PM$_{2.5}$ 浓度对肺功能影响**

| 暴露矩阵[①] | FVC(L) | | FEV$_1$(L) | | PEF(L/s) | | MMEF(L/s) | |
| --- | --- | --- | --- | --- | --- | --- | --- | --- |
| | $\beta$(SE) | $P$ | $\beta$(SE) | $P$ | $\beta$(SE) | $P$ | $\beta$(SE) | $P$ |
| 个体测量仪 | | | | | | | | |
| PM$_{2.5}$ | 0.02(0.03) | 0.57 | −0.02(0.02) | 0.46 | −0.04(0.08) | 0.67 | −0.11(0.06) | 0.05 |
| 大气监测点 | | | | | | | | |
| PM$_{2.5}$ | 0.14(0.12) | 0.25 | −0.03(0.10) | 0.74 | −0.03(0.38) | 0.93 | −0.52(0.25) | 0.04 |
| PM$_{10}$ | 0.03(0.03) | 0.34 | −0.02(0.02) | 0.38 | −0.12(0.08) | 0.15 | −0.14(0.05) | 0.01 |
| SO$_2$ | 0.06(0.26) | 0.80 | −0.02(0.17) | 0.90 | −0.01(0.63) | 0.99 | −0.30(0.46) | 0.53 |
| NO$_2$ | −0.08(0.09) | 0.36 | 0.01(0.05) | 0.79 | 0.16(0.16) | 0.33 | 0.11(0.12) | 0.38 |
| CO | 0.08(0.10) | 0.42 | −0.05(0.07) | 0.52 | −0.29(0.30) | 0.34 | −0.39(0.20) | 0.06 |
| O$_3$ | 0.03(0.06) | 0.57 | 0.00(0.04) | 0.97 | −0.01(0.10) | 0.09 | −0.01(0.01) | 0.95 |

注：FVC，用力肺活量；FEV$_1$，最大呼气第一秒呼出的气量的容积；PEF，最大呼气流量；MMEF，用力呼气流量 25%～75%。

①按性别、年龄、体重指数、温湿度、温湿度滞后 1 天计算；暴露矩阵分别为个体 PM$_{2.5}$、环境监测 PM$_{10}$、PM$_{2.5}$、SO$_2$、NO$_3$ 是 10μg/m³ 的变化量，CO 是 1mg/m³ 的变化量。

在大规模人群流行病学调查中，如何准确的反演人群的实际暴露水平是构建 PM$_{2.5}$ 健康危害暴露-反应关系的核心问题，采用卫星遥感反演技术，结合机器学习方法，在个体水平上来反演不同粒径的大颗粒物暴露水平；并进一步通过东北 33 社区研究来验证反演技术的准确性和有效性。结果显示，反演的污染物浓度 PM$_1$，PM$_{2.5}$、PM$_{10}$、SO$_2$、NO$_2$ 和 O$_3$ 均与糖尿病患病率存在显著的相关关系（表 5-19）。研究结果发表在 *Lancet Planet Health*（Yang et al., 2018f）杂志。

基于大规模人群研究，系统的评估大气颗粒物 PM$_{2.5}$ 与不同健康效应结局的暴露-效应关系，发现血脂和血糖是反映 PM$_{2.5}$ 健康危害效应的敏感结局（图 5-79）。研究结果发表在 *JAMA Network Open*（Yang et al., 2019c）杂志。

**表 5-19　大气污染物增加一个 IQR 相关的糖尿病患病的调整 OR 值**

| | 总计(*n*=15477) | 男性(*n*=8156) | 女性(*n*=7321) | <50 岁(*n*=9921) | ≥50 岁(*n*=5556) |
|---|---|---|---|---|---|
| PM$_1$ | 1.13 (1.04~1.22) | 1.12 (1.02~1.23) | 1.15 (1.01~1.32) | 1.20 (1.11~1.35) | 1.08 (0.99~1.17) |
| PM$_{2.5}$ | 1.14 (1.03~1.25) | 1.12 (0.99~1.26) | 1.18 (1.00~1.39) | 1.23 (1.11~1.36) | 1.07 (0.97~1.18) |
| PM$_{10}$ | 1.20 (1.12~1.28) | 1.21 (1.10~1.33) | 1.15 (1.01~1.30) | 1.35 (1.21~1.51) | 1.05 (0.96~1.15) |
| SO$_2$ | 1.12 (1.04~1.21) | 1.14 (0.99~1.31) | 1.09 (0.93~1.29) | 1.25 (1.12~1.39) | 1.02 (0.92~1.13) |
| NO$_2$ | 1.22 (1.12~1.33) | 1.28 (1.11~1.47) | 1.10 (0.94~1.30) | 1.40 (1.23~1.60) | 1.03 (0.92~1.16) |
| O$_3$ | 1.14 (1.05~1.25) | 1.19 (1.02~1.39) | 1.06 (0.89~1.27) | 1.32 (1.16~1.51) | 1.02 (0.91~1.14) |

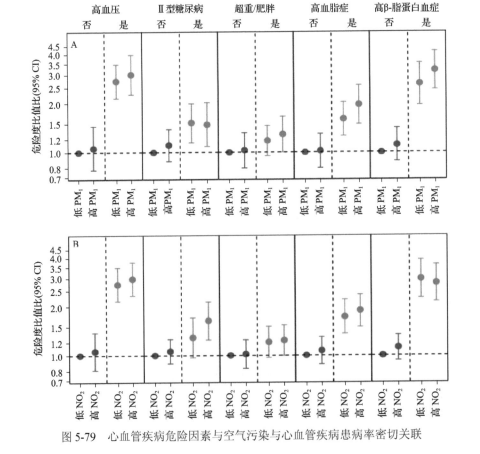

图 5-79　心血管疾病危险因素与空气污染与心血管疾病患病率密切关联

与成年人相比，儿童是对大气污染最为敏感的人群，基于"中国东北七城市研究"，研究人员系统评估了 $PM_1$ 与 $PM_{2.5}$ 暴露与儿童哮喘的内在相关关系。结果显示，$PM_1$ 与 $PM_{2.5}$ 每增加一个四分位数间距，哮喘患病的风险增加了 42%～46%；进一步分层分析，发现女性且具有过敏倾向的人群是最为敏感的人群之一（表 5-20）。研究结果发表在 *Environment International*（Yang et al., 2018g）杂志。

表 5-20　$PM_1$ 和 $PM_{2.5}$ 每增加 $10\mu g/m^3$ 相关的患哮喘和哮喘相关症状的调整 OR 值

| | 男孩 | | 女孩 | | 合计 | |
| --- | --- | --- | --- | --- | --- | --- |
| | 过敏倾向 $n=6676$ | 无过敏倾向 $n=23584$ | 过敏倾向 $n=6512$ | 无过敏倾向 $n=22982$ | 过敏倾向 $n=13188$ | 无过敏倾向 $n=46566$ |
| 医生诊断哮喘 | | | | | | |
| $PM_1$ | 1.69(1.56～1.84) | 1.45(1.33～1.57) | 1.73(1356～1.91) | 1.47(1.33～1.62) | 1.71(1.60～1.83) | 1.46(1.37～1.56) |
| $PM_{2.5}$ | 1.61(1.49～1.73) | 1.40(1.30～1.51) | 1.64(1.49～1.79) | 1.42(1.30～1.56) | 1.62(1.53～1.73) | 1.42(1.33～1.51) |
| 儿童哮喘 | | | | | | |
| $PM_1$ | 1.59(1.38～1.82) | 1.31(1.14～1.50) | 1.51(1.26～1.79) | 1.23(1.03～1.47) | 1.57(1.40～1.76) | 1.29(1.15～1.45) |
| $PM_{2.5}$ | 1.55(1.37～1.76) | 1.32(1.16～1.49) | 1.46(1.25～1.71) | 1.23(1.05～1.44) | 1.54(1.39～1.71) | 1.30(1.17～1.44) |
| 儿童喘息 | | | | | | |
| $PM_1$ | 1.30(1.15～1.47) | 1.12(0.99～1.27) | 1.25(1.08～1.45) | 1.09(0.94～1.26) | 1.31(1.19～1.45) | 1.13(1.03～1.25) |
| $PM_{2.5}$ | 1.28(1.14～1.43) | 1.12(1.01～1.26) | 1.23(1.08～1.41) | 1.09(0.95～1.25) | 1.29(1.18～1.41) | 1.14(1.04～1.24) |
| 喘息 | | | | | | |
| $PM_1$ | 1.25(1.16～1.35) | 1.10(1.02～1.19) | 1.27(1.16～1.38) | 1.10(1.01～1.19) | 1.27(1.19～1.34) | 1.11(1.04～1.17) |
| $PM_{2.5}$ | 1.23(1.15～1.32) | 1.10(1.03～1.18) | 1.24(1.15～1.34) | 1.10(1.02～1.19) | 1.24(1.18～1.31) | 1.11(1.05～1.17) |
| 持续性咳痰 | | | | | | |
| $PM_1$ | 1.22(1.07～1.39) | 1.12(0.98～1.28) | 1.38(1.20～1.60) | 1.22(1.06～1.41) | 1.30(1.18～1.44) | 1.18(1.07～1.30) |
| $PM_{2.5}$ | 1.20(1.06～1.35) | 1.11(0.99～1.25) | 1.33(1.17～1.52) | 1.20(1.05～1.37) | 1.27(1.16～1.39) | 1.16(1.06～1.27) |
| 持续性咳嗽 | | | | | | |
| $PM_1$ | 1.24(1.13～1.36) | 1.12(1.02～1.23) | 1.40(1.26～1.56) | 1.26(1.13～1.39) | 1.31(1.22～1.41) | 1.18(1.10～1.27) |
| $PM_{2.5}$ | 1.21(1.11～1.32) | 1.11(1.02～1.21) | 1.35(1.22～1.48) | 1.23(1.11～1.35) | 1.28(1.19～1.36) | 1.17(1.09～1.24) |
| 变应性鼻炎 | | | | | | |
| $PM_1$ | 1.43(1.32～1.55) | 1.17(1.08～1.28) | 1.42(1.29～1.56) | 1.14(1.03～1.26) | 1.43(1.34～1.53) | 1.17(1.09～1.24) |
| $PM_{2.5}$ | 1.36(1.10～1.15) | 1.15(1.00～1.04) | 1.34(1.23～1.47) | 1.11(1.02～1.22) | 1.11(1.02～1.22) | 1.14(1.07～1.21) |

在评估大气污染的健康危害时，如何发现降低其危害的保护因子更具有公共卫生学意义，根据目前国际环境卫生领域研究的最新进展，研究发现绿地覆盖指数与大气污染对健康危害的影响存在显著的交互效应，随着城市绿地面积的增大，大气污染的健康危害效应显著的减弱，绿地覆盖指数（NDVI）每增加 0.1 个单位，$PM_{2.5}$ 的效应降低 18%（表 5-21）。研究结果发表在 *International Journal of Hygiene and Environmental Health*（Yang et al.,

2019d）。

**表 5-21　每增 0.1 个单位 NDVI500m 和 SAVI500m 与糖尿病和葡萄糖稳态标志物的回归模型**

| 模型 | 糖尿病 | 空腹值 | 2h 血糖 | 空腹胰岛素值 | 2h 胰岛素 | HOMA-IR | HOMA-B |
|---|---|---|---|---|---|---|---|
| **NDVI500m** | | | | | | | |
| 原始值 | 0.76<br>(0.71, 0.82)[②] | −1.29<br>(−1.55, −1.05)[②] | −2.43<br>(−2.89, −1.97)[②] | 0.47<br>(−0.21, 1.15) | 0.98<br>(−0.02, 2.00) | −0.86<br>(−1.61, −0.11)[②] | 4.13<br>(3.23, 5.05)[②] |
| 调整值[①] | 0.88<br>(0.82, 0.94)[②] | −1.14<br>(−1.41, −0.89)[②] | −2.03<br>(−2.49, −1.57)[②] | −0.05<br>(−0.75, 0.65) | −1.66<br>(−2.67, −0.63)[②] | −1.17<br>(−1.94, −0.39)[②] | 3.33<br>(2.40, 4.27)[②] |
| **SAVI500 m** | | | | | | | |
| 原始值 | 0.64<br>(0.58, 0.72)[②] | −2.15<br>(−2.55, −1.75)[②] | −3.82<br>(−4.53, −3.08)[②] | 0.28<br>(−0.80, 1.37) | 1.41<br>(−0.20, 3.06) | −1.91<br>(−3.09, −0.72)[②] | 6.40<br>(4.92, 7.90)[②] |
| 调整值[①] | 0.80<br>(0.72, 0.90)[②] | −1.93<br>(−2.34, −1.51)[②] | −3.19<br>(−3.91, −2.50)[②] | −0.56<br>(−1.68, 0.57) | −2.85<br>(−4.46, −1.21)[②] | −2.53<br>(−3.76, −1.28)[②] | 5.12<br>(3.60, 6.64)[②] |

　　注：表中数值为 OR 比值比及其置信区间；HOMA-IR，胰岛素抵抗指数的稳态模型评估；HOMA-B，β 细胞功能的稳态模型评估；NDVI，标准化差异植被指数；SAVI，土壤调节植被指数。

①根据年龄、性别、种族、教育水平和家庭收入进行调整。

②具有统计学意义（$P<0.05$）。

（撰稿人：陈　雯）

# 参 考 文 献

Abbas I, Saint-Georges F, Billet S, et al. 2009. Air pollution particulate matter（PM$_{2.5}$）-induced gene expression of volatile organic compound and/or polycyclic aromatic hydrocarbon-metabolizing enzymes in an in vitro coculture lung model[J]. Toxicol In Vitro, 23: 37~46.

Adamcakova-Dodd A, Stebounova L V, O'shaughnessy P T, et al. 2012. Murine pulmonary responses after sub-chronic exposure to aluminum oxide-based nanowhiskers[J]. Part Fibre Toxicol, 9（1）: 22.

Alessandria L, Schiliro T, Degan R, et al. 2014. Cytotoxic response in human lung epithelial cells and ion characteristics of urban-air particles from Torino, a northern Italian city[J]. Environ Sci Pollut Res Int, 21: 5554~5564.

Ananthakrishnan A N, Bernstein C N, Iliopoulos D, et al. 2018. Environmental triggers in IBD: A review of progress and evidence[J]. Nat Rev Gastroenterol Hepatol, 15（1）: 39~49.

Ananthakrishnan A N, Mcginley E L, Binion D G, et al. 2011. Ambient Air Pollution Correlates with Hospitalizations for Inflammatory Bowel Disease: An Ecologic Analysis[J]. Inflamm Bowel Dis, 17（5）: 1138~1145.

Anderson P. 2010. Post-transcriptional regulons coordinate the initiation and resolution of inflammation[J]. Nat Rev Immunol, 10（1）: 24~35.

Andrysik Z, Vondracek J, Marvanova S, et al. 2011. Activation of the aryl hydrocarbon receptor is the major toxic mode of action of an organic extract of a reference urban dust particulate matter mixture: The role of polycyclic aromatic hydrocarbons[J]. Mutat Res, 714: 53~62.

Aztatzi-Aguilar O G, Uribe-Ramirez M, Narvaez-Morales J, et al. 2016. Early kidney damage induced by subchronic exposure to PM$_{2.5}$ in rats[J]. Part Fibre Toxicol, 13: 68.

Badyda A J, Grellier J, Piotr Da browiecki. 2017. Ambient PM$_{2.5}$ Exposure and Mortality Due to Lung Cancer and Cardiopulmonary Diseases in Polish Cities[J]. Adv Exp Med Biol, 944: 9~17.

Bai J, Yao X, Jiang L, et al. 2016. Taurine protects against As₂O₃-induced autophagy in livers of rat offsprings through PPARgamma pathway[J]. Sci Rep, 6: 27733.

Bai X, Liu Y, Wang S, et al. 2018. Ultrafine particle libraries for exploring mechanisms of PM₂.₅-induced :oxicity in human cells[J]. Ecotox Environ Safe, 157: 380~387.

Baraldo S, Turato G, Saetta M. 2012. Pathophysiology of the small airways in chronic obstructive pulmonary disease[J]. Respiration, 84(2): 89~97.

Batista P J, Chang H Y. 2013. Long noncoding RNAs: Cellular address codes in development and disease[J]. Cell, 152(6): 1298~1307.

Blum J L, Chen L C, Zelikoff J T. 2017. Exposure to ambient particulate matter during specific gestational periods produces adverse obstetric consequences in mice[J]. Environ Health Perspect, 125.

Bonnefoy A, Chiron S, Botta A. 2012. Environmental nitration processes enhance the mutagenic potency of aromatic compounds[J]. Environ Toxicol, 27(6): 321~331.

Booton R, Lindsay M A. 2014. Emerging role of MicroRNAs and long noncoding RNAs in respiratory disease[J]. Chest, 146(1): 193~204.

Bourgeois B, Owens J W. 2014. The influence of Hurricanes Katrina and Rita on the inflammatory cytokine response and protein expression in A549 cells exposed to PM₂.₅ collected in the Baton Rouge-Port Allen industrial corridor of Southeastern Louisiana in 2005[J]. Toxicol Mech Methods, 24: 220~242.

Burnett R T, Pope C A, Ezzati M, et al. 2014. An integrated risk function for estimating the global burden of disease attributable to ambient fine particulate matter exposure[J]. Environ Health Perspect, 122(4): 397~403.

Cavanagh J A E, Trought K, Brown L, et al. 2009. Exploratory investigation of the chemical characteristics and relative toxicity of ambient air particulates from two New Zealand cities[J]. Sci Total Environ, 407: 5007~5018.

Chao M W, Yang C H, Lin P T, et al. 2017. Exposure to PM₂.₅ causes genetic changes in fetal rat cerebral cortex and hippocampus[J]. Environ Toxicol, 32: 1412~1425.

Chen L, Carmichael G G. 2010. Decoding the function of nuclear long non-coding RNAs[J]. Curr Opin Cell Biol, 22(3): 357~364.

Chen L, Nan A, Zhang N, et al. 2019. Circular RNA 100146 functions as an oncogene through direct binding to miR-361-3p and miR-615-5p in non-small cell lung cancer[J]. Mol Cancer, 18(1): 13.

Chen M, Li B, Sang N. 2016. Particulate matter (PM₂.₅) exposure season-dependently induces neuronal apoptosis and synaptic injuries[J]. J Environ Sci (China), 54: 336~345.

Chen S, Gu Y, Qiao L, et al. 2017. Fine particulate constituents and lung dysfunction: A time-series panel study[J]. Environ Sci Technol, 51(3): 1687~1694.

Cheng Y, Lee S C, Ho K F, et al. 2010. Chemically-speciated on-road PM₂.₅ motor vehicle emission factors in Hong Kong[J]. Sci Total Environ, 408(7): 1621~1627.

Cohen A J, Brauer M, Burnett R, et al. 2017. Estimates and 25-year trends of the global burden of disease attributable to ambient air pollution: An analysis of data from the Global Burden of Diseases Study 2015[J]. Lancet, 389(10082): 1907~1918.

Cruz-Sanchez T M, Haddrell A E, Hackett T L, et al. 2013. Formation of a stable mimic of ambient particulate matter containing viable infectious respiratory syncytial virus and its dry-deposition directly onto cell cultures[J]. Anal Chem, 85(2): 898~906.

Dai X, Zhang N, Cheng Y, et al. 2018. RNA-binding protein trinucleotide repeat-containing 6A regulates the formation of circular RNA 0006916, with important functions in lung cancer cells[J]. Carcinogenesis, 39(8): 981~992.

Demedts I K, Demoor T, Bracke K R, et al. 2006. Role of apoptosis in the pathogenesis of COPD and pulmonary emphysema[J]. Respir Res, 7(1): 53.

Dong Y, Wu Y, Zhao G L, et al. 2019. Inhibition of autophagy by 3-MA promotes hypoxia-induced apoptosis in human colorectal cancer cells[J]. Eur Rev Med Pharmacol Sci, 23(3): 1047~1054.

Duzenli U, Altun Z, Olgun Y, et al. 2018. Role of N-acetyl cysteine and acetyl-l-carnitine combination treatment on DNA-damage-related genes induced by radiation in HEI-OC1 cells[J]. Int J Radiat Biol: 1~11.

Ebisu K, Bell M L. 2012. Airborne $PM_{2.5}$ chemical components and low birth weight in the Northeastern and Mid-Atlantic regions of the United States[J]. Environ Health Perspect, 120(12): 1746~1752.

Ellen L O' Dea, Kearns J D, Hoffmann A. 2008. UV as an amplifier rather than inducer of NF-kappaB activity[J]. Mol Cell, 30(5): 632-641.

Ferecatu I, Borot M C, Bossard C, et al. 2010. Polycyclic aromatic hydrocarbon components contribute to the mitochondria-antiapoptotic effect of fine particulate matter on human bronchial epithelial cells via the aryl hydrocarbon receptor[J]. Part Fibre Toxicol, 7: 18.

Gao C, Xing X, He Z, et al. 2018. Hypermethylation of PGCP gene is associated with human bronchial epithelial cells immortalization[J]. Gene, 642: 505~512.

Gerlofs-Nijland M E, Rummelhard M, Boere A J F, et al. 2009. Particle induced toxicity in relation to transition metal and polycyclic aromatic hydrocarbon contents[J]. Environ Sci Technol, 43(13): 4729~4736.

Gong J, Zhu T, Kipen H, et al. 2013. Malondialdehyde in exhaled breath condensate and urine as a biomarker of air pollution induced oxidative stress[J]. J Expo Sci Environ Epidemiol, 23(3): 322~327.

Goulaouic S, Foucaud L, Bennasroune A, et al. 2008. Effect of polycyclic aromatic hydrocarbons and carbon black particles on pro-inflammatory cytokine secretion: Impact of PAH coating onto particles[J]. J Immunotoxicol, 5: 337~345.

Gu L Z, Sun H, Chen J H. 2017. Histone deacetylases 3 deletion restrains $PM_{2.5}$-induced mice lung injury by regulating NF-kappa B and TGF-beta/Smad2/3 signaling pathways[J]. Biomed Pharmacother, 85: 756~762.

Guan W-J, Zheng X-Y, Chung K F, et al. 2016. Impact of air pollution on the burden of chronic respiratory diseases in China: Time for urgent action[J]. Lancet, 388(10054): 1939~1951.

Guo H, Ling Z, Cheng H, et al. 2017. Tropospheric volatile organic compounds in China[J]. Sci Total Environ, 574: 1021~1043.

Gupta G S, Singh J, Parkash P. 1995. Renal toxicity after oral administration of lead acetate during pre- and post-implantation periods: Effects on trace metal composition, metallo-enzymes and glutathione[J]. Pharmaco toxicol, 76(3): 206~211.

Han L, Zhang E, Yin D, et al. 2015. Low expression of long noncoding RNA PANDAR predicts a poor prognosis of non-small cell lung cancer and affects cell apoptosis by regulating Bcl-2[J]. Cell Death Dis, 6(2): e1665.

Hansell A, Ghosh R E, Blangiardo M, et al. 2016. Historic air pollution exposure and long-term mortality risks in England and Wales: Prospective longitudinal cohort study[J]. Thorax, 71(4): 330~338.

Harrigan J, Ravi D, Ricks J, et al. 2017. In Utero Exposure of hyperlipidemic mice to diesel exhaust: Lack of effects on atherosclerosis in adult offspring fed a regular chow diet[J]. Cardiovasc Toxicol, 17: 417~425.

He M, Ichinose T, Yoshida Y, et al. 2017a. Urban $PM_{2.5}$ exacerbates allergic inflammation in the murine lung via a TLR2/TLR4/MyD88-signaling pathway[J]. Sci Rep, 7: 11027.

He Y, Hu H, Wang Y, et al. 2018. ALKBH5 inhibits pancreatic cancer motility by decreasing long non-coding RNA KCNK15-AS1 methylation[J]. Cell Physiol Biochem, 48(2): 838~846.

He Z, Li D, Ma J, et al. 2017b. TRIM36 hypermethylation is involved in polycyclic aromatic hydrocarbons-induced cell transformation[J]. Environ Pollut, 225: 93~103.

Hou H H, Cheng S L, Liu H T, et al. 2013. Elastase induced lung epithelial cell apoptosis and emphysema through placenta growth factor[J]. Cell Death Dis, 4(9): e793.

Hu L W, Qian Z M, Bloom M S, et al. 2018. A panel study of airborne particulate matter concentration and impaired cardiopulmonary function in young adults by two different exposure measurement[J]. Atmos Environ, 180: 103~109.

Hu Y J, Lin J, Zhang S Q, et al. 2015. Identification of the typical metal particles among haze, fog, and clear episodes in the Beijing atmosphere[J]. Sci Total Environ, 511: 369~380.

Huang Q, Zhang J, Peng S, et al. 2014. Effects of water soluble $PM_{2.5}$ extracts exposure on human lung epithelial cells (A549): A proteomic study[J]. J Appl Toxicol, 34(6): 675~687.

Janssen N A H, Hoek G, Simic-Lawson M, et al. 2011. Black carbon as an additional indicator of the adverse health effects of airborne particles compared with $PM_{10}$ and $PM_{2.5}$[J]. Environ Health Persp, 119(12): 1691~1699.

Jeong S C, Cho Y, Song M K, et al. 2017. Epidermal growth factor receptor (EGFR) MAPK nuclear factor (NF)-BIL8: A possible mechanism of particulate matter (PM)$_{2.5}$-induced lung toxicity[J]. Environ Toxicol, 32: 1628~1636.

Ji X, Yue H, Ku T, et al. 2019. Histone modification in the lung injury and recovery of mice in response to PM$_{2.5}$ exposure[J]. Chemosphere, 220: 127~136.

Ji X, Zhang Y, Ku T, et al. 2016. MicroRNA-338-5p modulates pulmonary hypertension-like injuries caused by SO$_2$, NO$_2$ and PM$_{2.5}$ co-exposure through targeting the HIF-1 α /Fhl-1 pathway[J]. Toxicol Res (Camb), 5 (6): 1548~1560.

Jia J, Yuan X, Peng X, et al. 2019. Cr (VI)/Pb$^{2+}$ are responsible for PM$_{2.5}$-induced cytotoxicity in A549 cells while pulmonary surfactant alleviates such toxicity[J]. Ecotox Environ Safe, 172: 152~158.

Jia Y Y, Wang Q, Liu T. 2017. Toxicity research of PM$_{2.5}$ compositions in vitro[J]. Int J Environ Res Public Health, 14: e232.

Jiang S, Bo L, Du X H, et al. 2017. CARD9-mediated ambient PM$_{2.5}$-induced pulmonary injury is associated with Th17 cell. Toxicol Lett, 273: 36~43.

Jiang Z, Lao T, Qiu W, et al. 2016. A chronic obstructive pulmonary disease susceptibility gene, FAM13A, regulates protein stability of beta-Catenin[J]. Am J Respir Crit Care Med, 194 (2): 185~197.

Kong S, Yan Q, Zheng H, et al. 2018. Substantial reductions in ambient PAHs pollution and lives saved as a co-benefit of effective long-term PM$_{2.5}$ pollution controls[J]. Environ Int, 114: 266~279.

Ku T T, Zhang Y Y, Ji X T, et al. 2017a. PM$_{2.5}$-bound metal metabolic distribution and coupled lipid abnormality at different developmental windows[J]. Environ Pollut, 228: 354~362.

Ku T, Li B, Gao R, et al. 2017b. NF-κB-regulated microRNA-574-5p underlies synaptic and cognitive impairment in response to atmospheric PM$_{2.5}$ aspiration[J]. Part Fibre Toxicol, 14 (1):34.

Kuo P L, Huang Y L, Hsieh C C, et al. 2014. STK31 is a cell-cycle regulated protein that contributes to the tumorigenicity of epithelial cancer cells[J]. PloS One, 9 (3): e93303.

Landrigan P J, Fuller R, Acosta N J R, et al. 2018. The Lancet Commission on pollution and health[J]. Lancet, 391 (10119): 462-512.

Lauer F T, Mitchell L A, Bedrick E, et al. 2009. Temporal~spatial analysis of US-Mexico border environmental fine and coarse PM air sample extract activity in human bronchial epithelial cells[J]. Toxicol Appl Pharmacol, 238: 1~10.

Lewis J D, Abreu M T. 2017. Diet as a trigger or therapy for inflammatory bowel diseases[J]. Gastroenterology, 152 (2): 398~414.

Li D, Zhang R, Cui L, et al. 2019. Multiple organ injury in male C57BL/6J mice exposed to ambient particulate matter in a real-ambient PM exposure system in Shijiazhuang, China[J]. Environ Pollut, 248: 874~887.

Li H, Shi H, Ma N, et al. 2018a. BML-111 alleviates acute lung injury through regulating the expression of lncRNA MALAT1[J]. Arch Biochem Biophys, 649: 15~21.

Li R J, Zhao L F, Tong J L, et al. 2017. Fine particulate matter and sulfur dioxide coexposures induce rat lung pathological injury and inflammatory responses via TLR4/p38/NF-kappa b pathway[J]. Int J Toxicol, 36: 165~173.

Li R, Fang L, Pu Q, et al. 2018b. MEG3-4 is a miRNA decoy that regulates IL-1β abundance to initiate and then limit inflammation to prevent sepsis during lung infection[J]. Sci Signal, 11 (536): eaa02387.

Li W J, Chen S R, Xu Y S, et al. 2015a. Mixing state and sources of submicron regional background aerosols in the northern Qinghai-Tibet Plateau and the influence of biomass burning[J]. Atmos Chem Phys, 15 (23): 13365~13376.

Li X, Zhang C, Bian Q, et al. 2016. Integrative functional transcriptomic analyses implicate specific molecular pathways in pulmonary toxicity from exposure to aluminum oxide nanoparticles[J]. Nanotoxicology, 10 (7): 957~969.

Li Z, Huang C, Bao C, et al. 2015b. Exon-intron circular RNAs regulate transcription in the nucleus[J]. Nat struct Mol Biol, 22 (3): 256~264.

Libalova H, Uhlirova K, Klema J, et al. 2012. Global gene expression changes in human embryonic lung fibroblasts induced by organic extracts from respirable air particles[J]. Part Fibre Toxicol, 9: 1.

Liu B, Sun L, Liu Q, et al. 2015. A cytoplasmic NF-κB interacting long noncoding RNA blocks IκB phosphorylation and suppresses breast cancer metastasis[J]. Cancer Cell, 27 (3): 370~381.

Liu C Q, Xu X H, Bai Y T, et al. 2014. Air pollution-mediated susceptibility to inflammation and insulin resistance: influence of CCR2 pathways in mice[J]. Environ Health Perspect, 122: 17~26.

Liu H L, Zhang Y L, Yang N, et al. 2011. A functionalized single-walled carbon nanotube-induced autophagic cell death in human lung cells through Akt-TSC2-mTOR signaling[J]. Cell Death Dis, 2 (5): e159.

Liu H, Tian Y, Song J, et al. 2018a. Effect of ambient air pollution on hospitalization for heart failure in 26 of China's largest cities[J]. J Am Coll Cardiol, 121 (5): 628~633.

Liu Z, Liu A, Nan A, et al. 2018b. The linc00152 controls cell cycle progression by regulating CCND1 in 16HBE cells malignantly transformed by cigarette smoke extract[J]. Toxicol Sci, 167: 496~508.

Mann M, Mehta A, Zhao J L, et al. 2017. An NF-κB-microRNA regulatory network tunes macrophage inflammatory responses[J]. Nat Commun, 8 (1): 851.

Marcinkiewicz J, Kontny E. 2014. Taurine and inflammatory diseases[J]. Amino Acids, 46 (1): 7~20.

Mcdougall M, Choi J, Kim H K, et al. 2017. Lipid quantitation and metabolomics data from vitamin E-deficient and -sufficient zebrafish embryos from 0 to 120 hours-post-fertilization[J]. Data Brief, 11: 432~441.

Memczak S, Jens M, Elefsinioti A, et al. 2013. Circular RNAs are a large class of animal RNAs with regulatory potency[J]. Nature, 495 (7441): 333~338.

Mi N, Chen Y, Wang S, et al. 2015. CapZ regulates autophagosomal membrane shaping by promoting actin assembly inside the isolation membrane[J]. Nat Cell Biol, 17 (9): 1112~1123.

Mizumura K, Cloonan S M, Nakahira K, et al. 2014. Mitophagy-dependent necroptosis contributes to the pathogenesis of COPD[J]. J Clin Invest, 124 (9): 3987~4003.

Monteiro M S, Carvalho M, Bastos M L, et al. 2013. Metabolomics analysis for biomarker discovery: Advances and challenges[J]. Curr Med Chem, 20 (2): 257~271.

Mundi P S, Sachdev J, Mccourt C, et al. 2016. AKT in cancer: New molecular insights and advances in drug development[J]. Br J Clin Pharmacol, 82 (4): 943~956.

Muñoz M, Haag R, Honegger P, et al. 2018. Co-formation and co-release of genotoxic PAHs, alkyl-PAHs and soot nanoparticles from gasoline direct injection vehicles[J]. Atmos Environ, 178: 242~254.

Nagano T, Fraser P. 2011. No-nonsense functions for long noncoding RNAs[J]. Cell, 145 (2): 178~181.

Nan A, Chen L, Zhang N, et al. 2016. A novel regulatory network among LncRpa, CircRar1, MiR-671 and apoptotic genes promotes lead-induced neuronal cell apoptosis[J]. Arch Toxicol, 91 (4): 1671~1684.

Nan A, Chen L, Zhang N, et al. 2019. Circular RNA circNOL10 inhibits lung cancer development by promoting SCLM1-Mediated transcriptional regulation of the humanin polypeptide family[J]. Adv Sci, 6: 1800654.

Nan A, Jia Y, Li X, et al. 2017. Editor's Highlight: lncRNAL20992 regulates apoptotic proteins to promote lead-induced neuronal apoptosis[J]. Toxicol Sci, 161 (1): 115~124.

Nicassio L, Fracasso F, Sirago G, et al. 2017. Dietary supplementation with acetyl-l-carnitine counteracts age-related alterations of mitochondrial biogenesis, dynamics and antioxidant defenses in brain of old rats[J]. Exp Gerontol, 98: 99~109.

Osornio-Vargas A R, Bonner J C, Alfaro-Moreno E, et al. 2003. Proinflammatory and cytotoxic effects of Mexico City air pollution particulate matter in vitro are dependent on particle size and composition[J]. Environ Health Persp, 111 (10): 1289~1293.

O'Dea E L, Kearns J D, Hoffmann A. 2008. UV as an amplifier rather than inducer of NF-kappaB activity[J]. Mol Cell, 30 (5): 632~641.

Pan X, Yuan X, Li X, et al. 2019. Induction of inflammatory responses in human bronchial epithelial cells by $Pb^{2+}$-Containing Model $PM_{2.5}$ particles via downregulation of a novel long non-coding RNA lnc-PCK1-2:1[J]. Environ Sci Technol, In submission.

Patti G J, Yanes O, Siuzdak G. 2012. Innovation: Metabolomics: The apogee of the omics trilogy[J]. Nat Rev Mol Cell Biol, 13 (4): 263~269.

Petiot A, Ogier-Denis E, Blommaart E F, et al. 2000. Distinct classes of phosphatidylinositol 3'-kinases are involved in signaling pathways that control macroautophagy in HT-29 cells[J]. J Biol Chem, 275 (2): 992~998.

Qin G, Xia J, Zhang Y, et al. 2018. Ambient fine particulate matter exposure induces reversible cardiac dysfunction and fibrosis in juvenile and older female mice[J]. Part Fibre Toxicol, 15(1): 27.

Reff A, Bhave P V, Simon H, et al. 2009. Emissions inventory of $PM_{2.5}$ trace elements across the United States[J]. Environ Sci Technol, 43(15): 5790~5796.

Rui W, Guan L, Zhang F, et al. 2016. $PM_{2.5}$-induced oxidative stress increases adhesion molecules expression in human endothelial cells through the ERK/AKT/NF-kappa B-dependent pathway[J]. J Appl Toxicol, 36(1): 48~59.

Salim S Y, Kaplan G G, Madsen K L. 2014. Air pollution effects on the gut microbiota: A link between exposure and inflammatory disease[J]. Gut Microbes, 5(2): 215~219.

Schoors S, Bruning U, Missiaen R, et al. 2015. Fatty acid carbon is essential for dNTP synthesis in endothelial cells[J]. Nature, 520(7546): 192~197.

Semmler-Behnke M, Takenaka S, Fertsch S, et al. 2007. Efficient elimination of inhaled nanoparticles from the alveolar region: Evidence for interstitial uptake and subsequent reentrainment onto airways epithelium[J]. Environ Health Perspect, 115(5): 728~733.

Shafer M M, Perkins D A, Antkiewicz D S, et al. 2010. Reactive oxygen species activity and chemical speciation of size-fractionated atmospheric particulate matter from Lahore, Pakistan: An important role for transition metals[J]. J Environ Monit, 12: 704~715.

Shah A S, Langrish J P, Nair H, et al. 2013. Global association of air pollution and heart failure: A systematic review and meta-analysis[J]. Lancet, 382(9897): 1039~1048.

Shetewy A, Shimada-Takaura K, Warner D, et al. 2016. Mitochondrial defects associated with beta-alanine toxicity: Relevance to hyper-beta-alaninemia[J]. Mol Cell Biochem, 416(1-2): 11~22.

Shimada K, Jong C J, Takahashi K, et al. 2015. Role of ROS production and turnover in the antioxidant activity of taurine[J]. Adv Exp Med Biol, 803: 581~596.

Shiraiwa M, Ueda K, Pozzer A, et al. 2017. Aerosol health effects from molecular to global scales[J]. Environ Sci Technol, 51(23): 13545-13567.

Shukla A, Timblin C, BeruBe K, et al. 2000. Inhaled particulate matter causes expression of nuclear factor (NF)-kappaB-related genes and oxidant-dependent NF-kappaB activation in vitro[J]. Am J Resp Cell Mol, 23(2): 182~187.

Simon-Deckers A, Gouget B, Mayne-L'hermite M, et al. 2008. In vitro investigation of oxide nanoparticle and carbon nanotube toxicity and intracellular accumulation in A549 human pneumocytes[J]. Toxicology, 253(1-3): 137~146.

Sioutas C, Delfino R J, Singh M. 2005. Exposure assessment for atmospheric ultrafine particles (UFPs) and implications in epidemiologic research[J]. Environ Health Persp, 113(8): 947~955.

Sun Q H, Wang A X, Jin X M, et al. 2005. Long-term air pollution exposure and acceleration of atherosclerosis and vascular inflammation in an animal model[J]. JAMA, 294: 3003~3010.

Tang W T, Du L L, Sun W, et al. 2017. Maternal exposure to fine particulate air pollution induces epithelial-to-mesenchymal transition resulting in postnatal pulmonary dysfunction mediated by transforming growth factor-beta/Smad3 signaling[J]. Toxicol Lett, 267: 11~20.

Tang W, Shen Z, Guo J, et al. 2016. Screening of long non-coding RNA and TUG1 inhibits proliferation with TGF-β induction in patients with COPD[J]. Int J Chronic Obstr, 11: 2951~2964.

Thomson E M, Breznan D, Karthikeyan S, et al. 2015. Cytotoxic and inflammatory potential of size-fractionated particulate matter collected repeatedly within a small urban area[J]. Part Fibre Toxico, 12: 24.

Wang P, Xue Y, Han Y, et al. 2014. The STAT3-binding long noncoding RNA lnc-DC controls human dendritic cell differentiation[J]. Science, 344(6181): 310~313.

Wang P, Zhang Q, Li Y, et al. 2017. Airborne persistent toxic substances (PTSs) in China: Occurrence and its implication associated with air pollution[J]. Environ sci Proc impacts, 19(8): 983~999.

Wang S, Chen L, Wang Q, et al. 2019. Strain differences between CD-1 and C57BL/6 mice in expression of metabolic enzymes and DNA methylation modifications of the primary hepatocytes[J]. Toxicology, 412: 19~28.

Wang W, Ying Y, Wu Q, et al. 2015. A GIS-based spatial correlation analysis for ambient air pollution and AECOPD hospitalizations in Jinan, China[J]. Respir Med, 109(3): 372~378.

Wei Y, Han I K, Shao M, et al. 2009. PM$_{2.5}$ constituents and oxidative DNA damage in humans[J]. Environ Sci Technol, 43(13): 4757~4762.

Wu Q, Han L, Yan W, et al. 2016. miR-489 inhibits silica-induced pulmonary fibrosis by targeting MyD88 and Smad3 and is negatively regulated by lncRNA CHRF[J]. Scientific Reports, 6: 30921.

Xia T, Zhu Y, Mu L, et al. 2016. Pulmonary diseases induced by ambient ultrafine and engineered nanoparticles in twenty-first century[J]. Natl Sci Rev, 3(4): 416~429.

Xu J X, Zhang W, Lu Z B, et al. 2017. Airborne PM$_{2.5}$-Induced Hepatic Insulin Resistance By Nrf2/JNK-mediated signaling pathway[J]. Int J Environ Res Public Health, 14: E787.

Xu W, Zhang J, Dang Z, et al. 2014. Long non-coding RNA URHC regulates cell proliferation and apoptosis via ZAK through the ERK/MAPK signaling pathway in hepatocellular carcinoma[J]. Int J Biol Sci, 10(7): 664~676.

Xu Y, Wu J, Peng X, et al. 2017. LncRNA LINC00341 mediates PM-induced cell cycle arrest in human bronchial epithelial cells[J]. Toxicol Lett, 276: 1~10.

Yang B Y, Bloom M S, Markevych I, et al. 2018c. Exposure to ambient air pollution and blood lipids in adults: The 33 Communities Chinese Health Study[J]. Environ Int, 119: 485~492.

Yang B Y, Guo Y, Bloom M S, et al. 2019b. Ambient PM$_1$ air pollution, blood pressure, and hypertension: Insights from the 33 Communities Chinese Health Study[J]. Environ Res, 170: 252~259.

Yang B Y, Guo Y, Markevych I, et al. 2019c. Association of long-term exposure to ambient air pollutants with risk factors for cardiovascular disease in China[J]. JAMA Netw Open, 2(3): e190318.

Yang B Y, Guo Y, Morawska L, et al. 2019a. Ambient PM$_1$ air pollution and cardiovascular disease prevalence: Insights from the 33 Communities Chinese Health Study[J]. Environ Int, 123: 310~317.

Yang B Y, Markevych I, Heinrich J, et al. 2019d. Associations of greenness with diabetes mellitus and glucose-homeostasis markers: The 33 Communities Chinese Health Study[J]. Int J Hyg Environ Health, 222(2): 283~290.

Yang B Y, Qian Z M, Li S, et al. 2018f. Ambient air pollution in relation to diabetes and glucose-homoeostasis markers in China: A cross-sectional study with findings from the 33 Communities Chinese Health Study[J]. Lancet Planet Health, 2(2): e64~e73.

Yang B Y, Qian Z M, Li S, et al. 2018d. Long-term exposure to ambient air pollution (including PM$_1$) and metabolic syndrome: The 33 Communities Chinese Health Study (33CCHS)[J]. Environ Res, 164: 204~211.

Yang B Y, Qian Z M, Vaughn M G, et al. 2018e. Overweight modifies the association between long-term ambient air pollution and prehypertension in Chinese adults: The 33 Communities Chinese Health Study[J]. Environ Health, 17(1): 57.

Yang B Y, Qian Z, Howard S W, et al. 2018b. Global association between ambient air pollution and blood pressure: A systematic review and meta-analysis[J]. Environ Pollut, 235: 576~588.

Yang M, Chu C, Bloom M S, et al. 2018g. Is smaller worse? New insights about associations of PM$_1$ and respiratory health in children and adolescents[J]. Environ Int, 120: 516~524.

Yang X, Wang J, Zhou Z, et al. 2018a. Silica-induced initiation of circular ZC3H4 RNA/ZC3H4 pathway promotes the pulmonary macrophage activation[J]. FASEB J, 32: 3264~3277.

Yoon J H, Abdelmohsen K, Gorospe M. 2013. Posttranscriptional gene regulation by long noncoding RNA[J]. J Mol Biol, 425(19): 3723~3730.

Yue H, Yun Y, Gao R, et al. 2015. Winter polycyclic aromatic hydrocarbon-bound particulate matter from peri-urban north China promotes lung cancer cell metastasis[J]. Environ Sci Technol, 49(24): 14484~14493.

Yun Y, Gao R, Yue H, et al. 2017. Sulfate aerosols promote lung cancer metastasis by epigenetically regulating the epithelial-to-mesenchymal transition (EMT)[J]. Environ Sci Technol, 51(19): 11401~11411.

Zagryazhskaya A, Zhivotovsky B. 2014. miRNAs in lung cancer: A link to aging[J]. Ageing Res Rev, 17: 54~67.

Zhang Y, Ji X, Ku T, et al. 2016. Heavy metals bound to fine particulate matter from northern China induce season-dependent health risks: A study based on myocardial toxicity[J]. Environ Pollut, 216: 380~390.

Zhang Y, Ji X, Ku T, et al. 2019. Ambient fine particulate matter exposure induces cardiac functional injury and metabolite alterations in middle-aged female mice[J]. Environ Pollut, 248: 121~132.

Zhang Z, Chen L, Xing X, et al. 2016. Specific histone modifications were associated with the PAH-induced DNA damage response in coke oven workers[J]. Toxicol Res (Camb), 5(4): 1193~1201.

Zhou B, Liang G, Qin H, et al. 2014. p53-Dependent apoptosis induced in human bronchial epithelial (16-HBE) cells by PM(2.5) sampled from air in Guangzhou, China[J]. Toxicol Mech Method, 24(8): 552~559.

Zhou Z, Jiang R, Yang X, et al. 2018. circRNA Mediates Silica-Induced Macrophage Activation Via HECTD1/ZC3H12A-Dependent Ubiquitination[J]. Theranostics, 8(2): 575~592.

Zhu X, Li D, Zhang Z, et al. 2017. Persistent phosphorylation at specific H3 serine residues involved in chemical carcinogen-induced cell transformation[J]. Mol Carcinog, 56(5): 1449~1460.

Wagner A J, Bleckmann C A, Murdock R C, et al. 2007. Cellular interaction of different forms of aluminum nanoparticles in rat alveolar macrophages[J]. J Phys Chem B, 111: 7353~7359.

Veranth J M, Kaser E G, Veranth M M, et al. Cytokine responses of human lung cells (BEAS-2B) treated with micron-sized and nanoparticles of metal Oxides compared to soil dusts[J]. Part Fibre Toxicol, 4: 2.